성의 과학과 미학

Science and Esthetics of Sex

윤성규 · 박완석 · 이균증 · 유지영 · 정극원
윤영대 · 김구환 · 강창근 · 이상명 · 신종학
공저

월드사이언스
WORLD SCIENCE
worldscience.co.kr

Science and Esthetics of Sex

Sung-Gyu YUN, Daegu Univesity

Published by World Science Publishing Company, Inc.
Seoul, Korea
Tel. 02-581-5811-3
Fax. 02-521-6418
E-mail: worldscience@hanmail.net
Home page: http://www.worldscience.co.kr

Printed in Republic of Korea

성의 과학과 미학

인 쇄 | 2016년 2월 15일
발 행 | 2016년 2월 25일

저 자 | 윤성규 · 박완석 · 이균증 · 유지영 · 정극원
윤영대 · 김구환 · 강창근 · 이상명 · 신종학
발 행 인 | 박선진
발 행 처 | (주)도서출판 월드사이언스

주 소 | 서울특별시 서초구 방배4동 864-31 월드빌딩 1층
등록일자 | 1988년 2월 12일
등록번호 | 제 16-1601호

대표전화 | (02) 581-5811~3
팩 스 | (02) 521-6418
E-mail | worldscience@hanmail.net
U R L | http://www.worldscience.co.kr

정 가 | **28,000원**
I S B N | 978-89-5881-254-8

이 도서의 국립중앙도서관 출판시도서목록(CIP)은 서지정보유통지원시스템 홈페이지 (http://seoji.nl.go.kr)와 국가자료공동목록시스템(http://www.nl.go.kr/kolisnet)에서 이용하실 수 있습니다. (CIP제어번호 : CIP2016004167)

저자 서문

영국의 작가 서머싯 몸은 '수상록'이란 책에서 "인간의 육체가 느낄 수 있는 최대의 쾌락은 성교에서 오는 것이다."라고 하였다("The keenest pleasure to which the body susceptible is that of sexual congress." in the 'The Summing up' by William Somerset Maugham, 1874~1965). 이처럼 소중한 성은 본능적인 것으로 저절로 터득될 수도 있지만 학습을 통하여 올바르게 이해한다면 삶의 질을 높일 수 있다.

우리가 알고 있는 성지식 중에 의외로 잘못 알고 있는 것이 많다는 것을 알게 되었다. 이를 안타깝게 여기고 다년 간 성과학을 가르친 대학교수와 교사 그리고 전문의사들이 축적해 두었던 강의노트를 모아 이 책을 출판하게 되었다. 성의 여러 측면을 다루었으며 특히 성의 생물학적 지식을 충실하게 다루었다. 아울러 더 아름다운 삶을 영위하기 위하여 심리학적인 면을 포함한 성생활의 지혜를 다루면서 충분하지는 않지만 성의 본질과 구조를 파헤치고 성의 미학적인 측면을 다루려고 시도하였다.

이 책은 모두 4부로 되어 있으며, 제1부에서는 '자연계의 성'을 다루었다. 성의 탄생과 진화, 성의 중요성 그리고 동물에서 번식의 지혜를 다루었다. 제2부에서는 '생명탄생의 성'을 다루었다. 남녀가 어떻게 결정되는지, 생식기관의 구조와 기능, 그리고 정자와 난자, 성호르몬과 월경, 수정과 태아, 피임과 불임을 다루었다. 제3부는 '즐거운 성'을 다루었다. 성의 과학적인 측면을 바탕으로 실용적인 성을 다루면서 사랑과 성욕, 성생리를 바탕으로 한 성행위, 신혼부부부터 장애인까지 아울러 미래의 성생활 그리고 성생활의 문제와 해결을 다루었다. 제4부에서는 '위험한 성'을 다루면서 성을 잘 못 알면 바람직하지 않은 결과를 초래할 수 있으므로 경각심을 불러일으키기 위해 성병과 성범죄를 다루었다.

성과 관련된 학습을 하는 데 있어 생물학적 용어가 많아 애로가 있다. 같은 사물이나 현상을 두고 책마다 사용하는 용어가 달라 용어의 혼돈 때문에 학습하기 어려울 수 있다. 이 책에서는 학생 입장에서 이해하기 쉬운 용어를 선택하였고 될 수 있으면 한글식 표기를 우선적으로 사용하였다. 내용을 좀 더 쉽게 이해할 수 있도록 다양한 표와 그림을 제시하였다.

성행위는 인간이 누릴 수 있는 최대의 쾌락을 준다. 평생 즐겨야 할 성생활이지만 한 순간의 쾌락을 누리려다가 질병에 걸려 죽음을 맞이할 수도 있고 범죄로 많은 것을 잃을 수도 있다. 이 책으로 공부한 여러분은 성에 대해 올바른 지식을 잘 습득하여 삶의 질을 높일 수 있는 훌륭한 배우자나 부모가 되길 기대한다.

아직도 미비한 점이 많이 있지만 이를 계기로 더 좋은 책이 되도록 노력하고자 한다. 함께한 공저자께 깊은 감사를 드리고, 자료의 일부를 제공하여 준 학생들에게도 감사를 표한다. 아울러 출판을 쾌히 허락해 주신 월드사이언스의 박선진 사장님께도 감사드린다.

2016년 2월

대표저자 윤 성 규

저자 소개

윤성규	일본국립 Kyushu 대학교 이학박사	대구대학교 교수
박완석	전) 영남대학교 산부인과 교수	선사인혜요양병원 원장
이균증	경북대학교 의과대학 내과전문의	이균증내과 원장
유지영	대구대학교 박사과정 수료	대구대학교 강사
정극원	독일국립 Konstanz 대학교 법학박사	대구대학교 교수
윤영대	대구대학교 교육학석사	경진고등학교 교사
김구환	대구대학교 이학박사	대구보건대학교 교수
강창근	프랑스국립 Nantes 대학교 이학박사	광주과학기술원 교수
이상명	경남대학교 이학박사	국립중앙과학관 연구관
신종학	대구대학교 이학박사	하양여자중학교 교장

차 례

제1부 자연계의 성

제 1장 성의 탄생과 진화

1.1. 성의 탄생 3

1.2 생식 5

1.3. 유성생식의 효과 13

1.4. 성의 진화 20

제 2장 번식의 지혜

2.1. 식물의 성 25

2.2. 동물의 성 29

제2부 생명 탄생의 성

제 3장 성의 결정과 이상

3.1. 동물의 성 결정 43

3.2. 사람의 성 결정 46

3.3. 성의 발달과 이상 54

3.4. 성 정체성 57

제 4장 생식기관과 생식세포

4.1. 생식기관의 발생 71

4.2. 남성 생식기관 75

4.3. 여성 생식기관 84

4.4. 정자와 난자 92

제 5장 성호르몬과 월경

5.1 성호르몬 105

5.2. 월경 118

제 6장 수정과 태아

6.1. 수정과 착상 127

6.2. 임신과 태아 133

6.3. 쌍둥이 135

6.4. 아들딸 가려 임신하기 138

제 7장 피임과 불임

7.1. 피임법의 조건과 기준 145

7.2. 피임법의 구분 146

7.3. 열 손가락이 모자라는 피임법의 종류 148

7.4. 피임 현황과 대책 176

7.5. 불임 183

제 8장 중간 복습 195

제3부 즐거운 성

제 9장 사랑과 성욕

9.1. 사랑의 시작 213
9.2 성의 개념 233
9.3. 성욕 239
9.4. 이성 간의 신체접촉 246
9.5. 성환상 251
9.6. 몽정과 수면중절정감 253
9.7. 자위행위 256

제 10장 성행위

10.1. 성감대 261
10.2. 사랑을 부르는 키스 269
10.3. 성 생리 272
10.4. 성교 277
10.5. 섹스테크닉 289

제 11장 성생활

11.1. 성생활의 필요성 317
11.2. 행복한 성생활 비결 320
11.3. 신혼기의 성생활 327
11.4. 임신 중의 성생활 335
11.5. 노년기의 성생활 340
11.6. 장애인의 성생활 351
11.7. 미래의 성생활 353

제 12장 성생활의 문제와 해결

12.1. 정력 357

12.2. 성기 성형수술 366

12.3. 포르노 369

12.4. 성기능 장애 373

12.5. 성생활의 위기와 탈출 399

12.6. 성생활과 이혼 406

제4부 위험한 성

제 13장 성병, 알아야 대처

13.1. 성병의 특징 415

13.2. 얼마나 무서운 병인지 416

13.2 성병의 종류와 특징 418

13.3. 성병의 예방 436

제 14장 성도착증과 성범죄

14.1. 성도착증 441

14.2. 성범죄 451

제 15장 기말 평가 471

참고문헌 482

찾아보기 487

제 1 부

Science and Esthetics of Sex

자연계의 성

제1장 성의 탄생과 진화

제2장 번식의 지혜

왜 이 세상엔 암수가 있는 것일까? 당연한 것 같지만 신기하기도 하다. 자연생태계에서는 수컷과 암컷이 서로 협력하며 살아간다. 제1부에서는 생명의 진화과정에서 성이 어떻게 생겨났으며, 생식방법의 다양성, 유성생식의 효과, 성의 진화, 번식의 지혜 등에 대해 알아본다.

제 1 장

성의 탄생과 진화

학습목표

1. 다양한 생식방법을 설명할 수 있다.
2. 무성생식과 유성생식의 유리한 점과 불리한 점을 비교할 수 있다.
3. 수정방법을 설명할 수 있다.
4. 유성생식의 효과를 설명할 수 있다.
   1) 종내 다양성을 설명할 수 있다.
   2) 종 다양성을 설명할 수 있다.
5. 동식물에서 자가수정 회피의 원리를 설명할 수 있다.
6. 근친결혼을 금지하는 이유를 설명할 수 있다.

1.1. 성의 탄생

1.1.1. 무성생식의 탄생

약 45억 년 전 지구표면은 황과 황화수소로 덮여 있었는데 냉각되면서 소나기가 내리고 원시바다가 형성되었다고 추정하고 있다. 이 원시바다에 이산화탄소가 다량으로 유입되었으나 칼슘과 나트륨이 바다 속으로 유입되면서 이산화탄소와 결합하여 이산화탄소가 줄어들게 되고, 이에 온실효과가 줄어듦에 따라 지구가 식어지고, 구름이 걷히고 햇빛이 들어오게 되니 비로소 생명체의 요소가 쌓이게 되었다(그림 1.1).

약 35억 년 전, 태양에너지를 이용하여 광합성을 하는 원핵생물인 시아노박테리아(Cyanobacteria, 그림 1.2)가 탄생되었으며, 스스로 에너지를 생성하고 부산물로 산소를 방출하였다. 황화수소의 바다가 산소가 풍부한 바다로 바뀌게 되고, 바다 속에 풍부한 산소가 대기로 방출되게 되었다.

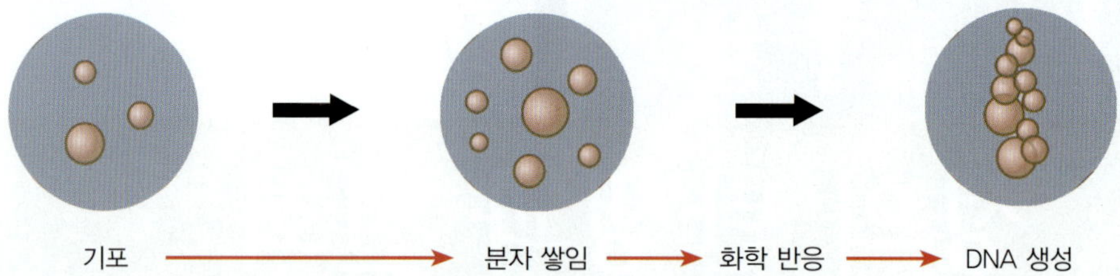

그림 1.1 최초로 생명체가 탄생되는 과정의 추정.

그림 1.2 시아노박테리아. 시아노박테리아가 번성한 호수(좌)와 아나배나(*Anabaena*)라고 불리는 담수에 가장 많이 존재하는 시아노박테리아의 일종(김명원 등, 2004).

약 20억 년 전, 이번에는 산소가 풍부해진 환경변화에 적응하여 생명체의 발달이 가속화 되었다. 두 가지의 박테리아가 1개의 세포 안에서 공존하게 되어 한 개의 세포 안에 핵과 미토콘드리아를 가진 새로운 생명체인 단세포 생물이 탄생하게 되었다. 이 단세포 생물은 수많은 분자로 쇠사슬처럼 연결된 DNA를 가졌으며 똑같은 DNA를 복제하여 분열하기 시작하였다. 이것이 바로 성(性, sex)의 구별 없이 단지 똑 같은 유전자만 늘어나는 무성생식(無性生殖, asexual reproduction)의 시작이라고 추정하고 있다.

1.1.2. 유성생식의 탄생

그러다가 약 14억 년 전, 지구상에 처음으로 대륙이 등장하고 환경의 급격한 변화로 바다에 양분의 부족하게 되자 단세포 생물이 멸종의 위기에 놓이게 되었다. 이로 인해 단세포들이 생존을 위해 두 개가 합쳐져 하나의 세포로 만들어지게 되었다. 지금의 클라미도모나스류(*Chlamydomonas*, 그림 1.3)와 비슷한 존재였을 것이다. 클라미도모나스는 엽록체와 2개의 편모를 가진 원생생물이다. 클라미도모나스는 혼자서 생활하며 무성생식을 한다. 그러다가 양분이 전혀 없는 샬레에 넣으면 움직이는 것을 멈추고 다른 세포 속으로 들어가 하나로 합체한다. 이것을 양분이 충분한 샬레에 넣으면 다시

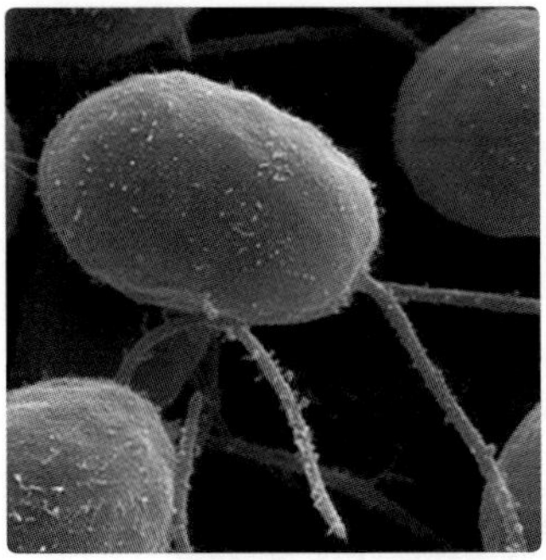

그림 1.3 1,000배로 확대한 클라미도모나스(*Chlamydomonas*)류의 전자현미경 사진. 2개의 편모가 있는 단세포 생물로 광합성을 하기도 하고 세포 표면을 통해 영양소를 흡수하기도 함(http://ko.wikipedia.org).

두 세포로 갈라진다. 양자 중에 대형의 것은 소극적이고, 소형의 것은 적극적으로 대형의 것을 추격하면서 다닌다.

이것이 성의 발생과 관계가 있다. 감수분열적인 성으로 진화된 것이라 추정된다. 몸 안에 2세트의 DNA가 있게 되면 DNA를 교환하게 되고, 합쳐진 세포는 먼저와는 다른 성분으로 분열하게 되고, 다른 유전자 조합을 가진 세포가 탄생하게 된다. 즉, 새로운 성질의 세포가 탄생되는 것이다. 성질이 다른 두 개의 세포 중 하나는 움직임이 적고 양분을 많이 지니고, 다른 하나는 운동성이 크고 수가 많다. 이 세포가 바로 난자와 정자로 분화되었으며, 이것이 성의 시작으로 추정한다(그림 1.4).

이와 같은 감수분열과 세포융합은 처음에는 생식과 관련이 없는 별개의 현상이었으나, 생물의 진화과정에서 서로 연결되어 유성생식이 시작된 것이다. 시간적 및 공간적으로 격리되어 있는 유전물질의 혼합이 가능해짐에 따라 성이 출현하게 되었다. DNA를 섞은 후 다시 분열하여 어미와 조금은 다른 유전자를 가진 세포가 탄생한 것이다. 이것은 암컷과 수컷으로 이루어진 유성생식(有無性生殖, sexual reproduction)의 시작이며 그 자손은 어미와는 조금 다른 유전자를 가지게 되므로 급속한 진화가 일어나게 되었다.

1.2 생식

1.2.1 생식방법

생식방법은 성의 유무에 따라 무성생식과 유성생식으로 나눈다(그림 1.5).

1) 무성생식

무성생식(無性生殖, asexual reproduction)은 암수 유전자의 결합없이 몸의 일부가 분리

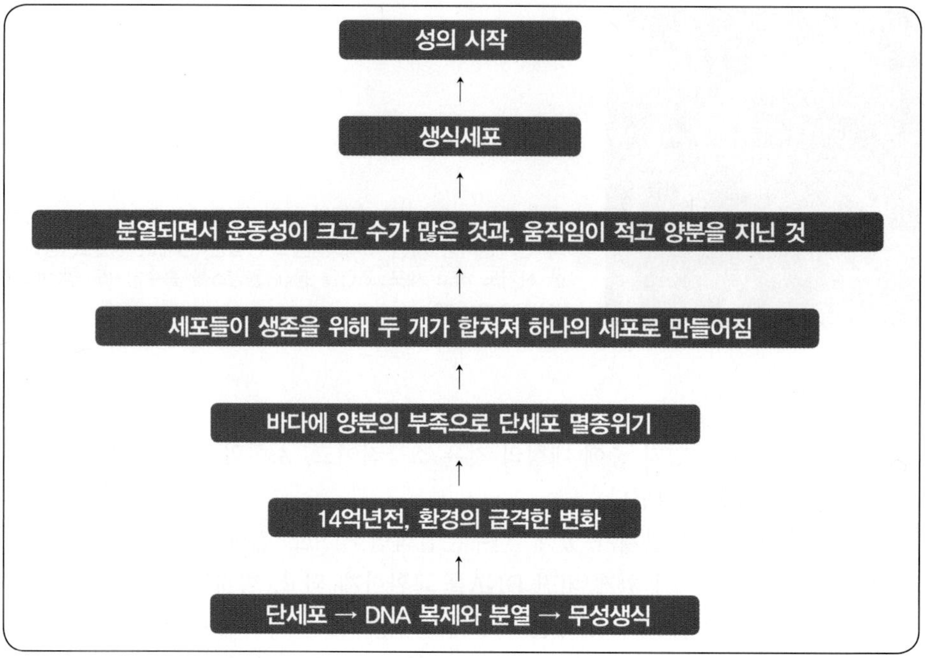

그림 1.4 추정된 성의 탄생 과정.

되어 새로운 개체를 형성하는 생식방법을 말한다. 성이 없으니까 똑같은 유전자를 복제하게 되는 셈이다. 그 방법으로는 분열(分裂, 이분법, fission), 출아(出芽, budding), 포자, 영양생식, 분절증식(fragmentation) 등이 있다.

짚신벌레는 먼저 몸의 크기를 두 배로 성장시킨 다음에 반으로 갈라지면서(분열) 두 개의 개체로 된다. 짚신벌레는 보통 분열로 번식하지만(무성생식) 때에 따라서는 접합(接合, conjugation)으로 번식하기도 한다(그림 1.6). 영양이 풍부할 때에는 분열하는데 핵과 세포질이 동시에 나누어져 두 개체가 된다. 환경이 좋지 않아 분열 능력이

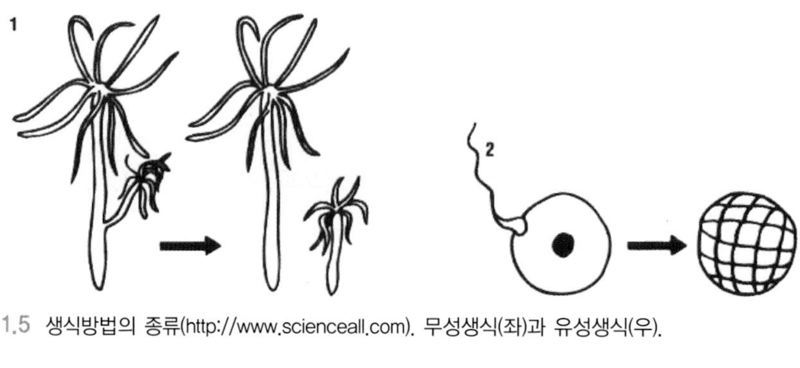

그림 1.5 생식방법의 종류(http://www.scienceall.com). 무성생식(좌)과 유성생식(우).

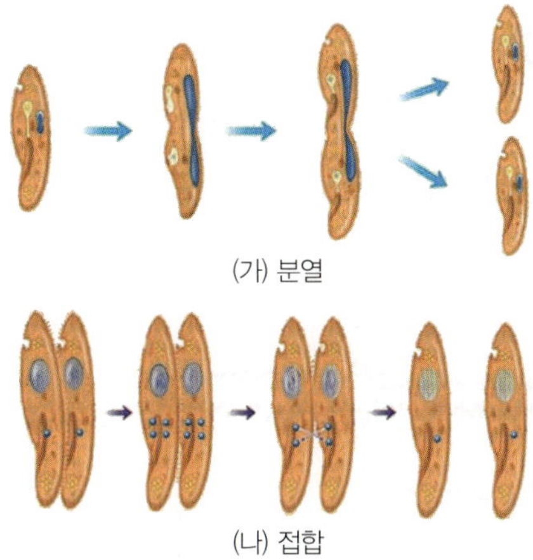

그림 1.6 A: 짚신벌레의 두 가지 번식방법(강영희 등, 2003), B 짚신벌레가 접합하는 사진.

떨어지면 두 개체가 한 개체로 합체하게 되는데 이를 접합이라고 한다. 접합하여 하나로 된 짚신벌레는 핵의 일부를 교환한 후 전과는 조금 다른 핵을 가지고 분열한다. 분열에 의해 생겨난 자손은 각각 핵이 같아 똑같은(same) 형질을 가지게 되는 반면, 이처럼 접합에 의해 생겨난 자손은 서로 핵을 교환함으로써 똑같지는 않지만 비슷한 형질을 가진 자손으로 된다.

육지의 딸기나 바다의 거북말처럼 땅속에서 줄기로 퍼져 나가는 식물(영양생식)도 무성적으로 번식한다(그림 1.7). 히드라는 일반적으로 유성생식을 하지만 때로는 성체에서 새로운 개체가 돋아 나오는(출아) 무성생식도 한다.

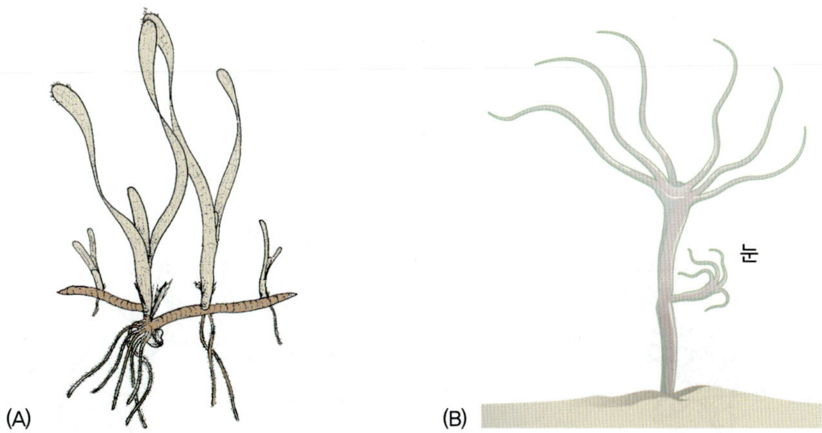

그림 1.7 무성생식의 종류. A: 거북말의 줄기에 의한 영양생식, B: 일반적으로 유성생식을 하지만 때로는 성체에서 새로운 개체(오른 쪽의 눈)가 돌출해 나와(출아법) 무성생식도 하는 히드라.

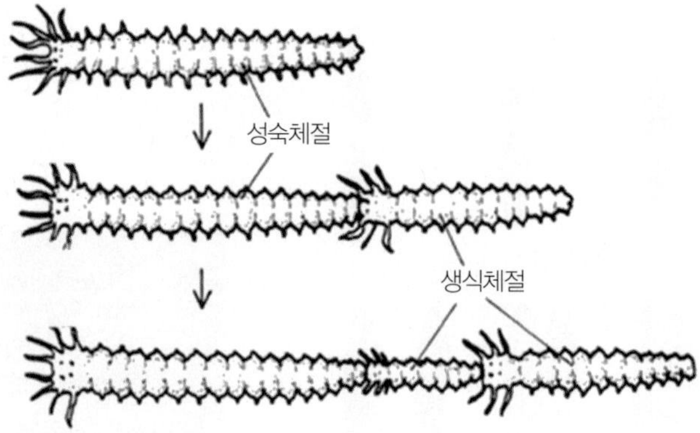

그림 1.8 *Autolytus prolifer*(염주발갯지렁이류)의 무성생식(Niesen, 1982).

갯지렁이류는 일반적으로 유성생식을 하지만 염주발갯지렁이류에 속하는 *Autolytus prolifer*는 무성생식을 한다(그림 1.8).

오래전부터 굴 양식자들은 불가사리(sea star)를 반으로 잘라 죽여 바다에 다시 던져 놓으면 2마리가 된다는 것을 알고 있었다. 불가사리는 일반적으로 유성생식을 하지만 이처럼 재생(再生, regeneration) 시키는 능력을 분절증식(fragmentation)이라 하며 무성생식이라 볼 수 있다(그림 1.9).

2) 유성생식

암수의 유전자를 가진 생식세포가 따로 있고, 이 생식세포가 서로 결합하여 자손을 만드는 생식방법을 말한다(그림 1.10). 유성생식(有性生殖, sexual reproduction)은 주로 고등생물의 생식방법이며 양친의 유전적 특징이 조합된 새로운 자손을 만드는 것이다. 이러한 조합에 의해 만들어진 새로운 개체 중에는 새로운 환경에 잘 적응할 수

그림 1.9 불가사리류의 재생에 의한 분절증식(Niesen, 1982).

그림 1.10 유성생식을 하는 동물의 예. 좌: *Nereis*(참갯지렁이류)의 생활환(윤과 홍, 1995). A: 저서생활을 하는 포복형 성체, B: 생식세포로 가득 찬 유영형 성체, C: 수중에서 방란과 방정, D: 영모충(泳毛蟲, nectochaeta) 유생, 우: 불가사리류의 일반적인 생활환(윤과 홍, 1995).

있는 것도 있다. 이 적응능력이 증가하는 것이야말로 유성생식을 행하는 종이 살아남을 수 있는 유리한 점이 된다.

유성생식을 위해서는 두 가지의 상호보완적인 과정이 요구된다. 첫째 암수가 생식세포를 만들어야 한다. 생식체포는 원래의 체세포가 가진 염색체 수의 절반을 가진다. 염색체의 수를 반으로 감소시키는 세포분열을 감수분열(減數分裂, meiosis)이라 한다. 감수분열의 결과로 형성된 생식세포가 정자와 난자이다. 둘째, 생식세포가 서로 만나 핵이 하나로 융합되는 수정(受精, fertilization)이라는 과정이 있어야 한다. 핵융합의 결과로 반감되었던 염색체의 수는 원래대로 돌아가고 이 세포가 분열하여 자손으로 된다.

3) 무성과 유성의 두 가지 생식

한 동물에서 상황에 따라 무성과 유성의 두 가지로 생식하는 동물은 히드라, 말미잘, 산호, 갯지렁이 등에서 알려져 있다(그림 1.11).

4) 단성생식

어떤 종은 암수가 구분되어 유성생식을 하는 경우도 있지만 때에 따라 암컷 혼자서 자손을 만들어 생식하는 경우도 있다. 이를 단성생식(單性生殖, 단위생식, parthenogenesis)이라 한다. 단성생식은 자손의 출발점을 생식세포(여기서는 알)로 본다면 유성생식에 해당되는 셈이고, 자손의 유전자가 부모와 일치되는 가의 여부에 따라 나눈다면 무성생식에 해당된다.

진딧물은 보통 양성으로 유성생식을 하지만 생식조건이 좋을 때에는 암컷 혼자서 유전자를 완전히 복제하는 무성생식도 한다(그림 1.12). 아주 효율적인 번식방법인데 하루에 10마리의 새끼를 낳을 수 있다. 이 경우, 몇 마리의 새끼를 잃어도 별 문제 없다. 다른 진딧물도 완전복제물이기 때문이다.

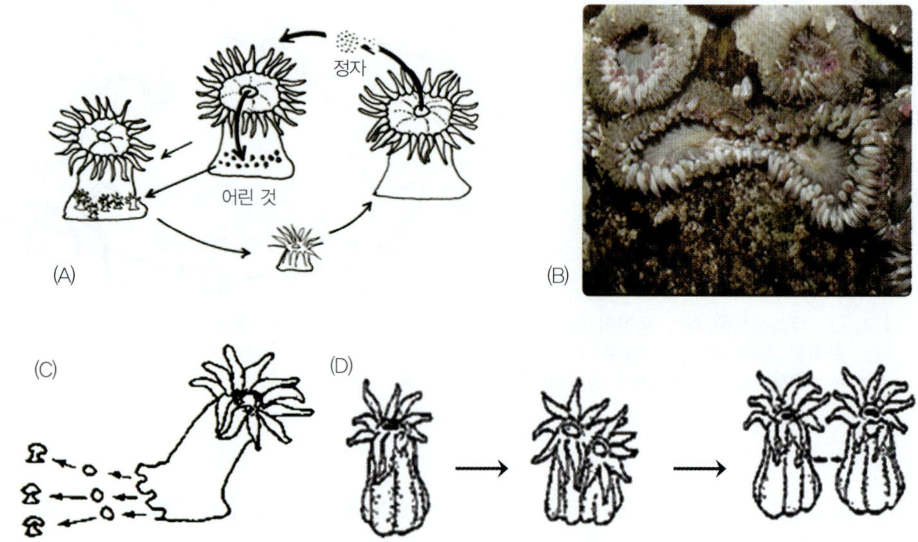

그림 1.11 A: 일반적으로 유성생식을 하는 말미잘의 생활환(윤과 홍, 1995). B: 말미잘의 분열에 의한 무성생식(김병진 등, 2005), C: 말미잘의 족반분열에 의한 무성생식(윤과 홍, 1995), D: 일반적으로 유성생식을 하지만 때때로 출아에 의한 무성생식을 하는 산호(Niesen, 1982).

어떤 종에서는 단성생식을 하는데도 성행동을 필요로 한다. 그러나 이 성행동으로 수정이 일어나는 것은 아니다. 일반적으로 도마뱀은 유성생식을 하는데, 웹테일도마뱀류의 일종(*Cremidophorus uniparens*)에서는 단성생식을 한다. 이들은 정자를 만들거나 전달하지는 않지만 모든 구애행동을 보이고 또 교미행동도 보인다(그림 1.13). 어떤 것이 암컷으로 행동하느냐 수컷으로 행동하느냐는 그 당시의 호르몬 상태에 달려 있으며, 암컷의 배란이 자극되려면 이러한 성행동이 필수적인 것으로 알려졌다.

그림 1.12 진딧물 암컷의 단성생식(이광웅 등, 2003).

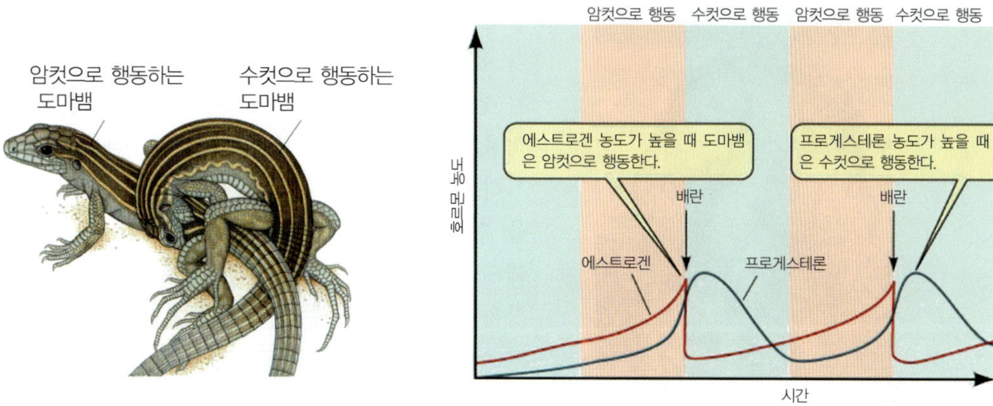

그림 1.13 단성생식에도 성행동이 필요한 웹테일도마뱀류의 일종. (a) 웹테일도마뱀은 모두 암컷이다. 그러나 성행동을 하며 번갈아 가며 수컷역할을 한다. (b) 호르몬 상태에 따라 각자가 암수의 역할을 한다(이광웅 등, 2003).

1.2.2. 무성생식과 유성생식의 비교

무성생식을 하는 생물은 적합한 때와 장소를 만나면 재빨리 그 개체수를 증가시킬 수 있다(표 1.1). 그리하여 한 종의 생물이 적합한 서식장소를 재빨리 차지하는 것을 가능하게 한다. 무성생식을 하는 종의 유생이 성장하기에 적합한 장소에 정착하였다면 비교적 짧은 시간에 급증하고 그 장소를 최대한으로 이용할 수 있는 것으로 된다. 급격하게 변화하는 환경에는 불리하겠지만 호적한 환경조건을 잘 이용하는 방법이며 많은 종에서 볼 수 있다.

표 1.1 무성생식과 유성생식의 비교(윤성규, 2010)

생식방법	유리한 점	불리한 점
무성생식	• 조건이 맞을 때 신속하게 많이 증식(기회주의적)	• 유전자의 복제(same)이므로 유전자의 단일성으로 인하여 환경변화에 대처하지 못하고 멸종할 수 있음(일부는 불안정한 환경에서 더 잘 적응하여 높은 번식률을 나타냄)
유성생식	• 세대를 거치면서 유전자의 다양화(gene diversity) 즉, 자손은 신제품(not same but nearly same), 따라서 적자생존에 유리하므로 진화할 수 있음	• 짝찾기에 에너지 소모, 투쟁, 희생, 많은 시간 필요 • 조건이 맞아도 신속하게 많이 증식하지 못함

그림 1.14 유성생식을 하는 바다거북의 교미.

반면에 유성생식에 의해 만들어진 자손은 개체마다 유전자 특징이 조금은 다르기 때문에 개체 중에는 환경변화에 잘 적응하거나 또는 새로운 환경에 적응할 수 있는 것도 있게 된다. 이 적응능력이 증가하는 것이야말로 유성생식을 행하는 종이 살아남을 수 있는 이점이 된다. 한편, 유성생식은 여러 면에서 무성생식에 비해 비경제적이다. 반드시 짝을 찾아야 생식을 할 수 있으므로 짝찾기에 많은 시간과 에너지가 소모되고(그림 1.14), 때로는 서로 차지하기 위해 투쟁해야하는 희생이 필요하다.

가장 멀리 이동하는 개체일수록 가장 다른 환경을 만나게 마련이다. 만일 새끼들이 평범한 자질을 지닌 개체라면 재수없는 나그네처럼 대다수가 환경에 적응하지 못해 죽을 수 있다. 그러나 자손들 중에 특출한 자질을 가진 개체가 있으면 살아남을 가능성이 높다. 새로운 환경으로 자손을 보내려면 유전적으로 똑같은 자손을 여럿 낳는 무성생식보다는 유전적으로 서로 다른 자손을 많이 낳는 유성생식이 유리한 것이다.

한편, 일부의 무성생식을 하는 생물이 유성생식을 하는 생물보다 불안정한 환경에서 더 잘 적응하여 높은 번식률을 나타내는 경우도 있다.

1.2.3. 수정방법

유성생식을 하는 생물은 생식세포가 서로 만날 수 있는 가능성을 증가시키기 위해서 다양한 수정방법을 가지고 있다(표 1.2). 수정을 위한 생식세포가 어디서 오느냐에 따라 자가수정(自家受精, self fertilization)과 타가수정(他家受精, cross fertilization)으로, 그리고 수정되는 장소에 따라 체외수정(體外受精, external fertilization)과 체내수정(體內受精, internal fertilization)으로 나눈다.

- 자가수정(제꽃가루받이): 암수한몸인 식물이나 동물의 경우, 하나의 개체 내에서 일어나는 수정방법이다. 식물에서 한개의 꽃 안에 있는 암술과 수술 사이에서의 수정이 그 예이다.
- 타가수정(딴꽃가루받이): 다른 개체 사이 또는 특수한 경우 한 그루 안에 있는 다른 꽃 사이에서의 수정을 가리킨다. 식물에서는 타화수정(他花受精)이라고도 한다. 동물에서의 타가수정은 매우 일반적이며, 잡종을 만들어 그 중에서 인간이 필요로 하는 품종을 육성하기 위하여 이 방법을 많이 사용하기도 한다.
- 체외수정: 물고기나 개구리에서처럼 정자와 난자가 체외에서 만나 수정되는 경우이다. 체외수정을 하는 동물은 수정률을 높이기 위해 정자와 난자의 방출시기를 동

표 1.2 수정방법의 다양성

구분		특징	예
수정하는 개체수의 차이	자가수정	• 암수한몸인 하나의 개체 내에서 일어나는 수정	• 벼, 보리, 강낭콩 등
	타가수정	• 암수가 다른 개체 사이에서 일어나는 수정	• 대부분의 동식물
수정되는 장소의 차이	체외수정	• 암컷 체외에서 이루어지는 수정. 암수가 동시에 정자와 난자를 방출하여 수정	• 대부분의 무척추동물, 물고기 등
	체내수정	• 생식기 결합 필요. 암컷 체내에서 이루어지는 수정. 수정확률 높음	• 고등동물

시에 하거나, 난자가 정자를 유인하는 물질을 내는 등의 방법을 쓰는 것도 있다. 사람의 경우, 불임을 치료하기 위한 체외수정은 시험관수정이라고도 한다.

- 체내수정: 일반적으로 육지에 사는 고등동물의 경우, 생식세포(정자와 난자)가 체외로 나가면 건조되므로 수분이 유지되는 체내기관에서 수정이 일어난다. 그러므로 생식세포가 서로 잘 만날 수 있고 수정확률이 높다. 그리고, 암수가 만나 서로 이끌려야 하므로 유혹하기 위해 구애행동이 발달하게 되어 있다.

1.3. 유성생식의 효과

유성생식은 여러 면에서 무성생식에 비해 비경제적인데 진화된 고등생물일수록 유성생식이 일반화된 이유는 무엇일까? 성의 중요성은 유성생식의 유리한 점으로 설명할 수 있다. 유성생식의 가장 유리한 점은 유전자가 다양한 자손이 태어날 수 있어서 진화 속도가 높다는 것이다. 그리하여 유성생식에 의해 유전적 성질이 다른 자손을 생산하게 되어 환경적 변화와 질병에도 살아남을 수 있어 쉽게 멸종하지 않는다. 더 나아가 광활한 지역의 다양한 환경 조건에 적응할 수 있기 때문에 오랜 시간이 지나면 아예 종류가 다른 다양한 종들로 분화하게 된 것이다. 원시바다에서 두개의 세포가 만나서 서로 협력을 하면서 시작된 유성생식으로 인해서 지구는 지금처럼 다양하고 풍부한 종들이 존재할 수 있는 생명 진화의 추진력이 되었다고 할 수 있다.

종 다양성과 관련된 용어를 정리하면 표 1.3과 같다.

표 1.3 종 다양성과 관련된 용어 정리

구분	특징	예
종 (種, species)	• 생물의 분류 단위로 자손대대로 생식이 가능한 무리	• 개구리와 청개구리는 다른 종
종내 다양성 (종내 유전자 다양성)	• 같은 어미에게서 태어난 자손이라도 미세한 유전적 특징이 다름을 나타냄	• 형제자매라도 유전적 특징이 다름
종 다양성 (종간 다양성)	• 다양한 종이 있음을 나타냄	• 앞산에는 20종의 새가 있고, 뒷산에는 10종의 새가 있을 경우 앞산의 새의 종 다양성이 더 높음

1.3.1. 종내 다양성의 증가

유성생식의 장점은 세대를 거쳐 가면서 종내 유전자의 다양화가 일어나고, 열악한 환경에 견디거나 질병에 살아남은 강한 자가 교미하여 강한 유전물질을 전달하므로 새로운 세대에서는 좀 더 진화해 갈 수 있다는 것이다(그림 1.15). 유성생식에 의한 종내 유전자의 다양성을 변이 또는 개별성이라고 한다. 즉 한 부모로부터 태어난 형제자매라도 유전적 특징이 다름을 종내 다양성이라 한다.

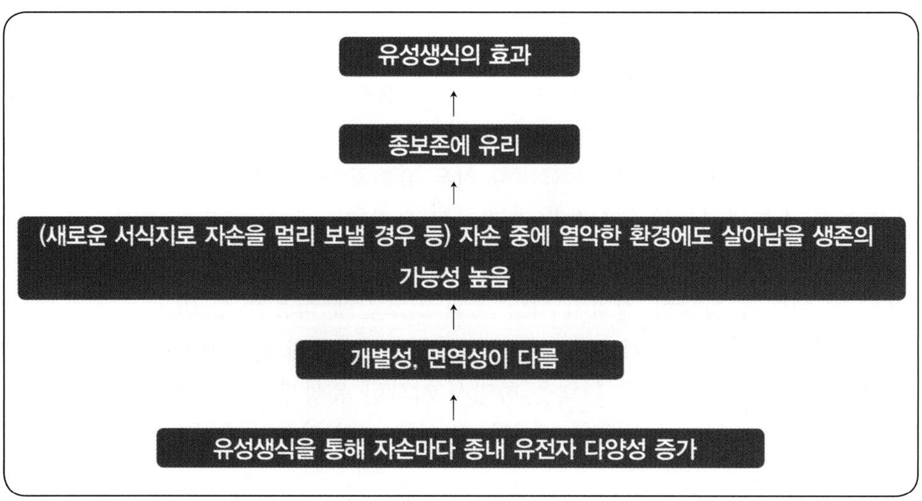

그림 1.15 유성생식의 효과인 종내 다양성의 증가

1) 적자생존

유성생식은 종내의 유전인자가 다양하므로 적에게 잡아먹히는 정도가 다르기 때문에 그 환경에 적합한 개체(적자, 適者)는 자연에게 선택되어(자연선택) 생존할 수 있다. 그리고, 환경이 변화할 때에도 자손 중에 새로운 환경에 적응된 개체는 생존가능성이 높다. 그 예는 다음과 같다.

- 아글리아스나비: 아마존에서 썩은 과일을 좋아하는 나비이다. 같은 어미에서 태어난 새끼 나비들끼리 각각 날개의 색과 무늬가 다르다. 유성생식에 의해 창조된 개별성이다. 그 이점은 무엇일까? 한 가지의 날개 색을 가지기 보다는 여러 색을 가지므로서 날개 색에 따라 적에게 잡아먹히는 정도가 달라서 적합한 자는 생존할 수 있으므로 그 종이 멸종하는 것을 방지할 수 있다(KBS • NHK, 1995a).
- 메델라이나비: 오키나와에 사는 호랑나비류인 메델라이나비는 개체마다 날개 무늬가 조금 다르다. 하얀 점을 가진 개체는 번식기회가 적다. 왜냐하면 천적인 나이팅게일새의 공격에 노출되기 쉽기 때문이다. 이 새는 하얀 점이 있는 개체는 먹지만 빨간 점이 있는 개체는 먹지 않는다. 왜 빨간 점이 있는 개체는 먹지 않을까? 독을 가진 베니몬아게아나비인 줄 알고 피한다. 날개 색에 따라 적에게 잡아먹히는 정도가 달라서 그 종이 멸종하는 것을 방지할 수 있었을 것이다(KBS • NHK, 1995a).
- 다른 종류의 나비: 한 어미가 같은 시기에 낳은 알이지만 부화시기가 달라서 태풍 등의 악조건에서도 생존할 수 있다. 오키나와에는 태풍이 많은데, 만약 동시에 부화한다면 부하할 하필 그 때 태풍이 온다면 모두 시망하게 될 것이다. 부화기간이 나르므로 그 중 일부는 태풍기간 동안 번데기로 살아남아 종족을 유지할 수 있다.

2) 질병

개별성은 질병에 대한 저항력을 길러준다. 만일 한 개체를 파괴할 수 있는 강한 질병 원인균이 출현하였다고 가정해 해보자. 그 균은 무성생식으로 태어난 개체를 순식간에 모두 감염시킬 수 있을 테지만, 유성생식으로 태어난 개체를 효율적으로 공략할 수는 없다. 마치 한 개의 열쇠로 모든 자물쇠를 열 수 없는 것과 같다. 요컨대 성은 모든 세대에 걸쳐 질병을 일으키는 생물의 공격을 방어하는 수단으로 개발된 전략무기인 셈이다(윤성규, 2010). 그 예는 다음과 같다.

- 토끼: 호주에는 원래 토끼가 없었는데 영국의 식민지 시절, 영국에서 사냥용으로 토끼 몇 마리 가져 왔다. 호주에는 토끼의 천적이 없었기 때문에 토끼의 수는 엄청나게 불어나더니 급기야는 농작물에 피해를 주기 시작했다. 토끼를 제거하기 위해 토끼만 감염시켜 죽게하는 바이러스를 수입해 와서 퍼뜨렸다. 바이러스는 순식간 많은 토끼를 사망하게 했으며 수년만에 야생 토끼는 멸종위기에 이르렀다. 그러나,

이 바이러스에 면역을 가진 토끼가 존재하여 이 전략은 실패하고 말았다. 유성생식을 통해 매번 다른 종류의 단백질을 생성할 수 있으므로 그 바이러스에도 면역을 가진 토끼가 출현하여 살아남을 수 있었다. 이 예는 바로 유성생식은 종내 다양성을 증가시킨다는 것을 설명한다. 유성생식으로 인하여 종내 다양성이 증가되어 질병을 이기고 생존을 도와주었기에 토끼는 멸종하지 않았다(KBS • NHK, 1995a).

- 사람: 사람은 모두 약 10만개의 유전자를 가졌다. 그 중 93%는 부모와 똑 같고 나머지 7%만 부모와 다르다. 이들 7% 유전자의 예를 들면 머리카락이나 눈동자의 색과 혈액형 등이다. 10만개의 7%이면 7,000개이다. 이것이 부모로 자손에게 전달될 때 조합의 가능성은 27000이다. 이 숫자는 모래알의 수만큼 다양하므로 2명의 아이가 똑같은 유전자를 가질 확률은 거의 0에 가깝다(KBS • NHK, 1995a). 그 예로서 MHC단백질은 세포분열 때마다 다른 MHC단백질을 탄생시킨다. 개별성을 가지게 된 것이다. 이 개별성 때문에 똑같은 유전자를 가진 자손 만들기는 거의 불가능하다. 그리하여 똑같은 환경에 있는 사람 중에서도 질병에 걸리는 정도가 다르게 된다.

3) 종내 다양성을 유지하는 요인

① 개별성

유성생식은 종내 다양성을 제공하므로 진화에 유리하다. 개별성을 가지고 있으므로 새로운 서식지로 자손을 멀리 보낼 경우에 열악한 환경에도 살아남을 생존의 가능성 높다. 개별성에 관한 예는 애완견에서 볼 수 있다. 마치 다른 종처럼 다양한 모습으로 보이지만 서로 교배가 가능하며 생식가능한 자손을 낳으므로 현재는 모두 같은 종으로 되어 있다. 애완견은 인공적으로 선택하여 종내 유전자를 다양하게 만들어 너무나 뚜렷한 개별성을 가졌으므로 이를 품종이라 한다(그림 1.16).

② 근친교배 회피

태평양의 동부 캘리포니아 해안에 서식하는 작은 멍게류는 군체(群體, colony)를 형성한다. 1mm의 개체가 모여 꽃 모양의 군체를 형성한다. 개체끼리는 가는 관으로 연결되어 있어서 양분을 교환한다. 하얀 무늬와 갈색 무늬는 같은 종의 멍게류이지만 두 가지를 섞으면 관을 연결하지 않고 떨어지려고 한다. 서로 이물질로 여긴다. 하지만 번식할 때는 반대현상이 일어난다. 같은 색의 정자와 난자는 수정하지 않고 거부하면서 다른 색 난자와 정자끼리만 수정한다. 같은 종이지만 같은 색의 군체끼리는 생식을 거부하고 유전적으로 다른 색의 군체들끼리 교배를 한다(KBS • NHK, 1995a). 근친교배를 하지 않음으로 더욱 다양한 종내 유전자의 다양성을 유지하려고 한다. 이렇게 근친교배를 회피함으로서 종내 다양성이 유지된다.

그림 1.16 인공선택에 의한 개의 종내 다양성(김명원 등, 2004).

1.3.2. 종 다양성의 증가

1) 자연선택에 의한 종의 분화

유성생식의 가장 현저한 우월성은 같은 종 내에서도 오랜 시간이 지나면 자손 중에는 유전자의 차이가 극심하게 되어 진화적으로 다른 종으로 분화될 수 있다는 것이다. 매번 서로 다른 유전자의 재조합으로 태어난 자손은 어미와는 조금 다른 유전물질을 가진다. 이러한 종내 유전자 변이가 다양성을 낳아 오랜 시간이 지나면 다른 종으로 분화하게 된다. 그 과정은 다음과 같다(그림 1.17).

① 각 세대마다 환경이 부양할 수 있는 것보다 더 많은 자손이 태어난다.

② 자손 개체들 사이에는 미세한 유전적 변이가 있어서 형태적 · 행동적 특성이 다르다.

③ 일부 자손들은 그들의 형태적 · 행동적 특성 때문에 다른 개체들보다 생존과 생식의 기회가 다르게 된다. 그렇게 되면 자연선택이 작용할 여지가 다르게 되며, 각자가 처한 환경에 잘 적응된 자손이 생존하여 생식하게 될 것이다.

④ 만약, 대륙이동으로 높은 산맥이나 바다의 형성 등으로 지리적 격리가 너무 오랫동안 일어나게 되면 같은 종 내에서도 정자와 난자의 수정이 불가능하게 된다(생식적 격리).

⑤ 또는 어떤 원인으로 돌연변이가 일어나게 되면 전혀 다른 자손이 태어나게 된다.

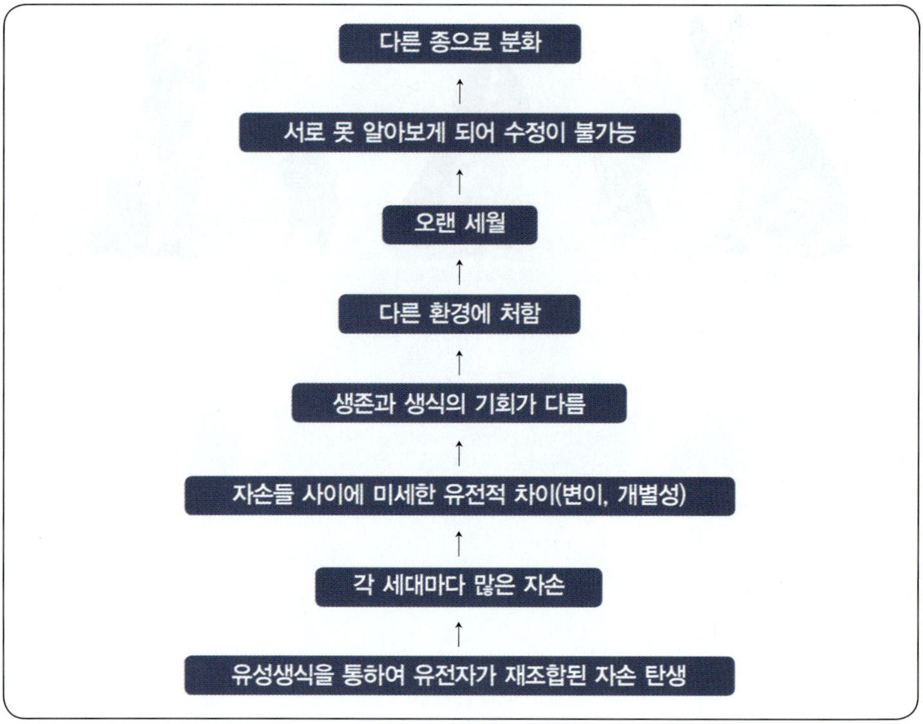

그림 1.17 자연선택에 의하여 종의 분화가 일어나는 과정.

위와 같은 이유로 종내 유전자의 교류를 제한하는 생식적 격리가 일어나면 각각은 새로운 종으로 분화해 나가게 된다. 그리하여 종 다양성이 증가하게 된다. 그 예를 개의 자연선택에 의한 종다양성에서 볼 수 있다(그림 1.18).

그림 1.18 개의 자연선택에 의한 종 다양성(김명원 등, 2004).

2) 손상된 유전자 수복

생태학자들과 달리 분자생물학자들과 유전학자들은 성이 종의 다양성을 증진시키기보다는 도리어 제한한다는 이론을 전개했다(이인식, 1997). 유전자를 이루는 물질인 DNA에는 두 종류의 착오가 발생한다. 하나는 DNA가 손상되는 경우이고 다른 하나는 DNA가 잘못 복제되는 경우이다. 전자는 DNA분자 수준에서 인식되어 수복(修復)가능하며 복제되거나 유전되지 않는 착오인 반면에, 후자는 DNA분자 수준에 인식이 불가능하고 수복될 수 없으며 복제되어 유전되는 착오이다. 전자의 수복(修復)가능한 착오에 주목한 분자생물학자들은 유전자 수복(DNA repair)이론을 제안했고 수복 불가능한 착오에 관심을 가진 유전학자들은 돌연변이(突然變異, mutation)이론을 주장했다.

유전자 수복 이론은 성이 유전자의 착오를 수복하기 위해 필요한 것으로 보인다. 두가닥으로 구성된 DNA분자는 햇빛이나 화학물질에 의해 끊임없이 손상을 받는다. DNA의 한가닥에 손상이 생길 경우, 유성생식을 통하여 다른 개체로부터 유전자의 복사본을 가져올 수 있으므로 유전적 다양성을 증가시키기보다는 오히려 제한할 수 있다. 그러나, 한편으론 손상된 유전자를 수복시켜 줄 수 있다. 이 이론에 따르면, 박테리아가 원시지구의 악조건, 예컨대 과도한 산소 또는 자외선에의 노출로 손상된 염색체를 수리하기 위한 방법으로 유전자의 일부를 서로 교환하게 된 것을 성이 시작된 계기로 보는 것이다(김학현, 1996).

돌연변이 이론은 유성생식을 하는 종의 돌연변이를 없애는 데 효과가 있는 것으로 본다(김학현, 1996). 무성생식을 하는 생물에서는 부모의 유전적 결함이 그대로 자식에게 전부 전달되므로 돌연변이가 태어나는 것을 막을 길이 없다. 마치 한쪽방향으로는 잘 돌아가지만 다른 방향으로는 되돌릴 수 없는 톱니바퀴처럼 유전적 결함이 축적되는 것을 피할 수 없는 것이다. 그러나 유성생식을 하는 생물에서는 부모 중 한 쪽이 돌연변이가 될 수 있는 해로운 유전자를 가지고 있어도 유성생식에 의해 유전자가 혼합되므로 자손은 죽는 개체도 있지만 거의 돌연변이를 갖지 않은 채 태어난다. 유성생식에 의해 유전적 결함이 많은 개체는 걸러지는 셈이다. 요컨대 톱니바퀴에 돌멩이가 끼어서 한쪽 방향으로 잘 돌지 않을 때 거꾸로 돌려서 돌멩이를 빼내는 것처럼, 유성생식은 세포에 축적되어 있는 해로운 돌연변이를 골라 내는 역할을 한다는 것이다.

1.3.3. 번식이외 성의 역할

1) 보노보

보노보(피그미침팬지)의 유전자 중 99%는 인간과 비슷하다. 의사 전달체계가 있으며 질투까지한다. 보통의 동물은 발정기가 정해져 있지만 야생 보노보는 매일 성행위를 할 수 있다(그림 1.19). 침판지와 다르게 성행위를 생식이외의 목적으로도 사용한

그림 1.19 인간이 하는 거의 모든 체위로 성행위를 하는 보노보.

다. 성행위를 통해 기쁨을 얻으며, 성행위는 계급구조의 형성에 영향을 준다. 다른 무리에 들어간 암컷은 이미 있던 암컷을 부등켜안고 같이 먹으면서 긴장을 완화시킨다. 수컷에게 접근할 때 먹이를 제공하면서 먹기 전에 먼저 성행위를 하고 나누어 먹는다. 성행위는 개체간의 1차적 번식목적으로 사용하지만 2차적으로 긴밀한 관계를 유지하기 위해서도 사용한다. 보노보에서의 성은 사회생활에서 평화로운 관계를 유지하는데 필요하다. 성은 생식이외의 새로운 기능을 갖게 된 것이다(KBS • NHK, 1995a).

2) 사람

사람에서 성의 역할은 무엇일까? 번식이외에 긴밀한 관계유지, 긴장해소, 일의 능률향상, 자기만족, 기쁨 등 다양한 역할을 한다. 남녀는 장단점이 다르기 때문에 협동하면 능률이 향상되어 힘든 임무도 수행할 수 있고, 이성이 있으면 마음이 편해지고 즐거운 긴장상태를 유지할 수 있다. 유성생식이 어려운 환경에 살아남아 공존하듯이 남녀도 협력하면서 공존하여야 한다. 그리고 인간에서 성은 다른 동물과 큰 차이가 있다. 인간은 상상할 줄 알고 예술을 창조하듯이 성을 표현하고 성을 산업화하기도 한다. 상상만으로도 성관계가 가능하다. 인간은 성 그 자체를 지성, 환상, 오락으로 장식할 수 있다(KBS • NHK, 1995a).

1.4. 성의 진화

1.4.1. 단세포생물의 회춘

단세포인 짚신벌레는 무성적으로 분열하여 번식한다. 분열하여 생긴 2개는 유전자가 꼭 같은 것이다. 그러면 짚신벌레는 유성적으로는 번식하지 않는 것일까? 사실은 원시적인 유성생식도 한다. 노화한 짚신벌레는 때때로 2개체가 접합하여 제각기의 내용물을 교환하여 회춘한다(그림 1.20). 회춘한 2개체는 계속 분열을 개시하여 왕성하게 동종을 늘려간다. 그야말로 젊음으로 되돌아가는 것이다. 2개체가 접합하므로 유성생식으로 볼 수도 있지만, 그러나 아직 완전한 유성생식이라고는 할 수 없다.

1.4.2. 암수한몸의 자가수정 회피

암수한몸인 식물도 스스로 자가수정을 회피할 수 있는 방법을 가지고 있다. 자신의 꽃

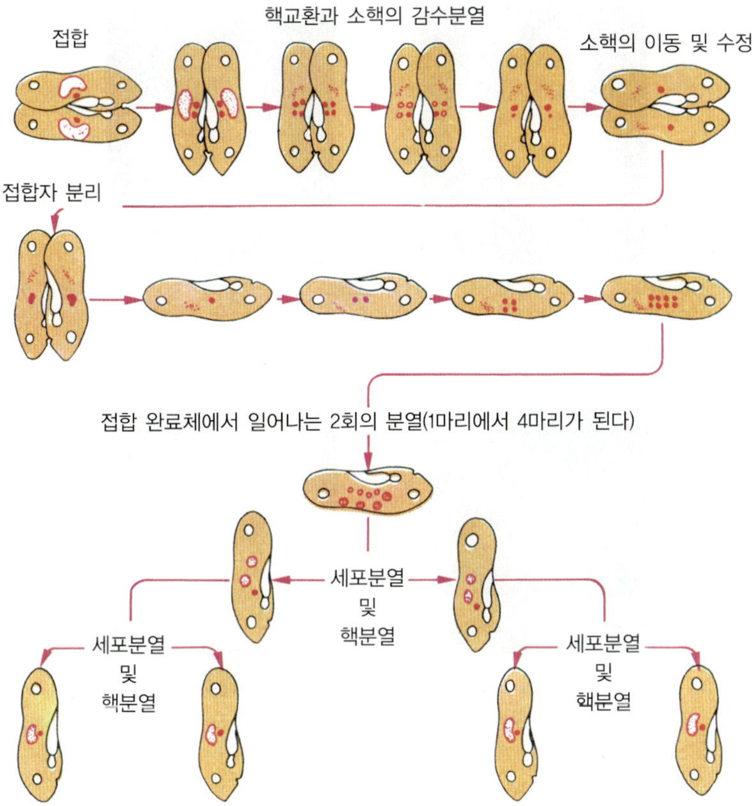

그림 1.20 짚신벌레의 생식. 노화되었을 때(위)와 평소(아래)를 나타냄(추영국 등, 2015).

가루가 자기의 암술에 붙는 것을 피하고 다른 꽃의 꽃가루가 수정될 수 있도록 한다.

- 캥거루발꽃: 새가 꿀을 먹으려고 부리를 넣는 순간 목 뒤에 꽃가루가 묻게 되고, 다른 꽃으로 이동하면 앞의 꽃가루가 다른 꽃의 암술에 묻게 된다.
- 목련: 암술과 수술의 성숙시기가 달라서 다른 꽃에서 오는 꽃가루를 받게 된다. 도라지, 유채, 이질풀 등도 그렇다(그림 1.21).
- 소나무: 한 꽃에 수술과 암술이 함께 있지만 암술이 수술보다 훨씬 위에 있어 같은 꽃의 꽃가루가 수정되는 것을 어느 정도 방지할 수 있다. 대부분의 꽃은 이러한 구조이다(그림 1.22).
- 달팽이: 암수한몸(자웅동체)이면서 석회질의 화살촉과 같은 생식기관을 상대에게 집어넣어 정자를 제공한다. 암수한몸이라도 자가수정을 하지 않고 타가수정을 한다.
- 지렁이: 암수한몸이면서 역시 다른 개체를 찾아서 서로 정자를 주고받아 쌍방 모두 수정하고 산란한다(그림 1.23).

그림 1.21 암술과 수술의 성숙 시차(이질풀). 꽃밥이 하나씩 터져 꽃가루를 날리는 시기(좌), 자신의 꽃가루를 다 날린 뒤 암술머리가 갈라지면서 익는 시기(우) (http://han.nazon.net).

그림 1.22 A: 꽃의 구조 ① 암술머리 ② 암술대, ③ 수술머리(꽃밥), ④ 수술대, ⑤ 꽃잎(http://navercast.naver.com), B: 암술이 수술보다 위에 있는 진달래꽃.

그림 1.23 암수한몸이지만 타가수정을 하는 지렁이(김병진 등, 2005)와 따개비.

- 따개비: 어릴 때 바위 표면에 한 번 정착하고 나면 전혀 이동할 수 없는 따개비의 경우에도 암수한몸이지만 가능한 한 수컷생식기(penis)를 길게 뻗어 근처에 있는 다른 개체에게 정자를 제공한다.

생식에 편리한 암수한몸의 구조를 하고 있으면서도 이처럼 근친교배를 피하려는 이유는 다른 개체끼리 결합하여 조금이라도 다양한 유전형질 가지도록 하여 종내 다양성을 유지하기 위한 것이다(그림 1.24).

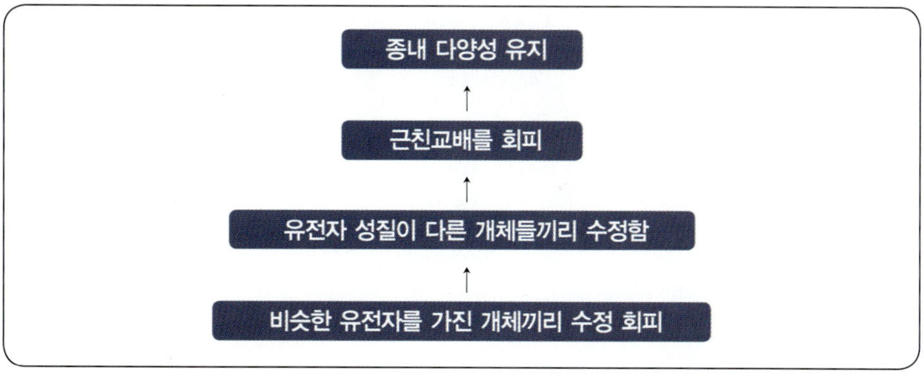

그림 1.24 종내 다양성 유지의 요인.

1.4.3. 근친결혼 금지

근친결혼은 사촌간을 포함하는 근연자끼리의 결혼을 말한다. 유전학적으로 근친이라는 사실은 개체간 유전자가. 상당부분 동일하다는 것을 의미한다. 동일한 유전가 많을수록 좋은 점도 있지만 때로는 질병을 유발하는 유전자 사이의 결합 기회가 늘어나 유전병의 발생빈도가 높아진다. 각 가계에는 좋은 유전자도 있겠지만 유전병을 유발하는 악성 유전자가 있을 가능성도 있다. 그 악성 유전자는 친척들 중에 중복적으로 가질 가능성이 높고, 겉으로 발현되지 않고 잠재성일 가능성이 높다. 만약 이러한 상황에서 근친결혼이 이루어진다면 두 사람이 가진 악성 유전자가 만나 그 형질이 발현될 가능성이 높다. 즉, 다른 가계의 사람과 결합하는 것보다 유전적 결함이 나타날 가능성이 더 높게 되는 것이다(그림 1.25). 이러한 점 때문에 법에서는 근친결혼을 금지하고 있다(윤성규, 2010).

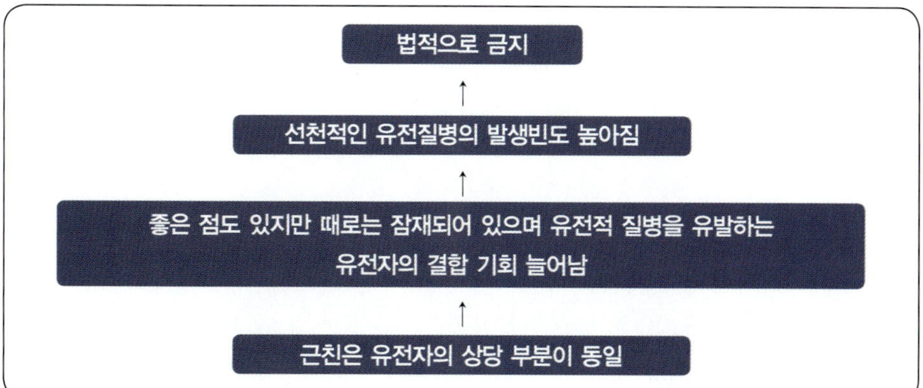

그림 1.25 근친결혼 금지의 이유.

제 2 장

번식의 지혜

학습목표

1. 식물의 꽃가루받이 하는 방법에 대해 설명할 수 있다.
2. 동물들의 짝을 찾는 방법에 대해 설명할 수 있다.
3. 동물들은 언제 번식하는 것이 유리한지를 설명할 수 있다.
4. 동물들의 양육방식을 설명할 수 있다.

2.1. 식물의 성

2.1.1. 암수한몸과 암수딴몸

식물의 꽃은 생식기에 해당한다. 소나무나 감나무처럼 한 그루에 암꽃과 수꽃 모두 가지는 식물을 암수한몸(자웅동주, 雌雄同株)이라 한다(그림 2.1). 그 중, 보통의 꽃처럼 한 꽃에 암술과 수술을 모두 가지는 꽃을 양성화(兩性花)라 하고, 반면에 호박처럼 한 그루에 수술만 있는 꽃(수꽃)과 암술만 있는 꽃(암꽃)을 따로 가지는 꽃을 단성화(單性花)라 한다(그림 2.2). 은행나무처럼 아예 암꽃만 피는 그루(암그루) 수꽃만 피는 그루(수그루)가 따로 되어 있는 식물은 암수딴몸(자웅이주, 雌雄異柱)이라 한다(그림 2.3).

2.1.2. 꽃가루받이

식물은 번식을 위하여 때로는 나비나 새와 같은 하인에게 일을 시킨다. 꽃은 식에게 있어 생식기관이지만 동물에게는 멋진 식당이기도 하다. 식물들은 예쁜 색깔로 장식한 간판(꽃잎)을 내걸고, 맛있는 음식냄새(향기)를 풍긴다. 식단은 영양이 풍부한 수프(꿀)와 높은 칼로리를 가진 빵(꽃가루)인 셈이다. 식물들의 번식을 위한 행위가 알레르기 질환을 가진 사람에게는 반갑지 않은 일이기도 하다. 봄이 되면 눈이 붓고 재채기를 하게 되는 것은 공기 중에 날아다니는 꽃가루에 의한 알레르기 현상이다.

그림 2.1 소나무의 암꽃(위)과 수꽃(아래) 및 솔방울.

[양성화인 나리] [단성화인 호박의 암꽃] [단성화인 호박의 수꽃]

그림 2.2 암수한몸의 양성화와 단성화.

그림 2.3 암수딴몸인 은행나무의 암그루(위)와 수그루(아래).

[소나무]

[벼]

그림 2.4 풍매화.

1) 풍매화

바람에 의해 꽃가루받이(수분, 受粉, pollination)가 되는 꽃을 풍매화(風媒花)라고 한다(그림 2.4). 풍매화는 보통 꽃가루를 바람에 쉽게 날려 보낼 수 있도록 수술이 잘 노출되어 있다(이규배, 2007). 꽃가루가 크고 무거우면 멀리 날아가지 못하는 불리한 점이 있다. 이런 경우 개체들은 아주 가까이 밀접되어 있는 경우가 많다.

2) 충매화

곤충과 계약을 맺고 꽃가루받이를 곤충에게 의지하는 충매화(蟲媒化)는 고정고객(수분곤충)의 안정적 확보를 위해 늘 여러 가지 대가와 선전을 계속해야 한다(그림 2.5). 자신을 광고하기 위하여 아름다운 꽃잎과 향기 등을 갖추고 방문한 대가로 곤충에게 꿀과 꽃가루를 준다. 꿀에는 많은 당분과 소량의 아미노산, 꽃가루에는 단백질, 지방, 전분 등이 포함되어 있다. 곤충을 유인하기 위한 식물들의 이런 생태가 다양한 성표현과도 관련이 있음을 실험을 통해 밝혔다(박재홍, 1993).

3) 조매화

새에 의해 꽃가루받이가 되는 식물을 조매화(鳥媒花)라 한다(그림 2.6). 새는 후각이 약하지만 대체로 붉은 색에는 강한 자극을 받는다. 이런 식물은 대부분 향기가 없다. 그리고, 번식에 새를 이용하는 식물은 꽃가루의 이동거리가 멀어지므로 종 분포의 확산에 유리하다.

줄무늬알로에는 가지 끝에 유리창 모양 잎사귀에 붉은 반점이 있어서 꽃으로 오인을 받는다. 태양조는 이 식물의 빨간색 꽃에 유혹되어 다가가서 꽃가루받이를 하게 된다. 후각이 덜 발달되어 있어서 향기보다는 빨간색에 이끌리게 된다.

[코스모스]

[감]

[딸기]

그림 2.5 충매화.

[동백나무]

[계수나무]

그림 2.6 조매화.

4) 다른 동물에 의한 꽃가루받이

그 외 다른 동물도 꽃가루받이의 매개자 역할을 한다. 마다가스카르에 있는 부채파초의 꽃은 거대한 부채모양이며 가죽과 같은 느낌이다. 단단한 꽃잎을 헤치고 그 속의 꿀을 먹기 위해서는 긴 혀가 필요하다. 꿀을 먹을 때 묻은 꽃가루가 다른 부채파초로 이동할 때 꽃가루받이가 일어난다. 그러므로 검은원숭이와 같은 독특한 몇 종류만이 부채파초의 꽃가루받이를 할 수 있다. 그리고 뉴질랜드에서는 도마뱀붙이와 선인장쥐가 꽃가루받이를 시켜준다. 보르네오섬에서는 야행성의 과일박쥐가 꽃가루받이를 시켜준다.

5) 수매화

물이 매개체가 되어 꽃가루받이가 이루어지는 식물을 수매화(水媒花)라고 한다. 물속에서 자라는 식물은 꽃가루가 물 위에 떠다니다가 암술에 옮겨져 꽃가루받이를 한다. 대개 물속에서 살거나 물 위에 떠서 사는 식물들이며, 풍매화처럼 곤충을 유인할 필요가 없어서 꿀샘, 꽃받침잎, 꽃잎 등이 없다. 검정말, 나사말, 큰마디말, 붕어마름, 물수세미 등이 있다.

2.2. 동물의 성

모든 생물들은 번식에 대한 강한 욕망을 가지고 있다. 이것은 생물의 근본적인 특성이며, 그 생물이 번성하느냐 멸종하느냐를 결정짓는 것이기도 한다. 따라서 모든 개체는 경쟁자들보다는 자신의 후손이 더 많이 생태계를 차지할 수 있도록 노력한다. 그리고 그 목적을 달성하기 위하여 번식에서의 우월성을 확보하려고 노력한다. 이러한 이유로 수많은 생물들은 번식을 위해 그리고 자손의 보호를 위해 많은 방법을 동원하고 있다.

유성생식을 하는 동물의 경우, 자기의 유전적 우월성을 보이기 위해 어떻게 광고하는지, 짝을 어떻게 찾는지, 어떻게 선택하는지, 그리고 언제 번식을 하며 어떻게 양육하는지에 대해서 알아본다.

2.2.1. 유전자 광고

1) 유전자 광고의 예시

동물들은 발정기에 짝을 차지하기 위해 수컷끼리 싸움을 하거나 유전적 우월성을 보이려고 유전자 광고를 한다(그림 2.7).

- 농게: 수컷은 큰 집게발을 이용하여 암컷을 유혹한다. 암컷의 집게발은 2개 모두 실용적 크기이지만 수컷의 집게발 중 하나는 실용적 크기이지만, 다른 하나는 거추장스러울 정도로 크다. 이 큰 집게발의 손짓(성적 신호로 사용)으로 자신이 우수한 유전자를 가졌다는 것을 광고하여 암컷을 유혹한다.
- 파라다이스새: 수컷은 낭비일 것 같은 꼬리춤을 춘다. 암컷을 유혹하기 위해 꼬리로 유전자의 품질을 내보인다.
- 바우어버드새: 수컷은 자신을 광고하기 위해 전시용 둥지를 건축한다. 온갖 정열을 기울여 나뭇가지로 화려한 건축물을 만들고 암컷을 유혹한다.
- 물개(fur seal): 수컷은 번식기가 오면 바다에서 기어 올라와 암컷을 부른다. 암컷도 어느 정도 알고 있어서 몸이 빼어나게 우수하고 커다랗고 힘이 있을 것 같은 수컷을 선택한다. 힘이 센 수컷은 40~50마리의 암컷을 불러 하나의 큰 하렘(harem, 후궁)을 형성한다.
- 코주부원숭이(proboscis monkey): 수컷은 번식기가 오면 큰 코(성적 신호로 사용)로 유전자 광고를 한다(KBS • NHK, 1995b).

2) 유전자 광고 이론

동물들이 구애할 때 사용하는 성적 신호의 기능을 가진 신체구조가 진화된 이유는 무

[농게]

[바아어버드]

[코주부원숭이]

그림 2.7 유전자 광고의 예.

엇일까? 동물들이 구애할 때 사용하는 신호 중에는 신체의 특이한 구조로 진화된 것들이 많다. 성적 의미를 지닌 대표적인 신체의 신호는 공작의 꼬리와 사슴의 뿔이다. 성적 신호의 기능을 가진 신체구조가 진화된 이유에 대해 세 가지의 이론이 있다. 폭주적 진화 이론, 장애 이론, 진실광고 이론이다(이인식, 1997).

① 폭주적 진화 이론

공작의 수컷이 지닌 장식용 꼬리를 폭주적 진화(runaway evolution)의 산물로 간주한다. 모든 동물의 암컷은 자손에게 훌륭한 유전자를 물려줄 수 있는 형질을 가진 수컷을 선택하기 위해 최선을 다한다. 이러한 수컷을 선택하는 기준은 여러 가지가 있을 수 있다. 가령 가장 몸집이 크거나, 가장 싸움을 잘 하거나, 가장 깔끔한 깃털을 뽐내는 수컷을 고를 수 있다. 공작의 암컷은 꼬리의 길이를 선택기준으로 삼았을 따름이다. 대부분의 암컷들이 꼬리가 긴 수컷과 짝짓기를 함에 따라 긴 꼬리를 가진 수컷들이 더 선택받게 된다. 요컨대 성적 매력이 있는 깃털을 키우려는 숫공작의 노력과 긴 꼬리를 선호하는 암공작의 욕망이 상승작용을 일으키면서 수컷의 깃털은 고삐풀린 말이 폭주하는 것처럼 급속도로 커지게 된 것이다.

② 장애 이론

숫공작의 꼬리는 빛깔이 화려해서 포식자의 눈에 띄기 쉽고 길어서 도망갈 때 장애가 되므로 생존의 측면에서 보면 쓸모가 없다. 깃털이 좋은 형질이라기보다는 생존 가능성을 낮춘다는 점에 착안한 것이 장애(handicap) 이론이다. 꼬리가 생존에 걸림돌이 됨에도 불구하고 숫공작이 살아 있다는 사실은 암컷에게 난관을 극복할 수 있는 우수한 유전자를 가지고 있음을 확인시켜 주는 셈이다. 바꾸어 말해서 좋은 유전자를 가진 수컷만이 사치스러운 깃털을 가질 수 있다. 요컨대 수컷의 깃털은 암컷에게 신체적 장애가 있음을 정직하게 털어놓으면서 동시에 유전적 자질이 우수한다는 사실을 알리는 효과적인 수단이 된다는 것이다.

③ 진실광고 이론

사슴의 뿔을 예로 들어 진실광고(truth-in-advertising) 이론을 제안했다. 이 이론은 동물의 사치스러운 신체구조가 생존에 장애가 되기보다는 도리어 유리하게 작용하는 것으로 전제한다. 사슴의 뿔은 칼슘 등 영양분을 많이 소모하면서 자라나지만 매년 버려진다. 따라서 가장 영양이 좋은 숫사슴이 아니고서는 뿔에 소요되는 투자를 감당하기 어렵다. 또한 뿔이 큰 사슴일수록 다른 숫사슴 뿐만 아니라 포식자와 싸워 이길 수 있으므로 가장 좋은 목초지에 우선적으로 접근한다. 뿔이 숫사슴의 생존에 장애가 되지 않고 보탬이 되는 것이다. 요컨대 큰 뿔은 영양상태가 좋고 전투능력이 뛰어난 우수한 수컷임을 암컷에게 진실되게 광고하는 기능을 갖고 있다는 것이다.

2.2.2. 유전자 전달

1) 이기주의적 유전자 전달

자기의 유전자를 전달하기 위해 어떤 희생도 치르는 현상을 이기주의적 유전자 전달이라 한다. 자기의 유전자를 남기기 위해 수컷들은 치열한 경쟁을 하고 목숨을 건 희생을 감수하는 예를 볼 수 있다(그림 2.8).

- 전갈: 만주와 대만 등지에 분포하는 전갈의 수컷은 산란할 장소를 마련해 두고 암컷을 찾아나선다. 암컷을 만나 보금자리로 들어와 교미를 하고나면 암컷의 먹이가

[전갈]

[깡충거미]

사마귀]

[수컷 코끼리바다표범의 전투]

그림 2.8 이기주의적 유전자 전달자.

되어 다음날 아침이 되면 흔적도 없이 사라지게 된다.

- 털보깡충거미: 수컷은 비극적인 목숨을 걸고 유전자를 전달하려고 한다. 이 거미의 수컷은 생식시기가 되면 암컷 앞에서 다리를 올렸다 내렸다 혹은 몸뚱이를 굽혀서 좌우로 흔들며 춤을 춘다. 본래 거미는 무엇이든 가리지 않고 먹기 때문에 죽음을 무릅쓰고 암컷 앞에서 재롱을 부리지 않을 수 없다. 수컷이 암컷 앞에서 춤을 추면 암컷은 그동안 식욕 때문에 은폐되었던 생식본능이 되살아나 수컷이 접근할 기회를 준다. 수컷은 재롱을 부리다가 암컷이 방심해진 사이에 뛰어올라 교미를 하게 되다. 이것도 일반적으로 꼬리와 꼬리 부분(미단, 尾端)의 교접에 의한 것이 아니다. 왜냐하면 이러한 방법은 극히 위험하기 때문에 수컷은 미리 생식기에서 나온 정액을 입 가까이 있는 정자주머니인 정협낭에 넣어 두었다가 암컷의 복부에 있는 생식문에 삽입한 뒤 재빨리 달아난다. 우물쭈물 하다가는 암컷에게 잡아먹히게 된다는 사실을 알고 있기 때문이다. 암컷의 몸이 수컷보다 훨씬 크기 때문에 수컷을 잡아먹는 일은 간단하다. 이처럼 자기의 유전자를 전달하기 위해 위험천만한 사랑을 시도하며 끊임없이 암컷에게 달려드는 강렬한 곤충은 아마 찾아보기 힘들 것이다.
- 사마귀: 수컷은 교미를 위해 목숨을 바친다. 암컷은 난소가 발달하게 되면 난폭해지고 닥치는 대로 먹어 치운다. 암컷에 비해 작은 수컷이 교미할 기회를 엿 보다가 교미를 시도한다. 암컷은 교미하기 전에는 수컷을 잡아먹지 않지만 수컷이 유전물질을 전달하는 동안 생식기만 남겨두고 몸 전체를 먹어버린다. 자기의 유전자를 전달하기 위한 이 헌신적인 용기는 어디에서 나오는 것일까?
- 코끼리바다표범(코끼리물범, sea elephant): 수컷은 큰 코가 자랑이다. 코의 크기가 몸집과 힘의 크기를 내보인다. 암컷에 비해 10배나 큰 수컷은 자기의 유전자를 전달하기 위해 수컷끼리 투쟁한다. 이긴 수컷은 암컷을 모두 차지하고 정자를 제공한다. 더 강하고 큰 몸집의 자손이 생겨날 수 있다.

2) 협력적 유전자 전달

경쟁적으로 이기주의적 유전자 전달을 하려면 희생이 따르게 되는데 그렇지 않고 협력하는 경우도 있다. 생식기간에 3마리 수컷과 한 마리 암컷이 있으면 처절한 싸움을 상상할 수 있지만 치타의 경우는 교대로 교미한다(그림 2.9). 한 마리가 교미할 동안 다른 수컷이 방어해 준다. 이기적 유전자 전달의 원리가 보이지 않는다. 왜? 희생없이 협력하는 것이 더 유리하기 때문이다. 매우 이상한 예 같지만 성공적으로 번식하여 종족을 유지하고 있다(KBS • NHK, 1995b).

그림 2.9 협력적 유전자 전달자의 예, 치타.

2.2.3. 짝 찾는 방법

유성생식의 성공여부는 우선 짝을 만나는 데 있다. 암컷과 수컷이 만나는 방법은 다양하다. 암수가 이끌려야 하므로 서로 유혹하기 위해 구애행동이 발달했다. 그러기 위해서는 종 나름대로 상대방이 신호를 잘 알아볼 수 있는 정확한 신호가 있어야 한다. 생물은 자기가 사는 환경에 맞추어 신호를 보내게 된다.

1) 시각

- 반딧불이: 암수가 불빛을 교환하여 짝짓기 상대를 만난다(그림 2.10).
- 잭슨새: 수컷과 암컷의 모양이 다른데, 수컷은 자신의 깃털과 춤(교미춤)을 통하여 유전적으로 좋은 개체임을 선전한다.
- 위버새(아프리카참새): 수컷은 바느질 하듯이 집을 짓는다. 암컷은 수컷의 작업이

[반딧불이]

[잭슨새]

[위버새]

[바우어버드]

[공작]

[수컷 사슴]

[침팬지]

그림 2.10 시각으로 짝을 찾는 동물.

진행되는 상황을 보고 판단하여 수컷의 보금자리로 들어간다.

- 바우어버드새: 수컷은 암컷이 좋아하는 색으로 둥지를 장식하여 암컷을 유혹한다. 수컷이 만든 아치형의 둥지와 바닥의 파랑색 장식에 이끌려 둥지 속으로 들어간 암컷이 나오지 않으면 승낙의 뜻이다.
- 공작: 수컷은 길고 화려한 꼬리로 암컷을 유혹한다.
- 사슴: 수사슴의 큰 뿔로 영양상태가 좋고 전투능력이 뛰어남을 암컷에게 알린다.
- 침팬지: 암컷의 부어오른 생식기가 발정기의 신호이다. 냄새로 화학적 신호도 보낸다.

2) 청각

소리에 의한 보편적인 신호는 노래이며 시각적 효과보다는 멀리까지 전달할 수 있다 (그림 2.11).

- 모기: 암컷이 날개짓으로 소리를 내면 수컷이 촉각으로 그 소리를 감지하여 암컷에게 날아간다.
- 귀뚜라미: 수컷들의 합창을 듣고 다가온 암컷은 가장 씩씩하게 노래하는 수컷을 골라 교미한다(이인식, 1997).
- 개구리: 수컷만 소리를 내고 암컷은 그 소리를 잘 들을 수 있도록 발달되어 있다. 수컷들은 자기들끼리의 거리를 적절히 유지한다. 이웃 수컷으로부터 소리가 너무 가깝게 들리면 짝짓기 소리를 멈추고 공격의 소리로 바꾼다. 경고의 표시를 하는

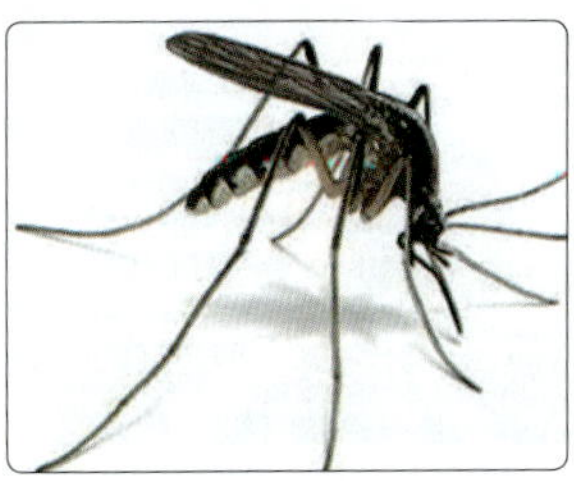

[모기]

[귀뚜라미]

[개구리]

[검은꿩]

[코끼리]

[혹등고래]

그림 2.11 소리로 짝을 찾는 동물.

것이다. 수컷집단에 의한 합창 때문에 많은 암컷들이 모여드는 구애장이 형성된다(박시룡, 1995). 수컷의 울음소리가 뱀에게는 먹이의 위치를 노출하게 되므로 생식을 위해 목숨을 내놓아야 한다.

- 검은꿩: 수컷은 노래로 멀리 있는 상대를 부르고 가까이 오면 시각적 효과를 사용한다.
- 코끼리: 발정한 코끼리 수컷은 수km 떨어져 있는 암컷과 초저주파 신호로 교신한 뒤에 교미를 하러 부리나케 달려간다. 저음은 멀리까지 간다. 다가간 수컷은 암컷이 소변 볼 때까지 기다렸다가 발정여부를 판단한다. 수컷도 역시 발정 냄새로 암컷을 자극한다.
- 고래: 코끼리의 신호보다 더 멀리 가는 저주파로 교신한다. 돌고래는 휘파람 소리로 암수가 구애를 한다. 수염고래의 수컷은 암컷을 발견하면 여러 개의 음조로 구성된 복잡한 노래를 부르면서 구애한다(이인식, 1997). 혹등고래의 수컷이 부르는 사랑의 세레나데는 30분 동안 계속되어 수km 밖의 암컷에게까지 전달된다.

3) 후각

같은 종의 다른 개체에게 정보를 전달하기 위해 체외로 방출하는 물질을 페로몬(pheromone)이라 하며, 짝짓기에 사용되는 페로몬을 특히 성페로몬이라 한다(그림 2.12). 성페로몬은 얼룩나비처럼 수컷이 분비하기도 하고 누에나방처럼 암컷이 분비하기도 한다. 곤충 뿐 아니라 뱀이나 물고기 등 많은 동물이 대부분 페로몬을 사용하여 짝짓기를 한다(이인식, 1997). 사향노루 암컷도 교미기가 되면

[누에나방의 짝짓기]

[뱀]

[사향노루]

[비버]

[개]

그림 2.12 냄새로 짝을 찾는 동물.

생식기 부근에 아주 향기를 분비하며, 비버(바다삵, 해날, beaver)도 이와 유사한 향기를 풍긴다. 교미기에 암캐가 분비하는 취액은 수캐에게는 아주 향기롭게 느껴지는지 수캐가 침식을 전폐하고 그 냄새를 찾아다니며 끙끙거린다.

누에나방 암컷이 내는 성페로몬을 봄비콜이라 한다. 이 페로몬 한 방울만 여과지에 떨어뜨려 두는 것만으로 수 km 밖의 수컷들을 끌어들일 정도로 강력하다. 100만분의 1내지 1억분의 1mg이라는 초미량으로도 수컷을 모을 수 있다. 모여든 수컷은 암컷이 없어도 봄비콜이 스며있는 여과지에서 교미자세를 계속 취한다. 수컷은 암컷 그 자체가 아니고 바로 이 페로몬에게 유인되는 것이다. 페로몬이라는 물질은 야광성의 나방류 외에 꿀벌, 개미, 바퀴벌레 등에서도 발견되고 있다.

4) 기타

- 진동: 수컷 거미는 암컷이 쳐 놓은 줄을 튀겨서 청혼가를 연주하는데, 이 진동을 감지한 암컷이 줄을 잡아당겨 수컷을 초대하면 교미가 시작된다(이인식, 1997).
- 전기: 일부 물고기는 전기를 생산하여 짝짓기의 신호로 사용한다.

2.2.4. 번식시기

1) 달 주기

바다생물의 경우, 대부분이 달 주기와 관련하여 생식이 일어난다. 달 주기는 조석(潮汐, tide, 해면이 주기적으로 오르내리는 현상, 밀물과 썰물)과 관련이 있다(그림 2.13).

- 산호: 보름날 해수 중에 암수가 방란방정을 하면 수중에서 수정된다.
- 파롤로갯지렁이: 사모아섬에 서식하는 파롤로갯지렁이는 1년 중 수회 조위의 차이가 매우 적을 때(반달), 수면에 부상하여 암수가 신체의 뒤끝에 있는 부분을 분리하여 방란방정을 한다.
- 북미투구게: 만조 때 해변가의 모래 속에 암컷이 산란하고 나면 수컷이 정자를 방정하여 수정시킨다.

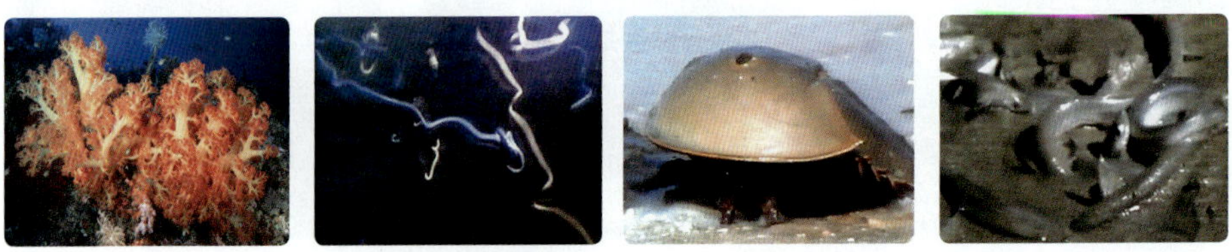

[산호] [파롤로갯지렁이] [북미투구게] [그루니온물고기]

그림 2.13 달 주기에 맞추어 번식하는 동물.

[동부제비꼬리산호랑나비]

[백조]

그림 2.14 태양 주기에 맞추어 번식하는 동물.

- 그로니온물고기: 조석의 차이가 매우 클 때(보름달), 해변가로 밀려와 암수가 동시에 방란방정을 하면 수중에서 수정이 된다.

2) 태양 주기

태양 주기는 태양의 고도와 관련이 있으며 이는 온도와 관련이 있다. 온도는 번식시기를 결정하는 역할을 한다(그림 2.14). 태양의 고도가 높아지는 봄이 되어 온도가 상승하면 개화를 하게 되고 꽃을 먹이로 이용하는 곤충은 새의 먹이가 된다. 이렇게 먹이가 풍부해진 시기는 산란하기에 유리하므로 새는 알은 부화시킨다.

- 동부제비꼬리산호랑나비: 이 나비의 유충은 계절에 따라 그 형태와 색깔이 너무 달라 한때 서로 다른 두 종으로 분류되었을 정도다. 그 해에 일찍 낳은 알은 한 여름에 부화하여 밝은 녹색(검은색과 노란 반점을 가진)의 유충으로 발생하는 반면, 늦게 낳아 가을에 부화한 알은 훨씬 더 검은색(노란 반점을 가진) 유충이 된다. 발생 때의 온도와 낮의 길이에 따라 다른 색의 유충으로 발생하게 되는 것이다. 검은 유충은 녹색 유충에 비하여 햇빛을 받으면 체온이 더 높아진다. 이러한 특징은 가을에 부화하는 유충의 경우, 겨울이 오기 전에 빨리 성장하기 위해서 가능한 한 물질대사를 활성화해야 할 필요가 있기 때문에 검은 체색이 이들에게는 매우 유리한 형질이 될 수 있다. 또한 보호색으로써의 작용 가능성도 있다. 즉, 녹색 유충의 경우에는 여름철에 잎이 무성한 나무에서 녹색이 보호색으로 작용될 수 있다. 가을이 되어 나뭇잎이 떨어지기 시작하면 검은 체색의 유충은 밝은 녹색 유충에 비하여 천적으로부터 덜 드러나 보이게 된다.
- 백조: 따뜻하여 먹이가 풍부한 봄에 산란과 부화가 이루어진다.

3) 우기

- 가젤: 아프리카 초원에 비가 많이 오는 우기는 풀이 많이 자라 초식성인 가젤에게

[가젤]

[쟁기발개구리]

그림 2.15 우기에 번식하는 동물.

는 먹이가 충분해지는 시기다(그림 2.15). 그래서 이 시기에 새끼를 낳아 기르기가 유리하다.

- 쟁기발개구리: 아리조나사막에 서식하는 쟁기발개구리는 평소에는 땅 속에 있다가 우기(雨期)에 연못이 형성되면 밖으로 나와 산란을 하고 수컷 등에서 수정된다. 건조되기 전에 물이 있을 동안 성장하여 다른 곳으로 이동해 간다.

4) 예외

- 주기매미: 논리적 설명이 불가능한 예를 매미에서 볼 수 있다. 북미의 주기(週期)매미는 17년간 땅 속에서 번데기로 지내다가 나무 위로 기어올라 변태하여 마침내 성충으로 된다(그림 2.16). 수컷이 부르면 암컷이 날아온다. 불과 며칠 동안 노래하다가 짝찾기에 성공한 암컷은 교미하고 나무껍질 속에 산란관으로 20~30개의 알을 낳고 곧 죽고 만다. 나무껍질 속에서 부화한 애벌레는 땅 속으로 이동하여 번데기로 변태하여 17년간 지낸다. 무대에 서기 위해 준비하는 기간은 무려 17년, 무대에 서는 것은 불과 며칠! 이렇게 17년간 번데기로 지내면 유리한 점이 무엇이며, 어떤 신호가 번데기를 땅위의 나무로 기어오르게 하는지(그 주기는 무엇이 결정하는지)는 아직도 밝혀지지 않았다.

그림 2.16 북미의 주기매미.

2.2.5. 양육방법

다양하고 특이한 양육 방법들은 모두 자신의 유전자를 지키기 위해 나타나는 현상이다. 잘 양육하여 살아남는 것이 유전자 전달의 성공을 의미하는 것이다.

1) 부모의 양육

- 물장군: 이 곤충의 암컷은 수컷의 등에 알을 낳고, 수컷은 하나하나 수정시켜 부화

[수컷 물장군 등의 알]

[자카나]

[무덤새]

[가시두더지]

그림 2.17 부모가 양육하는 동물.

할 때까지 등에 달고 다니며 지켜낸다(그림 2.17).

- 자카나: 이 새의 암컷은 알을 물 위에 낳는데, 이 알은 가라앉지 않고 뜬다. 자신의 알을 위협하는 포식자가 나타나면 자신은 날개를 다친 척하며 다른 곳으로 유인하여 알을 지켜낸다.
- 무덤새: 수컷은 재(ash)와 썩은 풀을 이용해 둔덕을 쌓고 암컷은 둔덕 꼭대기에 한 개의 알을 낳는다. 그 둔덕은 오븐과 같아 온도조절이 가능해 알의 부화를 돕는다. 물론 침입자의 걱정도 없다. 그리고 알 속의 충분한 영양분으로 인해 새끼는 부화하고, 부화 후 곧바로 자기의 길을 떠난다.
- 가시두더지: 포유류이면서 알을 낳는 경우는 대부분 양육주머니를 가지고 있다. 어미 가시두더지 몸 속의 알에서 부화한 새끼(난태생)는 매우 미숙한 상태이며 양육주머니 속에서 젖을 빨며 성장을 하게 된다.

2) 기생양육

자기의 알을 다른 종에게 맡겨 얌체처럼 기생양육하는 종도 있다(그림 2.18).

- 파리의 일종: 알카라이벌은 땅속에 알을 낳는데, 이 알이 부화하여 유충이 되면, 파리 성충이 알카리아벌의 유충 위에 발사하듯이 산란하여 알을 놓는다. 벌의 유충이 성장함에 따라 파리의 유충인 구더기가 벌 유충 안에서 내부를 먹고 자란다. 결국 벌의 유충은 죽고 땅속에서 나오는 것은 파리의 새끼이다.

[사무라이개미] [민물에 서식하는 대칭이와 납자루] [유럽개개비 어미와 뻐꾸기의 새끼]

그림 2.18 기생양육하는 동물.

- 청봉: 번쩍이는 푸른빛의 벌인데, 다른 종류의 벌집을 찾아다니면서 자기의 알을 한 개씩 떨어뜨리고 사라진다. 마치 남의 집 대문 앞에 자기의 자식을 버리고 가는 식이다. 그렇게 남의 집에서 부화한 청봉의 유충은 집주인의 유충이 먹어야 할 먹이를 빼앗아 먹고 자란다.
- 사무라이개미: 특이하게 노예사냥을 해서 자신의 새끼를 양육시키는 경우도 있다. 사무라이개미는 다른 개미 집단을 습격하여 번데기나 애벌레를 가져온다. 가져온 번데기나 애벌레를 키워 성충이 되면 자신들의 애벌레를 키우게 하고 먹이를 가져오게 하는 등 일을 시킨다.
- 납자루: 민물에 사는 이 물고기는 대칭이(조개) 속에 알을 낳아서 자신의 알이 보호받고 성숙하도록 한다. 조개 속에서 납자루 치어들은 안전하게 번식하게 된다.
- 뻐꾸기: 이 새는 유럽개개비(새) 부부를 이용하여 자기의 알을 기생양육시킴으로써 매우 손쉽게 번식을 한다. 뻐꾸기 암컷은 유럽개개비 부부의 산란시기에 맞추어 개개비 둥지로 가서 개개비 알 중의 하나를 버리고 자신의 알을 낳고 사라진다. 이 알은 개개비의 알에 비해 크기는 매우 크지만 색깔과 무늬가 매우 비슷해 별 의심없이 개개비 부부는 뻐꾸기의 알을 품어 부화시킨다. 알에서 먼저 부화한 뻐꾸기 새끼는 다른 개개비의 알을 둥지 밖으로 밀어내고 개개비 부부의 보호를 받으면서 자라나게 된다. 가여운 개개비 부부는 그것도 모르고 보육한다. 본래 자기 새끼보다 더 많은 먹이를 제공해야 한다. 뻐꾸기의 날개가 다 자라면 양부모 보다 더 크다. 개개비 부모의 사랑을 교묘하게 이용하는 셈이다.

제 2 부

Science and Esthetics of Sex

생명 탄생의 성

제3장 성의 결정과 이상
제4장 생식기관과 생식세포
제5장 성호르몬과 월경
제6장 수정과 태아
제7장 피임과 불임
제8장 중간 복습

성의 가장 큰 역할은 생식이다. 생식이 있기에 생명체가 계속된다. 새 생명이 탄생하기까지 어떤 과정과 문제점이 있을까? 여기서는 남녀가 어떻게 결정되는지, 생식기관의 구조와 기능, 그리고 정자와 난자, 성호르몬과 월경, 수정과 태아, 피임과 불임을 다룬다.

제 3 장

성의 결정과 이상

학습목표

1. 동물의 성이 결정되는 방식을 설명할 수 있다.
2. 사람의 성이 결정되는 방식을 설명할 수 있다.
3. 성 발달에 이상이 있으면 어떤 현상이 일어나는 지를 설명할 수 있다.

태아의 성별은 우선 성염색체에 의해 결정되지만 임신초기에는 중성이다. 태아의 형태적 기능적 성은 성호르몬의 분비로부터 시작된다. 사춘기의 남성다움이나 여성다움과 같은 2차성징은 성호르몬에 의한 것이다. 인간의 성은 생식세포인 정자의 성에 의해서 1차적으로 결정되지만 완전히 한쪽 성을 가진 정상적인 개체로 탄생하기까지는 다양한 생물학적 요인이 작용한다. 아기가 태어나자마자 그 아기의 생식기를 보고 외형적인 성을 알게 되지만, 더 자세히는 어떤 염색체를 가지고 있는지, 나아가 육체적인 영역에서 뿐만 아니라 정신적인 영역에서까지 어떤 성을 가졌는지를 판단해야 된다.

3.1. 동물의 성 결정

3.1.1. 성염색체

대부분의 동물은 사람처럼 수정되는 순간 성염색체의 조합에 의해 성이 결정된다. 생물 중에는 암수의 구별이 확실치 않는 것도 있지만, 고등동물의 거의 대부분은 뚜렷하게 암수의 구별이 있다.

3.1.2. 주변 온도

악어의 알은 무성이지만 부화할 때의 온도에 의해 성이 결정된다. 온도가 높아 따뜻할

수록 몸집이 커지고 수컷이 된다(그림 3.1). 그러나 바다거북의 알은 부화할 때 따뜻할수록 암컷이 된다(윤성규, 2010).

3.1.3. 어미

지중해 연안에 사는 보넬리아(성구동물, 星口動物, Sipunculida)는 성이 결정되지 않은 어린 것을 낳는다. 이 어린 것이 다른 어미에게 먹히면 수컷이 되어 암컷에 기생하게 된다(그림 3.2). 수컷은 암컷에 비해 크기가 매우 작으므로 암컷의 체내에 기생이 가능하다. 먹히지 않으면 암컷이 된다.

벌의 경우, 여왕벌만 산란한다. 여왕벌이 수컷과 교미하여 수정시켜 알을 낳으면 일벌이 된다. 일벌은 암컷이지만 산란능력은 없다. 한편, 수정시키지 않고 낳은 알은 몸집이 큰 수컷이 된다.

3.1.4. 성전환

어린 시기(수정 또는 발생 도중)에 성이 바뀌는 경우도 있지만 어떤 종은 성숙된 다음에도 성을 바꿀 수 있다. 수컷에서 암컷으로 암컷에서 수컷으로 전환하는 형태가 모두

그림 3.1 온도에 의해 성이 결정되는 악어와 바다거북.

그림 3.2 어미에 의해 성이 결정되는 보넬리아와 벌.

존재한다.

- 청소놀래기: 바다에서 큰 물고기의 피부를 청소하는 물고기인 청소놀래기는 일부다처제이며 한 마리의 수컷이 여섯 마리 정도의 암컷을 거느린다. 암컷들도 엄연한 서열을 가지고 있다. 이 종은 먼저 암컷이었다가 수컷으로 변하는 성전환을 한다(그림 3.3). 수컷이 죽거나 없어지면 서열 1위의 암컷(대개 몸집이 가장 큰)이 성전환 반응을 나타낸다. 그 속도는 상당히 빠른 편이며 1~2시간 뒤면 선임 암컷이 수컷 모양을 나타내면서 영토 경계선을 순시하며 다른 암컷들을 지휘한다. 2일 내지 4일 이내에 암컷의 성전환은 완결되어 기능상으로도 완전한 수컷이 되며 나머지 암컷들과 구애하고 알을 수정시킬 수 있다(http://www.dongascience.com).
- 흰동가리류: 바닷물고기인 흰동가리류는 모두 수컷에서 암컷으로 변하는 성전환을 한다. 흰동가리 사회의 기본은 일부일처제이며 수컷보다 암컷이 크다. 번식용 암컷이 유고를 당하면 번식용 수컷이 번식용 암컷이 되고 가장 큰 새끼가 그 자리를 차지하여 번식용 수컷이 된다(http://www.dongascience.com).
- 라이어테일: 어류 중에서 성전환 내용이 가장 잘 알려진 것은 매우 작고 예쁜 산호물고기인 라이어테일일 것이다. 라이어테일은 모두가 암컷으로 태어났다가 후에 수컷이 되는 성전환을 한다. 실험결과 라이어테일 집단에서 수컷을 들어냈더니 암컷

[청소놀래기]

[흰동가리류]

[라이어테일의 일종 안티아스(*Anthias*)]

[넙치]

그림 3.3 성전환을 하는 물고기들.

이 수컷이 되는 사회제도를 나타냈다. 우두머리 암컷은 수컷의 색깔로 변하면서 수컷의 행동을 취했고 난소가 퇴화하고 정소가 성숙되어 갔는데 그 기간은 수 주일이었다(http://www.dongascience.com).

- 넙치: 우리나라 모든 해안에서 잡히는 넙치는 몸의 왼쪽 면에만 눈이 치우쳐 달린 특이한 물고기로 흔히 광어라 부른다. 넙치는 수온에 따라 성전환되는 독특한 물고기다. 실험 결과 부화한 후 5 cm쯤 자랐을 때 수온을 25℃ 이상으로 30일간 유지하면 어린 넙치들이 모두 암컷으로 성전환을 한다(http://magazine.scienceall.com).

3.2. 사람의 성 결정

육체적 · 정신적으로 남녀의 성이 완전하게 결정되기까지는 다음과 같은 요인이 작용한다(표 3.1).

3.2.1. 성염색체가 정상일 경우

1) 염색체

염색체(染色體, chromosome)는 세포의 핵 속에 있으며 DNA(deoxyribonucleic acid, 디옥시리보핵산)를 주성분으로 하며 스스로 복제하여 분열할 수 있는 작은 물체로 긴 끈 모양의 구조(염색사, 染色絲)를 가지고 있다(그림 3.4). 모든 유전자는 이 염색체 위에 있는 DNA에 존재한다.

2) 성염색체에 의한 결정

생물의 종류에 따라 염색체의 수와 모양은 일정하다. 사람은 XY형에 속하며 염색체 수가 46개(23쌍)이다(그림 3.5). 그런데, 23쌍 중에서 22쌍의 염색체는 남성이나 여

표 3.1 성의 결정과 발달에 미치는 요인

항목		결정 요인
유전자	성염색체의 수	• 정상, 결실, 첨가
	성염색체의 질	• 성결정부위Y유전자(SRY)
		• 정소성여성화인자(TFm)
호르몬		• 성호르몬
뇌		• 인식

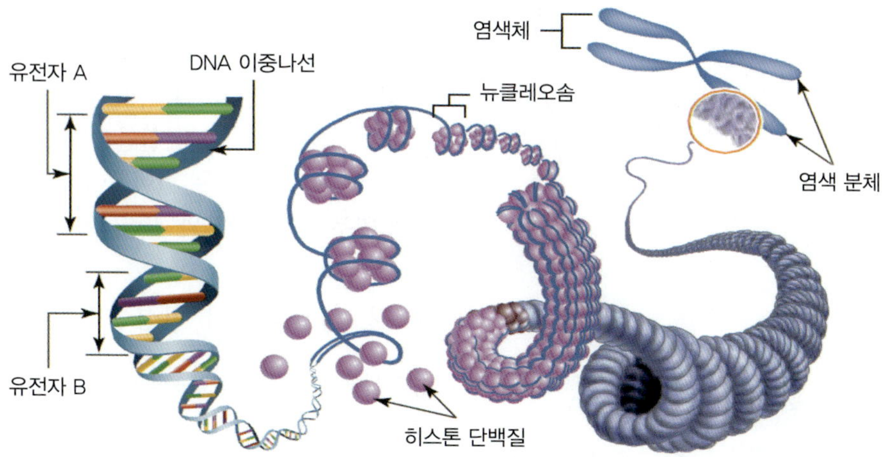

그림 3.4 염색체.

성이나 비슷하다. 이 염색체를 상염색체(常染色體, 보통염색체, autosome)라 한다. 상염색체는 몸의 여러 형질에 대한 유전정보를 가지고 있다. 하지만 23번째 염색체 쌍은 다르다. 이 23번째 염색체 쌍은 남녀를 구분시킨다고 해서 성염색체(性染色體, sex chromosome)라 부른다. 여자의 23번째 염색체쌍은 XX염색체이고, 남자의 경우는 XY 염색체이다.

따라서 사람은 1쌍의 성염색체가 어떤 조합으로 이루어지느냐에 의해 성이 결정된다. 즉, 22쌍의 상염색체 외에 성염색체의 조합이 XX이면 여자, XY이면 남자가 된다(그림 3.6).

사람은 부와 모로부터 각각 1번부터 22번까지의 상염색체 한쌍씩과 23번째의 성염색체 한쌍씩을 물려받아 결과적으로 23쌍의 염색체를 갖게 된다. 이 23쌍의 염색체 내의 유전자가 그 사람의 형질을 결정하게 되는 것이다.

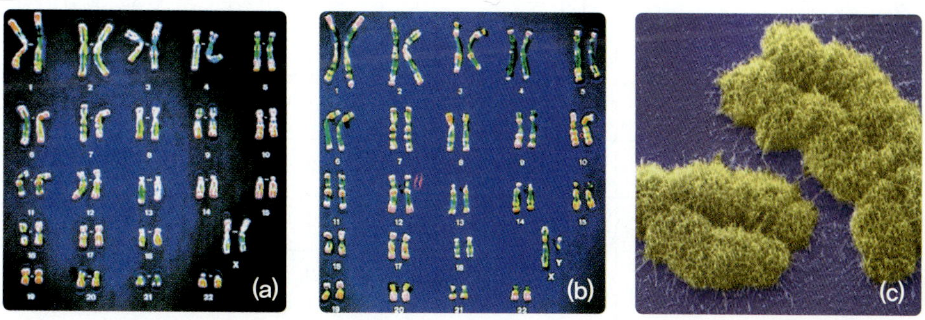

그림 3.5 사람의 염색체. 1~22번 상염색체, 23번 성염색체 (a) 정상적인 여자 44A + XX, (b) 정상적인 남자 44A + XY(추영국 등, 2015), (c) 남자의 성염색체 XY(http://news.sciencemag.org).

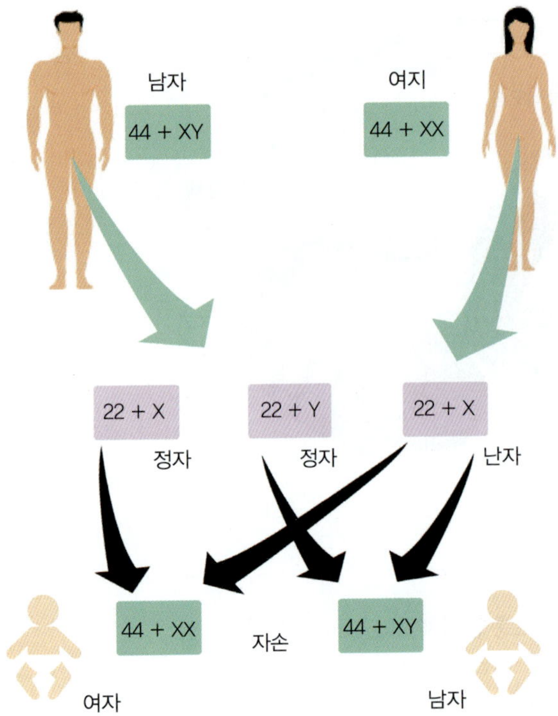

그림 3.6 사람의 성 결정(김병진 등, 2005).

성염색체는 남자나 여자의 성을 결정하는데 관여할 뿐만 아니라 불임, 무월경 또는 발기불능을 비롯하여 여러 문제에 관계되는 경우가 많다. 아직 원인은 확실히 모르지만 어떤 경우에는 언어장애와 정신박약의 일부도 성염색체와 관련되어 있다.

3.2.2. 성염색체가 비정상일 경우

성염색체의 이상에는 수적 이상과 질적 이상이 있다(표 3.2). 성염색체에 이상이 있으면 성의 결정이나 분화에 이상이 생긴다.

1) 성염색체의 수적 이상

성염색체의 수에 변화가 일어날 수 있다. 어떤 경우에는 남녀 모두 X 또는 Y 염색체가 정상의 수보다 많을 수도 있고 반대로 부족할 경우도 있다. 만일 X염색체가 2개, 3개 또는 4개를 갖는다 할지라도 Y염색체를 갖게 되면 남성이 된다(표 3.3).

표 3.2 성염색체 이상의 예(윤성규, 2010)

성염색체			질병	
종류		이상	병명	임상적 특징
수적 이상	X	결실	터너 증후군	• 여자, 발육부진의 난소, 불임
	XXY	X첨가	클라인펠터 증후군	• 남자, 점점 정소 퇴화 · 가슴 커짐
	XXX	X첨가	3중X 증후군	• 여자, 생식 가능, 거의 정상인 여성
	XYY	Y첨가	XYY 증후군	• 남자, 일부는 경미한 정신지체
질적 이상	XY	Y에 SRY가 결실		• 여자, 남자처럼 보임
		X에 TFm가 변이		• 남자, 여자처럼 보이고, 정소와 질이 있음
	XX	X에 SRY가 있음		• 남자, 여자처럼 보임, 불임

표 3.3 염색체 수에 의한 사람의 성 결정(윤성규, 2010)

염색체	남성		여성	
	정상	이상	정상	이상
상염색체	44개(22쌍)	44개(22쌍)	44개(22쌍)	44개(22쌍)
성염색체	XY	XXY	XX	XO
		XXXY		XXX
		XYY		XXXX
계	46개(23쌍)	47, 48개	46개(23쌍)	45, 47, 48개

왜 성염색체 수가 다른 태아가 생기게 될까? 염색체수가 비정상적으로 발생하는 데는 여러 원인이 있으나 가장 흔한 것은 난자나 정자가 만들어질 때, 염색체의 불분리(불균형) 현상이 일어나기 때문이다(그림 3.7). 성염색체가 불분리된 생식세포(정자, 난자)가 수정되면 염색체 수에 이상이 있는 자손이 생기게 된다.

정자가 만들어지는 그림 3.8에서 B의 경우, 제1차 분열에서의 불분리가 일어나면 XY를 모두 갖는 정자 두 개와 X도 Y도 모두 없는 정자 두 개가 만들어진다. C의 경우, 1차분열은 정상적인데 2차 분열시 X염색체의 불분리로 X염색체를 두 개 갖는 것 하나와 성염색체가 없는 것 하나 그리고 각각 한 개씩의 Y염색체를 가진 정자가 두 개가 만들어진다. D의 경우, 유사한 방법으로 Y염색체의 불분리는 Y염색체를 두 개

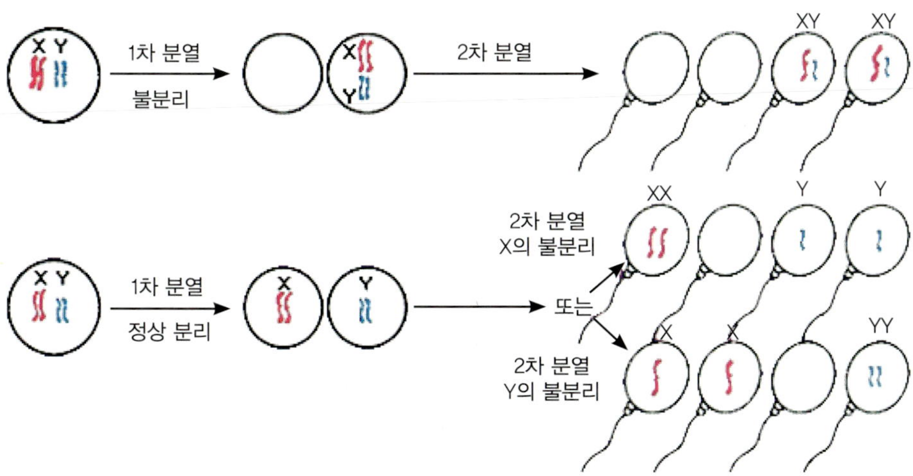

그림 3.7 감수분열 시 일어나는 남자 성염색체 불분리 현상. X(빨강)와 Y(파랑) 염색체만 보임(이영록 등, 1995).

<table>
<tr><th colspan="2" rowspan="2">과정</th><th colspan="16">경우</th></tr>
<tr><th colspan="4">A</th><th colspan="4">B</th><th colspan="4">C</th><th colspan="4">D</th></tr>
<tr><td colspan="2">성염색체</td><td colspan="4">XY</td><td colspan="4">XY</td><td colspan="4">XY</td><td colspan="4">XY</td></tr>
<tr><td rowspan="9">생식세포 분열</td><td rowspan="2">복제</td><td colspan="4">↓</td><td colspan="4">↓</td><td colspan="4">↓</td><td colspan="4">↓</td></tr>
<tr><td colspan="4">XYXY</td><td colspan="4">XYXY</td><td colspan="4">XYXY</td><td colspan="4">XYXY</td></tr>
<tr><td rowspan="2">1차 분열</td><td colspan="4">↓ 정상</td><td colspan="4">↓ 불분리</td><td colspan="4">↓ 정상</td><td colspan="4">↓ 정상</td></tr>
<tr><td colspan="2">XY</td><td colspan="2">XY</td><td colspan="2">O</td><td colspan="2">XXYY</td><td colspan="2">XY</td><td colspan="2">XY</td><td colspan="2">XY</td><td colspan="2">XY</td></tr>
<tr><td rowspan="2">2차 분열</td><td colspan="4">↓</td><td colspan="4">↓</td><td colspan="4">↓ X만 불분리</td><td colspan="4">↓ Y만 불분리</td></tr>
<tr><td>X</td><td>Y</td><td>X</td><td>Y</td><td>O</td><td>O</td><td>XY</td><td>XY</td><td>O</td><td>XX</td><td>Y</td><td>Y</td><td>O</td><td>YY</td><td>X</td><td>X</td></tr>
<tr><td>성숙</td><td colspan="4">↓</td><td colspan="4">↓</td><td colspan="4">↓</td><td colspan="4">↓</td></tr>
<tr><td>정자의 종류</td><td colspan="4">X, Y</td><td colspan="4">O, XY</td><td colspan="4">O, XX, Y</td><td colspan="4">O, X, YY</td></tr>
<tr><td colspan="2">결과</td><td colspan="4">정상</td><td colspan="4">1차에서 불분리</td><td colspan="4">2차에서 X만 불분리</td><td colspan="4">2차에서 Y만 불분리</td></tr>
</table>

그림 3.8 정자가 만들어질 때 일어나는 성염색체의 불분리 현상(윤성규, 2010).

<table>
<tr><th colspan="2" rowspan="2">과정</th><th colspan="12">경우</th></tr>
<tr><th colspan="4">A</th><th colspan="4">B</th><th colspan="4">C</th></tr>
<tr><td colspan="2">성염색체</td><td colspan="4">XX</td><td colspan="4">XX</td><td colspan="4">XX</td></tr>
<tr><td rowspan="9">생식세포 분열</td><td rowspan="2">복제</td><td colspan="4">↓</td><td colspan="4">↓</td><td colspan="4">↓</td></tr>
<tr><td colspan="4">XXXX</td><td colspan="4">XXXX</td><td colspan="4">XXXX</td></tr>
<tr><td rowspan="2">1차 분열</td><td colspan="4">↓</td><td colspan="4">↓ 불분리</td><td colspan="4">↓</td></tr>
<tr><td colspan="2">XX</td><td colspan="2">XX</td><td colspan="2">O</td><td colspan="2">XXXX</td><td colspan="2">XX</td><td colspan="2">XX</td></tr>
<tr><td rowspan="2">2차 분열</td><td colspan="4">↓</td><td colspan="4">↓</td><td colspan="4">↓ 불분리</td></tr>
<tr><td>X</td><td>X</td><td>X</td><td>X</td><td>O</td><td>O</td><td>XX</td><td>XX</td><td>O</td><td>XX</td><td>O</td><td>XX</td></tr>
<tr><td>성숙</td><td colspan="4">↓</td><td colspan="4">↓</td><td colspan="4">↓</td></tr>
<tr><td>난자의 종류</td><td colspan="4">X</td><td colspan="4">O, XX</td><td colspan="4">O, XX</td></tr>
<tr><td colspan="2">결과</td><td colspan="4">정상</td><td colspan="4">1차에서 불분리</td><td colspan="4">2차에서 불분리</td></tr>
</table>

그림 3.9 난자가 만들어질 때 일어나는 성염색체의 불분리 현상(윤성규, 2010).

갖는 것과 Y를 갖지 않는 것, X를 하나씩 갖는 것 이렇게 모두 4개의 정자가 만들어진다.

이와는 대조적으로 난자는 정상적으로 X염색체 한 개를 가지거나, 두 개의 X염색체를 갖거나 X염색체를 갖지 않게 된다(그림 3.9).

성염색체 수에 이상이 생기면 생식기와 생식선의 발달 장애가 동반된다. 성염색체의 수적 이상과 관련이 있는 것이 터너 증후군과 클라인펠터 증후군 등 현재까지 약 30여가지 형태가 발견되었다.

① 터너 증후군

성염색체가 X인 난자와 성염색체가 없는(0, zero) 정자가 만나거나, 성염색체가 없는 난자와 성염색체가 X인 정자가 만나면 성염색체가 XO형이 태어나며, 이와 같은 염색체를 가진 경우를 터너 증후군이라고 한다. 터너(turner) 증후군은 일반적으로 X염색체가 1개이므로 염색체 수가 45개의 표현형적으로 여자인 셈이다. 어떤 경우는 X염색체가 2개 있지만 이 중 하나가 질적으로 변화된 경우도 있다.

터너 증후군의 태아는 95%가 자연 유산된다. 허약체질이므로 성인이 되기 전에 사망하는 경우가 많다. 1/3은 손, 발 등의 림프부종과 목의 덧살(익상경, 翼狀頸, 날개모양의 목, 그림 3.10) 등으로 인하여 소아기에 터너 증후근임을 알 수 있고, 2/3은 성샘형성 장애로 2차성징이 나타나지 않아 사춘기에 터너 증후군임을 알게 된다. 여자이면서 성샘미숙으로 인한 발육부전의 난소 때문에 무월경이며 자궁의 발달이 나쁘고 불임이다. 외부생식기는 어린아이와 같고 유방이나 2차성징이 나타나지 못한다.

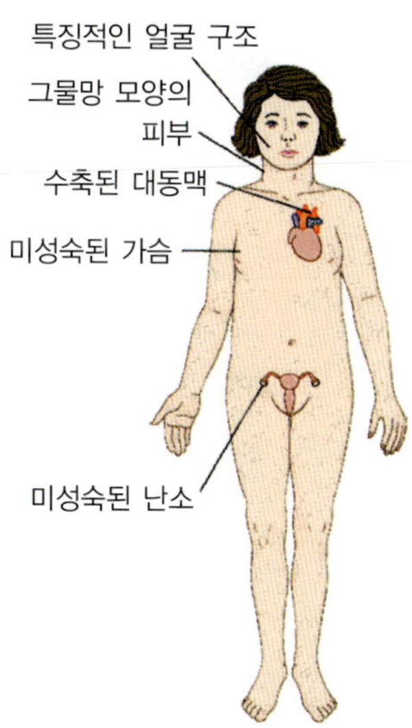

그림 3.10 성염색체 수적 이상과 관련된 터너 증후군 (추영국 등, 2015).

그 외 몸집이 작고 성인이 되어도 신장이 150 cm이하가 된다. 그리고 정상적인 지능을 가지지 못하고 학습장애를 일으킨다. 가장 특징적인 질환으로는 비만, 당뇨, 골다공증, 고혈압, 갑상선 이상 등이 있다.

터너 증후군을 발생시키는 원인은 밝혀지지 않았으며 우연히 확률적으로 나타난다. 치료 방법은 아직 개발되지 않았으며, 작은 체구는 치료할 수 없기 때문에 성 특성을 발달시키는 것에 전력을 기울이고 있다(추영국 등, 2007). 어릴 때에 여성호르몬을 보급하면 유방이 발육하고 음모가 나타나며 자궁이 생기고 인위적인 월경이 시작된다.

② 클라인펠터 증후군

성염색체가 XX인 난자와 성염색체가 정상인 정자(Y)가 만나거나, 성염색체가 X인 난자와 성염색체가 XY인 정자가 만나면 성염색체가 XXY형이 태어나며, 이와 같은 염색체를 가진 경우를 클라인펠터 증후군이라고 한다(그림 3.11). 대부분은 44+XXY의 염색체를 가지며, 변형으로는 44+XXXY도 있다. X염색체 수가 많을수록 지능빈약의 정도가 심하다.

생식세포가 만들어질 때 염색체의 불분리 현상은 드물게 일어나지만 이 난자가 수정에 사용될 확률은 훨씬 낮게 되므로 XXY형은 거의 나타나지 않는 것이 보통이다.

표현형적인 성별은 남자이지만 사춘기가 지나서 2차성징의 결여로 정소의 발육부진으로 정자가 생기지 않으므로(무정자증, azoospermia) 불임이 된다. 음모의 감소, 성욕 감퇴 등의 증상을 보인다. 여성형 유방(gynecomastia, 50~80%)을 나타내며, 키가 크고 호르몬이 너무 적게 생산되면 성발달이 늦어지거나 완전히 사라지기도 한다. 일부

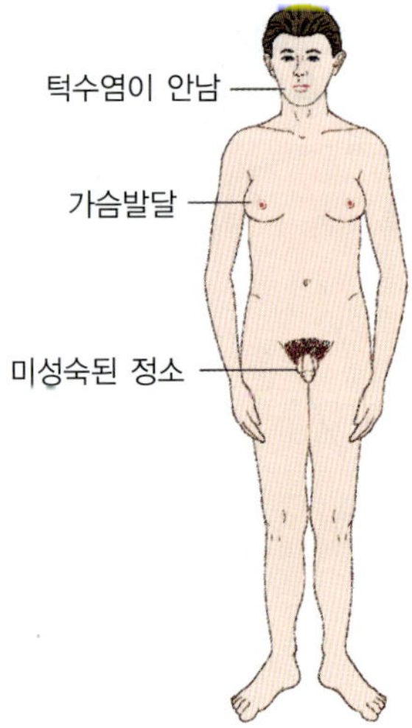

그림 3.11 클라인펠터 증후군(추영국 등, 2015).

(10%)에서 지능이 낮고 가끔씩 정신지체를 동반하는 경우도 있다.

③ 기타

보통 X염색체가 1개 더 많은 경우 '슈퍼우먼'이라고 표현하기도 한다. 정상여성과 비교하여 외모 상 특이한 차이점은 없으나 지능발육 지연을 보이거나 정신장애를 보이는 경향이 있다(http://genetics.snu.ac.kr). 신체기형은 대개 없으나 X염색체가 2개 또는 3개가 더 많은 경우는 신체기형의 가능성이 높다. 여성으로서의 생리가 늦게 일어나거나 생리현상이 너무 일찍 중단되는 경향이 있다. 그 자손의 염색체 이상은 생각보다 적게 발생하나 그래도 임신 시 태아에 대한 자세한 염색체 검사가 필히 요구된다.

남성에서 Y염색체가 더 많은 경우도 있다. 이런 경우 큰 키에 지능발육 지연을 보이며 반사회적 혹은 범죄 성향이 있다고 보고되고 있다. 이들의 절반 정도는 정자를 생산하지 못하여 불임이다.

2) 성염색체의 질적 이상

성염색체에서도 다른 염색체와 같이 염색체의 일부가 떨어져 나가는 결손(deletion), 염색체의 일부가 서로 교환되는 전좌(轉座, translocation), 한 염색체 내에서 그 일부의 방향이 바뀌어 붙게 되는 역전(逆轉, inversion) 등의 이상 현상이 생길 수 있다.

그 원인은 돌연변이로 태아에게 발생하기도 하지만 그 보다 먼저 부모에게 있는 경우가 많고 태아에게 유전이 된다. 그런데 이렇게 태아에게 유전된 염색체의 질적 이상은 수적인 이상과 함께 유산을 일으키는 주원인이 된다.

① 성결정부위Y유전자(SRY)에 의한 결정

외형적으로는 남자인데도 성염색체는 XX이든가, 외형적으로는 여자인데 XY염색체를 가지는 소위 간성(間性, intersexuality)의 존재가 발견되면서 성염색체만으로 성이 결정되는 것이 아님을 알게 되었다.

염색체의 조합이 XX인데 남자로 보이는 경우는 X염색체 위에 Y염색체의 조각(단편)이 있으며, 염색체의 조합이 XY인데 여자로 보이는 경우는 정상적인 Y염색체와 비교하여 Y염색체의 단편이 모자란다. 이 단편에 남자를 결정하는 유전자가 있다는 것이 확인되었다. 이 단편을 성결정부위Y유전자(SRY)라고 한다. 즉 SRY가 있으면 남자, 없으면 여자가 된다.

X염색체와는 달리 정상적인 Y염색체에는 성결정부위Y유전자(SRY)라고 불리는 중요한 유전자가 있다(전상학 등, 2009). 이 유전자는 정상적인 X염색체에는 없다. 성결정부위Y유전자(SRY)는 비분화된 배아의 성 조직을 정소로 발달시키는 유전인자를 만드는데 이 인자를 정소결정인자(testis determining factor, TDF)라고 불린다. 성결정부위Y

유전자(SRY)는 지금까지 조사된 모든 포유동물에 존재한다.

성염색체 조성이 그들의 표현형적 성과 일치하지 않는 개인들에서 이러한 DNA서열의 존재나 부재를 규명해보면, 성결정부위Y유전자(SRY)가 남자의 성결정을 책임지는 유전자임을 알 수 있다. 예를 들어, 어떤 남자는 두 개의 X염색체를 가지고 있으나 Y염색체를 가지지 않는 경우가 있다. 흔히, 이들은 그들의 X염색체 중 하나에 성결정부위Y유전자(SRY)를 포함한 Y염색체의 일부를 가진다. 어떤 여자는 하나의 X염색체와 하나의 Y염색체를 가진다. 그 여자의 Y에는 항상 성결정부위Y유전자(SRY)가 없는 상태이다.

② 정소성여성화인자(TFm)에 의한 결정

Y염색체 위에 있는 성결정부위Y유전자(SRY)는 아직 미분화된 태아의 원시생식선으로부터 정소의 발달을 유도한다. 그러면 태아의 정소는 남성호르몬인 안드로겐(androgen)을 분비한다. 그런데 만일 (X염색체 위에 있는) 정소성여성화인자(고환성여성화인자, Testicular Feminization, TFm)에 돌연변이가 생기면 안드로겐을 받아들이는 수용체에 이상이 생기게 된다. 안드로겐의 분비는 정상으로 일어나지만 이 호르몬을 작용시키는 수용체가 제 구실을 하지 못하기 때문에 남자 내부생식기관이 될 조직에 반응이 일어나지 않아서 내부생식기관이 발달되지 않는다. 그리하여 안드로겐 무반응증후군, 다른 말로 정소성여성화증후군(고환성여성화증후군, testicular feminization syndrome)이 나타나게 된다. 따라서 정소성여성화증후군은 외관상으로는 여자이지만 성염색체는 XY로서 남자이다(그림 3.12).

사춘기 이전에는 평범한 여자로 보이다가 사춘기가 시작되면 유방은 발육하는데 월경을 시작하지 않는다. 발달된 질을 가지고 있음에도 불구하고 자궁과 난관과 난소가 없다. 정소(고환)가 있는 경우가 많다. 염색체나 생식샘은 남자이지만 외형적으로는 정상적인 여자로 보이며 생식기는 기형이다. 그리하여 대부분은 정상적인 여자로서 교육도 받고 결혼을 하여 성생활도 하고 있지만 불임이다(추영국 등, 2007). 아직 분명한 이유는 밝혀지지 않았지만 이 증후군 환자에게는 미인이 많다.

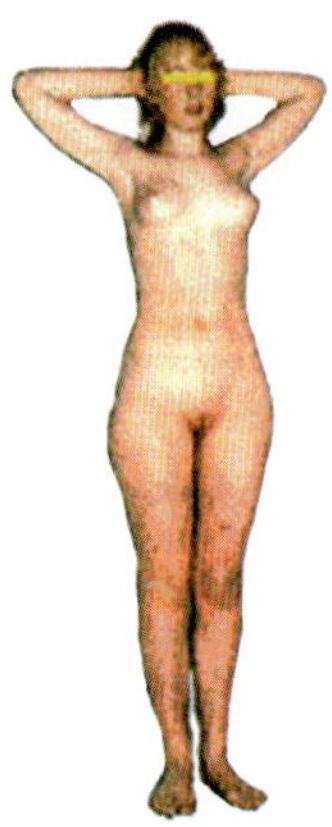

그림 3.12 정소성여성화 증후군 환자(추영국 등, 2007).

3.2.3. 생물학적 성 결정

정상적인 경우에는 성결정부위Y유전자(SRY)가 Y염색체 위에 있다. 따라서 정상적인 Y염색체가 있으면 남자이다. 성결정부위Y유전자(SRY)가 Y염색체 위에 있지 않을 경우도 있으므로 X, Y 염색체 중 어느 위치에 있든지 성결정부위Y유전자(SRY)가 있으면 남자로 판명한다(그림 3.13). 성 결정의 기준은 Y염색체의 유무보다 성결정부위Y유전자(SRY)의 유무가 우선이다(표 3.4).

표 3.4 성유전자에 의한 생물학적 성 결정(윤성규, 2010)

성염색체의 구성	SRY의 유무	결정된 성별	SRY의 위치	TFm	특징
XX	유	남	X염색체 위		• 외관은 여자
	무	여	무	정상	• 정상적인 여자
XY	유	남	X염색체 위	변형	• 외관은 여자
			Y염색체 위	정상	• 정상적인 남자
				변형	• 외부생식기 이상인 남자
	무	여	무		• 외관은 남자

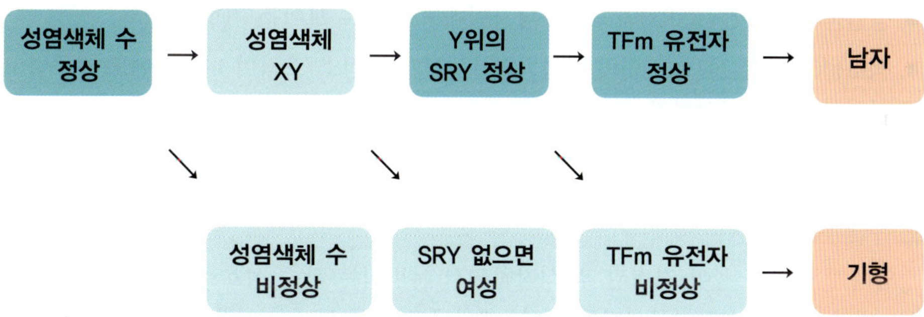

그림 3.13 사람의 성 결정에서 유전자의 역할(윤성규, 2010).

Y염색체

사람과 포유류에서 남자 표현형은 전적으로 Y염색체에 의해 결정된다. 그렇지만 아주 드물게 Y염색체가 없는 XX남자가 발견되었다. 수년 동안 이 남자는 불가사의하게 생각되었다. Y염색체가 없이 어떻게 남자 표현형이 나타날 수 있는가? 결국 과학자들은 이 남자의 다른 염색체에 부착된 Y염색체 조각을 발견하였다. 이 발견은 사람에서 남자를 결정하는 것은 전체 Y염색체가 아니라 Y염색체에 있는 어떤 유전자라는 사실을 말해준다.

1990년에 사람에서 남자를 결정하는 유전자인, 성결정부위Y유전자(sex-determining region Y gene, SRY)가 발견되었다. XX남자는 이 유전자를 가지고 있는 반면에 XY여자는 이 유전자가 없다는 것이 밝혀졌다.

3.3. 성의 발달과 이상

성이 결정되고 나서 성이 발달하는 데에는 유전자, 성호르몬, 뇌가 정상적으로 작용하여야 한다.

3.3.1 유전자에 의한 성 발달과 이상

염색체가 수적으로 이상이 있으면 성 발달이 정상적으로 되지 못한다.

- 터너 증후군: 성염색체가 하나 밖에 없다(XO). 난소의 발육이 부진
- 클라인펠터 증후군: X염색체가 하나 더 많다(XXY). 정소가 점차 퇴화

염색체가 질적으로 이상이 있으면 성 발달이 정상적으로 되지 못한다.

- 성결정부위Y유전자(SRY)의 이상: 남자인데도 여자로 보이는 기형
- 정소성여성화유전자(TFm)의 이상: 외부생식기에 정소 조직이 나타남에도 불구하고 외형적으로는 여성화가 되는 간성이 된다.

3.3.2. 성호르몬에 의한 성 발달과 이상

성염색체에 의해 성이 결정된 후 성장하면서 분비되는 각종 성호르몬은 남녀 성의 분화, 생식기관의 발달, 2차성징의 발현, 생식세포 생산 등에 영향을 미치므로 성결정에 중요하다. 성호르몬이 정상적이지 않으면 생물학적 성이 결정되더라도 정상적인 성 발달이 이루어지지 않는다.

성의 발달에 미치는 호르몬은 성선자극호르몬, 안드로겐, 테스토스테론, 난포자극호르몬, 황체형성호르몬 등이다. 이러한 성호르몬에 이상이 생기면 성 발달에 이상이 생긴다.

3.3.3. 뇌에 의한 성 발달과 이상

유전자에 이상이 있으면 성 결정에 이상이 나타날 것이고, 성호르몬에 이상이 있으면 성 발달에 이상이 나타날 것이다. 성 발달의 이상은 뇌의 이상에서도 찾을 수 있다. 뇌의 성분화는 염색체에 의해 결정된 성과는 독립되어 있고 생식기의 성과도 무관하다(추영국 등, 2007). 염색체에 의해 결정된 성과 뇌에서 결정된 성이 일치하면 정상적인 남성 또는 여성으로 생활하게 된다.

수정할 때 태아의 유전적인 성이 결정되더라도 초기에는 중성을 보인다. 그러다가 남성호르몬인 안드로겐이 정상보다 많으면 여아(女兒)일지라도 뇌는 남성화 되고, 반

대로 안드로겐의 분비가 적으면 남아(男兒)라도 뇌는 여성화 된다(추영국 등, 2007). 이러한 뇌의 성분화는 임신 4~7개월 사이에 집중되며 출생 후까지 계속된다. 이 4개월 동안 여성호르몬이 우세한 자궁 내의 환경에서 남아는 자신의 정소에서 분비되는 안드로겐에 의해 남성의 뇌로 분화되지만, 안드로겐의 양이 적으면 염색체는 남성이면서도 뇌는 여성화 되어 유전자의 성과 뇌의 성이 달라지는 비극이 생기게 된다(추영국 등, 2007).

뇌의 성분화가 잘못 되는 원인은 다양하다. 산모가 강한 스트레스를 받으면 남아의 정소에서 안드로겐의 분비가 억제되어 뇌가 남성화 되지 못한다. 태아의 부신기능에 이상이 생겨 다량의 안드로겐이 분비될 때, 그리고 산모가 남성호르몬을 과다복용 했을 때에도 내부 및 외부 생식기에 이상이 생겨 여아의 뇌가 남성화 된다(추영국 등, 2003).

유전적 성과 뇌의 성 사이의 차이는 일반적으로 남자에게 생기는데, 이는 뇌의 남성화가 방해되기 때문이다(추영국 등, 2007). 이렇게 되면 유전적 성과 뇌가 인식하는 성이 달라 성행동에 심한 격차가 일어난다. 외관상으로는 남성인데 여성을 사랑할 수 없는 경우(동성애), 남성생식기를 거추장스럽게 생각하며 여성이 되고 싶어 하는 경우(성전환증), 성욕이 이성 이외의 여러 대상으로 향하는 경우 등이 있을 수 있다(추영국 등, 2007).

3.4. 성 정체성

성은 자아정체감의 기본 요소이며, 모든 사회에서 가장 기본이 되는 사회적 범주이다. '나는 남자이다' 혹은 '나는 여자이다'를 아는 것은 개인적 정체감의 주요한 핵심 부분이다. 성에 따라 신체적 특징이 다름은 물론 관심 · 성격 · 생활태도가 달라짐으로서 성에 따른 자아 정체감이 형성된다. 또 성은 첫 번째 정보이며 성에 따라 아기가 앞으로 경험하게 될 인생 대본은 매우 달라질 것이다. 아마 가족이나 이웃사람들은 남아인지 여아인지에 따라 아기를 대하는 행동유형에 차이가 있다. 대부분의 사람들은 낯선 사람을 처음 만났을 때, 제일 먼저 그 사람이 남자인지 여자인지 확인하려고 하며, 만약 성별을 확인하기 어렵다면 어떻게 대처해야할 지 몰라 당황하게 될 것이다.

3.4.1. 성 정체성의 개념

1) 성 지향성

성 지향성(性志向性, sexual orientation)이란 자신이 어떤 성의 사람에게 성적으로 끌리는 지를 나타내는 용어이다. 자신과 같은 성의 사람에게 정서적으로나 성적으로나 끌리는 지, 반대로 자신의 성과는 반대되는 성의 사람에게 끌리는 지를 뜻하는 것이다.

성 지향성이 어떻게 결정되는지는 아직까지 정확하게 알려지지 않았다. 유전적 요인에 의해 선천적으로 타고난다고 하는 주장도 있고 반면에, 개인이 자라난 환경적 요인에 의해 후천적으로 형성된다고도 한다. 그리고 이 두 요소의 상호작용설을 주장하기도 한다. 하지만 어떤 경우든지 성 지향성은 아주 어릴 때, 자신도 인식하기 전에 확립된다고 보고 있다. 즉 이성애 성향이던 동성애 성향이던 성 지향성은 개인의 의지와 상관없이 주어지는 것이다.

2) 성 정체성

성 정체성(性正體性, sexual identity)이란 자기 자신을 얼마나 남성성 또는 여성성을 지녔다고 보는지를 나타내는 것이다. 즉 남성 또는 여성으로 자기의 기본적인 생물학적 특징을 알게 되고 이를 수용하며, 남성적인 것과 여성적인 것을 구별하여 자기의 성에 맞는 성격 · 관심 · 기호 · 행동 등을 선택하며, 문화적 표준에 의하여 정의된 남성성 혹은 여성성을 얼마나 지녔는가를 자각하는 정도를 나타내는 것이다.

성 지향성이 본인의 의식이나 자각과는 상관없이 개인의 내부에 이미 존재하는 성향이라면, 성 정체성은 그러한 성 지향성을 개인적으로 자각하고 자신을 그렇게 규정하는 것을 가리킨다. 즉, 성 정체성은 "나는 이성애자야" "나는 동성애자야" 라고 본인의 인식이나 의지가 동원된 것이다.

3.4.2. 성 정체성의 발달

일반적으로 인간은 성 정체성을 가지고 태어나지는 않는다고 보고 있다. 그러나 성에 대한 자각이 없는 기간은 매우 짧으며, 성 정체성은 인간 발달의 초기에 형성된다고 한다. 발달 단계에 따른 생리적 변화와 교육 · 종교 · 문화 등 사회적 특성은 성 정체성 발달에 영향을 미친다. 따라서 남녀로 구분되는 성 분류는 변하지 않지만 성 정체성은 일생을 통해 변화하고 발달한다(그림 3.14).

신생아의 경우, 성염색체에는 차이가 있지만 성호르몬 분비에서 남녀 차이가 없으므로 외형적으로는 중성이다. 성장하면서 자신의 신체에 대해서 갖는 신체상(身體相, 신체에 대한 생각)은 성 정체성에 영향을 미친다.

성 정체성의 발달 과정을 시기에 따라 나누어 보면 다음과 같다.

영아기(嬰兒期) 성에 따른 생물학적 신체구조의 차이를 자각함으로써 성별을 분류하는 인지능력이 있다. 그리고 성인이 영아의 성별에 따라 물리적 환경, 놀이 기구의 선택, 상호 작용의 유형 등을 다르게 제공하므로 영아기에 이미 남녀 간에 생각과 행동의 차이를 보인다. 자신의 신체 모양을 통하여 성의 차이를 배우고, 이것이 성 정체성의 핵심이 된다. 신체상이 성 정체성에 미치는 영향은 영아기 이후에도 계속되며, 특히 청년기에 그 영향이 현저하게 나타난다(이옥형, 1993).

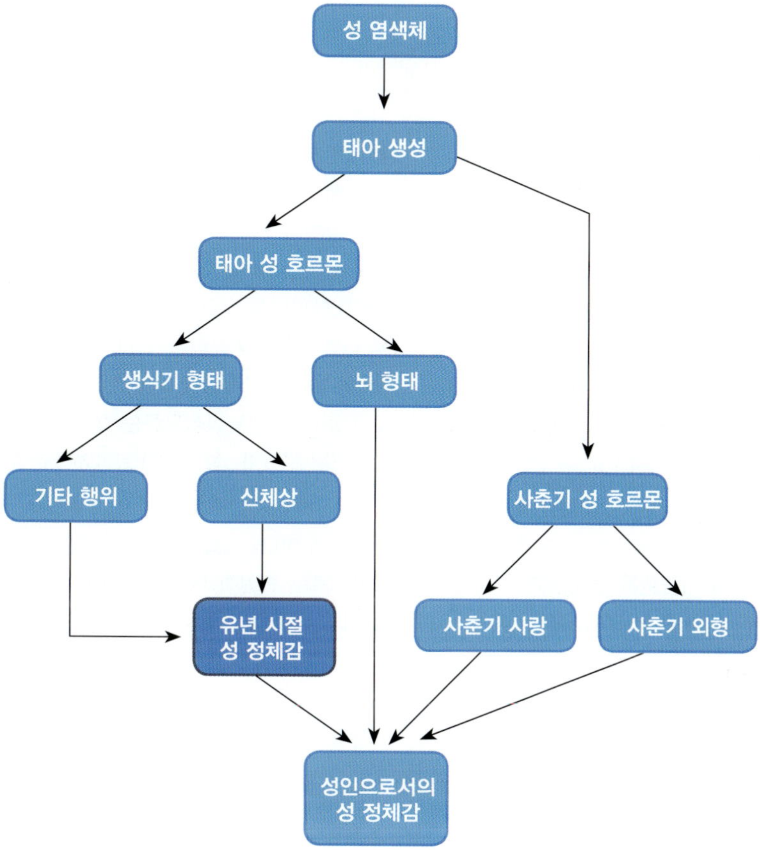

그림 3.14 성 정체성의 발달 단계(김혜숙, 1995).

학령전기 이 때까지는 성 정체성 형성에서 부모의 영향이 가장 강하며, 그밖에 TV 등의 매스미디어 · 동화책 · 유치원 교사 · 형제 등의 영향을 받는다.

학령기 성인 성 역할을 위한 준비의 시작과 함께 아동 성 역할의 절정기이다. 동성의 또래집단은 성 정체성 형성에 영향을 미친다. 그밖에 교과서 및 매스미디어 · 동화책 · 교사 · 장난감 등의 요인이 남녀에게 다른 기대를 가지게 하며 고정된 성 역할 행동을 유지하게 한다.

청년기 이성 친구 및 매스미디어 등의 영향을 많이 받는다. 그 밖에 학교체제 · 교과서 · 교사 등의 영향을 받는다. 이들 여러 요인 중 부모는 일생을 통하여 가장 강하게 성 정체성 형성에 영향을 미친다.

청년기 이후 성인의 성 정체성으로서 아동의 성 정체성과는 다르다. 성인 성 정체성의 과업은 생리적 성 적응, 이성관계 및 결혼, 부모가 되는 것, 직업에서의 성취, 노화에 대한 적응과 관련된다.

올림픽에서 성의 판별

최근, 남자인지 여자인지 겉으로 보아서는 구분하기가 어려워졌다. 젊은 사람들 간에는 헤어스타일이나 복장에 유니섹스(unisex)화가 진행되고 있다. 그런데 스포츠 세계에서는 남녀를 명확히 구분하여 경기를 한다. 이와같이 외형적으로 남녀를 판단한다면 많은 문제점이 있을 것이다.

1964년 동경올림픽에서 여자 100m의 세계신기록 보유자이고 400m에서 금메달을 획득한 폴란드의 에바 크롭스후스카 양이 여자가 아니고 남자였으므로 스포츠계는 큰 충격을 받았다. 남자보다 우월하여 경이적인 기록을 남기는 유명한 선수였기 때문만은 아니었다. 주위의 사람들은 물론 본인 자신마저도 "본인도 여자"라고 생각하고 있었으니 파문은 넓게 퍼져만 갔다.

그리하여 성염색체를 정밀하게 조사해 봐야 한다는 소리가 점차 커지게 되어 지금은 의학적인 진단으로 성별을 판단한다. 성별을 검사하는 가장 간단한 것은 뺨 내측의 구강점막조직을 긁어서 현미경으로 보는 방법이다. 그 외 타액이나 모발을 조사하는 방법도 있다. 그러나 이들 방법은 염색체가 명확하지 않는 난점이 있다. 그 때문에 최근에는 혈액을 배양하여 염색체를 조사하는 방법이 쓰이고 있다. 성결정부위Y유전자(SRY)가 있으면 아무리 외견이 여성답게 보여도 생물학적으로는 여자가 아니다. 그런데 크롭스후스카 양은 XXY형이었다고 한다. XX만 있다면 여자일 텐데 거기에 Y염색체가 하나 더 들어간 경우이다. 크롭스후스카 양의 사진을 보면 직감적으로는 확실히 여자라고 생각된다. 근육질이라고 해도 남자의 그것과는 다르고 가슴 부근도 어느 정도 솟아올라 있는 것처럼 보인다. 그런데 사실은 XXY형이었다고 한다. 남녀의 판별도 복잡하게 된 것이다.

일단 청년기 이후 형성된 성 정체성은 비교적 안정적이다. 그러나 성 정체성은 발달 단계에 따라 내용 · 질 · 특징 등이 의미 있게 다르게 발달한다.

3.4.3. 성 역할에 대한 개념 형성

청소년 후기에 개인은 자신의 성을 수용하는 과정에 몰입한다. 또한 직업적 선택과 성숙한 도덕성에 대한 회의로 시름한다. 이 시기의 마지막에 성인 초기와 중기에 걸쳐 계속될 성역할 정체감을 개념화 할 잠재능력을 갖게 된다. 다음과 같은 여러 요인이 성 역할에 대한 개념 발달에 영향을 주게 되며 요즘은 양성성이 대두되기도 한다.

생물학적 특성 남녀 호르몬의 차이는 서로 다른 행동 특성을 유발시킬 수 있으므로 성의 역할에 대한 개념을 결정하는 데에 영향을 끼친다고 할 수 있다(김혜숙, 1995).

부모의 역할 부모는 생후 초기부터 아동이 제일 먼저 그리고 가장 많이 접하게 되는 중요한 인물로서 자녀의 성역할에 대한 개념을 결정하는 데 큰 영향을 끼친다. 부모는 성 역할 습득을 위한 훈육자로서 또는 모델로서의 의미를 지니며 자녀는 이러한 부모를 통하여 성역할에 대한 개념을 발달시킨다.

사회 · 문화적 차이 성 역할에 대한 개념은 성장하면서 접하게 되는 그 시대의 사회 · 문화적 영향으로 형성된다. 남성성 · 여성성의 발달은 문화에 따라 상당히 융통성이 있다.

TV TV는 전통적인 남녀의 성 역할을 연출하여 아동에게 고정된 성 역할 개념을 심어준다.

3.4.4. 동성애

1990년대에 들어오면서 우리나라에도 동성애자에 대한 이야기가 화두로 떠 오르기 시작했다. 어느 방송 프로그램에서는 여성으로 성전환수술을 한 예쁜 남자(?)가 나와 많은 뭇 남성들을 사로잡았고, 어느 시사프로그램에서는 동성애자들이 많이 이용한다는 화장실까지 취재하면서 사람들의 관심을 끌었다.

2002년말에 인기있는 모 탤런트가 자신은 동성애자임을 밝혀 동성애 문제에 대한 관심이 높아지기 시작했다. 그리고 2010년에는 TV드라마의 주인공 가족이 동성애자임을 다루었다. 그 이후 일부계층에서는 동성애에 대한 인식의 변화를 꾀해왔으며, 동성애자들을 위한 모임도 차츰 증가해 가고 있다. 하지만, 동성애는 우리에게 여전히 낯설게 느껴지고 있는 것이 사실이다.

동성애자들은 다른 사람들과 마찬가지로 지극히 정상적인 사회생활을 하는 사람들 중의 일부이다. 그럼에도 불구하고, 지금까지 일반인들이 동성애에 대해 알 수 있는 방법에는 상당한 제한이 있었고, 심지어는 동성애자 스스로도 자신들에 대해 정리된 지식을 가지기 어려웠던 것이 사실이다. 이는 우리 사회에서 동성애가 공개적으로 사람들의 입에 오르내리게 된 것이 아주 최근의 일이기 때문이다.

하지만 우리 사회가 아무리 동성애와 동성애자에 대해 침묵 내지는 부인한다 할지라도 그 존재 자체를 부인할 수는 없다. 우리 사회에서 동성애란 엄연히 존재하는 하나의 현실이다.

1) 개념: 동성애와 이성애

역사적으로 인간의 성문화는 동성애, 이성애, 양성애(bisexuality, 이성과 동성을 모두 사랑하는 것)와 같이 다양하게 나타났다.

성장하여 가면서 생물학적으로 다른 성을 가진 사람에게 정서적으로 성적으로 끌리는 감정을 이성애(異性愛, heterosexuality)라고 하며 일반적으로 말하는 이성간의 사랑이다. 이에 반하여 같은 성에 대해 지속적인 강한 매력을 느끼는 감정을 동성애(同性愛, homosexuality)라고 한다. 동성애는 단순히 성 지향성(sexual orientation)이 동성에게 향해 있음을 의미할 뿐, 성 정체성의 혼란을 의미하지는 않는다.

2) 용어

성 지향성이나 성 정체성과 관련된 용어들은 외래어가 많고 때때로 혼돈되어 사용되므로 관련된 용어를 정리할 필요가 있다(표 3.5).

동성애를 나타내는 영어(homosexuality) 중 'homo'는 '호모 사피엔스(Homo sapiens)'처럼 '사람'을 뜻하는 학명이 아니라, 그리스어 'homos', 즉 '동일하다'는 의미에 해당한다. 동성애자들은 영어의 'homosexual'이라는 표현이 부정적 이미지를 담고 있다고 여겨, 사랑을 의미하는 그리스어 'philia'를 이용하여 스스로를 호모파일(homophile)이라 부르기도 한다. 그러나 엄밀하게 homophile는 동성애를 옹호하는 사람을 말한다.

동성애자들이 자신의 성 지향성을 공개적으로 알리는 것을 커밍아웃(coming-out)이라 한다. 커밍아웃은 come out of closet에서 유래한 말로서 closet은 '벽장'이라는 뜻인데, 서구에서는 동성애자가 자신의 성향을 숨기고 살아가는 것을 벽장 속에서 사는 것으로 표현한다. 그래서 동성애자들이 자신의 성향을 긍정하고 드러내는 것을 '벽장 속에서 나오다'로 표현하는 것이다.

호모(homo) 동성애를 뜻하는 'homosexual'에서 유래한 말인데, 일반인들이 동성애자를 지칭하는 용어 가운데 가장 흔하게 사용하는 말이다. 흔히 언론이나 매스미디어에서

표 3.5 성지향성과 성정체성과 관련된 용어(윤성규, 2010)

용어		특징
이성애자		• 생물학적으로 다른 성을 가진 사람에게 사랑을 느끼는 사람
동성애자	호모	• 남성 동성애자(비하시켜 부르는 용어)
	게이	• 남성 동성애자(일반적인 용어)
	레즈비언	• 여성 동성애자
	이반	• 우리나라 동성애자들이 일반인들과는 구분되는 뜻에서 자신들을 지칭하는 용어
	퀴어	• 남녀 동성애자를 포함해서 이성애 제도에서 소외된 성 소수자들을 모두 포함, 즉 동성애자, 양성애자, 성전환자 등을 말함
	호모파일	• 동성애를 옹호하는 사람
트랜스젠더	트랜스젠더	• 육체적인 성과 정신적으로 느끼는 성이 일치하지 않는 사람
	트랜스섹슈얼	• 성전환자 • 트랜스젠더 중 성전환 수술을 받은 사람

는 '여자 같은 남자'를 '호모'라고 부르는데 잘못된 것이다. 그리고, 우리나라에서는 이 '호모'라는 단어가 모욕적인 단어로 사용되며 남성 동성애자를 지칭하는 용어로 쓰이고 있다. 동성애자들을 '호모'라고 부르는 것은 흑인들을 '니그로(nigro)'라고 부르는 것과 같이 비하(卑下)하는 용어이다.

게이(gay) 동성애자를 뜻하는 긍정적이고 일반적인 말은 '게이'라는 단어이다. 이것도 미국의 경우이고, 아직까지 우리나라에서는 흔히 언론이나 매스미디어에서 '여자같은 남자' 또는 '여장남자'를 게이라고 하는데 엄밀하게는 잘못된 것이다. '게이'라는 말은 원래 남녀 동성애자 모두를 지칭하는 용어인데 우리나라에서는 남성 동성애자에 국한하여 사용하고 있다. '게이'의 어원은 '기쁘다'라는 영어 단어에서 유래한 것으로 동성애자임을 스스로 긍정하는 말이다. 1960년대 이후 서구 동성애자 인권 운동의 결과로 사용하게 되었다. 동성애자들 스스로 호모나 그밖의 동성애자를 비하하는 단어보다는 게이라는 표현을 더 선호하고 있다.

레즈비언(lesbian) 여성 동성애자를 가리키는 용어이다. 레즈비언의 어원은 고대 그리스 신화의 4대 시인으로 알려진 사포(Sappho)가 살았던 레스보스(Lesbos) 섬에서 유래된 말로 레스보스 사람이란 뜻이다. 그 자신이 여성이면서 여성을 사랑하고 그 사랑을 노래하고 시로 남겼으며 현재 여성 동성애자의 추앙의 대상이 되고 있다. 다이크(dyke, dike), 부치(butch), 팜므(femme)는 모든 여성 동성애자를 가리키는 것보다는 보통 레즈비언 사이에서 성역할 구분에 대한 특징을 나타내는 용어로 사용한다.

이반(二般, 異般) 우리나라의 동성애자들이 스스로 다수 일반인들과는 구분하여 자신들을 지칭하는 용어이다. '이반(二般)'이라는 단어 속에는 일반(一般)과의 구별적인 의미가 담겨있다. 이는 이성애자와 동성애자를 정상과 비정상으로 구분하지 않고, 또한 '소수라 해서 비정상적인 것은 아니다'라는 주장을 담고 있다. 동성애자 인권운동을 이반운동이라 한다. 그리고 동성애자들이 만들어 낸 동성애 관련 은어 중 유일하게 긍정적으로 사용되는 단어일 것이다(http://www.gooyahome.com). '二般'이 '異般'으로 바뀌면서 그 의미가 확대된 것은 동성애 인권 운동가들에 의해서일 것이다. '異般'은 동성애자, 양성애자, 성전환자 등의 성소수자(LGBT)를 뜻한다(그림 3.15).

퀴어(queer) 사전적 의미는 '기묘한, 이상한, 괴상한'이다. 처음에는 동성애자를 비하하는 뜻으로 사용되었던 이 'queer'는 1980년대 이후에 미국에서 동성애 운동의 방향이 이전과는 다른 방향으로 전개되면서 동성애 운동가들에 의해 적극적 수용된 단어이다. 'gay'가 남성 동성애자만을 뜻한다면 'queer'는 남녀동성애자를 포함해서 이성애 제도에서 소외된 성 소수자들을 포함한다. 즉 퀴어에는 동성애자, 양성애자, 성전환자 등을 말하는 것이다(http://www.gooyahome.com). 퀴어(queer)를 번역하면 '이반'이 되는 것이다. 이반이 동성애자들 스스로 자긍심을 표현한 언어로 사용되고 있는 것과 마찬가지로 퀴어는 동성애자를 이르는 많은 단어 중 이반과 같은 의미로 사용되고 있다.

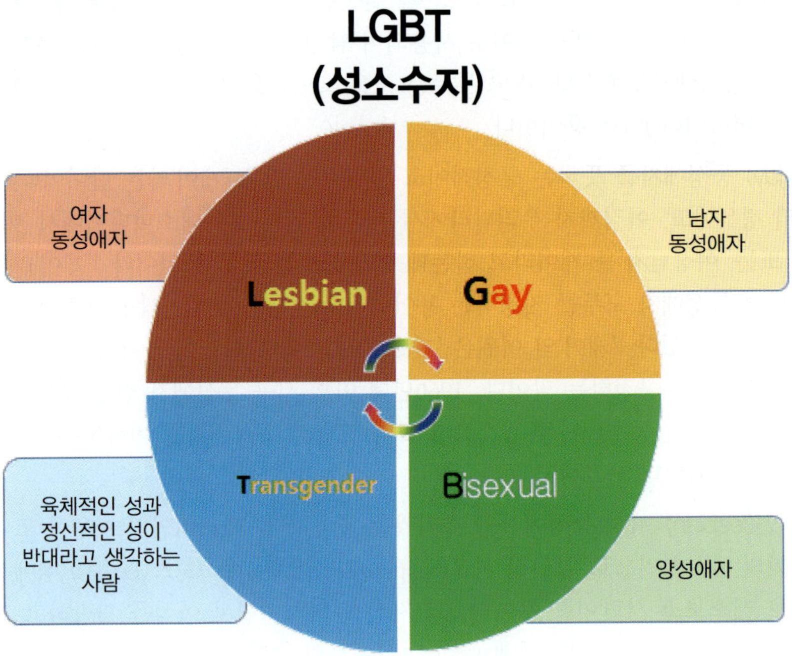

그림 3.15 성 소수자(LGBT).

3) 동성애의 원인

동성애의 원인에 대해서는 여러 가지가 있지만 최근에는 한 개인의 성 지향성(이성애, 동성애, 양성애 중 선택)은 자율적 선택이 아니라 이미 태어날 때 결정된다는 의견도 나오고 있다(김혜숙, 1995).

과학자들이 동성애의 원인을 밝히려고 연구를 하고 있지만 아직도 그 해답은 미지수이다. 그리하여 여기서는 몇 가지 추정을 예로 들어 본다(표 3.6).

표 3.6 추정된 동성애의 원인

원인		특징
생리적		성호르몬 양의 이상
사회적	유혹설	유혹에 의해 빠져듦
	영향설	주위의 영향으로 빠져듦
	성 격리설	동성 밖에 없는 상황에서 빠져듦
가정환경적		부모의 양육 영향으로 빠져듦
무매력설		이성에게 인기가 없어서 동성에게 빠져듦

① 생리적 요인

1970년대에 10명의 이성애자와 동성애자의 호르몬을 비교해보니 동성애자에게서 어느 호르몬의 수치가 더 낮음을 발견하였다(김혜숙, 1995). 또한 몇몇 동성애자들의 어머니들은 임신기간 동안 성중추 발달의 중요한 시기에 성호르몬에 문제가 있었던 것이 발견되었고, 임신기간 동안의 정신적 스트레스는 모체의 안드로겐 분비를 감소시켜 남아의 여성화에 기여한다고 보고되었다.

② 사회적 요인

사회생활 속에서 동성애가 된다는 견해도 있다(김혜숙, 1995).

유혹설 나이 많은 동성애자들이 10대들을 유혹하여 동성애에 빠져들게 한다는 것이다. 이는 동성애에 빠져든 사람들의 고백을 통해서도 어느 정도 인정을 받고 있다. 하지만 동성과의 성경험이 전혀 없는데도 불구하고 동성애적 성향을 가진 수많은 동성애자들의 예는 설명할 수가 없다. 왜냐하면 먼저 해 본 성경험이 그의 성지향성을 결정하지는 않기 때문이다.

영향설 동성애를 지향하는 친구의 영향을 받거나 주위에서 동성애가 이루어지는 것을 보고 영향을 받는다는 것이다. 일부의 남성동성애자들이 이렇게 고백한다. 그러나 성지향성은 영향을 받아서 결정되는 것은 아니며, 본인의 선택과는 무관하게 주어지는 것이다. 주위에는 이성애가 더 많이 이루어지고 있는 데도 불구하고 이성애자로 바뀌지 않는 것을 보면 주위의 영향을 받아서 동성애자로 되는 것이 아니고 이미 그 성향이 내재해 있었고, 단지 주변의 상황은 그 내재된 성향을 이끌어 내었을 것이다.

성 격리설 주위에 동성밖에 없는 상태의 생활을 계속하던 중 동성이 좋아져 동성애에 빠져든다는 주장이다. 이것 또한 이성을 쉽게 접할 수 없는 상황에서 성 충동을 해소하기 위해 동성간의 성경험을 성지향성으로 결정짓는 것은 무리한 주장이다. 대부분 그 환경을 벗어나면 이성과의 성경험을 추구하기 때문이다.

③ 가정환경적 요인

동성애의 원인을 가정환경의 탓으로 돌리는 이론이다. 예를 들면 성장과정에서 아버지가 어머니를 심하게 학대하거나 딸을 심하게 학대하는 것을 본 딸은 성장하여 남성을 기피하고 여성에 관심을 보이며, 어머니가 아버지나 아들을 못살게 구는 것을 본 아들은 오히려 남성에게 관심을 보인다는 주장이다. 이 이론은 정상적인 가정환경에서 자라도 어떤 이는 동성애자가 되고, 어떤 이는 이성애자가 되는가를 설명하기 어렵다.

④ 무매력설

일부의 레즈비언 가운데 여성적인 매력이 전혀 없는 사람이 주로 남성 역할을 한다는 사실에서 이성에게 인기가 없는 사람이 동성애에 빠져들기 쉽다고 주장하는 이론이다. 그러나 이 이론은 이성에게 인기가 많은 동성애자를 설명하기 어렵다.

4) 동성애자의 특징

오래 전, 여러 학자들이 동성애자를 특수한 인간으로 분류하면서 뭔가 정신적 의학적 증거들을 찾으려고 했지만 아무것도 발견할 수 없었다. 동성애는 이성애와 같이 지극히 자연스럽게 나타나는 감정이고, 어릴 적 큰 충격이나 특수 환경이 만들어내는 것도 아니다.

동성애자들도 어릴 적에는 자신의 성 정체성(자신의 성적취향이 동성애적인지, 이성애적인을 느끼는 것)이 무엇인지 잘 모를 때도 많다. 왜냐하면 인간에게 동성애적 감정은 자주 나타나기 때문이다. 때로는 선천적으로 때로는 후천적으로 나타난다. 그것이 쉽게 누그러드는 경우도 있지만, 계속적으로 지속될 때 정체성을 깨닫기 시작하는 것이다. 동성애는 친구사이에서 많이 나타나기도 하지만, 단지 어떤 우정과는 다른 현상이다. 성적인 현상이기 때문이다.

미국의 정신의학회에서는 1973년 이후부터 동성애를 정신질환의 목록에서 제외시켰다. 동성애는 질병이 아니다. 그러나 아직도 동성애자들은 차별을 받고 있다.

남성동성애자들은 5세에서 7세쯤 되면 자신이 타인들과 다르다는 것을 느낀다고 한다. 하지만 아직 성과 연관짓지는 못한다고 한다. 남녀 동성애자들의 경우 모두 자신들이 동성애자라는 것을 느끼는 평균 연령은 13세 전후라고 한다.

동성애자가 성폭력 가해자일 것이라는 편견이 있지만 실제는 전혀 그렇지 않다. 그러나 동성애자는 정상적인 성역할에 대한 반항, 그리고 자기의 열등감을 해소하기 위한 수단으로 성도착증과 같은 이상적인 성반응을 보이는 경우는 있다(김혜숙, 1995).

동성애 성향을 가진 사람들은 개인적으로 건전한 동성애자를 알지 못하기 때문에 공개적으로 의논하거나 이야기할 수 없기 때문에 상당한 좌절감과 외로움을 느낀다. 어디를 보나 '이성애'가 정해진 규범이기 때문에 자신의 독특한 성향에 대하여 상당히 곤혹스러워 한다. 그리고 습득할 수 있는 지식이라고는 틀에 박힌 동성애에 대한 부정적인 시각일 뿐이다. 따라서 동성애 취향을 가진 사람들은 동성애자들에 대한 부정적인 이미지와 동성애를 실제로 느끼고 있는 감정 사이에서 상당한 혼란을 경험하게 된다.

동성애 성향으로 고민하는 사람들이 먼저 해야 할 일은 자신의 감정과 성향에 대하여 누군가와 이야기를 시작해야 한다. 그리고 자신의 성향에 대해 스스로 납득할 수 있는 지식 습득이 중요하다.

5) 인식 변화

오늘날은 여러 가지 문화가 한데 어우러지면서 동성애자들을 좀 더 이해하도록 노력하고 존중해야 한다는 인식이 확대되고 있다. 1990년 세계보건기구(WHO)는 동성애를 질병목록에서 제외시켰다. 동성애는 정신질환이 아니고, 변태성욕자들도 아니다. 동성애는 이성애와 같은 자연스러운 정서의 일부분일 뿐이다. 동성애자들도 이성애자들과 같이 사회에 기여하는 사람들이다. 이성애자들만 정상인인 것은 아니다. 양성애자, 동성애자, 성전환자, 여장 남자, 남장 여자 등도 모두 정상인들이다(정장진, 2003).

동성애자들을 인정하고 받아 주기 위해서는 무엇보다도 고정관념과 편견을 버려야 한다. 그러기 위해서는 마음의 문을 열고, 동성애에 관한 올바른 정보를 제공하는 책을 보고 여러 동성애자들과 대화를 가지면서 이해하도록 노력해야 한다(최안드레아, 1997).

3.4.5. 트랜스젠더

1) 개념

트렌스젠더(transgender)는 남자인가 여자인가? 생물적 요소 이외에 사회적 그리고 심리적 요소를 보면 꼭 그렇게 양분되어 있는 것만은 아니고, 육체적 성과 정신적 성이 어긋나 있는 경우도 있다. 성장해 가면서 육체는 남성으로 정신은 자꾸만 여성으로 되어 갈 경우, 육체적 성과 정신적 성의 차이점이 어린 시절에는 미세하여 별 문제가 없지만 사춘기를 지나 어른이 되면서 그 괴리감이 점차 커지게 된다.

생물적으로는 남성이나 여성의 신체를 지니고 태어났지만 자신을 반대 성의 사람이라고 여기며 반대의 성으로 바꾸고자 하는 욕구가 강하며 현재 자신의 성에 대해 지속적으로 혐오감과 불편함을 가지고 있는 이들을 트랜스젠더(transgender)라고 한다. 즉 육체적인 성과 정신적인 성이 일치하지 않는 것이다. 여기에는 다음과 같은 종류가 있다.

- 남성트랜스젠더(Male to Female transgender): 육체적으로 남성이지만 정신적으로는 여성의 성 정체성을 가지고 있는 사람
- 여성트랜스젠더(Female to Male transgender): 육체적으로는 여성이지만 정신적으로는 남성의 성 정체성을 가지고 있는 사람

말하자면 신체적 특징은 남자지만 남자의 신체를 가지고 있는 자체가 불편하고, 오히려 여자의 성 역할이 더 자연스럽다고 생각하는 것이다. 그러므로 늘 자신이 잘못된 육체 안에 갇혀있다는 느낌을 갖고 있으며 따라서 목욕탕처럼 남성과 여성이 엄격히 구별된 사회적 공간에서는 극도의 불편함을 느끼게 된다.

트랜스젠더와 동성애자는 구별되어야 하는데, 트랜스젠더 중에서 동성애자가 있을 수 있고 이성애자가 있을 수 있다. 즉 남자의 육체를 가진 트랜스젠더가 남자를 사랑한다면 그는 이성애자라고 할 수 있다. 그러나 그가 여자를 사랑한다면 동성애자일 것

이다.

그리고, '트렌스젠더(trans-gender)'라는 말과 '트렌스섹슈얼(transsexual)'이라는 말을 동의어로서 잘못 쓰고 있는데, 이 두 단어 사이에는 차이가 있으므로 구분하여 사용하여야 한다. '젠더(gender)'라는 말이 남성과 여성, 혹은 남성과 여성을 구별하기 위해서 사용되는 사회적 성(性), 혹은 정신적 성을 가리키는 반면, '섹스(sex)'라는 말은 육체적 성을 가리킨다. 트랜스젠더가 모두 성전환수술을 받기 원하는 것은 아니다. 트랜스젠더 중 성전환 수술을 받은 사람을 특히 트랜스섹슈얼(성전환자, transsexual)로 구분한다. 따라서 트렌스섹슈얼이라는 말은 '성전환자'라는 말로, 수술이나 기타 다른 치료를 통해 자신의 성이 아닌 다른 성으로 살아가는 사람을 의미한다. 우리나라 1호 트렌스섹슈얼인 탤런트 하리수의 경우, 남성임을 버리고 여성을 택하였고 주민등록상에도 여성으로 기록되어 사회적으로 진정한 여성이 되었다.

2) 트랜스젠더의 원인

자신이 트랜스젠더라고 믿게 되는 시기는 아주 어린 시절부터 성인기에 이르기까지 아주 다양하다. 자의식이 생기는 청소년기일 수도 있고, 늦게는 30·40대에 느낄 수도 있다.

① 선천적 요인설

유전자 이상, 성호르몬 이상, 임신 중에 산모의 건강상태 또는 특정약물 복용 등이 뇌발달에 치명적인 영향을 미쳤을 경우를 선천적 요인이라 한다. 성 발달 이상의 원인이 트렌스젠더의 원인이 되기도 한다.

② 후천적 요인설

유아시기에 가족환경 또는 사회적인 학습 과정에서의 심리적인 면이 육체적 성과 정신적 성의 불일치에 더 큰 영향을 주었다고 주장하는 것이다.

딸만 있는 가정에서 아들을 기다리다가 또 딸을 낳고 실망해 딸을 아들처럼 키운 경우, 이 아이가 자라서 남성이 되려는 강한 집념을 보일 수 있다. 반대로 아들만 있는 가정에서 아들을 딸처럼 키운 경우에도 트랜스젠더의 유발동기가 될 수 있다. 또 어머니가 아들에게 과도하게 집착하고, 신체적 접촉을 할 경우 아이는 어머니의 성을 과도하게 인식할 수 있기 때문에 트랜스젠더의 원인이 될 수 있다. 실제로 남성동성애자나 여성동성애자 가운데는 이런 사람이 있으며, 동성애자들이 자신들의 성 지향성을 스스로 설명할 때 많이 이야기하는 것이기도 하다. 우리나라에서도 성전환 수술을 받은 사람들 가운데 이런 현상을 보이는 사람이 있다고 한다.

또 어떤 학자들은 성 정체성 장애가 성장기의 성장장애로 일어날 수 있다고 한다.

예를 들면 편부모 아래서 자라거나 심한 학대를 받는다거나, 혹은 병을 앓고 있는 상황에서, 또는 편부모 아래서 부모를 대신하는 역할을 하는 경우 성 인식과 성 정체성에 혼란이 생겨날 가능성이 있다는 것이다.

만약 아버지가 어머니에 비해서 무력하거나 나약한 것으로 비추어지게 되면, 남자아이는 더 이상 자신을 남성으로서 인식하기를 거부하여 여성으로 되고 싶어 하고, 반대로 여자아이는 아버지의 부재에 대한 보상으로 자신이 엄마를 감싸고 보살펴야하는 '보호자'로서 자신을 인식하게 되어 남성으로 되고 싶어 한다.

③ 복합설

오늘날 많은 성의학 전문가는 트랜스젠더의 원인이 선천적 요인과 후천적 요인 두 가지의 복합적인 작용 때문이라고 한다. 어떠한 경우에는 선천적인 요인들의 영향으로 나타나고, 또한 어떤 경우에는 가족문제나 사회적인 요소들이 생물적인 인자들과 결합하여 나타나기 때문이다.

3) 성전환 수술

호르몬 투약만으로는 만족하지 못하는 경우 그들이 원하는 성기를 가질 수 있는 수술이며 수술 후 대부분 만족을 보인다고 한다. 성전환수술은 돌이킬 수 없는 변화가 뒤따르므로 자신이 트랜스젠더라고 호소하더라도 수술대상자의 선정에는 엄격한 기준을 두고 있다. 여러가지의 조건이 모두 다 충족되어야 하는 것은 아니지만 성전환 수술은 돌이킬 수 없는 것인 만큼 신중을 기해야 한다.

제 4 장

생식기관과 생식세포

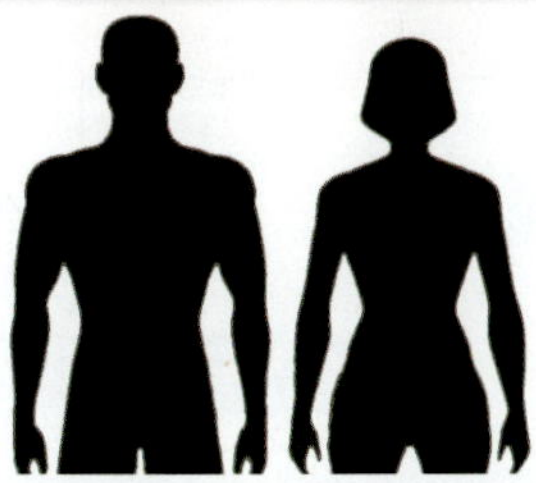

학습목표

1. 남녀 생식기관의 분화과정을 설명할 수 있다.
2. 남성생식기관의 구조와 기능을 설명할 수 있다.
3. 여성생식기관의 구조와 기능을 설명할 수 있다.
4. 정자의 이동경로와 특징을 설명할 수 있다.
5. 난자의 성숙과 특징을 설명할 수 있다.

4.1. 생식기관의 발생

수정되는 순간 유전적인 성은 결정되지만, 발생초기의 태아는 원시생식소를 가진 중성이다. 그러다가 7주째가 되어 안드로겐이라는 호르몬의 존재 여부에 따라 남성과 여성의 생식기관으로 분화하기 시작한다.

4.1.1. 남성 생식기관의 발생

1) 정소의 분화

발생 7주가 되고 Y염색체 위에 성결정부위 Y유전자(sex-determining region Y gene, SRY)가 있으면 미분화된 생식소(生殖巢, gonad)가 계속 발육되어 정소(精巢, 고환, testis)가 발달하게 된다(그림 4.1). 정소에서 안드로겐이라는 호르몬이 분비되면 드디어 내부와 외부 생식기가 남성화 되어 남성 생식기관이 만들어진다.

2) 울프관의 분화

정소가 만들어지면서 정소의 사이세포(간질세포, 間質細胞, 간세포, interstitial cell,

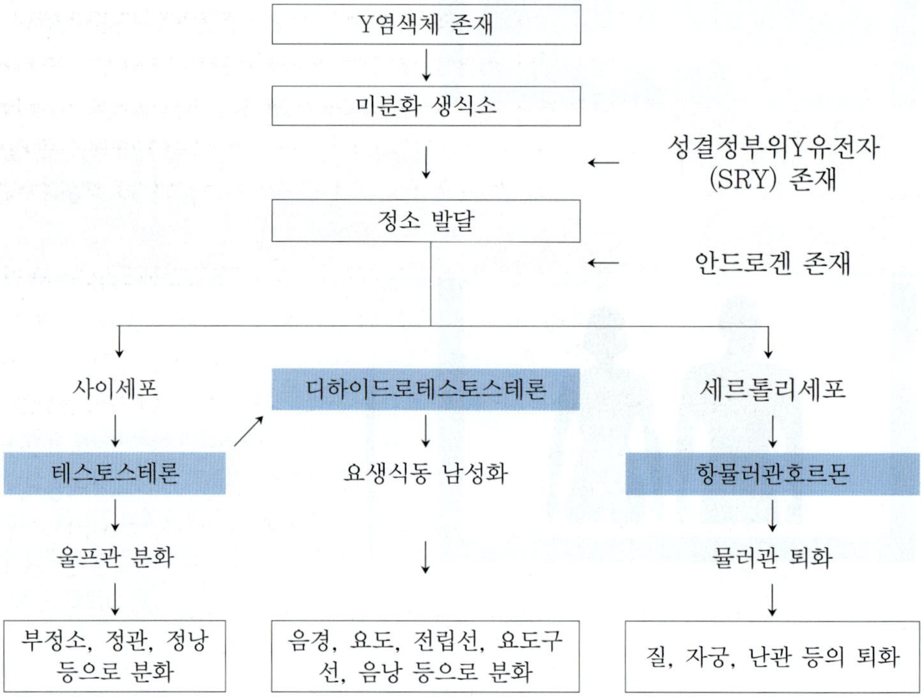

그림 4.1 남성 생식기관의 분화 과정(윤성규, 2010).

레이딕세포, Leydig's cell)에서 생성된 테스토스테론에 의하여 울프관(Wolffian duct)이 분화한다. 테스토스테론은 울프관을 부정소(副精巢, epididymis), 정관(精管, vas deference), 정낭(精囊, seminal vesicle)으로 분화시킨다. 그리고 테스토스테론의 일부는 디하이드로테스토스테론(dihydrotestosterone)이라는 물질로 전환된다. 전환된 이 호르몬은 요생식동(尿生殖洞, urogenital sinus)을 음경, 요도, 전립선으로 분화시킨다.

3) 뮬러관의 퇴화

정소의 세르톨리세포에서 만들어진 항뮬러관호르몬(Antimullerian Hormone, AMH)은 뮬러관(Mullerian duct)의 퇴화를 유도한다. 따라서 남성에서는 뮬러관에서 기원하는 난관, 자궁 및 질이 발생되지 않는다. 이렇게 하여 발생 10주(임신 12주)가 되면 남성의 외부 생식기를 식별할 수 있게 된다.

4) 남성 외부생식기의 분화

미분화된 외부생식기는 테스토스테론의 존재에 의해 점점 남성 생식기관으로 분화해 간다. 남성에서 생식결절은 테스토스테론에 의해 커지면서 음경(陰莖, penis)이 된다(그림 4.2). 요생식주름은 테스토스테론에 의해 중앙에서 융합하여 요도(尿道, urethra)가 된다. 생식융기는 테스토스테론에 의해 중앙에서 융합하여 음낭(陰囊, scrotum)이 된다.

4.1.2. 여성 생식기관의 발생

1) 난소의 분화

만약 수정란에 성결정부위Y유전자(SRY)가 없으면 미분화 생식소는 난소(卵巢, ovary)

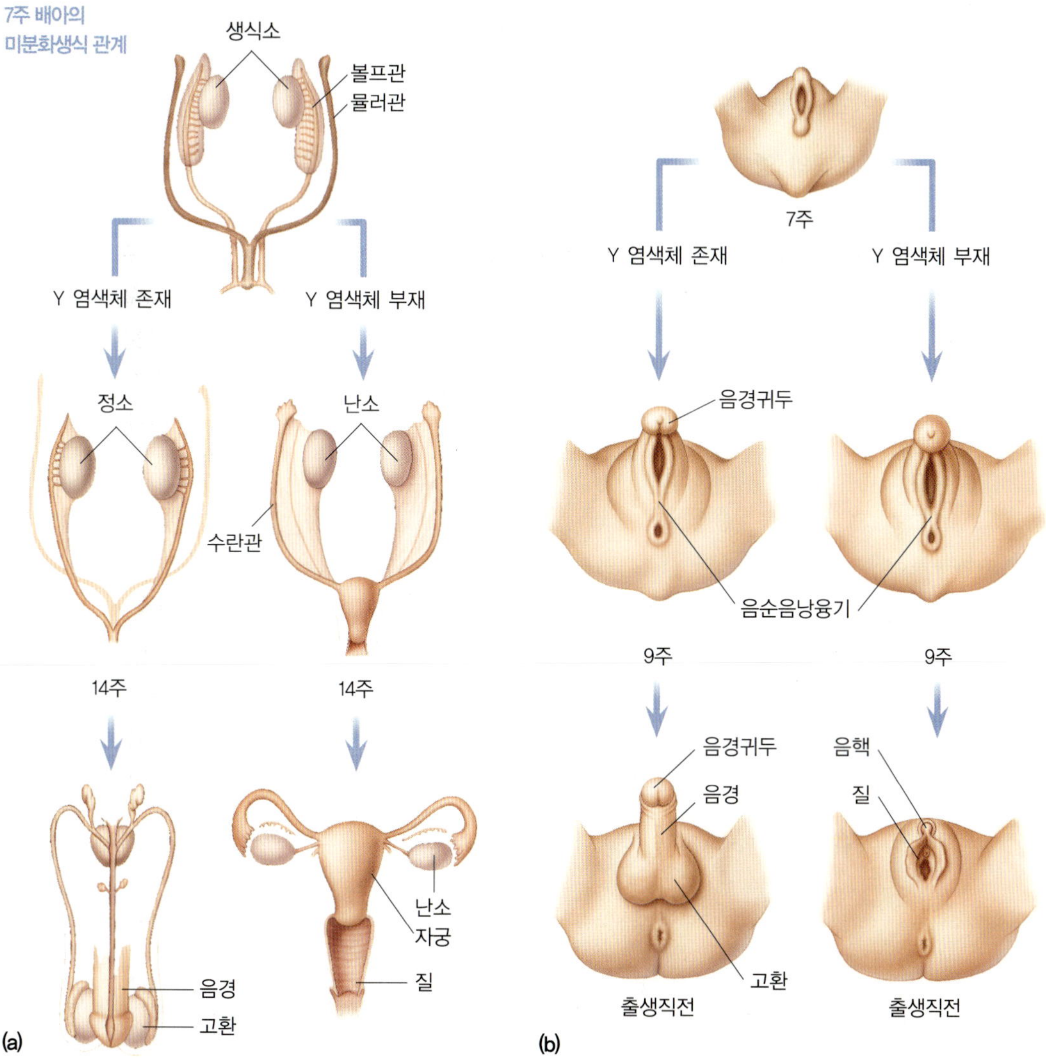

그림 4.2 앞에서 본 사람 외부 생식기관의 분화과정(추영국 등, 2015).

로 분화된다. 난소는 정소보다 다소 늦은 발생 50~55일경에 분화되기 시작한다(그림 4.3).

2) 울프관의 퇴화

안드로겐이 존재하지 않아 테스토스테론이 생산되지 않기 때문에 울프관이 퇴화된다.

3) 뮬러관의 분화

항뮬러관호르몬(AMH)이 없기 때문에 뮬러관이 발달된다. 뮬러관은 요생식동과 융합하여 자궁과 질 및 난관으로 분화된다. 그러므로 여성의 생식기 분화는 에스트로겐의 작용에 의하는 것이 아니고 안드로겐이나 항뮬러관호르몬의 분비가 없기 때문이다.

4) 여성 외부생식기의 분화

안드로겐의 영향을 받지 않으므로 생식결절은 커지지 않고 그대로 남아 음핵(陰核, clitoris)이 되고, 요생식주름은 융합되지 않고 그대로 남아 소음순이 되며, 생식융기는 융합되지 않고 그대로 남아 대음순이 된다.

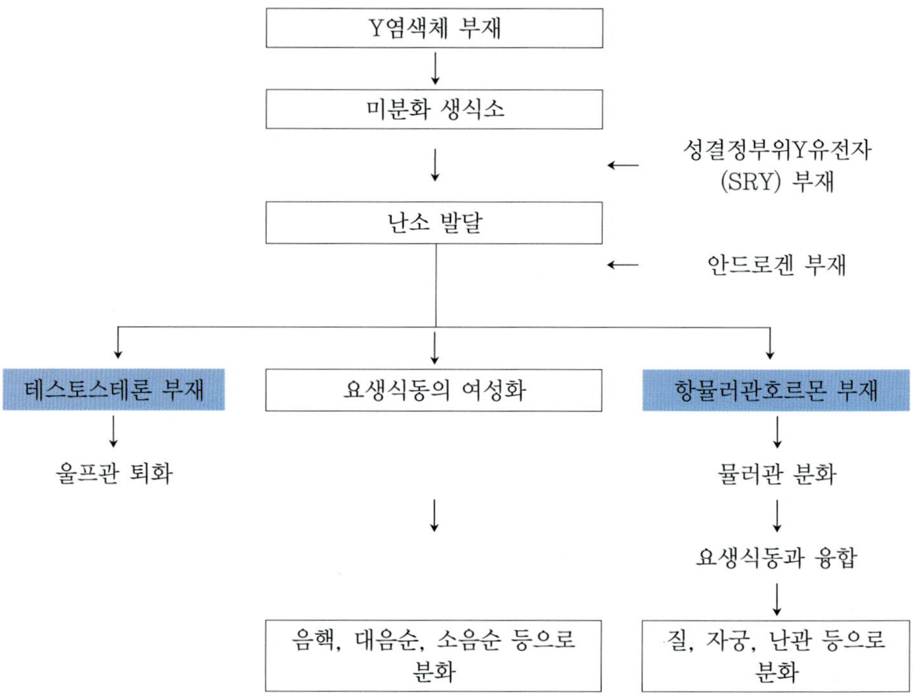

그림 4.3 여성 생식기관의 분화 과정(윤성규, 2010).

4.2. 남성 생식기관

4.2.1. 남성 생식기관의 구조와 기능

남성 생식기관의 기능은 정자와 성호르몬을 만드는 것과 정자를 여성의 생식기관에 주입시키는 일이다. 내부생식기와 외부생식기로 나누어 설명할 수도 있지만(표 4.1), 남성의 경우에는 정자의 이동순서에 맞추어 설명하는 것이 편리하다(그림 4.4).

1) 음낭

음경 아래에 있으며 외부로 노출되어 있는 음낭(陰囊, scrotum, 정소주머니, 고환주머니)은 정소와 부정소의 바깥쪽에서 이들을 감싸고 보호하는 쭈글쭈글한 1개의 주머니로 된 피부이다(그림 4.5). 사춘기가 되면 음낭에 있는 땀샘과 지방선이 발달되어 암갈색으로 변한다. 표면은 주름져 있고 음낭벽을 구성하고 있는 근육층은 정소를 보호하는 동시에 정소의 온도 조절에 도움이 된다. 날씨가 추울 때에는 축소되어 몸에 가까이 붙어 정소에 체온이 전달되도록 하고, 더울 때에는 늘어나서 정소가 몸의 열을 적게 받도록 조절한다. 따라서 음낭은 정소의 환경을 체온보다 2~3℃ 낮게 유지시키는 온도조절장치의 기능을 하기도 한다.

표 4.1 남성 생식기관의 구성(윤성규, 2010)

<table>
<tr><th rowspan="2">구분</th><th colspan="3">생식기관</th></tr>
<tr><th colspan="2">용어</th><th>동의어</th></tr>
<tr><td rowspan="3">외부</td><td colspan="2">음경</td><td></td></tr>
<tr><td rowspan="2">음낭</td><td>정소</td><td>고환, 불알</td></tr>
<tr><td>부정소</td><td>부고환</td></tr>
<tr><td rowspan="6">내부</td><td colspan="2">정관</td><td></td></tr>
<tr><td colspan="2">정낭</td><td></td></tr>
<tr><td colspan="2">사정관</td><td></td></tr>
<tr><td colspan="2">전립선</td><td></td></tr>
<tr><td colspan="2">요도구선</td><td>쿠퍼선, 망울요도샘</td></tr>
<tr><td colspan="2">요도</td><td></td></tr>
</table>

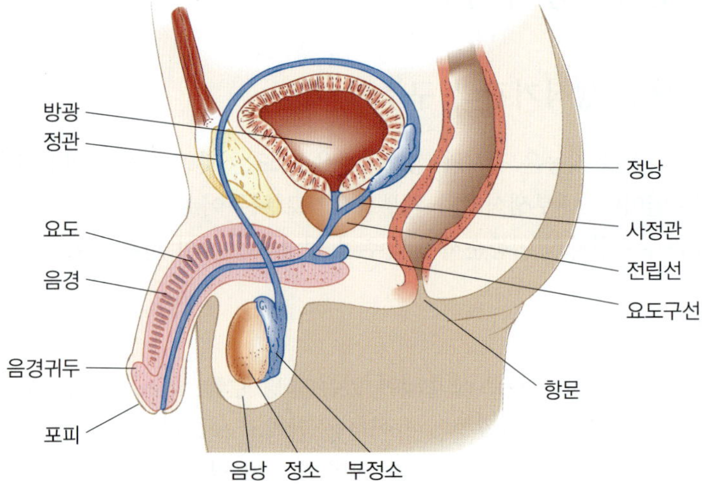

그림 4.4 옆에서 본 남성의 생식기관(추영국 등, 2015).

2) 정소(고환)

정자가 만들어지는 정소(精巢, testis)는 여성의 난소에 해당하며 고환(睾丸) 또는 불알이라고도 한다. 음낭 안에 위치하며 달걀 모양을 하고 있다. 15~20g 정도의 무게로 두개가 있고 두 개의 크기는 달라 보통 왼쪽 것이 오른쪽 것보다 커서 약간 밑으로 쳐져 있다. 외부의 충격을 받으면 손상될 수 있으므로 주의해야 한다. 정소는 남자의 급소로서 충격에 약하다. 정소를 제거하면 고자(鼓子)가 된다.

정자와 성호르몬 생산을 위한 적정 온도는 34℃이며, 체온보다 낮은 온도를 유지하기 위해서 음낭에 많은 주름이 있으며, 몸 밖으로 돌출되어 있는 이유를 알 수 있다. 따라서 몸에 꽉 끼는 팬티보다는 바람이 잘 통하는 팬티를 입는 것이 정자와 남성호르몬 생산에는 좋다(윤성규, 2006).

정소는 복부에서 발달하여 출산 직전에 치골을 넘어 주머니같이 생긴 음낭으로 내려온다. 이를 정소내림(고환내림)이라 한다. 만일 태아시절에 정소가 복부 밖으로 내려와서 돌출하지 못하면 잠복정소(잠복고환)으로 되며 출생 후에 생식능력이 없게 된다. 왜냐하면 정소는 체온보다 2~3˚C 낮게 유지되어야 정자의 생산이 원활하게 이루어지는데 내부 체온의 상태에서는 정자가 적절하게 발달할 수 없다.

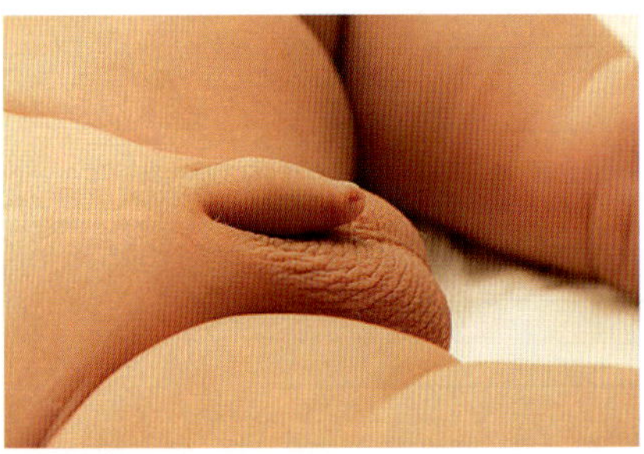

그림 4.5 정소의 온도를 조절할 수 있도록 표면에 많은 주름져 있는 음낭.

정소의 주요기능은 정자와 호르몬의 생산이다. 보통 생후 10년 후부터 정자를 만드는데 하루에 무려 수억개라는 놀라운 생산력을 보인다. 정소는 수백개의 정소소엽으로 나뉘어져 있고, 소엽은 제각기 여러 개의 세정관(細精管, 정세관, seminiferous tubule)으로 구성된다(그림 4.6). 세정관은 정자를 만들어내는 가늘고 긴 관인데 코일 모양으로 꼬여 정소소엽에 꽉 차 있다. 세정관에서 만들어진 미성숙 정자는 정소망(精巢網, 고환그물, rete testis)이라는 곳으로 내려오는데 이 정소망은 다시 부정소로 들어가는 수많은 관으로 연결된다. 정소에서 65–70일 걸려 정자가 만들어진다.

세정관과 세정관 사이의 좁은 틈에 있는 사이세포는 남성호르몬인 테스토스테론을 분비한다. 적당한 양의 테스토스테론은 세정관이 정상적인 분비기능을 유지하기 위해 필요하다.

3) 부정소(부고환)

좌우 정소의 가장자리를 따라 새끼줄 모양으로 정소를 감싸고 내려가 정관과 연결되는 것이 부정소(副精巢, 부고환, 副睾丸, epididymis)이다. 정소의 세정관들이 모여 부정소에 연결된다(그림 4.6). 부정소 내부는 코일형태의 관으로 되어 있고, 여기서 분비되는 물질 때문에 정자는 활발한 운동성을 띠기 시작한다. 그리고 정자를 저장하며, 죽은 정자를 흡수하여 처리하기도 한다. 또 극히 소량의 정액을 생산한다.

4) 정관

좌우 부정소에서 전립선 입구까지 이어지는 관을 정관(精管, vas deferens)이라 한다(그

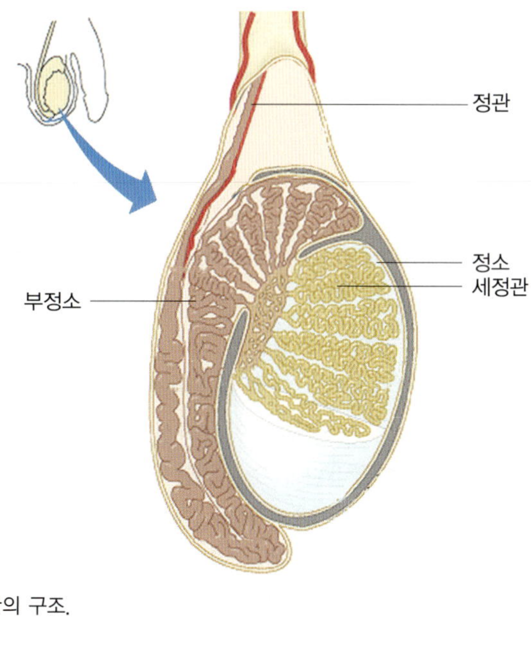

그림 4.6 정소와 세정관의 구조.

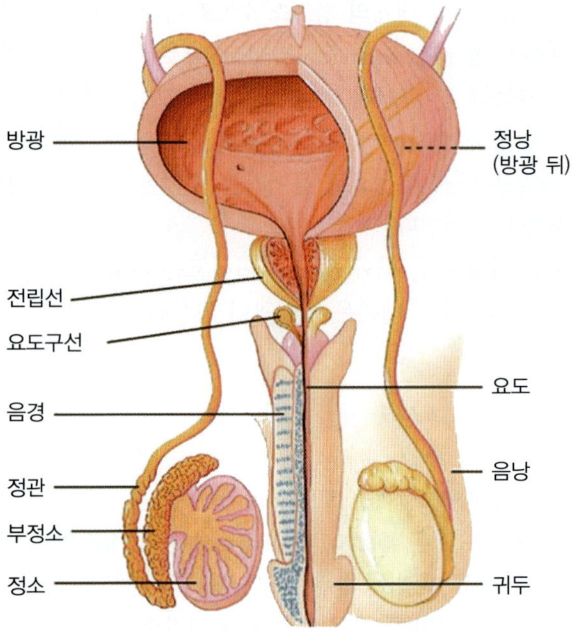

그림 4.7 남성 생식기관의 정면도(김명원 등, 2004).

림 4.7). 직경이 약 3mm 길이가 약 40cm이다. 부정소에서 나온 정자는 정관을 통해 이동한다. 정관의 내면은 주름이 많고 근육층이 상당히 발달되어 있는데 이것은 정자의 운반을 위해 큰 역할을 한다. 정관은 정자의 수송을 위해서 방광 쪽으로 율동적으로 수축운동을 하며 정자를 부정소에서 정관말단팽대부까지 보낸다. 정관을 절제하면 영구피임이 가능하다.

5) 정낭

정관에서 일부분이 튀어나오듯 붙어 있는 주머니가 정낭(精囊, seminal vesicle)이다. 좌우 두 개의 정낭은 그 안벽에 무수하게 주름 잡힌 점막이 있어 분비물을 만들어 사정관으로 보내어서 정자와 섞이게 된다. 정자가 정낭을 통과하지는 않는다. 정낭의 분비액은 윤활 역할을 하며 사정액의 2/3를 차지하며 여기에 포함되어 있는 과당은 사정된 정자가 잘 움직이도록 도와준다. 정자의 놀랄만한 에너지는 이곳에서 나온 영양이 밑받침된 것이다. 또 정액의 한 성분인 알칼리성 액체도 분비한다. 정액은 또한 사정시 55mg/ml 농도의 프로스타글란딘을 포함하고 있다. 정액이 연한 젤리형태를 하고 있는 것은 바로 이 정낭에서 나오는 여러 가지 분비물이 섞이기 때문이다.

척추동물의 정낭은 일부 무척추동물과는 달리, 정자를 저장하는 데는 사용되지 않고 대신 정자를 담고 있는 정액(semen)의 대부분을 만들어 낸다. 정낭을 과거에는 저

정낭(貯精囊)이라고 하였는데, 이는 그 기능을 알지 못했던 시기에 잘못 붙어진 것이다(이광웅 등, 1993).

6) 사정관

사정관(射精管, ejaculatory duct)은 정관과 정낭의 관이 합쳐지면서 형성되는데, 두 개의 사정관은 자루모양의 전립선 안으로 들어가 전립선의 소엽들 사이를 지나 전립선 요도와 만나 합쳐져서 하나의 요도로 된다. 평소에는 사정관이 닫혀 있다가 사정할 때는 정액 사출을 위해 열린다.

7) 전립선

방광 아래에 있는 직경 약 4cm 정도의 밤톨 크기의 자루를 전립선(前立腺, prostate gland)이라 한다(그림 4.8). 방광 경부로부터 요도를 감싸듯 위치해 있다. 정액을 만드는 곳으로 여기서 만들어진 스페르민이라는 물질은 유백색이며, 밤 꽃향기와 비슷한 특유의 냄새를 갖고 있다. 이 분비물은 알칼리성으로 요도 내부가 소변의 잔재로 인해 산성화되는 것을 중화시키고, 질 내의 강한 산성을 중화시켜 사정된 정자가 살아남도록 한다. 정액의 약 1/3이 여기서 나오는 분비물로 구성된다. 이 전립선의 분비액과 정낭의 분비액이 합쳐져서 정액이 된다. 전립선의 기능은 테스토스테론의 양에 의해 좌우된다. 항상 소변이 마려운 것을 느낄 때는 이 전립선이 병적으로 비대해진 경우라고 추정할 수 있다.

8) 요도구선

요도구선(尿道球腺, bulbourethral gland, 쿠퍼선, Cowper's gland, 망울요도샘)은 전립선 아래 음경의 뿌리 부분에 요도의 일부가 싹튼 것처럼 붙어 있으며, 정액이 요도를 지

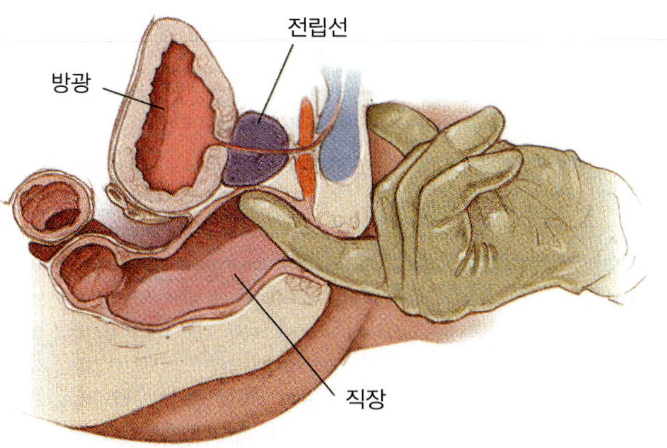

그림 4.8 방광과 전립선의 단면도(하재청 등, 2008).

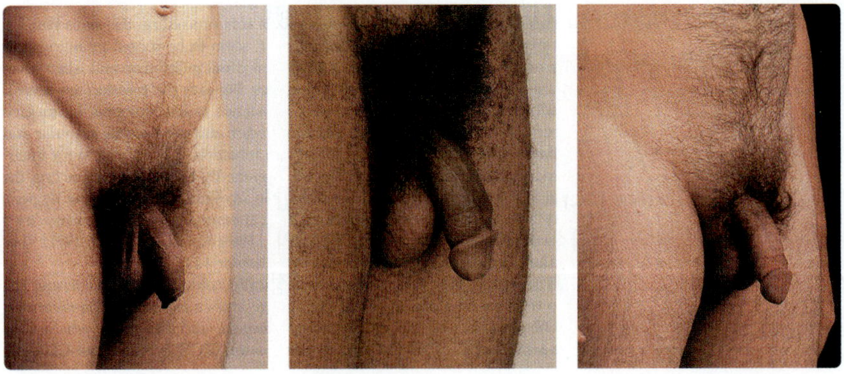

그림 4.9 남성의 외부 성기의 변이(하재청 등, 2008).

나갈 수 있도록 분비물을 만든다. 이 분비물은 알칼리성으로 무색투명하며, 사정에 앞서 요도를 따라 미리 나와서 요도의 내부를 깨끗이 하고 귀두를 젖게 만들어 삽입할 때 윤활작용을 한다. 여성의 외음질선(바르톨린선, Bartholin's gland)에 해당한다.

9) 요도

요도(尿道, urethra)는 방광에서 전립선을 지나 음경의 한가운데를 통과하여 음경의 귀두부 끝까지 이어져 있다. 소변과 정액을 배출하는 두 가지 역할을 한다.

10) 음경

남성의 외부생식기로서 성교할 때 딱딱하게 발기하여 질에 들어가서 정자를 넣어주는 역할을 한다. 음경(陰莖, penis)은 길고 둥근 관 모양으로 체부와 귀두부로 구성되어 있다(그림 4.9).

체부는 3개의 탄력성 있는 관 모양의 조직층과 2개의 음경 해면체(sponge)와 1개의 요도 해면체로 구성된다(그림 4.10). 해면체로 되어 있기 때문에 스펀지처럼 부드럽지만 해면체 사이의 모세혈관이 혈액으로 가득차게 되면 부풀어 올라 단단해진다. 피부와 근육막은 느슨하게 음경을 싸주므로 발기 중 확대해도 무리가 없다.

음경은 많은 모세혈관들을 포함하고 있는 해면체(스펀지)로 이루어져 있다. 평상시에는 이러한 혈관들은 수축되어 혈액이 성기 속으로 흘러 들어가는 것을 막아주며, 대부분의 시간동안 성기를 부드럽게 유지시켜 준다.

가끔 발기한 음경을 구부리면 '뚝뚝' 소리가 난다며 '최소한 물렁뼈가 있을 것'이라고 주장하는 사람이 있다. 그러나 사람의 음경에 뼈는 없다. 발기는 성기 해면체에 혈액이 차서 단단해지는 것이다. 그 소리는 대부분 해면체의 딱딱한 부분과 덜 딱딱한 부분이 겹쳐지면서 나는 소리이다. 한편, 동물의 음경엔 대부분 뼈가 있다. 암컷의 발

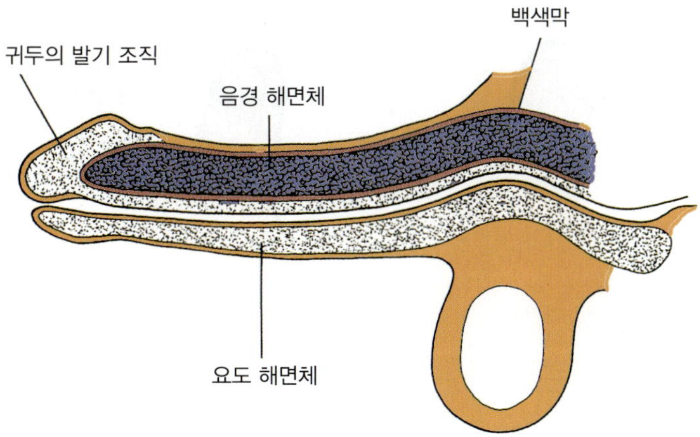

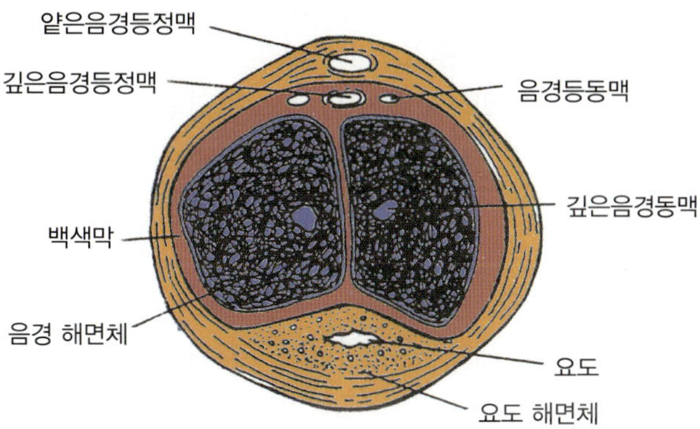

그림 4.10 음경의 내부 구조(하재청 등, 2008).

정기에 다른 수컷의 방해를 물리치고 짧은 시간에 충분히 발기되지 않아도 짝짓기에 성공해야 하기 때문이다. 그리고 음경은 진피와 해면체를 섬유조직이 연결할 뿐 지방층이 없으므로 살이 찌지 않는다.

음경의 끝 부분은 거북의 머리 모양과 같아 귀두(龜頭, grans penis, balanus)라고 하며, 포피(包皮, 음경꺼풀, foreskin)로 덮여 있다. 귀두의 가장자리를 코로나(corona)라고 하며 여기에는 신경세포가 많이 분포해 있어 자극에 매우 민감하다. 포피는 귀두를 덮어씌우지만 대부분의 성인 남성에서 쉽게 뒤로 물러난다(그림 4.11). 귀두의 가장자리에서 요도구 쪽으로 띠처럼 되어 내려가는 부분을 주름띠(음경소대, 陰莖小帶, frenulum)라 한다. 코로나와 함께 성감이 가장 민감한 부분이다.

일반적으로 발기는 교감신경에서 분비하는 신경전달 물질이 음경에 전달되면 음경 해면체 내의 동맥을 통해 들어오는 혈액으로 채워지게 된다. 음경이 팽창하면서 해면체에 혈액이 채워지면 자동적으로 혈액이 빠져나가는 길인 정맥을 눌러 혈액이 빠져나가는 길

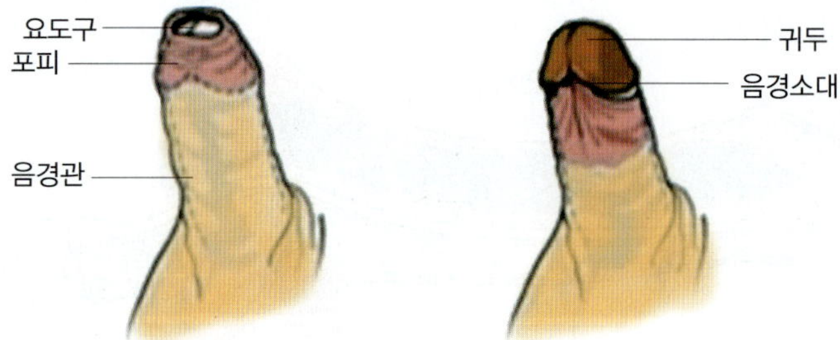

그림 4.11 음경의 외부 구조.

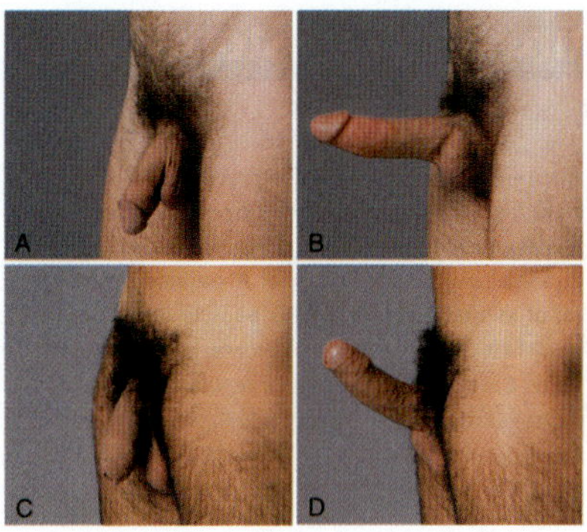

그림 4.12 A, C : 늘어진 상태, B, D : 발기된 상태(하재청 등, 2008).

을 막게 되는데, 이로써 딱딱한 상태가 일정 기간 유지될 수 있게 된다(그림 4.12).

발기했을 때의 크기와 단단한 정도는 나라마다 사람마다 다르다. 발기하면 발기하지 않았을 때 음경크기의 1.5배~2배로 되는데, 발기하지 않았을 때 음경의 크기가 달라도 일단 발기하고 나면 그 크기는 놀라울 정도로 비슷하게 된다. 남자는 음경이 커야 성에 강하다고 생각하기 쉬운데 그것은 사실이 아니다. 성기는 보통 21세 정도까지 자란다. 혹시 희망하는 정도의 크기로 발육되지 않는다 해도 그것으로 얻는 성 즐거움이 줄어든다든지, 남성의 성 능력이 약해지는 것은 아니므로 걱정하지 않아도 된다.

4.2.2. 포경

1) 포경과 포경수술

성인이 되어도 음경을 덮고 있는 포피가 뒤로 벗겨지지 않은 상태를 포경(包莖, phimosis)이라 한다. 대부분의 남성들은 사춘기를 지나면서 포피가 저절로 귀두를 벗어나게 되어 포경이 되지 않지만 일부의 남성은 성인이 된 후에도 포경이 되는 경우가 있다.

이때 손으로 포피를 벗겨 내려서 자유롭게 귀두를 노출할 수 있으면 '가성(假性)포경'이라고 하고, 귀두와 포피가 분리되지 않고 붙어있어서 손으로 훑어 내렸을 경우 귀두가 완전히 드러나지 않으면 '진성(眞性)포경'이라고 한다.

혹시 포경이 되어도 성행위에는 지장이 없다. 단지 진성포경일 경우, 포피가 귀두를 감싸고 있어 성교시에 쾌감이 줄어들기도 한다. 그리고 귀두와 표피 사이에 이물질

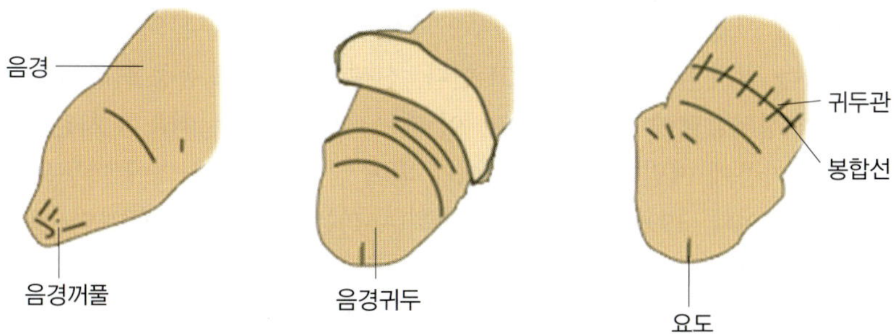

그림 4.13 포경수술방법(추영국 등, 2003).

이 끼어서 피부병에 감염되기 쉽다.

포경수술(circumcision)은 귀두부를 덮고 있는 포피를 적당하게 절개하여 제거함으로 감춰진 귀두를 드러내는 것이다. 종교적으로는 할례(割禮, circumcision)란 형식으로 포피를 외과적으로 제거하는 것이다(그림 4.13).

이전에는 귀두를 덮고 있는 포피를 통째로 자르고 꿰매는 수술법이 대부분이었다. 요즘에는 양파 껍질을 벗겨내듯 귀두를 덮고 있는 포피의 바깥쪽 포피와 피하조직을 구분한 뒤 바깥쪽 포피만 잘라내고 남아있는 피하조직은 당겨서 꿰매는 방법을 많이 사용한다. 10분 정도면 수술이 끝나고 4~7일 안에 수술 부위가 아물어 목욕이 가능해진다.

2) 포경수술의 논란

1932년 영국의 의학전문지 '랜싯'에 포경이면 남성의 음경암과 아내의 자궁암을 유발한다는 연구결과가 발표되면서 본격적으로 포경수술 바람이 불었다. 현재 포경수술의 장단점에 대해서 각종 의학지에 논문이 수시로 발표되면서 찬반 논란이 지속되고 있다.

포경수술, 해야 할까 말아야 할까? 방학이 되면 많은 학부모들이 아들에게 포경수술을 해줘야 할지 고민한다. 주위의 모든 아이들이 수술을 받고 있어 나중에 놀림감이 될까도 걱정된다. 이 문제에 대한 정답은 없다. 포경수술이 아이에게 엄청난 혜택을 가져다주는 것은 아니지만 그러나 '무조건 받지 말아야 한다'는 논리도 위험할 수 있다.

포경수술을 받으면 성기능이 향상된다는 주장도 있지만 논거가 약하다. 포경수술이 성 만족도를 감소시키며 성행위 시간을 줄인다는 최근 연구 결과도 있으나 아직 논거가 약하다. 하지만 귀두를 덮고 있고 포피가 너무 꽉 조이는 진성포경의 경우에는 음경의 발육과 발기에 지장을 주어 정상적인 성교에 문제가 생기기도 하므로 수술을 반드시 해야 한다. 그리고 이물질이 포피 사이에 생기는 경우이거나 자주 염증이 생기는 경우에도 반드시 수술하는 것이 좋다.

포경수술을 해야 하는 시기에 대해서는 여전히 논란이 있다. 우리나라에서 예전에는 신생아에게 포경수술을 권하는 산부인과가 있었지만 대부분의 의학자들은 신생아 때 포경수술을 받지 않는 것이 좋다고 한다. 신생아일지라도 통증을 감지할 수 있으므로 아기들의 정서발달에 피해를 주고, 이 때 느꼈던 통증은 최소한 사춘기까지 잠재의식에 남아 아픔에 예민한 반응을 보이게 되어 남성의 심리상태에 어두운 그늘을 지우기 쉽다는 것이다. 1999년 미국소아과학회(AAP)는 '포경수술이 득보다 실이 훨씬 많다'는 결론을 내렸다.

사춘기 자녀에게 굳이 포경수술을 받게 해야겠다면 자신이 수술의 필요성을 느낄 수 있는 나이가 가장 적절하고, 또 자녀가 원할 경우에 하는 것이 좋으며 억지로 시키는 것은 좋지 않다.

4.3. 여성 생식기관

여성 생식기관의 기능은 출생 때 간직한 난자(엄밀하게는 제1난모세포)를 보관하고 성숙시켜 배란시키고, 성호르몬을 분비하며, 정자를 받아들여 수정이 일어날 수 있는 좋은 환경을 제공하여 태아를 출산하는 것이다. 그러므로 여성의 생식기관은 남성의 것보다 훨씬 복잡하다. 따라서 난자가 이동하는 경로와 정자를 받아들이는 경로에 의해 내부와 외부 생식기로 구분하고, 이 구분에 따라 설명하는 것이 편리할 것이다(표 4.2).

4.3.1. 내부 생식기관

여성의 내부 생식기는 좌우 양쪽에 있는 2개의 난소와 난관, 그리고 1개의 자궁과 질로 되어 있다(그림 4.14).

1) 난소

자궁의 양쪽에 각각 위치한 난소(卵巢, ovary)는 좌우 1쌍으로 작은 밤 크기이다(그림 4.15). 태아시기에는 난원세포를 생산하고, 출생 후에는 그 제1난모세포를 보관하고 있다가 난자(실제로는 제2난모세포)로 성숙시켜 배란시키며 또 여성호르몬을 분비하는 기능을 갖는다. 월경주기가 28일인 경우, 평균 28일에 한 개의 난자가 자궁으로 배출되므로 이론적으로 한 쪽 난소에서는 평균 56일에 한개씩 배출되는 셈이다.

2) 난관

자궁과 난소를 연결해 주는 난관(卵管, oviduct)은 자궁의 양쪽에 있으며 난소까지

표 4.2 여성 생식기관의 구성(윤성규, 2010)

구분	생식기관	
	용어	동의어
내부	난소	
	난관	나팔관, 수란관
	자궁	
	질	
	처녀막	
외부	치구	
	대음순	
	소음순	
	음핵	클리토리스(clitoris)
	요도구	
	질입구	질구
	외음질선	외음질샘, 바르톨린선(Bartholin's gland)
	회음	

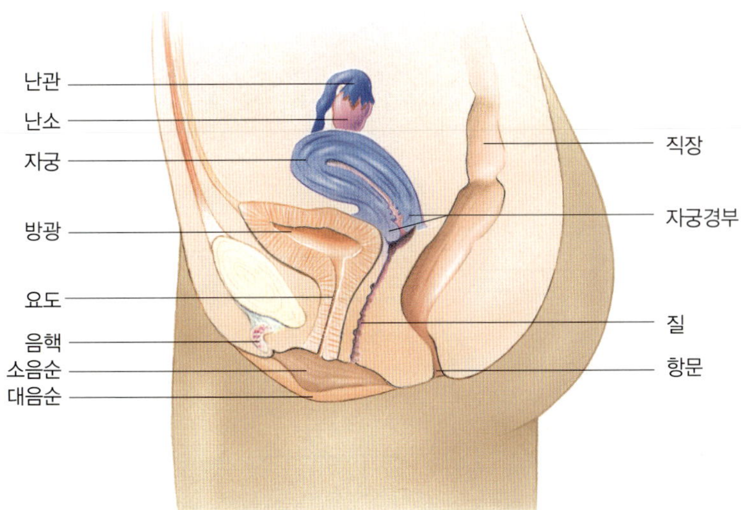

그림 4.14 여성 생식기관의 측면도(추영국 등, 2007).

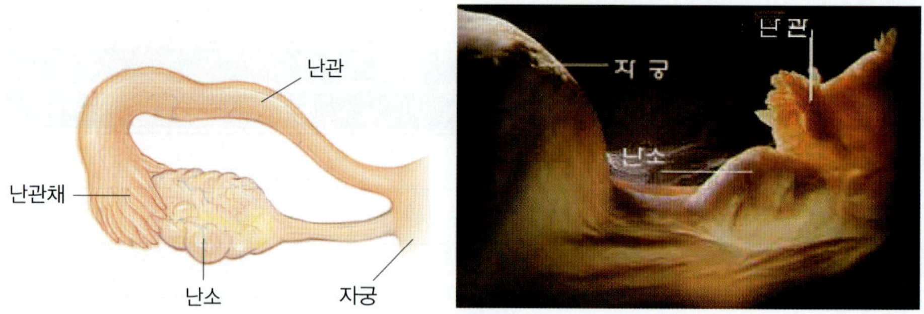

그림 4.15 난소의 구성도(좌)와 난소의 모양(우) (http://www.ok1318.pe.kr).

10cm정도의 관이다. 난자를 수송해 주는 관이라 하여 수란관(輸卵管, fallopian tube)이라고도 하며, 앞쪽 끝의 입구가 나팔 모양으로 벌어져있어 나팔관(fallopian tube)이라고도 부른다(그림 4.16).

난소에서 배출된 난자(실제로는 제2난모세포)가 난관으로 들어와 자궁으로 운반되는 통로이며 수정이 일어나는 장소이기도 하다. 또한 수정이 된 수정란이 자궁으로 이동하게 되는 다리의 역할도 한다. 난관 안에 붙어있는 섬모들이 난소에서 배란된 난자를 자궁으로 이동하도록 도와주며, 주로 난관 끝 쪽 약 1/3부분에서 수정이 일어난다. 난관의 앞쪽 끝부분을 특별히 난관채(난관술, fimbriae)라고도 한다.

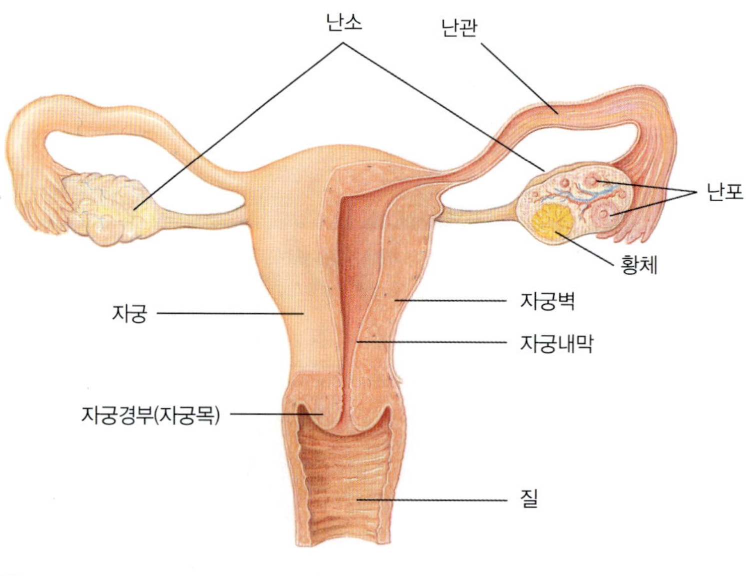

그림 4.16 앞에서 본 여성 생식기관의 구조(추영국 등, 2015).

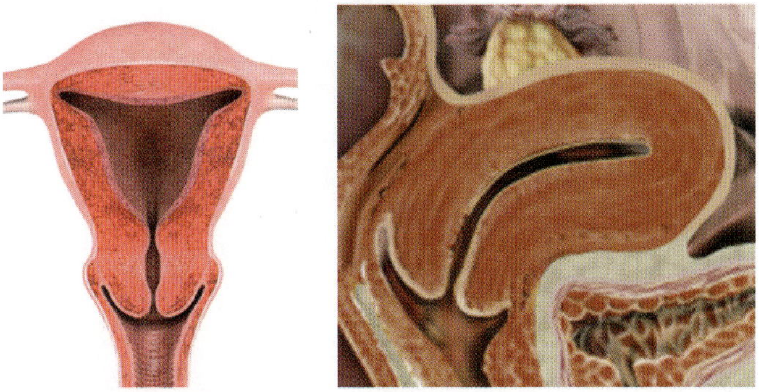

그림 4.17 질과 자궁.

3) 자궁

아기의 궁전이라는 뜻으로 자궁(子宮, uterus)이라 하며 또는 아기집이라 한다(그림 4.17). 아랫배 가운데에 서양 배 모양으로 생긴 어른 주먹만한 크기이고, 방광과 직장 사이에 위치하며 하단부는 질(vagina)로 이어져 있다. 수정란이 착상하여 출생에 이를 때까지 머무는 장소이다. 임신하면 30~40배로 커진다. 자궁의 목(경, 頸) 부분을 자궁 경부(子宮頸部, 자궁목)라 하며 보통은 닫혀 있으나 출산 시에 열린다.

자궁은 폭 4~5cm 길이 7cm 정도(임신 경험이 없을 시)로서 세가지의 두꺼운 조직층으로 이루어진 기관이다(표 4.3). 자궁내막에는 혈관이 다량으로 발달되어 있으며 수정란이 착상되고 발달하는 곳이다. 수정란이 착상되지 않으면 허물어지면서 출혈(월경혈)이 일어난다.

4) 질

질(膣, vagina)은 외부에서 자궁으로 들어가는 현관과 같은 곳이다. 위쪽은 자궁과 연결되어 있고, 아래쪽은 외음부에 맞닿은 7~10cm의 원통형 관 모양이다. 성행위시 음경과 접촉하는 부분으로 정자가 들어가는 길이며 태아가 출산되는 통로이기도 하다. 질벽은

표 4.3 자궁을 이루는 조직층의 종류와 기능

종류	기능
자궁내막	• 수정란이 착상하는 곳, 혈관이 대량으로 발달, 수정란이 착상되지 않으면 출혈
자궁근육층	• 근육조직 발달, 출산 시 자궁수축 운동, 출산을 유도
자궁외막	• 질긴 외벽으로 자궁을 보호

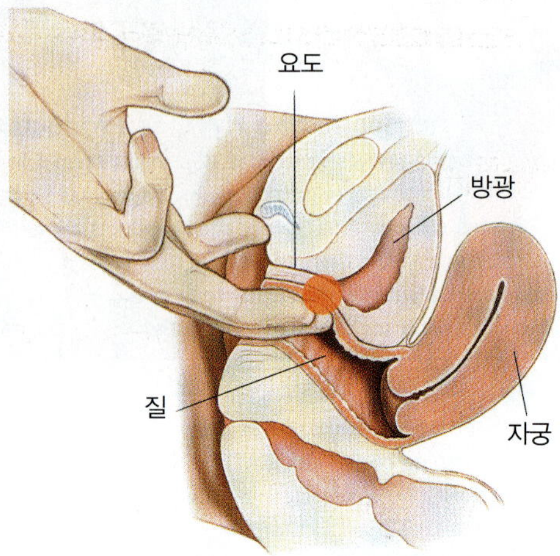

그림 4.18 질 속에 있는 G점(하재청 등, 2008).

둔감해서 마취제 없이도 간단한 수술이 가능하다. 아기 머리가 나올 수 있을 만큼 매우 신축적이다. 이러한 신축성 때문에 어떤 크기의 음경도 받아들일 수 있다.

질의 벽에는 주름이 많고 성 자극에 의해 윤활역할을 하는 분비액이 나오며 그리고 낙산균이 공생하고 있다. 이 균은 질 내의 글리코겐을 분해하여 유산으로 만들므로써 질 내가 강한 산성을 유지하도록 한다. 이렇게 자체정화작용이 되는 강산성분비액 때문에 질 내는 항상 축축하다.

5) G점(G-spot)

질 입구로부터 3~4cm 안쪽의 배쪽(앞쪽)에 G점(G-스팟, G-spot)이 있다(그림 4.18). 1950년 독일의 산부인과 의사이자 성과학자인 그레펜베르그(Grafenberg)가 처음 보고하였기 때문에 이름의 첫자를 따서 G-spot이라고 명명하였다. 모양은 난형이며 완두콩 정도의 크기에 단단한 구조로 되어 있고 자극을 가하면 팽창한다. 이곳은 말초신경이 많아 감촉에 민감하며 성 쾌감을 강렬하게 느끼는 부분이다.

6) 처녀막

처녀막(hymen)은 질의 입구를 부분적으로 막고 있는 얇은 막이다. 처녀막의 가운데 구멍이 있어 월경혈이나 분비물이 흘러나온다. 그 모양 · 크기 · 두께 등은 개인에 따라 천차만별이다(그림 4.19). 아예 처녀막이 없는 사람도 있다. 일반적으로 가운데에 연필 1자루 정도 들어갈 만큼의 구멍이 1~2개 뚫려 있어서 월경혈이 나올 수 있다. 처녀막이 두껍고 딱딱한 경우는 결혼하기 전에 넓히든지 단순절개를 하여야 한다.

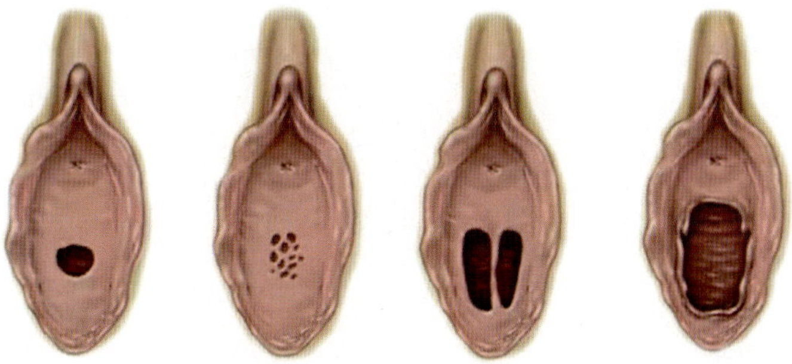

그림 4.19 처녀막의 유형(추영국 등, 2007).

처녀막은 첫 성교로 인하여 파열되기는 하나 처녀막의 유무나 파열이 반드시 성경험과 상관이 있는 것은 아니다. 많은 여성이 첫 번째 성교를 하기도 전에 처녀막을 우연히 상실하는 경우가 많다. 탐폰(삽입식 생리대)을 지속적으로 사용하거나, 승마, 스키, 스케이트 또는 과격한 운동을 하다가 파열되는 경우가 매우 흔하며, 얇을 경우 과격한 춤만 추어도 파열되는 수가 있는 반면, 여러 차례 성경험이 있어도 탄력성이 뛰어나 남아 있는 여성도 있다. 따라서 이제는 처녀막의 유무에 따라 처녀성을 운운하는 것은 비과학적이라 할 수 있다(추영국 등, 2002).

드물지만 처녀막에 구멍이 없어서 완전히 막힌 상태를 처녀막 폐쇄증(imperforated hymen)이라 한다. 이는 발생 빈도가 높은 기형으로 초경전까지는 발견하지 못한다. 초경할 나이에 심한 하복통을 호소하며 질 내에 액체가 고여 질 밖으로 빠져 나오지 못하여 막이 팽창하게 된다. 이 경우 치료는 단순하며 이 폐쇄된 처녀막을 십자 형태로 살짝 절개하면 정상적으로 생활할 수 있다. 처녀막이 파열되었을 경우 부인과에서 처녀막을 원래 상태로 복원시켜 주는 수술을 처녀막 재생수술(hymenoplasty)이라 한다.

4.3.2. 외부생식기관

1) 치구

치구(恥丘, 불두덩, mons pubis)는 음모로 덮여 있는 둥근 융기 부분이다(그림 4.20). 피부 밑에 통통하게 지방이 분포되어 있어 골반을 보호하는 작용을 하게 된다. 사춘기가 되면 성호르몬의 영향으로 이곳에 음모(陰毛)가 자라기 시작한다.

2) 대음순

대음순(大陰脣, labia majora)은 치구에서 항문에 이르는 두 개의 큰 주름이다(그림

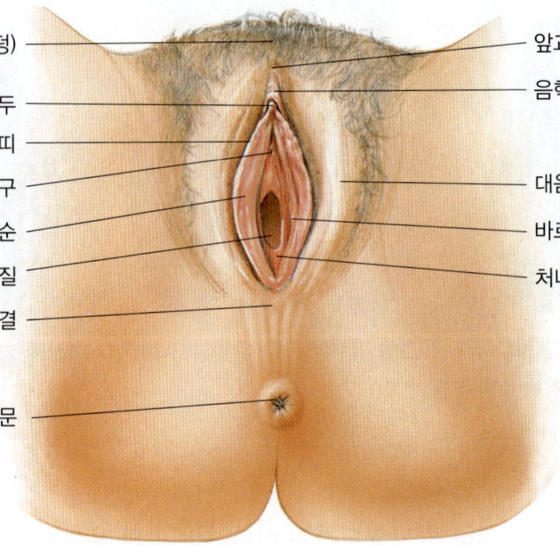

그림 4.20 아래에서 본 여성 외부 생식기관(추영국 등, 2015).

4.21). 소음순 바깥쪽으로 융기된 지방조직으로 된 피부주름으로 소음순의 상부를 감싸고 있다. 외측이 음모로 덮여 있는데, 여기에는 아포크린선(apocrine gland)이 있고 여기에서 나오는 냄새는 남성의 성욕을 자극한다. 땀샘과 피지선의 분비물로 인해 특유의 냄새가 날 수 있다. 대음순은 남성의 음낭과 동일한 기원에서 발생하고, 사춘기가 지나면 색소가 침착되는데 그 정도도 음낭과 비슷하다.

3) 소음순

소음순(小陰脣, labia minora)은 좌우 대음순 안에 있는 작은 주름이다(그림 4.22). 이곳

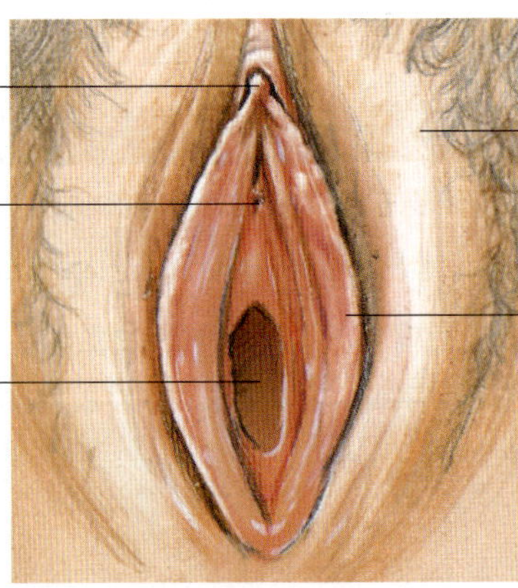

그림 4.21 바깥 쪽의 대음순과 안쪽의 소음순, 그리고 소음순에 가려진 음핵.

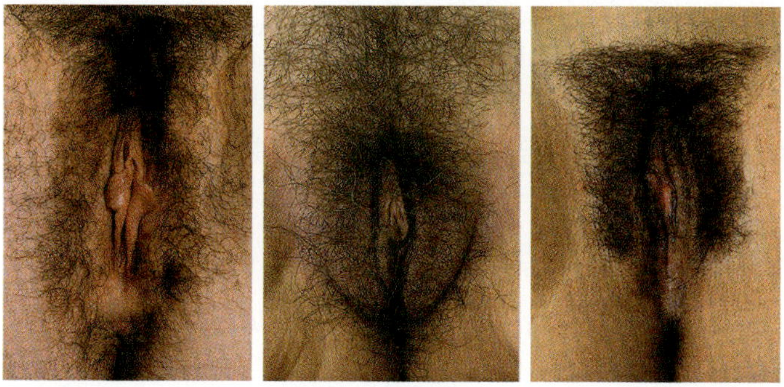

그림 4.22 여성의 외음부의 정상적인 변이(하재청 등, 2008).

에는 음모가 없지만 색소는 풍부하고 음핵(클리토리스)과 요도구, 질입구 등을 감싸고 있다. 사람마다 모양 · 크기 · 색깔이 조금씩 다르다. 양쪽의 소음순이 윗부분에서 합쳐져서 음핵을 덮고 아래쪽은 회음부로 연결되어 있다. 신경말단이 집중되어 있는 민감한 성감대이며 성 자극을 받으면 팽창하게 된다.

4) 음핵

음핵(陰核, 클리토리스, clitoris)은 위쪽 소음순 사이의 작은 돌기모양이다(그림 4.23). 음경의 포피와 같이 피부의 주름인 음핵 포피로 싸여 소음순에 연결되어 있다. 겉으로는 직접 만져질 수 없게 되는 경우도 있다. 발생적으로는 남성 음경의 귀두부에 해당하며 음경과 거의 유사하게 발기성을 갖춘 구조이다. 귀두보다 더 민감하게 성 자극을 느끼는 곳이다. 길이가 0.5~1.5cm밖에 안되는 작은 구조이지만, 이 작은 부분에 음경과 같은 수의 말단신경이 집중되어 있다. 신경조직이 발달되어 있어 매우 민감하며 성자극이 오면 혈액이 몰려와 크고 딱딱해지고 2배로 커진다. 여성은 일반적으로 질과 음핵에서 서로 다른 느낌의 성 쾌감을 분리하여 경험하는 것으로 알려져 있다.

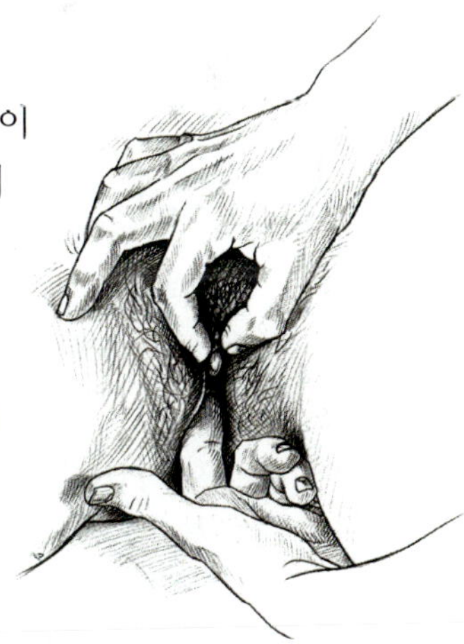

그림 4.23 노출된 음핵의 모습(하재청 등, 2008).

5) 요도구

요도구(尿道口)는 음핵과 질입구의 중간에 있으며 이곳으로 소변이 배출된다.

6) 질전정

질전정(膣前庭, vaginal vestibulum)은 요도구에서 질입구에 이르는 편평한 앞뜰과 같은 부위로 주위는 소음순으로 둘러싸여 있다(오영근, 1996). 이곳도 고감도의 성감대이다.

7) 질입구

질입구(膣入口, 질구)는 질의 입구로 요도구 아랫부분에 열려있다.

8) 외음질선

외음질선(外陰膣腺, 외음질샘, 바르톨린선, Bartholin's gland)은 소음순 안쪽 질입구의 아래에 양측으로 2개가 있는 샘이다. 이곳에서 오르가즘 직전에 한두 방울의 분비액이 나온다(김은수 등, 2008). 나이가 들면 이 샘은 위축되어 분비액이 줄어든다(하재청 등, 2003). 이 샘으로부터 소량의 분비물이 평탄기에 처음으로 나오기 시작하지만 가장 본질적인 윤활화, 즉 성 자극에 의해 바로 분비되는 분비물들은 모두 질벽으로부터 나오는 것이다.

9) 회음

회음(會陰, perineum)은 소음순 아래쪽과 항문 사이를 말한다. 매우 강하고 신축적이어서 출산 시 아기의 머리가 나올 수 있도록 뒤로 밀려나기도 한다.

4.4. 정자와 난자

새로운 세포의 탄생은 세포분열에 의해 이루어진다. 각 세포는 어미세포와 같은 똑같은 수의 염색체를 가진 두 개의 딸세포로 분열된다. 그런데 성(性) 세포는 다른 부분의 세포와는 다른 특이한 분열을 한다. 생식세포인 정자와 난자를 만들어낼 때 46개의 염색체가 아닌 23개의 염색체만 지니게 되고, 각각 23개씩의 염색체를 가진 정자와 난자가 합쳐지면 다시 46개의 염색체로 되어 다른 세포의 염색체 수와 똑같아진다.

4.4.1. 정자

1) 정자의 구조

정자(精子, spermatozoon)는 인체 내의 가장 작은 세포의 하나로 머리(두부), 중편(경부), 꼬리(미부)의 세부분으로 구성된다(그림 4.24). 머리의 대부분은 핵이 차지하며, 그 속에 유전물질인 DNA가 들어 있다. 머리 앞부분에는 첨체(尖體, acrosome)가 있는데, 수정할 때에 난막을 용해시키는 효소를 품고 있다. 중편에는 많은 미토콘드리아가 있어서 운동에 필요한 에너지를 공급한다. 길게 늘어진 채찍과 같은 꼬리는 운동을 담당한다.

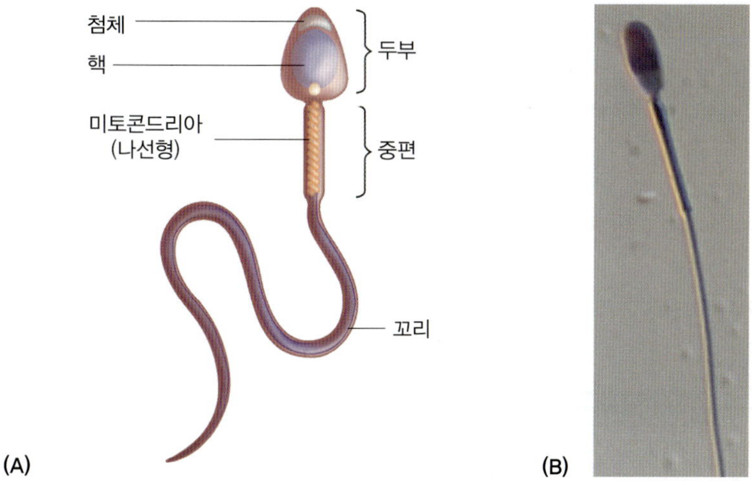

그림 4.24 정자의 구조. (a) 정자의 모식도, (b) 정자의 현미경 사진.

2) 정자의 생산과 조절

① 생산과정

정소의 세정관 벽에는 정원세포(精原細胞, spermatogonia, 2n)와 세르톨리세포(Sertoli cell)가 있는데, 이 정원세포가 감수분열하면 정자(n)로 된다(그림 4.25).

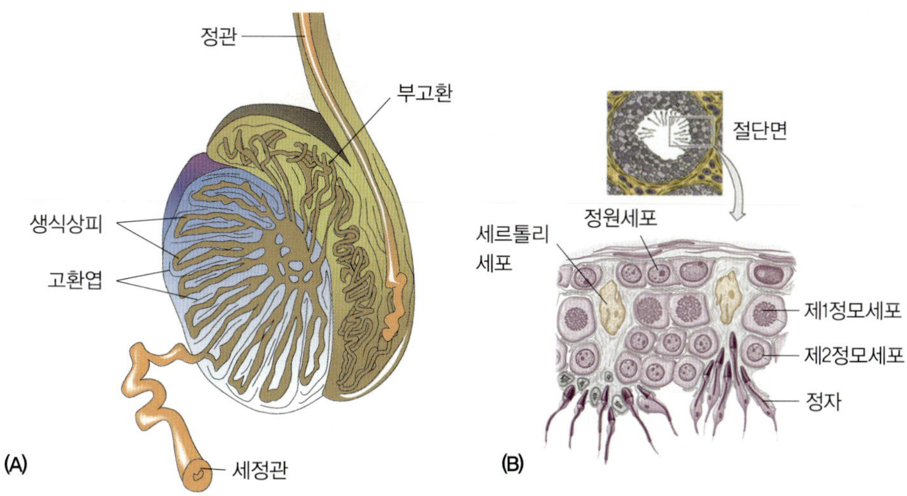

그림 4.25 (A) 남성 생식기관과 세정관(추영국 등, 2015), (B) 세정관의 단면과 그 확대도(http://argnaer561.tistory.com에서 변형).

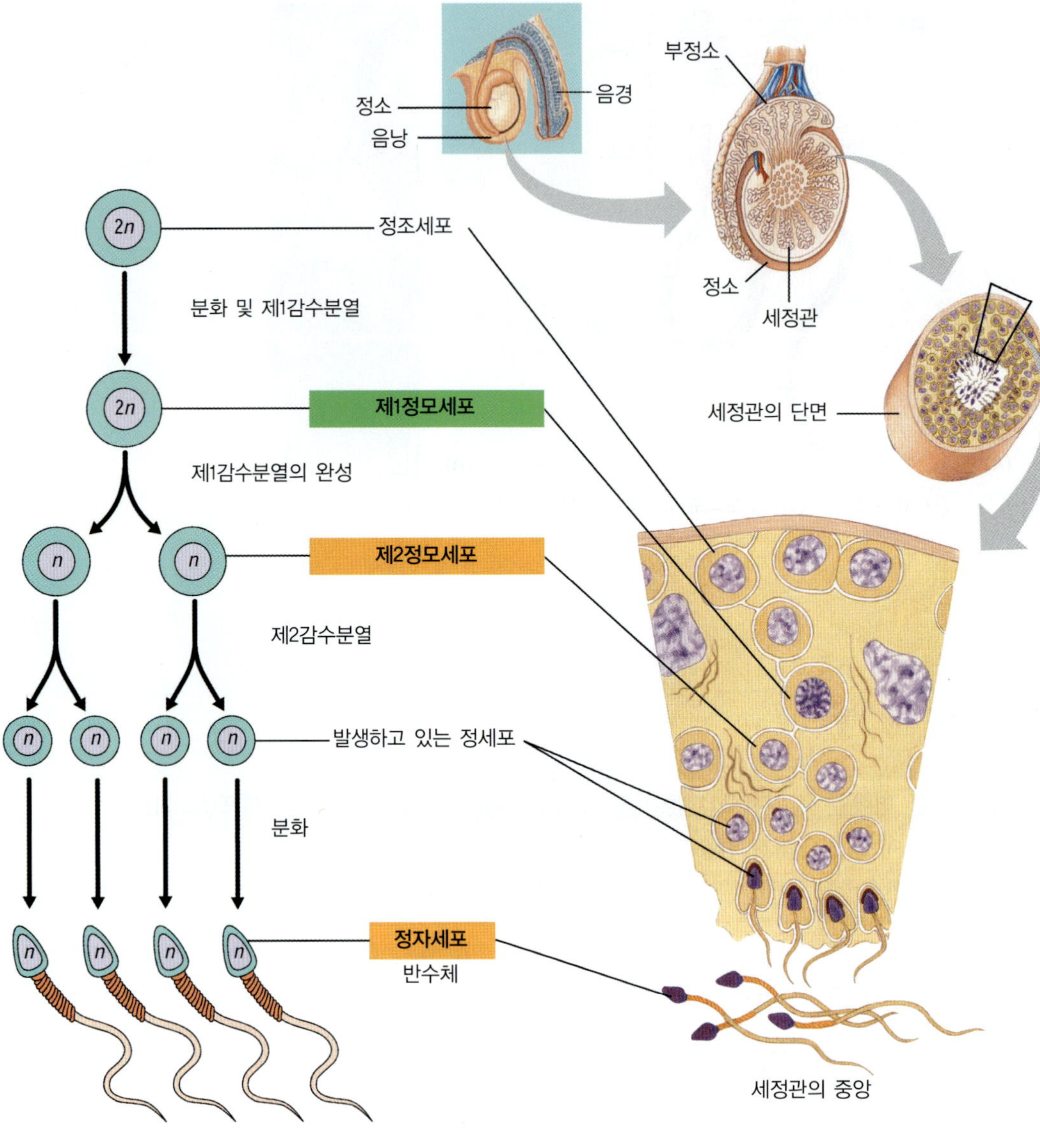

그림 4.26 정자 형성 과정(추영국 등, 2015).

정원세포(2n)는 보통의 세포분열을 하여 제1정모세포(精母細胞, primary spermatocyte)가 된다. 그런 다음 제1감수분열을 하면 핵상 n의 제2정모세포(secondary spermatocyte)로 된다. 뒤이어 보통의 분열이 일어나 4개의 정세포(精細胞, spermatozoa)가 생성되며 반수체(n)의 염색체를 가지고 있다(그림 4.26). 이들 각 정세포는 다시 성숙한 정자를 형성하기 위한 재구성을 거치게 되는데, 이 시기에 정세포는 대부분

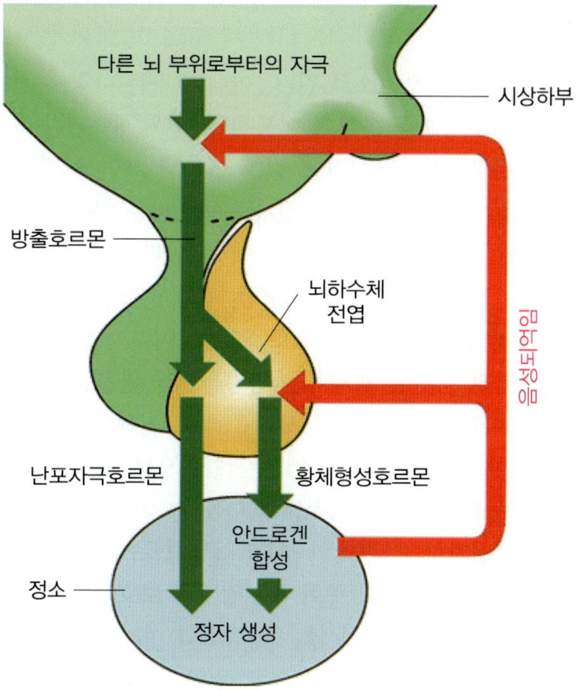

그림 4.27 정소에 대한 호르몬과 정자의 생성 조절(김명원 등, 2004).

의 세포질을 잃고 세르톨리세포로부터 영양을 받아 변태하여 정자가 된다(하재청 등, 1992).

② 생산조절

만들어지는 정자의 수는 성호르몬에 의해 조절된다. 정자의 수가 일정 수준 이하에 도달하면 시상하부(hypothalamus)에서 생식선자극호르몬방출호르몬(Gonadotropin-Releasing Hormon, GnRH)을 분비하여 뇌하수체전엽을 자극하게 된다. 이때, 자극을 받은 뇌하수체는 난포자극호르몬(Follicle-Stimulating Hormon, FSH)과 황체형성호르몬(Luetinizing Hormon, LH)을 분비하게 된다(그림 4.27). 난포자극호르몬(FSH)은 세정관에 있는 정원세포에 직접 작용하여 정자 생산을 촉진한다. 황체형성호르몬(LH)은 사이세포를 자극하여 테스토스테론(testosterone)의 분비를 촉진하여 정자생산에 간접적으로 작용한다.

그런데, 정자 생산과 더불어 테스토스테론이 과다한 수준에 이르면 시상하부를 자극하여 생식선자극호르몬방출호르몬의 분비를 억제하므로 정자는 항상 일정한 수준에 머무를 수 있다(그림 4.28).

3) 정자의 이동

세정관에서 만들어진 정자는 부정소로 간다. 이때 정자는 아직 수정능력이 없다. 이들의 성숙과정은 정자가 부정소를 향하여 이동됨에 따라 계속된다(그림 4.28). 이 부정소의 관 속을 연동운동을 하며 장시간에 걸쳐 이동해 가면서 양분을 얻어 충분히 성숙하게 되고, 가동성을 얻어 수정가능한 정자로 변신하는 것이다. 부정소는 성숙된 정자를 저장한다. 성숙된 정자는 부정소와 정관에 차 있다.

사정하게 될 때까지 정자는 3가지 부위(정낭, 전립선, 요도구선)로부터 분비물을 받는다(윤성규, 2006). 첫 번째 부위는 쌍으로 된 정낭이다. 정낭은 정액의 대부분을 만들어 낸다. 정낭으로부터 첨가된 액체에는 영양물질과 완충물질이 들어 있다. 정낭에 이르기까지 정자는 또아리를 튼 것 같은 모양을 하고 거의 움직이지 않는다.

정낭으로부터 분비물이 첨가된 후 정액은 전립선으로부터 또 분비물을 받는다. 전립선은 정액의 pH를 높이고, 정액의 특정적인 점성, 색, 냄새 등을 만들어 주는 알칼리성 분비물을 정액에 첨가한다. 정액의 pH를 높임으로써 사정 후에 비운동성의 정자를 활성화시키고, 질의 산성 환경을 중화시켜 정자를 보호한다(하재청 등, 1992). 전립선의 분비물은 정자의 활동에 필요한 많은 영양소와 여러 종류의 효소를 함유하고 있

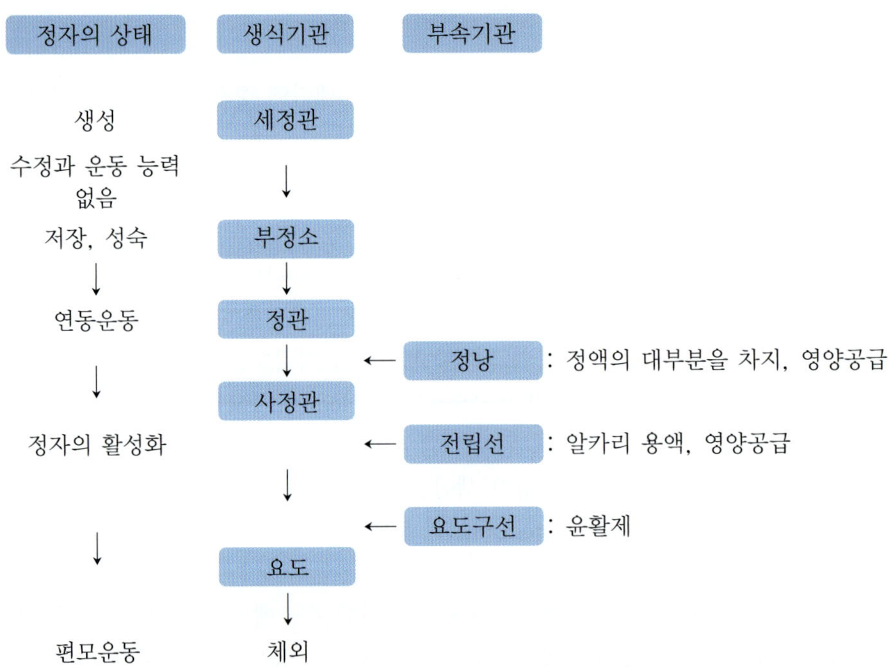

그림 4.28 정자의 이동 과정(윤성규, 2010).

다. 전립선의 분비물과 섞이면서 정자는 처음으로 활발하게 운동을 시작한다. 정자는 사정 바로 직전에 활성화되어야만 하는데, 그것은 제한된 에너지원으로 여성의 생식기관 내에서 긴 여행을 해야 하기 때문이다.

전립선으로부터 액체가 첨가된 후 정액은 요도구선으로부터 마지막 분비물을 받는다. 이 분비물은 미끈미끈한 점액성이며 사정할 때 윤활 역할을 한다. 요도구선액은 사정하기 전에도 분비된다.

사정을 하게 되면 부정소와 정관에 있던 정자는 요도를 빠져나간다. 정관의 연동성 수축은 정자를 요도 밖으로 이동시킨다.

4) 정자의 특징

일반적으로 정자는 여성의 체내에서 사정된 후 48~72시간의 활력을 유지한다(표 4.4). 혹은 그보다 긴 시간의 생명력을 유지하기도 하는데, 보통 4일을 넘지 않는다(이광호, 2000). 그러나 월경주기를 이용한 피임에서는 정자의 수명을 5일 정도로 하는 것이 안전하다.

정자가 살기에 적합한 온도는 30~35°C이며, 정자는 산성에 약하고 알칼리성에 강하다. 질 속은 일반적으로 산성이 강하기 때문에 정자는 중성이나 알칼리성 환경을 찾아가게 된다. 자궁입구는 배란 직전 2~3일 동안만 중성, 혹은 약 알칼리성을 띤 점액이 눈에

표 4.4 정자의 특징(윤성규, 2010)

항목		특징
생성		·세정관의 벽
구조	머리	·첨체: 난막을 용해시키는 효소
		·핵: 유전자
	중편	·중심립
		·미토콘드리아: 에너지 공급
		·세포질
	꼬리	·편모: 운동
생성소요기간		·65～70일
수명		·여성 체내에서 4±1일
적합온도		·30～35℃
pH		·산성에 약하고, 알카리성에 강함
운동속도		·3mm/min, 난관까지 도달하는 데 2～3시간

띄게 늘어나 있다. 그래서 많은 정자가 자궁의 입구 부분인 자궁경관에 밀려들고, 일부는 자궁경관의 점액 속을 거슬러 올라가 난관으로 들어가게 된다. 정자가 이동하는 속도는 1분에 약 3mm 정도이며, 사정으로부터 난관에 도달하기까지 2~3시간이 걸린다.

5) 정자와 정액

정자가 만들어지는데 걸리는 기간은 65~70일이다. 정자는 정소의 세정관에서 만들어져 정낭의 분비액과 섞이고, 전립선과 요도구선에서 만들어지는 분비액과 혼합되어 정액(精液, semen)으로 된다(표 4.5). 이러한 정액이 바로 몽정(夢精)이나 사정(射精)에 의하여 요도에서 배출되는 액체이다.

정액 속에는 호르몬이 있다고 생각하는데 그렇지 않다. 세정관과 세정관 사이에 있는 사이세포에서 테스토스테론이 분비되는데, 이 호르몬은 혈액으로 분비되고 혈관을 통해 이동된다. 그러므로 정액에는 남성호르몬이 포함되어 있지 않고 정자와 점액만 섞여있다. 마르지 않는 샘물처럼 끊임없이 생성되는 것이 정액이지만 나이가 들면 양이 줄어들고, 분출되는 힘도 약해지며, 정자의 질도 떨어진다.

정액은 고형성분과 무형성분으로 구분되는데 고형성분의 대부분은 정자이고 무형성분은 수분 이외에 단백질, 효소, 무기염류, 당류 등이 섞여 있다. 사정 직후의 정액은 끈적한 젤라틴과 같은 반유동체이지만 실온에서 20~30분 정도 지나면 점착성이 있는 물과 같은 액체(수양액, 水樣液)로 된다.

정액은 밤꽃 냄새를 연상시키는 풋내가 나는 독특한 냄새가 있다. 정상인의 정액은 우유색을 띠고 있으나, 병적으로 혈액이나 고름이 혼합되면 적색 또는 황색을 띤다.

일반적으로 1회 사정량은 개인과 때에 따라 다르지만, 보통 2~5cc이다. 약 95%가 분비샘에서 분비된 점액이다. 나머지 5%는 2~5억 개의 정자로서 그 중에서 미성숙

표 4.5 정자와 정액의 비교(윤성규, 2010)

항목	정자	정액	
구성	정자(세포)	정자	·세포
		점액	·정낭액, 전립선액, 요도구선액
성분	고형성분인 정자	고형성분	·5%: 정자
		무형성분	·95%: 수분, 단백질 등
호르몬 유무	없음	·없음	
색깔		·우유색	
냄새		·밤꽃 냄새	
1회 사정	2~5억 마리	·2~5cc	

등 기형이 15~20% 이다.

임신가능한 정액의 조건으로서는 정액 1cc 속에 6,000만 개 이상의 정자가 포함되고, 그 중 기형정자의 수가 20% 이하이며, 사정 후 4~8시간은 50% 이상이 활동해야 한다. 또, 정액량은 2~5cc의 범위에 있어야만 한다. 또한, 성공적인 수정을 위해서는 운동성이 좋은 정자가 절반 이상이어야 한다.

부정소와 정관에 있던 정자가 정관벽의 수축으로 추진 → 정낭과 전립선 및 요도구선에서 정자의 에너지원이 되는 과당과 다른 액체성분을 공급 받음 → 정액으로 됨 → 사정 → 요도를 통과 → 질 안으로 → 편모운동으로 이동

4.4.2. 난자

1) 난자의 보관과 배란

여아의 발생 50~55일경이 되면 난소의 분화가 시작되면서 원시생식세포(primordial germ cell)가 원시난소에 도달하면 원시생식세포는 그 이름을 바꾸어 난원세포(卵原細胞, oogonia)라고 부른다. 이 난원세포가 보통의 세포분열을 하여 원시난포세포에 둘러싸이게 되면 제1난모세포가 된다. 이 때 감수분열 억제인자(meiosis-inhibiting factor)가 분비되어 제1난모세포에서 더 이상 분열을 진행하지 못하게 한다. 이렇게 하여 제1감수분열만 끝낸 상태의 제1난모세포 상태로 출생하게 된다. 출생 시의 제1난모세포수는 약 200만 개이다.

만약 난소의 분화 과정에서 난원세포가 원시난포세포에 의하여 둘러싸이지 못하게 되면 난포세포로부터 감수분열 억제인자의 영향을 받지 않게 되므로 난원세포는 분열을 멈추지 않고 제2감수분열까지 진행된다. 결과적으로 제1감수분열이 정지되지 않기 때문에 난소에는 제1난모세포가 존재하지 않게 된다. 이와 같은 과정의 전형적인 예가 터너 증후군이다.

태아시기에 난원세포로부터 성숙된 난모세포는 출생 때부터 이미 제1감수분열의 전기에 머물러 있다가, 사춘기에 도달하면 호르몬의 영향을 받아 발생이 진행되어 난포(여포, follicle)에서 주기적으로 1개의 난자로 성숙된다. 1개의 제1난모세포(2n)는 배란 36~48시간 전에 분열을 하여 제2난모세포(n)와 제1극체(n)를 만들고, 성숙되면 난관상부로 배출되는데 이를 배란(排卵, ovulation)이라 한다(그림 4.29). 배란이 되었을 때에는 제2난모세포의 형태이다. 그러다가 수정이 되면 분열을 하여 각각 난세포(n)와 제2극체(n)로 되고, 난세포는 성숙하여 비로소 난자(n)로 된다. 결국 1개의 제1난모세포에서는 1개의 난자와 3개의 극체가 만들어지며, 이때 생긴 3개의 극체는 퇴화되어 없어진다.

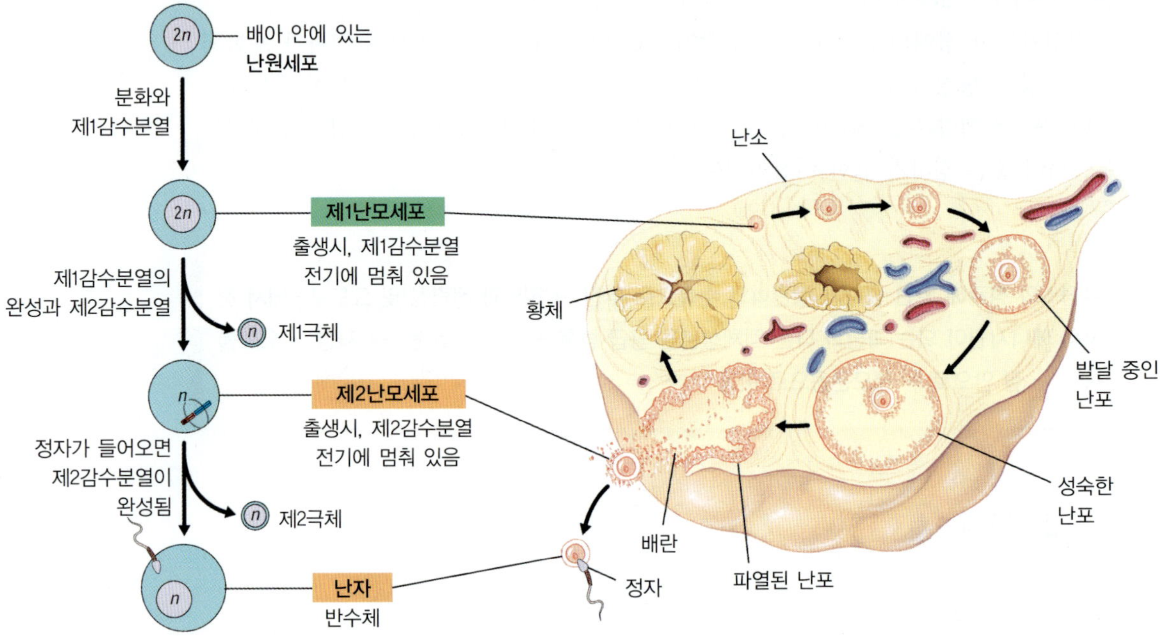

그림 4.29 난자의 형성과정(추영국 등, 2015).

용어: 배란될 때에는 제2난모세포이고, 수정되고 극체를 만들고 난 후 성숙하여야만 발생학적으로 진정한 난자로 되지만, 일반적으로 배란될 시기의 제2난모세포부터 난자라고 부른다(그림 4.30).

임신 5개월된 태아의 난원세포(卵原細胞, oogonium)는 체세포 분열을 통해 약 400만개로 증식되어 분열을 중지한다. 그 후 감수분열의 첫 단계로 들어가 점점 줄어들어

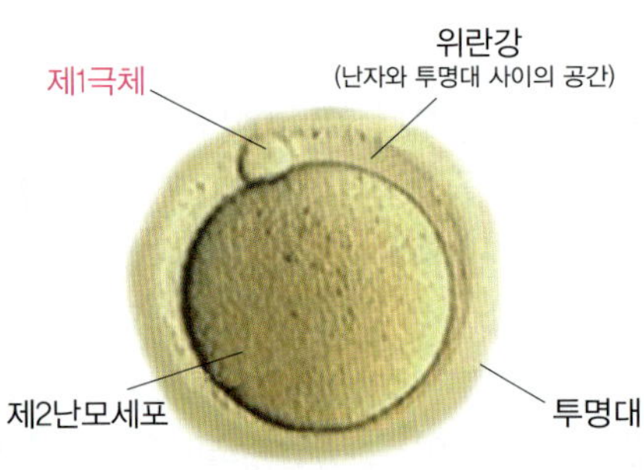

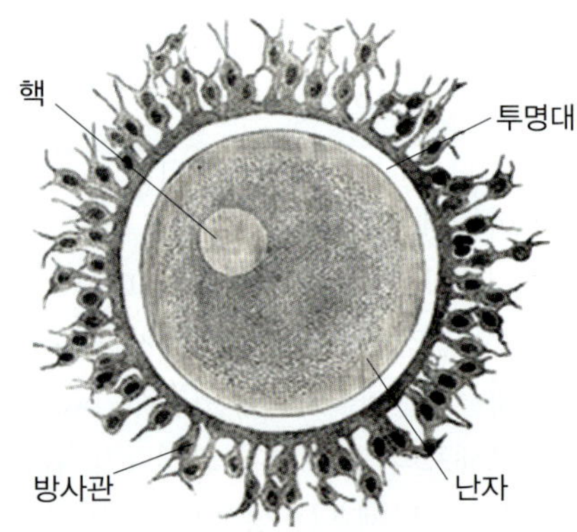

그림 4.30 난자.

표 4.6 여성의 성장시기와 난자의 상태(윤성규, 2010)

시기		세포 상태	개수(난소 2개 합쳐서)
5개월의 태아		난원세포	약 400만 개
출생 시		제1난모세포	약 200만 개
7세		제1난모세포	약 20만 개
사춘기		제1난모세포	약 4만 개
성인	난소	성숙되면 제1난모세포	약 400~500개*
	배란	제2난모세포	1개씩
	수정	난자	1개의 난자 + 1개의 극체

* 400개÷13개(1년)=31년, 500개÷13개(1년)=38년

월경주기가 28일인 여성의 경우, 1년에 자궁으로 배출되는 난자는 13개(365÷28≒13)이고, 약 400개의 난자를 가지고 있는 여성은 약 31년(400÷13≒31) 동안 배란을 한다(500개면 38년). 그러므로 4주에 한 번 꼴로 31년간(38년간) 임신기회를 가지게 되는 셈이다.

출생 시에는 성숙된 약 200만개의 제1난모세포(卵母細胞, first oocyte)로 되는데, 그것이 또 계속 줄어들어 7세 정도에는 약 20만개 정도로 되었다가 사춘기가 되면 약 4만개 정도로 줄어든다(하재청 등, 1992). 그 후 더욱 줄어들어 대부분 성인 여성이 평생 동안 배출하는 난자는 난소 두 곳의 것을 모두 합쳐서 약 400~500개이다(표 4.6). 출생 후에는 난자가 새롭게 생성되지 않고 제1난모세포 상태로 난소에 보관되어 있다가 제2난모세포 상태로 배란된다.

2) 난자의 이동

난자가 배란되면 난관의 끝부분인 난관채로 들어가 난관을 따라 이동한다. 난관 내부의 표면에는 섬모들이 있어서 자궁 쪽으로 항상 액체를 이동시키는 운동을 한다. 수정된 난자는 자궁에 착상을 하고, 수정되지 않으면 그대로 자궁을 지나 질 쪽으로 흘러내린다.

3) 난자의 특징

난자의 크기는 120~200㎛ 정도이다. 배란 후 18~24시간 동안 난자의 활성이 유지된다(표 4.7). 그러므로 배란 후 24시간이 경과하면 정자와 만나도 수정은 일어나지 않는다(이광호, 2000). 그러나, 월경주기를 이용한 자연피임법에서 안전한 피임기간을 계산하기 위해서는 난자의 수명을 2일 정도로 생각하는 것이 안전하다.

4) 난자와 정자의 차이

생식세포의 생산에서 정자와 난자 사이에는 중요한 차이가 있다(그림 4.31).

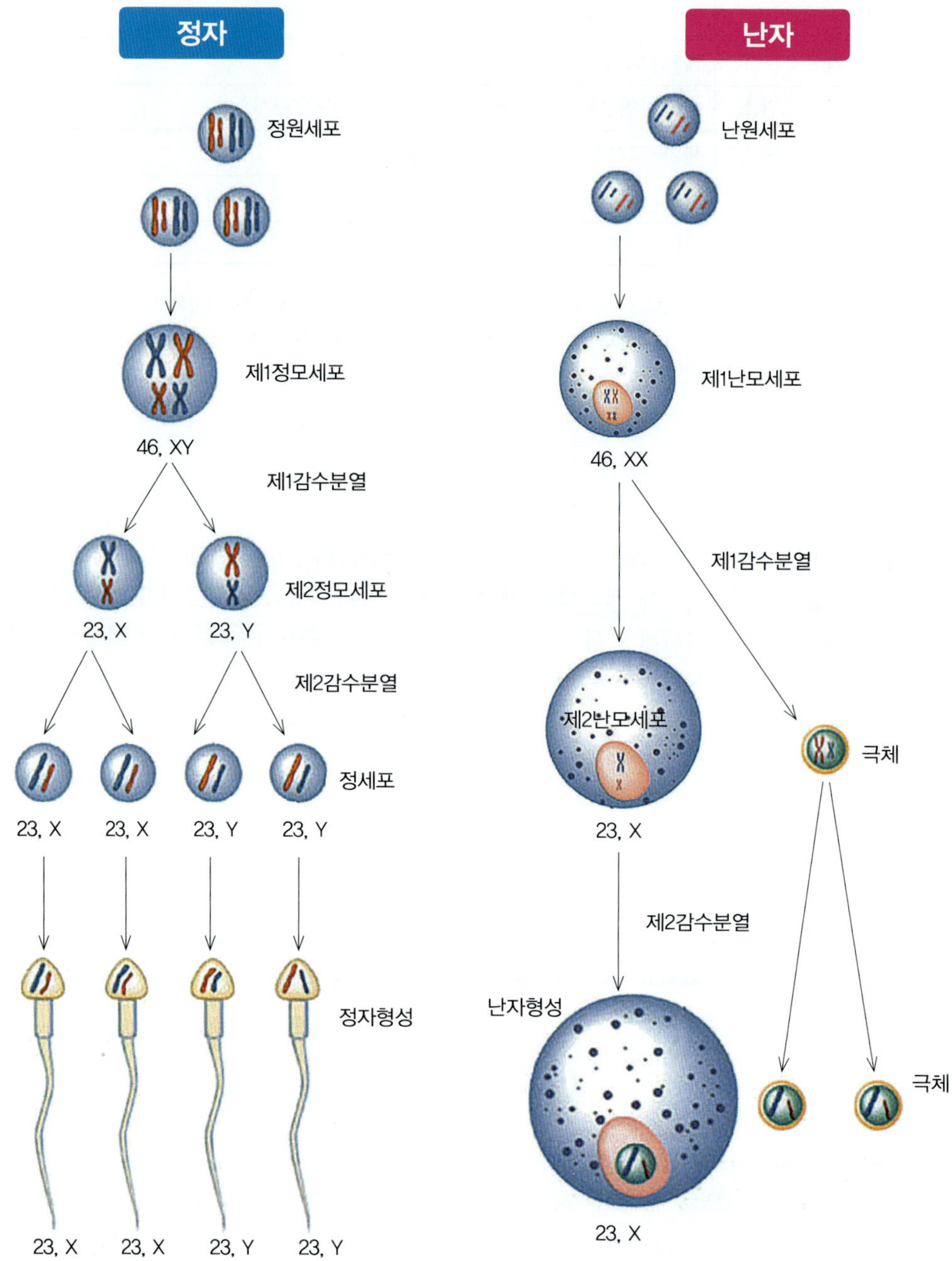

그림 4.31 정자와 난자의 형성.

① 난자형성 과정에서는 한 개의 어미세포로부터 오직 한 개의 난자만 만들어지는 반면에, 정자형성 과정에서는 한 개의 어미세포로부터 4개의 정자가 만들어진다(표 4.8).

② 난소는 태어날 때에 평생동안 배란할 일정한 수의 난자(제1난모세포 상태)만 가지고 있는 반면에, 정소는 일생동안 계속 새로운 정자를 만들어 낸다. 여성의 나이가 많을수록 나이 든 난자가 배란되는 셈이다.

③ 난자는 정자와 수정하여야만 비로소 난자로 완결되는 반면에, 정자는 자극없이 성숙한 정자로 된다.

표 4.7 난자의 특징(윤성규, 2010)

항목	특징
생성	•태아일 때 난소에서 생성되고, 출생 시 한꺼번에 평생 동안의 난모세포를 모두 가지고 태어남. 그 후 새롭게 생성되지 않음
보관	•난소
구조	•난막, 투명대
	•세포질
	•핵: 유전자
크기	•120～200 μm
수명	•1일
이동	•난소 → 난관채 → 난관(난관의 섬모운동에 의하여 헹가래하듯이) → 자궁 → 착상 또는 질

표 4.8 정자와 난자의 차이(윤성규, 2010)

항목	정자	난자
1개의 모세포로부터 분열되는 개수	•4개	•1개(3개는 극체)
생산 개수	•계속 생산	•약 400～500개
성숙조건	•자극 없이	•수정이 필요

제 5 장

성호르몬과 월경

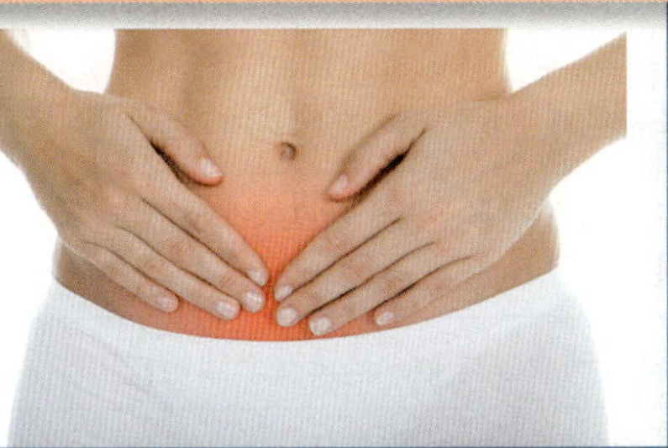

학습목표

1. 남녀의 성발달에 영향을 주는 호르몬의 특징을 설명할 수 있다.
2. 월경주기에 따른 호르몬, 난소, 자궁내막의 변화를 연관지어 설명할 수 있다.
3. 월경과 관련된 이상 현상을 설명할 수 있다.

사춘기가 되면서 변화하는 남성다움과 여성다움은 성호르몬이 만드는 기술이다. 이 성호르몬을 총괄하는 것은 뇌하수체이다. 동물의 뇌하수체를 제거하면 생식기관이 쇠약해지고 수컷다움이나 암컷다움을 잃어버리고 언제까지 기다려도 발정하지 않고 어린 것인 채로 있다. 그러나 뇌하수체를 제거한 동물에게 다시 뇌하수체를 이식해 주면 정상적인 발육을 진행한다. 이 사실로부터 뇌하수체는 호르몬 분비를 지배하는 중추인 것을 알 수 있다.

5.1. 성호르몬

성호르몬의 종류와 관련된 용어에서 같은 호르몬을 두고도 문헌마다 지칭하는 용어가 달라서 혼돈스러울 때가 많다. 이들의 용어를 정리하면 다음과 같다(표 5.1).

5.1.1. 내분비계와 성호르몬

동물이 체내의 항상성을 유지하려면 명령(조절)과 실행(조정)이 필요하고, 명령과 실행을 하기 위해서는 정보를 전달해야 한다. 정보는 대부분 전기적 신호와 화학적 신호로 전해지는데, 전기적 신호를 담당하는 기관계는 신경계이고 화학적 신호를 담당하

표 5.1 성호르몬과 관련된 용어(윤성규, 2010에서 변형).

이 책에서의 용어	동의어
생식선자극호르몬방출호르몬	• 성선자극호르몬방출호르몬, 성선자극호르몬방출인자, 생식샘자극호르몬방출호르몬
생식선자극호르몬	• 성선자극호르몬, 생식샘자극호르몬
난포자극호르몬	• 여포자극호르몬
황체형성호르몬	• 황체자극호르몬, 황체화호르몬, 간충세포자극호르몬, 간질세포자극호르몬, 간세포자극호르몬
사이세포자극호르몬	• 간충세포자극호르몬, 간질세포자극호르몬, 간세포자극호르몬
여성호르몬	• 난소호르몬(에스트로겐, 프로게스테론)
난포호르몬	• 에스트로겐, 발정호르몬(동물), 여성호르몬
황체호르몬	• 프로게스테론
남성호르몬	• 안드로겐(테스토스테론 등)
테스토스테론	• 정소호르몬, 남성호르몬
난포	• 여포
월경	• 생리
월경주기	• 난소주기, 생리주기, 성주기, 생식주기

는 기관계는 내분비계(內分泌系, endocrine system)이다.

내분비계는 호르몬을 분비하는 세포(호르몬분비세포와 신경분비세포) 및 그 조직과 기관으로 구성되어 있다. 화학적 신호에는 체내로 분비되는 호르몬(hormone)과 체외로 분비되어 다른 개체에게 영향을 미치는 페로몬(pheromone)이 있다.

호르몬은 일반적으로는 동물체 내의 한정된 부분(일반적으로 내분비샘)에서 생산되어 혈액 속에 분비되고 체내의 다른 장소로 운반되어 특정한 기관(표적기관) · 조직 · 세포의 활동에 의해 일정한 변화를 주는 화학물질의 총칭이다(그림 5.1).

호르몬은 혈류를 타고 운반되기 때문에 몸의 모든 부위에 도달하며, 전신활동을 조절하는데 특히 중요하다. 대사율, 성장, 발달, 그리고 생식까지 모두 관장한다.

뇌의 시상하부에서 분비되는 생식선자극호르몬방출호르몬(Gonadotropin Releasing Hormone, GnRH)은 그 바로 아래에 위치한 뇌하수체를 자극한다(그림 5.2). 뇌하수체는 샘(線, gland)이며 전엽과 후엽이 있다. 뇌하수체전엽에서는 6종의 호르몬이 분비된다(표 5.2).

그중 2종은 생식선자극호르몬(gonadotropin)으로 문자 그대로 생식선(생식샘)을 자극하여 다른 호르몬을 분비하게 하는 호르몬이다. 사춘기가 되면 이 두가지 즉, 난포자극호르몬과 황체형성호르몬은 정소와 난소에 각각 작용한다. 이 호르몬의 작용에

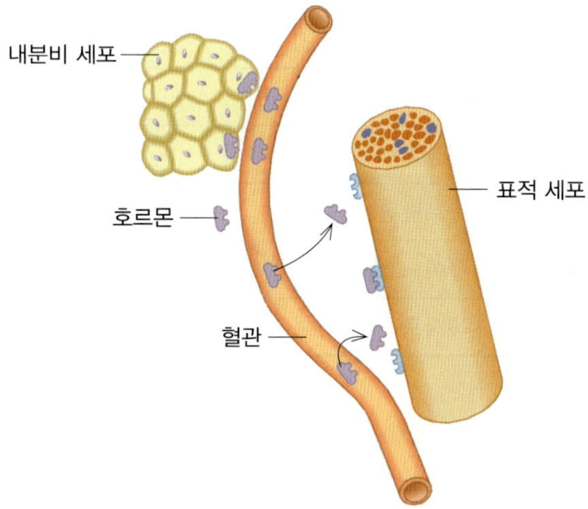

그림 5.1 일반적인 호르몬의 전달과정.

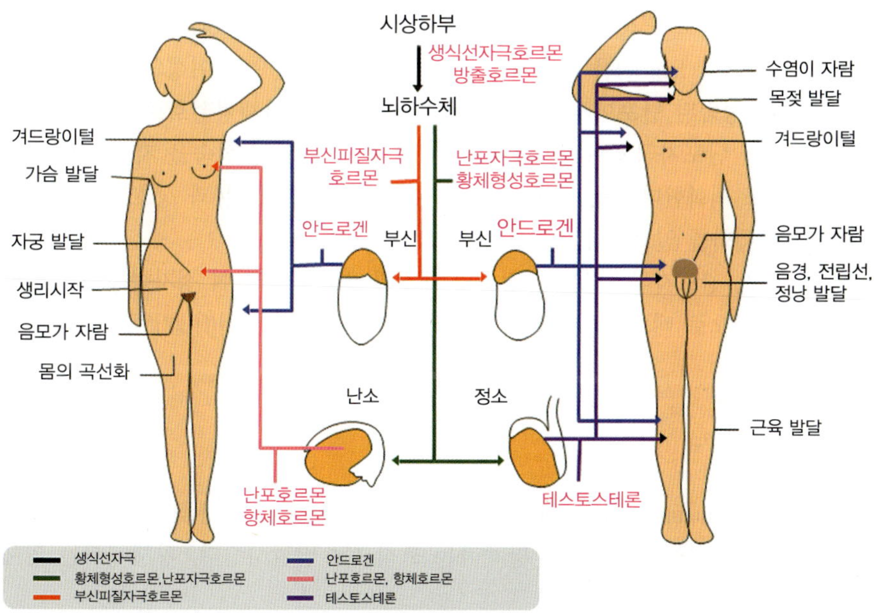

그림 5.2 남녀의 성 성숙과 신체발달에 영향을 주는 호르몬.

표 5.2 시상하부와 뇌하수체에서 분비되는 호르몬의 종류(윤성규, 2010)

분비되는 장소		기능	호르몬의 종류	비고
시상하부		뇌하수체 자극	생식선자극호르몬방출호르몬	
뇌하수체	전엽	자극	부신피질자극호르몬	
			갑상선자극호르몬	
			난포자극호르몬(FSH)	생식선자극호르몬
			황체형성호르몬(LH)	생식선자극호르몬
		종말	성장호르몬	
			프로락틴	
	후엽	항상성 유지	항이뇨호르몬	
		모유 분비	옥시토신	

의해 정소에서는 주로 안드로겐, 난소에서는 주로 난포호르몬과 황체호르몬이 생성된다.

1) 난포자극호르몬

난포자극호르몬(여포자극호르몬, Follicle Stimulating Hormone, follitropin, FSH)은 난포(卵胞, 여포, 濾胞, follicle)를 성숙하도록 자극하는 호르몬으로 여성의 월경주기 초기를 조절한다. 성숙된 난포에서는 난포호르몬이 나온다. 황체형성호르몬이 동시에 작용하지 않으면 난포자극호르몬이 분비되지 않고 또 난포의 성숙을 자극하지 못하며 성숙된 난포도 퇴화한다. 즉, 난포자극호르몬은 황체형성호르몬과 상호작용으로 난포의 배란과 황체화를 일으킨다.

남성의 경우, 난포자극호르몬이 정소의 세정관 벽을 자극하여 정자형성을 촉진하지만 이 호르몬만으로 테스토스테론이 분비되지 않으며 부속성선(附屬性腺)도 발육되지 않는다.

2) 황체형성호르몬

황체형성호르몬(luteinizing hormone, lutropin, LH)은 난포가 배란을 일으키도록 하고, 난자가 배란된 뒤 남는 껍데기를 황체라는 조직으로 발달시킨다. 황체에서는 황체호르몬을 분비한다.

한편, 남성에서 황체형성호르몬은 세정관 사이를 채우고 있는 사이세포(간질세포)

표 5.3 성호르몬의 종류와 기능(윤성규, 2010)

종류		분비되는 곳		기능
		남성	여성	
생식선 자극호르몬	난포자극호르몬	뇌하수체전엽	뇌하수체전엽	• 남녀의 성기발달 촉진, 난포의 성숙촉진, 정자 형성 촉진
	황체형성호르몬*	뇌하수체전엽	뇌하수체전엽	• 남녀의 성기발달 촉진, 배란 촉진, 황체발달 촉진, 안드로겐 분비촉진
난포호르몬		정소, 부신피질	난소, 태반	• 여성의 생식기관과 2차성징 발달, 유선과 피하지방 발달시킴, 성욕촉진
황체호르몬		정소	난소, 황체, 태반	• 배란억제, 임신유지, 자궁내막을 발달시킴, 젖 분비
안드로겐#	테스토스테론	정소, 부신피질	난소, 태반, 부신피질	• 남성의 생식기관과 2차 성징 발달, 정자생산 촉진, 성욕과 발기 촉진
	디하이드로테스토스테론	정소	부신	• 테스토스테론과 비슷
인히빈		정소	난소	• 난포자극호르몬의 억제작용
젖샘자극 호르몬	프로락틴		뇌하수체전엽	• 모유생산을 자극
	옥시토신		뇌하수체후엽	• 모유분비를 자극

* 황체형성호르몬(LH)을 남성에서는 사이세포자극호르몬이라고도 함
# 안드로겐은 남성호르몬 작용을 갖는 호르몬의 총칭

를 자극하여 테스토스테론의 생산과 분비를 촉진시키는 작용을 갖기 때문에 사이세포자극호르몬(간질세포자극호르몬)이라고 부르기도 한다. 황체형성호르몬과 사이세포자극호르몬은 같은 물질이지만 남녀에 따라 작용을 받는 기관이 다르므로 편의상 다르게 부르는 경우가 있다.

발생 초기에는 성호르몬의 균형이 남녀 성의 분화를 결정한다. 성호르몬은 모두 뇌하수체로부터 분비되는 생식선자극호르몬 작용에 의해서 조절되는데, 특히 여성은 2종의 생식선자극호르몬(난포자극호르몬, 황체형성호르몬)과 2종의 성호르몬(난포호르몬, 황체호르몬)이 교묘하게 협동작용 또는 대항작용(對抗作用, 길항작용, 拮抗作用, 밀고당기는 작용)을 하여 일정한 월경주기를 유지하고 또 임신을 유지한다.

3) 남녀 성호르몬

남녀 성호르몬은, 남성에서는 정소 중의 사이세포(간질세포, 間質細胞, 간세포)에서, 여성에서는 주로 난포나 황체에서 분비된다. 또 이러한 생식선뿐만 아니라 남녀의 부신피질에서도 소량의 성호르몬이 분비된다. 임신 중에는 태반으로부터도 성호르몬이 분비되어 임신유지에 기여한다.

남성호르몬은 남성에게, 여성호르몬은 여성에게만 분비되는 것이 아니고, 두 가지 호르몬은 남녀에게 모두 분비되지만 그 비율이 다르다(표 5.3). 사춘기 이전까지는 혈액 속에 남성호르몬과 여성호르몬이 같은 농도로 유지됨으로써 남녀 아동 사이에 생리 기능상의 차이가 나타나지 않는다. 그러나 사춘기에 이르면 여성에게는 여성호르몬이 남성에게는 남성호르몬이 급격히 증가하여 남녀간에 각각 다른 육체적 특성을 보이게 된다.

그러므로 남성과 여성의 호르몬 차이는 종류의 차이가 아니라 분비되는 호르몬 비율의 차이이다. 상대적으로 더 많은 호르몬에 의해 남성적 또는 여성적 생리 특성이 나타나게 되므로 편의상 남성에게 더 많이 분비되는 호르몬은 남성호르몬 그 반대를 여성호르몬이라 한다. 일반적으로 안드로겐은 남성호르몬, 난포호르몬과 황체호르몬은 여성호르몬이라 한다. 여성에서도 성욕에 대한 부분은 안드로겐이 관여한다. 아주 적은 양이지만 난소도 테스토스테론을 생산하며 정소도 소량이나마 난포호르몬과 황체호르몬을 생산한다.

표 5.4 남성호르몬의 종류와 특징(윤성규, 2010)

<table>
<tr><th colspan="3">종류</th><th>특징</th></tr>
<tr><td colspan="3">안드로겐</td><td>• 남성호르몬의 역할을 하는 호르몬의 총칭. 테스토스테론이 대표적. 발생초기에 태아의 성 분화에 관여함</td></tr>
<tr><td rowspan="9">테스토스테론</td><td colspan="2">성질</td><td>• 안드로겐의 대표적인(85%) 호르몬</td></tr>
<tr><td colspan="2">기능</td><td>• 2차성징, 생식기관의 기능, 정자형성, 성기능 등</td></tr>
<tr><td colspan="2">생성</td><td>• 주로 정소에서, 난소와 부신피질에서 소량</td></tr>
<tr><td colspan="2">조절</td><td>• 난포자극호르몬과 황체형성호르몬의 지배받음</td></tr>
<tr><td colspan="2">전환</td><td>• 아로마타제라는 효소에 의해 난포호르몬으로 전환</td></tr>
<tr><td rowspan="3">감소</td><td>시기</td><td>• 20세 후반부터</td></tr>
<tr><td>원인</td><td>• 노화, 심리적</td></tr>
<tr><td>현상</td><td>• 성욕감소, 발기부전, 정액감소</td></tr>
<tr><td>과다</td><td>현상</td><td>• 남성은 대머리(모발의 성장을 방해), 여성은 코밑수염</td></tr>
</table>

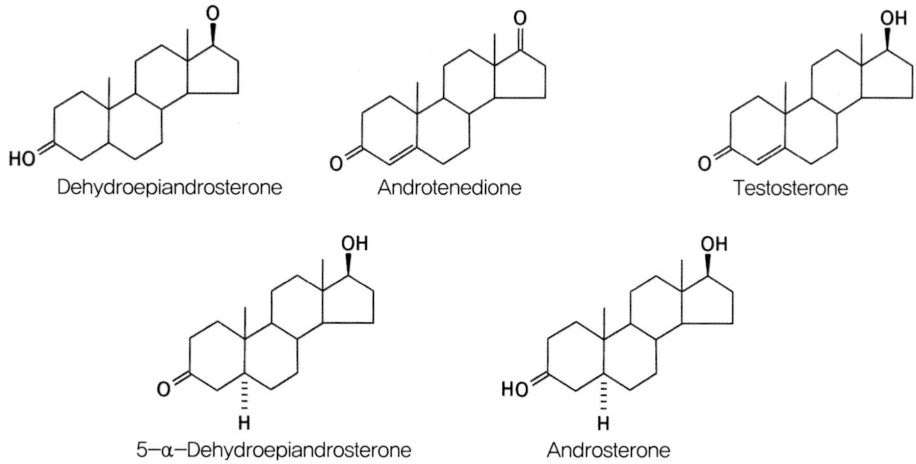

그림 5.3 남성호르몬의 전환과정.

5.1.2. 남성호르몬

사춘기에 이르면 뇌하수체에서 난포자극호르몬과 황체형성호르몬(남성에서는 사이세포 자극호르몬이라고 부르기도 함)이 분비되어 정소에 작용한다. 난포자극호르몬은 정자형성에 영향을 미치고 황체형성호르몬은 테스토스테론의 분비를 촉진시킨다.

1) 종류와 특징

남성호르몬에 대해서는 안드로겐과 테스토스테론의 특징을 알아야 한다(표 5.4).

(1) 안드로겐

안드로겐(androgen)이란 남성호르몬의 역할을 하는 호르몬을 총칭하는 명칭이다. 남성적인 특징을 발달시키는 효과가 있기 때문에 남성호르몬이라고도 한다. 디하이드로에피안드로스테론(dehydroepiandrosterone), 안드로스텐다이온(androstenedione), 테스토스테론(testosterone), 5알파−디하이드로테스토스테론(5α−dihydrotestosterone), 안드로스테론(androsterone) 등이 안드로겐에 속하는 호르몬 종류이고, 이들은 모두 콜레스테롤에서 전환된 것이다(그림 5.3). 따라서 콜레스테롤이 전구물질이다. 이 중에서 생리적으로 작용을 일으킬 만큼 충분히 분비되고 실제로 작용하고 있는 것은 테스토스테론과 그의 대사물인 5알파−디하이드로테스토스테론이다.

① 기능

안드로겐은 태아의 성(性) 분화에 관여하여 정관과 정낭 등을 분화시키고, 출생 후 얼마동안은 성발달을 촉진시키다가 분비가 중지된다. 그러다가 사춘기 이후부터 급속히 증가하여 남성의 2차성징을 나타나게 한다. 모발이 형성되고, 체격이나 성기가 커지며, 생식기관이 성숙하여 사정도 가능하게 되는 것이다. 또 생식기관의 기능을 유지하며, 정자형성을 촉진하고 특히 골격근 등에서의 단백질 동화작용을 촉진하거나(한국생명과학협회, 1998), 황체형성호르몬의 분비를 억제시키기도 한다. 20대 초반에 그 수준이 절정에 이르며 후반부터 점차 조금씩 줄어든다.

안드로겐이 과잉 분비되면 조발사춘기(早發思春期)가 나타나거나 전립선 비대로 요도폐색증이 발생하기도 한다. 안드로겐이 결핍되면 성기능이 저하된다.

② 생성

황체형성호르몬의 영향으로 주로 정소에서 생성되지만, 소량은 부신피질에서 합성되어 분비된다. 난소에서도 소량이나마 생성되고 있다. 성인 남성의 정소에서 합성되는 안드로겐의 85%가 테스토스테론이며 하루에 약 8mg 정도 생산된다. 여성의 부신피질에서는 하루에 약 0.4mg의 5알파-디하이드로테스토스테론이 분비된다.

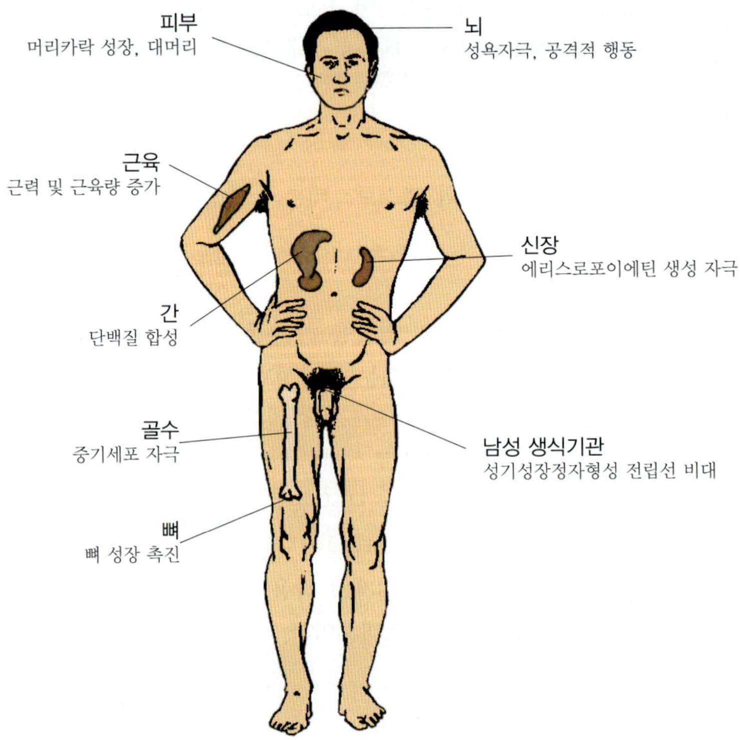

그림 5.4 남성호르몬의 작용.

(2) 테스토스테론

안드로겐 중에서 테스토스테론(testosterone)은 그 작용이 가장 강하다.

① 기능

남성 생식기의 발육 및 그 기능유지, 남성의 2차성징 발현, 정소 내에서 정자의 생성 촉진, 부수적인 기관의 발달, 성욕 및 성기능에도 중요한 역할을 한다(그림 5.4). 미국 국립보건연구원(NIH)에서 테스토스테론 수치와 성격과의 관계를 조사해 본 결과 테스토스테론 수치가 높은 남성이 모든 일에 의욕적이고 성공할 가능성도 높다고 한다(이무연, 2003). 테스토스테론이 부족하면 발기부전, 성욕감퇴, 초조, 피로, 의욕감소가 나타난다.

남성호르몬이 사람에게 가장 결정적인 영향을 미치는 시기는 사춘기이다. 이 시기에 여성은 유방이 커지면서 둔부도 커지고 월경을 시작하게 되며, 남성호르몬의 영향으로 치모가 발달한다. 남성의 경우, 만일 이 시기에 남성호르몬이 제대로 분비되지 않으면 성기의 발육이 늦어진다. 염색체의 이상, 뇌하수체 질환, 정소 등 성호르몬의 분비에 영향을 주는 곳에 이상이 있을 때 이런 현상이 나타난다. 대머리는 유전적 원인도 있지만 남성호르몬의 과다 분비로 발생할 수도 있다. 남성호르몬은 머리카락의 성장을 방해하기 때문이다. 남성호르몬이 여성에겐 남성처럼 코밑수염을 짙게 나게 하는 작용을 하기도 한다. 호르몬은 분비가 너무 왕성해도 문제가 되고, 너무 적어도 고민이다.

② 전환

정소에서 정맥으로 분비된 테스토스테론은 혈장에 있는 성호르몬결합단백(sex hormone-binding globulin) 또는 알부민과 결합되어 혈액을 순환하면서 각 조직으로 공급된다. 결합을 하지 않은 유리형의 테스토스테론은 혈중 테스토스테론의 5% 미만에 불과하다. 그러나 테스토스테론이 표적세포에서 작용하려면 유리형으로 전환되어야 하므로 결합되어 있는 것들은 실제 작용을 일으킬 수가 없다.

테스토스테론은 몇 가지 대사 경로를 통해서 다음과 같이 표적세포에 작용한다.

첫째, 피부나 생식관에 있는 세포에는 5알파환원효소(5α-reductase)가 많이 분포되어 있는데, 테스토스테론이 이들 세포에 들어가면 이 효소에 의해서 5알파-디하이드로테스토스테론으로 전환된다. 전환된 이 호르몬은 테스토스테론보다 활성이 2배 이상 높으며, 정낭이나 전립선 등에 주로 작용한다. 이와 같이 테스토스테론의 작용을 증폭시키는 5알파환원효소는 성인 남성에게 다량 존재한다.

둘째, 간에 도달한 테스토스테론의 일부는 불활성형인 안드로스테론으로 환원되고 오줌으로 배설된다.

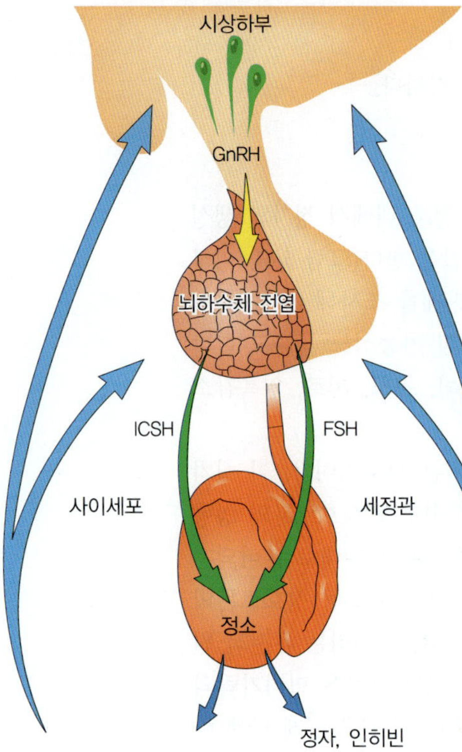

그림 5.5 남성호르몬의 조절(추영국 등, 2007).

셋째, 뇌, 피부, 지방, 간 등에는 아로마타제(aromatase)라는 효소가 존재하는데 이 효소의 작용을 받게 되면 테스토스테론은 난포호르몬으로 전환되고, 안드로스텐다이온은 에스트론(estrone, 포유동물에서는 발정호르몬)으로 전환된다. 즉 남성에서 이 효소가 많으면 여성화의 양상이 나타날 수 있다. 이 효소는 지방조직에 특히 많다. 남성이 뚱뚱할 경우 여성호르몬의 합성이 더 많아져 상대적으로 테스토스테론 저하 증세가 많이 나타날 수 있다(이무연, 2003).

또 청소년기의 남자아이가 뚱뚱하면 음경이 상대적으로 작은 경우도 이와 무관하지 않다(이무연, 2003). 따라서 테스토스테론 수치를 유지할 수 있는 좋은 방법 중 하나는 지방조직의 분해이다. 지방조직의 분해는 운동이 가장 효과적이며 반드시 지속적으로 해야 한다.

그러므로 정소에서 혈중으로 방출되고 혈중에서 조직세포로 들어간 테스토스테론들은 모두 남성호르몬으로서 작용하는 것이 아니며, 일부분은 아무런 작용도 발휘하지 못한 채로 오줌으로 배설되며, 일부분은 여성호르몬으로 전환되고, 일부만이 남성호르몬 특유의 작용을 일으키는 것이다.

3) 분비조절

남성호르몬의 분비조절은 뇌하수체전엽에서 분비되는 난포자극호르몬과 항체형성호르몬에 의해 일어난다. 난포자극호르몬은 세정관에 작용하고 황체형성호르몬은 사이세포에 작용하여 테스토스테론의 생산을 자극한다(그림 5.5). 혈액 속에 테스토스테론이 너무 많으면 뇌하수체가 되먹임을 받아 이 두가지 호르몬의 분비를 줄이도록 한다.

5.1.3. 여성호르몬

뇌하수체전엽에서 분비되는 난포자극호르몬과 황체형성호르몬은 난소의 변화를 유도하는 호르몬이다. 이 두 가지 호르몬에 의해 여성호르몬(난포호르몬, 황체호르몬)의 주기성은 조절된다(그림 5.6). 혈액 속에 난포호르몬과 황체호르몬이 너무 많으면 뇌

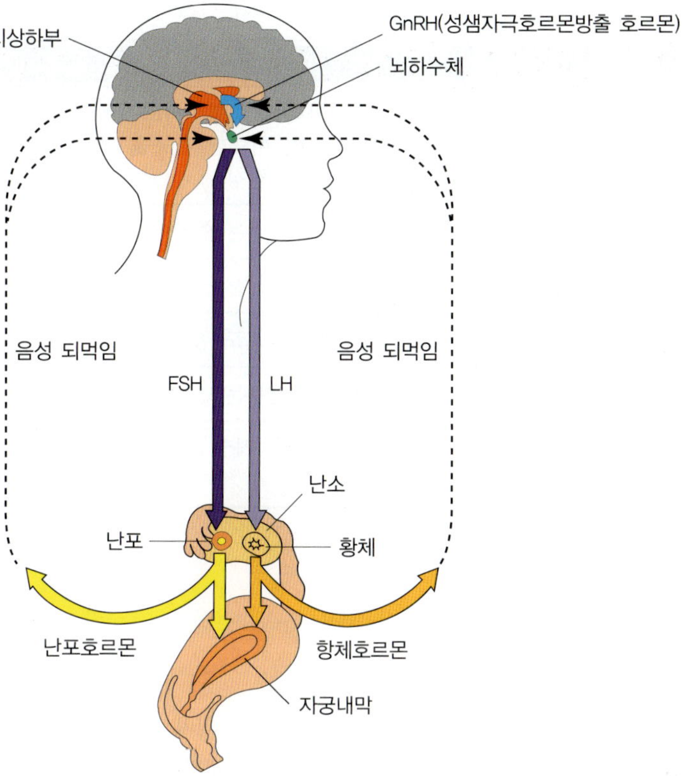

그림 5.6 시상하부와 뇌하수체에서 분비하는 생식선자극호르몬 및 여성호르몬과의 관계(추영국 등, 2007).

하수체전엽이 되먹임을 받아 이 호르몬들의 분비를 줄이도록 한다.

1) 난포호르몬

① 개념

난포호르몬(에스트로겐, estrogen)은 '여성을 만드는 호르몬'이라 일컬어진다. 여성호르몬에는 난포호르몬과 황체호르몬이 있지만, 의약 방면에서 여성호르몬이라고 할 때에는 보통 난포호르몬을 말한다(표 5.5).

난포호르몬은 어느 1종의 호르몬만을 지칭하는 것이 아니고, 같은 기능을 가진 여러 가지 호르몬을 일괄하여 부르는 명칭이다. 예를 들면 에스트론(estrone)과 에스트리올(estriol)은 임산부의 오줌에서 검출되는 난포호르몬의 일종이고, 알파에스-에스트라디올(αS-estradiol)과 17베타-에스트라디올(17β-estradiol)은 여성에서 가장 강력한 난포호르몬의 일종이다(한국생명과학협회, 1998).

표 5.5 여성호르몬의 종류와 특징(윤성규, 2010)

종류		특징
난포호르몬	정의	• 에스트로겐이라고도 함. 어느 1종의 호르몬만을 지칭하는 것이 아니고, 비슷한 기능을 가진 여러 가지 호르몬을 일괄하여 부르는 명칭
	분비	• 주로 난소에서 일부는 황체에서
	기능	• 2차성징, 월경주기, 자궁내막의 발달
황체호르몬	용어	• 프로게스테론이라고도 함
	분비	• 주로 황체에서 일부는 난포에서
	기능	• 황체형성을 촉진, 자궁점막을 두껍게 유지, 수정란이 착상되도록 함

② 분비

난포호르몬이 분비되는 곳은 주로 난포이고 일부는 황체, 임신 중의 태아태반, 부신과 정소에서도 분비된다. 난포호르몬의 분비는 뇌하수체전엽에서 분비되는 난포자극호르몬에 의해 지배되는데(하행조절), 거꾸로 난포호르몬에서 뇌하수체로 피드백 작용을 하기도 한다(상행조절). 이 양자의 상호관계에 의해서 월경주기가 성립된다. 난포호르몬은 다른 성호르몬과 마찬가지로 간에서 파괴되는데 일부분은 난포호르몬 그대로, 나머지는 오줌으로 배출된다.

③ 기능

주요한 생리작용은 2차성징(性徵)의 발현, 월경주기 유발, 자궁 발육, 자궁내막의 증식, 임산부의 신체변화, 유방발달 등이다. 난포호르몬은 황체호르몬과 병용하여 불임을 치료하는데 사용된다. 자세한 기능은 다음과 같다.

① 몸의 신진대사률을 약간 높인다.

② 골격이 빨리 자라게 한다. 사춘기의 여아가 동갑내기 남자들보다 일시적으로 큰 이유가 바로 여기에 있다. 그러나, 긴뼈(장골)의 끝(골단)을 빨리 결정하는 기능을 가지므로 키 자람이 빨리 멈추게 된다.

③ 피하지방의 특징적인 분포를 촉진시킨다. 그래서 생식기 계통이 잘 발달하고 있는 소녀에게서 키는 작고 몸은 통통한 경향이 있을 수 있다.

④ 체내에 단백질 축척의 기능이 있어 체중이 약간 증가하게 만든다.

⑤ 간에 콜레스테롤이 침착하는 것을 억제하여 지방간을 방지한다.

⑥ 모세혈관을 발달시킨다.

⑦ 피부에 영향을 주어 살결을 곱게 한다.

⑧ 생식기 본래의 기능을 가지도록 한다. 즉, 질의 발육, 자궁의 발육 및 자궁내막의 증식, 난소의 기능을 제대로 수행할 수 있게 한다.

⑨ 자궁이 수개월 내에 2~3배로 커지도록 자궁내피선을 가지도록 한다.

⑩ 난관의 점액분비상피를 만든다.

⑪ 젖샘의 분비관을 만든다.

⑫ 갱년기 전후에 난포호르몬이 부족하면 골모세포의 활성이 떨어져 골다공증이 올 수도 있다.

2) 황체호르몬

(1) 개념

황체호르몬(프로게스테론, progesterone)은 난포호르몬, 안드로겐, 부신피질호르몬 생합성의 중간생성물이기도 하다. 황체호르몬이 분비되면 체온이 0.4~0.6℃ 상승한다. 월경주기의 후반에 고온이 지속되는 원인이 되며 황체가 퇴화되면 체온은 원래상태로 되돌아온다.

(2) 분비

황체형성호르몬의 자극에 의하여 주로 난포에서 일부는 황체에서 분비된다.

(3) 기능

① 난포호르몬과 함께 작용하여 황체형성을 촉진하고 자궁점막을 두껍게 하고, 자궁선(子宮腺)의 분화를 일으켜 수정란이 착상되도록 한다.

② 임신기간 동안에 난포호르몬과 대항적으로 작용하여 새롭게 난포가 자라지 못하게 하며 배란을 억제하고 황체를 유지시켜 임신이 지속되도록 한다.

③ 배란을 억제하는 작용이 있으므로, 이것을 약으로 사용하면 피임효과가 있다.

④ 착상된 태아의 유산을 방지하기 위하여 자궁수축을 억제한다.

⑤ 임신 후기에는 뇌하수체전엽에서 분비되는 젖분비자극호르몬이나 난포호르몬과의 협동작용으로 젖샘을 발달시킨다.

⑥ 장의 연동운동을 느리게 조절하여 이미 섭취한 음식에서 평상시보다 많은 영양분

을 섭취하고 나머지를 배설하도록 해준다. 그래서 임신부가 태아를 위하여 더 섭취해야 하는 음식의 양을 본래 필요한 양보다 줄여주어 위장의 부담을 덜어준다.

5.2. 월경

5.2.1. 현상

일상생활 속에서는 '생리'라고도 하지만 신체의 다른 생리와 구분하여 생물학적으로는 월경(月經, menses, menstruation)이라고 하는 것이 타당하다. 월경이란 생식주기에 수반하여 배란 후에 수정란의 착상이 없을 때 임신에 대비하여 두꺼워졌던 자궁내막의 세포층 일부가 떨어져서 혈액과 함께 분비물이 배출되는 현상을 말한다(한국생명과학협회, 1998). 그 대부분은 동맥혈이고 피브린용해 효소를 포함하고 있기 때문에 응혈하지는 않는다.

여성은 사춘기가 되면 월경을 하게 되면서 규칙적인 배란주기를 갖게 된다. 평균적으로 12세에 시작하며 평균 주기는 28일이다(표 5.6). 여성에 따라 23~35일까지 주기의 차이는 있지만 규칙적이라면 모두 정상이다. 월경기간은 사람마다 다르지만 평균 3~5일 간이며 때로는 7일 간까지 월경을 하기도 한다.

임신을 하면 배란과 월경은 중지되고 자궁내막은 후에 태반의 일부로 증식되고 자궁은 태아의 발육에 따라 커진다. 한편 출산 후 5~6개월이 지나면 다시 월경을 시작한다.

표 5.6 월경의 특징(윤성규, 2010)

항목	특징
정의	• 생식주기에 수반하여 배란 후에 수정란의 착상이 없을 때 자궁내막의 일부가 떨어져서 출혈과 함께 분비물이 배출되는 현상
시작	• 10~16세
끝(폐경)	• 50세 전후
과정	• 월경 → 난포의 성숙 → 배란 → 황체 형성 → 황체의 퇴화
출혈량	• 30~80ml 정도
월경주기일	• 평균 28일(개인에 따라 다름)
월경기간	• 3~5일 간

5.2.2. 월경주기

1) 3자 간의 상호작용

연중 지속적으로 분비되는 남성호르몬과는 달리 여성호르몬은 주기성을 가지고 분비된다. 이 주기성으로 말미암아 월경주기가 결정되고 그 주기 중에 배란일이 결정된다.

여성호르몬의 주기성을 설명할 때 뇌하수체, 난소, 자궁내막의 주기적 특성을 동시에 설명해야 한다. 뇌하수체는 난포자극호르몬과 황체형성호르몬을 분비한다. 난소는 난자를 감싸는 난포가 발달되는 기관이다. 자궁내막은 수정란이 착상되는 곳이다. 난소와 자궁내막은 여성호르몬의 분비 정도에 의해 주기성을 나타내는데, 난포가 성숙하여 난자를 방출할 때를 배란일이라 하며 이 배란일을 전후해 가임기간이 결정된다.

뇌하수체와 난소, 자궁내막 사이에는 아주 미묘한 작용이 이루어진다. 즉 A와 B사이의 균형유지를 위해 A가 늘어나면 B가 작용해서 A를 적게 하고, B가 늘어나면 A가 작용해서 B를 적게 하여 항상 적절한 균형을 유지하도록 하는 작용이다. 다음과 같이 3자간에 아주 훌륭한 균형이 이루어진다(그림 5.7).

① 뇌하수체에서 난포자극호르몬이 나온다. → ② 난포자극호르몬이 난소에 작용한다. → ③ 난소 안에서 난모세포를 감싼 난포가 성숙한다. → ④ 난포에서 난포호르몬이 나와서 전신을 돈다. → ⑤ 혈액 안의 난포호르몬이 일정량에 달한다. → ⑥ 뇌하수체에서 황체형성호르몬이 갑자기 많이 나와 동요한다 → ⑦ 난포가 터지면서 배란이 일어난다. → ⑧ 뇌하수체에서 황체형성호르몬이 계속 나와서 난소에 작용한다. → ⑨ 배란 후의 난포가 황체로 변한다. → ⑩ 황체에서 황체호르몬이 나온다. → ⑪ 황체호르몬은 자궁에 작용해서 자궁내막을 두껍게 유지하고 난자의 착상을 준비한다. → ⑫ 황체호르몬이 일정량에 달하면 황체형성호르몬이 감소하여 황체는 없어진다. → ⑬ 황체에서 황체호르몬이 나오지 않게 되면 자궁내막이 벗겨져서 월경이 된다. → ⑭ 뇌하수체에서 또 난포자극호르몬이 나와 다시 같은 작용을 되풀이한다.

2) 월경주기

월경주기는 월경의 첫날부터 다음 월경의 시작 전까지이다. 평균 28일이지만 개인차가 있고 달의 주기와는 관계가 없다. 월경주기는 '월경 → 난포의 성숙 → 배란 → 황체의 형성과 퇴화'의 순서로 순환한다(표 5.7). 성숙한 난자는 보통 매 28일마다 대체로 2개의 난소 중 하나로부터 방출된다. 이 현상과 맞추어서 자궁 내에서는 착상을 위한 준비를 하고, 배란된 지 일주일 이내에 자궁내막은 어린 태아를 지지할 수 있도록 준비를 마친다. 이것은 뇌하수체와 여성호르몬(난포호르몬, 황체호르몬)의 작용을 통하여 서로 밀접하게 관련되어 있고 이들 호르몬은 시상하부의 음성되먹임(음성피드백)에 의해 조절된다. 월경주기의 시기별 특징은 다음과 같다.

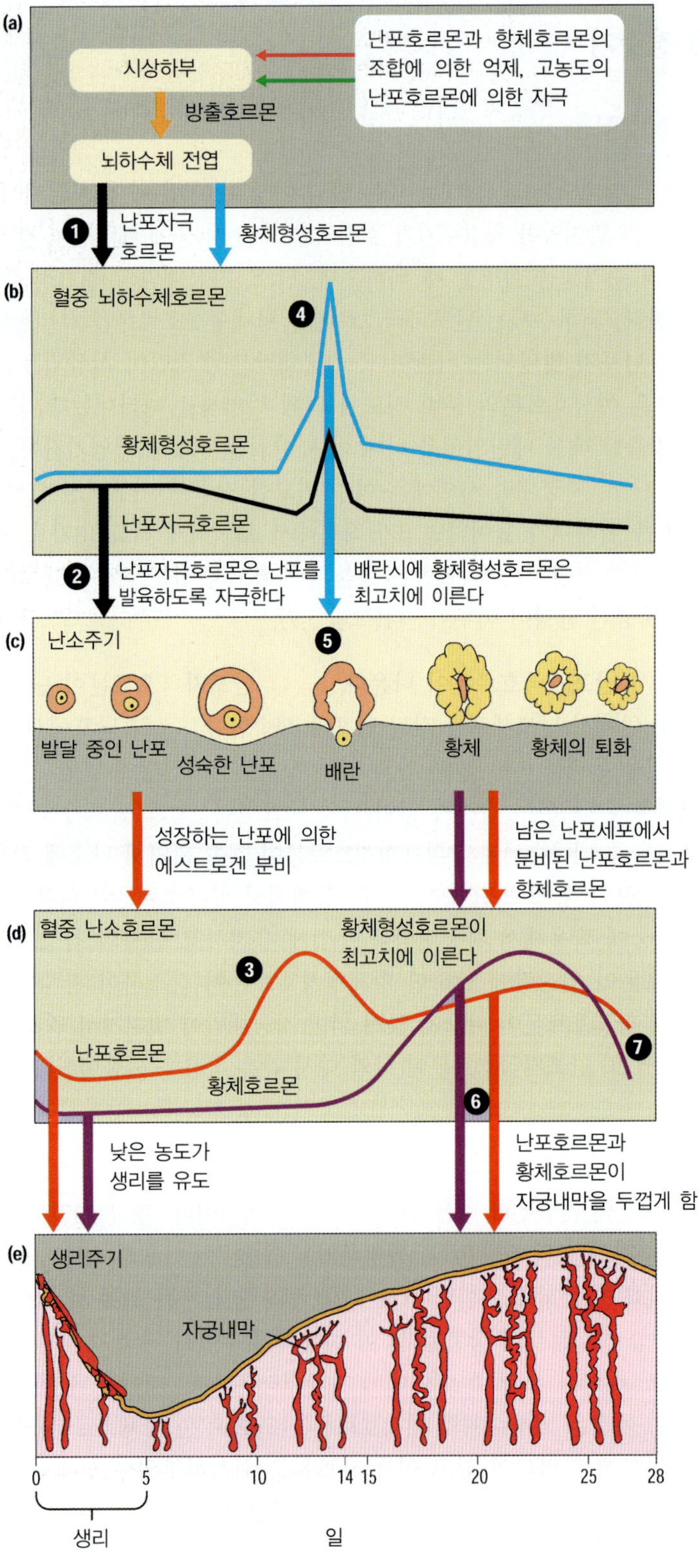

그림 5.7 여성의 월경주기 (추영국 등, 2015).

표 5.7 월경주기 조절에 관여하는 호르몬(28일 기준)(윤성규, 2010)

시 기	월경기	난포기	배란기	황체기
호르몬	난포자극호르몬	난포호르몬	황체형성호르몬	황체호르몬
분비장소	뇌하수체 전엽	난포	뇌하수체 전엽	황체
기능	난포의 성숙	자궁내막의 발달	배란	자궁내막의 유지
일째	0~3	4~13	14(다음 월경시작일의 14일 전)	15~28

(1) 월경기

월경주기의 시작은 월경이 시작되는 첫 날부터 출발된다. 지난번에 배란된 난자가 착상되지 않으면 평균 14일의 수명으로 황체는 급격히 퇴화되고 난포호르몬과 황체호르몬의 농도가 낮아진다. 난포호르몬과 황체호르몬의 작용으로 두터워졌던 자궁내막의 조직들이 혈액과 함께 탈락하므로 출혈이 일어난다. 자궁내막이 허물어지는 월경주기의 초기 시점(0~3일)이 되는 것이다. 그리고 이 시기에 뇌하수체전엽에서 분비되는 난포자극호르몬에 의해 난포가 성숙을 준비한다.

(2) 난포기

월경주기의 전반부 10일 간(4~13일)은 난포기(증식기, 배란전기)이다. 출혈이 시작되는 그 날, 시상하부에서 분비되는 생식선자극호르몬방출호르몬(GnRH)이 뇌하수체를 자극하여 난포자극호르몬과 황체형성호르몬의 생산을 증가시키며, 이 호르몬들이 처음에는 몇 개의 난포를 자극하지만 최종적으로 보통 하나만 성숙 상태에 도달하여 난소 표면을 향해 이동한다. 난포(卵胞, follicle)는 난모세포를 둘러싸면서 액체로 된 공간이 형성된다(그림 5.8). 주기의 중간에 다다르면 그라프난포는 난소 표면으로부터 돌출된 물집 같은 모양을 하게 된다.

성장 중의 난포에서는 난포호르몬을 분비하며, 이 호르몬은 혈액을 통해 주된 표적기관인 자궁으로 가서 자궁내막을 발달시키게 된다. 자궁내막의 세포들은 급속히 세포분열을 하여 조밀한 세포층을 형성하고 모세혈관이 분포하게 된다. 자궁경부 또한 난포호르몬의 증가에 반응하여 알칼리성의 묽은 점액을 분비함으로써 산성인 질 내의 환경을 정자에게 맞는 환경으로 변화시킨다.

난포호르몬은 또한 뇌하수체전엽으로 전달되어 난포자극호르몬 분비를 일정 수준 내로 억제시키는(음성되먹임, negative feedback) 반면, 황체형성호르몬 분비를 더욱 촉진시키게 된다(양성되먹임, positive feedback). 이러한 과정 중에 난포는 더욱 성숙하게

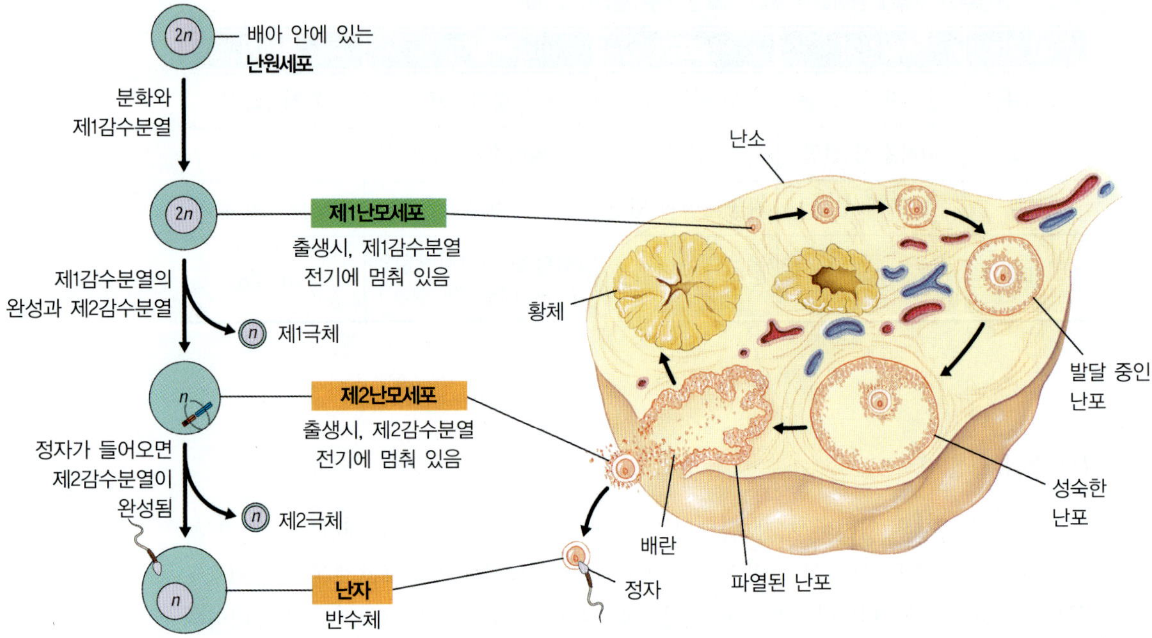

그림 5.8 난포가 성숙할 때 난모세포가 커지면서 난포액으로 둘러싸인다. 그리고 성숙된 난포는 터지고 난모세포가 나온다(추영국 등, 2007).

되고 더 많은 난포호르몬을 분비하게 되며 자궁내막을 더욱 두텁게 발달시킨다. 이는 다시 황체형성호르몬을 더 많이 분비하도록 촉진하게 된다.

난포자극호르몬 분비로부터 난포호르몬이 분비되기까지는 3~4일 정도의 기간이 걸리며, 난포호르몬이 분비되면서부터 자궁내막의 출혈이 멈추게 된다. 이렇게 호르몬들이 난소와 자궁에서 일련의 과정들을 엄격히 조절함으로써 배란시기에 자궁은 수정란을 받아들일 거의 완벽한 준비를 갖추게 된다.

(3) 배란기

다음 월경이 시작되기 14일 전, 양성피드백되던 황체형성호르몬의 분비량이 갑자기 많아지면서 동요를 일으키게 되는데 이를 '황체형성호르몬동요(LH 동요, LH surge)'라 한다. 그 기작(메커니즘)은 난포호르몬의 증가가 양성되먹임을 형성하여 뇌하수체로 하여금 황체형성호르몬 생산을 늘리도록 하고, 황체형성호르몬이 표적으로 하였던 난포가 이에 대한 반응으로 더 많은 난포호르몬을 분비함으로써 일어난다고 생각된다.

황체형성호르몬동요는 여성들에게 임신이나 피임에 중요한 생리적 정보를 제공하는 지표이다. 혈중 황체형성호르몬 농도는 소변 검사를 통해 확인할 수 있는데, 이를 이용하여 가정에서도 편리하게 황체형성호르몬동요를 테스트 할 수 있다. 황체형성호르몬동요가 있고 만 하루 뒤에 배란이 일어난다. 난포의 액체 양이 더 증가함에 따라 난포가 파열되고 배란이 일어나는 것이다. 이처럼 난포자극호르몬과 황체형성호르몬의 양이 최고치에 달할 때 난소에서 성숙한 난포로부터 제2난모세포가 배출되는 현상을 배란(排卵, ovulation)이라 한다.

제2난모세포는 난관으로의 여행을 시작한다. 이때 약간의 일시적인 체온 증가가 뒤따르는데(0.4~0.6℃), 이러한 체온 상승은 임신 가능 시기에 대한 지침이 되므로 임신이나 피임을 원하는 여성 모두에게 중요한 단서가 될 수 있다. 이제 난관 입구에서 정자를 만나게 되면 제2극체를 만들고 비로소 '난자(卵子, ovum)'로 되면서 수정란이 되는 것이다.

물론 이 과정에서도 난포로부터 난포호르몬은 더욱 많이 분비되어 자궁내막을 두텁게 발달시킨다. 제2난모세포가 빠져나간 난포는 이제 황체형성호르몬에 의해 황체(黃體, corpus luteum)로 변하게 된다. 난포조직 내에 있던 혈액성분이 지질로 대치되면서 노란색을 띠게 되기 때문에 황체라 일컫는다. 황체에서 황체호르몬이 계속 분비되어 높은 수준으로 유지되는데 이것이 월경주기 후반의 특징이 된다.

(4) 황체기

월경주기의 후반부(15~28일)는 각종 호르몬의 작용으로 자궁내막에 혈액과 영양소가 축적되는 기간이다. 황체는 계속해서 황체호르몬과 난포호르몬을 분비한다. 난포호르몬과 황체호르몬의 목표는 두터워진 자궁내막에 혈관을 더욱 발달시키고 자궁내막 영양소를 분비하여 앞으로 일어날 수정란의 착상에 대비하도록 하는 것이다. 따라서 황체호르몬은 수정란을 받기 위한 자궁의 마지막 준비를 자극하는 것이다.

황체호르몬의 농도는 배란 후 6일 동안 증가한다. 만일 수정이 일어나면 황체는 황체호르몬을 더욱 분비하여 자궁내막의 유지를 돕는 일을 한다. 질 내벽의 일시적인 두께 증가와 분비의 증가 및 젖샘의 성장 등을 자극한다. 이 시기에 자궁내막은 크게 발달하게 되는데, 느슨하게 결합되어 있던 세포층들은 액체로 채워지는 도랑(洞, sinus)이 되고 분비물을 생산할 샘(腺, gland)들이 발달한다.

그러나 착상이 되지 않으면, 황체호르몬은 뇌하수체에 음성되먹임 작용을 하여 난포자극호르몬과 황체형성호르몬 분비가 감소하게 된다. 이들 호르몬이 황체에게 아무런 신호도 보내지 않으면 황체는 퇴화하여 호르몬 분비기관으로서의 기능을 상실하며 난포호르몬과 황체호르몬의 분비는 감소하게 된다. 이렇게 되면 자궁내막은 더 이상 유지될 수 없게 되고(이때쯤이 월경 시작 후 28일경이 되며), 이윽고 자궁내막은 수용적인 상태를 잃고 그 조직들이 혈액과 함께 떨어져 나가 월경이 시작될 것이다. 이렇게 하여 그 달의 월경주기는 마치게 되고, 호르몬 분비 및 난소와 자궁내막의 주기는 같은 방법으로 다음 달에 되풀이된다.

표 5.8 월경과 관련된 이상 현상(윤성규, 2010)

<table>
<tr><th colspan="3">항목</th><th>특징</th></tr>
<tr><td colspan="3">월경전 증후군(PMS)</td><td>• 월경이 있기 직전에 육체적인 이상과 정신적 변화가 일어나는 현상</td></tr>
<tr><td colspan="3">생리통</td><td>• 월경을 할 때 통증과 불쾌감을 느끼는 현상</td></tr>
<tr><td rowspan="7">월경불순</td><td rowspan="2">출혈량의 이상</td><td>과다월경</td><td>• 월경의 출혈량이 지나치게 많은 상태</td></tr>
<tr><td>과소월경</td><td>• 월경의 출혈량이 지나치게 적은 상태</td></tr>
<tr><td colspan="2">비정상 자궁출혈</td><td>• 월경을 7일 이상이거나, 월경 주기가 21일 미만이거나, 월경량이 80ml 이상일 때</td></tr>
<tr><td rowspan="2">월경주기 이상</td><td>빈발월경</td><td>• 정상주기보다 지나치게 짧은 경우</td></tr>
<tr><td>희발월경</td><td>• 정상주기보다 지나치게 긴 경우</td></tr>
<tr><td rowspan="2">무월경</td><td>원발성</td><td>• 16~18세까지 월경이 없을 경우</td></tr>
<tr><td>속발성</td><td>• 연속하여 6개월 이상 월경이 없는 경우</td></tr>
</table>

5.2.3. 월경이상

월경과 동시에 피할 수 없는 월경통(생리통)과 월경전증후군을 겪게 되고, 어떤 여성들은 무월경이나 과다월경을 경험하게 된다. 그리고 월경 외에 비정상 자궁출혈이 있는 경우도 있다. 월경과 관련한 이상 현상으로는 월경전증후군, 생리통, 월경불순 등이 있다(표 5.8).

1) 무배란성 월경

무배란성 월경은 단순히 난포호르몬의 작용에 의해서만 일어나는 자궁출혈이다. 무배란성 월경은 사춘기, 갱년기, 수유기 등의 경우에 흔히 볼 수 있다. 이 경우 난포가 발육하여도 배란이 되지 않고 퇴행하며, 동시에 난포호르몬의 분비도 정지하거나 감소한다. 그 결과 자궁점막은 단지 증식기만 계속되고 분비기가 형성되지 않은 채 퇴행 박탈되어 출혈을 초래한다. 따라서 무배란성 월경은 황체호르몬의 작용없이 일어나는 월경출혈이다. 성숙기 여성에게 이와 같은 월경이 있는 경우 대부분 불임일 가능성이 높다.

2) 월경전 증후군

월경이 있기 직전에 정신적 육체적 변화가 일어나는 현상을 월경전 증후군(Pre-

표 5.9 월경전 증후군(PMS)의 증상

정신적 변화	육체적 변화
기분의 현저한 변화	몸무게 증가
우울증	복부가 더부룩해짐
짜증이 남	몸과 손발이 부음
집중하기 어려움	두통 피곤
성욕의 변화	가슴이 민감해짐
긴장감과 식욕의 변화	움직임이 둔해짐
	변비가 생김

Menstual Syndrom, PMS)이라 한다(표 5.9). 월경전 증후군으로 진단 받으려면 같은 증상이 매월 발생해야 하며 2개월 이상 지속되어야 한다. 이 증상들은 적어도 한달에 2주 동안은 고통이 없어야 한다.

아직까지 고칠 수 있는 뚜렷한 방법은 없다. 이 증상이 심할 경우 비타민이나 이뇨제를 투여한다. 규칙적인 운동은 우울증을 없애주고 식욕을 조절하고 쉽게 잠들게 한다.

3) 월경통(생리통)

생리통은 여성의 약 절반정도에서 나타난다. 대부분 몸이 붓고 허리가 아프며 아랫배가 조이는 것 같은 통증을 느낀다. 속이 메슥거리거나, 피로감, 설사, 두통, 불안감 등도 동반된다. 생리통은 자궁내막이 벗겨져 떨어질 때의 자궁수축과 자궁내막의 출혈 등이 원인이라고 한다.

4) 월경불순

월경불순이란 월경의 양이나 주기가 정상범위에 해당되지 않는 경우를 말한다. 정상적인 월경주기는 대개 24~32일이며 월경기간은 보통 3~7일 간이고, 출혈량은 대략 33ml이며, 월경량의 약 80%는 월경시작 2일 이내에 나온다.

제 6 장

수정과 태아

학습목표

1. 수정과정을 설명할 수 있다.
2. 착상과정을 설명할 수 있다.
3. 쌍둥이의 발생원리를 이해할 수 있다.
4. 아들딸 가려 임신하기의 생물학적 원리를 이해할 수 있다.

질 속으로 사정된 정자는 난관으로 향하여 나아가기 시작하게 된다. 배란기와 시기가 맞는다면 정자는 난자와 만날 수 있을 것이다. 배란기에 되었다고 하더라도 난관에서 기다리는 난자는 하나뿐이기 때문에 사정된 수억 개의 정자는 대부분이 쓸모가 없어진다. 임신이 성립되려면 정자의 배출과 난자의 배란 → 수정 → 착상의 과정이 순조롭게 이루어져야 한다. 생명을 탄생시키는 신비한 현상을 보면 생명체의 능력이 대단하다는 것을 느낄 것이다.

6.1. 수정과 착상

염색체의 상태가 단상(n)인 정자가 난자 속으로 들어가 정자의 핵과 난자의 핵이 결합함으로써 염색체수가 복상(2n)으로 회복되는 현상을 수정(受精, fertilization)이라 한다. 수정은 난자를 활성화하여 곧바로 새로운 발생의 시발점이 된다.

정핵(n) + 난핵(n) → 수정란(2n)으로 되는 핵융합

6.1.1. 최초의 만남

1) 달려가는 정자

정자는 약 70일전부터 정소에서 만들어져 약 보름정도 부정소와 정관을 거치면서 운동성도 가지게 되고 또한 정자의 운동성을 높이는 정낭액과 전립선액 및 요도구선액이 합쳐져서 요도로 사정이 된다.

사정된 정자는 편모운동을 활발하게 하면서 임의의 방향으로 이동하다가 질 깊숙한 곳에 고여 있게 된다. 그곳에서 자궁경부를 차단하고 있는 단단한 점액을 뚫고 자궁으로 침투할 수 있는 기회를 기다린다. 배란기가 되면 이 단단한 점액이 묽어져서 정자가 침투하기가 다소 쉬워진다. 정자는 이 기회를 놓치지 않고 자궁 속으로 침투를 시도한다. 일단 정자가 자궁 속에 들어가면 자궁 근육의 운동과 자궁이나 난관 안의 분비물의 생화학적인 도움을 받고 편모운동으로 난관을 거슬러 올라간다(그림 4.16). 정자는 사정 후 2~3시간 이내에 난관 끝(난관팽대부)에 도달할 수 있다.

그러나 사정에서부터 여기까지 도달하는 정자는 수백개 뿐이다. 이 중에서 다시 치열한 경쟁률을 뚫고 오로지 단 하나의 정자만이 난자와 만나 수정을 한다.

2) 기다리는 난자

난자는 배란이 되기 전 성숙과정을 거쳐야 한다. 난포라는 세포 속에 들어 있는 난자는 점점 커지고 때가 되면 배란(排卵, ovulation)된다. 배란된 난자는 정자를 유인하는 물질인 수정소(受精素, fertilizin)를 방출한다. 정자가 난자의 수정소에 접하게 되면 양성주화성(positive chemotaxis)을 일으켜 난자 쪽으로 접근하게 된다. 난자는 스스로 움직일 수는 없으므로 난관에 있는 점액의 움직임과 난관내막에 있는 섬모에 의해 헹가래 하듯이 자궁 쪽으로 아주 조금씩 이동한다. 난자는 이동하는 동안 제일 먼저 달려온 정자와 만날 것이다.

3) 수정

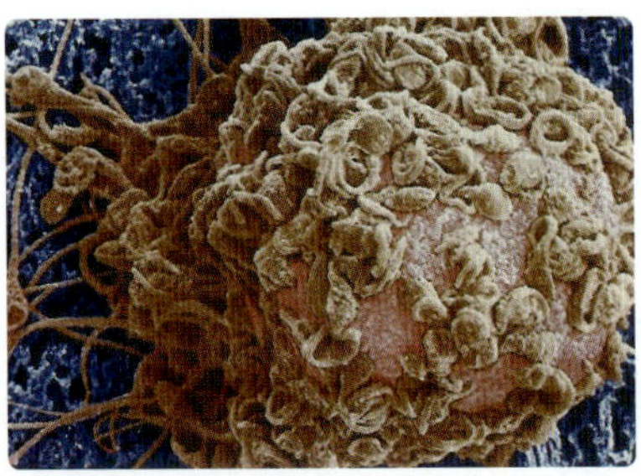

그림 6.1 사람의 정자에 둘러 싸여 있는 난자(김명원 등, 2002).

정자가 수정 능력을 상실하기 전에 갓 배출된 난자가 난관에 들어오거나 이미 들어와 있었다면 수백 개의 정자들이 난자를 에워싸게 된다(그림 6.1).

- 먼 길을 달려온 정자는 앞 다투어 난자 속으로 들어가기 위하여 온 힘을 다한다.
- 가장 먼저 난자 표면에 도착한 정자는 머리에 있는 첨체가 터지면서 분해효소를 내뿜으며 난자의 표면(투명대)을 녹인다. 투명막에 뚫린 부분이 생기면 머리부터 미끌어지듯 들어간다. 이

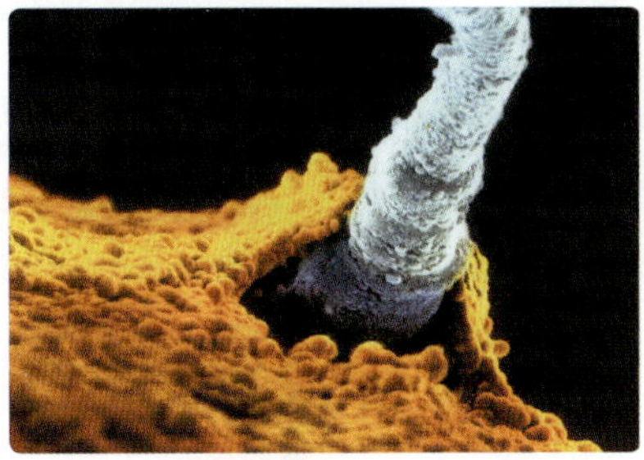

그림 6.2 난자 속으로 들어가는 정자의 모습 (하재청 등, 2008) .

때 머리가 들어가면 꼬리는 스스로 떨어지고 곧바로 머리만 난자 안으로 들어간다(그림 6.2).

- 이렇게 정자가 들어오면 난자는 과립반응이라는 현상을 일으켜 난자의 투명대에 존재하는 정자수용체를 분해하여 다른 정자의 침입을 방지하게 된다.
- 정자의 핵은 일단 몇 시간 동안 난핵 옆에 나란히 머물면서 핵 융합준비를 한 후 난자의 핵과 합해지는 핵 융합과정에 들어간다.
- 정자의 핵과 난자의 핵이 결합하여 드디어 수정(受精, fertilization)이 이루어진다. 수정은 주로 난관 끝의 1/3 지점에서 일어난다. 배란에서부터 수정까지 걸리는 시간은 약 24시간이다.
- 이렇게 함으로써 수정란이 되고 이런 수정란은 난자의 23개의 염색체와 정자의 23개 염색체가 합쳐져 46개의 염색체를 가지는 새로운 생명체로서 난할(卵割, cleavage, 한 개의 세포 안에서 잘게 나누어짐)을 시작한다.
- 수정란은 난할(卵割, segmentation)을 하면서 자궁 쪽으로 이동한다.
- 놀랍게도 이 시기의 수정란은 이미 남자인지 여자인지, 키가 클지 작을 지가 결정되어 있고 심지어 피부색과 머리카락 모양 등 대부분의 유전형질이 결정된 상태다. 이는 수정란 안에 양쪽 부모로부터 물려받은 23쌍의 염색체가 유전자 배열을 마쳤기 때문이다.

6.1.2. 착상

수정란은 세포내 난할을 계속하면서 난관을 따라서 자궁에 도착하여 자궁내막(대부분 자궁벽 정중앙의 윗면)에 함몰된다. 이 현상을 착상(着床, implantation)이라 한다(그림 6.3). 배란되어 착상이 될 때까지는 약 5~7일이 걸린다. 착상하게 되면 임신이 시작되는 것이다. 임신이 되면 난포는 성장이 억제되고 배란이 되지 않으므로 월경은 멈추게 된다. 착상된 수정란이 자라 태아가 되기 위해서는 영양분이 필요하므로 태반을 형성하기 시작한다.

자궁으로 내려 온 수정란은 배란된 지 약 6일 되었다. 작은 공 모양의 배(胚, embryo)로 되었으며, 자신이 분비하는 효소들을 사용하여 액체로 채워진 공간에 길을 만들어가면서 조직 내에 깊숙하게 착상하고 식물이 뿌리는 뻗어 내리듯 모세혈관을 펼쳐가면서 발생을 계속한다. 착상이 일어나면 황체호르몬의 분비에 의해 자궁내막이 두터워지고 혈관이 새로 생겨 태반(胎盤, placenta)이 형성된다.

- 난소에서 분비된 난포호르몬과 황체호르몬의 영향으로 자궁내막은 모세혈관이 자

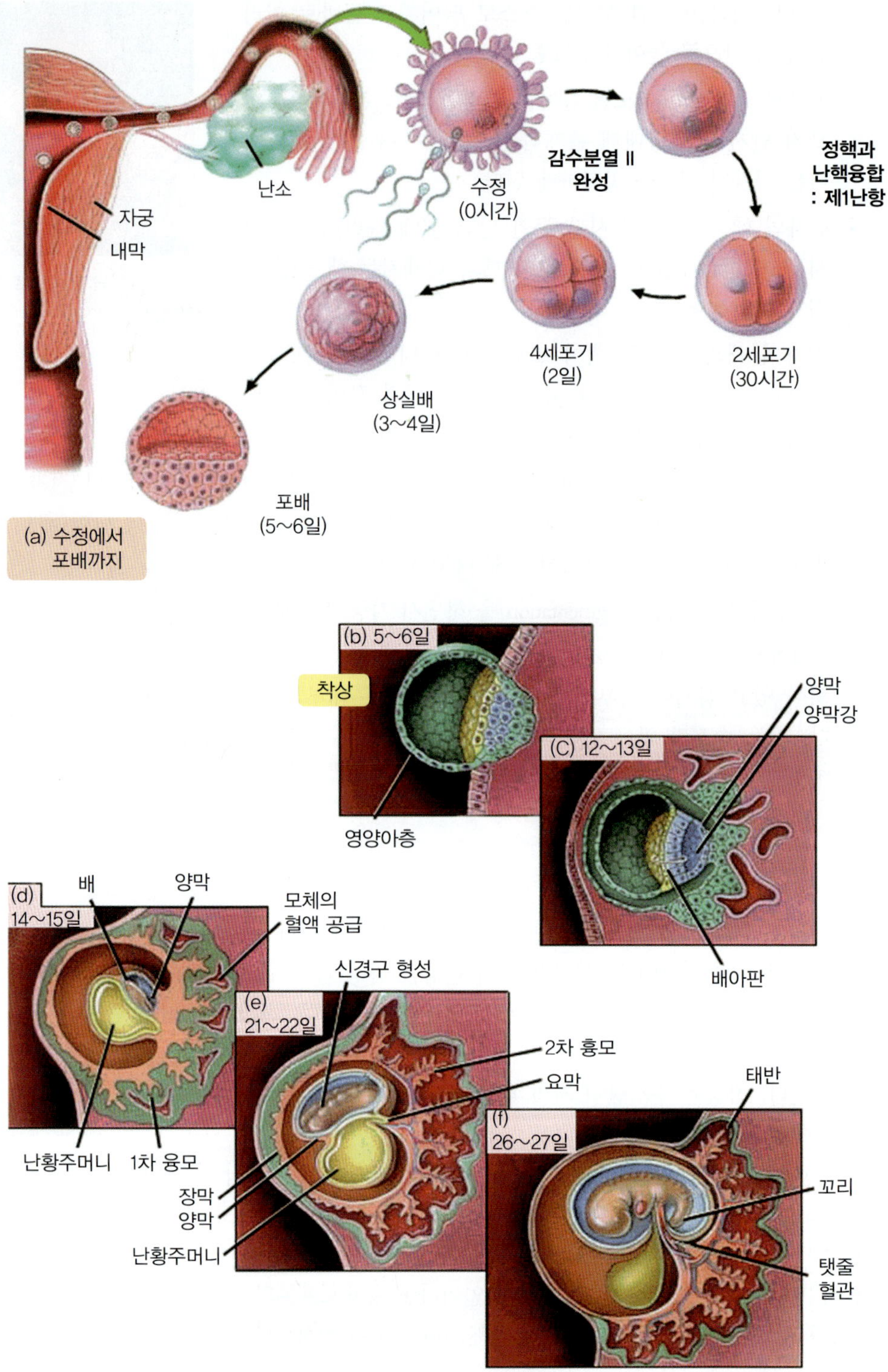

그림 6.3 수정에서 태반 형성까지의 과정(http://dragon.seowon.ac.kr).

라면서 두껍게 되고 영양분을 충분하게 공급해 준다.

- 태반에서 다량의 융모성생식선자극호르몬(사람태반성생식선자극호르몬, Human Chorionic Gonadotrophin, HCG)을 분비한다.
- 또한, 배란을 마친 난포는 황체로 변하는데 위의 호르몬(HCG)은 황체가 퇴행되는 것을 막아 황체에서 황체호르몬을 계속 분비하게 한다.
- 황체호르몬은 자궁내막이 탈락하는 것을 막고, 또 자궁근육이 수축하는 것을 막아 임신을 유지시켜 준다.
- 황체에서 황체호르몬의 생산은 착상 후 10주 동안만 지속되며 그 이후에는 태반에서 생산된다. 태반에서는 황체호르몬 외에 다른 단백질과 호르몬을 생산하여 임신을 유지시켜 준다.
- 태반은 점점 자라면서 모체와 모든 물질을 교환할 수 있는 통로가 된다.

① 수억 마리의 정자가 질 속에 사정된다.

② 수백마리가 정자가 난자의 표면에 도착한다.

③ 가장 먼저 도착한 정자의 첨체에서 효소가 분비되어 난자 주위의 투명대를 용해시키고 정자의 미리만 난자 내로 들어간다.

④ 투명대에 있는 정자수용체가 분해되어 다른 정자의 침입이 방지된다.

⑤ 정자의 핵과 난자의 핵이 융합된다.

6.1.3. 태

1) 태아

태(胎)란 모체(母體) 안에서 새 생명체를 싸고 있는 난막(卵膜), 탯줄, 태반(胎盤)을 통틀어 이르는 말이고, 태아(胎兒, fetus)란 이러한 태 안에서 자라고 있는 아기를 의미한다.

2) 탯줄과 태반

탯줄(제대, 臍帶, umbilical cord)은 태아의 배꼽에서 출발하여 태반에 부착되어 있으며 혈액의 수송로가 된다(그림 6.4). 탯줄은 두 개의 동맥과 한 개의 정맥으로 이루어져 있으며, 일반 혈관과 달리 정맥을 흐르는 혈액이 신선한 동맥혈이고 동맥에는 일반 혈관의 정맥혈이 흐른다.

태반(胎盤, placenta)이란 탯줄과 모체 사이에 긴밀한 접촉을 유지하면서 물질교환을 하는 구조물로서 배(胚)의 양육기관을 말한다. 태반은 태아측태반과 모체측태반으로 구성되어 있다. 모체와 태아의 혈관은 직접 연결되어 있지 않고, 태아측태반의 융모가 자궁내막에 있는 모체측태반에 파묻혀 있으며 그 사이의 공간을 통해 서로 접촉되어 있다. 따라서 정상적으로는 모체의 혈액과 태아의 혈액이 직접 섞이지 않는다.

3) 태반의 역할

- 모체의 혈액으로부터 태아의 생명과 성장에 필요한 기체, 영양분, 호르몬, 면역물질 등 모든 물질을 선택적으로 공급
- 태아에게서 생긴 노폐물을 모체에게 전달
- 유해물질을 차단하는 필터 역할
- 태반 자체의 호르몬을 분비: 황체호르몬을 분비함으로써 자궁이 수축되는 것을 막아 태아가 안전하게 자랄 수 있도록 한다. 난포호르몬을 분비하여 자궁이 커지고 혈액순환이 원활하도록 돕는다. 또한 융모성생식선자극호르몬(HCG)을 분비하여 임신 10주까지 착상을 유지시킴으로써 임신초기에 유산이 되는 것을 방지하여 정상적으로 월경을 멈추게 한다. 태반성락토젠을 분비하여 모체의 신진대사를 촉진시켜 태아가 자라는 데 필요한 영양분도 공급한다.

4) 태반의 가치

태반은 각종 의식의 소재로 쓰일 만큼 신비롭고 귀한 상징물로서 선조들은 탯줄을 소

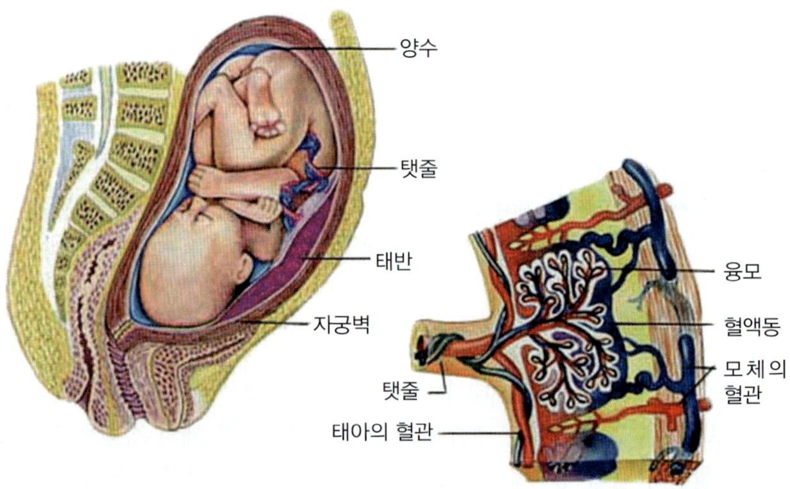

그림 6.4 출산 직전의 태아와 태반(http://myhome.naver.com).

중히 여겼다. 만성질환을 앓고 있는 사람에게 태반을 구해 먹이는 일도 있었다. 태반과 탯줄은 현대 과학의 발전과 더불어 또 다른 가치가 발견되어 인간생활에 유용하게 쓰이고 있다.

(1) 신약으로 각광받는 태반과 탯줄 혈액

탯줄혈액의 조혈모세포 이식은 어린이 혈액암, 면역결핍증, 선천적 대사장애 등을 치료하는데 있어서 기존의 골수이식보다 많은 장점이 있다. 왜냐하면 탯줄혈액은 면역반응이 약해 조혈모세포 이식 뒤 환자의 몸을 덜 공격하기 때문이다. 그리하여 태반과 탯줄 혈액의 림프구는 면역학적으로 미성숙하여 골수를 이식하는 것보다 부작용을 일으킬 확률이 적고 성공률도 높은 편이다. 탯줄의 혈액은 왕성하게 분열하기 때문에 골수이식보다 효과적이다. 그러나 신생아의 질병유무, 세균 및 바이러스 감염 여부, 혈청학적 및 DNA검사법을 이용한 주조직 적합성 항원검사 등에 이상이 없어야 사용할 수 있다.

(2) 태반추출물

태반추출물(플라센타 추출물, placenta extract)은 동물의 태반에서 추출한 성분이다. 일반적으로 플라센타와 같은 성분을 함유한 크림을 영양크림(나리싱 크림, nourishing cream) 또는 플리센타(태반) 화장품이 부른다. 태반추출물을 함유한 화장품으로, 태반이 태아를 발육시키는 것처럼 피부에 바르면 세포에 영양을 공급하여 세포의 발육을 촉진시킨다고 한다. 하지만 태반추출물은 분자 구조상 세포가 생성되는 표피의 최하단인 기저층까지 침투될 수는 없기 때문에 그 효과가 증명된 것은 없다.

6.2. 임신과 태아

6.2.1. 임신의 징후

임신을 하면 다음과 같은 징후가 나타난다(표 6.1).

6.2.2. 임신 중 신체의 변화

임신의 단계에 따라 다음과 같은 모체와 태아의 신체 변화가 나타난다(표 6.2).

1) 임신초기

1~4개월 간을 말한다. 초기에 가장 조심해야 할 것은 유산이며 특히 2~3개월은 유

표 6.1 임신의 징후(윤성규, 2010)

항목	상태
월경	• 여성호르몬 의 작용으로 월경이 정지
융모성생식선자극호르몬(HCG)	• 혈액과 소변에서 검출
소변	• 소변량 증가와 방광의 압박으로 빈뇨
변비	• 소화기관의 활동 둔화 때문
위장장애	• 소화기관의 활동 둔화 때문
입덧	• 갑자기 증가된 호르몬에 의해 또는 태반에서 나오는 물질에 의해 냄새에 예민해지기 때문, 식성의 변화

표 6.2 임신 중 모체와 태아의 신체 변화

단계	개월	변화
초기	1~4	• 월경정지, 입덧, 성심리에 변화, 신경예민, 약간 불안, 유산에 주의, 태아의 외적인 성별 구별 가능
중기	5~7	• 체중증가, 태동, 유방 커짐, 태아성장으로 가슴이 압박되어 숨이 답답, 안정 기간, 초유 나옴
후기	8~10	• 위장에 압박감, 태아의 머리카락 성장

산하기 쉽다. 성심리에 변화가 오고 흥분감 고조되기도 하지만 부부생활도 신중하게 해야 한다. 신경이 예민해지고 분만의 과정과 태아에 대한 궁금증 때문에 불안감이 오기도 한다. 힘이 드는 작업이나 여행 등도 피해야 하며 수면도 충분히 취한다.

3개월 된 태아는 사람의 모습을 띠며 4개월경에는 외견상 성별의 구분이 가능하다(그림 6.5). 쌍생아인지 여부도 이 무렵이면 알 수 있게 된다.

2) 임신중기

5~7개월을 말한다. 체중이 두드러지게 증가하고, 태동을 느낄 수 있으며, 임신부 자신은 배가 불러지는 것을 알게 된다. 유방이 커지면서 유두 주위가 갈색으로 착색된다. 또한 복부의 중앙에 갈색선이 나타나는데 이를 임신선이라고 한다. 가장 안정된 기간으로서 이 시기에 복대(腹帶)를 착용하기도 한다.

태아의 피부는 심홍색이 되고, 얼굴은 노인 모양으로 주름투성이이다. 태아는 5개월 경에 얼굴 형성되고, 수족 운동을 한다. 7개월 경에 피부는 짙은 빨간색을 띤다.

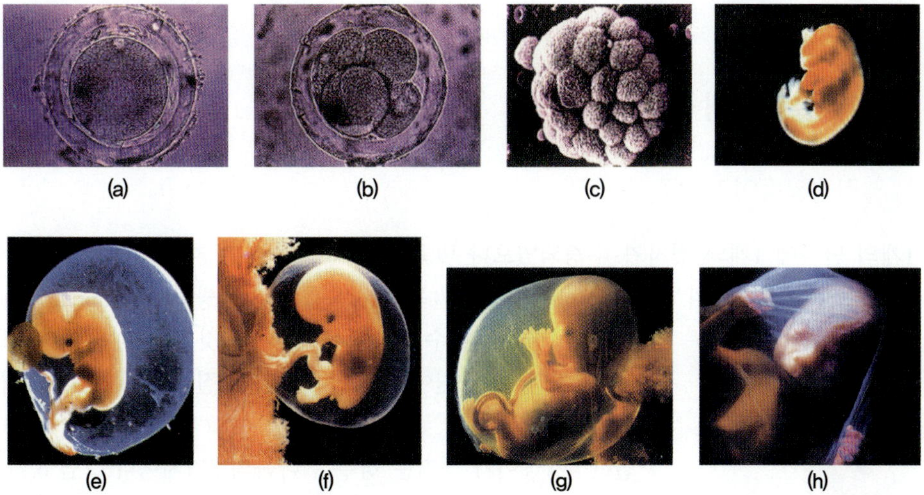

(a) : 제1감수분열 직전의 수정란
(b) : 제2감수분열 시기로 난관을 따라 이동하는 상태
(c) : 배낭이 형성되어 자궁점막에 착상
(d) : 4–6주의 배. 주요 기관들이 형성되기 시작하며 선명한 붉은색이 심장
(e) : 6–7주 째의 배, 눈과 손가락이 형성되기 시작하며 두뇌가 큰 것이 특징
(f) : 9주째의 태아. 이 때 비로소 사람으로서 구별이 가능하며 사지가 길어지고 귀가 뚜렷이 보임
(g) : 3개월째의 태아. 길이가 8cm 몸무게는 약 28g. 몸과 사지를 움직일 수 있음
(h) : 4개월째의 태아. 키는 약 16cm 몸무게는 약 200g. 이때부터 출산 때까지 급속히 자람

그림 6.5 태아의 발달과정 요약.

3) 임신말기

8~10개월을 말한다. 모체는 피로하기 쉽고 위(胃)에 압박감을 느끼기도 하며, 다리가 붓기도 한다. 조산 및 세균감염의 예방을 위해 이 후반부터는 부부생활이나 여행을 피한다. 임신초기와 마찬가지로 모체는 소변이 자주 마렵고 분비물이 는다.

9개월이 되면 태아의 피부도 장미색으로 붉어지고, 머리카락도 자라나며 남녀 모두 성기가 완성된다. 10개월이 되면 태아의 피부에 주름살이 없어지며 솜털도 적고 출산할 준비가 된 상태이다.

6.3. 쌍둥이

쌍둥이란 한 모체에서 한 번 분만에 두 개체로 태어난 신생아를 말하며 쌍생아(雙生兒, twins)라고도 한다. 쌍둥이에는 수정된 난자의 수에 따라 일란성쌍둥이와 이란성쌍둥이로 나눈다.

6.3.1. 일란성쌍둥이

1) 일란성쌍둥이가 생기는 원리

1개의 난자에 1개의 정자가 수정되었으나 발육하는 도중에 어떤 계기로 둘로 갈라지고, 그 각각이 하나의 태아와 그 부속물로 발육한 경우를 일란성쌍둥이(identical twin)라 한다. 한 개의 수정란에서 갈라진 것이기 때문에 반드시 성별이 같고 양친에게서 받은 유전형질은 거의 같다(그림 6.6).

그림 6.6 일란성쌍둥이.

일란성쌍둥이가 생기는 경우는 다음의 3가지이다(그림 6.7).

① 영양외배엽이 형성되기 이전에 배가 이분되어 각각의 장막과 양막 안에서 성장하는 경우

② 영양외배엽이 형성 직후에 배가 이분되어 1개의 장막 내에 있는 각각의 양막 내에서 성장하는 경우

③ 양막이 형성된 후에 배가 이분되어 1개의 장막과 1개의 양막 내에서 함께 성장하

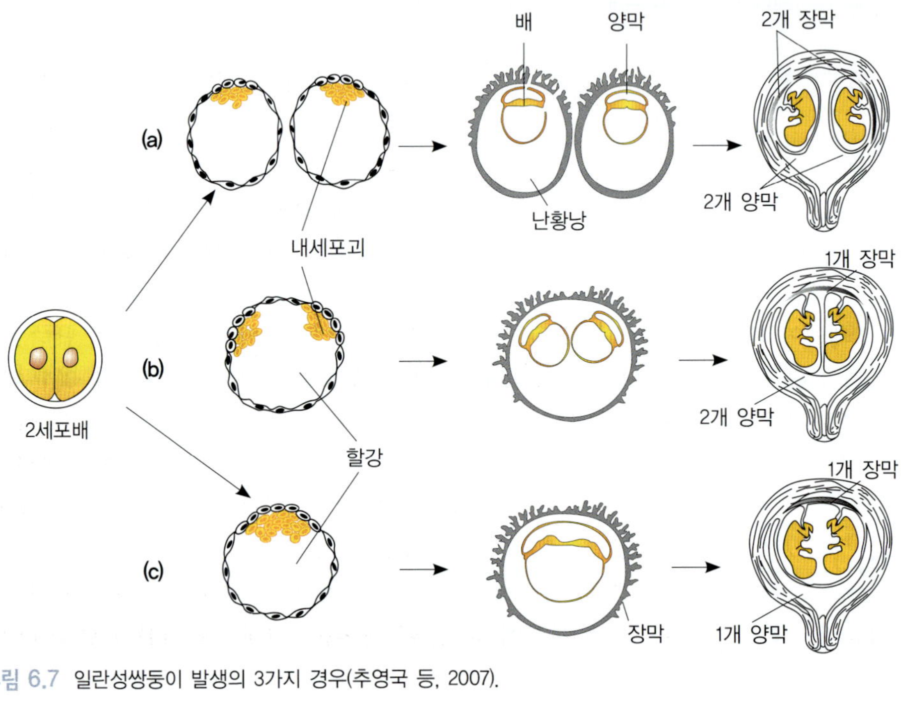

그림 6.7 일란성쌍둥이 발생의 3가지 경우(추영국 등, 2007).

는 경우. 신체의 일부가 결합된 샴쌍둥이의 가능성도 있다.

2) 일란성쌍둥이가 생기는 원인

일란성쌍둥이의 수정란이 둘로 갈라지는 궁극적인 원인은 아직 확실하게 밝혀지지 않았다. 자연배란에 의한 쌍둥이의 경우는 우연에 의한 것이 많고, 모체의 체질이나 유전과도 관계가 있다고 한다.

6.3.2. 이란성쌍둥이

1) 이란성쌍둥이가 생기는 원인

2개의 난자에 2개의 정자가 각각 수정하여 발생하면 이란성쌍둥이가 생긴다(그림 6.8). 이란성쌍둥이가 생기는 원인은 아직까지 정확하게 밝혀지지 않았지만, 다음과 같은 것들이 관계 있다고 한다.

- 모계의 체질과 유전: 자연배란에 의하면 보통 한개의 난자가 배란되는데, 모체에서 2개의 난자가 배란되어 각각 수정되고 착상이 될 경우이다. 모계 쪽에서 쌍둥이가 태어난 일이 있었다면 유전의 영향으로 난자 두 개가 동시 배란될 가능성이 높다.
- 시험관 수정: 시험관 아기의 착상 성공률을 높이기 위해서 체외에서 수정시킨 수정

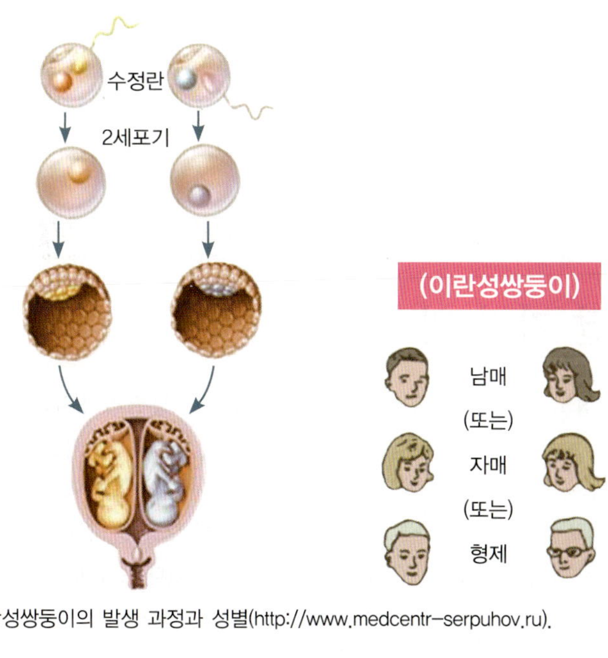

그림 6.8 이란성쌍둥이의 발생 과정과 성별(http://www.medcentr-serpuhov.ru).

표 6.3 일란성과 이란성 쌍둥이의 비교(윤성규, 2010에서 변형)

구분	일란성	이란성
원리	• 한 개의 난자에 한개의 정자가 수정되었으나 발육하는 도중에 둘로 나누어짐	• 두 개의 난자에 두개의 정자가 각각 수정
난자수	• 1개	• 2개
정자수	• 1개	• 2개
성별	• 같음	• 다를 수도 있음
유전형질	• 거의 같음	• 보통의 형제자매와 같은 정도
생김새	• 거의 같음	• 다름

란을 자궁 내에 2~3개 정도 넣는 경우가 많다. 대개는 그 중에서 수정란 1개가 착상에 성공하여 발생되지만, 자궁 안에 넣은 수정란이 모두 발생되는 경우가 있어서 이란성쌍둥이가 된다. 우리나라 최초의 시험관 아기도 이란성쌍둥이였다.

● 배란촉진제: 여러 개의 난자가 만들어지는 경우가 대부분이므로 쌍둥이를 낳을 가능성이 높아진다.

6.3.3. 일란성과 이란성 쌍둥이의 비교

일란성쌍둥이는 하나의 수정란에서 출발하였기 때문에 유전적 특성이 거의 같지만, 이란성쌍둥이는 다른 수정란에서 발생하므로 유전적 특성이 다르다(표 6.3). 이란성쌍둥이의 성(性, sex)은 반드시 일치하지는 않으며 얼굴이나 성격, 체격도 닮지 않고 닮았더라도 보통 형제자매와 같은 정도에 지나지 않는다.

6.4. 아들딸 가려 임신하기

최근에는 1~2명 정도 아이를 낳겠다는 부부들이 많다. 생명과학의 발달은 아들이든 딸이든 자신이 원하는 대로 임신할 수 있는 과학적인 근거와 방법을 제시하고 있다. 과학적으로는 이렇게 주장을 하지만 의학전문가들은 아직 성공률이 높지 않으므로 맹신해서는 안 된다고 한다. 여러 가지의 아들과 딸을 가려 낳는 방법이 있지만 어디까지나 과학적인 접근일 뿐, 어느 정도의 확률은 있지만 절대로 100% 들어맞는다고 장담할 수는 없다.

6.4.1. 가려 임신하기의 근거

1963년 미국의 생리학자인 미국의 쉐틀즈박사는 성염색체를 X염색체와 Y염색체로 구분하는데 성공했다. 여자는 X염색체만 두 개(XX)인데, 남자는 X와 Y염색체가 각각 하나씩(XY)이라는 것을 밝혀낸 것이다. 그러니까 여자의 세포 안에는 22쌍의 상염색체+XX성염색체, 남자의 세포 안에는 22쌍의 상염색체+XY성염색체로 구성되어 있다.

난자의 성염색체는 모두 X염색체이다. 하지만 정자는 X염색체를 가진 정자와 Y염색체를 가진 정자로 분리된다. 그러므로 아들과 딸을 결정하는데 있어서 정자의 성염색체가 아주 중요한 역할을 하고 있다.

쉐틀즈 박사의 이론대로라면 딸을 임신하고 싶은 사람은 어떻게 해야할까? 딸을 임신하려면 X정자가 난자와 결합하도록 유도해야한다. 그렇게 하려면 X정자가 잘 활동할 수 있는 환경을 만들어주면 된다. 또 아들을 임신하고 싶으면 반대로 하면 된다. 하지만 무엇보다 가장 중요한 점은 가려 임신하기 위해서는 X, Y정자의 성질을 명확히 알아야 가능하다.

태아의 성별은 어떤 성염색체를 가진 정자와 수정되느냐에 따라 결정되므로 가려 임신하기 위해서는 정자의 종류에 따른 특징과 여성 체내의 상태를 알아야 한다.

1) 정자의 특징

X 염색체를 가진 정자와 Y염색체를 가진 정자의 성질은 다음과 같이 다르다(표 6.4).

따라서, 질 안이 산성일 때 정자가 들어오면 X정자가 오래 살아남아 딸이 임신될 확률이 높아진다. 반대로 질 안이 알칼리성일 때는 Y정자가 수정되어 아들을 임신할 확률이 높아진다. 이러한 원리를 이용하면 이론적으로는 아들과 딸을 가려서 임신할 수 있다.

표 6.4 X 정자와 Y 정자의 특징(윤성규, 2010).

구분	X정자	Y정자
생산	·남성의 체액이 산성일 때 많이 생산됨	·남성의 체액이 알칼리성일 때 많이 생산됨
pH에 대한 활동성	·질 내가 산성일 때 활동력이 왕성	·질 내가 알칼리성일 때 활동력이 왕성
열	·열에 강함	·열에 약함
머리의 크기	·큼	·작음
이동속도	·느림	·빠름
수명	·3~5일 정도로 김	·1~2일 정도로 짧음

표 6.5 체내의 특징

생식기관과 상황	특징
질과 자궁경부	·질 입구는 산성, 자궁경부는 알칼리성 ·여성이 오르가즘을 느낄 때 분비물은 알칼리성
배란일	·자궁점액이 연해져서 정자가 통과할 수 있고, 알칼리성
정소	·체온보다 낮을 때 정자 생산 왕성

2) 질과 자궁경부의 상태

질 입구는 산성이며 자궁경부는 알칼리성이다. 그리고, 여성이 오르가즘을 느낄 때 분비되는 분비물은 알칼리성이다(표 6.5).

3) 배란 당일의 상태

배란일에는 자궁점액이 묽어져서 정자가 통과하기 수월하고 알칼리성으로 변한다. 아들을 임신하려면 Y정자의 수명이 1~2일 정도로 짧으므로 배란 당일에 성교를 해야 하고, 딸을 낳으려면 난자를 기다리는 동안 Y정자가 다 죽도록 배란일 2일 전까지 성교를 끝내야 한다. 그러므로 어림짐작으로 배란일을 알고 성교를 하면 실패하고 만다.

4) 정소의 온도

성교를 하기 3개월 전부터 남성은 몸에 딱 달라붙는 팬티나 청바지, 승마바지처럼 하체에 꼭 달라붙는 옷은 입지 않아야 한다. 정소의 온도가 높으면 정자수가 급격하게 감소하기 때문이다.

6.4.2. 아들을 임신하기 위한 방법

위의 원리를 활용하여 아들을 임신하는 방법은 다음과 같다(표 6.6).

1) 스트레스는 Y정자의 적

Y정자가 잘 살아 남을 수 있도록 질 안을 알칼리성으로 만들어야 한다. 스트레스를 받으면 여성의 몸은 강한 산성을 띠게 되고, 남성의 정자는 감소하게 된다. 이렇게 되면 아들보다는 딸을 낳을 확률이 높아진다. 때문에 서로에게 스트레스를 주지 않도록 노력해야 한다.

표 6.6 X 정자 또는 Y 정자가 선택적으로 수정될 확률을 높이는 조건

조건	X 정자의 확보 또는 수정률을 높이기 위한 방법	Y 정자의 확보 또는 수정률을 높이기 위한 방법
체질	• 남녀의 체질을 산성으로	• 남녀의 체질을 알칼리성으로
정소의 상태	• 따뜻하게	• 시원하게
질 내의 상태	• 산성으로(식초수로 세척)	• 알칼리성으로(소다수로 세척)
성교 날짜	• 배란일 이전에 미리(질이 산성)	• 배란당일에(질이 알카리성)
성교 시간	• 피곤할 때	• 피곤하지 않을 때
오르가즘	• 여성의 오르가즘 이전에 사정	• 여성의 오르가즘 후에 사정

2) 여성은 인산칼슘이 포함된 영양제를 복용

성교하기 3개월 전부터 여성은 인산칼슘이 포함된 영양제를 복용한다. 질 안을 알칼리성으로 만들기 때문에 Y정자의 수정을 돕는다. 5일 이상 약을 먹지 않았다면 처음부터 다시 시작해야한다. 가까운 약국에 가면 구입할 수 있다.

3) 남녀 모두 알칼리성 식단

평소의 식사관리도 매우 중요하다. 규칙적으로, 균형 잡힌 식사를 한다. 특히 배란 10일전부터 배란일까지는 남녀 모두 알칼리성 식단을 위주로 식사한다. 남성의 체질이 알칼리성일 때 Y정자가 많이 생산된다. 여성이 알칼리성 식단으로 식사하면 체액이 알칼리성으로 기울어 Y정자의 활동을 돕는다. 알칼리성 식품은 채소, 과일 종류를, 산성식품은 육류나 어류 종류를 가리킨다.

4) 월경이 끝난 뒤 다음 배란일 전까지는 금욕

다량의 Y정자를 확보하기 위하여 월경주기가 시작될 때부터 배란일전까지 금욕한다. 금욕하는 동안 정자의 생산이 왕성해지고 활력 있는 Y정자가 많이 생산된다(윤태영, 2005). 하지만 성교가 잦으면 한번에 사정되는 정액의 양은 줄어든다. 정액의 양이 적으면 딸을 결정하는 X정자수가 Y정자수 보다 더 많아진다. 배란일전까지는 금욕해야 아들 낳을 확률이 높아진다.

5) 배란일에 성교

배란일에는 여성의 질이 산성에서 알칼리성으로 변한다. Y정자의 활동력이 왕성해질

수 있는 절호의 기회이다. 게다가 Y정자의 수명은 24시간으로 X정자보다 짧다. 배란일 전에 성교를 하면 Y정자는 죽거나 활력을 잃고, X정자만 남아 있다가 수정되어 딸이 될 수 있다. 그래서 배란일에는 Y정자가 수정될 확률이 높다. 그리고 배란일에 성교를 한 뒤 3일간은 계속 금욕하여 혹시 X정자가 수정되는 것을 방지한다. 배란 2일전을 알기란 쉽지 않지만, 몇 달 동안 월경시작일을 기록하여 자신의 배란주기를 파악해두면 배란 2일전을 계산할 수 있다.

6) 새벽에 성교

초저녁에는 하루 일과로 몸이 피곤한 상태라 체액이 산성화된 상태이다. 이 때는 알칼리성에 강한 Y정자의 활동력은 줄어든 대신, 산성에 강한 X정자의 활동력은 왕성해진다. 반면 새벽에는 피로가 어느 정도 풀려 몸이 알칼리성이 되므로 Y정자가 수정될 확률이 높아진다.

7) 성교 전에 소다수로 질 안을 세척

여성의 질 안은 약산성이므로 Y정자보다는 X정자가 활동하기 좋은 환경이다. 소다수로 질을 세척하면 질 내부가 약알칼리성이 되어 Y정자 움직임이 활발해진다. 성교를 하기 전 15분전쯤 미지근한 물 1리터에 소다를 큰 숟가락으로 2숟가락 넣고 잘 흔든다. 소다가 물에 완전히 녹도록 15분 정도 놔두었다가 질 안을 세척한다. 질을 세척할 때는 양변기에 앉거나 벽에 기대고 비스듬히 앉은 채로 다리를 벌리고 2~3분 정도 세척하면 된다. 질 세척이 끝나자마자 곧바로 성교를 한다.

8) 깊게 삽입한 상태에서 사정

깊게 삽입한 상태에서 사정하면 Y정자가 산성인 질입구를 거치지 않고 알칼리성인 자궁입구까지 닿을 수 있기 때문에 Y정자가 수정되기 쉽다. 여성이 누워 다리를 굽히는 남성상위 같은 체위를 미리 체험해보는 것이 좋다. 이 체위는 정상체위에서 여성이 양다리를 들어 올려 을(乙)자 형태에 가까운 자세를 취하는 형태이다. 무릎을 구부릴수록 결합은 더욱 깊어진다.

9) 여성이 오르가즘을 느낀 뒤에 사정

여성이 오르가즘을 느끼면 알칼리성 액체가 분비되어 Y정자를 활발하게 만들어준다. 아들을 낳아야 한다는 강박관념을 가지면 스트레스만 받고 오르가즘을 느끼기 힘들다. 또한 여성은 오르가즘에 도달하는 시간이 남성보다 오래 걸리므로 편한 마음으로 충분히 전희를 하면 오르가즘에 도달할 확률이 높아진다.

6.4.3. 딸을 임신하기 위한 방법

딸을 임신하는 비법은 산성을 좋아하는 X정자가 수정될 수 있도록, X정자가 왕성하게 활동할 최적의 조건을 만들어준다.

1) 남녀 모두 산성 식단

여성이 산성 식품을 많이 먹으면 체액이 산성으로 기울어 Y정자의 활동을 억제한다. 남성이 산성 식품을 많이 먹으면 X정자의 활동이 활발해져 X정자가 많이 생성된다.

2) 배란 2일 전에 성교

배란 2일 전에 성교를 하면 Y정자는 수명이 짧아서 이틀 뒤 난자가 배출될 때까지 살아남기 힘들다. Y정자보다 수명이 긴 X정자가 수정되어 딸일 가능성이 높다. 단, 성교를 한 뒤 일주일 후까지 금욕해야한다.

3) 초저녁에 성교

초저녁에는 하루 일과로 몸이 피곤한 상태라 체액이 산성화된 상태이다. 이 때는 알칼리성에 강한 Y정자의 활동력은 줄어든 대신, 산성에 강한 X정자의 활동력은 왕성해진다.

4) 식초수로 질 세척

성교를 하기 15분전쯤 식초수로 질 세척을 한다. 산성인 질을 더욱 산성화시켜 X정자가 난자에 먼저 도달하도록 유도하기 위한 것이다. 물 1리터에 식초 한 스푼정도 타서 15분 정도 지난 다음 사용한다. 질 세척이 끝나자마자 곧바로 성교를 한다.

5) 여성이 반듯이 누운 남성상위로 얕게 삽입

질 입구는 약 산성을 띠고 자궁은 약알칼리성을 띤다. 얕게 삽입하면 산성에 약한 Y정자의 활동이 줄어들고, 산성에 강한 X정자의 활동이 활발해져 활발한 X정자만 자궁으로 간다. 얕게 사정하기 위해서는 여성이 반듯이 누워 두 다리를 곧게 뻗은 남성상위가 적당하다.

6) 여성이 오르가즘을 느끼기 전에 사정

여성이 오르가즘을 느끼면 알칼리성 점액을 분비하므로 딸을 낳기 위해서는 여성이 오르가즘을 느끼기 전에 사정하는 게 좋다. 삽입과 동시에 사정하는 것이 가장 효과적이다.

인산칼슘제

인산칼슘제 복용에 대한 근거는 다음과 같다(이상운, 1990). 생체 철 · 인 · 칼슘 복합제의 투여만으로 아들을 낳을 수 있다는 결정적인 임상 데이터를 제시하였다(여기서 '생체'란 인공합성하지 않은 생체(生體)에서 추출하여 영양제로 만든 것으로 여겨짐).

이러한 이론을 제시한 연구자는 동경 의과대학 인류유전학교실의 오쿠라 교수로, 지금까지 1백명의 부인에게 그 복합제를 복용케 하였던 바, 출산한 부인 80%가 아들을 낳았는데, '아들을 자유롭게 낳는다'는 연구 논문을 발표할 정도로 일본에서 화젯거리가 되었다. 그는 말하기를 "간단하면서도 80% 확률 때문에 누구나 남용한다면 사회 문제가 될 우려가 있다"고 했다. 그는 '생체 철 · 인 · 칼슘 복합제'가 성 결정에 중대한 역할을 한다는 사실을 알고 이 복합제를 활용했으며, '오쿠라 학설'이라고 하여 학술지에 발표했던 것이다.

이 논문이 발표되자 아들을 낳지 못하기 때문에 고민에 빠져 있는 전국의 부인들로부터 문의와 호소가 잇따라 쇄도하였다. 이런 사건이 동기가 되어서 많은 산부인과 의사들이 생체 철 · 인 · 칼슘 복합제에 대한 임상 실험에 들어갔던 것이다. 다만 다음의 세 가지 조건을 내세워 제한하고 있다.

첫째 그는 지방(병원소재지)에 거주해야 하며, 둘째는 딸이 둘 이상일 것, 셋째 기형아들을 낳은 경험이 있어야 할 것 등이다.

이런 제한을 두고 있는 것은 이 복합제로 인해 어떤 사회적인 물의를 일으켜서는 안 되겠기 때문이다. 이 복합제의 효과에 대하여, 스끼야마 박사도 그의 저서 '남녀는 구별하여 낳을 수 있다'의 맺음글에서 이렇게 언급했다.

"정직하게 말하여 아들을 낳게 하는 데는… 생체 철 · 인 · 칼슘 복합제라고 하는 결정타가 있고 거기에다 성교의 타이밍까지 첨가하면 세계에서 으뜸가는 적중률이 확립된다는 생각을 하고 있지만, 반면 딸을 낳게 하는 데는 좀 더 연구가 필요하다는 아쉬움이 있다."

남녀아 임신 마음대로 조절하는 약

인류의 남녀 성비는 어쩌면 저절로 균형이 잡힐텐데 개개인의 사정에 따라 아들딸을 선택하여 낳으려고 애쓰다 보니 낙태한다든지 또는 자녀수가 많아지게 된다. 최근 영국의 학자에 의해 출산의 성을 마음대로 할 수 있는 '초이스'라는 약이 나와 거의 95%까지 적중하게 되었다고 한다. 아무런 부작용이 없는 것이라 한다.

우선 기초적 원리를 보면 X 정자는 머리가 크고 느린 반면, 머리가 작고 약간 빠른 Y 정자는 산성에서는 맥을 못춘다.

보통 여성의 질은 산성이고 자궁경부는 알칼리성이다. 그래서 인공수정을 해서 태어난 아기는 대부분이 남아라고 한다. 자궁경부에 정자를 주입하기 때문이다.

돌이켜 보면 지금까지도 득남하려면 소다를 물에 희석하여 씻어 주고, 득녀하려면 식초를 물에 타서 씻는 방법으로, 우선 배란일에 맞춰서 시도하는 것은 경험적으로 많이 시도된 것이다. 그런 경험에 맞추어서 만든 약을 '초이스'라고 한다.

제 7 장

피임과 불임

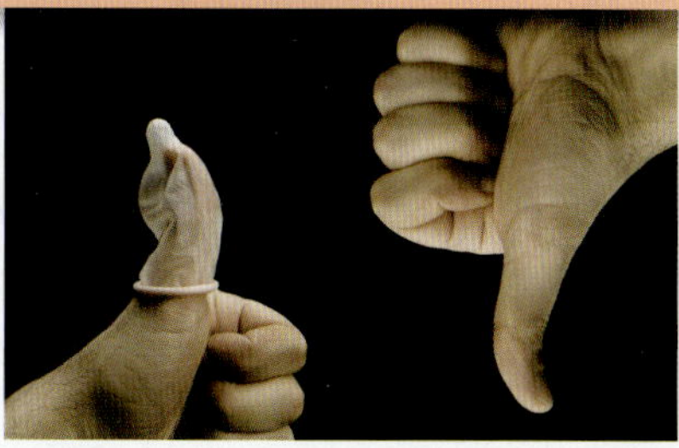

학습목표

1. 다양한 피임방법의 원리를 설명할 수 있다.
2. 각 피임방법의 장단점을 설명할 수 있다.
3. 자신에게 맞는 피입법을 선택할 수 있다.
4. 불임의 원인을 설명할 수 있다
5. 불임의 예방법을 설명할 수 있다.

성행위는 두 사람의 사랑을 표현할 수 있는 아름다운 행위이다. 상대에 대한 사랑을 표현하는 만큼 상대에 배려와 이해가 전제되어야할 것이다. 그 사랑의 행위동안 피임을 하려고 했는데 원치 않는 사태가 벌어지고 만다면? 여건상 아이를 낳을 수 없는 상황에 처하게 되면 임신은 서로에게 큰 짐이 될 것이다. 피임은 올바른 지식을 갖고 실천해야 성공할 수 있다. 그리고 오늘날 늘어나고 있는 불임의 원인은 무엇이고 그 예방책은 무엇인지 알아보자. 이 단원을 학습하고 나면 이제부터 피임과 불임의 전문가가 될 수 있을 것이다.

7.1. 피임법의 조건과 기준

7.1.1. 피임법의 조건

여러 가지 피임법이 있다는 것은 어느 한 가지도 완벽하지 않고 각 방법마다 장단점이 있다는 것이다. 그렇기 때문에 본인에게 맞는 피임법을 선택하고 늘 신경을 기울여야 실패가 없다. 이상적인 피임법의 조건은 다음과 같다(김정옥, 1998).

- 피임의 효과가 확실하여야 한다.
- 부작용이 없어야 한다.
- 성생활에 영향을 주지 않아야 한다.
- 사용법이 간단해야 한다.
- 비용이 적게 들어야 한다.
- 피임이 실패하였을 경우에도 태아에게 나쁜 영향을 주지 않아야 한다.
- 피임의 영향이 일시적이어야 한다.

피임에 대한 지식부족과 무책임한 행동은 정신적 육체적 고통으로 연결되기 때문에 피임의 중요성은 아무리 강조한다 해도 지나치지 않을 것이다.

7.1.2. 피임법의 선택기준

피임법을 선택할 때에는 피임목적을 고려하여 피임 실패율과 건강상의 부작용 등 가능한 정확하고 많은 정보를 수집해야 한다. 각 종 피임법에 관한 장단점을 알았다면 다음으로 자기에게 맞는 피임전략을 짜야 한다.

일부 피임방법에 대해서는 의사와 상담하는 것이 좋은데 피임기구의 사용에서 잠시 사용해 본 결과 불편하거나 부작용이 나타나면 사용을 일시 중단한 후 재처방을 거쳐야 한다. 하지만 그 증상이 가벼운 경우 일정한 시간이 지난 후에 재사용하면 적응이 되어 불편이나 가벼운 부작용은 자연 치유되기도 한다(김초강, 1988). 어떤 피임법이 적합한지 선택하는 기준은 다음과 같다.

- 얼마나 자주 성생활을 하는가?
- 성기에 접촉하는 방식의 피임법 사용을 꺼리는가?
- 피임에 남성이 얼마나 협조적인가?
- 특정 피임법 사용을 제한하는 병력이나 신체조건이 있는가?
- 출산 경험이 있는가?

7.2. 피임법의 구분

7.2.1. 임신과정에 따른 구분

피임의 종류는 열 손가락이 모자랄 정도로 복잡해 보이지만 그 원리를 알면 어렵지도

표 7.1 임신과정에 따른 피임의 원리와 방법(윤성규, 2010)

임신과정에 따른 피임원리	피임방법
• 임신가능 기간에 금욕	• 월경주기 이용, 자궁경부 점액관찰법, 기초체온법
• 사정하여도 정자가 없도록 무정자 정액	• 정관수술
• 정자의 질 내 진입 방해	• 질외사정, 콘돔
• 질내에 사정된 정자를 무력화 또는 자궁입구 통과를 방해	• 살정제, 먹는 피임제, 자궁내장치
• 정자나 난자가 난관을 통과하지 못하도록	• 난관불임수술
• 정자가 있어도 난자가 없도록 배란을 억제	• 월경주기법, 먹는 피임제, 주사피임법
• 수정란이 착상하지 못하도록	• 응급피임제, 자궁내장치

않다. 정자가 질 내에 사정되는 것부터 수정란이 착상하기까지의 임신의 원리를 역 이용하면 피임을 할 수 있다. 피임의 종류는 임신과정에 따라 다음과 같이 나눌 수 있다(표 7.1).

첫째, 자궁 속으로 들어가려면 자궁점액을 통과해야 하는데, 이 자궁점액을 혼탁하게 만들면 정자는 힘이 빠져 자궁에 들어가지도 못하고 도중하차하게 된다.

둘째, 만약 정자가 자궁 안으로 들어간다면 어떻게 할까? 둘이 만나는 장소인 난관을 막아놓으면 정자와 난자는 오작교 없는 견우와 직녀 신세가 된다.

셋째, 그러나 만약 정자가 난관을 통과한다면 어떻게 해야 할까? 이렇게 되어도 방법은 있다. 자궁 안으로 들어간 정자가 난자를 만나지 못하게 만들면 된다. 즉 난자가 있어야 수정이 되므로 난자가 배란되는 것을 막으면 된다.

넷째, 위의 방법들 중 어느 하나라도 실행하지 못하였다면 어떻게 할 것인가? 그래도 방법은 있다. 수정란이 자궁내막에 착상해야 임신이 되므로 마지막으로 착상을 막으면 임신이 되지 않는다(그림 7.1.).

7.2.2. 피임지속기간에 따른 구분

피임이 지속되는 시간에 따라 크게 일시피임법과 영구피임법으로 나눌 수 있다(표 7.2).

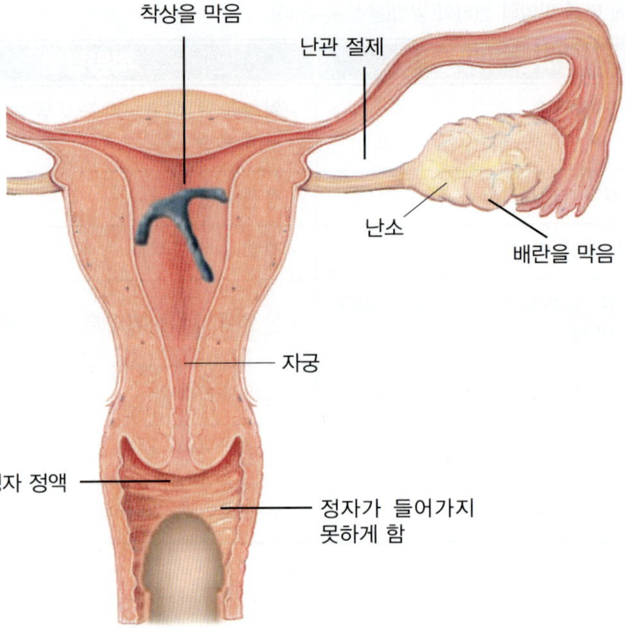

그림 7.1 여러 가지 피임법.

7.2.3. 도구나 약품 사용에 따른 구분

피임을 위해 사용하는 도구나 약품에 따라 구분하면 다음과 같다(표 7.3).

7.3. 열 손가락이 모자라는 피임법의 종류

다양한 원리의 피임법이 공존하는 이유는 성공률이 100%인 피임법은 없기 때문이다. 성공적인 피임을 위해서는 피임의 종류와 구체적인 방법을 잘 알아야 한다.

7.3.1. 질외사정법

질외사정법(膣外射精法, coitus Interruptus)은 성관계 시 남성이 사정을 하기 전에 성교를 중단하고 음경을 질 밖으로 꺼내어 사정을 함으로써 임신을 하지 않도록 하는 방법이다. 사정을 질외에 함으로써 정액이 질 내로 들어가는 것을 막는 것이다. 성경험이 별로 없거나 미처 아무런 준비도 못한 사람들 사이에서 많이 사용하는 피임 방법이다.

표 7.2 피임이 지속되는 기간에 따른 피임법의 구분

피임목적	피임법	사용자	
		남	여
일시적 방법	질외사정법	○	
	질세척		○
	콘돔	○	○
	월경주기법		○
	자궁점액법		○
	기초체온법		○
	살정제		○
	피임용 격막		○
	자궁내 장치		○
	먹는 피임제		○
영구적 방법	난관불임수술		○
	정관불임수술	○	

표 7.3 피임을 위해 사용하는 도구나 약품에 따른 분류(윤성규, 2010에서 변형)

종류		원리	사용자		효과
			남성	여성	
자연피임법	질외사정법	질외사정	○		일시
	질세척법	정자의 자궁통과를 방해		○	일시
	월경주기법	배란일 예측		○	일시
	기초체온법	배란일 예측		○	일시
	자궁경부점액	배란일 예측		○	일시
도구이용법	콘돔	남성사용	○		일시
	자궁내장치	피임장치를 자궁내에 삽입		○	수년
화학적 피임법	살정제	약품으로 정자를 죽임		○	일시
호르몬법	피임패취	배란억제		○	일시
	먹는 피임제	배란억제, 착상방해		○	일시
	사후피임법	수정란의 착상을 방해		○	일시
	피하이식 피입법	호르몬을 피하에 이식		○	수년
수술법	정관불임 수술	무정자 정액	○		영구
	난관불임 수술	정자가 난관을 통과 못함		○	영구

| 단점 |

이론상 정액이 질 내로 들어가지 않아 임신이 될 리 없지만 이 방법은 실패율이 매우 높다. 비용이 들지 않고 피임이 준비되지 않은 상태에서 쉽게 사용할 수 있으므로 편하다고 생각할 수 있지만 남성에게 사정 충동은 참기 어려운 행위이므로 실패할 확률이 매우 높다. 더구나 사정 충동을 참아낼 수 있는 시간적 간격은 매우 짧기 때문에 남성의 의도와 무관하게 질 속에 사정해 버리는 경우도 흔히 있다. 또 질 외라도 질에 가까운 부위에 사정하면 정액이 질 내로 흘러 들어갈 수 있다(정경숙, 1999). 그리고, 사정하기 전이라도 흥분하면 요도구선에서 나오는 점액에 소량의 정자도 함께 누출될 수 있기 때문에 십중팔구 실패한다.

또한 질외사정법은 성 쾌감을 저해시키는 요인이 되기도 한다. 신체에 대한 직접적인 부작용은 없으나 장기적으로 이 방법을 실행할 경우 남성에 있어서 조루와 같은 성기능 장애가 나타나기도 하며, 여성에게도 오르가즘 장애가 올 수도 있다(추영국 등, 2003).

7.3.2. 질세척법

질세척법(膣洗滌法, viginal douche)은 오랜 과거에 흔히 쓰이던 피임법으로 성교 직후 질 내를 물이나 그 외 용액으로 씻어 정자를 제거하는 방법이다. 콘돔이 찢어졌을 때 어쩔 수 없이 임시적으로 하는 방법이다. 희석된 식초로 씻는 방법이 가장 흔한 방법인데 이는 산성의 특성이 정자를 죽이는 경향이 있기 때문이다. 미지근한 물에 1리터당 식초 2스푼을 타서 질 내를 세척한다. 세척에는 관장기나 특수 주사기에 세척액을 넣어 질 입구에서 밀어 넣고 세척액이 넉넉히 흘러나오도록 한다.

| 단점 |

실패율이 높아서 실제적으로 큰 효과를 기대할 수 없다. 왜냐하면 사정 전에 요도구선에서 나오는 분비물(윤활액)에 정자가 섞여 있을 수 있고, 또 사정 후 곧바로 자궁내로 들어가는 정자들이 있기 때문에 실패율이 약 40%로 대단히 높다.

7.3.3. 월경주기법

보통 배란은 다음 월경시작하기 14일전에 일어난다. 예를 들어, 월경주기가 30일인 여성의 경우, 이번 월경시작일에서 16일째에 배란이 일어난다. 월경주기법(rhythm method, 리듬조절법, rhythm control)은 앞으로 올 월경예정일부터 배란일을 추정하여 가임 기간에 성교를 피하던지 그 때에만 다른 피임을 하는 방법을 말한다.

| 가임기 계산방법 |

월경주기법을 잘 활용하느냐의 문제는 가임기를 어떻게 계산하느냐이다. 가임기를 계산하려면 아래의 조건이 필요하다.

첫째, 배란일은 다음 월경을 시작하기 14일전이다.

둘째, 정자는 자궁 내에서 4일까지 살 수 있다고 하지만 안전을 위하여 5일간으로 한다.

셋째, 난자의 수명은 1일이다.

넷째, 월경주기의 불규칙성을 고려하여 배란일을 배란예정일±1일로 한다.

가임기를 알려면 우선 배란예정일을 알아야 한다. 그러려면 자기의 월경력을 기록함으로써 월경주기를 알아야 한다. 적어도 1년간 자신의 월경주기를 기록하여 월경주기에서 최장주기와 최단주기의 두 가지로 가임기를 계산해 내어야한다.

먼저 가장 짧은 월경주기에서 14일을 뺀다. 그러면 가장 짧은 월경주기에서의 배란일이 나온다. 이렇게 계산하는 것은 월경주기의 장단에 관계없이 배란은 다음 월경시작 예정일의 14일전에 일어나기 때문이다. 여기에 정자의 최대 수명인 5일을 뺀다. 배란예정일 전에 자궁 속에 들어가 기다리고 있던 정자가 며칠 후에 배란된 난자와 만날 수 있기 때문이다. 즉, 가장 짧은 월경주기에서 19를 뺀 수는 임신 가능성이 있는 첫날이 된다.

다음엔 가장 길었던 월경주기에서 같은 원리로 14일을 뺀다. 그리고 여기에 난자가 살아 있는 기간인 1일을 더한다. 즉 가장 긴 월경주기에서 13를 뺀 수는 임신 가능성이 있는 마지막 날이 된다.

예를 들면 다음과 같다(그림 7.2). 어느 여성의 가장 짧은 월경주기는 29일, 가장 긴 월경주기는 31일이라고 한다. 그녀의 임신가능성이 있는 첫날은 29−19=10로서 10일이고, 임신가능성이 있는 마지막 날은 31−13=18로서 18일이다. 즉 가임기는 월경주기의 10일째 되는 날부터 18일째 되는 날까지 합계 9일간이다. 따라서 이 기간을 피하면 이론상 피임은 가능하다. 이 기간에는 성교를 피하거나 다른 방법으로 피임을 해야 한다. 보다 확실히 피임하려면 이 기간에서 적어도 앞뒤로 ±1일은 고려하는 것이 좋을 것이다.

| 장점 |

월경주기가 규칙적인 여성에게서는 비교적 효과를 거둘 수 있는 방법이다.

| 문제점 |

월경주기법은 배란기가 불확실한 경우에 사용하면 실패할 확률이 높다. 정확한 배란을 계산해 내는 것이 때로는 쉽지 않아서 완전히 안심할 만한 방법은 되지 못한다. 여성에 따라 스트레스 등 심리적 원인, 신체적 변화, 환경의 변화, 투약이나 여행 등에 의하여 배란기의 변화가 있을 수 있다. 아무리 월경이 규칙적이었던 여성도 여러 가지 요인에 의하여 2년에 한 번 정도는 불규칙한 배란이 있을 수 있다. 그 만큼 실패율이 높다. 한마디로 도박성이 강한 피임법이다. 따라서 이 방법은 기초체온법과 점액관찰법을 병행하지 않는 한 실패하기 쉽다. 적어도 6개월 이상의 월경주기가 규칙적인 여성만 이 방법을 쓸 수 있다. 그리고, 월경을 하고 난 뒤에 무조건 안심하고 성교를 해도 된다고 생각해서는 안 된다. 월경예정일을 통해서 배란일을 예측하고 정자와 난자의 생존기간을 합해서 피임기간을 예측하는 것이므로 월경을 하고 난 뒤라도 확률이 낮을 뿐이지 사람에 따라서는 가능성이 있는 것이다.

7.3.4. 콘돔

콘돔(condom)은 매우 얇고 질긴 재질의 주머니로 음경에 씌워 사정하여도 정자가 질내로 들어가는 것을 막는 피임기구이다. 남성들이 사용하는 피임법 중 제일 흔하게 사

임신 가능성이 있는 첫날 = (가장 짧은 월경주기 - 14일 - 정자의 수명)
임신 가능성이 있는 마지막날 = (가장 긴 월경주기 - 14일 + 난자의 수명)
예) 가장 짧은 월경주기가 29일이면, 임산가능 첫날 = 29 - 14 - 5 = 10(일)
가장 긴 월경주기가 31일이면, 임산가능 마지막날 = 31 - 14 + 1 = 18(일)

1	2	3	4	5	~	9	10	11	12	13	14	15	16	17	18	19	20	21	22	23	24	25	26	27	28	29	30	31
												배란1		배란2													1	2
월경	월경	월경					(짧은 월경주기에 의한) 임신 가능 시기 1																				월경	월경
									(긴 월경주기에 의한) 임신 가능 시기 2																			
							짧은 주기와 긴 주기를 종합한 임신 가능 시기																					

그림 7.2 짧은 월경주기가 29일이고, 긴 월경주기가 31일인 경우의 임신가능 기간(피임기간). 배란 1은 짧은 주기에 의한 배란예정일이고, 배란 2는 긴 주기에 의한 배란예정일이다(윤성규, 2010).

그림 7.3 콘돔 개봉 전과 후의 모습.

용되는 것이 콘돔이다. 콘돔의 창안자는 영국 찰스 2세의 담당의사이다. 1630년 그는 국왕의 서자(庶子, 첩에서 태어난 자식)의 수를 줄이려는 목적으로 콘돔을 개발했다(http://www.scienceall.com). 그러나 그의 노력은 허사였다. 왕이 서자를 14명이나 인정한 것이다. 그나마 다행스러운 점은 콘돔을 만든 공로로 인해 그가 기사로 봉해졌다는 것이다.

초기의 콘돔은 어피나 양의 창자로 만들었으나 현재 사용되는 것은 대부분이 라텍스고무(latex rubber)로 만들어진 것이다. 콘돔은 전세계에서 많이 사용되고 있는 피임도구로 특히 연령이 낮은 층에서 선호되고 있다. 콘돔에 대해 잘 알고 있는 것 같지만 잘못 사용하여 피임에 실패하는 경우도 종종 있다.

| 제품의 선택과 보관 |

시판되는 콘돔에는 여러 종류가 있으며(그림 7.3), 콘돔자판기도 있으므로 구입하기 쉽다. 질 분비액이 적을 때는 콘돔으로 인하여 여자 측에 통증을 주게 되는 경우가 있으므로 콘돔 표면에 젤리가 칠해져 있는 것을 택한다. 질이 나쁜 콘돔은 쉽게 찢어질 수 있으므로 약국에서 파는 질 좋은 상품을 선택한다. 콘돔은 신축성이 매우 높다. 아이들이 가지고 놀게 되면 콘돔 풍선 속에 들어가는 물의 양은 2리터나 될 것이다.

| 사용법 |

정확하게 사용한다면 효율적이지만, 피임실패율이 15% 정도나 되므로 사용에 주의해야 한다(동영상 http://www.kormedi.com). 콘돔 사용법은 다음과 같다(그림 7.4).

① 콘돔을 포장지에서 꺼낼 때 조심스럽게 개봉하여 콘돔의 안팎을 구분한다.

② 이때 손톱이나 반지 등에 의하여 콘돔이 찢어지지 않도록 조심해야 한다.

③ 콘돔을 음경에 씌우기 전에 먼저 콘돔 끝에 있는 정액받이 주머니를 비틀어서 공

기를 뺀다. 공기가 남아 있으면 격렬한 성교중 이 부분이 압력을 받게 된다. 그러면 찢어질 확률도 높아지고 공기압력에 의해 정액이 새나갈 수 있기 때문이다.

④ 반드시 삽입 전에 착용: 삽입 전 콘돔의 입구 쪽에다 음경을 대고 콘돔입구를 손으로 잡고 말려있는 것을 풀면서 살살 펴서 음경 끝까지 끼운다. 음경이 발기하면 사정하지 않더라도 정자가 섞인 소량의 정액이 흘러나올 수 있기 때문이다.

⑤ 바셀린이나 베이비 크림 등은 콘돔의 고무를 녹일 수 있으므로 함께 사용하지 않아야 한다.

⑥ 천천히 삽입하고 피스톤 운동을 한다.

⑦ 성교 중에 찢어지거나 벗겨질 수도 있으므로 주의한다.

⑧ 사정 후 빨리 콘돔입구를 조심스레 잡고 정액이 새어 나오지 않도록 질 밖으로 빼낸다. 그대로 두면 남성은 사정 후에 음경이 수축되므로 콘돔이 헐렁해져 저절로 빠져 정액이 콘돔 밖으로 흘러나오게 된다.

콘돔 피임의 실패 요인과 대처: 콘돔 피임의 실패요인으로는 사용법의 미숙, 착용시 손톱이나 장신구에 의한 찢어짐, 전희(前戱) 부족에 따른 질의 건조, 수용성이 아닌 지용성 윤활제(oil based lubricants)의 사용, 콘돔의 재사용, 보관상태의 불량, 유효기간이 경과한 콘돔의 사용 등이 지적되고 있다. 윤활제 처리가 안 된 콘돔을 사용할 때는 처리된 것보다 파손 위험도가 높다. 성교 중에 콘돔이 파손되었을 경우에는 즉시 질세척법이나 살정제 혹은 응급피임법을 사용해야 한다.

| 장점 |

콘돔은 일단 값이 싸고, 사용이 간편하고, 의사의 처방 없이 쉽게 구할 수 있다. 약 85% 이상의 피임효과를 볼 수 있다. 남성이 착용해야 하므로 남성도 임신예방에 대한 책임감을 느낄 수 있다. 최근에는 피임뿐만 아니라 성병예방이라는 측면에서 일석이조의 효과를 갖고 있어서 널리 권장되고 있다.

| 단점 |

음경이 발기되면 삽입하기 전부터 착용해야 하고, 찢어지거나 벗겨지지 않게 조심해야 한다. 재사용하지 않아야 한다. 성교의 자연스러움을 방해하여 사용자에 따라서는 성감이 저하될 수도 있다는 것이 단점으로 지적된다. 제대로 사용하지 않을 경우 피임 실패율이 높으므로 콘돔만 사용하는 피임법은 불완전하다. 콘돔의 주요 실패 원인은 성교 중 파열되거나 사용방법이 올바르지 못했기 때문이다. 최고의 효과를 얻을 수 있는 피임법을 찾는다면 콘돔이외에 다른 피임법도 병행해야 함을 절대 잊지 말아야 한다(정경숙, 1999).

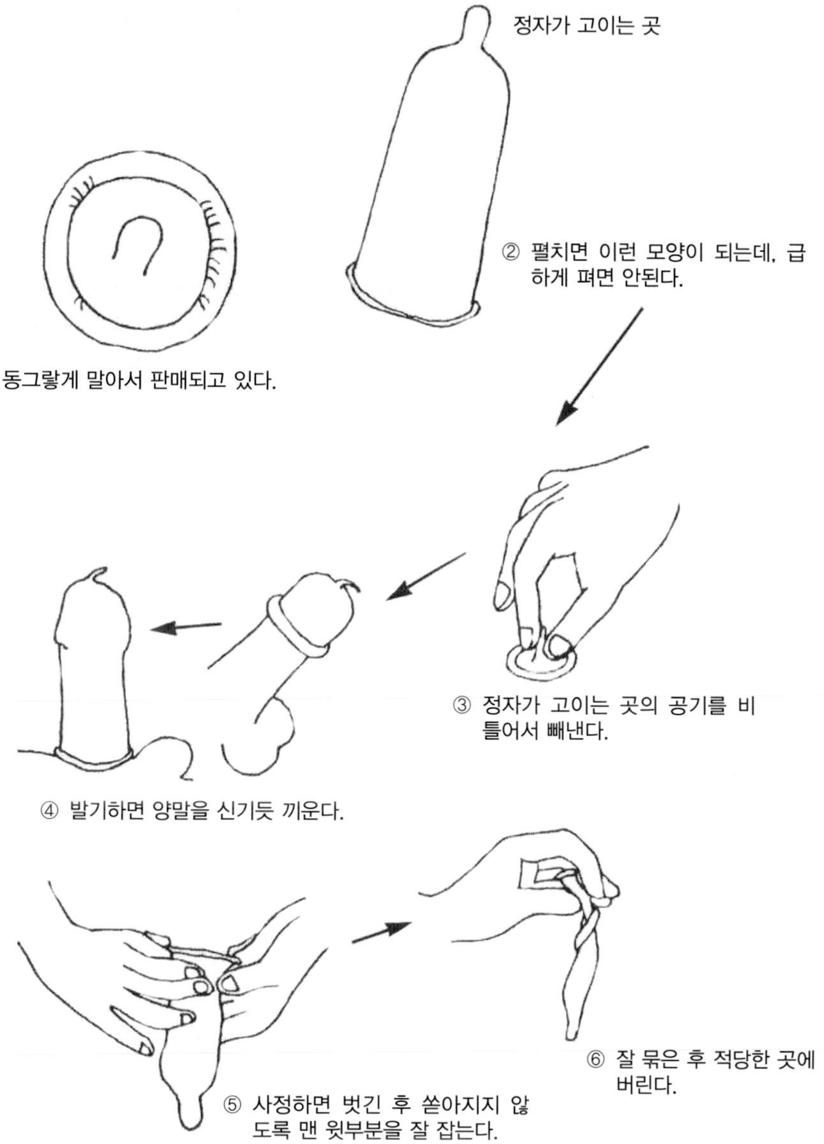

그림 7.4 콘돔의 사용법(송미원, 1997).

7.3.5. 자궁내장치

자궁내장치란 자궁내의 빈자리에다 작은 장치를 삽입하여 정자의 활동을 약화시키며 수정란의 착상을 방해하여 임신을 방지하는 피임장치이다. 최근에는 질적으로 많이 개선되어 크기도 작을 뿐 아니라 T자형으로 자궁 내막에 닿는 부분도 적으며 부작용이나 실패율이 대단히 낮다. 대단히 효과적이며 안전할 뿐 아니라 한번 삽입하면 오랜 기간 피임이 되기 때문에 세계적으로 가장 많은 여성들이 사용하는 피임법이다.

| 용어 |

자궁내장치(Intrauterine Device, IUD), 자궁내삽입장치 또는 자궁내피임장치(Intrauterine Contraceptive Device, ICD)라고 한다(그림 7.5). 흔히 말하는 루프(loop)는 자궁내장치 중의 한 종류이다. 지금은 사용되지 않지만 우리나라에서 최초로 사용된 자궁내장치가 리페스 루프(Lippes loop)였기 때문에 흔히 최근의 새로운 자궁내장치까지도 통칭 '루프'라고 불리어지기도 한다. 'loop'는 '실이나 끈 등으로 만든 고리나 올가미'를 뜻한다.

| 역사 |

옛날 아라비아 상인은 여행 때 낙타의 임신을 막기 위해 자궁 속에 돌, 뼈, 금속, 풀뭉치를 넣었다. 중국의 농부들도 농번기 때 소에게 같은 방법을 사용했다. 자궁내장치의 출발은 이때부터였다(http://www.scienceall.com). 히포크라테스의 기록에 따르면 이미 2,500년 전부터 의학적인 목적으로 어떤 이물질을 자궁 속에 넣었던 것을 알 수 있다. 그러나 이러한 방법이 처음 시도된 것은 1920년대 독일 의사인 그라펜베르그(Grafenberg)에 의해서이며 후에 오타(Ota)에 의하여 현재의 자궁 내장치와 같은 모양을 갖추게 되었다.

| 원리 |

일단 자궁 내에 이물질을 넣으면 자궁점액이 혼탁해져 정자가 자궁점액을 통과하지 못한다. 장치에 부착된 구리(銅)가 정자의 활동을 약화시켜서 정자가 난관 내부에서 정상적인 속도로 이동하지 못할 수 있다. 또 이 장치로 인하여 난관이나 자궁근육의 균형이 깨트려져서 난자나 정자가 정상적인 속도로 이동하지 못할 것이다. 그리고 자궁 내에 삽입된 이물질이 자궁내막의 일부에 화학적 변화로 인하여 아주 미세한 염증을 일으켜 수정난의 착상을 방해하는 것이 아닌가 추측되고 있다. 자궁내장치에 부착된 구리(銅)는 부수적으로 세균을 멸균하여 감염을 방지하는 작용도 한다.

| 제품 |

자궁내장치는 특수 화학제를 입혀 특수한 모양으로 고안되었다. 현재는 구리와 플라스틱의 합성으로 만들어진다. '제2세대 자궁내장치'부터는 구리를 부착하여 제작되기 시작하였으며, 최근의 '제3세대 자궁내장치'부터는 구리의 표면적이 훨씬 넓어지게 제작되어 있다.

시판되는 종류에는 구리 자궁내장치와 호르몬 자궁내장치가 있다.

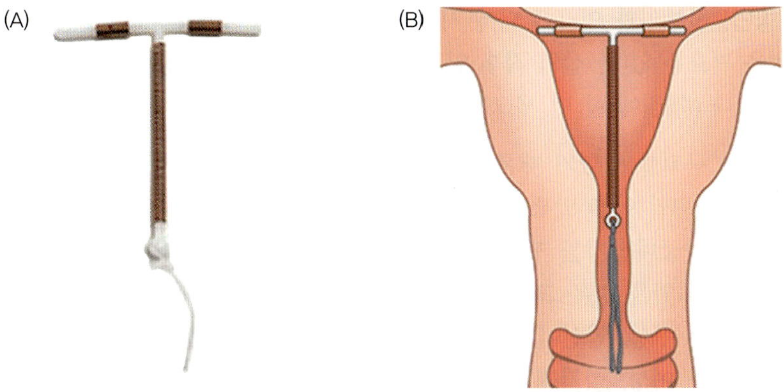

그림 7.5 (A) 자궁내장치의 모양과 크기, (B) 자궁내장치(멀티로드 루프)의 위치.

- 구리 자궁내장치: 플라스틱 장치에 구리선을 감은 것이다. 작고(2.5cm) 납작하며 잘 구부러져 삽입이 쉽고 잘 빠지지도 않는다. 월경량이 적고 분만 경험이 적은 여성이 사용할 수 있는 것도 장점이다. 구리성분이 감소되므로 2~3년마다 갈아줘야 한다. 최근에 세계적으로 많이 사용되고 있다.

- 호르몬 자궁내장치: 자궁내장치의 구리 대신에 피임제(호르몬)를 결합시킨 것으로 자궁내장치와 먹는 피임제의 장점을 결합시킨 새 피임법이다. 1990년 핀란드에서 개발되었으며 자궁 속에서 피임을 유도하는 호르몬을 극소량 방출하는 장치다. 배란을 억제시키는 작용도 겸한다. 한번 삽입하면 5년 동안 피임효과가 지속되며, 피임실패율도 0.1%로 피임효과가 대단히 높다. 또 예전 자궁내장치의 경우 생리량이 많아지는 불편이 있었으나 최근에 개발된 것은 오히려 생리량을 80~90% 줄이거나 아예 없어지게 하는 특징이 있다. 우리나라에서는 2000년에 도입되었다.

| 사용방법 |

- 대상: 자궁경부를 통과해서 시술되기 때문에 출산경험이 있는 여성이 사용하는 것이 좋다. 아기의 터울 조절이 필요한 경우, 장기간의 피임이 필요하지만 영구 불임 시술을 하지 않는 경우, 다른 피임 방법이 신체적으로 맞지 않거나 사용이 불편할 경우 등이다.

- 삽입시기: 임신 중과 분만 후 8주 이내를 제외하고는 어느 때나 삽입이 가능하다. 분만 후 8주 이내에는 자궁이 연약하여 자궁천공의 위험이 있기 때문이다. 생리가 끝난 직후가 좋다. 임신이 아닌 것이 확실하고, 배란 전 화학적 염증을 일으켜야 피임의 효과가 확실하기 때문이다. 자궁경관이 어느 정도 열려 있어 삽입이 쉬운 것도 이유 중 하나이다. 낙태나 자연유산 후에도 즉시 삽입할 수 있다.

- 삽입방법: 산부인과 의사에 의해 시술을 받게 되는데 실제로 아주 간단히 끝나므로 겁먹을 필요는 없다. 삽입 직후 일주일은 성생활을 피해야 한다. 또 장치가 제대로 놓여 있나 6개월에 한 번 체크를 받아야 한다.
- 주의사항: 구리를 입혔기 때문에 삽입하고 일정기간이 지나면 자궁 내는 무균상태가 되며, 2~3달 이후 발생하는 염증은 성병으로 보아야 한다. 골반염 등의 염증이 판명되면 자궁내장치를 제거하고 치료를 받아야 한다. 혹시 장궁내장치를 낀 채로 임신이 되었을 경우 그 임신을 원한다면 초기에 제거해야 한다. 골반염증을 앓거나 앓았던 여성, 임신이 의심되는 여성, 자궁외임신의 경력이 있는 여성, 산파적 출혈이 있는 여성, 성기에 악성종양이 의심되는 여성, 선천성 자궁기형이 있는 여성은 자궁내장치를 절대 금한다.

| 장점 |

피임성공률이 99% 정도로 비교적 높고 안전할 뿐 아니라, 한 번 장치를 삽입하면 3~5년 피임이 가능하므로 경제적이다. 임신을 원할 경우 언제든지 제거하면 되기 때문에 터울조절을 원하는 부부가 택하면 편리하다. 호르몬을 사용하지 않는 장치의 경우, 모유 수유에 지장을 받지 않는다.

| 단점 |

이 장치가 자궁 내에서 이탈되지 않는 한 높은 피임률을 보장하지만, 간혹 여성 자신이 느끼지 못하는 사이 월경할 때 빠져 나올 수 있다. 월경량이 많아질 수도 있으며 의사만이 삽입과 제거를 할 수 있고, 정기적인 점검을 받아야 한다. 자궁내장치를 하면 임신 될 확률이 극히 드물 뿐 아니라 임신이 되더라도 유산되기 쉽다. 단, 유산이 되지 않고 임신 2~3개월이 되면 자궁이 커지면서 장치의 꼬리가 말려 들어가기 때문에 염증을 일으킬 수 있다. 그러므로 장치를 하고도 월경이 없으면 재빨리 의사를 찾아가야 한다. 폐경기의 여성은 미리 장치를 빼내야 한다. 자궁 입구가 좁아지고 수축되기 때문이다.

자궁내장치에 관한 잘못된 상식: 자궁내장치를 하면 기형아를 낳을 수 있다고 잘못 알고 있다. 자궁내장치는 자궁벽에 붙어 있어서 임신이 되더라도 태아의 몸에 절대로 붙을 수 없으므로 기형아 출산과는 관계없다.

7.3.6. 살정제

살정제(殺精劑, spermicide)는 성관계 전에 약품을 질 내에 삽입하여 정자의 세포막을 분해하거나 세포대사를 저해시켜 정자를 죽이거나 활동을 방해하여 피임을 할 수 있는 약품이다.

살정제의 기원은 악어의 똥과 벌꿀, 아카시잎이었다고 한다. 고대 이집트에서 전해 내려온 파피루스 문서에 이것들을 질에 삽입하라는 문구가 있다. 8세기의 인도에서는 돌소금을 기름에 섞어 질에 삽입하여 피임을 도모했다. 9세기엔 질내 삽입약으로 코끼리 똥이 인기를 끌었다. 코끼리 똥이 인기를 끌게 된 이유는 악어 똥보다 훨씬 구하기 쉬운 까닭이었다고 한다.

| 제품 |

살정제의 종류에는 알약이나 좌약(거품성), 젤리, 크림, 질스폰지 등의 형태가 있다. 질스폰지에는 살정제가 묻혀져 있다. 좌약 형태는 거품살정제(foam tablet)로서 발포성 살정제라고도 한다. 과거에는 젤리나 크림 등도 유통되었으나 최근에는 좌약만이 판매되고 있는데 이를 흔히 살정제라고 부른다.

| 거품살정제 |

좌약 모양으로 성교 전에 질 내에 깊이 넣어두면 질 내의 분비물에 의하여 서서히 거품을 내어 자궁경관 입구를 작은 거품의 벽으로 막는 동시에 여기 섞인 약품의 작용으로 정자가 죽게 되거나 정자의 운동을 마비시켜 수정을 방지하는 방법이다(그림 7.6). 살정제는 효력이 지속되는 시간도 피임효과도 그다지 높지 않기 때문에 콘돔과 함께 사용한다. 약효는 보통 30분 정도이기 때문에 성관계가 길어질 경우에 다시 한알을 더 넣어야 한다.

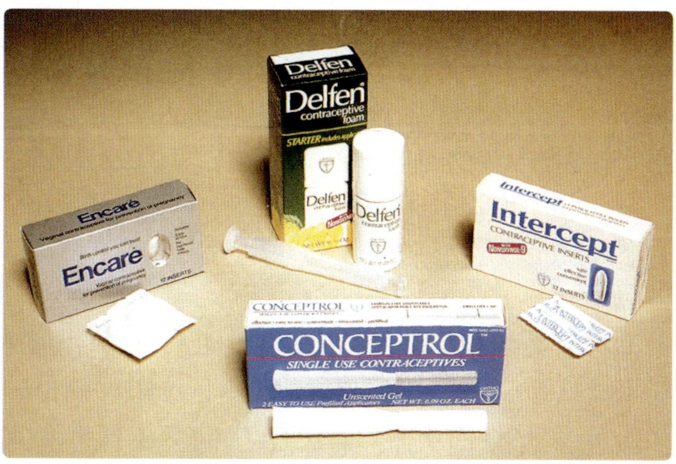

그림 7.6 거품살정제의 모습(하재청 등, 2008).

| 사용 벙법 |

올바른 위치에 삽입하는 것이 중요하며 제대로 이용 했을 때 75% 이상의 효과가 있지만 그렇지 못했을 때 40% 이상의 실패 확률이 있으므로 주의해서 사용해야 한다.

- 성교 전에 질 깊숙이 삽입해야 한다.
- 둘째와 셋째 손가락 사이에 잡고 질 입구에 얕게 넣었다가 서서히 깊게 밀어 넣는다. 질 속의 체온과 수분에 의해 녹아 거품이 돼야 하므로 10분에서 15분가량 기다렸다가 성교한다.
- 질 안에서 녹는 시간을 감안해야 효과적이다.
- 크림과 젤리 살정제는 바른 직후 성교해도 무방하다.
- 거품살정제는 30분, 젤리살정제는 50~60분간 효과가 지속되므로 이 기간 안에 사정해야 피임효과가 있다.
- 약이 질 밖으로 흘러나갈 수 있으므로 누워서 삽입하고, 삽입 후에도 일어서거나 걷지 말아야 한다.
- 피임의 효과를 높이기 위해 성교 후 6시간 동안 질세척을 삼간다.
- 약이 질 속으로 깊이 삽입되지 않았을 때, 약이 완전히 녹지 않았을 때, 사정이 30분 이상 길어질 때, 성교 도중 체위를 바꿔 약이 질 밖으로 많이 흘러나왔을 때, 성교를 반복할 때 등은 반복하여 삽입해야 하며, 몇 번이고 계속 사용해도 인체에 해가 없다.

| 장점 |

성교 때에만 쉽게 사용할 수 있어서 편한 점도 있을 뿐 아니라 값이 비교적 저렴한 편이다. 휴대하기도 간편하다. 살정제를 사용했는데도 임신이 되는데 이는 거의 사용 실수에서 오는 것이다. 이 경우 임신을 원한다면 임신을 유지시켜도 아무 상관이 없다. 살정제를 썼더라도 살아남은 정자에 이상을 초래하지는 않으므로 일단 임신이 되었을 경우 태아의 기형이 생기지는 않는다.

| 단점 |

다른 피임법에 비해 20~25% 정도로 피임실패율이 높아서 다른 피임법과 병행하여 쓰는 것이 좋다. 성교 전에 삽입해야 하는 불편함이 있다. 삽입 후 앉거나 일어서면 약액이 흘러나올 수도 있다. 긴 시간이 지나면 약효가 없어지므로 다시 삽입해야한다. 질 내에 윤활액이 부족하면 거품살정제는 제대로 거품이 생기지 않는다.

7.3.7. 먹는 피임제

| 용어 |

먹는 피임제(oral contraceptives)는 경구약(oral pill), 경구피임약, 경구용 피임약, 필(pill) 등으로 부른다.

| 역사 |

1960년 5월 9일 미국 FDA에서 공식 승인된 먹는 피임제 '에노비드10'은 임신을 선택의 대상으로 만들어 여성 스스로가 임신을 조절하여 자신의 인생을 관리할 수 있게 만들었다. 초기의 먹는 피임제는 부작용이 컸으나 최근의 것은 초기보다 5배 정도의 용량이 감소된 것으로서 우리나라에는 1968년 처음으로 들어왔다(http://www.scienceall.com).

| 원리 |

여성호르몬이 수정과 착상을 조절한다는 원리를 이용한다면 피임은 가능하다. 먹는 피임제는 바로 난포호르몬과 황체호르몬이라는 여성호르몬의 작용을 이용하여 배란을 중단시켜 난자를 생기지 못하게 하는 것이다. 먼저 이 두 호르몬에 대해 알아보자.

난포호르몬은 생리 전반부에 많이 분비되는 호르몬이다. 난포를 만들 뿐 아니라 자궁내막을 두텁게 하고, 자궁점액을 맑고 투명하게 조절하는 역할을 한다.

황체호르몬은 월경주기의 후반부, 즉 황체기에 주로 분비된다. 자궁내막의 성장은 멈추고 성장된 자궁내막을 유지해 수정란의 착상을 준비하는 것이 그 역할이다.

이 두 호르몬을 조절하는 곳은 뇌하수체이다. 착상이 되지 않을 경우 뇌하수체가 이 두 호르몬을 감소하라고 명령한다. 그 결과 성장된 자궁내막이 떨어져 나가게 되는 것이다. 반면, 착상이 되면 두 호르몬은 계속 분비되어 다른 난자가 배출되는 것을 막고 태반에 영양과 산소를 공급하는 것을 돕는다.

먹는 피임제는 난포호르몬과 황체호르몬 성분이 들어 있는 약, 즉 이 두 호르몬 농도를 임신했을 때와 같은 상태로 유지함으로서 임신을 방지하는 방법이다. 알약을 3주간 계속 먹고 1주일 쉰다. 또 3주간 계속 먹고 그 후 1주일 쉰다. 이것을 반복하면 호르몬을 분비하는 중심인 뇌하수체가 임신했음에 틀림없다고 착각하여 배란을 잠깐 기다려 달라고 요청한다. 이렇게 난포호르몬과 황체호르몬이 증가된 상태에 있으면 첫째, 뇌하수체는 임신 상태로 착각하여 더 이상의 배란을 명령하지 않고, 둘째, 자궁점액이 혼탁해져 정자의 통과가 어려워지고, 셋째, 자궁내막은 증식과 성숙이 뒤죽박죽되어 착상이 되지 못한다.

| 제품 |

1960~70년대에 나온 먹는 피임제는 호르몬의 함유량이 많아서 기미, 체중 증가, 구토증 등의 부작용이 있었으나 최근의 것은 호르몬의 함유량이 극히 적어서 그 부작용 역시 대단히 미약하다. 의사의 처방없이 약국에서도 구입할 수 있는 피임제와 의사의 처방이 필요한 피임제가 있다(그림 7.7).

| 사용방법 |

먹는 피임제를 처음 복용할 때에는 반드시 의사의 처방이 필요하다. 피임제를 복용하면 안되는 경우(주로 병력)가 있기 때문이다. 먹는 피임제는 먹는 방법이 중요하다. 먹는 피임제는 28일이 한 주기며 21일 먹고 7일을 쉰다. 제품에 따라 차이가 있는데 월경시작 첫날부터 또는 월경시작 5일째부터 매일 한 알씩 빠짐없이 21일간 같은 시간에 복용을 하고 다음날부터 7일간은 약의 복용을 중단하여 쉬는 것으로 되어 있다. 약을 먹지 않는 7일 동안에도 피임 효과가 계속된다. 7일간의 휴약 기간 중에 생리가 있게 되는데 그 양은 자연적인 생리의 60% 정도이다. 배란이 억제되었고 자궁내막의 증식도 부족하기 때문이다.

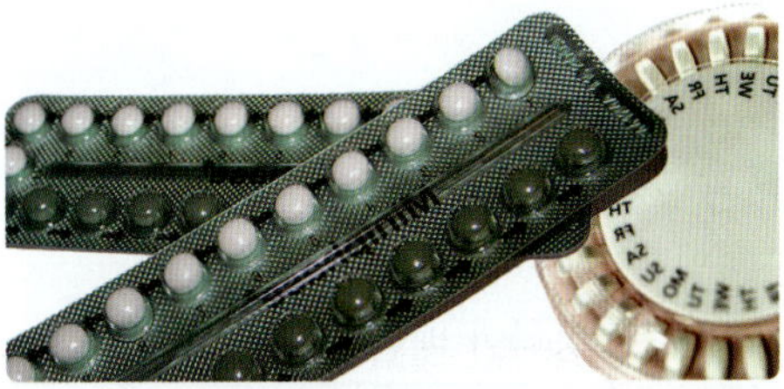

그림 7.7 먹는 피임제.

계속 피임을 원할 경우에는 월경 날짜와 관계없이 먹기 중단한 8일째부터 다시 피임제의 복용을 시작한다. 피임을 원하는 한 이상과 같은 방법으로 계속 반복하며 임신을 원할 경우에는 약의 복용을 중지하면 된다. 피임제를 먹다가 끊었을 경우 일시적으로 배란 및 월경이 돌아오지 않는 경우도 있다. 그러나 3개월 이내에 배란이 재개되며, 혹 3개월이 지나도 무배란 또는 무월경 상태가 계속되는 경우가 있더라도 이는 병원에서 배란약을 처방함으로써 간단히 해결된다.

| 이럴땐 어떻게 |

- 피임제의 복용을 잊었을 경우: 복용 시간에서 12시간이 지나지 않았으면 얼른 약을 먹고, 다음 날 정한 시간에 다시 먹으면 문제가 없다. 그러나 12시간이 지났을 경우 하루 거르고 그 다음 약을 먹는다. 단, 이 때 만큼은 다른 비호르몬적 피임법을 같이 쓰는 것이 좋다.
- 피임제 복용 중 다른 약을 먹어야 할 때: 피임제를 먹는 도중 다른 몇 가지 약을 같이 먹으면 효과가 감소될 수 있다. 진정제, 항생제, 항경련제, 류마티즘약 등이 그렇다.
- 수유 중인 여성: 피임제의 호르몬 성분이 모유의 양과 질에 영향을 줄 수 있으므로

'피임약'이 아니고 '피임제'

관행적으로 잘 못 쓰는 의학용어 중의 하나가 '피임약'이다. '○○약'이라 함은 해당하는 증상이나 질병을 치료하는 약이라는 뜻이다. '고혈압약'은 고혈압을 치료하는 약이고 '우울증약'은 우울증을 치료하는 약이다. 두통약은 두통을 치료하는 약이고, 진통제는 통증을 가라앉히는 약이다. 따라서 피임약 그대로의 뜻은 '피임을 치료하는 약'이므로 마치 '임신을 위한 약'의 뜻으로 된다. 반대 의미로 사용하고 있는 것이다. 어떤 약리작용을 하는 경우는 '약제(藥劑)'라는 단어를 사용하여 '피임제'라고 불러야 한다(김철중, 2010).

피임제 먹으면 살이 찐다구?

피임제를 복용하면 임신에 대한 근심이 없어지고, 월경의 번거로움도 없어져 기분이 좋아지고 식욕이 늘 가능성이 있다. 또 난포호르몬에는 신장의 염분이 곧 바로 몸 밖으로 나가는 것을 막는 작용이 있는데, 이 염분이 수분을 흡수해 일시적으로 체중이 늘기도 한다. 그러나 이것은 옛날 얘기이다. 요즘의 피임제는 호르몬의 함량이 적어 체중이 늘어나는 일이 거의 없다. 체중이 증가한 여성은 피임제만이 체중 증가의 원인이 아니고 식습관과 같은 다른 원인이 있을 것이다.

다른 피임법을 선택하는 것이 좋다.

- 먹는 피임제의 복용 중 임신하려면: 이럴 땐 피임제 먹는 것을 중지하고 자연적인 생리를 할 때까지 비호르몬적 피임법을 사용한 뒤 임신을 계획하는 것이 좋다. 자연적인 생리는 피임제 복용 중지 후 며칠 뒤에 나타나는 출혈이 아니라 한 달이 지나고 나타나는 출혈을 말한다. 임신 전 마지막 생리일은 임신을 했을 때 출산일을 가늠하는 지표가 되기 때문이다.

| 장점 |

먹는 피임제는 무엇보다 피임효과가 확실하며, 간편할 뿐 아니라 여성 스스로 임신을 조절할 수 있고, 성생활을 방해하지 않는 장점이 있기 때문에 세계적으로 많이 사용되는 피임법이다. 그 어떤 피임법보다 효과가 좋다. 피임성공률 99% 이상이다. 또한 피임효과 이외에도 여러 가지 건강상의 이점을 갖고 있다. 생리주기가 규칙적으로 변하며 생리통, 과다출혈, 생리 전 불쾌 증세를 줄여 주는 효과도 있다. 또 골반염질환, 자궁외임신, 양성유방질환에 대한 보호작용이 있고, 2년 이상 먹을 경우 난소암, 자궁내막암, 난소낭종의 발생위험이 감소된다. 임신 경험이 없는 여성에게 좋은 방법이다. 호르몬의 함유량이 극히 적어서 부작용 역시 대단히 미약하다. 또한 피임제는 임신능력이나 기형발생에 전혀 영향을 주지 않다.

| 단점 |

매일 1정씩 잊지 말고 복용하여야 하는 점이다. 가장 흔한 부작용은 메스꺼움인데 때로 심한 경우도 있으나 복용 시간을 취침 전으로 하면 대부분 해결된다. 또 몇 가지 부작용이 초기에 있을 수 있다. 몸이 붓고, 울렁거림, 두통, 유방긴장감 등 임신초기에 나타나는 증상이 그것이다. 이는 먹는 피임제가 체내에서 임신상황과 비슷하게 작용하기 때문이다.

또 복용 초기나 중간 출혈이 생길 수도 있으나 복용을 계속하면 곧 사라지게 된다. 여드름이 날 수도 있고 우울감에 빠지는 경우도 있다. 그러나 이런 일이 모두 일어나는 것은 아니며 복용시작 2~3개월 후면 자연적으로 사라진다. 피임제를 복용하는 첫해에 피임 실패율이 약 3%라고 하는데 이는 주로 약 먹기를 잊어버리기는 것이 원인이다. 그 다음 해부터는 피임 성공률이 증가한다.

7.3.8. 누바링

누바링(nuvaring)은 매일 같은 시간에 맞춰 먹어야 하는 먹는 피임제의 불편함을 해소하기 위해 만든 것이다(그림 7.8). 링 속에 피임효과가 있는 호르몬이 들어 있다. 질 속에 3주간 삽입하고 1주간 제거하면 4주간 피임이 가능하다. 의사의 처방에 의해 여성 스스로 질 내에 삽입할 수 있다. 수입의약품이다.

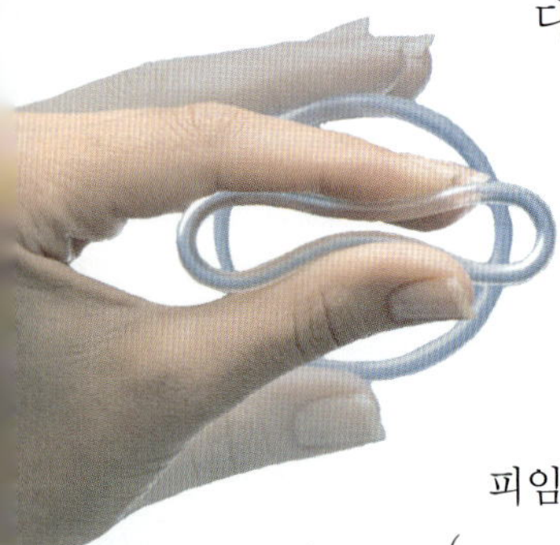

그림 7.8 누바링.

7.3.9. 응급피임법

| 용어 |

피임을 하지 않고 성교를 한 후 임신을 예방하기 위해 사용하는 피임을 응급피임(emergency contraception) 또는 사후피임이라 한다.

| 종류 |

응급피임법에는 성관계 후 자궁내장치를 삽입하여 수정란의 착상을 방해하거나, 고용량의 호르몬제인 응급피임제(사후피임제, emergency contraceptive)를 복용하여 임신을

방지하는 방법이 있다.

1) 응급피임제

사후피임제라고도 하는데, 전문가들은 "사후피임제란 용어가 사후(성교 후)에 먹음으로 해서 피임이 된다는 잘못된 인식을 심어줄 수 있어 정확한 용어인 '응급피임제'이라고 표현하는 것이 좋다"고 한다. 응급피임제를 미주에서는 속칭 'morning-after pill'이라고 한다. 이는 밤에 성교한 후 아침에 복용한다는 뜻에서 유래한 것으로 알려져 있다.

기존의 응급피임제는 호르몬제제로서 성교 후 72시간 내에 복용해야 효과가 있었다. 2010년 8월에는 성교 후 5일 이내에 복용하면 효과가 있는 응급피임제 '엘라(Ella)'가 미국과 프랑스에서 시판되기 시작했다(이하원, 2010).

우리나라에서 응급피임제는 의사의 처방전을 통해서만 구입하도록 되어 있고, 응급피임제 복용률은 2010년 기준 5.6%로 먹는 피임제 복용률인 2.8%의 두 배에 가깝다. 특히 젊은 여성일수록 계획적인 피임을 실천하기보다 응급피임제에 기대는 경향을 보인다. 전문가들은 "응급피임제를 일반적인 피임방법으로 사용하면 예상치 못한 임신을 경험하게 될 확률이 높아지고 그로 인한 사회적 문제가 빈발하게 될 것"이라고 지적하고 있다.

| 원리 |

응급피임제는 일반적으로 먹는 피임제와 비교하여 난포호르몬과 황체호르몬을 고농도로 농축시켜 만든 여성호르몬제로, 여성호르몬의 수치를 높여 이미 사정된 정자의 활동을 방해하고, 난관의 운동을 변화시키고, 황체의 기능에 장애를 주고, 자궁내막을 변화시켜 착상을 막는 것으로 알려져 있다. 피임성공률은 약 75% 정도이다.

| 사용 |

세계보건기구(WHO)에서의 피임효과에 관한 최근 연구결과에 따르면, 성관계 후 응급피임제를 빨리 복용할수록 피임효과가 더 좋다. 한번만 복용해야 한다. 여러번 복용한다고 피임효과가 높아지는 것은 아니다. 다른 병원에 가서 또 처방을 받지 않아야 한다. 응급피임제에 관한 올바른 지식은 다음과 같다.

- 응급피임제가 먹는 피임제보다 피임 효과가 큰가? 응급피임제는 피임 실패율이 25% 이상으로 먹는피임제의 1% 보다 훨씬 높다. 우선 응급피임제는 성교 후 빨리 복용하는 것이 중요하다. 성교 후 첫 24시간 내 복용 시 피임효과는 약 95%, 48시간 이내 복용 시 약 85%, 72시간 내 복용 시 피임효과는 약 58%로 시간이 경과함에 따라 급격하게 감소하며 3일 간의 평균적인 피임성공률도 85%에 불과하다. 또한 반복 사용하면 피임 효과가 떨어질 수 있다(http://donga.kormedi.com).

- **응급피임제를 먹은 후 어떻게 해야 하나?** 응급피임제를 먹은 후 생리 예정일에서 5일 이상 생리가 지연됐을 때, 정상 생리보다 양이 적거나 생리 기간이 짧아졌을 때, 3주가 지나도 생리가 시작하지 않을 때는 반드시 산부인과를 방문해 임신이 아닌지 확인해야 한다. 응급피임제를 먹은 환자의 약 30%가 불규칙한 출혈을 경험한다. 응급피임제 복용 후 출혈이 있다고 해서 '생리를 한 것' 즉 '임신이 되지 않은 것'으로 볼 수 없다. 따라서 응급피임제를 먹고 2주가 지난 뒤 산부인과를 다시 방문해 임신 여부를 확인하는 것이 좋다.
- **응급피임제를 먹고 나타날 수 있는 부작용은?** 응급피임제는 먹는 피임제에 포함된 호르몬의 약 10배에 달하는 고용량 호르몬 요법이기 때문에 약을 먹은 뒤 메스꺼움이나 구토, 두통, 하복부 통증, 유방통증, 피로 및 불규칙한 질 출혈 등의 부작용이 따를 수 있다. 특히 응급피임제를 반복해서 먹으면 체내 호르몬 농도가 높아져 바람직하지 않으며 생리주기에 심각한 장애를 미칠 가능성도 있다(http://donga.kormedi.com).
- **응급피임제를 복용할 때 주의해야 할 점은?** 고용량의 호르몬이 한 번에 투여되는 만큼 주성분 호르몬에 과민증이 있는 여성은 복용을 피해야 한다. 또한 기존에 진단되지 않은 질출혈, 중증의 간질환이 있는 여성과 소화 장애 또는 흡수장애가 있는 여성은 복용을 피하는 것이 좋으며 자궁 외 임신의 경험이 있거나 난관염이나 골반염 등을 가진 환자 역시 신중히 복용해야 한다.
- **응급피임제 대신에 바람직한 피임방법이 있다면?** 응급피임제는 복용 이전의 성관계 1회에 한해서만 피임 효과가 있고 응급피임제 사용 이후의 성관계에 대해서는 피임 효과를 기대할 수 없다. 지속적인 피임이 필요한 여성은 반드시 의사의 지시에 따라 응급피임제를 먹은 바로 다음날부터 먹는 피임제나 콘돔 등의 계획적 피임법을 실천해야 한다.

| 장점 |

응급피임제의 장점은 강간, 피임기구의 파열, 예방조치 없는 성교 후 등에 피임할 수 있는 유일한 방법이다. 성폭행을 당했거나 임신을 원치 않는 상황에서 성관계를 가진 여성들을 임신의 두려움에서 벗어나게 할 뿐 아니라 낙태수술이 크게 줄어들 것으로 기대되고 있다.

| 단점 |

평균 실패율은 15~25% 정도이다. 통상적인 피임제로는 사용할 수 없다. 단 1회의 성교에 한하여 효과가 있으므로 그 이후의 성교 시에는 다른 방법으로 피임을 계속하여야 한다. 메스꺼움, 구토, 두통, 유방 통증, 월경량의 변화 등의 부작용이 뒤따를 수 있다. 응급피임제를 복용한 후에 피임효과가 있다면 일주일 이내에 소퇴성 출혈이 있을 수 있으며 간혹 실패하여 임신이 되는 경우가 있으므로 사후관찰이 중요하다. 만일 실패하여 임신이 될 경우 자궁 외 임신율이 5배나 증가한다.

2) 자궁내장치(IUD)

성교 후 자궁내장치를 삽입하여 수정란의 착상을 방해할 수 있다. 자궁내장치는 성교 후 5일 이내에 삽입하면 피임효과가 대단히 좋아서 98% 이상 효과가 있다.

7.3.10. 정관불임수술

정관불임수술은 외과적 수술에 의해 정관을 동여매거나 잘라서 사정할 때 정자가 몸 밖으로 배출이 되지 않도록 하는 피임방법이다. 부작용이 거의 없으며 다시 복원이 가능한 영구피임 방법이다. 세계 최초로 사용하기 시작한 것은 1950년대이며, 우리나라에서는 1955년부터 보급되기 시작하였다. 세계적으로 많이 시술되며 우리나라에도 1970년대 후반과 80년대에는 정부 가족계획 사업의 일환으로 정부보조금으로 상당히 많은 무료 시술을 시행한 바 있었다. 정관불임수술을 받으면 고자(鼓子)가 되는 것 아니냐고 잘못 생각하는 경우가 있는데 절대로 그렇지 않다. 정소를 제거해야 고자가 된다.

정관수술에는 정관불임수술과 정관복원수술이 있다. 정관불임수술은 정관불임술 또는 남성불임수술(male voluntary sterilization)이라 한다. 정관을 이용하여 불임시키는 방법에는 정관을 동여매는 정관결찰수술(精管結紮手術, 정관결찰술)과 정관을 자르는 정관절제수술(精管切除手術, 정관절제술, vasectomy)이 있다(표 7.4).

| 원리 |

음낭의 끝부분에서 정관을 동여매거나 정관의 일부를 제거한 후 양 끝을 묶는다. 그러면 정자가 배출되지 않을 뿐이고 정소가 만든 남성호르몬은 혈관을 따라 정상적으로 운반될 수 있다. 또 정액을 이루는 여러가지 샘(腺)에서 나오는 분비물은 계속 생성된다. 따라서 남성으로서의 신체적 건강에 아무런 영향을 끼치지 않는다. 즉, 남성의 2차성징은 물론 성욕이라든가 성감에도 아무런 변함이 없을 뿐 아니라 성교 시에 정자의 손실이외에 정액의 양과 사정은 정상이다. 많은 남성들이 수술 후 성교에 대한 만족도가 더 높아진 것으로 보고되고 있다. 정관불임수술 후, 정소는 건전하므로 정자는 계속 생성되지만 부정소 너머로 정자가 이동할 수 없기 때문에 수명을 다하면 식세포 작용에 의해 분해되어 흡수된다.

| 수술 및 주의사항 |

수술 시간은 10분 정도이다. 먼저 국소마취를 한 뒤 음낭 피부를 0.5~1cm 절개한다

표 7.4 정관불임과 난관불임 수술의 비교(윤성규, 2010에서 변경)

항목	정관불임수술		난관불임수술	
	정관결찰수술	정관절제수술	난관결찰수술	난관절제수술
대상	남성		여성	
원리	정관을 막아 정자가 통과하지 못하도록 함		난관을 막아 난자가 통과하지 못하도록 함	
방법	정관을 묶음	정관을 자름	난관을 묶음	난관을 자름
수술시간	10분		20분	
피임효과	영구적			
성호르몬 분비	정상			
수술비율	8		14	

(그림 7.9). 그 다음 기계를 이용하여 부정소 근처의 정관을 동여매거나, 정관 양끝을 실로 동여매고 그 사이를 1~2cm 정도 자른다.

실을 뽑을 때가지 정소를 위로 올려 고정시키기 위해 꽉 끼는 팬티를 입는 것이 좋다. 또 수술 후 바로 걸어도 상관없지만, 이것도 엄연한 수술이니 술을 금하고 심한 운동도 삼가하여야 한다. 성교도 3~4일은 참는 것이 좋다. 이미 정관 내에 있는 정자는 최대 3개월까지 살 수 있다. 즉 수술 전 생산된 정자가 사정되어 수정이 될 가능성이 있기 때문이다. 따라서 3개월간은 콘돔 등 다른 피임 방법을 써야 한다.

| 복원수술을 했을 때 임신 확률 |

복원수술의 성공률은 높지만 임신가능 확률은 그 보다 낮다. 임신 확률이 다소 떨어지

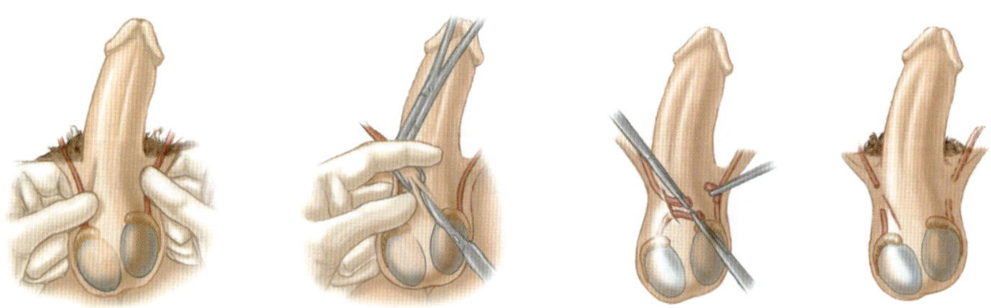

정관 확인 정관 절단 절단 후 정관을 묶음 음낭 피부 봉합

그림 7.9 정관절제 수술의 위치(http://biology-forums.com).

는 이유는 그 동안 항정자 작용에 의해 정자수가 쇠퇴되기 때문이다. 그 동안 정자가 몸 밖으로 나가지 않고 안에서 맴돌았기 때문에 정소는 정자생산을 계속 감소시키게 된다.

| 장점 |

한번의 수술로 영구피임이 가능하다. 성교 때마다 신경을 써야하는 다른 피임법에서와 같은 번잡성이 없다. 수술방법이 간단할 뿐 아니라 고통이나 불쾌감이 없다. 부작용이나 합병증도 거의 없어 그 어떤 방법보다 안전하다. 성기능에 아무런 장애가 없다. 또 남성이 책임지는 수술방법이라 아내에게 후한 점수를 얻게 된다. 복원수술이 가능하다.

| 단점 |

시술이 간단하지만 수술을 받아야 된다는 부담이 있다. 시술 즉시 피임효과가 나타나지 않고 적어도 3개월 정도는 다른 피임을 해야 한다. 수술이므로 극소수에 한해서 수술 부작용이 있을 수 있다. 극히 드물게는 동여매었거나 절제한 정관이 자연히 재개되어 임신하는 경우도 있다. 수술 때 정관을 제대로 묶지 않으면 다시 이어진다. 제대로 수술 받아도 정자가 부정소에서 녹아서 흡수되는 과정에서 부정소의 압력이 높아져 수술부위에 영향을 미치고 이에 따라 이어지는 경우도 있다. 또 '종족번식 본능' 때문에 잘려진 정관 주위로 새 관이 생겨 이어지기도 한다.

7.3.11. 난관불임수술

난관을 막아 임신을 방지하는 방법이다. 우리나라의 여성에게 가장 인기 있는 피임법이다. 세계적으로 많이 시술되며 우리나라에도 1970년대 후반과 80년대에는 정부 가족계획 사업의 일환으로 정부 보조금으로 상당히 많은 무료 시술을 시행한 바 있었다.

난관수술에는 난관불임수술과 난관복원수술이 있다. 난관불임수술은 난관불임술, 여성불임수술(female voluntary sterilization) 등으로 불린다. 난관을 이용하여 불임시키는 방법에는 난관을 동여매는 난관결찰수술(卵管結紮手術, 난관결찰술, tubal ligation)과 난관을 자르는 난관절제수술(卵管切除手術, 난관절제술)이 있다.

| 원리 |

자궁상부에 붙어 있는 10cm 정도의 난관 중 2~3cm 정도를 묶거나 잘라서 난자가 자궁에 도달할 수 없고 자궁을 통과한 정자가 난관 끝으로 이동할 수 없어서 정자와 난자가 만나 수정할 수 없게 하는 방법이다(그림 7.10). 난자의 이동만 막았을 뿐이므로 난소의 기능은 정상이므로 호르몬의 주기도 정상적으로 계속된다. 따라서 정

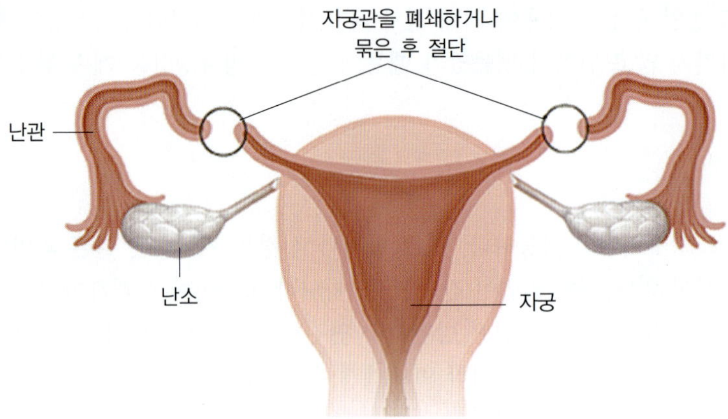

그림 7.10 난관불임수술.

관불임수술과 마찬가지로 여성의 성기능에서 불임인 것 이외에는 아무런 이상이 없다.

| 장점 |

난관불임수술은 우리나라에서 가장 인기 있는 피임법이다. 한 번의 시술로 영구피임 효과를 얻는 것이 최대의 장점이다. 피임성공률 거의 100%이므로 더 이상 자녀를 원치 않으면 난관불임수술을 하는 것이 좋다. 생리와 성기능에 아무런 영향도 없다. 난관복원수술의 임신성공률은 약 60%이다.

| 단점 |

상처가 아물 때까지 1~2주간 성교를 하지 말아야 한다. 또 외과적 수술로 올 수 있는 합병증이나 마취의 부작용이 있을 수 있다. 수술 수개월 후 난관의 변화에 따라 자궁외 임신이 되는 경우가 있다. 출산 후 4주까지는 이 수술을 하지 않는 것이 좋다.

7.3.12. 기타 피임법

1) 기초체온법

기초체온법(Basal Body Temperature, BBT)은 월경주기 이용법의 일종으로서 체온의 변화를 이용하여 배란의 시기를 판단하여 임신을 피하고자 하는 방법이다.

　여성의 체온은 여성호르몬(특히 황체호르몬)의 변화에 따라 미묘하게 달라진다. 월경이 끝나고 배란기가 되기 전에는 체온이 낮게 유지되다가 배란 후에는 체온이 높

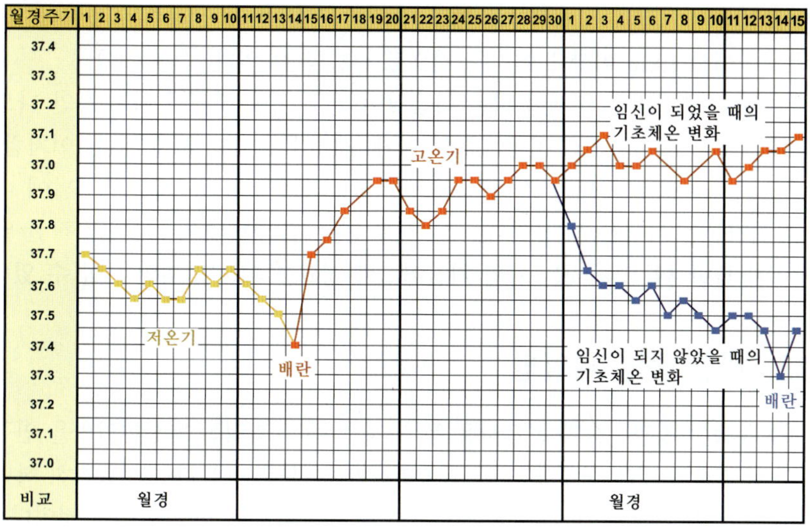

그림 7.11 여성 생리주기와 체온의 변화(http://www.newworld-i.com).

아지는데, 저온으로 유지되던 체온이 한층 더 내려가다가 급격하게 올라가는 시기(0.3~0.5℃ 정도 올라감)가 있는데 이때가 바로 배란일이다(그림 7.11). 배란예정일을 알면 가임기간을 계산할 수 있다.

2) 점액관찰법

배란주기에 따라 자궁경부에서 분비되는 점액의 탁도와 점도를 관찰하여 배란일을 판단하고, 그 기간 동안 성교를 피하는 방법이 점액관찰법이다(Billings ovulation)(정경숙, 1999). 1974년 빌링스 박사(Dr. John Billings)에 의하여 밝혀졌는데 상당히 믿을만한 자연피임법으로 받아들여지고 있다. 점액관찰법은 경부점액법, 자궁경부점액법, 자궁경부점액관찰법 등 여러 용어로 사용된다.

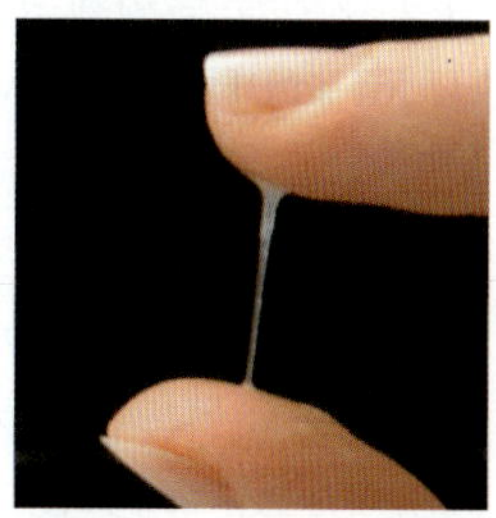

그림 7.12 자궁경부의 점액.

| 원리 |

자궁경부에서 나오는 점액을 흔히 '냉'이라고 하는데 여성호르몬의 작용으로 나오게 된다. 월경이 끝나고 난 새로운 주기의 몇일 동안은 점액이 전혀 분비되지 않아 질 내부가 건조한 날이 이어진다. 이 기간이 지나면 점액이 차츰 흘러나오기 시작한다. 월경 후 처음 분비되는 점액은 대개 불투명하게 끈적거리고 덩어리진 것이 나오고 점차 색깔이 엷어지다가 배란 24시간 전에는 차츰 맑고 투명하고 미끄럽게 변하여 마치 날

(生) 달걀의 흰자처럼 나오게 된다. 배란이 되는 것을 미리 알려주는 것이다. 점액은 손가락 사이에서 10cm 이상 늘어지는 것으로 판단할 수 있다(그림 7.12).

배란일은 이러한 맑은 점액이 나온 다음날이다. 투명한 점액이 며칠 동안 나오다가 다시 흰색으로 되돌아가거나 혹은 덩어리지게 되거나 보이지 않게 된다. 이처럼 배란기를 즈음해서 처음으로 맑은 점액이 나오는 날부터 4~5일 동안의 어느 날에 배란되므로 그 기간동안 피임을 해야 한다. 그러므로 맑은 점액이 흘러나오기 시작한 날부터 점액분비가 끝난 3일 후까지는 가임 기간이므로 성교를 피하면 피임을 할 수 있다.

7.3.13. 개발 중인 피임법

많은 과학자들이 정관수술과 콘돔사용 두 가지 외에 효과적인 남성피임법을 연구하고 있다. 가장 중요한 것은 하루에 생산되는 수천만 정자를 막아 피임을 확실히 하면서도 성욕과 성기능 발현에는 아무런 영향을 주지 않고 부작용도 최소화 하는 것이다.

1) 남성용 먹는 피임제

여성들이 사용할 수 있는 피임 방법 가짓수에 비해 남자들이 선택할 수 있는 수단은 콘돔과 정관수술 등으로 제한돼 왔다. 그러나 최근에는 중국과 인도 등 너무 많은 인구로 골치를 앓고 있는 나라들을 중심으로 간편하고 보편적으로 사용할 수 있는 남성용 피임법 개발이 빠른 속도로 진행되고 있다.

먹는 피임제도 그 가운데 하나다. 이 약의 원리는 남성호르몬을 이용하는 것이다. 약을 복용한 남자는 남성호르몬 분비가 늘어나며 이 호르몬이 다시 뇌에 영향을 미쳐 정자 생산을 줄이게 된다. 미국 '아동건강과인간개발연구소(National Institute of Child Health and Human Development)'는 2011년 7월 개발이 가속화되고 있는 남성용 먹는 피임제의 효과가 상당 부분 입증됐다고 밝혔다(http://www.kormedi.com). 연구소에 따르면 남성용 피임제는 사람을 대상으로 한 실험에서 거의 100%에 가까운 피임 효과를 나타내고 있다. 다만 이 알약을 정식으로 상품화하기 위해서는 효과와 함께 안전성을 입증해야 한다는 과제가 남아있다. 연구소는 "특히 술과 함께 복용했을 때 어떤 부작용이 있는지 등 다양한 상황에 대한 실험이 진행돼야 한다"고 지적했다.

2) 정관주사법

미국의 비영리단체 '남성피임정보프로젝트'는 RISUG(reversible inhibition of sperm under guidance)라는 남성피임법을 연구하고 있다. 이 피임법은 정자가 이동하는 통로인 정관에 가느다란 주사기 바늘로 폴리머란 합성물질을 주입해서 정관을 울퉁불퉁하게 만들어 평상시 정자의 활동을 방해하고 수술 없이 몇 년간 피임 효과를 지속시키는 방법이다. 이 연구 결과는 2011년 미국 의학뉴스사이트인 메디컬뉴스투데이 등이 보도한 바 있다(http://www.kormedi.com).

3) 정관수술-콘돔 말고 다른 남성피임법 찾기

피임을 확실히 하고 성기능에는 문제가 없는 방법을 찾고 있는 중이다. 미국 콜롬비아 대학 연구팀은 정자생산에 필요한 비타민 A를 차단해 쥐의 정자 생산을 멈추게 했다가 다시 필요하면 원상태로 돌아오게 하는 방법을 찾아냈다. 연구진들은 "인간에게 적용하기 전에 장기간 동물 실험이 필요하다"고 했다(http://www.kormedi.com).

다른 과학자들은 테스토스테론과 황체호르몬을 혼합하여 남성에게 처방했을 경우 정자의 수가 줄고 남성의 90%가 일시적인 무정자 상태에 들어가는 피임법을 발견했다.

미국 워싱턴 대학과 캘리포니아대학 로스앤젤레스 캠퍼스(UCLA) 연구팀들은 황체호르몬을 몇 주 간격으로 윗 팔에 주사하는 불편한 방법 말고 매일 크림처럼 사용할 수 있는 테스토스테론과 황체호르몬 젤을 연구하고 있다(http://www.kormedi.com).

7.3.14. 우리나라에서 잘 사용되지 않는 피임법

1) 페미돔

페미돔은 '여성(feminine)의 콘돔(condom)'이란 의미이다. 따라서 페미돔은 여성용 콘돔(female condom)으로 질 내부를 감싸줌으로써 정자의 침입을 막는 피임도구이다(그림 7.13). 남성들이 콘돔 사용을 기피하는 단점을 보완하고 여성 자신의 피임 의지가 반영된 것이다. 우리나라에서 1995년 6월 수입되기 시작하였으나 수요가 극히 적어서 대중적인 수입은 중단한 상태이다.

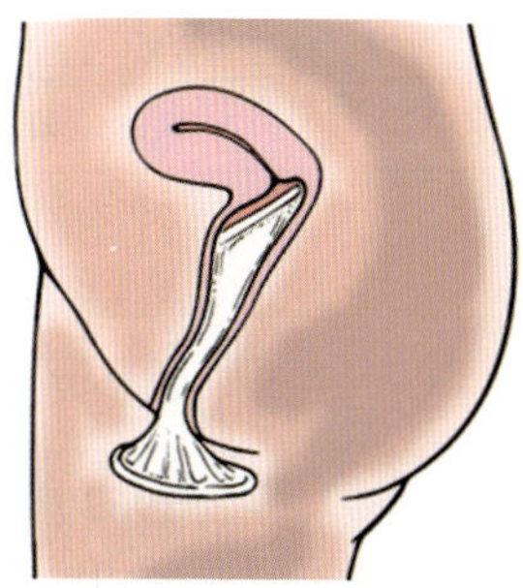

그림 7.13 페미돔을 이용한 피임.

2) 페서리(피임용 격막)

일본 접대부들은 '아개소고'라는 기름종이를 질 안에 넣었다는 기록이 있다. 18세기 프랑스에서는 모든 계층의 여성이 스펀지로 피임을 했다고 한다. 이것이 모두 피임용 격막의 원리를 이용한 것이다. 페서리는 1882년 독일의 멘싱가(Mensinga)에 의하여 개발되었다. 1960년까지는 대부분의 서구 여성들이 사용하던 피임도구였으나 먹는 피임제 개발 이후 차츰 그 사용빈도가 줄어들었다. 피임실패율이 높고 사용하기가 불편하여 1970년도부터 차차 생산이 중단되어 지금은 유통되지 않는다.

| 용어 |

페서리(pessary)를 다이아프렘이라고 부르는데 엄밀하게 다이아프렘(diaphragm)은 격막(膈膜)이라는 뜻이고, 격막 중에 피임용 격막을 특별히 영어로 페서리(pessary)라 한다.

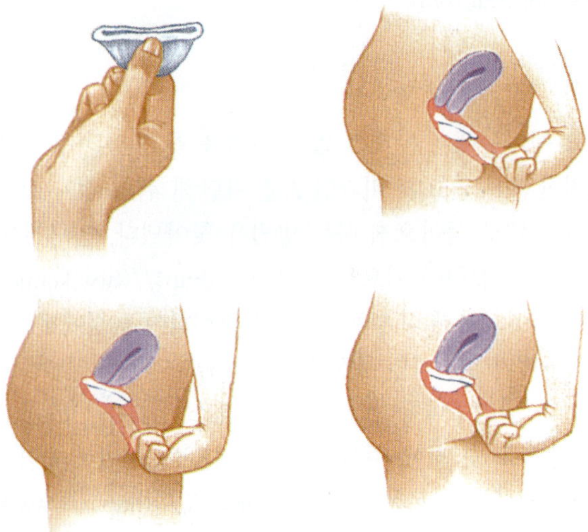

그림 7.14 패서리(다이어프램)의 적합한 사용법.

| 원리 |

성교 전에 질 내에 깊숙이 삽입하여 돔 모양의 구조가 자궁입구와 질 사이를 차단하여 정자가 자궁 내로 들어가는 것을 방지하는 피임도구이다(그림 7.14).

3) 자궁내장치 중 리페스 루프

1962년도부터 저개발국가를 포함하여 범세계적으로 많이 사용되던 자궁내장치로서 우리나라에서 최초로 들어 온 루프가 바로 이 '리페스 루프(Lippes loop)'이다. 지금은 유통되지 않는다. 폴리에틸렌(polyethylene)으로 제작되었으며 엑스레이(x-ray)에 나타날 수 있도록 최초로 황산바륨(barium sulfate)을 사용한 장치이다. 재질은 폴리에틸렌으로 2중 S자형으로 끝에 나이론 실이 달려 있다.

4) 자궁내장치 중 그라비가드(Gravigard)

1974년 칠레에서 개발한 피임장치로서 지금은 유통되지 않는다. 엑스레이(x-ray)에 나타나도록 황산바륨을 함유하였으며 폴리프로필렌 단독중합체(polypropylene homopolymer)로 제작되었다. 기둥에는 구리가 감겨있으며 피임 유효기간은 3년으로 되어 있다.

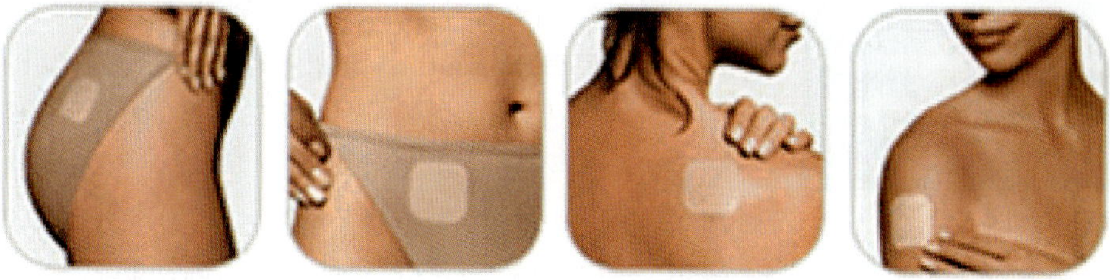

그림 7.15 피임 패취(http://www.medicomm.co.kr).

5) 주사용 피임제

주사용 피임제(injectable contraceptives)는 1955년에 개발되어 세계적으로 많이 보급되었지만 여러 가지 부작용과 불편성 때문에 그리 환영받지는 못하였다. 그러나 계속 연구를 거듭한 결과 최근에는 새롭게 개선된 피임제가 개발됨으로서 다시 사용이 증가하는 추세에 있다. 우리나라는 주사용 피임제가 1960년대에 도입되어 사용되었으나 당시의 피임제는 월경불순 등의 부작용을 일으키고 매월 주사를 맞는 불편 때문에 중단되었다.

6) 피임 패취

피임 패취(patch contraceptives)는 사각형의 얇은 플라스틱 패취로 난포호르몬과 황체호르몬의 미량을 피부를 통해 체내에 유입시켜 배란을 억제함으로서 피임효과를 나타내는 피임법이다. 일주일에 한번씩 여성의 피부에 붙인다(그림 7.15).

| 사용법 |

피임패취는 월경 시작 후 24시간 이내에 팔, 어깨, 복부 및 엉덩이 등에 한곳을 선택해서 붙인다. 패취는 일주일만에 반드시 새것으로 갈아 주어야 하는데 이를 잊고 제시기에 갈아주지 못하면 피임 실패의 원인이 된다. 패취는 목욕이나 수영을 할 때에도 잘 떨어지지 않게 되어 있으나 일단 한번 떨어지면 다시 부착되지는 않는다. 미혼여성이 사용할 경우에는 성관계를 하고 있다는 표시가 되므로 잘 보이지 않는 곳에 부착하여야 한다. 의사의 처방이 필요하다.

7) 피하이식 피임법(임플란트)

피하이식 피임법은 수술에 의한 피임법으로는 호르몬이 담긴 조그만 튜브를 팔의 피하에 이식하여 매일 일정량의 호르몬이 나오게 함으로써 3~5년간 안심하고 피임할 수 있는 방법이다(그림 7.16). 피임 효과 99% 이상이다.

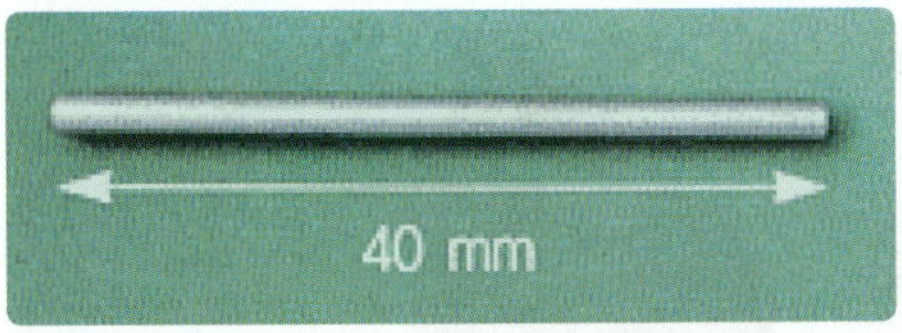

그림 7.16 임플라논(제품)

피하이식 피임법의 하나로 가장 널리 이용되고 있는 것이 임플란트(implant)이다. 영어의 'implant'는 심다 · 이식하다의 뜻이다(치아이식에서도 이 용어를 사용). 임플란트는 성냥개비 모양의 호르몬 캡슐을 팔 상부 안쪽 피하에 이식한다. 임플란트는 세계적으로 그리 많이 사용되지는 않는다. 특히 먹는 피임제나 자궁내 장치 또는 다른 피임법이 맞지 않는 여성이 이 피임법을 사용하게 된다.

7.4. 피임 현황과 대책

7.4.1. 피임 현황

우리나라 젊은이들은 인터넷을 통해 피임 정보를 얻는 비율이 매우 높은 것으로 나타났다. 2011년 바이엘헬스케어는 아시아 9개국의 20~35세 성인 1,804명(한국인 201명)을 대상으로 조사한 결과, '인터넷으로 피임정보를 얻는다'는 응답 비율은 한국이 65%로 가장 높았다고 밝혔다(인터넷서울신문, 2011년 9월 23일). 그러나 한국 응답자 가운데 56%는 잘못된 피임 지식을 접한 경로로도 인터넷을 꼽았다. 한국 응답자 가운데 절반은 올바른 피임 정보를 얻는 데 가장 큰 장애물로 '타인에게 물어보기 쑥스러운 점'을 꼽았다. 또 응답자 가운데 44%는 학교가 성에 관한 질문을 편하게 할 수 있는 환경이 아니라고 답했다.

TV의 시사 고발 프로에서 다루는 십대들의 성개방과 그에 따른 미혼모 이야기들을 보고 부모들은 생각한다. "우리 아이는 아니겠지...". 그러나 현실은 부모들의 희망사항과 다르다. 우리나라 여자고등학생의 극히 일부는 이미 성관계의 경험을 가지고 있다고 한다. 우리나라 청소년들의 일반적인 피임현황은 다음과 같다(http://www.scienceall.com).

1) 첫경험은?

(1) 강요에 의한 첫경험

일반적으로 첫 성경험의 동기로는 본인의 의사가 아닌 '상대방의 강요에 의해서'라는 답이 가장 많았다. 그 다음으로 '사랑하기 때문에', '성폭행으로 인해서'가 차지했다. 상대방의 강요로 첫 성경험을 하게 되었다는 반응은 학년이 올라갈수록 비율이 높았다.

(2) 초등학생까지

놀랍게도 초등학생 때 성경험을 처음 했다는 대답도 일부 있었다. 첫 성경험 장소로는 친구집, 본인의 집, 모텔의 순으로 차지했다. 첫 성경험의 대상으로는 대부분 남자친구였고 우연히 만난 사람도 있었다. 성관계 빈도에 대해서는 현재까지 1회의 성관계를 가졌다는 응답이 가장 많았고 8회 이상도 있었다.

2) 피임은?

(1) 70% 이상이 피임 안 해

그렇다면 이들은 임신의 위험으로부터 자신을 지키기 위해 피임은 하고 있는 것일까? 사실인즉, 그렇지 않다. 여고생 응답자들 중 성관계 시 피임을 했다고 답한 학생은 불과 20%, 무응답을 제외하고 피임을 하지 않았다고 답한 학생은 70%에 이르렀다. 여기서 피임을 했다는 것은 남학생이든 여학생이든 성관계 시 어느 한 쪽에서라도 피임을 한 경우를 말한다.

(2) 피임 제안은 여학생이 더

피임을 하자고 제안한 사람이 두 사람 모두라고 응답한 비율이 가장 많았다. 한편 여고생 본인이 주장한 경우는 많았지만 상대 남성이 주장한 경우는 일부였다. 여고생 본인이 피임을 주장한 경우는 고학년이 대다수였다. 임신 경험자는 극히 일부로 1% 미만이었다. 그러나 많은 수가 무응답을 했기 때문에 임신율은 실제 더 높을 가능성이 있다.

(3) 콘돔 선호

피임을 실천한 응답자 중 피임 방법으로는 콘돔 사용이 가장 많았고, 그 다음이 질외사정이었다. 먹는 피임제를 복용한 경우도 있었다. 학년이 낮을수록 콘돔 사용 비율이 많고 학년이 높을수록 질외사정의 비율이 높았다.

(4) 피임실천율이 낮은 이유

우발적인 성관계로 피임의 사전준비가 소홀해서, 생식기관과 피임에 대한 지식이 부족해서, 사용할 수 있는 피임법이 한정적이어서, 피임도구를 구입하는 것이 부끄러워 구입이 꺼려져서, 피임 사용이 남들에게 알려질까 봐, 사회적으로 청소년들이 피임하는 것에 대한 따가운 시선이 두렵기 때문 등이다.

3) 임신이 되면?

임신된 학생의 성관계 대상자는 100%가 남자친구였다. 그리고 임신 문제를 상의한 최초의 대상은 친구로 나타났다. 어느 설문조사에서 밝혀진 바 있듯이, 중학생이 되면서

부터 신체적 변화나 성문제를 상의하는 대상이 부모에서 친구로 급격히 바뀐다. 임신의 처리에 대해서는 거의 대부분 낙태를 선택했으나 무응답도 있었다.

주부를 대상으로 조사해보면 가임여성 중 일부는 낙태로 인한 건강상 위험과 정신적 고통에 시달리고 있다. 기혼여성 40%가 낙태의 경험이 있다는 통계는 결코 예사롭게 넘길 수치가 아니다. 낙태로 인한 합병증은 생각보다 심각하며 골반 내 염증과 자궁에 대한 손상으로 장차 불임으로 이어질 수도 있다.

7.4.2. 피임 실패의 원인과 대책

1) 피임 실패의 예

피임 실패의 원인을 알아보기 위하여 인터넷에 올려진 글을 몇 가지 소개한다.

● 황홀한 경험 뒤의 결과: 그와 첫 여행을 떠났다. 여름휴가라 더욱 들떴다. 파도소리가 귓전을 때리는 바닷가 앞 모텔, 창문 밖 하늘에는 별이 총총 뜨고 그와 나는 하나가 됐다. 설렘과 황홀함…. 세상에서 제일 행복하고 가장 사랑받는 기분이었는데…. 그 후 임신이라는 소식을 알리자 그는 휴대전화를 정지시켰다(여, 25세).

● 술이 문제인가?: 그와 사귄 지 3년. 물론 섹스까지 나누는 사이다. 피임도 확실히 했다. 늘 그가 콘돔을 준비했으니까. 그런데 술이 문제였다. 바닷가에 모여 술판을 벌였는데 너무 마셔버린 거다. 어둑한 바닷가에서 파도소리를 들으며 꿈같은 경험…. 그때는 콘돔도 사용하지 않고... 술이 문제다(여, 22세).

● 함께 방황한 실수: 나는 그녀를 사랑한다. 이번 휴가에서 그녀가 임신을 했다. 그녀를 설득했다. 아기를 낳자고. 그러나 그녀나 나나 아직 학생. 결혼할 준비가 안 돼 있다. 서로 방황하다가 부모님께 서로 결혼 약속을 받고 결국 낙태수술을 했다. 괴롭다(남, 23세).

● 그녀는 아기를 원했다: 그녀의 순결을 지켜주겠노라 맹세했다. 그런데 여름휴가로 떠난 여행, 나는 그녀를 지켜주지 못했다. 그녀는 아기를 원했다. 휴학을 하고 결혼하자고 했다. 그녀가 아기를 낳는 동안 나는 짧은 군복무를 치르고 함께 다시 복학할 것이다(남, 21세).

해마다 여름휴가가 끝나면 '바캉스 베이비' 문제로 산부인과를 방문하는 여성이 많아진다. 아직도 원치 않는 임신으로 고통받는 경우가 많다. 한 순간의 실수로 아기가 생겼다면 과연 어떻게 할까? 일반적으로 남성의 절반은 낙태를 원하고, 여성의 1/3은 파트너와 상의 후 결정하겠다가 가장 많았다. 남녀 모두 결혼이나 출산을 원하는 경우는 극소수에 불과했다.

2) 피임 실패의 원인

이와 같이 피임하지 않아서 임신을 고민하거나 바캉스베이비가 생겼을 경우 낙태하거나 헤어질 것이라고 답하는 이유는 아래와 같이 피임 실패에 근본적인 원인을 찾아볼 수 있다.

(1) 피임에 대한 남성의 이중성

결혼을 한 뒤에도 남성들은 여성이 피임을 해야 되는 것으로 알고 있고 임신이 되면 미리 대처를 못한 여성의 잘못으로 여기는 경향이 있다. 미혼인 경우에도 여성이 사전에 준비를 하게 되면 경험이 많은 헤픈 여자로 의심받을까봐 준비를 하지 못하기도 한다. 한편 남성은 자신은 피임을 철저히 하지 않으면서 여성이 주도적으로 피임을 하려는 것에 대해서는 못마땅하게 생각하는 이중적인 생각을 갖고 있다.

그리고 남성은 콘돔을 사용함으로써 성감이 떨어진다는 이유만으로 임신으로 겪을 여성의 육체적 정신적 고통을 외면하는 이기적인 생각을 하게 되고, 이로 말미암아 올바른 피임이 이루어지지 않을 수도 있다.

(2) 남성의존성 피임

섹스 파트너간 피임의 책임은 누구에게 있을까? 우리나라 젊은 여성 과반수가 '피임에 대한 책임이 남성에게 있다'고 생각하는 것으로 나타났다. 이 같은 사실은 올바른 피임정보를 제공하는 산부인과 전문의 모임인 피임연구회(www.piim.or.kr)가 2007년 '세계피임의 날'을 맞아 전국 주요도시 19~34세 여성 1,000명을 대상으로 실시한 '한국 여성의 피임에 대한 인식과 행태 조사'에서 확인됐다.

일부의 여성이 '피임은 여성이 해야 한다'고 답해, 피임 주체에 있어 남성 의존성이 큰 것으로 나타났다. 피임을 하지 않은 상태에서 성관계 후에는 '임신진단 시약으로 임신 여부를 확인(2/3)'하거나, '응급피임제를 복용하겠다(1/3)'고 답해 원치 않는 임신에 대해 무방비 상태임을 확인할 수 있었다.

(3) 잘못된 피임지식

① 안심 못하는 질외사정 주로 행해

피임에 대한 남녀의 잘못된 지식 중의 하나는 질외사정이나 질세척을 효과적인 피임법으로 알고 있는 경우이다. 질외사정은 사정을 하기 전에도 남성의 분비물 속에 소량의 정자가 나오는 경우가 있기 때문에 실패할 확률이 높다. 또한 질세척으로 질 안에 들어간 정자를 다 세척할 수 없기 때문에 실패할 가능성이 매우 높다. 또한 응급피임제 사용도 성공률이 75% 밖에 되지 않는다는 사실을 모르고 있다.

더욱이 이러한 피임 성공률이 낮은 피임법을 사용하거나 피임을 거의 하지 않는 이유로서, '귀찮아서', '피임법이 몸에 해로울까 봐', '불임 우려 또는 태아에 나쁜 영향을 미칠까봐' 등으로 응답하였다.

② 피임지식 정답률 낮아

'정액을 먹으면 임신한다?', '정관수술은 남성의 정력을 감퇴시킨다?', '성교 직후 샤워를 하면 임신을 피할 수 있다?' 등 총 15문항으로 구성된 피임과 피임방법에 대한 지식을 측정해 본 결과, 평균 정답률이 34%밖에 되지 않아 조사대상 여성들의 지식 수준이 낮은 것으로 나타났다(www.dailymedi.com).

특히 대표적인 여성 피임법이라 할 수 있는 먹는 피임제에 대한 지식 수준은 잘못된 속설을 맹신할 정도이다. '피임제를 장기복용하면 불임된다', '피임제를 장기복용하면 기형아를 출산한다'는 문항 등에 많은 여성이 '그렇다'고 잘못 답했다. 여성의 피임 역할에 대한 낮은 인식과 함께 피임법에 대한 잘못된 지식이 여성으로 하여금 스스로 '피임의 사각지대'에 놓이게 하는 것이다.

③ 임신되면 낙태를 선택

성교 후 임신이 되더라도 낙태를 하면 그만이라는 생각을 하는 것도 문제이다. 실제 태아의 생명을 인위적으로 없앤다는 비도덕적, 비윤리적 측면과 여성이 겪는 육체적 정신적 고통의 측면에서 볼 때 낙태를 하는 것은 아주 위험한 방법이다.

(4) 피임의 필요성 교육 절실

피임 관련 교육 여부를 물어보면 절반 정도가 피임교육을 받은 경험이 있다고 한다. 이 중 대부분이 중고등학생 시절 교육을 받은 것으로 답했다. 향후 피임교육을 통해 강조돼야 할 교육의 내용으로는 '다양한 피임방법'이나, '피임제/기구의 사용법' 등보다도 오히려, '피임의 필요성'을 가장 먼저 꼽아 근본적인 문제해결이 시급하다.

(5) 책임의식의 부재와 잘못된 책임의식

남성의 피임에 대한 책임의식 부재가 임신에 대한 무책임으로 이어진다. 성관계가 '분위기나 상황에 휩쓸려서' 혹은 '상대 남성의 요구'에 의해 이루어지는 반면에 임신의 주체가 여성이기 때문에 임신의 책임은 당연히 여성에게 있다고 생각하는 남녀의 잘못된 생각이 피임실패로 이어진다.

또 임신을 하더라도 남성이 낙태 비용을 대는 것으로 그 책임을 다했다고 생각하는 잘못된 책임의식이 있다. 남성의 무책임 뿐만 아니라 성행동에서의 여성의 수동성 즉, 남성이 피임을 거부할 때 자신의 입장을 밝히지 못하고 남성 의견에 따르는 것 또한 피임 실패의 원인이 될 수 있다.

3) 청소년의 피임 실패 방지를 위한 가이드

서로 간의 사랑을 성으로 확인하고 싶겠지만 원치 않은 임신으로 낙태, 사생아, 미혼모와 같은 심각한 문제를 일으키지는 말아야 할 것이다. 원치 않는 임신은 축복 받아야 할 새 생명에게도 잘못한 것이며 자신의 계획이나 꿈이 변경되어 버릴 수도 있다. 준비되지 않은 상황에서 태어날 아이의 미래와 여성인권을 생각해볼 때 피임을 한다는 것은 아주 중요한 일이다. 피임에 실패하지 않으려면 성교 이전에 다음과 같은 것을 고려해야 할 필요가 있다.

첫째, 가장 중요한 것은 건전하고 올바른 성에 관한 가치와 태도를 가져야 한다. 성행위는 사랑을 바탕으로 하여야 쾌락의 열매를 맺을 수 있고 거기에는 반드시 생명탄생이라는 책임이 뒤따른다는 사실을 서로 알아야 한다. 생명탄생을 기반으로 사랑이 중심을 이룰 때 진정한 쾌락의 꽃이 핀다는 것이다. 쾌락은 사랑이 전제가 되어야 더 큰 기쁨이 되지만, 쾌락이 성의 전부여서는 안된다는 것이다. 피임으로 임신을 피하는 것만 중요한 것이 아니라 정자와 난자가 기적적으로 만나 하나의 생명을 이룬다는 것을 먼저 알아야 할 것이다. 생명의 소중함을 알고 난 뒤 피임을 한다면 남녀 서로를 더욱 아끼고 사랑하게 될 것이다.

둘째, 진정 여성을 사랑한다면 자기의 몸을 소중히 하는 만큼 상대의 몸도 소중히 생각하여 피임을 먼저 제안할 것이다. 이것이 멋진 남성의 행동일 것이다.

세째, 여성은 강요에 못 이겨 성관계를 받아들일 것이 아니다. 그럴 때에는 상대의 기분이 상하지 않도록 거부할 수 있는 용기가 필요하며, 남성은 이러한 거부를 존중할 줄 알아야 한다. 남성들은 "결혼할 건데 무슨 문제냐, 나를 사랑하지 않기 때문에 거절하느냐"며 성관계를 요구하는데 이런 경우, 여성들은 그 남자에 대해서 다시한번 생각해 보라는 신호임을 깨달아야 한다. 성관계의 결정을 내릴 경우 강요에 의해서가 아니라 본인의 의지로 결정을 내려야 한다. 다른 사람도 하기 때문에 또는 관계를 계속 유지하기 위해서 성관계를 가져서는 안된다. 서로가 마음의 준비가 된 상태에서 성관계를 가져야 한다.

넷째, 피임준비가 되지 않은 상태에서 성관계를 하는 분위기 일 경우, 주저주저하지 말고 임신이 염려스럽다고 터놓고 얘기하는 것이 좋다. 원치 않는 임신을 할까 두려워하면서 성관계를 갖기보다는 사랑하는 사람과 충분히 상의하여 적절한 피임법을 마련해 두는 것이 최선이다. 다음에 서로 피임도구를 준비하여 성관계를 하자고 제안하든지, 남성에게 피임도구의 준비를 부탁하는 센스를 가져야 한다. 남녀가 함께 피임에 관심을 가지고 노력을 할 때 성공적으로 피임을 할 수 있을 것이다. 피임에 대해 사회의 시선이 달갑지 않다고 생각한다면 인터넷으로 주문할 수 있다. 피임은 미래를 위하여 즐겁게 준비해야 할 것이다, 만약 준비하지 못한 상태에서 성관계를 했다면 최대한 빨리 병원에 가서 응급피임을 해야 한다.

다섯째, 남성은 콘돔사용을 즐거워해야 한다. 미국 위스콘신대 마이클 브로더스 교수팀은 대학생 남녀 193명을 대상으로 여대생이 성행위 전에 어떤 방법으로 남성 파트너에게 꼭 콘돔을 사용하게 하는지 알아봤다(http://www.kormedi.com). 여대생들이 잘 쓰는 방법은, 써야 할 이유 늘어놓기, 안 쓰면 무조건 허락하지 않기, 그리고 성적으로 자극해서 스스로 쓰게 만들기 등으로 나타났다. 여대생들은 "이 세 가지 방법 가운데 하나를 쓰면 거의 모든 파트너는 콘돔을 사용하게 된다"고 말했다. '이유 늘어놓기'의 예를 들면, "콘돔을 안 쓰고 관계를 가지면, 임신할지도 모른다"고 엄포를 놓는 것이다. '무조건 거부하기'는 콘돔을 쓰지 않으면 오늘은 무조건 관계를 갖지 않겠다고 버티는 방법이다. 마지막으로 '성적으로 자극하기'는 남성이 콘돔을 써야 걱정 없이 관계를 할 수 있고 그래야 만족하는 체질이라고 꼬드기는 방법이다. 우격다짐으로 나올 것 같지만 흥분한 남성 파트너는 거의 콘돔사용을 한다.

이 세가지 중에서 마지막의 '성적으로 자극하기' 전략이 가장 잘 먹힌다고 대답했다. 이유는 안전한 관계를 가지면서도 가장 흥분되고 호기심을 높이는 방법이라는 것이다.

여섯째, 피임법의 장단점을 잘 파악하여 자신의 상황이나 여건에 가장 적합한 피임법을 선택하는 것이 중요하다. 각 피임법별로 장단점을 동시에 가지고 있기 때문에 절대적으로 안전하고 완전한 피임방법은 없다. 성관계를 할 때의 상황(장소와 시간 등), 사용방법의 편리성과 비용, 성관계 빈도 등을 고려하여 잘 선택해야한다.

일곱째, 낙태는 피임이 아니다. 성행위는 기분을 좋게 해주는 반면에 큰 책임이 따른다. 전 세계적으로 많은 남녀들이 한순간의 실수로 원하지 않는 아이를 가져 낙태라는 길을 택한다. 그들은 얼마나 피임에 대한 지식을 가지고 있는 것일까? 혹시라도 낙태를 피임의 한 방법으로 생각하고 생명을 경시하며 자신의 몸을 소중히 지키지 못한 체 정신적인 상처를 안고 살아가는 것은 아닐까? 청소년이든 미혼이든 기혼이던 간에 여성들은 스스로를 책임지고 관리해야 한다.

사랑한다면 성행위를 할 수 있다. 하지만 책임이 따라야 한다. 순간의 실수로 남는 것은 괴로움과 상처뿐이다. 한번의 낙태로도 여성들은 건강과 함께 많은 것을 잃는다. 여성도 스스로 자신의 몸을 소중하게 여겨야 할 것이다. 순간의 쾌락과 여성의 건강을 맞바꾸지 말아야 한다는 것을 명심해야 할 것이다.

7.5. 불임

일반적으로 불임이란 피임을 하지 않고 정상적인 부부관계를 가져도 1년 이내에 임신이 되지 않는 상태를 말한다. 정상적인 부부가 한 번의 월경주기에 임신할 수 있는 확률은 20~25%이다. 결혼 1년 이내 약 85%가 임신되지만 피임을 하지 않았는데도 그 안에 임신이 되지 않는다면 일단 불임을 의심해야 한다. 남녀의 임신능력은 남녀 모두 24세에 최고가 되며 이후 매 5년마다 임신가능한 기간이 2배로 필요하게 되고 35세 이후 여성의 임신능력은 급격히 저하된다.

현대 사회에서는 정자와 난자가 감소되는 등의 부작용으로 불임이 늘어나고 있다. 불임에 관해서는 2003년 11월 4일 KBS1 TV에서 '임신과 불임의 비밀'이라는 제목으로 방영한 바가 있으며(http://www.kbs.co.kr) 그 후 사회적인 심각한 문제로 인식되기에 이르렀다.

7.5.1. 불임의 원인

불임의 원인은 부부가 함께 찾아야 한다. 임신이 되려면 생식과 관련된 모든 장기가 정상적이어야 한다. 불임의 원인을 제대로 안다는 것은 불임치료에 있어 가장 중요한 요인이다. 원인에 따라 치료법이 달라지기 때문이다. 불임의 원인은 남녀 모두에게 거의 동등하게 나타난다(표 7.5).

1) 남성불임의 원인

최근 여러 보고들에 의하면 50년 전에 비하여 사람 정자의 수가 줄어들고, 또 운동성이 약해지고 있다고 한다. 남성불임의 이유는 다음과 같이 추정하고 있다.

- 정소의 고온 노출: 좋은 정자를 만들기 위한 조건 중 하나가 정소의 온도다. 정소는

표 7.5 추정적인 불임의 원인 비율

구분	불임의 원인 비율(%)
남성	35~40
여성	35~40
남녀 모두	25~10
원인불명	5~10
계	100

신체의 다른 부분보다 낮은 온도에서 정자와 성호르몬을 잘 만든다. 그러나 오는날 남성이 앉아서 하는 일이 많아지면서 정소의 온도가 높아져 정자와 성호르몬의 생산이 방해된다.

- 정계정맥류: 정소에 분포하는 정맥에 장애나 역류가 생겨 정맥혈관이 엉켜 부풀어 오르는 현상을 말한다. 이로 인해 정소의 온도가 높아져 정자형성을 방해하게 된다. 이는 남성 불임의 40%를 차지할 정도로 많이 발생한다.
- 환경오염: 프랑스 파리에 있는 정자와 난자를 보관하는 연구센터에서 1970년~1990년대까지 정자상태를 조사하였는데, 20년 사이에 정자의 양은 33% 감소, 운동성은 30% 감소된 것을 알아내었다. 그리고 일본국립환경연구소에서는 환경오염과 생식능력에 관한 연구(배기가스와 정자생산의 영향에 중점)를 실시하였는데, 배기가스에 많이 노출되어 있을수록 기형정자가 늘어나고, 1일 정자생산량이 감소한 것으로 나타났다. 이탈리아 나폴리대학에서 시행한 '교통오염물질이 정자에 어떤 영향을 미치는가에 관한 연구'에서도 같은 결과가 나왔다.
- 환경호르몬: 소위 환경호르몬 중에서 '환경에스트로겐'은 정자생산을 방해한다. 예를 들면 일부의 합성세제, 농약, 플라스틱 원료, 페인트 그리고 쓰레기 소각장에서 나는 연기 등이 환경에스트로겐이다. 이들이 인체에 흡수되면 에스트로겐 수용체와 결합함으로써 마치 항안드로겐처럼 작용하므로 정자형성을 억제하게 된다.
- 스트레스: 남성 불임 환자의 직업별 분포를 조사해 보면 회사원, 공무원, 상인, 교사 등의 순으로 나왔다. 불임률이 높은 회사원은 스트레스를 많이 받는 직업 중 하나임을 알 수 있다(http://bric.postech.ac.kr). 스트레스로 인하여 정자의 수가 감소하고 질이 낮아지며 심지어 무정자증으로 되는 경향이 있다고 추정할 수 있다.
- 남성의 연령: 여성의 경우와 마찬가지로 남성의 연령도 임신에 영향을 준다. 25세의 남성은 1년 내에 임신이 가능케 하는 비율이 85%인데 비하여 남성의 연령이 40세라면 임신율은 25%로 떨어진다.
- 생활습관: 과음은 남성호르몬의 분비량을 감소시키므로 정자의 양이 감소된다. 그리고 과도한 흡연은 정자의 질과 운동성에 나쁜 영향을 주어 불임의 원인이 될 수 있다.
- 약물: 마리화나나 코카인 등의 사용이 정자의 수를 감소시킨다. 질병치료제로 많이 사용하고 있는 약제도 정자의 수를 줄이는 것으로 알려지고 있다.
- 기타: 성병감염이 불임의 원인이 되기도 한다. 그리고, 중추신경 마비, 남녀 모두 항정자 항체 생성 등이 불임의 원인일 수도 있다.

2) 여성불임의 원인

여성의 불임 원인은 남성보다 매우 복잡하다. 난소와 자궁, 그 주변의 모든 기관이 불임의 원인이 될 수가 있기 때문이다. 드물게는 불임의 원인이 무엇인지 모르는 수도 있다. 요즈음 사회적 현상의 하나인 만혼의 경향과 경제적으로 안정된 뒤 아기를 가지려는 경향 등도 불임에 영향을 준다.

(1) 생식기 계통의 질병

- 배란 요인: 난자를 성숙시켜 배란시키는 과정에 이상이 생겨 난소부전, 내분비호르몬기능 이상, 다낭성난포증후군 등의 원인으로 주기적인 배란이 일어나지 않는 것을 말한다. 다낭성난포증후군은 생리주기의 불규칙으로 생길 수 있는 질환으로써 호르몬의 이상으로 여러 개의 난포들이 경쟁적으로 난자를 형성하려는 현상을 말하며, 결국 미성숙한 난포들만 남고 배란이 되지 않는다. 배란장애는 지나친 체중의 증가와 감소, 과도한 운동 그리고 극심한 스트레스에 의해 발생할 수 있다.
- 난관 요인: 여성불임의 가장 큰 요인으로 나타난다. 자궁내막증, 결핵성골반염, 클라미디아 등에 의해 난관염, 난관유착, 난관폐쇄를 유발해 수정 및 난자의 이동이 불가능하게 되는 요인이 된다.
- 자궁 요인: 자궁이 기형이거나, 자궁발육부전, 자궁내막증, 자궁내막유착, 자궁근종, 선종, 폴립 등은 불임의 원인이 된다. 자궁경부에 점액이 부족하여 정자가 자궁내로 통과하는 것을 방해해도 불임이 된다.
- 면역학적 요인: 정자에 대한 항정자항체 또는 자신의 난자에 대한 항투명대항체가 생성되는 면역학적 요인 등도 임신을 방해한다. 정액에 이상이 없고, 여성에게도 문제가 없는데 임신이 되지 않는 경우에 일반적으로 면역에 의한 불임일 것이다. 이것은 먼저 들어간 정액 또는 정자에 있는 물질이 항원이 되어 여성의 몸 속에 정자에 대한 항체를 만들고 그 후에 들어오는 정자에 대해 영향을 주거나 임신의 과정을 막는 것을 말한다.
- 낙태: 낙태는 자궁내막을 강제로 긁어내기 때문에 수술 그 자체로 생식기에 매우 나쁜 영향을 미치기 때문에 불임의 원인이다.

(2) 여성의 연령

여성불임의 원인은 특히 첫출산 연령과 많은 관련이 있는데, 1992년 한국여성의 평균 첫출산 연령은 26.1세였으나 2002년에는 28.3세, 2013년에는 30.7세(통계청, 2013)로 여성의 사회진출이 활발해졌고, 결혼연령이 늦어짐에 따라 여성의 첫출산 연령이 늦어지고 있다. 전문의들은 여성의 첫출산 연령이 높아지는 것을 우려하고 있는데, 그것은 첫출산 연령과 불임이 아주 밀접한 관련이 있기 때문이다.

아내의 연령이 25세이고 그 남편 역시 비슷한 연령일 경우 보통 100쌍 중 50쌍이 결혼 후 5개월이면 임신이 되며, 75쌍은 10개월까지면 임신을 하게 된다. 25세 이상인 경우는 5세마다 임신가능한 기간을 2배로 연장하면 그 율을 예측할 수 있다. 30대(특히, 35세 전후)가 되면 성장하는 난포 수 자체가 줄어들게 된다. 그만큼 난포 안에 든 난자가 성숙하게 될 확률이 줄어들게 된다. 완전히 난자가 성장한다 하더라도 20대의 건강한 난자와 비교할 때 불규칙하고 두꺼운 난자막을 가지고 있다. 그렇기 때문에 정자가 난자막을 잘 뚫지 못할 뿐 아니라 정자가 들어온다 하더라도 난자가 노화한 상태이기 때문에 수정이 잘 되지 않는다. 또한 난자가 착상을 할 때도 자궁내막의 환경이 나빠져 착상이 되지 않을 확률도 높아진다.

(3) 노동부담

불임부부가 증가하게 된 데에는 여성들의 취업률이 높아지고 가정 안팎에서 노동부담이 늘어난 측면도 있다. 직장을 가진 여성들이 늘어나게 되었고, 결혼을 하더라도 맞벌이를 하는 경우가 많아져 여성의 노동부담이 증가하였다. 특별한 사회제도의 개선이 없는 실정에서 여성의 출산과 육아는 당연히 늦어질 수밖에 없게 되었다.

7.5.2. 많은 시간이 필요한 불임 검사

불임검사는 여성의 생리주기에 맞추어 행해지고 또 부부가 같이 받아야 하므로 많은 시간이 필요하다(그림 7.17)

그리고 반드시 비용에 대한 문의를 확인해둘 필요가 있다. 불임증의 치료는 충분한 기간을 요하는 만큼 경제적인 부담이 커지기 때문이다.

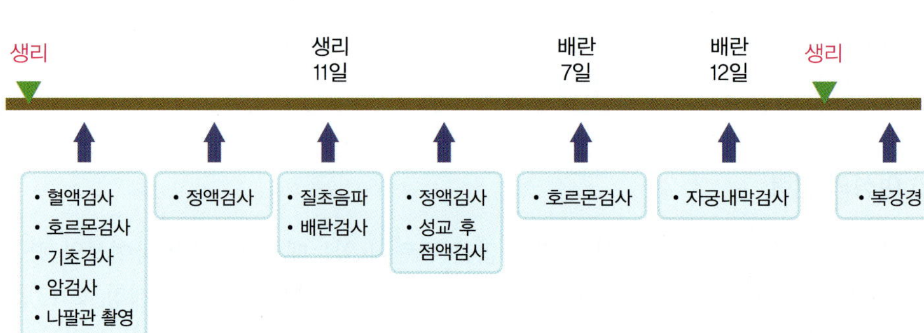

그림 7.17 불임 검사 과정(http://www.parkclinic.co.kr).

1) 남성불임 검사

- 질병: 어렸을 때의 질병과 친족의 수 등이 포함된다.
- 성관계: 성관계의 회수, 시간, 그리고 자궁경부 가까이에서 사정이 되는가 등의 정보가 중요하다.
- 미하강 정소: 미하강 정소란 정소가 정상적으로 음낭 내에 있지 않고 복강 내 또는 사타구니(서혜부)에 잠복해 있는 것을 말한다. 이 경우 복강 내의 온도가 정자 생성에는 높은 온도이므로 불임을 유발한다.
- 정계정맥류: 음낭의 정맥이 커짐으로써 혈액이 많아져 온도가 올라감으로써 정자 생성을 방해한다.
- 정액: 정자의 숫자, 운동성, 모양 등을 관찰하는 것이다. 세계보건기구(WHO)에서 제시한 정상기준치 이상이어야 한다.
- 호르몬: 호르몬의 양이 기준치 이상인지 확인한다.
- 소변: 소변에 백혈구가 많으면 정자 형성이나 그 운반에 관계하는 전립선 부위 등에 감염이 있다는 증거로 볼 수 있다. 이로 인해 정액 성분에 이상이 생기는 경우도 있다.

2) 여성불임 검사

- 질병: 기초적인 전신의 건강상태, 월경력, 임신력, 과거 질병의 유무(질염이나, 자궁경부 이상) 등이 있는지 진찰한다.
- 체온측정: 아침에 깨어나자마자 체온을 측정하여, 준비된 그래프에 매일 기록한다. 체온측정을 통해서 배란 여부 및 배란기간 등을 간접적으로 알 수 있다.
- 호르몬 검사: 생리가 불규칙한 경우 임신에 관여하는 호르몬을 검사한다. 혈액 호르몬 검사를 통해 시상하부, 뇌하수체, 난소 이상 등 어느 부위에 이상이 있는지 원인을 알 수 있다.
- 난관자궁 조영촬영: 자궁경부의 상태와 난관이 뚫려있는지를 확인한다. 이 조영촬영에서 이상이 발견되거나, 원인 불명의 불임인 경우 내시경 검사를 통해서 더욱 정밀한 검사를 하게 된다.
- 배란 초음파: 성숙한 난포의 숫자와 배란의 유무를 확인한다. 초음파를 이용하면 정확한 배란 유무와 난포의 성장 과정을 알 수 있어 임신을 위한 정확한 성관계 날짜를 결정할 수도 있다.

- 자궁경부 점액 검사: 배란직전이나 배란기에 하는 것이 좋으며, 자궁 입구의 점액 상태를 파악한다. 배란기에는 자궁경부 점액이 묽어져 정자가 점액을 자유로이 통과해서 자궁 안으로 들어갈 수 있다. 배란기 점액의 분비가 적거나 너무 끈끈하면 정자가 자궁 안으로 들어가기 어렵다. 점액이 너무 산성일 경우 역시 정자의 운동성이 떨어지게 된다. 자궁경부 점액에 항정자항체가 있는 경우에도 불임으로 된다.
- 자궁내막 조직 검사: 호르몬이 부족해서 자궁내막의 성숙이 불완전하면 착상이 잘 이루어지지 않고 유산의 빈도도 높아진다.
- 기타: 3회 이상의 유산 경험이나, 연속해서 2회의 유산이 된 경우는 염색체 검사와 함께 여러 가지 면역학적인 검사를 시행해 원인에 맞는 치료를 할 수 있도록 한다.

7.5.3. 불임의 치료

국내 불임전문병원의 시술 성공률은 40% 안팎으로, 선진국의 20~25%를 훨씬 웃도는 수준이어서 불임 부부에게 그나마 위안이 되고 있다.

1) 남성불임의 치료

치료방법으로 성교기술을 변화시키거나, 호르몬 요법, 혹은 수술을 하게 된다.

- 정자의 수가 정상일 때: 정자의 수, 운동성, 형태 모두 정상일 때는 성관계에 신경을 쓰면 된다. 배란 시기에 맞추어 자궁경부 가까이에 사정될 수 있도록 성교 기술을 고려해야 한다.
- 정자의 수가 적을 때: 호르몬이 부족할 때는 호르몬 보충요법을 통하여 정자수를 호전시킬 수 있다.
- 정계정맥류: 불행중다행으로 남성불임의 가장 흔한 원인 중 하나가 정맥류인데 이는 수술로 치료가 된다.
- 정관폐색: 정자의 생성은 정상으로 되는데 정액검사에서는 정자가 없는 경우 정자의 통로에 이상이 있는 것으로 생각할 수 있다. 다시 말해서 부정소, 정관, 전립선에 이상이 있는 경우, 성병을 앓은 후, 외상으로 상해를 입은 경우 선천성 기형인 경우, 수술 후유증으로 유착이 된 경우를 들 수 있다. 수술하여 정자 수송로를 정상으로 복원시키거나 정소나 부정소에서 정자를 채취하여 체외수정을 하게 된다.
- 무정자증: 원인을 알아도 치료가 어려운 경우가 많다. 과로에 시달리는 환자는 휴식을 취하면서 스트레스에서 벗어나는 게 중요하고, 중독성 물질을 취급하거나 전기용접 요리 등 더운 환경에서 일하는 것도 좋지 않다. 또 몸에 꼭 끼는 팬티는 피해야 한다. 뇌하수체에서 나오는 생식선자극호르몬이 분비되지 않아 정자가 만들

어지지 않을 경우 호르몬제제를 투여하면 효과가 있다. 최근 개발된 정소조직 정자채취술(Testicular Sperm Extraction, TESE)을 이용하여 정소 내의 정자를 채취하여 미세조작기(Micromanipulator)로 난자세포질 내 정자주입술(Intracytoplasmic Sperm Injection, ICSI)을 시행할 수 있다.

2) 여성불임의 치료

간단한 성교기술의 변화에서부터 호르몬 치료나 필요에 따라 수술 등으로 치료한다.

- 정상배란 시: 성교 시간과 기술에 변화를 필요로 한다. 가장 임신 가능성이 높은 배란 시기에 성교를 하고 되도록 정자가 쉽게 자궁 내로 들어갈 수 있는 자세를 취하는 것이 좋다.
- 배란장애 시: 배란을 강제로 유도하게끔 호르몬 치료를 실시한다.
- 자궁경부 점액의 이상 시: 월경주기 전반부에 난포호르몬으로 호르몬치료를 하면 점액의 상태를 조절할 수 있다.
- 난관이 막힌 경우: 현미경적 미세수술로 해결할 수 있다.
- 난관복원술: 폐쇄된 난관이나 과거 난관불임술로 절단된 난관을 미세 현미경이나 복강경을 이용하여 복원시켜준다.

3) 보조생식술

(1) 인공수정

- 자궁내 인공수정: 배란시기에 맞추어 채취된 정액을 선별하여 적정농도의 정자를 가는 도관을 이용하여 자궁 내로 직접 주입함으로써 자궁경부를 통과하는 동안 정자의 수와 운동성의 소실을 방지하여 체내임신을 유도하는 불임치료 방법이다. 불임검사에서 여성의 점액상태가 정자를 받아들이기에 부적합하거나, 정자의 숫자나 운동성이 다소 부족할 때, 또는 소량의 항정자항체가 있어 질 내로 사정된 정자가 난관내로 이동하여 난자와 수정하기 어려울 때 이용하는 치료 방법이다.
- 시험관내 인공수정: 시험관아기란 여성의 몸에서 난자를 채취하고 남성(또는 제공자)의 정액을 채취하여 이를 시험관 내에서 인공수정(artificial insemination)시켜 자궁에 이식하여 태어난 아기를 말한다(그림 7.18). 난자와 정자를 시험관 속의 배양액으로 배양하기 때문에 시험관아기라고 하는데, 사실 어머니의 몸밖에 있는 시간은 2~3일, 길게는 일주일에 불과하고 10달 중 나머지는 모두 자궁 속에 있다.

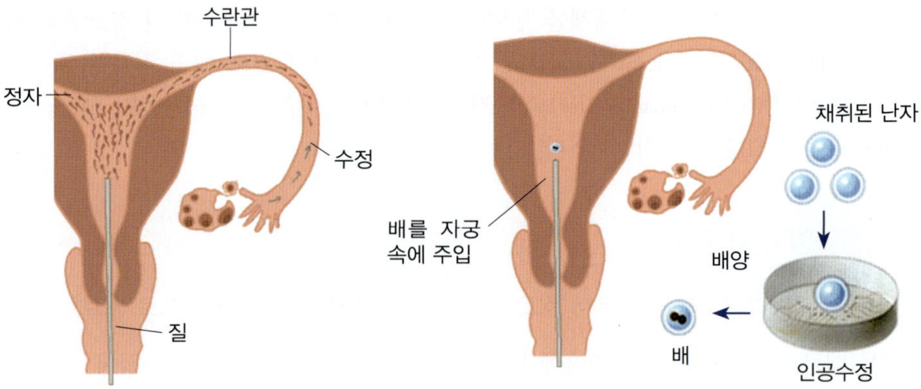

그림 7.18 인공수정의 두 가지 방식(한국교육방송공사, 2005). (좌: 자궁내 정자주입, 우: 시험관내 인공수정.)

(2) 정자 채취 및 주입

- 미세적 부정소 정자 흡입술: 부정소 및 정관 내 정자이동 통로의 폐쇄로 인하여 정자가 사출되지 않아 무정자증의 증상을 나타내는 환자 또는 비정상적인 정액성분으로 사출된 정자의 심각한 운동성 저하현상이 나타나는 환자의 경우에 적용된다. 부정소에 저장되어있는 정자를 미세적 수술을 통해 흡입하여 체외수정을 시키는 방법이다.
- 정소조직 정자 채취술: 비정상적인 내분비, 질병, 유전적 원인 등 선천성 또는 후천성원인으로 정소 내 정자생성에 근원적인 문제가 있거나, 부정소로부터 정자채취가 불가능한 경우, 정소조직 일부를 떼어 내어 정자를 추출해 내는 방법이다.
- 난자세포질 내 정자 주입술: 고배율의 현미경에 부착된 미세조작기구(micromanipulator)를 이용하여 인위적으로 1마리의 정자를 난자의 세포질 내에 직접 주입함으로써 수정을 유도하는 체외수정방법이다(그림 7.19).

정자의 수나 운동능력이 미약한 경우, 체외수정을 시켜도 난자의 외막이 너무 두껍거나 항정자항체가 많아 수정이 안되는 경우, 수정실패 또는 수정률이 낮은 경우, 항정자항체의 역가가 높아 정상적인 체외수정이 불가능한 경우 이 방법으로 거의 치료가 가능하게 되었다.

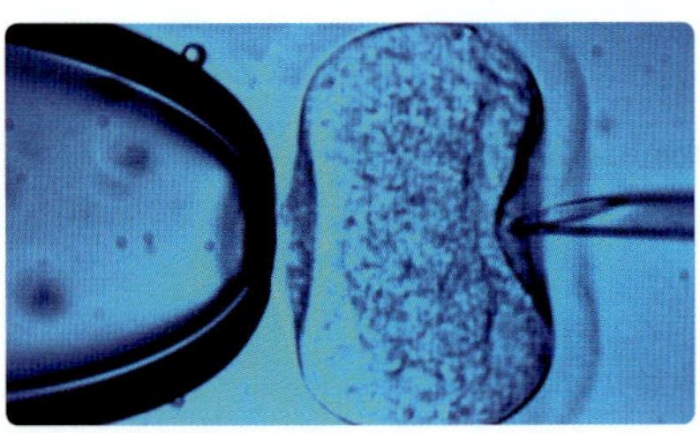
그림 7.19 난자 세포질 내 정자 직접 주입술.

(3) 동결보존

정자나 난자와 같은 세포를 −196℃의 액체질소(liquid nitrogen; LN2)에 노출하여도 세포 내에 결정형성(ice crystal formation)이 이루어지지 않아 세포의 손상이 적고 젤(gel)과 같은 상태를 유지하는 유리화 동결방법을 사용한다. 방법이 단순하고 동결에 소요되는 시간이 매우 적다.

- 정자은행: 정자를 채취한 뒤 냉동 보존액과 혼합하여 작은 용기에 넣고 −196℃의 액체질소탱크 속에 냉동시켜 보관하였다가 필요할 때 녹여 인공수정에 이용하는 방법이다. 냉동정자는 다음과 같은 장점이 있다.
  - · 정자 동결보존 후 공여자 검진으로 AIDS 감염 예방(AIDS가 유전의 가능성이 있다고 보고 미리 예방할 수 있음)
  - · 배란시기에 맞추어 시간적 공간적으로 선택가능
  - · 유사한 특성 혹은 적합한 혈액형의 선택가능(즉시 받아서 쓰는 것과는 달리 여러 개를 보고 골라 쓸 수 있음)
  - · 정관절제술이나 방사선치료 등의 정자형성에 장애를 초래할 수 있는 수술이나 치료에 앞서 정자의 보관
  - · 배란주기가 불규칙한 여성에게 반복수정이 가능
- 난자은행 : 수정되지 않은 난자의 상태로 냉동 보존하는 방법으로, 필요한 시기에 해동하여 시험관 아기의 과정과 같이 체외수정을 유도한 후 이식하여 임신을 가능하게 하는 방법이다.
- 수정란 동결보존: 보조생식술을 통해 이식하고 남은 여분의 수정란을 동결보존하는 것을 말한다. 만약 착상에 실패하였을 경우, 이들 동결수정란을 해동하여 이식하기 위한 예비적인 보존방법이다. 1회의 시술로 2회의 이식기회를 가질 수 있어 임신성공의 기회를 높일 수 있다.

(4) 정자와 난자의 제공

- 정자 제공: 인공수정 할 때 사용되는 정자가 누구의 것이냐에 따라 배우자간 인공수정(AIH)과 비배우자간 인공수정(AID)의 2가지가 있다. AI(Artificial Insemination)는 인공수정의 의미이고, H는 남편(husband)의 약자, D는 제공자(donner)의 약자이다.

  걱정되는 것은 남편이 아닌 남성의 정자를 받은 AID의 경우이다. 외국의 모 대학병원에서는 이미 1만명 이상의 부인이 이것을 받았다고 한다. 부부가 원만하게 생활하고 있을 때에는 문제가 없지만, 부부간에 틈이 생겨서 이혼소송이라도 간다면 어떻게 될까? 또 인공수정아가 어른이 되어 사랑한 상대가 형제자매일 가능성은 없을까 등등 문제는 대단히 복잡하다.
- 난자 제공: 다른 사람의 난자를 공여 받아 수정시켜 환자 자신의 자궁으로 이식하여 임신을 유도하는 방법을 말한다.

(5) 대리모

- 대리모란: 불임부부의 의뢰에 따라 제3의 여성에게 인공적으로 수정키거나 수정란을 이식하여 임신 및 출산하게 하는 방법이다.

  대리모임신은 대리출산(surrogate birth)이라고도 하며, 보수를 받고 대리로 임신·출산을 하여주는 제3의 여성을 대리모(surrogate mother)라고 한다. 대리모임신은 난자를 생산 못하는 여성이나 시험관임신에 실패한 불임여성을 위해서 하는 방법이다.
- 방법: ① 아내의 난자를 남편의 정자와 체외수정시켜서, 이 수정란을 대리모의 자궁에 이식하여 임신·출산시키는 경우 ② 난자를 생산 못해 임신능력이 없는 부인 대신, 정상적인 자궁을 가지고 있는 대리모의 난자에 남편의 정자를 인공수정시켜 임신하게 하는 경우가 있다.
- 대리모 방법이 성공한 예: ①의 경우는 1986년 미국에서 처음으로 출산한 예가 있다. 또 한국에서는 성공사례 3건이 1989년 처음으로 대한산부인과학회에 의해 발표되어 불임부부들의 비상한 관심을 모았다.

  ②의 경우 미국에서는 1976년부터 시행하였다. 그러나 1986년 미국에서 1만 달러를 받고 대리모 임신계약을 맺은 여성이 출산 후 상대방에게 출산아의 인도를 거부한 사건(베이비 M 사건)이 일어나 대리모계약 자체가 유효한가, 친권을 어느 쪽에 인정하여야 하는가 등을 둘러싸고 법적인 쟁점이 되었다. 물론 법원은 계약의 유효성을 인정하고 인공수정을 한 부친 쪽에 친권이 있다고 판결을 내렸으나, 그 판결에 대해서는 대리모계약은 법으로 금지하고 있는 매매에 해당되는 것이 아닌가, 그리고 여성을 아이 낳는 노예로 만드는 것이 아닌가라는 의견이 제기되었다.

7.5.4. 불임의 예방법

1) 남성의 불임예방수칙

- 금연(정소에 영향을 끼쳐 정자의 활동성에 좋지 않은 영향 끼친다.)
- 과음 삼가(임신 가능성을 높이기 위해서 과도한 음주는 삼가야 한다.)
- 고온의 환경을 피하기(뜨거운 사우나를 자주 하거나 찬 곳에 오래 앉아 있는 습관은 정자의 생식력을 떨어뜨릴 수 있고, 몸에 꽉 끼는 속옷도 좋지 않다.)
- 나이에 유념(나이가 들수록 정자의 수정 능력도 떨어지기 때문에 너무 늦기 전에 출산계획을 세우는 것이 좋다.)
- 성병에 주의(성병을 제대로 치료하지 않으면 염증이나 병균이 생식 기능을 약화시킬 수 있다.)

2) 여성의 불임예방수칙

- 나이에 유념(노화와 함께 난자의 질도 떨어진다는 사실에 유념해야 한다).
- 금연(담배의 독성 물질은 배란에 이상을 주고, 난자의 질을 떨어뜨린다).
- 적정 체중을 유지(너무 뚱뚱해도 말라도 배란 장애를 일으킬 수 있다).
- 성병에 주의(성병으로 생긴 염증이 난관까지 퍼져 난관이 막힐 수 있다).
- 조기검진으로 불임의 원인을 치료(미혼여성이라도 산부인과 진찰을 1년에 1회 정도는 받는 것이 좋고, 특히 생리주기가 불규칙하거나 생리통이 심하면 반드시 빠른 시일 내에 진찰을 받을 것이 좋다).

3) 기타

그 외의 불임예방을 위한 수칙은 표 7.6과 같다.

표 7.6 불임예방을 위한 그 외의 예방 수칙들(목영자, 1986)

항목	설명
성의 올바른 이해	• 대개는 결혼을 하면 자연적으로 알게 되는 것이라고 믿게 되는 것이 보통이지만, 결혼기가 되면 부모님이나 산부인과의 등을 찾아가서 성에 대한 지식을 배움
건강검진	• 결혼을 하기 전에 의사가 발행한 남성과 여성의 임신 건강진단서를 교환하는 것이 궁합이나 사주를 보는 것 보다 좋음
사춘기의 성교육	• 자녀가 사춘기에 이르면 자녀의 생리에 대해서 특별한 관심을 가지고 올바른 성교육을 함
청결한 부부 생활	• 부부가 서로 생식기를 깨끗하게 하여 염증이 생기지 않도록 함
첫 임신은 낙태하지 말 것	• 첫 번째 임신은 절대로 낙태를 하지 않음
출산 후의 주의	• 산후조리를 잘 하지 않으면 불임의 원인이 되는 수가 있음

제 8 장

중간 평가

제1장 성의 탄생과 진화

1.1 무성생식과 유성생식의 가장 근본적인 차이점은?

① 자손의 수
② 환경에 대한 적응능력
③ 어미의 염색체 수 변화
④ 암수 생식세포의 형성 여부
⑤ 어버이 형질의 유전 여부

1.2 유성생식은 무성생식에 비해 어떤 면에서 진화에 유리한가?

① 유전자의 보존이 가능하다.
② 발생 과정에서 양분 공급이 필요하지 않다.
③ 자손을 더 많이 번식시킬 수 있다.
④ 세포분열이 왕성하여 성장속도가 빠르다.
⑤ 유전자의 재조합이 일어나 다양한 형질의 자손이 나타난다.

1.3 유성생식을 하는 생물에게 유리한 점이 아닌 것은?

① 적자생존이 일어날 수 있다.
② 우수한 유전자만이 전달될 수 있다.
③ 진화가 가속화될 수 있다.
④ 유전적 다양함을 만들어 낼 수 있다.
⑤ 개체변이의 양이 증가할 수 있다.

1.4 유성생식의 불리한 점과 유리한 점은?

1.5 아글리아스나비의 경우, 같은 종 안에서도 날개 색이 다름으로서 유리한 점은?

1.6 암수한몸인 생물도 가능한 한 다른 개체와 수정을 하고, 사람도 근친결혼을 피하려고 하는 이유는?

① 자가수정을 하거나 근친결혼으로 태어난 자손은 새로운 돌연변이가 탄생될 수 있으므로
② 우수한 유전자를 전달할 수 없으므로
③ 유전적 조합의 단순화로 인하여 결함이 있는 인자끼리 결합하여 더 나쁜 결함이 있는 자손이 태어날 수 있으므로
④ 유전적 조합을 잘 이루지 못하여 유전적 결함이 있는 자손이 태어날 수 있으므로

1.7 근친결혼을 방지하므로서 얻는 유리한 점은?

1.8 지금처럼 다양한 생물이 존재하게 된 원천은?

1.9 번식이외 성의 역할 2가지는?

제2장 번식의 지혜

2.1 시각적으로 짝을 찾는 동물은?

① 코끼리 ② 침팬지 ③ 거문고새
④ 누에나방 ⑤ 거미

2.2 동물이 짝을 만나기 위해 소통하는 방법 중 시각 이외의 방법 3가지는?

2.3 성페로몬을 통하여 짝을 찾는 동물은?

① 누에나방, 잭슨새 ② 위버트(새), 바우어버드(새)
③ 거문고새, 침팬지 ④ 누에나방, 바퀴벌레
⑤ 코끼리, 바퀴벌레

2.4 동물들의 번식시기에 영향을 미치는 환경요인 3가지는?

2.5 동물들 중 수컷들이 발정기에 힘겨루기를 하는 이유는?

① 암컷을 차지하기 위해 ② 힘을 과시하기 위해
③ 자신의 유전자를 퍼트리기 위해 ④ 싸움이 아니라 친밀도를 나타내기 위해

제3장 성의 결정과 이상

3.1 동물의 성이 결정되는 방법에 관한 설명으로 틀린 것은?

① 악어 알은 부화할 때 주변 온도가 높으면 몸집이 큰 수컷이 된다.
② 여왕벌이 정자와 수정을 시켜 알을 낳으면 암컷이 되고 수정시키지 않으면 큰 수컷이 된다.
③ 따개비는 긴 음경을 이용해 주변의 이웃따개비와 타가수정을 한다.
④ 보넬리아의 새끼는 큰 것에게 먹히면 암컷이 되고 먹히지 않으면 수컷으로 성장한다.
⑤ 바다거북의 알은 부화할 때 주변 온도가 높으면 몸집이 큰 암컷이 된다.

3.2 사람의 유전자에 관한 설명으로 틀린 것은?

① 사람은 23쌍의 상염색체와 1쌍의 성염색체로 모두 24쌍이다.
② 성염색체가 정상인 경우, 남자는 XY이고 여자는 XX로 되어있다.
③ 정상적일 경우, 사람의 정자는 X염색체와 Y염색체를 가진 2종류가 있다.
④ 생물의 종류가 다르면 염색체의 수도 다르다.

3.3 사람의 경우 정상적인 성염색체를 가진 정자와 난자로 태아의 성이 결정되는 원리는?

3.4 다음 중 성염색체의 이상으로 생기는 증후군이 아닌 것은?

① 클라인펠터 증후군 ② 다운 증후군
③ 터너 증후군 ④ 여성성염색체 이상 증후군(XXX 증후군)

3.5 터너 증후군에 관한 설명으로 틀린 것은?

① X염색체를 가진 난자와 성염색체가 없는(O) 정자가 수정한 결과이다.
② 자궁의 발달이 나쁘고 무월경으로 불임이다.
③ 발육부전의 난소 때문에 외부생식기는 어린아이와 같다.
④ 유방이나 2차성 특징이 나타나지 못한다.
⑤ 염색체 수는 46개의 여성이다.

3.6 성 발달에 이상이 생기는 요인 3가지는?

제4장 생식기관과 생식세포

4.1 생식기관의 발생에 관한 설명으로 틀린 것은?

① 외부생식기는 수정 후 발생초기부터 남녀가 구분된다.
② 뮬러관 억제호르몬은 뮬러관의 발달을 억제하여 질, 자궁, 난관궁으로 분화되는 것을 막는다.
③ 남성호르몬은 울프관에 작용하여 부정소, 정관 및 정낭의 발달을 촉진한다.
④ 정상적인 Y염색체가 없으면 음핵이 생긴다.
⑤ 미분화생식소가 정소로 발달하는 데는 안드로겐이 필요하다.

4.2 정소의 역할 2가지는?

4.3 남성 생식기관에서 정자가 만들어지는 장소는?

① 요도구선 ② 전립선 ③ 세정관
④ 수정관 ⑤ 정낭

4.4 남자의 체내에서 정자의 이동 경로는?

세정관 → ( ) → ( ) → ( ) → 요도

4.5 난소의 역할 두 가지는?

4.6 생식기관에 관한 설명으로 틀린 것은?

① 정소(고환)는 정자를 생산하고 남성호르몬을 분비하는 기관이다.
② 전립선은 방광 아래에 위치하며 정낭과 같이 정액을 만드는 곳이다
③ 자궁은 질과 연결되어 있다.
④ 난관은 자궁의 좌우에 있으며 난자가 될 세포가 들어있다.
⑤ 요도구선(쿠퍼선)은 정자가 요도를 지나갈 수 있도록 분비물을 만든다.

4.7 좌우 소음순 사이에 있는 작은 돌기 모양의 (   )은 남성의 음경에 해당하며, 신경조직이 발달되어 있어 매우 민감한 조직이며 혈관의 분포가 많다.

4.8 다음 설명 중 틀린 것은?

① 난소에서는 난포호르몬(에스트로겐)과 황체호르몬(프로게스테론)이 생산된다.
② 자궁은 배아의 발생과 성장 출생에 이를 때까지 머무는 장소이다.
③ 질분비물은 자궁경부 점액으로만 이루어진다.
④ 소음순은 음핵을 부분적으로 덮고 음핵표피와 회음부로 연결되어있다.
⑤ 대음순은 남성의 음경과 동일한 원기에서 발생된다.

4.9 난자의 이동 경로는?

난소 → (   ) → (   ) → (   ) → 체외

4.10 난자는 여성 체내에서 보통 얼마간 생존할 수 있는가?

제5장 성호르몬과 월경

5.1 월경 중에 성행위를 하면 질병에 감염되기 쉬운 이유는?

5.2 자궁 내벽의 두께를 결정짓는 호르몬 2가지는?

5.3 월경기간 중 성관계를 하면 절대로 임신되지 않는가?

5.4 월경기간 중 자궁점막의 두께가 감소하는 원인을 바르게 나타낸 것은?

① 태반형성과 황체 퇴화 방지
② 황체성숙과 난포호르몬의 분비량 증가
③ 난포 퇴화와 황체호르몬의 분비량 감소
④ 황체 퇴화와 황체호르몬의 분비량 감소
⑤ 황체 퇴화와 황체형성호르몬의 분비량 증가

5.5 월경주기에 관한 설명으로 올바른 것은?

① 월경주기는 월경기, 난포기(증식기), 배란기, 황체기로 구분할 수 있다.
② 배란기의 특징으로 체온이 평상시보다 낮아지며 체중도 줄어든다.
③ 황체에서 난포호르몬이 분비된다.
④ 난포기는 배란과 월경사이의 시기를 말한다.
⑤ 월경 분비물은 3일간 정도 계속 나오고 그 후 곧 난포가 성숙하는 시기로 된다.

5.6 착상되면 분비량이 증가하는 호르몬은?

① 난포자극호르몬
② 난포호르몬
③ 황체호르몬
④ 황체형성호르몬, 난포호르몬
⑤ 황체호르몬, 황체형성호르몬

5.7 배란된 난자가 수정되어 착상되고 나면 월경은 중단된다. 이 때는 월경주기 중 어떤 상태일까?

① 월경기가 지속된다.
② 여포기가 지속된다.
③ 황체기가 지속된다.
④ 월경기가 짧아지고 난포기가 길어진다.
⑤ 황체기가 짧아지고 월경기가 길어진다.

5.8 월경을 시작하기 일주일전 정도부터 여성들은 대부분 긴장, 초조, 우울감 등을 비롯해 유방이나 복부가 부풀어 오르는 느낌을 가지는 경우가 있다. 이러한 현상을 무엇이라 하는가?

제6장 수정과 태아

6.1 수정이 일어나는 곳은 난관의 어느 부분인가?

6.2 수정란이 자궁에 착상하기에 적당한 모체의 상태는?

① 황체호르몬(프로게스테론)이 높은 농도로 유지되어야 한다.
② 난포(여포)가 성숙한 상태에 있어야 한다.
③ 난포호르몬(에스트로겐)의 농도가 최대치에 도달해야 한다.
④ 자궁 내벽이 두꺼워져야 한다.

6.3 쌍생아(twins)에 관한 설명으로 틀린 것은?

① 일란성 쌍생아는 수정된 1개의 난자가 난할 과정 중 초기 난할 단계에서 분리되거나 배발생 단계에서 둘로 이분되어 2개의 배가 성장하는 경우를 말한다.
② 이란성 쌍생아는 2개의 난자가 각각 수정되어 2개의 배가 발생되는 경우이다.
③ 쌍생아 발생은 크게 3가지의 경우, 즉, 이란성 쌍생아와 일란성 쌍생아, 샴쌍생아로 나눌 수 있다.
④ 일란성 쌍생아의 극히 일부는 장막과 양막이 1개, 즉 2개체의 배가 한 양막강 속에서 성장하는 경우가 있는데, 이런 경우의 신생아는 결합 기형체의 일종인 샴쌍둥이로 출생할 위험이 크다.
⑤ 일란성 쌍생아와 이란성 쌍생아 모두 반드시 성별이 같지는 않다.

6.4 X정자에 관한 설명을 틀린 것은?

① 산성에서 활발하다. ② 수명은 2~3일 정도로 길다.
③ 이동 속도가 느리다. ④ 수명은 하루 정도로 짧다.

6.5 X정자가 수정될 확률이 높은 경우는?

① 배란 당일 성교를 한다.
② 얕게 삽입한 상태에서 사정한다.
③ 여성이 오르가즘을 느낀 뒤에 사정한다.
④ 남성은 팬티를 헐렁하게 입는다.

제7장 피임과 불임

7.1 질외사정법으로 피임을 했는데 실제로 피임이 잘 되지 않는 이유는?

7.2 콘돔 사용 시 주의점으로 틀린 것은?

① 성교 시 찢겨지거나 벗겨지면 정자가 질 속으로 들어 갈 수 있어서 피임에 실패 할 수 있다.
② 오래된 것은 재질이 변할 수 있으므로 제조 일자를 확인한다.
③ 여성의 질 윤활액의 분비가 극히 적을 때는 콘돔 사용이 어려워 질 수 있다.
④ 한번 사용했던 것을 다시 재사용해도 피임에 안전하다.

7.3 다음 중 피임 실패의 원인이 아닌 것은?

① 잘못된 피임 지식을 가지고 있어서
② 성감이 떨어진다고 피임을 기피하는 남성의 이기심 때문에
③ 한 가지 피임방법으로는 안심할 수 없기에 두 가지 피임방법을 병행해서
④ 자신의 입장을 밝히지 못하고 남성 의견에 따르는 여성의 수동성 때문에
⑤ 임신의 주체가 여성이기 때문에 임신의 책임은 당연히 여성에게 있다고 생각하는 남녀의 잘못된 생각 때문에

7.4 다음은 콘돔의 사용법이다. 올바른 순서대로 배열하면?

① 발기한 음경에 끼운다.
② 사정 후 빨리 콘돔입구를 잡고 질 밖으로 빼낸다.
③ 콘돔 끝에 있는 정액받이 주머니를 비틀어서 공기를 뺀다.
④ 말려 있는 콘돔입구를 손으로 잡고 펴서 음경 끝까지 끼운다.

7.5 정관절제수술에 관한 설명으로 올바른 것은?

① 수술 한번으로 피임의 효과는 지속된다.
② 이 수술 후에는 남성호르몬이 감소하고 성욕이 떨어진다.
③ 이 수술 후에는 정자 생산을 하지 않는다.
④ 이 수술 직후부터 성교를 하여도 피임이 100% 가능하다.

7.6 먹는 피임제에 관한 설명으로 틀린 것은?

① 피임제는 28일이 한 주기이며 보통 21일 먹고 7일 쉰다.
② 다른 약과 같이 복용하여도 효과는 떨어지지 않는다.
③ 여성호르몬을 이용한 피임법이다.
④ 약을 먹지 않는 7일 동안에는 생리도 한다.

7.7 응급피임제에 관한 설명으로 올바른 것은?

① 난자와 정자의 수정을 방해한다. ② 난자의 생성을 억제한다.
③ 정자를 죽인다. ④ 수정란 착상을 못하게 한다.

7.8 여성의 나이가 많으면 임신율이 떨어지는 이유는?

7.9 남성불임의 대부분을 차지하고 있는 희소정자증이나 무정자증 환자를 대상으로 1개의 난자에 한 마리의 정자를 직접 찔러 넣어 수정을 인위적으로 유도하는 방법으로 남성의 불임 극복에 획기적인 전기를 마련한 수술을 나타내는 용어는?

해답

제1장 성의 탄생과 진화

1.1. ④. 풀이: ④ 무성생식에는 대략 이분법이나 출아법 영양생식 등이 있는데 이것들은 암수 생식세포를 만들지는 않는다. 하지만 유성생식을 하는 종들은 암수가 각각 생식세포를 만들어서 이것이 수정을 하게 되는 것이다.

1.2 ⑤. 풀이: ① 무성생식도 유전자의 보존이 가능하다. ② 유성생식은 발생 과정에서 양분 공급이 필요하다. ③ 유성생식보다는 무성생식이 자손을 더 많이 번식시킬 수 있다. ④ 유성생식보다는 무성생식의 성장속도가 더 빠르다.

1.3 ②. 풀이: ② 유성생식은 우수한 유전자만 전달되는 것이 아니라 유전병과 같은 유전자도 전달하므로 나쁜 유전자도 전달된다.

1.4 불리한 점: 짝찾기에 에너지 소모, 희생, 투쟁.
유리한 점: 세대를 거쳐 가면서 종내 유전자의 다양화, 자손은 신제품(not same, nearly same), 따라서 적자생존에 유리

1.5 한 가지의 날개 색을 가지기 보다는 여러 색을 가지므로서 색에 따라 적에게 잡아먹히는 정도가 다르기 달라서 적자생존할 수 있으므로 그 종이 멸종하는 것을 방지할 수 있다.

1.6 ③

1.7 유전적 결함이 있는 인자(잠재)끼리 결합하여 더 나쁜 유전적 결함이 있는 자손이 태어날 수 있는 것(나타남)을 방지할 수 있다.

1.8 유성생식을 통한 자손은 (유전인자가 섞이므로) 절대로 부모와 같지 않기 때문에 종내 유전자 다양성이 나타나고 오랜 기간동안 각자가 다른 환경에 적응하여 다른 종으로 분화할 수 있으므로 다양한 생물이 생겨나게 되었다.

1.9 ① 긴장의 해소되고 ② 자기만족(기쁨)을 얻음 ③ 협동으로 일의 능률성 향상 ④ 서로간에 친밀감이 형성되어 종족의 질서유지에 도움

제2장 번식의 지혜

2.1 ②. 풀이: ① 코끼리는 소리로, ③ 거문고새는 시각으로, ④ 누에나방은 냄새로, ⑤ 거미는 진동으로 짝을 찾는다.

2.2 ① 청각 ② 후각 ③ 전기신호 등

2.3 ④. 풀이: 성페르몬이란 짝을 유혹하기위해 분비하는 냄새가 나는 물질이므로 후각적인 방법으로 짝을 찾는 동물을 찾으면 된다. 시각적 방법: 침팬지, 잭슨새, 위버트, 바우어버드. 청각적 방법: 거문고새, 코끼리, 혹등고래. 후각적 방법: 누에나방, 바퀴벌레

2.4 달주기, 태양주기(온도), 우기(비), 예외

2.5 ①, ③

제3장 성의 결정과 이상

3.1 ④. 풀이: ④ 보넬리아의 새끼는 큰 것에게 먹히면 수컷이 되고 큰 것은 암컷으로 되면 암컷의 생식기 주변에서 기생생활을 하며 살아가고 먹히지 않으면 그대로 암컷이 되어 성장한다.

3.2 ①. 풀이: ① 사람은 22쌍의 상염색체와 1쌍의 성염색체로 구성

3.3 X성염색체의 정자 + X성염색체의 난자 ⇒ 성염색체가 XX인 여아. Y성염색체의 정자 + X성염색체의 난자 ⇒ 성염색체가 XY인 남아

3.4 ②. 풀이: ② 다운증후군은 상염색체의 이상으로 상염색체의 21번이 3개가 있는 질환이다.

3.5 ⑤. 풀이: ⑤ 상염색체 수는 이상이 없으나 성염색체 수에서 1개가 결손되어 XO 형태를 나타내므로 염색체 수는 45개이다.

3.6 ① 유전자 이상 ② 성호르몬의 이상 ③ 뇌의 이상

제4장 생식기관과 생식세포

4.1 ①. 풀이: ① 미분화생식소가 난소로 형성되기 시작하는 시기는 임신 7주경이다.

4.2 ① 정자 생산 ② 성호르몬의 생산

4.3 ③

4.4 세정관 → (부정소) → (정관) → (사정관) → 요도

4.5 ①. 난자의 성숙과 배란(난자의 생산은 틀림), ② 호르몬 생산

4.6 ④. 풀이: ④ 보기의 설명은 난관이 아니고 난소에 대한 설명이다.

4.7 음핵

4.8 ③. 풀이: ③ 질 분비물의 일부는 자궁경부 점액으로 이루어지지만 일부는 질 점막 자체나 질입구 바깥 아래의 바르톨린선에서도 나온다. ⑤ 대음순은 남성의 음낭과 동일한 원기에서 발생하였고 여성의 음핵이 남성의 음경과 동일한 원기에서 발생하였다.

4.9 난소 → (난관) → (자궁) → (질) → 체외

4.10 1일

제5장 성호르몬과 월경

5.1 질 안에 낙산균(락토바실리)이 공생하고 있다. 이 균은 질 안으로 들어오는 글리코겐을 젖산으로 바꿔 준다. 즉 질 안에 강한 산성을 유지시켜 병균으로부터의 감염을 막아주는 것이다. 그러나 월경 때는 질 내부가 일시적으로 중성이 된다. 그러므로 월경 때에는 방어력이 약해진 상태이기 때문에 염증을 일으키거나 감염될 확률이 높아져 위생적으로 좋지 않은 영향을 미친다. 따라서 월경 중에는 성교를 피해 질을 병균으로부터 보호해야 한다.

5.2 ① 난포호르몬(에스트로겐) ② 황체호르몬(프로게스테론)

5.3 이론상으로는 수정된 난자가 내려오지 않아 월경이라는 현상이 있어나므로 월경 중의 성관계로 임신은 되지 않아야 한다. 하지만 여성의 생리는 심리적인 요인과도 밀접한 연관이 있어서 불규칙적인 월경주기로 인하여 극히 드물게 월경 중에 배란이 될 수 있으므로 임신 임신확률이 떨어질지는 몰라도 임신이 전혀 안 되는 건 아니다. 임신확률이 떨어진다 할지라도 월경기간 중 성관계는 피해야 한다.

5.4 ④

5.5 ①, ⑤. 풀이: ② 배란기의 체온은 평상시보다 높아지며 가슴이 팽대되고 몸의 수분을 정체시키기 때문에 체중도 약간 늘어난다. ③ 황체에서는 황체호르몬이 분비된다. ④ 난포기는 배란전의 시기에 일어나며 배란전기라고도 한다.

5.6 ③

5.7 ③

5.8 월경전 증후군

제6장 수정과 태아

6.1 난관의 끝(상부)에서 1/3 지점 사이

6.2 ①, ④. 풀이: ② 난포가 성숙한 상태로 있는 시기는 난포기, 즉 배란전이다. 난포자극호르몬이 난포를 자극하여 난포가 성숙되면 성숙한 난포에서는 난포호르몬(에스트로겐)이 분비된다. ③ 난포호르몬(에스트로겐)의 농도가 최대치가 되는 시기는 난포기의 끝, 배란 직전이 된다. 이때에는 황체형성호르몬(LH)의 분비량이 갑자기 증가하기 시작하면서 난포는 최대로 성숙해지고, 난자는 막 배란되려는 순간이 된다.

6.3 ③, ⑤. 풀이: ③ 샴쌍생아는 일란성 쌍생아로서 신체의 일부가 붙은 경우이다. ⑤ 이란성 쌍생아의 성별은 다를 수 있지만 일란성 쌍생아의 성별은 반드시 같다.

6.4 ④. 풀이: X정자의 수명은 3–5일 정도로 길다.

6.5 ②. 풀이: ① 배란 당일의 질 내는 알칼리성으로 변하므로 Y정자의 수정률이 높아진다. ③ 여성이 오르가즘을 느낀 뒤에는 알칼리성 물질이 분비되므로 Y정자의 수정율이 높아진다. ④ 남성의 헐렁한 팬티는 정소를 시원하게 하므로 Y정자의 생성이 많아지므로 Y정자의 수정율이 높아진다.

제7장 피임과 불임

7.1 사정하기 이전에 흥분하면 요도구선에서 나오는 점액에 정자가 포함되어 있을 수 있기 때문

7.2 ④. 풀이: 한번 사용했던 콘돔은 재사용하기 매우 부편할 뿐만 아니라 찢어질 위험이 높으므로 재사용하지 않아야 한다.

7.3 ③. 풀이: ③ 정관이나 난관 절제수술을 받지 않는 한 100% 피임을 원한다면 한 가지 피임방법으로는 안심할 수 없기에 두 가지 피임방법을 병행하는 것이 좋다.

7.4 ③ → ① → ④ → ②

7.5 ①. 풀이: ② 수술 후에도 남성호르몬은 변함없이 생산된다. ③ 수술 후에도 정자 생산은 계속된다. ④ 수술 후에도 정관에 정자가 남아 있으므로 적어도 3개월 후부터 피임이 가능하다.

7.6 ②. 풀이: ② 다른 약과 같이 복용하면 피임효과가 떨어진다.

7.7 ④. 풀이: ① 수정을 방해하는 것은 아니다. 그 후의 일이다. ② 난자의 생성을 억제하는 것은 아니다. 그 후의 일이다. ③ 정자를 죽이는 것은 아니다. 그 후의 일이다.

7.8 제한된 숫자의 난자를 가지고 태어나는 여성들은 노화와 함께 난자도 늙기 때문에 난자의 질도 떨어지기 때문이다.

7.9 난자 세포질 내 정자(직접) 주입술

제 3 부

Science and Esthetics of Sex

즐거운 성

제9장 사랑과 성욕

제10장 성행위

제11장 성생활

성행위란 남녀 간의 사랑에 대한 여러 표현 방식 중 한 가지로 사랑에 대한 소통이다. 사랑하는 사람과의 섹스는 정신적 육체적 교감이고, 이 즐거움을 맛보기 이해 끊임 없이 노력한다. 성욕은 유전자 속에 들어 있어서 본능이라고 한다. 성행위가 자손을 낳기 위한 것 뿐이고 쾌감이 동반되지 않는다면 누가 그렇게 열심히 할까? 여기서는 사랑과 성욕, 성행위, 성생활을 다룬다.

제 9 장

사랑과 성욕

학습목표

1. 사랑과 성욕에 대한 남녀의 차이를 설명할 수 있다.
2. 올바른 성의 개념을 설명할 수 있다.
3. 성욕에 대한 올바른 대처방법을 말할 수 있다.
4. 성 환상에 대한 올바른 대처 방법을 설명할 수 있다.
5. 성관계를 갖기 전에 고려해야 할 사항을 설명할 수 있다.
6. 몽정과 수면중절정감에 대한 올바른 인식을 설명할 수 있다.
7. 자위행위에 대한 올바른 인식을 설명할 수 있다.

9.1. 사랑의 시작

사랑을 느끼는 데에는 얼마나 시간이 얼마나 걸릴까? 통계적으로 사람은 90초에서 4분 사이에 상대에게 끌리게 된다고 한다. 상대를 사로잡는 지름길은 눈을 쳐다보는 것이다. 전혀 모르는 남녀에게 상대방의 프로필을 알려주고, 4분 동안 서로 눈을 보게 하는 실험만으로도 남녀는 금세 사랑에 빠져 결혼에 골인하기도 한다(그림 9.1.)

이 사랑의 쾌감을 만드는 물질은 뇌에서 분비되어 몸 전체에 영향을 미친다. 사랑할 때 얼굴이 붉어지고, 가슴이 뛰고, 안절부절못하고, 잠 못 이루고, 식욕이 떨어지는 것도 이 때문이다.

그림 9.1 남녀 사랑의 시작.

9.1.1. 사랑과 뇌의 반응

과학이 마음의 신비를 한 꺼풀씩 벗겨내면서 사랑을 관장하는 기관은 마음도 성기도 아닌 '뇌'란 사실이 밝혀지고 있다. 한마디로 말

그림 9.2 사랑에 빠진 연인.

해 사랑의 쾌감은 뇌의 화학반응이다. 실제로 사랑에 빠진 사람의 뇌는 마약에 도취했을 때와 똑같이 작동한다(그림 9.2).

헬렌 피셔 교수(미국 럿거스대)는 사랑에 빠진 연인들의 뇌 활동을 연구해 왔다. 오랜 연구 끝에 그는 남녀간의 사랑이 갈망 → 끌림 → 애착의 3단계를 거치며, 단계마다 뇌에서 분비되는 물질도 다르다는 사실을 밝혀냈다(http://www.dongascience.com).

사랑의 첫 단계는 갈망(lust)이다. 이 단계의 성욕은 테스토스테론과 난포호르몬이 만들어낸다. 그러나 사랑이 지속되려면 단순히 욕망의 분출에서 끝나지 않고 상대와 사랑에 빠지는 끌림(attraction)의 단계가 필요하다. 이 단계에서 연인들은 식욕을 잃고 밤을 지새우며 낮에도 온통 연인 생각뿐이다. 이 단계를 지배하는 물질은 도파민, 아드레날린, 세로토닌이다. 아드레날린은 심장을 뛰게 하고 땀이 나게 한다. 세로토닌은 사랑에서 가장 중요한 물질로 일시적으로 눈에 콩깍지가 끼도록 한다.

다음은 애착(attachment)의 단계이다. 관계가 계속되어 더욱 밀착되기를 원하고 결혼으로 발전한다. 이때 뇌에서는 옥시토신과 바소프레신이 분비된다. 옥시토신은 출산이나 수유 때도 나오며 엄마와 아기의 결합력을 공고히 한다. 또 섹스 때도 나와 자주 섹스를 할수록 결합은 깊어진다. 실제로 들쥐에게 옥시토신을 주사하면 강한 애착 행동을 보인다.

세미르 제키 교수(런던칼리지대)는 6~12개월 사이에 사랑에 빠진 대학생 17명의 뇌 활동을 분석했다. 이들은 뇌의 네 군데가 활성화되었다. 마약에 도취된 사람의 뇌도 똑같이 네군데가 활성화되었다(http://www.dongascience.com). 노라 볼코 박사(미국 브룩헤이븐국립연구소)도 "마약 중독자와 사랑에 빠진 사람의 뇌 활동은 놀라울 정도로 비슷하다"며 "사랑에 빠진 사람이 연인이 없으면 슬퍼하며 탄식하는 것은 중독자에게 마약을 주지 않을 때와 비슷한 현상이다"고 말한다.

로버트 프라이어 교수(미시간대)는 "사랑에 빠졌을 때 분비되는 세로토닌 등은 상대의 결점을 인식하지 못하게 해 사람을 눈멀게 만든다"며 "이때가 되면 뇌에서 호르몬이 마구 쏟아져 나오므로 주변에서 아무리 얘기해도 소용이 없다"고 말한다. 하지만 이들 호르몬의 농도가 높게 유지되는 것은 2년 정도이다. 따라서 4~5년이 지나면 효과가 없어진다.

9.1.2. 사랑의 유형

사랑이란 상대방에 대한 열정이 아니고 행동양식이다. 그 행동양식은 상대방에게 행복을 촉진시킬 수 있어야 한다. 사랑이란 남을 수용하고 자기를 수용하는 것으로, 자

표 9.1 사랑의 단계에 따라 뇌에서 분비되는 물질(윤성규, 2010)

단계	성적 욕구	분비물질	기능
갈망	• 욕망의 분출	테스토스테론	• 적극성 유도함
		난포호르몬	• 낭만적 감정 자극함
끌림	• 식욕을 잃음 • 불면의 밤 • 온통 연인 생각뿐	도파민	• 쾌감을 느끼게 함(니코틴이나 코카인의 의해서도 활성화)
		아드레날린	• 심장을 뛰게 하고 땀이 나게 함
		세로토닌	• 사랑에서 가장 중요한 화학물질로 사람을 일시적으로 들뜨게 함
애착	• 관계의 지속 원함 • 더욱 밀착되기 원함 • 결혼으로 발전 • 관계의 지속 원함 • 더욱 밀착되기 원함 • 결혼으로 발전	옥시토신	• 출산이나 수유 때 분비되며 엄마와 아기의 결합력을 공고히 함
		바소프레신	• 성교할 때 분비되고 자주 할수록 잘 분비됨

신이 무언가를 상실한다는 생각없이 남에게 해줄 수 있을 때 가능하다. 사랑의 유형에는 6가지가 있으며 그 특징은 표 9.2와 같다.

나는 어떤 사랑의 유형을 원하는가? 추구하는 사랑의 유형은 상황과 나이에 따라 달라진다.

9.1.3. 사랑의 3요소

'사랑의 삼각형 이론'에 의하면, 열정, 친밀감, 책임감이 조화롭고 균형을 이룰 때 가장 이상적이고 지속된 사랑을 할 수 있다고 한다(그림 9.3). '사랑의 삼각형'의 세 부분이 같은 크기일 때 가장 바람직한 사랑이라 할 수 있다. 또한 3가지 요소가 많을수록 삼각형은 더 커지고 사랑도 더 크고 깊어지는 것이다.

1) 열정

열정은 신체적 매력을 느끼거나, 낭만적인 감정이 일어나거나, 성욕과 소유하고 싶은 감정과 관련된 요소로서 사랑의 초기 단계에 나타난다. 성욕의 대부분은 열정에서 주된 역할을 하지만 다른 욕구들, 가령 친애욕구, 지배욕구, 복종욕구, 자기실현욕구 등도 열정을 불러일으키는 데 중요한 역할을 한다.

표 9.2 사랑의 유형

유형	사랑하는 방식
아가페(agape)	• 사심 없이 지속적이며 이타적인 사랑
스토르게(storge)	• 우정에 기초한 사랑 또는 친구 사이의 다정한 사랑
프라그마(pragma)	• 실제적이고 계산적인 사랑(비용과 혜택)
에로스(eros)	• 감각적이고 성적인 사랑
루더스(ludus)	• 유희적이고 장난스러우며 부담없는 사랑
매니아(mania)	• 질투, 시샘, 방어적이고 배타성이 있는 열정적이고 뜨거운 사랑

2) 친밀감

친밀감은 무엇인가 연관이 있으며 서로 밀접하게 맺어져 있다는 느낌으로 사랑의 두 번째 단계에서 나타난다. 사랑할 때 느끼는 따뜻한 감정이다. 친밀감은 교제기간 보다는 관계의 질과 더 밀접한 관련이 있다(김혜숙, 1995). 친밀감이 형성되는 기본요소는 다음과 같다.

- 유사성이다. 흥미나 행동, 태도에 있어서의 유사성과 공통성이다.
- 상호성(reciprocity)이다. 상호간의 '신뢰감'에 바탕을 둔 것으로 서로 도와주거나 지지해 주는 행동이다. 서로 의견이나 행동을 이해하고 격려하거나 너그럽게 받아들이는 자세를 말한다.
- 양립가능성(compatability)이다. 별다른 다툼이나 갈등없이 잘 어울려 지낼 수 있는

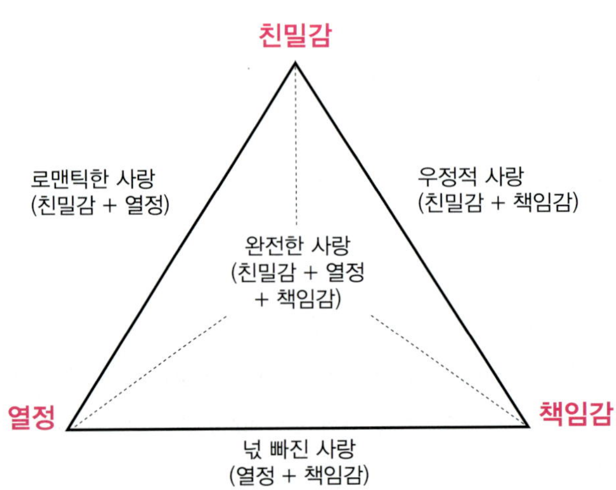

그림 9.3 사랑의 3요소를 나타내는 삼각형.

측면을 가리킨다. 즉, 서로간에 편안한 마음자세로 상호관계를 맺을 수도 있고 또 좋아하는 정도를 나타낸다.

- 구조적이다. 교제의 질적인 문제와는 상관없이 살고 있는 지역의 근접성, 교제해 온 기간, 교제로 인한 유익성, 편리성 등이다.
- 역할 모델이다. 상대방을 나 자신의 행동에 대한 모델로 삼는 측면이다. 그리하여 이성이 보여주는 이상적인 행동과 태도 등을 말한다.
- 기타로 위 다섯가지에 속하지 않는 가령 신체적 특징이나 매력, 사회 경제적 지위, 성격 등이다(http://www.momilk.co.kr).

3) 책임감

어떤 사람을 사랑하겠다는 결심과 그 사랑이 변하지 않고 지속시키기 위해 모든 것을 바치겠다는 책임(헌신적 의지)은 사랑의 세 번째 단계에서 나타난다. 책임감은 단기적 측면으로는 누구를 사랑하겠다는 약속이며, 장기적 측면으로는 그 사랑을 계속 지키겠다는 것이다. 이 두가지 측면들이 언제나 함께 하는 것은 아니다. 때로는 사랑하겠다는 약속이 그 사랑을 계속 지키겠다는 책임감을 수반하지 않을 때도 있다. 대개의 경우 약속이 책임감보다 선행하게 되는데, 그러나 때에 따라서 사랑하겠다는 약속은 없고 책임감만 있는 경우도 있다. 이것은 과거 우리나라에서 간단히 선만 보고 먼저 결혼한 후에 사랑은 그 다음에 생겨나게 되는 경우와 비슷한 현상이다(김중술, 1994).

9.1.4. 연애

1) 연애감정

일반적으로 연애감정은 성욕, 정복 욕구, 인격(퍼스낼리티, personality) 충족 욕구의 세 가지 요소로 구성된다고 한다(표 9.3). 성욕은 기본적 욕구의 하나이며, 정복 욕구는

표 9.3 연애감정의 구성요소

요소	특징
성욕	• 기본적 욕구
정복 욕구	• 정신적으로 또는 육체적으로 타인을 점유하고 지배함으로서 만족을 얻으려는 욕구
인격 충족 욕구	• 자신의 불충분함을 인식하고 거기에서 벗어나려고 할 때 생겨나는 것. 이상화할 수 있는 대상을 찾아 교류를 통하여 전 인격적인 융합을 기대하는 정서적 갈망

정신적으로 또는 육체적으로 타인을 점유하고 지배함으로서 만족을 얻으려는 것이다. 인격 충족 욕구는 자신의 불충분함을 인식하고 거기에서 벗어나려고 할 때 생겨나는 것으로서, 이상화할 수 있는 대상을 찾아 그와의 교류를 통하여 전 인격적인 융합을 기대하는 정서적 갈망인 것이다. 어떤 사람을 사랑하고 싶다는 욕구 뒤에는 자신의 부족감과 열등감 등이 다소 잠재해 있는 것으로 볼 수 있다(김혜숙, 1995).

2) 연애의 과정

스탕달의 연애론에서는 연애가 이루어지는 심리과정을 다음과 같이 묘사하고 있다.

첫째, 막연한 감탄을 한다.

둘째, 그 사람과 사귀게 되면 얼마나 좋을까라는 교제 욕망을 가지게 된다.

셋째, 상대의 아름다운 점을 찾아보고 과연 그러한가를 검토하게 된다.

넷째, 드디어 연애의 감정을 의식한다. 즉, 상대를 사랑하고 있다는 것을 느끼게 되며 또 사랑하는 사람의 장점을 상상하면서 만족과 즐거움을 느낀다.

다섯째, 사랑하는 상대의 여러가지 특징이 더욱 아름답고, 귀엽고, 멋있게 보이며 온 마음이 현혹된다.

여섯째, 이번에는 애정의 깊이에 대한 의혹 즉, 초기의 감탄이나 아름다움에 도취하는 단계에서 눈을 떠 진실로 자기가 상대로부터 사랑을 받고 있는가를 의심하게 된다. 그뿐 아니라 상대로부터 더욱 확실한 보증을 받으려고 신경을 쓴다.

일곱째, 상대가 확실히 자기를 사랑하고 있다는 확신을 하고 만족한다.

이러한 과정을 거치면서 참된 연애는 사랑하는 사람을 위해서 마음과 몸을 바쳐도 두렵지 않게 되고, 모든 희생을 무릅쓰고라도 상대를 존경하고 위하며 도우려고 하게 된다(김혜숙, 1995). 이러한 연애과정을 제대로 밟지 못하고 연애를 하나의 수단으로 또는 나 혼자만의 이기적이고 타산적인 생각에서 인위적으로 이끌어 간다면 자신은 물론이요 상대에게 심신 양면으로 회복할 수 없는 상처를 줄 것이다.

3) 연애를 계속 유지하기 위한 기법

연애가 깨지는 것을 피하기 위해서 연인들은 어떻게 해야 할까? 연애관계를 유지하는 데 긍적인 요소와 부정적인 요소는 다음과 같다.

(1) 긍정적인 요소

우정의 법칙에 대한 자료가 없기 때문에 성공적인 쌍들이 어떻게 상호작용하는가를 배우는 것이 도움이 될 수 있다. 일본에서 수백 명을 대상으로 한 연구들은 특정 행동

표 9.4 긍정적인 관계를 증진시키는 방법

행동	예
외모	• 자신을 아름답게 꾸밈. 그러나 미모를 이용하지는 않음
의사소통	• 판단을 섞지 않고 감정을 나타내는 직접적 표현을 사용 • 타당성과 보상이 있는 의견의 일치로 가까워지든지 반대로 설득시켜 의견 전향을 기대함
친밀	• 서로 믿음 • 사생활을 존중함
다른 사람과의 상호작용	• 파트너가 없는 자리에서 파트너를 지지 옹호함 • 파트너의 친구들에게도 관대함을 보여줌 • 다른 사람들에게 파트너를 비난하지 않음 • 서로의 비밀을 지켜줌
감정교환	• 파트너에 대한 칭찬을 아끼지 않음 • 격려해 주는 것에 대해 잊지 말고 호의를 베품 • 개방적이고 정직하며 솔직한 인간관계, 자기의 진정한 감정과 인상을 털어놓을 수 있는 관계를 추구 • 정서적 지지와 관심을 보여 줌 • 필요할 때 도움을 줌 • 함께 있을 때 상대방이 행복해 하도록 노력함 • 잔소리를 하지 않음 • 실수에 대해 솔직하게 인정하고 변명하지 않음

이 성공적인 우정을 이어간다는 것을 보여주었다(표 9.4).

최소한 15년 동안 결혼생활을 유지해 온 351쌍의 미국 부부들은 결혼생활의 성공 비밀이 우정, 유사성, 헌신 그리고 긍정적인 감정을 자주 유발시키는 데 바탕을 두었다고 하였다. 행복한 결혼생활은 단지 부부가 서로 사랑하고, 성격이 좋고, 운이 좋아 그렇게 된 것이 아니라 그 부부들이 서로 아끼고 보살피고 존중하는 마음이 있기 때문이다.

(2) 부정적인 요소

연애 초기에는 그럴 가능성이 없어 보였는데, 시간이 흐르면서 종종 무관심, 좋아하지 않음, 그리고 증오로까지 변한다. 시간이 흘러감에 따라 왜 연애가 실패할까? 이 질문에 대해서 세 가지의 일반적인 요소가 있다.

첫 번째는 비유사성이다. 연인들은 시간이 흘러가면서 서로를 더 잘 알게 되듯이 또한 많은 비유사성을 발견하게 된다. 유사성이 호감에 미치는 영향력의 중요성을 고려해 보면, 비유사성이 관계 유지에 얼마나 지장을 초래할 수 있는지를 알 수 있다. 관계 초기에는 열정적인 사랑으로 인한 강렬한 감정 때문에 논리적이고 이성적인 사고를 하지 못한다. 이것은 그들 두 사람이 얼마나 비슷한가를 솔직하게 평가하는 것을 어렵게 만든다. 깊이 빠지기 전에 서로에 대해서 가능한 한 많은 것을 아는 것이 매우 중요하다.

장기간 유지되는 관계에서 어려운 점은 서로 유사한 두 사람이라도 시간이 흐르면서 한 쪽 파트너가 변했는데 다른 파트너는 변하지 않고 그냥 있다면 서로 유사하지 않게 될 수 있다는 것이다. 이런 종류의 비유사성 문제를 피하기 위한 방법은 변화를 조화시키는 데 있다. 예를 들어, 한 사람이 새로운 직업에 종사하거나 교육을 더 받으려 하거나 또는 새로운 취미를 개발하려 한다면, 그 파트너는 그냥 물러나 있기보다는 적어도 함께 하려는 생각을 해야만 한다.

두 번째는 권태이다. 계속해서 똑같은 파트너와 만나면서 똑같은 일을 똑같은 방식으로 계속한다는 것은 서로에게 흥미를 떨어뜨리게 할 수 있다. 틀에 박힌 생활을 한다고 느낄 때 부정적인 감정이 일어난다. 그때 잘못하면 이런 권태감을 상대의 탓으로 돌리게 된다. 권태 문제를 해결하는 방법으로 새로운 취미나 교육활동 참가 등으로 발전시킬 수 있다. 일상생활(대화, 식사, 휴가, 섹스 등)을 하면서 커플들은 다양성의 중요성을 잘 알 것이다.

세 번째는 상대에 대한 부정적 평가이다. 부드러운 관계를 유지하는 데 가장 중요한 문제는 서로 긍정적인 평가를 한다는 것이다. 서로 간에 호감과 존중을 계속해서 표현함으로써 우정이 촉발되고 지속된다. 서로에게 비판을 하고 잔소리하며 단점을 들춰내는 식으로 대하기 시작하면 사랑이 식을 뿐만 아니라 친구가 되는 것조차도 어려울 수 있다. 연인이든 부부든 그들이 처음 데이트할 때만큼 친절하고 정중하며 칭찬을 계속한다면 훨씬 더 쉽게 긍정적인 관계를 유지할 것이다.

요약하면 비유사성, 권태, 그리고 부정적인 평가 등이 관계실패의 원인이다. 헤어짐의 고통을 피하려면 이 세 가지 요소를 명심하고 그렇게 되지 않도록 지속적인 노력을 기울여야 한다. 그 외에 피해야 할 화제들은 다음과 같다(표 9.5).

(3) 관계악화와 헤어짐

사랑이 영원하지 않다는 것을 알면서도 지금의 사랑은 다를 것이라 기대한다. 그래서 이별을 하고 또 사랑을 한다. 사랑하는 연인들 사이의 관계가 악화된다는 것은 매우 고통스런 일이다. 사랑은 시간이 흘러감에 따라 서서히 없어지기도 하고, 혹은 갑자기 식어버리기도 하며, 바람을 피우는 것과 같은 결정적인 사건 후에는 헤어지기도 한다.

두 사람의 관계에 대해서 의심이 계속될 때, 사랑은 줄어들고 갈등은 높아간다. 파트너들은 이 갈등에 능동적으로 혹은 수동적으로 반응할 수 있다. 능동적 반응들에는 관계를 끝내는 것(헤어짐)과 갈등을 개선하려는 적극적인 노력(표명) 등이 있으며, 수동적인 반응들에는 개선되기를 기다리거나(충절), 그냥 내버려 두어서 관계가 끝나도록 하는 것(방치) 등이 있다. 가장 건설적인 대안은 표명과 충절이다.

헤어짐은 파트너들이 서로 책임을 지지 않는다고 느꼈을 때 일어날 가능성이 크다. 서로의 관계를 유지시키는 것은 사랑이 아니라 책임감의 정도이다. 책임감이 강하더라도 여전히 실패할 가능성은 있다. 초기의 매력과 욕망은 장기간 보상을 줄 만큼 충분치 않을 수도 있으며, 새로운 다른 파트너가 더욱 바람직해 보일 수도 있다(표 9.6). 그리고 남성은 상대가 섹스를 거부하고 분위기만 찾으며 여성 자신에게만 열중한다고 불평을 하는 반면, 여성들은 상대가 자기 의견을 무시한 채 섹스를 요구하고 너무 남

표 9.5 연인 사이에서 피해야 할 화제들

화제	예
탓	• 너 때문이야!
관계준거	• 우리는 도대체 어떤 사이야?
관계의 상태	• 우리 서로 사랑하는 거 맞아?
이전 관계	• 옛날 친구는 어땠는데?
관계 외 행동	• 다른 사람을 사귀고 싶니?
갈등	• 우리는 서로 너무 달라!
부정적인 자기노출	• 난 ooo을 싫어해!

표 9.6 연애 진행단계에서 이로운 행동과 해로운 행동

진행단계	이로운 행동	해로운 행동
초기매력	• 가까이 있고 자주 만남 • 긍정적인 감정 • 강한 친화욕구	• 멀리 있고 자주 못 만남 • 부정적 감정 • 약한 친화욕구
관계형성	• 신체, 태도, 성격에서의 유사성 • 서로 도와 이익이 되게 함	• 신체, 태도, 성격에서의 비유사성 • 서로 도우지 않음
지속	• 흥미와 다양성에서 서로 만족 • 질투하지 않음 • 형평성과 긍정적인 평가	• 흥미와 다양성에서 서로 만족부족 • 질투함 • 불평등과 부정적 평가
불화	• 관계개선 위해 지속적인 노력	• 관계개선 위한 노력이 적거나 없음
이별	• 지금의 관계를 계속 유지하는 데서 오는 좋은 점 • 관계를 지속시키기 위한 책임감: 성공할 것이라는 예상 • 새로운 파트너가 없음	• 지금 관계를 끝내고 새로운 생활에서 오는 좋은 점을 찾음 • 관계를 끝내기로 결정 혹은 실패할 것이라는 예상 • 새로운 다른 파트너가 있음

성 멋대로이며 생각없이 행동한다고 불평한다.

특정 사건, 큰 싸움, 사고 등이 둘 사이를 더 가깝게 하거나 아니면 더 멀게 하는 전환점으로 작용할 수 있다. 밀접한 관계를 유지하는 것은 두 사람이 책임있게 열심히 노력할 것을 요구하며, 밀접한 관계에서는 반드시 갈등이 발생한다.

9.1.5. 남녀 차이 이해하기

남녀가 만나 매우 좋은 관계를 가지다가도 어느 순간부터 틈이 생기기 시작하고 끝내는 파국을 맞는 경우가 있다. 이런 경우 많은 사람들은 그 원인을 '사랑의 식어짐'이나 '성격 차이' 때문이라고 생각하는 경향이 있다. 그러나 이런 문제들은 사실 남녀가 가진 특성에 대해 모르기 때문에 발생하는 경우가 많다. 남자와 여자는 차이가 있고 그 차이는 그리 작은 것이 아니다. 같은 상황에서 남녀는 정반대로 반응하는 경우도 있다. 사람들은 대부분 자신이 남을 사랑하는 방식으로 남도 자신을 사랑할 것이라고 생각하고, 자신이 생각하는 방식으로 남도 받아들일 것이라고 생각하는 경우가 많다. 그러나 이는 큰 오류이다. 남녀가 어떻게 다른가를 알고 그 차이를 존중한다면 불필요한 오해와 갈등을 많은 부분에서 없앨 수 있고 매우 친밀하면서도 생산적인 관계를 지속시킬 수가 있다. 이성을 사랑하기 위해서는 남녀의 차이에 대한 이해가 필요하다. 차이를 인정하고 받아들임에서 진정한 사랑이 꽃필 수 있다. 이제 그 일반적인 차이들을 살펴보자.

1) 사랑에 관한 차이

(1) 사랑의 유형

첫째, 남녀는 서로 추구하는 사랑의 유형이 다르다(표 9.7). 일반적으로 남성은 에로

표 9.7 사랑에 있어서 남녀의 일반적 차이

종류	남	여
사랑의 유형	• 에로스 사랑과 루더스 사랑을 추구 • FILO(필로) • 낭만적 • 이중 기준	• 매니아 사랑과 프라그마 사랑을 추구 • LIFO(리포) • 현실적 • 단일 기준
감정의 욕구	• 신뢰, 인정, 감사, 찬미, 찬성, 격려를 받고 싶어 함	• 관심, 이해, 존중, 헌신, 공감, 확신을 받고 싶어 함
채점방식	• 사랑의 선물은 그 크기와 상관있음	• 사랑의 선물은 그 크기와 상관없이 모두 같은 비중으로 받아들임

스 사랑(감각적이고 성적인)과 루더스 사랑(유희하듯 즐기는)을 추구하는 반면에, 여성은 매니아 사랑(열정적으로 소유하려는)과 프라그마 사랑(실용적이고 계산적인)을 추구한다.

둘째, 남성은 'FILO(필로)'인데 반하여 여성은 'LIFO(리포)'이다. FILO(필로)는 'First In, Last Out'의 약자로, 처음에 쉽게 사랑에 빠져 들지만 나중에는 빠져 나오려고 한다는 뜻이다. 반면에 LIFO(리포)는 'Last In, First Out'의 약자로서, 마지막에는 사랑에 빠져 들지만 처음에는 빠져 들지 않으려고 한다는 뜻이다.

셋째, 남성의 사랑은 낭만적이지만 여성의 사랑은 현실적이다.

넷째, 남녀의 사랑 기준이 다르다. 남성은 사랑에 대해 이중 기준을 가지고 있는데 반해, 여성은 단일 기준을 가지고 있다. 남성은 자기의 데이트 상대에게 사랑하면 성관계도 가능하다고 설득하면서 막상 자신의 배우자는 그렇지 않길 바라는 양면성을 지니고 있다.

(2) 감정의 욕구

남녀는 제각기 그 중요성에 있어 똑같은 다른 사랑의 욕구가 있다. 남성은 신뢰, 인정, 감사, 찬미, 찬성, 격려를 받고 싶어하고, 여성은 관심, 이해, 존중, 헌신, 공감, 확신을 받고 싶어 한다.

(3) 채점방식

여성에게 있어 사랑의 선물은 그 크기와 상관없이 모두 같은 비중으로 받아들인다. 따라서 남성은 여성에게 큼직한 선물보다 작은 선물을 자주하는 것이 중요하다는 것을 알아야 한다. 그러나 여성은 남성이 원하는 큰 것을 제공함으로써 많은 점수를 얻을 수 있음을 알아야 한다.

2) 언어에 관한 차이

남성은 직설적이고 여성은 은유적인 언어를 사용하는 경향이 있다. 남녀가 사용하는 언어에 관한 일반적 차이는 다음과 같다(표 9.8).

3) 대화에 관한 차이

남녀의 대화에 관한 일반적 차이는 다음과 같다(표 9.9).

4) 감정에 관한 차이

남녀의 감정에 관한 일반적 차이는 (표 9.10)과 같다.

이런 차이점이 생길 수도 (1)

남성과 여성은 같은 언어를 사용하더라도 그것을 다른 의미로 받아들이기 쉽다. 당연히 이는 쉽게 오해로 발전한다. 예를 들어 이런 경우이다. 여성은 쉽게 '당신은 내 말에 귀 기울여 주지 않는다'라고 불만 섞인 말을 한다. 남성은 이 말을 '곧이곧대로' 듣고는 '지금 당신 말을 이렇게 듣고 있는데 무슨 소리냐'고 화를 낸다. 남성은 여성이 쓸데없이 억지를 부린다고 투덜댄다. 그러나 이는 여성이 억지를 부리는 것이 아니라 '귀를 기울인다'는 것을 서로 다르게 이해하기 때문이다. 여성이 이런 말을 할 때에는 대체로 자신의 이야기를 깊이 있게 받아들여 이해하고 공감해달라는 달라는 말이다. 여성은 자신의 말에 남성이 관심을 가지고 들어달라는 것이다. 따라서 이런 경우 남성은 여성의 이야기에 관심이 있고 주의 깊게 듣고 있다는 반응을 보여주는 것이 필요하다. 예를 들어 '어땠는데........ ', ' 아, 그렇겠구나....' 등의 반응을 중간 중간에 하는 것이 필요하다. 그런데 남성은 대체로 사실과 정보를 전하는 수단으로써만 언어를 사용하는 경향이 강해 이런 작고 미세한 '반응'을 보내는 것에 신경을 쓰지 않는다.

이와 달리 남성은 자신에게 문제가 생기면 자신의 동굴로 들어간다. 그리고 여성이 문제가 있냐고 물으면 '아무것도 아니다'라고 대답하고는 침묵한다. 여성은 쉽게 이 말은 자신을 무시하거나 비밀을 가지고 있기 때문이라고 생각하는데 이는 오해이기 쉽다. 남성의 이 말은 '나를 믿고 내가 해결책을 찾을 때까지 신뢰를 가지고 기다려 달라'는 신호인 경우가 많다. 이런 경우 여성은 남성을 귀찮게 하기보다 자신의 삶을 즐겁게 가꾸면서(여성은 다른 이가 괴로워하는데 즐거울 수 있는가라고 말하지만) 남성이 동굴에서 나오기를 기다렸다가 대화를 하는 것이 필요하다.

남성은 신뢰받기를 원한다. 여성이 남성에게 무엇이 틀렸거나 무엇을 고치라는 식으로 비난이나 충고조로 말하면 효과가 없다. 무엇을 어떻게 해주기를 바란다든지 어떻게 하면 고맙다든지 하는 식으로 도움을 요청하는 방식이 더 효과적이다. 부드러우면서도 간략하게 자신의 감정을 표현하는 것도 좋다. 그리고 남성이 이야기들 듣고 있을 때, 이야기를 들어줘서 고맙다는 표현을 하는 것이 좋다. 남성은 관심을 표현하는 방법을, 여성은 신뢰를 표현하는 방법을 알아야 한다.

이런 차이점이 생길 수도 (2)

남성이 여성을 사랑하게 되면 자기 자신을 잃어버리게 된다. 이런 상태가 계속되면 남성은 자신이 지나치게 여성에게 종속되어 있다는 생각을 하게 되고, 남성은 자율성과 자신만의 세계를 찾으려는 욕구가 생긴다. 따라서 남성은 주기적으로 여성으로부터 멀어지려 한다. 남성에게 있어 친밀감과 자율성의 욕구는 번갈아 일어난다. 남성은 여성으로부터 멀어지게 되면(동굴에 들어가면) 말이 적어진다. 문제는 이 때 발생한다. 여성은 이런 남성의 태도가 자신에 대한 애정의 소멸로 생각하고 사랑을 의심하게 된다. 그래서 어떻게든 말을 시켜 자신에 대한 관심을 확인하려 한다. 그러나 동굴 속의 남성은 답변도 무척 간단하게 하므로 여성은 더욱 불안해하고 남성에게 더욱 매달리게 된다. 남성이 주기적으로 멀어지려하지만 일정 시기가 지나면 그 여성의 가치를 더욱 크게 느끼며 큰사랑으로 다시 다가온다는 것을 여성이 알지 못한 채 조급해하고 불안해한다. 그러나 동굴 속의 남성은 여성이 집요하게 접근할수록 더욱 멀어질 뿐이다. 남성은 멀어져서 '간격'을 가져야만 돌아오는데 여성이 이 '간격'을 허용하지 않으면 남성은 돌아올 수 없다. 여성은 참을성을 가지고 남성을 '포기하지 않고' 남성에 대한 자신의 신뢰를 전하며 기다릴 필요가 있다.

그런데 여성의 감정은 파도와 같이 오르락내리락하는 것이다. 사랑이 충만한 최고조에서 절망스런 최저점까지 순식간에 변화할 수 있다. 즉 여자는 우물에 들어가는 것이다. 이 우물 밑바닥에 닿으면 여성은 그래도 자신과 함께 있어주고 자신의 이야기를 들어줄 사람을 원한다. 여성의 이러한 감정 변화의 주기는 대략 21일에서 35일 사이라고 한다. 그런데 문제는 이러한 여성의 감정 변화를 남성이 이해하지 못한다는 것이다. 남성에게 여성은 한없이 변덕스런 존재로만 보인다. 그래서 여성에게 그런 감정의 변화가 필요하지 않다고 조언하거나 여성이 고민하는 문제에 대한 해결책을 제시하려는 '남성적' 접근 방식으로 여성들의 분노를 사게 된다. 남성이 알아야 할 것은 여성은 사랑하는 사람이 자신과 함께 있어주고 이야기를 들어줌으로써 얻게 되는 사랑의 정서를 원하며, 여성이 고민하는 문제는 남성처럼 한 번의 고민으로 해결될 수 있는 것이 아니라 상태를 달리해가며 계속 반복되는(이런 면이 남성들이 보기엔 매우 어리석어 보이는) 것이라는 점이다.

남성이 동굴에 들어가는 시기와 여성이 우물에 빠져있는 시기가 엇비슷하게 겹치는 경우가 있다. 이럴 때 서로에 대한 이해가 없다면 걷잡을 수 없는 사태가 벌어질 수 있다. 이럴 경우엔 서로 자신이 처해있는 상황을 상대방에게 이해시킬 필요가 있다. 서로를 이해하고 인정해야 한다. 남녀 모두 그 상황에서 필요한 조치를 할 수 있는 슬기로운 자가 되어야 하는 것이다.

표 9.8 남녀가 사용하는 언어의 일반적 차이(김경숙, 1993)

남	여
• 사실 전달에 강함	• 감정표현에 강함
• 대체로 상상과 비유가 적음	• 자기감정을 충분히 전달하기 위해서 과장, 은유, 막연한 표현을 많이 사용함
• 그 말의 이면적인 의미보다 표현된 말을 있는 그대로 받아들이는 경향이 강함	• 꼭 표현하지 않아도 전해지는 것에 익숙함
⇒ 남성은 여성의 사소한 말에도 귀 기울이며 호응해 줄 필요가 있음	⇒ 남성의 업무적 언어를 신뢰하고 캐물어 귀찮게 하지 않을 필요가 있음

표 9.9 남녀의 대화에 관한 일반적 차이(정동섭, 1994에서 변형)

남	여
• 정보를 나누고 문제해결을 위한 대화(운동, 정치, 경제 등). 추상적 화제	• 개인적 관계와 감정적 지지와 공감을 얻기 위한(자녀나 집 등) 구체적 화제
• 말을 무기나 지배의 수단으로 사용하는 경향	• 대화를 관계의 다리로 사용하는 경향
• 대화가 경쟁심과 지배심의 주변을 맴돔	• 대화가 친밀감과 동등감 중심으로 이루어짐
• 공격적인 언동을 대화의 한 방편으로 간주	• 공격적으로 나오면 관계를 파괴하는 행위로 간주
• 말을 잘 중단시키고 '나'라는 말을 잘 사용. 특히 여성이 개인적인 이야기 할 때 시시하고 사소하다고 생각하여 중단시킴.	• 끼어드는 발언에 남성은 나에게 관심 없다 또는 나를 지배하려 든다고 오해. '우리'라는 말을 잘 사용
• '그녀가 나에게 말해 줄 것이 있으면 내가 묻지 않아도 알아서 말해 주겠지'라고 생각	• '내가 질문을 안 하면 그는 내가 무관심하다고 생각할꺼야'라고 생각
• 질문은 개인적 간섭이나 프라이버시 침해로 인식	• 질문이 친밀감과 돌봄의 표현으로 인식

5) 리듬에 관한 차이

리듬에 관하여 남성은 고무줄 여성은 파도와 같은 경향이 있다(표 9.11).

6) 사회성에 관한 차이

남녀의 사회성에 관한 일반적 차이는 다음과 같다(표 9.12).

표 9.10 남녀의 감정에 관한 일반적 차이(정동섭, 1994에서 변형)

남	여
• 시각과 후각 지향적: 시각과 후각에 상대적으로 더 예민	• 청각과 촉각 지향적: 청각과 촉각 및 정서적 자극에 상대적으로 더 예민
• 시공간 능력(뇌의 오른쪽 반구가 발달)	• 언어적 능력(뇌의 왼쪽 반구가 발달)
• 추리적, 이성적	• 직관적, 감정적
• 감정보다 이성적으로 행동	• 이성보다 감정적으로 행동
• 감정표현이 서툴고 억제하며 방어적	• 감정표현을 잘 함
• 감정의 기복이 별로 없음	• 감정의 기복이 심함
• 사랑은 연극에 있어 휴식시간 (막간)	• 사랑은 연극 그 자체
• 안정과 신뢰가 중요	• 염려와 관심이 중요

표 9.11 남녀 리듬의 일반적 차이(김경숙, 1993)

남	여
• 여성을 사랑하게 되면 모든 것을 버리고 전적으로 빠져듦(친밀)	• 사랑과 행복이 충분한 최고조의 시기에서 순식간에 외로움과 절망을 느끼는 최저점까지 도달할 수도 있음
• 지나치게 빠져들었다고 느낄 때(자신이 여성에게 종속되었다고 생각) 여성으로부터 멀어지려는(자율성 찾으려고) 속성이 있음	• 남성의 멀어지려는 태도가 자기에 대한 애정의 소멸로 생각하고 조급해지고 사랑을 의심하게 됨
• 친밀성과 자율성의 반복으로 리듬이 고무줄과 같음 (가까워졌다가 멀어졌다가)	• 리듬이 파도와 같음(고저, 21-35일 주기)
* 남녀의 안 좋은 주기가 엇비슷하게 겹치면 트러블이 발생하기 쉬움	

7) 업무에 관한 차이

남녀의 업무에 관한 일반적 차이는 다음과 같다(표 9.13).

남성은 목표 지향적이다. 능력과 효율을 중요시하고 자신의 목적을 이루는 능력을 입증해 보이는 것을 통해 자기 존재를 확인한다. 또 자신의 권한과 지위를 드러내 보이기를 원하고 사람이나 느낌보다 '사물'이나 '사실'에 더 관심이 많다.

반면에 여성은 관계 지향적이다. 개인 간의 친밀한 관계, 대화, 아름다움, 사랑 등

표 9.12 남녀의 사회성에 관한 일반적 차이(정동섭, 1994에서 변형)

남	여
• 독립적(어리광을 삼가): 독립적으로 결단	• 의존적(어리광을 부림): 타인의 암시나 시사에 의해 결정
• 주관에 쏠리지 않고 객관적으로 사람과 사물을 봄. '나는 생각한다. 고로 존재한다.'고 생각	• 타인의 기분을 잘 이해하고 공감함. '나는 관계를 맺는다. 고로 존재한다.'고 생각
• 공격적	• 양육적
• 지배적, 우월적	• 복종적, 열등감을 느낌
• 물건지향(사물 감각)	• 사람지향(인격 감각)
• 사물을 논리적으로 깊이 생각함 ⇒ 추리적 판단	• 직관으로 사물의 본질을 봄 ⇒ 직관적 판단
• 문제가 생기면 우선 생각함. 문제를 해결함으로서 스트레스를 해소	• 문제가 생기면 우선 말함. 자신이 느끼는 문제를 얘기함으로서 스트레스를 해소
• 문제가 생기면 해결책을 제시	• 남자가 해결책을 제시하면 가르치려 한다고 생각하고 마음을 닫음
• 문제가 생기면 '골치 아프다고' 말함	• 문제가 생기면 '가슴이 답답하다'고 말함
• 대인관계에 있어서도 서열과 위계질서에 관심. 어려운 일이 생겨도 여간해서 도움을 청하지 않음	• 대인관계에 있어 수평적이고 대등한 관계를 원함. 부탁을 거절할 때도 간접적으로 함
• 위계질서의 꼭대기에 혼자 있을 때 안정감을 느낌	• 관계망의 중심에 있을 때 안정감을 느낌
• 사회적 관점에서 생각하고 판단	• 개인적 관점에서 생각하고 판단
• 정의 중심적 판단: 자율성, 권리, 공평성, 원리 등을 기준	• 관계 중심의 도덕적 성향
• 활동을 함께함으로 친구(운동이나 활동을 같이 함으로써 친해진다) ⇒ Side by Side	• 감정을 나눔으로 친구(얼굴과 얼굴을 마주보며 감정을 나눔으로 친밀감을 느낀다) ⇒ Face to Face
• 유행에 둔감	• 유행에 민감

에 높은 가치를 둔다. 그리고 서로 도와주고, 관심을 쏟고, 보살펴 주는 일에 남성보다 관심이 많다. 그리고 자기의 느낌을 남들과 관계를 맺고 함께 나누는 일을 통해 자기 자신에 대해 만족을 느낀다.

표 9.13 남녀의 업무에 관한 일반적 차이(정동섭, 1994; 김경숙, 1993에서 변형)

남	여
• 목표 지향적: 결과 중요시	• 관계 지향적: 서로 의견을 나누는 것을 중요시
• 과업 지향적: 승패가 중요	• 사람 지향적: 화목한 관계가 중요
• 능력 중심	• 관계 중심
• 경쟁적	• 수용적
• 일에서 만족을 찾음	• 관계 속에서 만족을 누림
• 직장이나 직업을 통해 자아를 실현	• 가정이나 관계를 통해 자아를 실현
• 자신의 일에 몰두(workholic). 이에 자아도취성 성격장애자들이 많은 편	• 다른 사람들에게 지나치게 책임을 느낌. 이에 신경증 환자들이 많은 편
• 포괄적인 일에 신경 씀	• 작은 일에 신경 씀

표 9.14 남녀의 문제해결 방식에 관한 일반적 차이(김경숙, 1993)

남	여
• 시간이 흐를수록 점점 더 한 곳에만 주의를 집중	• 점점 더 감정적으로 그 문제에 압도되고 휩쓸리게 됨
• 내면으로 깊이 움츠러들면서 자신만의 동굴 속으로 들어감	• 누군가에게 자기 문제를 솔직히 터놓고 이야기하고 나면 기분이 좋아짐
• 동굴 속에서 위안을 얻고 해결책을 얻어야 비로소 긴장이 풀어짐	• 문제에 대한 해결책을 찾기보다 자신의 감정을 표현하고 이해 받음을 통해 위안을 얻음

8) 문제해결 방식의 차이

어떤 문제가 생기게 되면 남성은 자기 동굴로 들어가고 여성은 이야기로 표현한다. 남녀의 문제해결 방식에 관한 일반적 차이는 다음과 같다(표 9.14).

9) 동기부여 받는 방식의 차이

남녀가 동기를 부여받는 방식의 일반적 차이는 다음과 같다(표 9.15).

10) 요구에 관한 차이

미국에서 1,000명의 부부에게 상대편에 대한 요구를 조사한 결과는 표 9.16과 같다.

표 9.15 남녀 동기 부여받는 방식의 일반적 차이(김경숙, 1993)

남	여
• 누군가가 자기를 필요로 한다고 느낄 때 힘이 솟구치고 마음이 움직임	• 누군가가 자기를 사랑하고 있다고 느낄 때 힘이 생기고 마음이 움직임
• 잠재능력을 펼쳐 보일 기회가 주어지면 자기 자신의 가장 뛰어난 모습을 마음껏 드러냄	• 굳이 사랑을 얻으려고 애쓰지 않아도 자기는 사랑 받을 가치가 있다고 여김
• 필요한 존재가 되지 못한다는 것은 천천히 찾아오는 죽음과도 같음	• 사랑을 조금 주어도 많이 받을 수 있는 존재임을 기억하면서 저절로 마음이 풀리고 안심하게 됨

이런 차이점이 생길 수도 (3)

남성은 문제가 생기면 자신만의 동굴로 들어간다. 그러나 이는 남성에게 필요한 과정이고 문제가 해결되면 스스로 그 동굴을 나온다. 문제는 이러한 남성의 행동을 여성은 오해하기 쉽다는 것이다. 남성이 동굴로 들어가면 대체로 말이 없어진다. 그리고 자기 주위의 여러 문제들에 신경을 쓰지 못한다. 그리고 여성이 남성에게 무슨 문제가 있느냐고 물으면 그저 별 문제가 아니라고 답하거나 신경 쓸 필요가 없다고 말하고는 더 자세한 설명을 하지 않는 경향이 있다. 매우 냉랭해지는 것이다. 이는 여성으로 하여금 남성이 여성을 무시하고 있으며 자신을 존중하지 않고 있다고 생각하게 만든다. 여성에게는 시간이 갈수록 남성에 대한 불만이 쌓인다. 그러나 남성의 그런 냉랭한 태도는 사실은 나름대로 문제에 대응하고 있는 것이다. 남성은 자신의 문제로 자신의 상대(아내와 가족 등)가 함께 고민하는 것은 자신의 무능력 때문이라 생각하고 자신의 행동에 대한 지나친 관심은 오히려 부담스러워하는 경우가 많다.

여성은 남성과 대조적으로 문제를 외부로 표현함으로써 대응한다. 여성이 자신의 생각, 처지, 감정 등에 대해 이야기하는 것은 자신의 우울한 기분에서 벗어나려는 것이다. 그런데 역시 문제는 이에 대한 남성의 반응이다. 남성은 여성이 자신 앞에서 그 문제를 풀어놓으면 긴장한다. 앞에서 언급한 것과 같이 여성에게 해결책을 제시하려고 덤비거나 여성이 자신에게 불만이 있어 이렇게 이야기하는 것이 아닌가 하고 오해하기도 한다. 그리고 소통의 방식도 달라서 남성은 여성이 말하는 (그리 중요하지도 않은 것 같은) 이야기를 잘 들어주지 못한다. 이렇게 되면 여성과 남성의 감정의 골은 깊어질 수밖에 없다. 여성은 자신을 이해하고 공감해주는 한 사람을 찾을 수 없는 것이다.

정리해보면 남성은 여성의 이야기를 부담없이 경청하는 방법을 터득해야 한다. 여성은 남성이 동굴로 들어가서 자신에게 소홀해질 때, 그것을 이해하고 받아들여야 한다. 지나치게 남성의 문제에 매달리지 말고 자신의 평소생활을 즐겁게 이어가는 것이 때로는 남성을 도와주는 길이 된다.

표 9.16 부부 간에 요구하는 5가지 우선 순위(금과 김, 2005)

남편의 요구 5가지	아내의 요구 5가지
① 성적인 만족을 주는 아내	① 애정 표현을 잘하는 남편
② 여가상대가 되어주는 아내	② 말상대를 잘 해 주는 남편
③ 깨끗하고 매력있는 아내	③ 정직하고 투명하게 마음을 나누는 남편
④ 내조와 살림을 잘하는 아내	④ 경제적 필요를 공급하는 남편
⑤ 자기를 칭찬해 주는 아내	⑤ 자녀에게 관심을 가져주는 남편

이런 차이점이 생길 수도 (4)

남성은 대체로 자신의 능력과 그 능력을 인정받는 것에 민감하다. 반면에 여성은 다른 사람들과의 관계에 관심이 많다. 남성은 자신에게 어떤 문제가 생기더라도 섣불리 도움이나 조언을 요청하기보다 자신이 그 문제를 해결해보려고 한다. 그래서 여성보다 더 문제해결 지향적이다.

남성은 여성이 어떤 문제를 하소연하면 자신에게 도움을 요청하는 것으로 판단하여 본능적으로 해결책을 제시하려고 한다. 그러나 여성은 남성으로부터 해결책 얻기를 바라기도 하지만 더 중요한 것은 자신의 이야기를 들어주고 감정에 공감해 주는 그야말로 '자신과 함께하는 한 사람'을 더욱 원한다. 여성은 자신의 스트레스를 말을 통하여 드러냄으로써 해결하는 경향이 있으므로 어떤 문제의 하소연이 꼭 해결책을 바라고 하는 것은 아니라는 것이다.

남성이 여성에게 해결책 중심으로 접근하는 것은, 해결책을 제시해 주므로서 자신이 필요한 존재이며 유능한 사람으로 비치기를 바라기 때문이다. 남성이 여성의 이야기를 차분히 들어주기보다 자꾸 해결책을 제시하려 하면 여성은 답답해하는 경우가 많다.

반대로 여성은 대체로 다른 이들에게 어떤 문제가 있는 것 같으면 그들에게 관심을 보여주어야 한다고 생각한다. 이는 여성이 자신의 문제가 있을 때, 다른 이들이 자신에게 관심 보여주기를 바라는 것과 같다. 여성은 남성을 위한다고 관심을 가지면서 조언이나 충고를 한다. 남성은 여성과 다르다. 이는 남성으로 하여금 오해를 불러일으킨다. 남성에게 있어 요청하지 아니한 조언이나 충고는 자신의 능력에 대한 불신이나 동정으로 비춰질 수 있다. 게다가 여성은 자신이 사랑하는 남성이 더 좋은 사람이 되기를 바라기 때문에 여러 가지 건설적인 비판, 즉 무엇을 어떻게 고쳐보라는 식의 조언을 자주하게 되는데 이것도 역시 남성에 대한 불만으로 비춰지기 쉽다. 왜냐하면 남성은 대체로 상대방에게 문제가 있을 때에 조언을 하기 때문이다.

서로를 알아야 하고 더욱 성숙된 인간관계의 기술을 익혀야 오랫동안 연애를 할 수 있다. 남성은 해결책을 제시해야 한다는 생각을 버리고 여성의 이야기에 귀 기울여 들어주어야 한다. 여성은 남성이 자신의 문제를 혼자 해결할 기회를 열어주어야 하고 남성이 요청해 올 때에 구체적인 도움을 주어야 한다.

이런 차이점이 생길 수도 (5)

남성은 다른 이에게 무엇인가를 주고 베풀어줌으로써 얻는 기쁨이 무엇인지 잘 알지 못할 때가 많다. 인간관계에 문제가 생기면 자신이 더 이상 필요한 존재가 아니라는 생각이 들어 풀이 죽을 때가 많다. 그가 다시금 동기를 부여받으려면 상대로부터 자기가 인정받고 신뢰받고 있다는 느낌이 필요하다. 이런 느낌을 주는 여성에게 남성은 매료된다. 많은 경우 남성은 여성을 사랑하게 되면서 다른 이들에게 관심을 주고 베푸는 방법을 터득하게 된다.

여성은 남성보다 주는 것에 익숙하다. 마음을 써주고 관심을 가지는 데 여성은 남성보다 더 많은 에너지를 사용한다. 따라서 여성은 자신을 도우려는 사람, 자신과 함께 있다는 느낌을 줄 수 있는 사람을 얻기를 바라고 자신은 혼자가 아니며 사랑 받고 있다는 느낌을 필요로 한다. 여성은 많은 경우 근육질의 터미네이터보다 그녀의 입장이 되어 생각해 주고 이해해 주며, 그녀와 함께 느끼기를 바라는 남성에게 매료된다. 그런데 기분이 언짢을 때는 혼자 있는 게 최고라고 생각하는 남성은 이런 마음을 헤아리기 어렵다.

그런데 여성과 남성이 함께 살 때, 이와 관련된 문제가 하나 있다. 여성은 대체로 남성에게 헌신적이다. 여성은 다른 이에게 베푸는 일에 익숙하고 자기가 사랑하는 사람에게는 아낌없이 베푼다. 그런데 여성은 이렇게 베풀기만 하고 남성은 여성에게 받기만 하는 경우가 많다. 이런 상태가 계속되면 여성에게는 불만이 쌓이고 이는 남성에 대한 비난으로 표출된다. 이 문제에 대해 여성은 자신이 베풀 수 있는 '한계'를 정하고 지키는 것이 필요하다. 자신이 할 수 없거나 하기 싫은 바를 분명히 밝히고 자기가 남성으로부터 받고 싶은 것(관심, 사랑, 애정...)을 요구하는 것이 필요하다. 일반적인 상식과 달리 여성들은 남성의 거부반응을 두려워해 요구하는 데에 두려움이 많다. 그리고 자신의 가치를 확인하고 자신의 세계를 가꾸어갈 필요가 있다.

남성은 자기가 썩 훌륭하지 못하고 무능력한 존재일지도 모른다는 두려움이 잠재한다. 그래서 여성이 문제를 말했을 때 해결책을 제시하지 못하면 어떡하나하는 두려움을 가진다. 그러나 해결책을 제시하지 못해도 문제없다. 여성의 이야기를 들어주고 함께 있어주기만 해도 된다.

9.2. 성의 개념

'성(性)'이라는 용어에는 여러 가지 의미가 포함되어 있지만 우리 사회에서는 남녀의 알몸과 성행위를 중심으로 한 개념이 많이 통용되고 있는 것 같다. 그러나 사실 올바른 성 개념이란 그렇게 간단하지가 않다. 성은 우리생활에서 빠져서는 안 되는 중요한 것임에도 불구하고 성에 대한 잘못된 인식을 가진 경우가 많다.

9.2.1. 용어정리

성은 여러 가지 의미로 사용된다. 우리말에서 성은 성별구분, 성행위, 성교를 모두 지칭하는 개념으로 사용되어 왔다. 그러나 성개념을 성의 생리적 현상에만 국한시키는 것은 성의 사회, 문화, 역사적 맥락을 담을 수 없는 편협한 것이라고 볼 수 있다.

남녀를 구분할 때에 'sex'라는 용어가 사용된다. 이 용어는 보통 생물학적인 면에서 남녀를 구분할 경우에 사용하는데, 이는 개인이 태어나면서부터 구분된 선천적인 성(性)을 뜻한다(표 9.17). 반면에 정신적인 면에서 남녀를 구분하는 경우에는 'gender'라는 용어를 사용한다. 이는 개인이 태어난 이후에 사회 · 문화 · 심리적 환경에 의해 학습된 후천적인 성을 의미한다. 따라서 해부학적으로 개인이 남사(male)인가 또는 여자(female)인가를 나타낼 때에는 'sex'라는 용어를, 그리고 그 사회에 통용되는 남성다움(masculinity)이나 여성다움(femininity)을 나타낼 때에는 'gender'라는 용어를 사용하는 것이 적절하다.

성 주체성의 형성은 환경으로부터 특히 부모와 사회로부터 많은 영향을 받는다. 우리에게는 sex와 gender라는 단어들이 단순히 성(性)이라고 번역되지만, 성이라는 글자가 지니는 한자의 의미는 마음(心)과 몸(生)의 양면을 합친 것있을 알아야 한다(김혜숙, 1995).

타고나거나 생물학적 의미로 사용되는 섹스(sex)라는 용어와, 사회적이고 문화적으로 학습된 남성 또는 여성을 의미하는 젠더(gender)라는 용어가 구분되어 사용되기도 한다. 하지만, 인간의 성은 생물학적인 것과 사회적인 것으로 양분되기 어렵기 때문에 복합적이고 다면적인 측면을 포괄하기 위한 새로운 개념의 용어가 요구될 수밖에 없다. 결국 프로이드에 이르러 인간의 본성을 규명하는 작업의 일환으로 성문제가 부각되기에 이르렀고, 이에 프로이드는 최초로 'sexuality'라는 개념을 본격적으로 사용했다.

그러면 'sexuality'란 무엇인가? 인간의 성행동은 물론이고 개인이 갖는 성에 대한 환상, 꿈, 행동, 태도, 사고, 감정, 가치관, 신념, 이해심 및 개인의 존재의미 등의 모든 것을 지칭하는 표현이 한마디로 sexuality인 것이다. 이러한 포괄적인 의미에 비하여 sex라는 용어는 단순히 성기(性器)를 비롯한 신체의 일부에 의해서 수행되는 행동만을 나타내는 극히 제한된 의미에 불과하다. 그러나 한 개인의 sexuality는 살아가면서 환경으로부터 많은 영향을 받기 때문에 '정신적인 주체성(gender identity)'과 밀접

표 9.17 성의 개념과 관련된 용어(윤성규, 2010)

한글	한자	영어	뜻
성	性 (心+生, 마음과 몸)	sex	• 생물학적 성, 선천적인 성, 육체적인 성, 남자·여자
		gender	• 정신적인 성, 후천적인 성, 사회·문화·심리적인 성, 남성·여성
		sexuality	• 총체적인 성, 전성(全性)

하게 관련되어 있으며 또한 개인의 행동변화에 지대한 영향을 미치기 때문에 오히려 '성적인 성격(sexual personality, sex+personality=sexuality)'이라고도 풀이할 수 있다. 이러한 맥락에서 sexuality는 '전성(全性)'으로 번역되는 것이 적절하다(김혜숙, 1995).

9.2.2. 성의 3요소

총체적인 개념으로서 성(sexuality)이 인간에게 주는 기능은 크게 보면 다음과 같다. 예쁜 아기를 낳을 수 있고(생명탄생), 두 사람간에 친밀감을 형성하여 기분 좋은 관계를 유지하며 생활할 수 있기 때문에 삶의 활력소를 제공하고(사랑), 육체적으로 즐거움(쾌락)을 주는 것이다. 다시말해 생명을 탄생시키고, 사랑을 지속시키고, 쾌락을 주는 것이 성인 것이다. 이러한 생명탄생, 사랑, 쾌락을 성의 3요소라고도 한다(표 9.18). 이 3요소가 조화롭게 연관되어 있을 때 비로소 성은 온전한 성이 된다.

1) 생명탄생의 성

성관계를 통해 새로운 생명이 태어나고 그 생명을 통하여 가정이 완성되고 차세대로 발전해 나간다. 생명탄생의 관점에서 생식기관은 생명을 탄생시키는 기관이므로 부끄럽거나 더러운 것이 아니라 당당하고 소중한 것이다. 또 이러한 관점에서 성의 기반은 생명탄생이다. 생명탄생이 빠진 성은 낙태, 미혼모, 성범죄 등 우리 사회에 다양한 문제를 낳을 수 있다.

2) 사랑의 성

사랑은 인간만이 가진 특권이다. 성행위 동안에 서로의 기분, 감정, 생각 등을 나누면서 공감대를 형성하고 일치의 기쁨을 누린다. 좋아하는 이성이 생기면 괜히 기분이 들뜨고 마음에 뭔가 소중한 비밀을 간직한 것처럼 조심스럽게 행동하게 된다. 이성에게 선물도 주고 싶고 편지도 쓰고 싶어진다. 아마도 이것이 사랑의 첫 신호일

표 9.18 성(sexuality)의 3요소(윤성규, 2010)

비유	요소
기반(뿌리)	생명탄생
중심(줄기와 잎)	사랑
수확(꽃)	쾌락

것이다. 그리고 관심, 친밀감, 감정의 공유, 배려, 책임 등이 사랑을 발전시킨다. 이러한 사랑을 통해서 인간은 안정과 편안함과 행복감을 느낀다. 그러나 이와 같은 사랑이 없는 성은 쾌락만을 추구하는 성으로 전락할 수 있다. 사랑이 빠져버린 성은 배신, 성폭행, 매매춘 등의 성범죄와 어두운 사회문제를 야기할 수 있다.

3) 쾌락의 성

남녀가 만나는 곳에는 즐거움과 들뜸이 있다. 남녀가 함께 있는 분위기는 그렇지 않는 곳보다 뭔가 활기차고 생동감이 넘친다. 남녀사이에는 왠지 모를 긴장과 흥분이 존재하기 때문이다. 더욱이 사랑하는 남녀가 육체적 접촉을 하게 되면 흥분과 즐거움으로 관계가 발전하고 지속될 수 있다.

성행위가 자손을 낳기 위한 것 뿐이고 쾌감이 동반되지 않는다면 누가 그렇게 열심히 할까? 성의 즐거움을 통하여 샘솟는 에너지는 열정과 창의성을 불러일으킨다. 쾌락의 성은 육체적 결합의 즐거움과 함께 정신적인 몰입과 집중을 가져온다(그림 9.4). 현대에 와서는 성적인 즐거움이 행복의 큰 요건이 될 정도이다. 또 성의 감각적인 면도 연구하고 개발하여 더욱 큰 즐거움을 맛보려 한다.

그러나 진짜 쾌락은 생명탄생과 사랑 그리고 인격이 담겨져야 한다. 쾌락만을 강조하는 음란물에는 사랑이나 생명탄생에 대한 생각이 전혀 들어 있지 않다. 이런 음란물들은 육체를 그저 성 도구로만 묘사할 뿐이다. 성이 단순히 쾌락적인 성행위만을 의미한다면 큰 심리적 · 사회적 문제를 유발할 수 있다.

그림 9.4 영화 '맛있는 섹스 그리고 사랑'

9.2.3. 성 개념의 변천

성의 개념은 시대에 따라 변하여 왔다.

첫째, 성의 개념을 생명탄생의 차원에서 보는 단계이다(표 9.19). 원시시대로부터 인

표 9.19 성 개념의 변천(윤성규, 2010)

단계	개념
생명탄생	• 원시시대부터 성의 개념을 종족 보존의 차원에서 보는 개념
사랑	• 성의 개념을 사랑의 표시 행위로 보는 개념
쾌락	• 성의 개념을 성행위를 통해 성 쾌감 추구에 둠

간이 농경사회를 형성하며 사는 동안 자손의 수는 노동력의 중요한 수단이었고 성행위는 자손을 번식시키는 본능적 욕구가 그 주목적이었다. 이런 성 개념 하에서 남성은 성 쾌락을 경험하겠지만 여성의 경우는 대부분 그렇지 못하였을 것이다. 특히 불교와 유교의 영향을 크게 받았던 우리의 과거는 남녀유별로 남녀가 똑같이 성행위를 즐긴다는 것은 생각하기 어려웠고, 여성에서의 성은 자녀생산을 위한 것이었다.

둘째, 성의 개념을 사랑의 표시 행위로 보는 단계이다. 성행위는 사랑하는 사람끼리만 행해 질 수 있다는 생각으로 사랑이란 조건이 붙는다. 이런 개념 속에는 사랑하지 않는 사람과의 성행위는 비도덕적이고 비윤리적이라는 생각을 한다. 따라서 순결을 지켜야 하고 사랑하는 사람만을 위해 정조를 지켜야 하며 만약에 정조를 잃으면 생명을 잃는 것과 같다고 생각한다. 그러나 이러한 성 개념이 지배하는 사회에서도 일부 남성들은 사랑한다는 조건과는 관계없이 성행위를 통한 성 쾌감을 가질 수 있었을 것이다. 이것은 성행위에서 여성은 대체로 수동적인 반면에 남성은 능동적인 생리적 차이도 있겠지만 그것보다는 전통적으로 남성위주의 성 개념이 흐르고 있었기 때문일 것이다.

셋째, 성의 개념을 성행위를 통해 성쾌락을 얻는 것으로 보는 단계이다. 이러한 개념 하에서는 일시적 사랑놀이(캐쥬얼 러브, casual love)로서 사랑의 조건없이 서로의 합의하에 성 쾌락을 추구할 수도 있다. 서로의 합의하에 이루어짐으로 어떠한 의무나 책임도 없다. 이러한 성 개념은 외국으로부터 자유의 물결이 여과없이 전파되면서 급속도로 개방된 때문일 것이다.

이상의 세 가지 성 개념을 통해서 볼 때 남성은 옛부터 이 세 가지를 공유하고 있는 반면 여성은 사회 변화에 따라 단계적으로 발전되어 오고 있음을 알 수 있다.

9.2.4. 성 관련 연구 경향

1960년대에는 사회적인 분위기가 성에 대한 개방이라기보다는 성에 대한 해방적인 입장에서 성문제에 관해서 비교적 자유스럽게 연구를 실시하였다(표 9.20). 인간의 성행

표 9.20 최근의 성 관련 연구 경향

분야	내용
성행동	• 1960년대, 직접관찰, 신체적 심리적 변화 연구
성 기능	• 성기능 장애와 치료에 대한 연구
아동기의 성 발달	• 아동의 성에 대한 발달과 행동을 연구
노인들의 성 행동	• 노인들의 성생활과 행동을 연구

* 성에 대한 신체적인 반응, 남녀의 성생리 차이, 아동 및 노인들의 성 생활, 성 기능 장애, 성 폭력 등에 대한 연구가 삶의 질을 향상시킬 수 있는 계기를 마련하였음

동을 직접 관찰하기도 했으며 성에 대한 신체적 심리적인 변화, 성행위 시 호흡과 혈압의 변화, 혈액의 순환 등에 관한 구체적인 연구를 하였다.

성에 대한 반응을 관찰하기 위하여, 남 · 녀 대학생들에게 노출이 심한 영화 또는 포르노물을 보여 주면서 연구하기도 했다. 그러나 이러한 연구들은 오히려 그 방법에 있어서 지나치다는 비판을 받기 시작하면서 주춤하기도 하였다. 성 기능장애 치료에 대한 많은 연구들이 실시되었다. 성 기능 장애의 종류, 진단, 구체적인 치료 기술이 많이 제시되었다. 뿐만 아니라 남녀의 성 역할에 관한 연구도 활발하게 진행되었다. 성에 대해서 가장 연구하기 어려운 분야가 아동기의 성 발달에 관한 것이다. 아동에게 물어 보기도 어려울 뿐만 아니라 관찰하기도 어렵기 때문이다. 그러나 아동의 성 발달과 성 행동에 관한 연구도 이루어지면서 터부시 되던 영역이 사라지게 되었다. 뿐만 아니라 노인들의 성행동에 관한 연구도 활발히 진행되어서 지금까지 등한시되던 노인들의 성생활에 대해서도 새로운 사실이 밝혀지기 시작했다.

결론적으로, 킨제이(A. C. Kinsey, 1984–1956) 이후로 성에 대한 생각의 변화는 놀랄만하다. 성에 대한 신체적인 반응으로부터 시작해서, 남녀간의 성차, 아동 및 노인들의 성생활, 성 기능장애 등에 이르기까지 다양하게 접근되어 왔다. 그리고 단순히 성 문제뿐만이 아니고 결혼 생활에서의 성 문제나 성폭력의 피해 등에 관해서도 폭넓게 연구가 진행이 되었고 이러한 연구의 결과로 우리의 삶의 질 향상에 기여할 수 있는 계기가 마련되었다.

9.2.5. 올바른 성 개념

생명탄생, 사랑, 쾌락은 오래 전부터 있어온 것인데, 문제는 때때로 이 3요소가 함께 있지 못하고 따로따로 분리되는데 있다. 특히 생명탄생과 사랑의 관점이 퇴색해가고 감각적인 쾌락의 관점이 부각되면서 이러한 쾌락의 성을 상업주의가 교묘하게 부채질하고 있다. 생명탄생이 무시된 성은 낙태와 미혼모를 낳게 된다. 사랑이 없는 성 쾌락

표 9.21 가져야 할 성(sexuality)에 대한 올바른 개념(윤성규, 2010)

구분		설명
정의		• 총체적인 성, 전성(全性)
3요소	기반(뿌리)	• 생명탄생
	중심(줄기와 잎)	• 사랑
	수확(꽃)	• 쾌락
올바른 성(sexuality) 개념		• 생명탄생을 기반으로 하고, 사랑이 중심을 이룰 때 쾌락의 수확을 얻을 수 있음

은 배려와 책임 없는 성행동을 양산하며 왜곡된 쾌락은 변태적인 성욕을 낳는다. 만약 사랑을 성기에 의한 표현에만 국한시킨다면, 인간은 지루해지거나 강박관념에 싸여 마침내 파괴적인 인간이 되어 버릴 것이다(김혜숙, 1995).

성(sexuality)은 생명탄생, 사랑, 쾌락의 세 고리가 함께 있으면서 동시에 맞물려 돌아가는 것이며, 서로가 서로를 격려하며 조화를 이룰 때 더욱 밝고 건강해진다. 이러한 내용을 포함한 성은 더 이상 야하거나 더럽고 추한 것이 아니라 인간 본성이 담겨 있는 자연스럽고 아름다운 것이며, 생명을 탄생시키는 거룩한 것이고, 인간을 행복하게 하는 즐거운 것이다. 따라서 '성(sexuality)은 생명탄생을 기반으로 하고, 사랑이 중심을 이룰 때, 쾌락의 수확을 얻을 수 있다'는 개념을 지녀야 한다(표 9.21).

9.3. 성욕

성욕은 인간의 기본적인 욕구 중의 하나로, 이성에 대한 사랑의 감정이나 결혼뿐만 아니라 여러 가지 사회적 문제를 유발하는 기초적 요인이다. 성욕이란 무엇이며, 남녀 성욕이 어떠한 공통점과 차이점을 가지고 있으며, 성욕에 대한 바람직한 대처 방안이 무엇인지 알아보는 일은 매우 중요한 일이다.

C. 보들레르는 "성욕은 대중의 서정시이다"라고 하였고, 톨스토이는 "성욕처럼 강한 욕망은 없다. 이것은 결코 만족되는 법이 없다. 만족하면 할수록 더욱더 욕망이 커지기 때문이다"고 하였다. 이러한 말에서 보듯이 인간은 성 쾌락을 추구하려고 한다. 이러한 욕구가 그릇된 것은 아니다.

9.3.1. 성욕의 개념

성욕(性慾, sexual desire)은 식욕 물욕과 함께 인간의 3대 본성 중의 하나로써(종족 보

표 9.22 성욕의 특징

항목	특징
정의	•성적 관심, 성 충동, 성 흥분감각, 성행위를 하고 싶은 욕망 등
나타나는 시기	•신생아 때 프로그램 되어 있던 것이 사춘기에 와서 작용
조절하는 곳	•성욕이 일어나고 조절하는 곳은 대뇌이고, 시상하부 앞의 성욕 중추가 혈액 중의 성호르몬 농도를 감지하고 이것을 대뇌에 전달
세기	•호르몬, 건강상태, 스트레스, 성에 대한 의식, 주변 환경의 영향, 유전적 요인, 그리고 성장 시의 조건에 따라 달라짐

존의 욕구) 학습 또는 경험으로 얻어지는 것이 아니며, 또한 후천적으로 노력에 의하여 생겨나는 것도 아니다. 그러나 다양한 경험에 의해 강해지거나 약해질 수는 있다. 성욕은 사춘기에 나타나기 시작하여 평생 계속된다(표 9.22).

성욕은 성행동을 결정짓는 제1의 요인으로서, 이성에 대한 관심과 더불어 사귀고 싶어하는 욕구, 더 나아가 육체적으로 접촉하고 싶은 욕구, 성 자극을 받게 되어 나타나는 성 욕구를 말한다. 그러므로 성욕이란 성적 관심, 성충동, 성행위 또는 성 흥분을 모두 포함한다(윤가현, 1990). 1894년 프로이드는 정신적인 성욕을 리비도(libido)라는 용어로 표현하면서 이것을 성의 정신적 에너지로 묘사하였다. 리비도, 성적 욕구, 성욕, 성적 동기 등은 동의어로 사용된다(김혜숙, 1995).

사춘기에는 신체가 급성장하고 생식기관의 발달도 뒤따르므로 성욕이 생기는데 때로는 충동적일 수 있다. 이를 성충동이라 한다. 성욕은 남용될 수 있고 또한 고통과 기쁨을 가져다 줄 수 있는 가능성을 내포하고 있다.

9.3.2. 성욕의 조절

인간의 대뇌는 크게 대뇌피질과 변연계(대뇌변연계)로 크게 나눌 수 있고, 변연계는 대뇌피질에 둘러싸여 있다(그림 9.5). 대뇌피질은 여러가지 감각, 기억, 판단, 사고작용, 외부변화에 대한 적응, 창조행위 등을 관장할 뿐 아니라 본능을 조절해 주기도 한다. 변연계는 시상, 시상하부, 편도, 해마로 구성되어 있고, 식욕, 성욕, 배설욕, 수면욕과 쾌, 불쾌, 분노, 공포 등의 감정표현을 담당한다. 변연계 중의 시상하부는 특히 식욕 및 성욕을 담당한다(안태인 등, 2006). 시상하부에서 혈액 중의 성호르몬 농도를 감지하여 이것을 대뇌피질에 전달하면 성욕으로 나타난다. 대뇌피질은 식욕, 성욕, 쾌락 등의 감정을 억제하기도 한다. 따라서 성욕이 일어나도록 하는 곳도 대뇌이고, 성욕을 조절하는 곳도 대뇌이다.

최근의 연구들에 따르면, 성 자극이 없이 변연계의 일부를 전기로 자극하게 되면

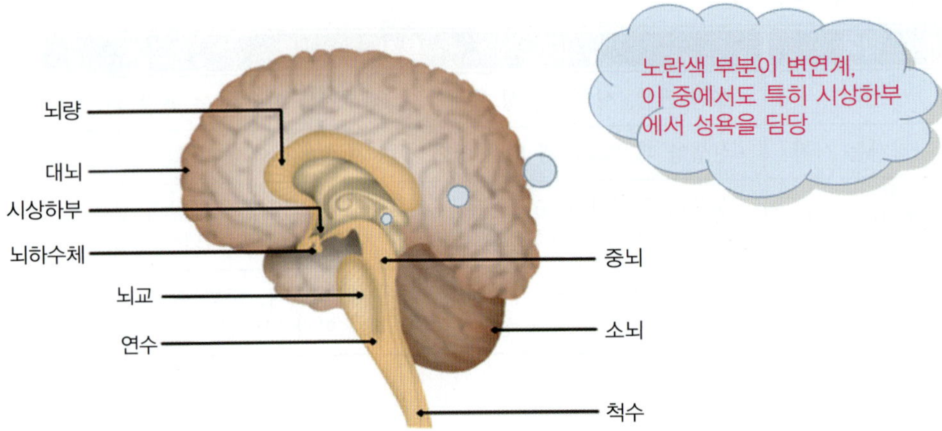

그림 9.5 뇌의 구조와 변연계. 변연계는 시상, 시상하부, 편도, 해마로 구성되어 있다(안태인 등, 2006).

성적으로 흥분이 되거나 자위행위를 하고 싶다는 반응을 하게 된다. 결국 성 흥분은 환경에 대한 지각을 하는 대뇌의 반응임을 짐작할 수 있다.

9.3.3. 성욕의 세기

성욕의 세기는 유전적 요인, 정신적 요인(스트레스), 호르몬, 건강상태, 성에 대한 의식, 주변 환경의 영향, 그리고 성장 시의 조건에 따라 달라진다. 성욕과 관련이 깊은 물질에는 테스토스테론, 난포호르몬, 도파민, 세로토닌 등이 있다. 이러한 물질들은 시상하부에서도 분비한다.

성욕의 세기는 남녀에 따라 차이가 있고 연령에 따라서도 다르다. 같은 연령이라도 개인차가 있다. 아버지가 정력이 약하면 아들도 약한 경우가 많듯이 성욕이 천부적으로 약한 사람들은 인위적으로 향상시키려 해도 눈에 띄게 개선되지는 않는다. 젊었을 때 성생활이 지나치면 정력이 빨리 감퇴한다는 속설이 있으나 반드시 그렇지 않다. 오히려 성욕을 배출해야 할 때 이를 절제하면 정력이 약해지고 빨리 늙는 경향이 있다고 한다.

9.3.4. 남녀 성욕의 차이

실제 성행동에 있어서 남녀는 생리적 차이와 사회화 과정상 분명하게 차별을 두고 성장해 왔다. 특히 남녀간에 일어나는 문제점은 이성의 성에 대한 심리적 생리적 특징을 잘 이해하지 못하여 생긴다고 해도 과언이 아니다. 성생활을 원활하게 하려면 남녀의 성에 관한 심리적 생리적 차이를 알아야 할 것이다.

표 9.23 남녀 성 성숙에서의 차이

남	여
• 몽정을 통해 자연적으로 쾌감을 체험	• 대부분 월경에서 불쾌감과 놀라움을 체험할 뿐 쾌감을 느끼지 못함
• 남학생은 성비행을 저지르고 나서 하는 말이 '여학생도 나처럼 좋아하는 줄 알았다' 고 잘 못 인식하고 있는 경우도 있음	• 이러한 월경에서의 경험이 성에 대한 이미지를 다르게 받아들이는 원인

1) 성 성숙에서의 차이

남성은 몽정을 통해 자연적으로 쾌감을 체험하게 되지만 여성은 대부분 월경에서 불쾌감과 놀라움을 체험할 뿐 쾌감을 느끼지 못한다(표 9.23). 이것은 성에 대한 첫 이미지를 다르게 받아들이는 원인이 된다. 그래서 남학생들은 성비행을 저지르고 나서 하는 말이 '여학생도 나처럼 좋아하는 줄 알았다'는 것이다.

2) 시기의 차이

남성의 성욕은 일찍 강하게 나타났다가 빨리 약해하지만 여성의 성욕은 늦게 나타나기 시작하여 늦게 약해진다(표 9.24). 그리고 여성의 경우는 남성보다 더 늦은 연령에 나타나고 일생을 통하여 그다지 변하지 않는다.

킨제이에 의하면 남성의 성욕은 20대에 가장 강하고 그 이후는 연령과 함께 점점 약해지면서 60세까지 지속되다가 그 이후는 떨어지지만 경우에 따라 80세까지 지속되는 특수한 경우도 있다고 한다. 20대에는 남성이 여성보다 성욕이 강하다고 한다. 그러나 40대의 남성과 여성을 비교해 볼 때 남성은 성욕이 서서히 쇠퇴하기 시작하였으므로 여성보다 약하다고 한다. 이와같이 성욕의 최대 시기가 10년 이상의 차이가 난다. 이런 차이로 인해 부부생활에 외도라는 문제가 야기되기도 한다.

표 9.24 남녀 성욕에 관한 시간적 변화의 차이

남	여
• 일찍 강하게 나타났다가 빨리 약해진 후 지속	• 늦게 나타나서 늦게 약해짐, 그다지 변하지 않음
• 20대에 절정에 달하고 40대 이후부터 서서히 쇠퇴함	• 30대 후반과 40대 초반에 절정에 달함

3) 성충동에서의 차이

남성의 경우 성과 관련된 그림이나 포르노 사진 등의 시각적 자극에도 성충동을 느끼며, 여성의 화장품이나 향수에 의한 후각적 자극을 통해서도 느낀다. 그러나 여성의 경우는 심리적 요인에 의해 더 영향을 받기 때문에 정감이 흐르는 음악, 달콤한 속삭임, 장래에 대한 약속 등 청각적 자극과 신뢰감을 바탕으로 한 신체접촉을 통해서 성충동을 느낀다(표 9.25). 그래서 보통 여성들은 분위기에 약하고 정서적인 면에 비중을 둔다고 한다.

그리고 남성의 성충동은 여성보다 현저히 강하고 능동적인 반면, 여성은 소극적이며 때때로 출산이나 남편의 성욕 충족을 위한 것이라고 생각한다. 이렇게 남성의 성욕이 성급하고 사정을 서두르는 이유는 다윈(C. Darwin)의 성선택 이론(性選擇理論, sexual selection theory)이래 변함이 없지만, 남성은 좌뇌형(左腦型)이고 여성은 과정을 즐기는 우뇌형(右腦型)이기 때문이다. 이것은 매우 중요한 의미를 가지고 있다.

여성은 남성에 비해 절제적(節制的)이고 주기적이며, 남성보다 성에 대한 흥미나 관심이 적거나 또는 전혀 없는 경우도 있다. 선천적으로 타고난 성별과 생리적 신체적 차이뿐 아니라 성에 대한 욕구나 만족상태 즉 성에 대한 태도에 있어서도 다르다는 것을 이해해야 할 것이다.

표 9.25 남녀 성충동에서의 차이

남	여
• 시각: 성과 관련된 그림이나 포르노 사진 등의 시각적 자극	• 청각: 정감이 흐르는 음악, 달콤한 속삭임, 장래에 대한 약속 등 청각적 자극
• 후각: 여자의 화장품이나 향수에 의한 후각적 자극을 통해서도 성충동	• 촉각: 직접적 신체접촉을 통해서 성충동
• 때와 장소에 관계없이 충동적으로 급격하게 나타남	• 정서적: 심리적 요인에 의해 더 영향, 상대에 대한 신뢰감
• 강하며 능동적	• 소극적이고 방어적(때때로 출산이나 남자의 성요구에 응하는 것으로 생각)
• 육체적으로 성숙하게 되면 예민하고 강해짐	• 부드럽고 천천히 성욕이 일어나는 반면에 한 번 그 감정이 고조되면 낭만적으로 강해짐
• 충동적으로 발기되며 때로는 사정욕구도 생김	• 충동적으로 일어나지 않으며 따뜻한 사랑과 애정을 주고받고 확인하기 원함

표 9.26 남녀 성행동 진행과정의 차이

남	여
• 성 자극에 대해 빨리 반응	• 성 자극에 대해 천천히 반응
• 육체적 자극에 의해 반응이 일어나면 대체로 심리적으로도 흥분	• 육체적 자극이 있다고 해서 반드시 심리적으로 흥분하지는 않음 • 대체로 심리적 반응이 일어나야 육체적으로도 흥분
• 특정 자극 → 성호르몬이 뇌로 전달 → 바로 성교에 대한 욕구	• 특정 자극 → 성호르몬이 뇌로 전달 → 이성에 관심 → 이성에 대한 접촉욕구 → 성교에 대한 욕구

4) 진행 과정의 차이

남성은 육체적인 성 자극에 의해 신체반응이 일어나면 대체로 심리적으로도 흥분하는 반면, 여성은 신체반응이 있다고 해서 반드시 심리적으로 흥분하지는 않는다(표 9.26). 캐나다 퀸스대의 연구진은 2010년 성 자극에 대한 신체 반응 연구에서, 남성의 경우 음경이 어느 정도 발기됐는지를, 여성의 경우 외음부 혈류 변화가 일어나는지를 분석하였다. 남성은 대체로 발기가 되는 등 신체 반응이 있으면 실제 성 흥분도가 높아지는 등 신체반응과 뇌의 반응이 거의 일치했다. 그러나, 여성은 외음부 혈류에 변화가 생기면서 신체적으로 흥분한 상태를 보여도 심리적으로는 흥분된 상태가 아니라고 답하는 경우가 많았다. 성 자극에 대해 남성과 여성은 몸과 마음이 '따로 노는' 셈이다.

그리고 남성은 여성보다 자극에 대해 빨리 흥분하지만 여성은 남성보다 천천히 반응하는 것이 일반적이다. 남성의 경우는 자극을 통해서 성호르몬이 뇌로 전달된 후 바로 성교에 대한 욕구가 빠르게 진행된다. 여성은 성자극을 받으면 성호르몬이 뇌로 전달되어 이성에 대한 관심을 갖게 되고, 그런 후 그 이성에 대한 접근의 욕구와 접촉욕구를 느끼게 되고, 그 다음에 성교에 대한 욕구를 느끼게 되므로 남성에 비해 느리게 진행된다.

5) 성욕 충족 후의 차이

남성의 경우는 성행위와 사랑을 분리된 것으로 생각한다(표 9.27). 남성다움을 과시할 수 있었다는 만족감과 함께 여성을 정복했다는 만족감을 갖기도 한다. 그와 아울러 상대여성에 대한 무책임감과 흥미상실을 느낄 수도 있다. 일부 남성은 결혼을 약속하며 여성에게 성관계를 강요한다. 한 번의 관계 후 지속적인 관계를 요구하면서 남성은 그 여성을 쉽게 생각하고 성관계가 최종적인 목표인양 행동하기도 한다.

표 9.27 남녀 성욕 충족 후의 차이

남	여
• 성행위와 사랑을 분리	• 성행위와 사랑을 분리하지 않음
• 만족감과 정복감으로 흥미를 상실하거나 무책임 할 수도 있음	• 새로운 관계의 시작으로 집착 • 임신과 육아를 경험할 수도

반면, 여성은 성행위와 사랑을 분리하지 않는다. 성관계를 가진 후 여성은 상대 남성에 대한 새로운 관계의 시작으로 여기고 더욱 더 집착하게 되는 경향을 가진다. 이때 여성이 집착하면 할수록 남성은 겁이 나고 부담스러워 멀리 하려고 한다. 그렇게 되면 여성은 정신적으로 절망감과 후회감을 갖게 되며, 신체적으로는 임신과 육아를 감수해야 한다.

그러나 이성교제에서 성욕과 사랑을 구분하기 힘든 경우가 있다. 예를 들어, 남성이 "결혼할 건데 무슨 문제냐, 나를 사랑하지 않기 때문에 거절하느냐"며 요구할 때, 여성은 그 남자에 대해서 다시한번 생각해 보라는 신호임을 미처 깨닫지 못하고 주저주저하다 성관계를 허락하는 경우가 있다. 특히 자기 자신에 대한 자긍심이 부족할수록 이러한 현혹된 말에 속아 넘어가기 쉽다. 한편 성관계까지 요구하는 것은 그만큼 둘 사이에 사랑이 깊고 임신이 되어도 어려움을 극복할 수 있다는 자신감과 책임감을 가진 경우도 있다. 두 사람과의 믿음이 실현되는 예도 있으나 실현되지 않은 예도 있다.

9.3.5. 성욕의 자제

성욕이란 지극히 자연스럽고 본능적인 것이라고 생각되지만, 실제로는 많은 사회적 · 심리적 요인을 내포하고 있는 복잡한 과정이다. 일반적으로, 성욕은 유전적 요인이나 호르몬 또는 다른 생물학적 요인들에 그 뿌리를 갖고 있지만, 다양한 경험에 의해 강해지거나 약해질 수 있다. 또, 성욕은 이성을 향하는 것이 일반적이지만 때로는 동성의 대상에게 향해지기도 한다. 따라서, 본능과 경험 혹은 주위 환경의 작용에 의해 성욕이 일어나고 그 방향이 주어진다고 하겠다.

인간의 성의식이나 성행동은 동물과 같이 본능대로 행동하는 것이 아니고 대뇌피질에 있는 학습에 의해 이루어진다. 인간은 동물과는 달리 성 감정을 조절할 수 있는 대뇌피질이 발달되어 있어 본능적으로 느끼는 성욕을 자제할 수 있다. 대뇌피질은 학습이나 훈련에 의해 더욱 촉진된다. 따라서 성욕은 본능적 충동에 의해 영향을 받는 것은 사실이지만 동물과 달리 인간은 조절이 가능하다.

※ 사례 1 – 어느 남자의 여자친구에 대한 배려 ※

4년 전부터 여자친구를 사귀고 있다. 이 여자와의 만남이 지속되면서 가벼운 애무나 신체적 접촉으로 인해 성관계를 하고 싶다는 욕구가 생기지만 감히 그 여자 앞에서 나의 욕망을 말할 수가 없다. 왜냐하면 그 여자를 너무나 사랑하고 아꼈기 때문에 성욕이 생기는 대로 함부로 행동할 수가 없었다. 그리고 결혼할 때까지는 그 여자의 순결을 지켜주고 싶었고, 나 또한 멋진 남자로 남고 싶었기 때문이다.

→ 위의 경우는 사랑하기 때문에 성욕을 참을 수 있으며, 이런 참는 과정에서 서로에 대해 더욱 신뢰할 수 있으며 두 사람의 관계가 더 오래 지속될 수 있음을 보여준다.

※ 사례 2 – 성관계 후 변해 버린 남녀관계 ※

나는 현재 21살 여성이다. 고등학교 2학년 때, 미팅으로 만난 남자와 6개월쯤 사귀었을 때 육체적인 관계를 요구해 왔다. 몇 번이고 거부하자 그는 자기를 진정으로 사랑하지 않는다며, 어차피 우린 사랑하는 사이이니 무엇이 문제냐며 나를 설득했다. 나 역시 그를 사랑했으므로 우린 성관계를 몇 차례 가졌고, 그 후 나는 더욱 그에게 매달리게 되었다. 그러나 그는 점점 나를 부담스러워하는 기색을 보이더니 어느 날 헤어지자는 연락을 해왔다. 그 후 남자에 대한 불신감과 "이런 몸으로 어떻게 다른 남자를 만날 수 있을까?"하는 자책감에 빠졌다. 아직도 나는 다른 남자를 만나 제대로 결혼할 수 있을 것 같지 않아 되도록 만나는 기회를 피하고 있다.

→ 위의 경우처럼 성관계를 가진 다음 냉담해지는 이유는, 처음에는 호기심으로 욕구를 만족했지만 한번의 허락이 사랑이라는 허울을 쓰고 계속적인 성관계를 가지게 만든다. 한편 남성은 성관계 후 그 여성을 '자기 몸을 쉽게 허락하는 여자'라고 잘 못 생각하며, '쉽게 응하는 여자는 쉽게 헤어져도 되겠구나'라는 모순적인 생각으로 그 여성을 평생 반려자로 생각하지 않게 된다. 따라서 성관계 후 남성은 교제에 긴장감이 풀어지고, 여성은 더욱 집착하게 되는 관계로 변해 남녀간의 문제가 발생된 것이다. 이런 일이 일어나지 않게 하기 위해서는 남녀 모두 책임있는 행동을 해야 한다.

9.4. 이성 간의 신체접촉

청소년의 이성교제에 대한 개념이 많이 달라졌다. 요즈음 길거리에서 고등학생이 이성친구와 손잡고 걸어가더라도 이상하거나 나쁘게 보는 사람은 없을 것이다. 물론 그와 같은 신체적 접촉이 반드시 추하거나 부정한 것은 아니다. 그러나 문제는 그러한 행동이 점점 상승하여 자기통제력을 잃을 수 있다는 것이다. 마치 브레이크가 파열된 자동차와 같이 어려움에 빠질 수 있다.

이성친구로부터 신체접촉 요구를 받아본 적이 있는가? 그 요구를 받아들였는가 아니면 거절하였는가? 그 후는 어떻게 되었는가?

9.4.1. 이성 간 신체접촉 단계

서로의 친밀감을 표현하고 상대방에게 그것을 전달하기 위한 가장 적절한 방법은 신체적 접촉이다. 특히 이성간에 서로를 이해하고 더 가까이 하기 위해 포옹, 키스, 스킨십, 성관계 등을 이루면서 사랑이라는 테두리 안에 또는 사귄다는 전제 하에 그것을 허용하고 있다. 이성과의 신체 접촉 단계를 설명하는 것은 자기 자신이 어느 때 거절을 하는 것이 적당한지를 알아보고자 함이다(표 9.28).

1단계: 친근한 미소와 표정을 보낸다. 이성교제의 초기단계로서 상대방에 대한 탐색전과 자신의 심리적 안전지대에 상대방을 초청해도 되는지를 탐색하게 된다. 이때는 상대방이 관심을 가지고 있는 주제에 대하여 대화를 나누면서 상대방과의 긴장관계가 다소 누그러지면 자연스럽게 개인 신상에 관한 내용으로 화제를 옮겨간다.

2단계: 손을 잡거나 팔짱을 낀다. 이는 어느 한쪽이 자신의 심리적 영토의 문을 열고

표 9.28 이성과의 신체 접촉 단계

단계	행동
1	• 친근한 미소와 표정을 보냄
2	• 상대방과 손을 잡거나 팔짱을 낌
3	• 어깨에 팔을 두르거나 허리를 감싸 안음
4	• 포옹을 하고 키스를 함
5	• 은밀한 부위를 서로 탐하며 쾌락을 즐김
6	• 성관계를 가짐

상대방을 살짝 끌어들이는 단계이다. 손을 잡고 난 후에 만일 여성이 남성의 손을 약간 힘 있게 잡아 준다면 이는 손잡는 단계에서 다음의 신체 접촉 단계로 갈 수 있다는 무언의 신호이다.

3단계: 어깨에 팔을 두르거나 허리를 감싸 안는다. 이 단계가 되면 둘 사이는 상당히 진척되었다고 볼 수 있다. 특히 남성 쪽에서 적극적으로 성 쾌감을 추구하는 것으로 볼 수 있다. 이럴 때일수록 마음의 여유를 가질 필요가 있으며 자신감 있게 상대방을 리드하는 것이 필요하다.

4단계: 포옹을 하고 키스를 한다. 이때부터는 섹스에 가까운 신체접촉이 가능한 단계까지 진입해 왔음을 깨달아야 한다. 서로 책임있는 행동이 필요하다. 이 행위에서는 비로소 남성은 여성 유방의 부드러움을 온 몸으로 느끼는 단계이다. 여성이나 남성이 어떤 신념을 가진다면 이 단계부터 확실한 거절행동을 보여야 할 것이다.

5단계: 은밀한 부위를 서로 탐하며 쾌락을 즐긴다. 이 단계는 성관계에 들어가기 바로 직전이기 때문에 신중할 필요가 있다. 이때는 정신적으로 합리성이 마비되고 무의식적 충동에 의해 지배될 수 있기 때문에 이 단계에서 현명한 판단을 해야 한다. 최종단계까지 나가기를 원치 않는다면 이 단계에서 이성적으로 억제해야 한다.

6단계: 성관계를 갖는다.

9.4.2. 순결

육체적 순결이란 무엇일까? 사회적으로 허가되지 않은 상대와의 성관계를 하지 않은 상태일 것이다. 그러면 육체적 순결의 기준은 무엇일까? 앞에서 말한 이성과의 신체접촉 단계에서 6단계까지만 가지 않으면 순결하다고 할 수 있는가? 순결이란 말이 여성에 대하여 사용될 경우에는 그 의미가 심하게 왜곡된다. 과거 여성에 대해 적용되는 순결은 성경험의 여부(특히 처녀막의 유무)를 기준으로 하여 평가하는 지극히 제한된 개념으로 적용되었다. 대부분의 사람들은 결혼한 첫날밤 혈흔(피 흔적)이 보이지 않으면 처녀가 아니라는 오해를 하는데, 이는 성에 대한 과학적인 지식이 없는 것은 물론이고 잘못된 편견을 가지고 있기 때문이다. 반면에 남성에게는 순결(동정)을 그다지 중요하게 생각하지 않는 모순을 낳고 있었다.

순결이란 성접촉에 대한 육체적 가치가 아니라 정신적 가치로 이해할 수 있을 것이다. 순결이란 자기 자존심, 자기 순수, 자기애이다. 다시 말하면 자기 스스로 자기를 사랑하는 것이 곧 순결이다. 이것은 누구에 의해 빼앗기거나 더럽혀지는 것이 아니다.

또한 순결을 지켜야 하겠다는 의지는 남자나 여자에게 모두 다 있다고 볼 수 있다. 순결, 그것은 분명 남녀 모두에게 똑같이 소중한 것이며 이는 혼전뿐 아니라 결혼 후에도 함께 믿음으로 가꿔나가는 것이다.

9.4.3. 젊은이들을 위한 신체접촉 가이드

성은 생식기관의 구조와 기능뿐만 아니라, 심리, 가치관, 임신, 질병 등 많은 면을 포함하고 있는 종합적인 분야이다. 인간은 일생 동안 성적인 느낌을 갖고 살아간다. 성은 인간관계를 부드럽고 아름답게 할 수 있으며 삶의 활력을 주지만 잘못된 경우에는 좌절과 불행을 가져올 수도 있다. 양면성을 지닌 성을 우리가 제대로 이해하고 성이 가진 좋은 면을 생활에 긍정적으로 이용하여 행복한 삶이 되도록 해야 할 것이다. 행복한 삶을 위해서는 성을 올바르게 인식하여야 하고, 그 성(性)은 한자에서 보듯이 마음(心)과 몸(生)이 결합된 것이므로 마음과 육체가 결합된 즉, 사랑하는 마음을 육체를 통하여 전달하여야 완전한 성이 되는 것이다.

젊은이들이 성관계를 가지기 전에 다음과 같은 사항을 꼭 짚어보고 어떻게 할 것인지를 결정하는 것이 바람직할 것이다.

- 올바른 성의 개념을 가지고 있는지: 생명탄생, 사랑, 쾌락
- 정확한 성지식을 알고 있는지: 남녀 생식기의 구조와 기능, 월경, 수정, 임신, 피임
- 서로의 몸을 소중하게 여기는지: 손발, 입, 성기를 청결하게, 성병에 대한 기초적인 지식을 겸비하여 성병예방
- 상대의 감정을 존중하는지: 사랑을 조건으로 요구하는 성관계는 잘못된 연애관. 상대방이 원치 않을 경우 존중하며 선을 지켜 주어야 함
- "Yes" 또는 "No"라는 자신의 분명한 의사를 표현한 것인지
- 성관계 후에 후회하지 않고 서로의 감정이 더 좋아질 것인지: 배려와 신뢰가 더 깊어질 것인지
- 실패 없는 피임을 하거나 그렇지 않을 경우 책임질 수 있을 것인지
- 두 사람의 인생을 책임질 수 있으며 사랑을 바탕으로 한 것인지

사랑하는 사람과 섹스를 성관계를 갖기까지 그리고 바람직한 성생활을 하기 위해서 생각하고 배워야 할 것들이 많다. 그리고 이런 것들을 정확히 알고 있어야만 서로를 존중하고 아끼는 성관계가 이뤄 질 수 있을 것이다. 정말 그 사람을 사랑하고 아껴주고 싶다면, 그 사람의 성에 대해 생리적이고 심리적인 것을 이해하고 대화를 통해서 올바르고 즐거운 성생활이 이뤄 질 수 있도록 노력해야 할 것이다.

※ 고민녀의 예 ※

남자 친구가 있다. 사귄 지 한 달이 조금 넘었지만 그를 많이 사랑하고 그 또한 나를 사랑한다고 한다. 키스로 시작한 스킨십이 이제는 걷잡을 수 없이 진도가 나가버렸고, 이제 그는 나에게 섹스를 요구한다. 너 역시 원하지 않느냐고 한다. 사랑한다면 할 수 있다.

솔직히 원하지 않는다면 거짓말일 것이다. 가슴으로는 원하지만 머리 속으로는 갖은 생각들이 든다. 관계를 가진 후의 일들에 대해, 이 남자가 나를 소유한 이후에는 싫증내 버리는 것은 아닌지, 나를 사랑해서인지 단순한 요구 때문인지, 만약 다른 남자와 결혼을 하게 됐을 때의 남편이 된 사람은 내가 처녀가 아닌 것에 대해 어떻게 생각할까 등에 대해.....

순결을 지키지 못하면 자신이 원망스러울 것 같기도 하고... 제가 지금 어려운 건 남자친구와의 관계보다는 순결에 대한 저의 집착과 주변의 모든 게 변할 것 같은 두려움이다. 친구와 부모님을 속이고 있다는 그런 마음이다.

※ 의견 ※

의견 1 : 어떤 남자하고 성관계를 맺었었다고 하더라도 어쩌면 다른 남자와 결혼할 지도 모르고, 나중에 어떻게 되어 그 성관계 때문에 가정이 파탄될 수 있을 것이다. 판단을 신중하게 해야 한다. 순결은 본인을 위해서뿐만 아니라 미래의 가정과 자녀들을 위해 지켜야 할 것이다.

의견 2 : 육체적 혼전순결을 꼭 지켜야 한다는 것은 아니다. 그러나 성관계는 서로에 대한 이해와 순수한 믿음을 바탕으로 미루어져야 한다. 위의 경우는 한달남짓 됐다고 했는데 사랑이란 감정이 시간에 비례하는 것은 아니지만 아직 서로의 단점이나 차이에 대해서 충분히 이해하기엔 많이 부족한 시간인 것 같다. 성관계를 갖는다는 것 자체에 대해 심적으로 갈등을 느끼고 있는 상태이고 이런 상태에서 성관계를 갖는다면 그 후 성관계 자체에 얽매여 자유롭지 못할 것 같다. 위의 경우 남자친구와 헤어진다 해도 순결을 잃었단 이유로 괴로워하거나 남자친구에게 집착하지 않을 자신이 있을 때, 힘든 일을 겪으면서 서로에 대한 이해가 깊어졌을 때, 순수한 감정만을 바탕으로 성관계를 가지는 것은 괜찮을 것이다. 결론적으로 순결은 육체적인 것보다 정신적인 것이라는 것을 알아야 할 것이다.

성관계란 그냥 몸과 몸이 결합되는 것이 아니고 그 이상의 의미를 지니고 있기 때문에 현재와 미래를 생각하며 두 사람의 인생을 책임질 수 있는 남녀가 사랑을 바탕으로 어느 한쪽의 의지를 거스르지 않고 자발적으로 준비된 상태에서 이루어져야 한다. 그 때까지 두 남녀가 인내하고 노력하는 가운데서 더욱 아름다운 사랑을 꽃피울 수 있을 것이다.

9.4.4. 원치 않는 성관계 요구에 대한 바람직한 대처

인간은 누구나 성욕을 가지고 있다. 성욕은 자신이 이미 가지고 있는 성적인 이미지가 어떠하냐에 따라 해결하는 방식이 달라진다. 예를 들어 성을 말초적이고 쾌락적으로만 생각하는 사람은 성충동을 느꼈을 때 변태행위, 매춘, 성폭행 등의 비정상적인 방식으로라도 해결하려 할 것이다. 그러나 성행위는 책임이 따르는 것으로 생각하는 사람은 성 충동을 올바르게 승화시킬 수 있을 것이다.

연애 관계에서 일방적으로 성관계를 요구하는 것은 무언가 불안하고 자기 자신과 남에 대한 믿음이 부족하기 때문에 '도장 찍으려는' 생각을 가진 사람일 수도 있다. 상대가 성관계를 요구할 때 '거절하면 상대방을 놓치지 않을까', '진짜 내가 성관계를 하기 싫어서 그러는 줄 알면 어떡하나'라고 고민한다. 그러나 '진정으로 사랑한다면 나한테 그렇게 강요할 수 있을까'라고 생각해 보고, 그런 후 자신의 설득에도 여전히 성관계를 요구한다면 자기를 진심으로 사랑하는 사람이 아니라는 것을 눈치 챌 줄도 알아야 한다. 서로의 신뢰가 충분히 쌓여 성관계 후 감정이 더 좋아지고 배려와 신뢰가 더 깊어진다면 다르겠지만, 서로가 절제되지 않는 신체적 접촉은 오히려 서로에게 더 큰 상처를 줄 수 있다.

원치 않는 성관계 요구에 대한 바람직한 대처 방안으로, 성자극을 멀리하는 것이 좋으며 단둘만의 밀폐된 공간은 피하는 것이 좋다. 또한 시각 · 후각적 자극에 민감하며 성충동이 강하고 적극적이라는 남성의 성 행동에 대한 특성을 파악하여 자극적인 복장이나 비디오 등을 피한다. 남녀는 성욕에서도 많은 차이를 보인다는 것을 인식하고 상대방을 이해하고 배려하려는 노력이 필요하다. 또한 성충동으로 성관계를 요구했을 때 분명한 태도로 'No'라고 말하는 용기가 필요하다. 이런 행동이 오히려 여성을 쉽게 보지 않게 되며 한번의 거절이 남성에게 잠시 기분을 상하게 할 수 있지만 그것 때문에 교제에 문제가 생긴다면 그 남성은 진정으로 여성을 사랑하는 것이 아닐 것이다. 절제하지 못하여 사랑한다는 명분하에 모든 것을 허락하지만 남성은 모든 것을 다 갖게 되면 책임을 지기보다 회피하는 경우도 있다는 것을 알아야 한다.

연애기간 동안 마음과 몸이 준비 될 때까지는 신체적 접촉에 대해 서로가 분명한 선을 긋고 지켜야 신뢰가 쌓이고 그 신뢰가 바탕이 되어 사랑이 더욱 깊어질 수 있을 것이다.

9.5. 성환상

남녀 대부분은 에로틱한 공상을 한 적이 있으며, 자위행위 때나 성교 때에도 성환상을 한다(그림 9.6). 성환상의 내용은 여러 가지지만 일반적으로 지금까지 결코 관련이 없었던 사람이나 자기의 성 파트너 이외의 사람과의 성행동이 가장 공통된 내용이다(이영식, 1992; 영화 'Eyes Wide Shut').

9.5.1. 성환상의 역할

성환상은 매력을 느낀 이성과 함께 성행위나 낭만적 관계를 이루는 긍정적 내용으로부터, 자신이 소망하는 이성으로부터 거부당하는 부정적인 내용들까지 다양하다. 성환상은 현실적으로 불가능한 내용까지 가능하므로 프로이드는 성환상이 소망이나 채워지지 않았던 욕구를 나타낸다고 했다(윤가현, 1998). 그는 기본적으로 성환상들이 불행하거나 성욕이 좌절된 불만족스러운 자들의 산물이라고 믿었다.

그림 9.6 성환상의 예.

20세기 초반의 수많은 임상전문가들이나 정신분석가들도 성환상은 정서적 미성숙의 징조라고 생각했으며, 성 불만족이나 무의식적 성 갈등에 의한 산물임을 지지하였다. 그러나 보다 최근에는 성환상의 긍정성을 강조하고 있다. 오히려 그러한 성환상이 전혀 없으면 성욕장애에 해당될 정도이다(윤가현, 1998). 그래서 오르가즘을 경험하지 못하는 여성들을 치료할 때 자위행위나 성교 도중에 성환상을 하도록 권유하고 있다(윤가현, 1998).

9.5.2. 성환상에 대한 남녀의 차이

여러 가지 연구결과를 종합할 때 자위행위를 하는 도중에 성환상을 즐기는 비율은 남성이 86% 정도, 여성이 69% 정도였다(윤가현, 1998). 대부분의 다른 연구들에서도 일관성 있게 남녀간의 빈도 차이가 있었다(표 9.29).

왜 그러한 남녀간의 차이를 보이는가? 사회생물학 및 사회문화 이론들은 여성이 성 파트너를 선택할 때나 성행위에 임할 때 남성들보다 더 조심스럽기 때문이라고 해석한다. 또 사회생물학 이론은 진화론적 관점에서 결정된 호르몬 수준이 이를 설명해준다고도 해석한다. 즉 남녀간에 분비되는 테스토스테론의 차이로 인하여 사춘기 이후로 남성들의 환상이 더 높을 수밖에 없다고 한다.

표 9.29 남녀 성환상에 대한 차이

남	여
• 감정적 애착이 없는 사람과의 성 환상이 빈번	• 특정한 이성과의 성 환상이나 연애감정에만 쉽게 반응
• 성환상 빈도 많음(테스토스테론의 양 차이)	• 성환상 빈도 낮음(성행위에 대한 여성의 조심스러움 때문)

9.5.3. 성환상과 죄의식

의식적으로나 무의식적으로나 성에 관한 환상은 정도에 상관없이 모두 정상이라고 간주된다. 단지 용납될 수 없는 성환상을 실제의 행동으로 표현하는 그 자체는 옳지 못하다. 성환상이 환상에 불과하다면 정상이다. 그러나 자신에게 용납될 수 없는 성환상들이 여러 차례 반복되면 그 대가로 죄의식이 생긴다. 특히 성환상이 성교 도중에 나타날 때 이를 일탈되었거나 성적으로 적응하지 못한 것으로 믿을수록 죄의식이 커진다.

상상의 정도에 따라서 강간, 아동학대, 근친상간 등의 성환상을 느낄 수도 있다. 그러나 이러한 환상 자체가 그 행위를 실현시키는 것은 아니다. 사실상 용납될 수 없는 성환상들을 오히려 정상으로 간주하는 것이 그러한 성환상을 통제시키는 가장 좋은 방법이다. 죄의식 때문에 그러한 성환상을 무조건 억압시키려고만 하는 것은 자신에게는 물론이고 타인을 대할 때에도 해가 될 수 있다. 스스로 잘못된 것이었구나 하고 생각하고 절대 행동으로 옮기지 않으면 별 문제가 되지 않는다.

9.6. 몽정과 수면중절정감

몽정, 유정, 성몽과 관련된 용어들이 혼돈되어 사용되고 있어 이를 정리하면 다음과 같다(표 9.30).

9.6.1. 몽정

몽정(夢精, wet dream, nocturnal emission)은 잠을 자는 동안 이불깃이나 손의 자극이 발기한 음경을 스쳤을 때 뇌신경의 조절작용이 약해져 자신도 모르게 사정하는 현상이다(김혜숙, 1995). 야간정루(夜間精漏, nocturnal emission)라고도 한다(이종우, 1998; 오영근, 1996).

청소년기 소년의 경우, 만들어진 정자가 가득차면 자신도 모르는 사이에 정액과 함께 사출 되는데 그것이 바로 몽정이다. 대개 잠자는 사이에 성행위에 대한 꿈(성몽)을

표 9.30 몽정과 관련된 용어(윤성규, 2010)

용어	설명
몽정	•남성이 수면 중 성행위를 상상하면서 발기하여 사정하는 현상 •유정과는 다름
유정	•성환상 없이 일상생활 속에서 발기하지 않았는데도 정액 혹은 그 비슷한 분비물이 무의식적으로 나오는 현상
수면중절정감	•여성에서는 사정이 없으므로 몽정이 아니라 '수면중절정감'이라는 용어가 더 적당 •흔히 성몽이라 하는데 이는 잘못된 것
성몽	•남녀 모두에 사용. 이성과의 환상적이고 달콤한 성애의 꿈

동반하면서 이루어지므로 몽정이라고 한다. 주간에는 뇌 중추신경에 의해 억제가 되어 정액이 나오지 않지만, 밤에는 중추신경의 억제력이 약해져 정액이 나오기 쉬운 것이다. 정액이 나오는 아주 짧은 순간에 소년은 쾌감을 경험하기도 한다. 이 쾌감이 뇌 중추신경에 전달되어 성행위에 대한 꿈을 꾸기도 하는데 그때 꾸는 꿈은 친구들에게 들은 것이나 책에서 본 것 등을 기초로 한다. 하지만 몽정 때마다 욕정적인 꿈을 동반하는 것은 아니다. 정액이 나오면 일시적으로 잠이 얕아져 그것을 느끼게 되는데 쾌감이 크면 잠에서 깨어나기도 하지만 대개는 그대로 잠을 자 느끼지 못하고 있다가 아침에 눈을 떴을 때 그 사실을 알게 된다.

남성은 사춘기가 되면서 첫 몽정을 경험하는데, 이는 심리학적으로 여성의 첫 생리와 같은 수준의 중요성을 갖는다. 그릇에 물이 차면 넘쳐흐르고 슬플 때 눈물이 나오는 것 같이 생식기관이 성숙되었다는 징조이며 자연적인 생리현상이다. 이것은 소년의 성기가 순조롭게 발육하고 있다는 증거이다(그림 9.7). 즉 앞으로 아버지로서의 역할을 충분히 발휘할 수 있다는 증거인 것이다. 그러나 사전에 이에 대한 지식이 없으면 소년은 질병으로 생각할 수도 있다.

결혼유무나 연령을 불문하고 몽정은 자연스런 현상으로 나타난다. 객지에서 오랜 기간 아내와 떨어져 성생활이 중단된 기혼 남성에게서도 나타난다. 몽정은 이처럼 다른 방법으로는 해결하지 못하고 쌓인 성 긴장감을 해소시키는 자연스런 생리현상으로 일종의 '안전밸브' 역할을 한다.

그림 9.7 몽정을 한 아들에게 성장해 가는 과정이라고 가르침.

몽정이 생기면 체력이 약해졌거나 병적인 증상이 아닌가 하고 걱정하는 경우가 많지만, 전혀 염려하지 않아도 된다. 몽정을 많이 한다고 해서 병이라고 생각하는 사람도 있지만, 청소년기에서 몽정이 병인 경우는 드물다. 활력이 너무 왕성해서 일어나는 건강의 증거라고 보면 된다. 몽정은 의식적으로 제어할 수 없는 현상이다. 그러나 중년이 되어도 그럴 경우에는 질병을 의심할 수 있다. 또한 음경이 발기가 되기도 전에 사정하고 몽정 후에 심한 우울증을 느낀다면 생식기능이 허약하여 그럴 수도 있다.

9.6.2. 유정

유정(遺精)은 꿈 속에서가 아니라 일상생활 속에서 성환상도 없고 발기도 되지 않았는데 무의식적으로 정액이 흘러나오는 현상을 말한다. 정루(精漏) 또는 정액루(精液漏)라고도 한다(http://www.koreamed.com). 때로는 음경이 가렵거나 아프고 묵직하며 항상 소변이 나올 것 같은 느낌을 갖게 된다. 소변을 따라 정액이 흐를 수 있고 소변과는 관계없이 모르는 사이에 정액이 흐를 수도 있다. 유정의 원인은 간단하지 않다. 대부분의 원인을 성 신경쇠약에 두고 있다. 지나친 자위와 성교도 원인이지만, 정신적 스트레스, 과로, 약물의 오용, 과음 등도 원인이 된다.

9.6.3. 성몽

이성과의 환상적이고 달콤한 성애의 꿈을 성몽(性夢, sex dream)이라 한다(이종우, 1995). 몽정이 여성에게 일어날 경우를 성몽이라 하는데 이는 잘못된 것이다. 킨제이 보고서에 의하면 거의 모든 남성들도 수면 중에 성몽을 꾸며, 대부분 일생에 적어도 한 번 이상 성몽으로 자기도 모르는 사이에 사정한다고 한다.

여성의 70% 정도가 성몽을 경험하는데, 그 중 40%는 오르가즘까지 느끼고 횟수는 1년에 3~4회 정도라고 한다. 여성의 성몽 중 1/3은 실제로 성교를 하는 꿈을, 1/3은 애무하는 꿈을 그리고 나머지 1/3은 다른 남자를 사랑하는 꿈을 꾼다고 한다. 미혼의 경우는 자위행위가 원인일 수 있으며, 기혼의 경우는 성 만족을 못 얻지 못하는 경우나 장기금욕이 원인이 되기도 한다.

9.6.4. 수면중절정감

엄밀히 말해 여성의 경우에는 정액을 생산하지 않아 사정이 없으므로 수면 중에 오르가즘을 느끼는 현상을 몽정 또는 유정이라고 부르기 보다는 수면중절정감(orgasm during sleep)이라고 표현하는 것이 보다 합당하다(표 9.31).

그렇다면 남성의 몽정에 해당하는 여성의 수면중절정감은 어떤 것일까? 킨제이는 여성의 70%가 이를 경험하며, 이때 근육의 경련으로 잠을 깬다고 했다. 생식기관이 성숙되었다는 징조이며 자연적인 생리현상이다. 기혼여성들은 남편의 조루증으로 성 만족을 얻지 못했거나 오랫동안 금욕한 상태에서 나타난다. 일부 여성들 가운데는 수면중절정감을 경험하면 너무 섹스를 밝히는 게 아닌가 해서 걱정하기도 하지만, 이 경

표 9.31 몽정과 수면중절정감의 특징(윤성규, 2010)

구분	설명
의의	• 사춘기가 되면서 첫 몽정과 수면중절정감을 경험 • 몽정은 여성의 첫 생리와 같은 수준의 중요성
이해	• 생식기관이 성숙되었다는 징조 • 그릇에 물이 차면 넘쳐흐르듯 자연적인 생리현상 • 의식적으로 제어할 수 없는 현상
역할	• 성 긴장감을 해소시키는 일종의 '안전밸브' 역할
언제까지	• 결혼유무나 연령을 불문 • 오랫동안 성 불만족 또는 금욕한 기혼 부부에게도 나타남
후유증	• 몽정을 하는 순간에는 황홀감을 만끽하지만 젖은 속옷 처리를 걱정함 • 이튿날엔 몽정에 대한 불쾌감을 느끼기도 함 • 수면중절정감 후에는 너무 섹스를 밝히는 게 아닌가 걱정
질병	• 성 만족을 하는데도 그럴 경우 • 몽정 후 심한 우울증을 느낀다면 생식기능이 허약하여 그럴 수도 있음
교육	• 나이에 도달하면 생식기관이 성숙되었다는 징조이며 자연적인 생리현상이라고 가르침

우도 남성과 마찬가지로 자연적인 생리현상이기 때문에 전혀 염려할 필요가 없다.

9.7. 자위행위

9.7.1. 자위행위의 역할

자신의 성기를 인위적으로 자극함으로써 오르가즘까지 느낄 수 있는 것을 자위행위(自慰行爲, 자위, masturbation)라 한다. 또는 수음(手淫, onanism)이나 용두질이라고도 한다(오영근, 1996). 원숭이 수컷은 성기를 잡아당기든가 주무르고, 암컷은 나무를 베어내고 남은 밑동에 궁둥이를 문지르면서 자위를 한다. 고양이처럼 털 손실에 부지런한 동물들은 혀로 핥아 자위하며, 멧돼지는 나뭇가지를 다리에 끼고 앉아 자위하고, 코끼리는 코로 나뭇가지를 감아쥐고 그것으로써 자위를 한다(http://www.koreamed.com).

고대 중국인들은 일생 동안 몸 안에서 만들어 내는 정액의 양이 일정하다고 잘 못

표 9.32 자위행위

항목	설명
정의	· 성기를 인위적으로 자극함으로써 오르가즘을 느끼는 행동
역할	· 육체적인 쾌감과 성 긴장을 완화
부정적 견해	· 신체적 후유증: 자극에 의한 요도 손상, 세균 감염에 의한 요도염, 역행성 사정, 조루 · 정신적 후유증: 죄책감, 열등감, 중독성, 음란한 생각에 물듦, 스트레스 해소책으로 이용
올바른 평가	· 적절한 자위행위는 해롭지 않음 · 성 긴장을 풀어줌 · 자위행위가 성교 다음의 쾌락을 수반하지만 인간적 교감이 없는 혼자만의 성행위에 불과

믿었다. 그래서 성교를 하더라도 사정을 하지 않으려고 애썼다. 또 그들은 사정 직전에 정액의 방출을 막으면 남자의 몸에 이롭다고 믿었고 그리하여 자위는 건강을 해친다고 믿었다. 그러나 현재는 성 긴장감을 방출하기 위하여 자위행위를 적절하게 하는 것이 오히려 좋다고 알려지고 있다(김혜숙, 1995). 아직 우리사회에서는 자위행위에 대한 죄의식과 수치심이 어느 정도 지배하고 있어 자위행위를 하면서도 한편으로 죄책감에 시달리는 사람들이 많다. 남녀 모두에게 적절한 자위행위는 성 긴장감을 방출시킬 수 있는 하나의 자연스러운 표현으로 받아들여야 한다(표 9.32).

자위행위는 육체적 쾌감을 주기도 하지만 정신적으로 성 긴장을 풀어주는 역할도 한다(홍성묵, 1999). 성에 관한 생각을 해소하지 못하고 누적된다면 성적으로 극단적인 긴장상태에 이르게 된다. 킨제이는 자위행위가 성욕의 배출구로서의 기능을 하는 한, 하지 않는 사람보다는 하는 사람이 오히려 부부생활에서 더 강도 높은 성 쾌감을 즐긴다고 하였다(오영근, 1996). 때로는 자위행위가 성교보다도 더 강렬한 쾌감을 줄 수도 있는데, 이는 자기 스스로의 생리적 리듬에 따라 몰두할 수 있고 진행속도를 조절할 수 있기 때문이다.

9.7.2. 남녀 자위행위의 차이

1) 남성의 자위행위

남성의 경우 정소에서는 잠시도 쉬지 않고 정자가 만들어진다. 정관에 정액이 가득 차면 성충동을 느끼게 되고 성충동을 느끼면 신경 활동을 통해 에너지가 고조되어 저절로 발기하게 된다. 몽정에 의해 성충동이 다소 발산되기는 하지만 자위행위를 통해 사

표 9.33 남녀 자위행위의 차이

남	여
• 계속 만들어지는 정자로 정액이 가득 차면 성충동 → 저절로 발기 → 몽정이나 자위행위를 통해 사정	• 비율은 적지만 여성도 자위행위
• 성충동 → 매번 자위행위 → 후유증 → 성충동을 느낄 때 스스로 조절하는 노력이 필요	• 성감발달에서 중요한 역할
• 잦은 자위행위 방지 위한 노력: 운동, 등산, 연주 등 취미생활	• 혼전에 자위행위를 통해 극치를 경험해 본 여성은 결혼 후 극치를 경험할 가능성이 높음

정을 하기도 한다.

자위행위는 그 행위 자체보다는 횟수와 그로 인한 후유증 그리고 죄책감을 느끼는 것이 더 큰 문제이다. 그러므로 성충동을 느낄 때 적당히 조절하는 노력이 필요하다(표 9.33). 운동이나 등산 및 악기 연주 등 취미활동에 집중하여 보다 생산적이고 창조적인 활동으로 성 에너지를 발산할 수 있도록 해야 한다.

2) 여성의 자위행위

사춘기 시절의 자위행위는 남성만의 경험이 아니고 남성에 비해 수는 적지만 여성들에도 있는 일이다(이영식, 1992). 자위행위는 여성의 성감발달에 중요한 역할을 한다. 킨제이 보고서에 따르면 여성이 결혼하여 성교를 갖는 경우 오르가즘을 경험할 수 있을 것인가를 가장 잘 예측 해 주는 것은 그 여성이 혼전에 오르가즘을 경험해 본적이 있는가 하는 것이었다. 혼전에 자위행위를 통해 오르가즘을 경험해 본 여성은 결혼 후 오르가즘을 경험할 가능성이 높았다. 결혼 전에 자위행위를 통해 오르가즘을 경험해 보지 못한 여성의 약 3분의 1은 결혼 후 1년에서 5년 이내에 오르가즘을 경험하지 못하는 것으로 나타났다. 혼전에 자위행위를 경험한 여성 중 약 15%만이 결혼 첫 해에 오르가즘을 경험하는데 실패하였다. 킨제이는 이러한 결과에 대해 여성의 자위행위가 오르가즘을 경험하는데 핵심적인 요인이라고 설명하였다.

킨제이 보고서에 따르면 여성은 실제로 성교보다 자위행위에서 더 빠른 오르가즘을 경험하였다. 대개 자위행위 후 1분에서 3분 이내에 여성의 약 45%가 오르가즘을 경험하였다. 오르가즘을 경험하는데 10분 이상이 걸린 여성은 약 12% 정도 뿐이었다. 일반적으로 여성은 남성들보다 성반응이 느린 것으로 알려져 있다. 이는 성교과정에서의 기교가 여성을 자극하는데 적절하지 못하였기 때문이지 여성이 생리적으로 성반응이 느린 것은 아니라는 것을 의미한다(송관재, 2000).

9.7.3. 자위행위의 빈도

자위행위를 통해 쾌감을 얻을 수 있다는 사실을 처음으로 경험한 후 대부분의 소년들은 많은 횟수의 자위행위를 한다(홍성묵, 1999). 적절한 횟수에 대한 획일적인 정답은 없다. 각자가 적절하다고 생각하는 횟수라고 할 수 있겠다. 후유증이 나타나지 않는 수준에서 정신적 또는 육체적인 성 긴장을 풀 수 있을 정도의 빈도로 하면 된다.

외국의 경우 고등학생이나 대학생의 경우 2~3일에 한 번 정도, 성인은 일주일에 1~2회, 그리고 극소수의 사람들은 전혀 자위행위를 하지 않는다(홍성묵, 1999). 킨제이 보고서에 따르면 70세 이상 남성의 43%, 여성의 33%가 자위행위를 한다고 한다.

단, 자위행위가 하나의 강박행위로 발전되지 않도록 노력해야 한다. 이렇게 되면 이성 간의 정상적인 성관계를 회피하게 되며, 성 쾌락을 위해 자위행위에 집착하게 되므로 결혼 후 부부관계에 이상을 초래하게 된다.

9.7.4. 올바른 자위행위

성심리나 성생리에 관하여 과학적으로 규명되지 않았던 옛날에는 자위행위가 육체적 정신적으로 해로운 것으로 인식되어 왔다. 즉 자위행위가 육체적으로 허약함과 발기불능(임포텐스)을 야기하고 정신적으로는 여러 가지 신경과민과 정신이상 증세를 일으킨다고 생각되었다. 그러나 이런 인식들이 잘 못된 것임을 알게 된 오늘날, 성행위에 대한 인식과 그 유형이 상당히 다양화해진 데 힘입어 자위행위에 대한 죄책감은 많이 줄어든 상태이다. 그러나 자위행위가 해롭지 않다는 것을 알고 있다고 해서 죄책감이 다 같이 없어지는 것은 아니다. 자위행위가 성교 다음의 쾌락을 수반한다고 해도 인간적 교감이 없는 혼자만의 성행위에 불과하기 때문이다(이춘배, 2002).

자위행위를 하려면 횟수에 대한 강박관념을 버리고, 성 에너지가 고조되어 성충동을 느끼면 방해 받지 않는 곳에서 편안한 자세로 죄의식을 갖지 않고 여유 있게 하는 것이 좋다(표 9.34).

9.7.5. 자위행위의 후유증

1) 신체적 후유증

- 외피에 통증: 너무 많이 할 경우 피로감이 느껴지고 성기의 외피가 지나치게 자극을 받아 통증을 느끼게 된다.
- 피가 섞인 정액: 너무 많이 할 경우 사정액이 완전히 소모되어 때로는 핏기가 섞인 정액이 배출되기도 한다.

표 9.34 자위행위의 방법(윤성규, 2010)

항목	남	여
자세		
자위행위 때 의 성감대	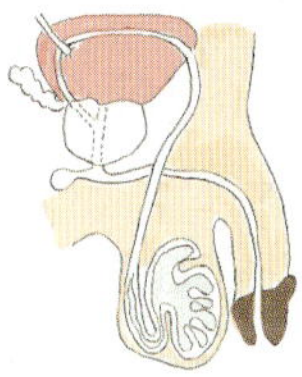	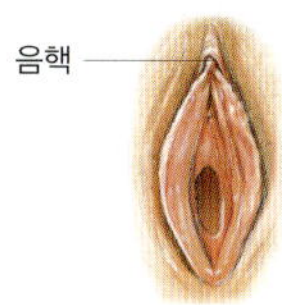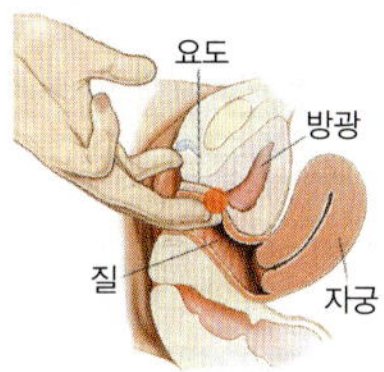
	• 주로 귀두와 음낭	• 음핵, G점, 유방, 온몸
올바른 방법	• 손가락으로 원형을 만들어 음경의 앞뒤로 움직이면서 부드럽게 자극 • 로숀 • 정액을 적절하게 처리	• 손가락으로 음핵을 문지르기 • 성 보조기구로 질 내를 자극 • 성기전체를 자극 • 유방과 유두의 자극 • 질 분비물 적절하게 처리
	• 귀두부 청결	• 내외생식기 청결
	• 손톱을 청결하게, 손을 깨끗이 씻고	
잘못된 방법	• 음경 만곡증, 백막의 터짐 • 이물질 사용 • 더러운 손	• 음순의 변형 • 이물질 사용 • 더러운 손

- 세균 감염에 의한 요도염: 불결하게 했을 때 생길 수 있으며 치료를 받아야 한다.
- 역행성 사정: 가끔 정액의 분출을 꺼려 억지로 사정을 막는 경우가 있다. 이 경우엔 밖으로 나오려던 정액이 밖으로 나오지 못하고 방광으로 역류하는 현상이 일어난다. 물론 대부분의 역행성 사정은 다른 이유로 일어나지만 이런 인위적인 행위가 반복되면 질환이 생길 수 있고 성기능 부전의 원인이 된다.
- 기타: 그 외에도 조루가 올 수도 있으며 발기부전이 생길 수도 있다. 자위행위를 하지 않으면 발기가 되지 않기도 한다.

2) 정신적 후유증

- 죄책감: 실제 자위행위는 어느 수준에서는 전혀 죄책감을 느끼지 않아도 되는 행위이다. 몸에서 생성되는 정자는 그 순환 주기가 약 3개월로 생산된 정자는 없어져야 재생산이 이루어진다. 만약 정자가 없어지지 않으면 정자생산 불능이란 장애가 생긴다. 이미 형성된 정자가 소비되는 길은 사정하거나 인체 내로 흡수되는 두 가지 길 밖에 없다. 그러나 정관절제수술을 받은 상태가 아닌 청소년기엔 밖으로 사출되는 방법밖에 없고, 몽정은 이런 인체 내의 평형을 유발하기 위한 자연스런 현상이며 자위행위 역시 이런 과정의 하나이다. 그러므로 자위행위 그 자체에 대해서는 조금도 죄책감을 느낄 필요가 없다(윤가현, 1998).
- 열등감: 죄책감은 열등감으로 연결되고, 다시 '자신의 상실'로 연결된다. 자위행위를 지나치게 하면 늘 자기는 남보다 못나고 열등하며, 나중에 결혼생활은 제대로 할 것인가, 아내를 어떻게 대할 것인가 등등의 의문에 빠져 스스로를 옥죄게 된다.
- 중독성: 자위행위엔 쾌락이 따르므로 일단 이 쾌락을 맛보게 되면 중독이 되기 쉽다. 중독성이 있다는 것이 자위행위의 맹점이다.
- 음란한 생각에 물듦: 쾌락을 위한 자위행위에는 음란한 상상이 동반된다. 문제는 이런 상상이 자위행위를 할 때만 국한되지 않는다는 것이다. 늘 음란한 생각이 머리를 떠나지 않고 좀더 자극적이고 음란한 대상을 찾게 되고, 공부하려고 하면 음란물이 떠오르고 자꾸 자신은 불결해지는 것 같아 더욱더 자책하고 더욱더 자위행위에 빠지게 된다.
- 스트레스 해소책으로 이용: 자위행위를 고민해결 방법의 하나로 이용하기 쉽다. 고민이 있을 때, 이를 건전하게 해결하지 못하고 자위행위를 함으로써 잊으려 한다.

제 10 장

성행위

학습목표

1. 남녀 성감대의 차이를 설명할 수 있다.
2. 남녀 성생리의 차이를 설명할 수 있다.
3. 전희의 필요성과 방법을 설명할 수 있다.
4. 올바른 섹스 매너를 설명할 수 있다.

성에 대해 예전처럼 숨기는 것만이 미덕은 아니다. 성에 대한 지식은 자연히 습득되는 것이 아니므로 노력하여 습득하여야 한다. 또 상대를 기쁘게 해주기 위해서는 상대의 신체적 특징과 원하는 바를 알아야한다.

10.1. 성감대

성감(性感)이라는 것은 여러 가지 감각수용기의 작용, 신경전달과 호르몬의 작용, 뇌의 연합작용 등에 의해 느끼는 정신과 육체의 복합작용이다. 신체에서 성감을 느끼는 부위를 성감대(性感帶)라고 하며 성감대의 특징은 다음과 같다(표 10.1).

성감대는 개인마다 다를 수가 있다(그림 10.1). 그러므로 상대의 성감대를 아는 것은 중요하며 또한 보다 만족스러운 성관계를 위해서는 상대의 성감대를 재치있게 자극해 주는 것이 필요하다.

성감대는 생식기관으로서 성 자극을 느끼는 1차 성감대와, 생식기관은 아니지만 자극에 민감하여 성 흥분으로 연결될 수 있는 2차 성감대로 나뉘는데 남녀에 차이가 있다(표 10.2).

표 10.1 성감대의 특징(윤성규, 2010)

항목	특징
구성	시각, 청각, 후각, 미각, 촉각 등 모든 감각수용기가 작용
작용과정	감각수용기의 작용 → 신경전달과 호르몬의 작용 → 대뇌의 연합작용 등 신체와 정신의 복합작용

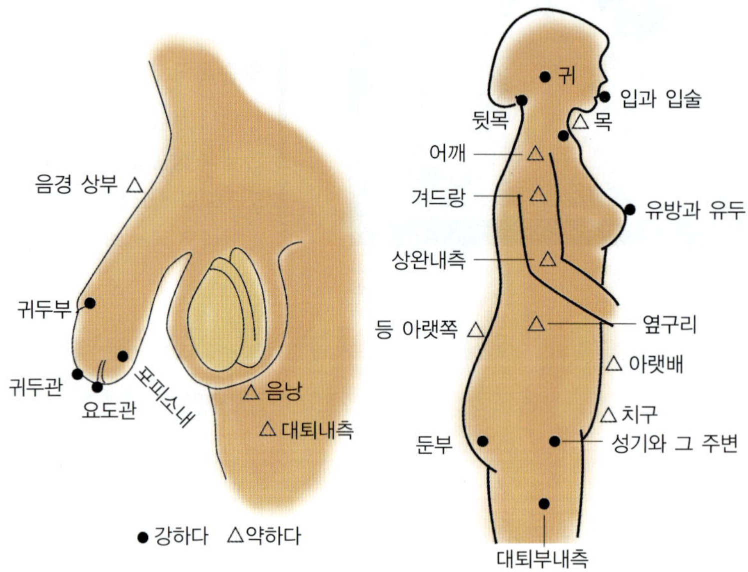

그림 10.1 남녀의 성감대(추영국 등, 2007).

10.1.1. 남성 1차 성감대

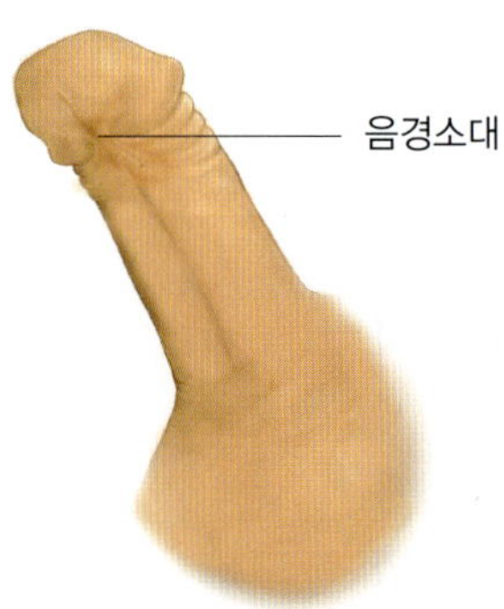

그림 10.2 음경의 외부 구조.

남성의 성감은 주로 음경을 통하여 느끼는데 그 중에서도 음경 귀두와 그 아래쪽의 음경소대 부위가 가장 민감하다(그림 10.2). 음경 귀두의 피부에는 파치니 소체가 많이 분포하고 있어서 자극을 예민하게 느낀다(추영국 등, 2007). 음낭도 성감대로 작용한다.

음경이 크다고 해서 성감이 민감하게 발달하는 것이 아니며 발기 능력과도 관계가 없다. 또한 음경의 크기와 여성의 만족도 사이에도 상관관계가 없다는 사실이 임상 실험을 통하여 밝혀졌다. 태아의 음경도 발기가 가능하므로 음경의 피부 감각은 태아시기에 이미 완성되는 것으로 보인다(추영국 등, 2007).

표 10.2 남녀 성감대의 종류(윤성규, 2010)

구분	남	여
1차 성감대	• 생식기관으로서 성 자극을 느끼는 부위	
	음경(귀두, 음경소대)	음핵(clitoris)
	음낭	대음순
		소음순
		질전정
		질
		G점(G spot)
		유두(유방)
2차 성감대	• 생식기관은 아니지만 자극에 민감하여 성적흥분으로 연결될 수 있는 부위. 입, 귀, 모발, 겨드랑이, 목, 회음, 대퇴부 내측, 둔부, 음모	

10.1.2. 여성 1차 성감대

1) 대음순

대음순은 피하에 지방조직이 잘 발달되어 있으며 성교할 때 충격 흡수대로서의 역할을 한다. 혈관과 탄력섬유가 분포하며 성 흥분이 고조되면 충혈되어 보다 두꺼워진다. 흥분정도에 따른 대음순의 변화는 출산경험의 유무에 따라 차이가 있다. 출산경험이 없는 여성의 경우 흥분하게 되면 주변의 근육이 긴장되기 때문에 근육이 끌어 당겨져 대음순은 편평해지고 얇아지며 이 상태가 오르가즘까지 연속된다. 한편 출산경험이 있는 여성의 경우는 대음순 내의 모세혈관망이 발달하기 때문에 흥분하면 이 모세혈관이 충혈되어 대음순의 크기가 2~3배로 팽창한다.

2) 소음순

소음순은 민감한 성감대 중의 하나이다. 질의 입구를 둘러싸고 음핵의 포피와 회음부로 연결되어 있고 많은 감각수용기세포가 있다. 흥분하면 소음순은 충혈되고 두꺼워지고 홍자색으로 변한다. 여성은 이 팽창에 의하여 소음순의 성감도가 고조될 뿐 아니라 음경운동에 의한 진동이 질전정과 음핵까지 전달되어 쾌감이 높아진다. 소음순의 자극은 간접적으로 음핵도 자극하게 된다.

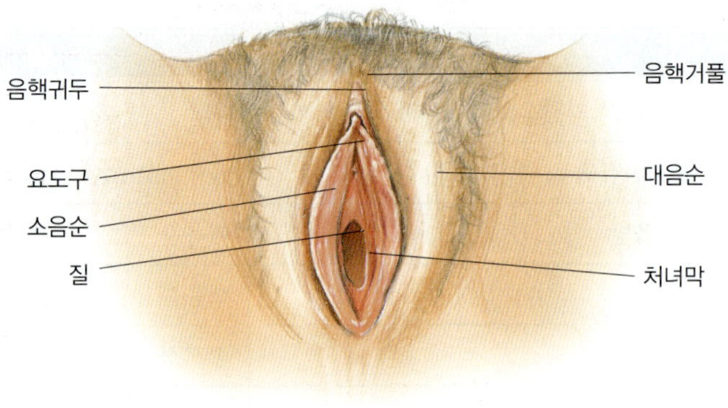

그림 10.3 여성의 외부 생식기관.

3) 질전정

질전정이란 요도구에서 질입구까지의 구역으로 양쪽에는 소음순의 벽이 있다(그림 10.3). 이곳에는 감각수용기세포가 집중되어 있어서 민감한 성감대이다. 실제로 음경을 삽입하지 않고 질전정만 적절하게 자극하여도 오르가즘에 이르는 여성도 있다. 이곳에 가해진 부드러운 자극은 음핵과 소음순에도 동시에 전달되어 성 흥분을 고조시킨다.

4) 음핵

음핵은 보통 소음순에 가려져 있고 흥분되면 커지고 딱딱해지면서 노출되는 경우가 많다(그림 10.4). 남성의 귀두와 비교할 수 있는 여성 최고의 성감대이다. 성감이 가장 민감한 곳이며 오르가즘을 느끼게 하는데 가장 큰 역할을 한다. 음핵의 자극만으로 오르가즘에 도달하는 여성도 있다. 음핵을 여성의 성감대의 중심이라고 하는 이유도 여기에 있다. 질의 자극과는 달리 음핵의 자극은 한결같이 오르가즘을 일으킨다. 이는 여성의 자위행위가 거의 음핵의 자극에 의한다는 사실에 의해서도 알 수 있다.

음핵은 너무나 예민하기 때문에 윤활액으로 젖어 있지 않는 직접적인 접촉자극은 불쾌감이나 통증을 느낄 수 있다. 따라서 지나치게 강한 자극을 주는 것은 피해야 한다. 대부분의 여성은 음부의 압박에 의하거나 소음순 위에서 음경으로 문지르는 간접적인 자극을 좋아한다.

음핵의 자극이 오르가즘을 일으키는데 결정적인 역할을 하지만 음핵은 실제의 오르가즘을 표현하는 데에는 아무런 역할을 하지 않는다. 오르가즘은 반사현상이며 이는

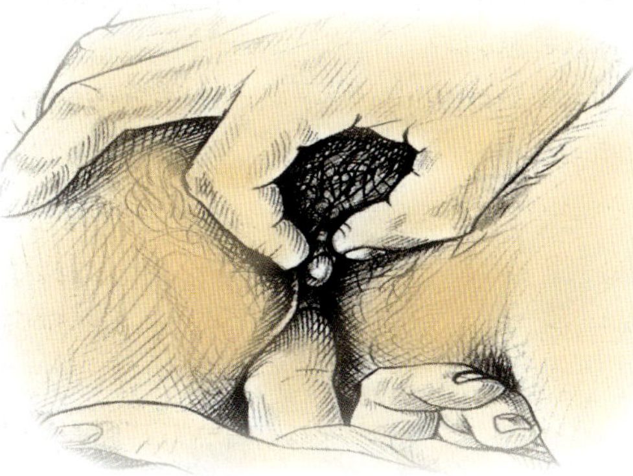

그림 10.4 노출된 음핵(하재청 등, 2008).

질 주위 횡문근의 반복 수축에 의하여 표현되는 것이다. 다시 말하자면 음핵의 자극에 의하여 오르가즘은 유도되며 질의 수축에 의하여 오르가즘은 표현되는 것이다.

5) 질

질은 유연한 신축성을 가졌으며 질 입구는 평소 굳게 닫혀 있어서 바닷물 속에 들어가도 물 한 방울 들어가지 않지만 음핵을 자극하면 그 입구는 열린다. 질은 그 입구부근에만 감각수용기세포가 있는 점막으로 덮여 있다. 질입구 부근을 제외한 질 안쪽의 질벽은 둔감하다. 질벽은 주름이 많은 근육성의 조직으로 되어 있으며 그 근육의 대부분은 불수의근이다. 질벽에는 수의근이 없음으로 질 자체에는 음경을 압박하거나 자극을 줄 수는 없다. 따라서 여성이 질을 의식적으로 조작할 수는 없고 성교 시에 음경에 자극을 주는 것은 질의 입구를 둘러싸고 있는 질 괄약근이다. 이 근육이 흥분에 의해 수축하기 때문에 음경이 조여져서 강한 자극을 받게 된다. 질 입구의 괄약근은 항문과는 8자근으로 연결되어 있으므로 항문을 조이면 이에 따라 질 입구도 조이게 된다.

질의 자극에 의해 일어나는 쾌감은 음핵을 자극받았을 때의 쾌감과는 질적으로 다르다. 많은 여성들은 질과 음핵 감각의 혼합이 반응한다고 생각하지만 음핵의 자극 쪽이 오르가즘에 보다 큰 공헌을 한다는 것이 일반적이다. 질에서 성 쾌감을 느끼는 것은 틀림없으나 질의 자극만이 있을 경우에 성환상이 수반되어야 비로소 오르가즘 반응이 일어난다. 이 경우 질에 의한 오르가즘은 생리적이라기보다는 오히려 심리적인 것이다.

6) G점

G점(G-spot)은 모든 여성에 존재하는 것은 아니고 약 30~40%의 여성에서 발견되는

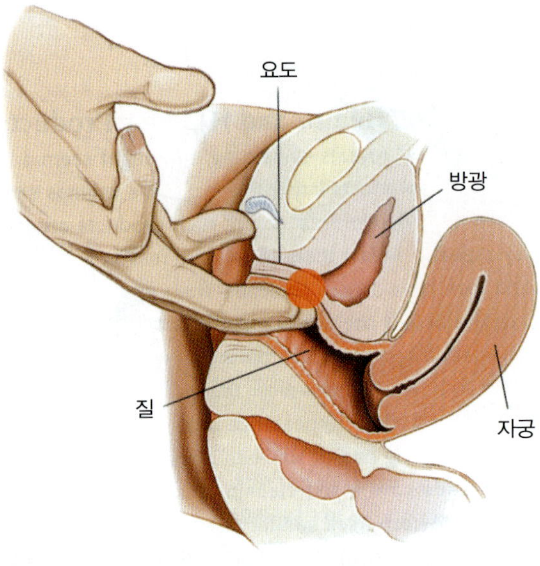

그림 10.5 G점 찾기. 붉은 점이 G점(하재청 등, 2008).

음핵에 버금가는 강렬한 성감대이다(이정덕 등, 1998). 질 입구로부터 3~4cm 안쪽의 배쪽(앞쪽)에 있으며 완두콩 크기이다. 손가락으로 질의 앞쪽 벽을 전체를 더듬어 깊숙이 눌러 보아야 찾을 수 있다(그림 10.5). 이곳에는 요도로 통하는 수많은 구멍이 있다. 복잡한 망상구조의 혈관과 감각수용기세포가 분포해 있으며, 이곳이 자극되면 흥분과 함께 액체가 분비되고, 이 액체는 요도를 통하여 남성의 사정과 같이 사출하게 되는데 이때 여성은 강렬한 오르가즘을 느낀다. G점이 있는 여성은 대체로 성감이 높은 여성이다.

7) 유두

일반적으로 유방은 여성에 있어서 중요한 성감대의 하나라고 생각되고 있지만, 유방 그 자체는 지방의 덩어리로 성감대로서는 둔감한 부분이며 민감한 감각수용기세포도 없다. 그러나 유두(젖꼭지)에는 민감한 감각수용기세포가 있다(오영근, 1996). 유두의 자극만으로 오르가즘에 도달하는 여성도 있다고 하는 것을 보면 유두가 얼마나 민감한 성감대인가를 알 수 있다.

이 쾌감이 잘못되어 유방의 쾌감이라고 생각되고 있다. 유두는 또 성 흥분이 고조되면 발기반응을 나타낸다. 유두가 꼿꼿이 선다는 것은 이 현상이다. 이 발기반응은 유두 조직 내에 있는 근섬유의 불수의적인 수축의 결과로 일어난다. 더욱 성 긴장이 고조되면 이번에는 유방 그 자체가 부어오른다.

10.1.3. 2차 성감대

남녀의 모발, 귀, 입, 목, 겨드랑이, 둔부, 허벅지 내측, 음모, 회음, 항문 등이 2차 성감대이다.

1) 모발

특히 여성의 모발(머리털)은 성감대이다. 그것은 모근(털뿌리)에 민감한 감각수용기세포가 있기 때문이다. 즉, 모근 아래에는 그곳을 둘러싸듯이 그물처럼 생긴 신경이 분포하고 있다. 여성의 모발을 부드럽게 어루만져주면 그 자극이 모근의 신경을 자극한다. 즉 모근의 아래에 있는 신경이 미묘한 감각을 뇌에 전하게 된다. 이 자극이 성쾌감으로 전환되는 것이다.

2) 귀

귀는 감도가 높은 성감대 중의 하나이다. 귀에는 많은 감각수용기세포가 분포되어 있다. 갑자기 귀를 자극하면 가려운 기분으로 몸을 움츠리고 쾌감을 느끼지 않는 여성도 있다고 한다. 한편 귀는 온도차에 대하여 매우 민감한 곳이다. 그곳에 온도차가 생기면 그것이 자극이 되어 감각수용기세포를 통해서 대뇌로 전달된다.

3) 입

입술과 구강은 민감한 성감대라고 할 수 있다. 인체 중에서 점막으로 되어 있는 부분은 감각이 매우 예민하다. 이를테면 소음순과 항문, 입술과 구강 등이 그러하다. 이러한 부분이 예민한 것은 그곳에 감각수용기세포가 밀집되어 있기 때문이다. 성반응의 각 단계에서 형태와 강도를 달리하여 입을 능숙하게 사용한다면 성감은 한층 고조될 것이다.

타액의 분비는 자율신경에 의해 조절되지만 교감신경과 부교감신경 중 어느 신경이 지배하느냐에 따라 타액의 질이 변한다. 심리적으로 편안한 상태에서는 부교감신경에 의해 묽은 침이 분비되고, 긴장된 상태에서는 교감신경이 내는 점성이 강한 끈적끈적한 침을 분비한다. 사정 직전에 입안이 건조한 느낌을 갖는 경우는 타액의 분비가 적어졌기 때문이 아니고 교감신경이 지배하기 때문이다.

4) 목

목에는 근육이 쇄골의 안쪽으로부터 귀의 뒤까지 비스듬히 뻗어 있다. 이 근육 근처에는 교감신경과 미주신경이라고 하는 대뇌에 이르는 신경이 집중되어 있다. 그러므로 이 근처는 가벼운 자극에도 민감한 반응을 보인다. 더욱이 목에는 경동맥과 경정맥이 있으며 생명의 중추라고 할 수 있는 연수에도 가깝기 때문에 생체방어의 의미에서도 민감한 부분으로 되어 있다.

5) 겨드랑이

겨드랑이는 남녀의 절묘한 성감대로서 중시되어 왔다. 겨드랑이처럼 평소에 감추어져 다른 것에 접촉되기 어려운 부위는 자극에 대한 감각이 매우 민감하다. 이곳에는 감각 수용기세포가 집중되어 있다. 겨드랑이는 피부가 매우 얇고 체모가 나 있으며 땀샘도 많은데 이와 같은 부분은 감각이 예민하다. 따라서 성감이 고조되어 있을 때 이곳을 자극하면 쾌감에 몸을 떠는 여성도 있다.

6) 엉덩이와 사타구니

엉덩이(둔부)는 항문에 연결되고 허벅지는 외음부에 연결됨으로 이 두 부분은 항문과 외음부의 도입부라고 할 수 있다. 사타구니(서혜부)에서 허벅지(대퇴부) 내측에 걸친 부분은 매우 민감한 성 반응을 유발하는 부분이다. 특히 사타구니는 성기에 매우 가까운 부분이고 다양한 혈관이 집중되어 있는 부분이다. 이들 혈관을 따라 감각수용기세포도 밀집되어 있어서 성감대를 이룬다.

7) 음모

외음부의 보온은 성 쾌감을 위해 필요하다. 음모(陰毛, pubic hairs)가 외음부의 온도를 일정하게 유지시키므로 외음부에 분포되어 있는 혈관 주위의 온도도 일정하게 유지되게 된다. 성 흥분이 있을 때에는 혈관의 확장이 계속 유지되어서 혈액이 그곳에 충분히 모이게 되므로 외음부를 따뜻하고 부드럽게 해주는 역할을 한다. 외음부에 음모가 없다면 남성의 치골부위가 여성의 치골부위에 바로 타격을 주게 됨으로 쾌감을 감소시키게 될 것이다.

8) 회음

회음(會陰)은 남성에서는 음낭과 항문 사이이며, 여성에서는 소음순과 항문 사이로서 양자를 연결하는 중요한 부분이다. 회음부의 피부에는 여러가지 감각수용기세포가 밀집되어 있어서 성감대이다. 그 중에서도 특히 피치니 소체가 많다. 피치니 소체라고 하는 감각수용기는 피부의 심부에 있으며 압박의 자극에 대해 매우 민감한 반응을 나타낸다. 이 회음은 질과 항문의 바깥둘레를 연결하는 소위 8자근이 교차하는 곳으로 질과 항문의 두 성감대를 연결하는 곳이어서 더욱 민감하게 반응한다.

10.2. 사랑을 부르는 키스

10.2.1. 키스의 효과

그림 10.6 키스하는 연인.

키스를 많이 하는 사람은 건강하게 산다. 감정을 최대한으로 낼 수 있는 분위기 있는 키스가 건강에 가장 좋다고 한다(그림 10.6). 키스는 그 테크닉이 중요한 것이 아니라 얼마나 분위기 있게 그리고 풍부한 감정을 가지고 하느냐가 중요한 것이다.

남녀가 사랑의 감정과 욕구를 가지고 혀를 주고받는 순간 체내에선 강렬한 충동이 일어난다. 심장이 뛰고 맥박이 빨라지고, 혈압이 오르고, 그러면서 이자(췌장)에선 인슐린이 분비되고, 부신에서는 아드레날린이 분비된다(표 10.3). 성 충동을 받아 키스를 하면 그 순간 체내에서 아미노산 복합물인 뉴러펩티드와 같은 물질이 분비된다. 이것은 진통제와 같은 작용을 하게 되는데 그 강도가 모르핀보다 훨씬 높다. 이 뉴러펩티드는 백혈구 활동을 활성화시켜 발병을 차단하는 역할을 하면서 노화를 늦춰준다.

키스를 하면서 성 흥분을 하면 좌절할 때나 공포감을 느낄 때 나타나는 네거티브 스트레스 호르몬인 코르티솔의 생성을 막아주는 효과가 있다. 이것은 키스, 뇌, 면역체계, 건강 사이에 밀접한 관계가 있음을 증명해 주는 것이다. 정신신체의학지(Journal Psychosomatic Medicine, 2009년 5월호)에 의하면 자주 껴안고 키스하는 연인은 스트레스를 덜 받는다고 한다(http://www.kormedi.com). 결혼을 눈앞에 둔 독일인 커플 51쌍을 대상으로, 단순히 손을 잡는 데서부터 성 접촉까지 1주일에 스킨십이 얼마나 이뤄지는지 물었다. 이후 그들의 침(타액)에서 코르티솔(스트레스 호르몬) 수치를 측정했다. 그 결과 신체적 접촉이 많은 커플은 코르티솔 수치가 적은 것으로 나타났다. 연구진은 "신체적 친밀감이 정신적 건강에도 도움을 준다는 사실을 뒷받침한 연구"라며 "연인들은 보다 나은 결혼생활을 위해 애정표현을 마음껏 하는 것이 좋다"고 말했다.

표 10.3 키스 전후 분비되는 물질의 차이

물질	키스 전	키스 후
인슐린	–	증가
아드레날린	–	증가
뉴러펩티드	–	증가

표 10.4 남녀 키스 전후의 호르몬 분비량 비교

호르몬	키스 전		키스 후	
	남자	여자	남자	여자
코르티솔	–	–	감소	감소
옥시토신	–	–	증가	–

10.2.2. 키스에 대한 남녀의 차이

영국 일간지 테레그래프(2009년 2월)에 의하면, 남자는 키스만 해도 '사랑 호르몬'이 쏟아져 나오지만, 여성은 그렇지 않은 것으로 드러났다(http://www.kormedi.com). 연구진은 남녀 15쌍이 손을 맞잡고 키스하기 전과 후 코르티솔과 옥시토신 호르몬의 수치를 측정했다(표 10.4). 그 결과 키스는 남녀 모두에서 코르티솔의 수치는 감소했지만 사랑의 호르몬이라 불리는 옥시토신 수치는 남자에게만 증가하는 것으로 나타났다.

연구진은 이러한 현상을 여자들은 단순히 키스 그 자체보다는 키스가 이뤄지는 분위기, 즉 낮은 불빛의 조명과 감미로운 음악 등의 조건이 갖춰져야 사랑의 감정을 크게 느낄 수 있기 때문으로 해석했다. 연구진은 "키스는 입술을 마주치는 간단한 동작이지만, 뇌와 신체에서는 우리가 생각하지 못했던 여러 일들이 발생한다"고 말했다.

10.2.3. 첫 키스 잘못하면 결딴

미국 신문 워싱턴포스트와 영국 신문 선데이타임스 온라인판(2009년 4월)에 의하면, 첫 키스를 잘못하면 막 맺어지려던 커플의 60% 정도가 결딴날 수 있다는 연구 결과가 나왔다(http://www.kormedi.com). 미국 올바니 뉴욕주립대 학생 1,041명을 대상으로 "끌리는 상대였지만 첫 키스를 해본 뒤 관계를 끊은 경험이 있는지"를 물었더니, 여학생의 66% 남학생의 59%가 "그런 경험이 있다"고 대답했다. 남녀 불문하고 세 명 중 두 명 정도가 '첫 키스의 불쾌한 추억' 때문에 관계를 중단한 경험이 있다고 하였다.

그림 10.7 입 주변에 얼마나 많은 신경이 몰려 있는지를 나타낸 그림(캐나다 신경학자 와일더 펜펠드 저 '인간의 대뇌피질'에서).

이러한 결과에 대해 연구진은 "인간의 뇌신경 12가지 중 무려 5개가 입술과 혀 주변에 몰려 있고(그림 10.7), 키스를 할 때 우리는 상대방의 맛, 냄새, 촉감, 온도 등을 바로 감지하게 된다"며 "키스는 단순히 키스가 아니고 당신이 누구인지, 뭘 원하는지, 그리고 뭘 줄 수 있는지를 상대방 머리

깊숙이 알려 주는 수단"이라고 말했다.

이 결과에 대해 한 전문가는 "특히 여자는 유전적으로 냄새와 키스로 이를 잘 파악한다"고 했다. '이 남자가 정말 내 남자인가'를 끊임없이 관찰하는 여자에게 첫 키스를 잘못했다가는 바로 관계가 끝날 수 있다는 것이다.

10.2.4. 키스의 종류

- 새 키스(bird kiss): 작은 새가 부리를 부딪히는 것처럼 서로 가볍게 입술과 입술을 맞대기만 하는 가장 가벼운 키스이다. 잠들기 전에 혹은 아침에 일어났을 혹은 헤어질 때 하는 가벼운 인사의 뜻으로 하는 키스이다.
- 교차 키스(cross kiss): 입술을 살짝 다문 채 교차시켜 닿게 하는 방법이다. 우아하고 소프트한 느낌이다. 새키스보다는 접촉면이 크지만 본격적인 키스는 아니다.
- 슬라이딩 키스(sliding kiss): 위아래 입술을 밀착시키고 누르면서 머리를 좌우로 흔든다. 혀가 입술에서 나오고 들어가는 일은 없지만 순애도가 높은 키스로 입술 감각은 상당히 자극되고 쾌감을 느낀다.
- 넓은 공간 키스(wide space kiss): 주로 남성이 여성에게 하는 것으로 상대의 입술 전체를 덮는다. 남성다운 표현으로 사용한다.
- 햄버그 키스(hamburger kiss): 입술을 열고 상대의 위아래 입술을 사이에 끼워문다. 입술을 촉촉이 해서 입술 끝을 사용하든가 해서 서로 입술을 좌우로 비벼본다. 팔에 힘을 가하고 포옹하는데 적합하다.
- 프렌치 키스(french kiss): 입술을 벌린 채 혀만 장난치듯 자유롭게 움직이는 키스이다. 이 키스와 함께 손으로 상대의 볼을 감싸거나 몸을 강하게 끌어당겨 꼭 껴안거나 하는 애무를 겸하면 더욱 강한 자극을 받게 된다.
- 공기 키스(air cleaning kiss): 상대의 입안에 공기를 넣어 부풀려서 자신의 체내로 옮겨오는 것으로 성적인 의미가 더욱 강해진다.
- 인사이드 키스(inside kiss): 슬라이딩 키스로 차츰차츰 서로의 입술을 빨아들이다가 숨이 가빠지면서 입술이 열리게 되고 상대를 받아들이듯이 입술과 혀를 받아들이는 키스이다. 섹스를 연상시키는 키스이다.
- 레슬링 키스(wrestler kiss): 서로의 혀와 혀를 입안에 함께 가져간다. 입술만이 아닌 혀와 혀의 감촉이 전신을 마찰하는 것과 같은 쾌감을 불러일으킨다.
- 혀 키스(tongue training kiss): 상대의 입술을 벗겨내는 기분으로 애무를 하다가 혀의 접촉이 시작되면 혀를 상하 좌우로 얽으면서 서로의 혀를 빨아들이거나 밀고 당기면서 입의 위아래 점막이 자극되어 서로 흥분이 고조됨을 느낄 수 있는 키스이

다. 타액의 교환도 이루어지며 깊은 포옹과 함께 본격적인 섹스를 암시한다.

- 깨물기 키스(eating kiss): 주로 여성이 남성에게 하는 것으로 침입해 온 상대의 혀를 가볍게 깨물기도 하는 사이에 가볍게 당기듯이 한다. 섹스를 묘사하고 있으나 그 외에도 혀에 대한 자극도 강하고 여성스러움이 표현되어 있다.
- 전화 키스(phone kiss): 전화를 끊기 전에 수화기를 통해 키스하는 소리만 보내는 아주 간단한 방법이다.

10.3. 성 생리

10.3.1. 남성의 성 생리

1) 발기의 생리

남성의 그 부드럽던 살덩이가 갑자기 단단한 도구로 변하는 불가사의한 광경을 보면 경탄하지 않을 수 없다. 발기(勃起, erection)는 음경의 동맥이 확장되어 혈액이 공급되고 정맥은 수축되어 혈액이 빠져 나오지 못하므로 음경에 혈액이 고여 해면체를 채워 단단하게 부풀어진 상태를 말한다(그림 10.8). 발기는 심리, 신경계, 호르몬, 동맥, 정맥 등의 요인에 따라 좌우되는 매우 복합적이고 신비한 생리 현상이다(표 10.5).

'섹스하고 싶다'는 성 자극이 느껴지면, 이 자극은 두뇌피질의 신경계를 지나 척추 아랫부분에 있는 발기중추에 전해진다(그림 10.9). 그리하여 부교감신경에 의해 동맥에 전달되는데, 그렇게 되면 평상시보다 많은 혈액이 음경 내로 유입된다. 이 혈액은 해면체를 가득 채우게 되어 발기가 되는 것이다.

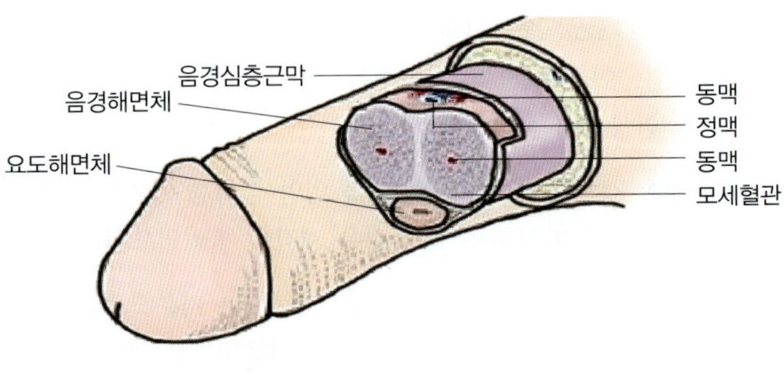

그림 10.8 발기된 음경의 구조.

표 10.5 발기의 생리(윤성규, 2010)

항목	특징
상태	음경의 동맥은 확장되고 정맥은 수축되어 혈액량이 증가하여 단단하게 부풀어진 상태
과정	성 자극 → 두뇌피질의 신경계를 지나 척추 아랫부분에 있는 발기 중추에 전달 → 부교감신경에 의해 음경 동맥에 전달 → 다량의 혈액이 음경 내로 유입 → 정맥의 수축 → 발기

발기요인은 반사성, 심인성, 수면중 발기의 세 가지로 구분될 수 있다. 반사성 발기는 척수 중의 천수(薦髓, 등뼈의 천추에 있는 신경)에 있는 발기중추에 의해 조절되며 성기접촉에 의해 유발될 수 있다. 심인성 발기는 시각, 청각, 후각은 물론 성환상에 의한 뇌의 작용이 척수 중의 요수(腰髓, 등뼈의 요추에 있는 신경)에 있는 발기중추를 자극하여 발생하게 된다. 수면중 발기는 반사성이나 심인성 발기와는 전혀 다르게 조절된다. 정상인이라면 성 자극이 없어도 수면 중에 발기된다. 갓난아기도 수면중에 발기된다. 심리적 원인으로 발생한 발기부전 환자도 수면중 발기는 일어난다. 특

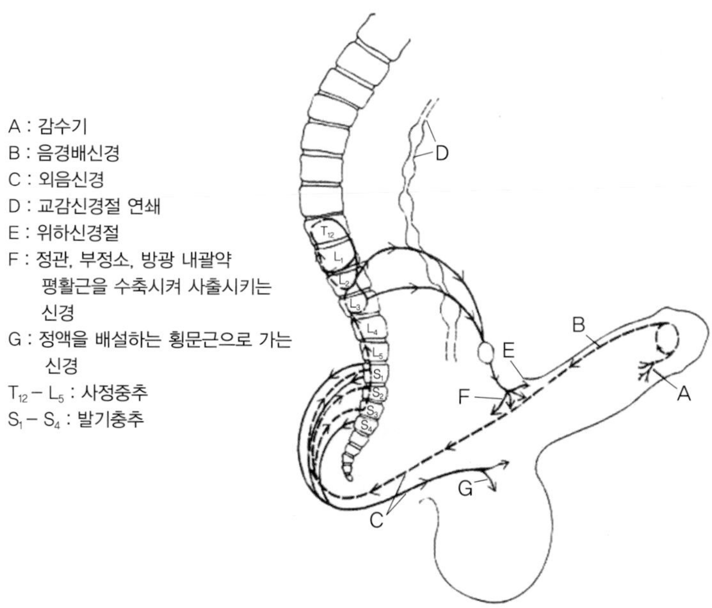

그림 10.9 발기 및 사정과 연관된 신경(오영근, 1996).

히 잠에서 깨기 바로 직전의 새벽에 발기되는 현상을 새벽발기(조조발기, 早朝勃起, morning erection)라 한다. 잠에서 막 깬 시간과 수면 중 발기가 딱 맞아떨어졌을 때 새벽발기를 관찰할 수 있다.

2) 사정의 생리

사정(射精, ejaculation)은 정액이 음경에서 체외로 배출되는 과정으로 음경의 발기, 정액의 흐름, 사정, 쇠퇴의 과정이 필요하다. 사정은 여성에서는 없는 남성만의 특이한 생리반응이다(표 10.6). 삽입 후 음경운동으로 극도의 쾌감 속에 사정을 하는데, 사정

발기의 원리

음경의 해면체 안에는 동맥, 정맥, 모세혈관 및 신경 등이 분포되어 있다. 평상시에는 이곳의 동맥으로 혈액이 조금씩 들어오며 해면체가 수축되어 음경은 수축되어 있다. 성흥분을 하면 해면체 안의 동맥 모세혈관에서 일산화질소(nitric oxide, NO)가 증가하게 되고, 일산화질소는 구아닐산고리화효소(guanyl cyclase)의 기능을 활성화시켜 cGMP(cyclic GMP, cyclic guanosine monophosphate)를 많이 만들게 한다. cGMP는 이번에 PKG라는 물질을 증가시킨다. PKG는 동맥을 확장시키고 근처의 혈액을 즉시 음경으로 몰려들게 한다(그림 10.10). 한편 들어온 혈액은 해면체를 팽창시키고 해면체 사이의 간격을 좁혀 정맥이 닫히므로 혈액이 빠져 나가지 못하고 고이게 된다. 이렇게 되면 음경 내에 많은 혈액이 정체되어 발기가 유지된다.

이 상태라면 발기가 지속되겠지만, 동시에 PDE-5(phosphodies terase-5) 라는 분해효소도 생성된다. 사정하거나 또는 일정한 시간이 지나면 PDE-5가 cGMP를 GMP로 분해시키며, GMP는 정맥을 열리게 한다. cGMP가 분해되면 동맥은 다시 수축하게 되고 정맥으로 혈액이 방출되어 발기 전의 모습으로 되돌아오게 된다.

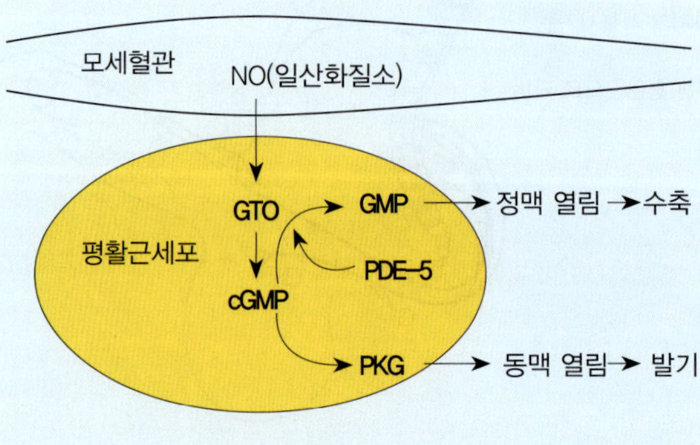

그림 10.10 발기의 원리.

표 10.6 사정의 특징(윤성규, 2010)

항목	특징
현상	• 남성만의 특이한 생리반응 • 극히 짧고 순간적인 것이며 성교중 단 1회 뿐 • 남성이 여성보다 극치감을 훨씬 잘 느끼도록 되어 있음
과정	• 성 자극 → 정관의 연동운동 → 부정소 미부에서 정관 팽대부로 정자가 이동 → 정관팽대부와 정낭의 수축 → 방광경부의 부분폐쇄, 요도로 정액이 흐름 • 한편, 부교감 신경으로 음경의 해면체 및 음경발기근이 경련성 수축 → 방광경부가 완전 폐쇄 → 요도와 회음부 근육의 수축 → 사정
오르가즘	• 사정 때, 생식기관의 평활근과 골반내 횡문근으로부터의 자극이 대뇌피질에 주는 감성적 경험

을 할 즈음이 되면 요도와 회음부 근육의 수축으로 음경 자체도 전후로 움직이게 된다. 이후 성액을 배출함과 동시에 오르가즘을 얻는다.

성자극을 받으면 교감신경의 작용으로 부정소 미부에서 정관 팽대부로 정자가 이동하도록 정관의 연동운동이 증가하며, 정관팽대부와 정낭의 수축, 방광경부의 부분폐쇄, 요도로 정액의 흐름이 발생된다. 한편 부교감 신경의 작용으로 해면체 및 음경발기근 등이 경련성 수축을 일으키고 방광경부가 완전 폐쇄됨으로써 정액이 사정된다(그림 10.11). 이때 생식기관의 평활근과 골반내 횡문근으로부터의 자극이 대뇌피질에 주는 감성적 경험이 오르가즘(극치감)이다.

사정의 쾌감은 극히 짧고 순간적이다. 남녀 모두에게 오르가즘의 경험은 심리적인 현상이지만 생리적인 구조로 보아서 남성이 여성보다 오르가즘을 훨씬 잘 느끼도록 되어 있다. 대부분의 남자들은 사정을 하고 나면 쉽게 발기상태가 사라지고, 또한 한 번의 발기상태에서 두 번 이상 사정하는 남성은 아주 극히 드물다.

10.3.2. 여성의 성 생리

1) 성충동

성욕과 성충동은 남성에게만 있는 것은 아니다. 여성에게도 마찬가지인데, 야한 생각을 하거나 에로틱한 책이나 영화를 보면서 성 자극을 받게 되면 질에서 분비액이 나오는데 이것은 윤활제의 역할을 한다. 여성에게는 남성의 음경에 해당하는 음핵이 있어서 성 흥분하면 음핵에 혈액이 몰려 커지면서 딱딱해진다. 남성의 발기와 같은 원리이고 비슷한 반응이다. 성충동을 느끼면 여성도 남성과 비슷한 신체적 변화가 생긴다.

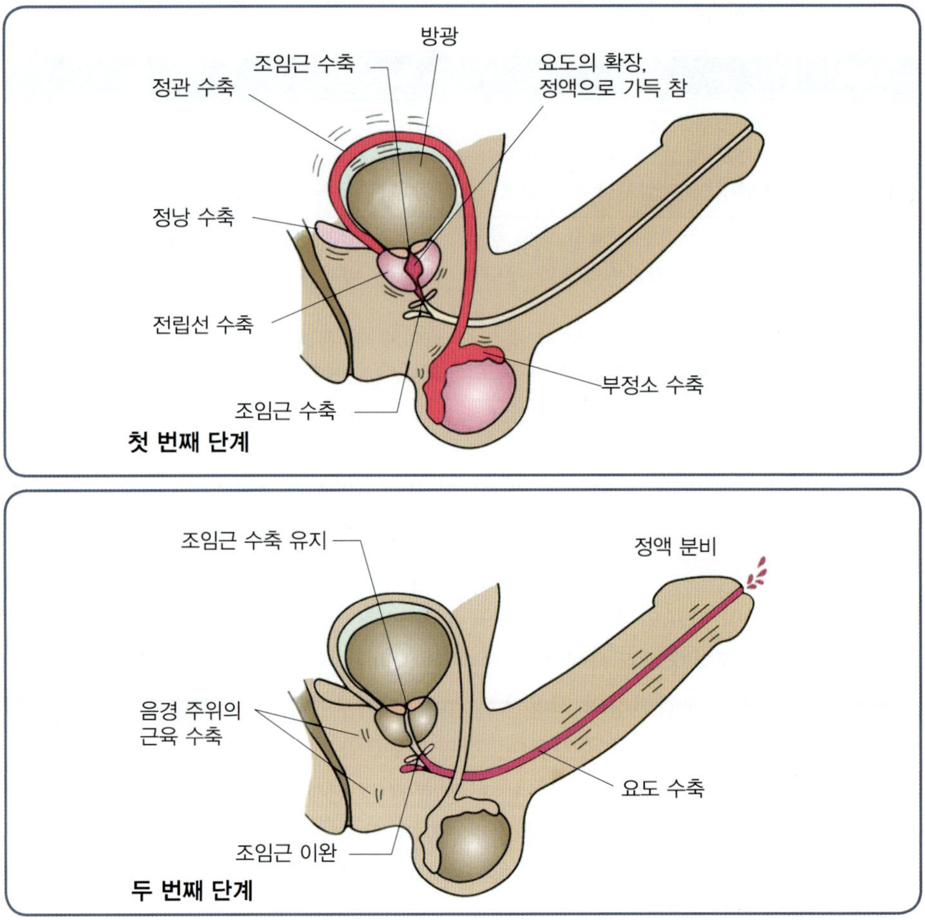

그림 10.11 사정의 두 단계(김명원 등, 2004).

2) 윤활과 팽창

성 흥분에 따라 국부적인 충혈반응과 평활근의 반사작용은 여성의 성기에 큰 생리적 변화를 일으킨다. 평상시에 질은 닫혀있고 운동성이 적다. 성자극을 받으면 질은 열리고 음경을 받아들일 수 있는 질로 바뀐다. 그리고 음경에 자극을 줄 수 있도록 순응해 간다.

그와 동시에 흥분하면 질액(애액)이 질벽 전체에서 스며나와 음경의 삽입을 자연스럽게 해주는 윤활액 역할을 한다(그림 10.12). 이때 질을 정화시키는 작용을 하는 냉도 흘러 나와 축축해지는 느낌이 들어 화장실에 가고 싶은 느낌이 들지만 정상적인 반응이다.

음경은 혈관이 충혈됨으로써 발기가 일어나지만, 여성에서는 질 입구 둘레에 오르가즘대가 형성된다. 오르가즘대는 충혈되고 팽창된 조직으로 이루어지며 질 입구를

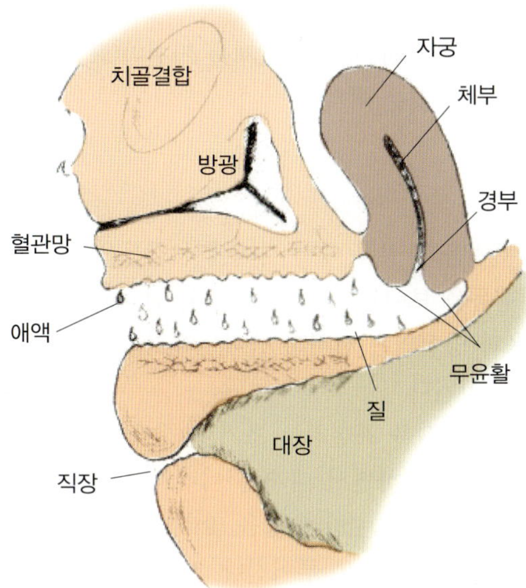

그림 10.12 질의 윤활액 분비(오영근, 1996).

둘러싸고 있는 소음순, 질전정, 질의 바깥쪽 1/3, 회음 등이 혈액으로 팽창되어 선명한 색깔로 변하고 커진다. 남성의 혈관충혈은 음경 내의 해면체에 국한되지만, 여성의 경우는 충혈반응이 보다 확산되어 내외의 성기가 전반적인 확장과 팽창을 일으킨다. 오르가즘대가 두껍게 변하는 것은 질과 질전정을 둘러싸고 있는 혈관의 전반적 확장에 의하여 생긴다. 소음순 깊숙히 위치하여 질을 둘러싸고 있는 이들 오르가즘대는 음경의 해면체와 유사하며 이 국부적 충혈현상은 질의 윤활화를 도운다. 이와같은 윤활화와 팽창은 남성의 발기와 동일현상이라고 생각되며 부교감신경에 의해 조절된다.

그러나 부정적 감정을 가짐으로써 이 기능은 쉽게 영향을 받는다. 성적으로 매우 억압되어 있는 여성은 윤활액을 분비하지 않고 성기도 팽창되지 않는다. 이와 같은 여성들은 실제로 불감증이거나 전반적인 성부전증으로 괴로워하게 된다.

10.4. 성교

성교는 육체적 교섭 뿐 아니라 감정적 교류를 포함하고 있다. 성행위로부터 충족되는 개인의 성 만족은 생물학적, 정신적, 사회적 요인에 달려 있다. 여기서는 대단히 민감한 부분을 다룬다. 구애 단계에서부터 오르가즘을 느끼고 후희 단계에 이르는 성행위의 과정을 설명한다.

10.4.1. 성 행동의 단계

인간의 성 행동은 세가지 독특한 단계를 거친다(표 10.7). 대개는 이 순서대로 이루어지지만 반드시 그런 것은 아니다.

1) 구애 단계

구애 단계는 두려움과 성적 매력 사이에서 갈등을 일으키며, 자신이 없어서 머뭇거리고 불안정한 행동을 보이는 것이 특징이다. 남녀가 서로에게 보내는 성 신호가 충분히 강하면 두려움과 망설임은 서서히 줄어든다. 성 신호에는 복잡한 얼굴 표정과 몸의 자세 및 발성이 포함된다.

눈과 목소리로 관심을 표현하는 초기 단계가 지나면 간단한 신체접촉(skinship)이 이루어진다. 신체접촉을 하면서 대개는 이리저리 옮겨 다닌다. 손을 잡거나 팔짱을 끼는 접촉이 이루어진 뒤에는 뺨에 입을 맞추고 입술과 입술을 맞대는 접촉이 이어진다. 서로 몸을 끌어안는 포옹도 이루어진다. 느닷없이 달리기 시작하거나, 쫓고 쫓기거나, 춤을 추기 시작하는 경우도 있으며, 어린애 같은 놀이를 하는 유형이 나타날 수도 있다. 이런 구애 단계는 대부분 남들 앞에서도 이루어지지만, 성교 이전 단계로 접어들면 남의 눈길이 없는 은밀한 곳을 찾게 된다. 그 후의 행동은 되도록 남들한테서 멀리 떨어진 곳에서 이루어진다.

2) 성교 이전 단계

이 단계에서는 수직자세보다는 수평자세를 택하는 경우가 늘어난다. 몸과 몸의 접촉은 점점 더 강해지고 접촉시간도 길어진다. 나란히 서 있던 자세가 비교적 낮은 자세로 서로 마주보는 접촉으로 바뀐다. 그동안 청각신호와 시각신호는 점점 줄어들고 그 대신 촉각 신호가 점점 더 잦아진다. 촉각신호에는 모든 신체부위의 미세한 움직임과

표 10.7 성 행동의 단계와 특징(윤성규, 2010)

단계	행동적 특징
구애	• 두려움, 갈등, 불안정한 행동 → 눈과 목소리로 관심을 표현 → 간단한 신체접촉 → 포옹
성교이전	• (음밀한 곳) 수평자세가 많아짐 → 시각과 청각신호 보다는 촉각 신호 → 살갗과 살갗이 맞닿는 촉감 → 혀 접촉 → 젖가슴 → 성기 주변 접촉 → 충분한 성 흥분을 불러일으킴
성교	• (성교이전 단계보다 짧다) 질 속에 음경 삽입 → 율동적인 음경운동 → 오르가즘을 경험 → 휴식

다양한 압착이 포함되지만, 특히 손가락, 입술 및 혀의 압착이 중요한 역할을 한다. 이 단계에서는 옷을 일부 또는 전부 벗어버리고 되도록 넓은 면적에 걸쳐 살갗과 살갗이 맞닿는 촉감의 자극을 맛보려고 한다.

입과 입의 접촉은 이 단계에서 가장 잦아지고 지속 시간도 길어진다. 입술의 압력은 부드럽게 살짝 스치는 정도에서 짓누르는 정도까지 다양하다. 강도 높은 반응이 계속되는 동안 입술을 열고 혀가 상대편의 입 속으로 들어간다. 이어서 혀는 입안의 민감한 피부를 자극하기 위해 적극적으로 움직이게 된다. 입술과 혀는 다른 신체부위, 특히 귓불과 목 및 성기를 자극 할 때도 사용된다. 남성은 여성의 유방과 유두에 특별한 관심을 기울이며, 이 부위에 입술과 혀로 핥고 빠는 정교한 접촉으로 이어진다.

이성의 몸을 입으로 자극하는 동시에 수많은 피부 접촉이 이루어진다. 손가락은 온몸의 표면을 더듬고, 특히 얼굴과 엉덩이와 성기 주변을 집중적으로 만진다. 이성의 성기에 일단 접촉이 시작되면 남성은 여성의 음핵에 주로 관심을 기울이고, 여성은 음경에 관심을 모으게 된다. 여성은 음경을 움켜잡거나 성교 동작을 흉내 내어 율동적으로 쓰다듬을 수도 있고, 남성은 여성의 성기(특히 음핵)를 역시 율동적인 동작으로 자극한다.

강도 높은 활동으로 성기를 이성의 몸에 대고 율동적으로 문지르기도 한다. 또한 팔과 다리가 상당히 뒤엉키고, 이따금 근육을 힘껏 수축시켜 이성의 몸을 으스러지게 조였다가 다시 늦추기도 한다. 이런 행동은 성교 이전 단계에서 짝에게 주는 성자극이며 성교가 일어나기에 충분한 생리적 흥분을 불러일으킨다.

3) 성교 단계

성교(性交, sexual intercourse)는 음경을 질 속에 넣는 행위로 시작된다. 이 행위는 남녀가 마주보는 자세에서 이루어지는 것이 가장 일반적이다. 남녀가 둘 다 수평자세로 누워서 남성이 여성의 몸 위로 올라가고 여성이 다리를 벌려 음경을 받아들인다. 이 자세에는 수많은 변형이 있지만 이것이 가장 단순하고 전형적인 자세이다. 이어서 남성은 음경을 깊이 삽입하기 위해 골반을 왈칵왈칵 밀어붙이는 율동적인 음경운동을 시작한다. 이 동작의 강도와 속도는 상당히 다양할 수 있지만 대개 빠른 속도로 깊이 파고 들려고 한다. 성교가 진행됨에 따라 입술과 손 접촉의 섬세함과 복잡성은 줄어드는 경향을 보인다. 그러나 이런 형태의 자극은 이제 부수적인 것이 되었지만, 그래도 성교가 끝날 때까지는 어느 정도 계속되는 것이 보통이다.

성교단계는 일반적으로 성교 이전 단계보다 훨씬 짧다. 남성은 일부러 시간을 늦추는 전술을 쓰지 않는 한, 평균 3~5분 이내에 사정을 하는 완료행위에 도달한다. 남성이 좀 더 오랫동안 성교를 계속하면, 여성도 결국 절정의 순간에 도달하면서 남성과는 비교도 되지 않는 폭발적인 오르가즘을 경험한다. 여성의 이 오르가즘은 팽팽한 긴장을 단숨에 풀어주는 역할을 하며, 정액을 내뿜지 않는다는 차이를 제외하고는 생리적으로 모든 점에서 남성의 오르가즘과 같다고 본다. 아주 빨리 절정에 도달하는 여성이 있는 반면에 전혀 오르가즘을 느끼지 못하는 여성도 있지만, 평균하면 성교를 시작한 지 10~20분 안에 오르가즘을 경험한다.

오르가즘에 도달하는데 필요한 시간에서 남녀가 이처럼 차이를 보이는 것은 이상한 일이다. 그러나 남성이 성교 이전 단계에서 여성을 오랫동안 자극함으로써 삽입하기 전에 이미 여성을 강하게 흥분시키거나, 성교하는 동안 자신이 절정에 도달하는 시간을 일부러 늦추거나, 사정이 끝난 직후에도 음경이 흐물해질 때까지 성교를 계속하거나, 잠깐 휴식을 취한 다음 성교를 다시 시작함으로써, 시간 차이를 극복하고 여성에게 오르가즘을 느끼게 할 수도 있다.

특히, 잠깐 쉬었다가 하는 성교에서는 남성의 발기상태가 줄어들기 때문에 자연히 오르가즘에 도달하는 데는 첫번째보다 훨씬 오랜 시간이 걸린다. 따라서 이번에는 여성이 오르가즘에 도달할 수 있는 충분한 시간 여유가 주어진다. 남녀가 둘 다 오르가즘을 경험하고 나면, 모두 녹초가 되어 대개는 상당히 오랜 시간동안 느긋하게 누워서 휴식을 취하고 잠을 자는 경우도 많다.

10.4.2. 성교 반응 단계

성의학자 마스터즈와 존슨은 성교반응을 4단계로 분류했다. 흥분기, 고조기, 오르가즘기, 쇠퇴기가 그것이다. 성교를 할 때 이런 단계적 과정을 밟는다는 점에서는 남녀가 모두 같다. 그러나 이 4단계는 각각 뚜렷이 구별되는 것이 아니라, 두 단계가 중복되어 나타나기도 하고 반응의 강도, 각 단계에 소요되는 시간, 경과의 패턴 등에 개인차이가 있다(이정덕 등, 1998). 남성의 경우 성교반응의 강도와 시간에 큰 변동이 없는데, 여성의 경우는 개인차는 물론 같은 사람에서도 성교 때마다 상당한 변화를 보이고 있다. 일반적으로 남성의 성교반응은 여성에 비해 단순하다고 할 수 있다(그림 10.13). 성교반응 단계에 관한 용어가 여러 가지로 사용되고 있는데 정리하면 표 10.8과 같다.

표 10.8 성교반응 단계와 관련된 동의어(윤성규, 2010)

이 책의 주 용어	동의어
흥분기	
고조기	• 지속기, 고원기, 정체기, 평탄기
오르가즘기	• 절정기, 성감극기, 극치기, 클라이맥스기
쇠퇴기	• 해체기, 회복기, 해소기

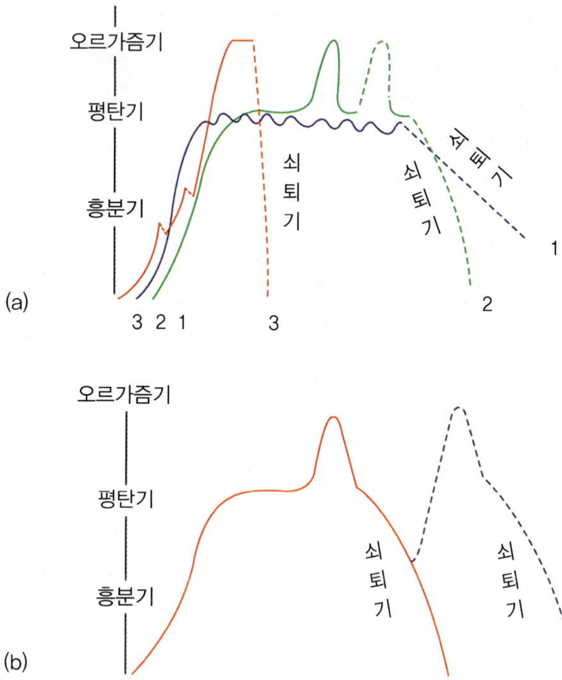

그림 10.13 남녀 성교반응 주기. (a) 남성 성교반응 주기의 2가지 변이, (b) 여성 성교반응 주기의 3가지 변이(추영국 등, 2007).

1) 흥분기

흥분기(excitement phase)는 적당한 성 자극과 함께 정신적 신체적 변화가 시작되는 시기이다. 전신의 혈관이 충혈되어 근육의 긴장이 일어나고 호흡이 거칠어지고 심장 박동수가 증가하며 혈압이 상승한다. 음경과 음핵이 발기하고, 정소, 음순, 유두 등이 팽창한다(표 10.9). 질은 윤활액을 분비하며 팔과 다리의 근육이 단단해진다.

남성 : 음경은 질 내에 삽입할 수 있도록 굵고 단단하게 발기된다(그림 10.14). 음낭은 두꺼워지면서 위로 올라붙는다. 심장 박동수와 호흡수 및 맥박수가 증가하며 오르가즘을 대비해 혈관으로 여러가지 물질이 들어온다.

여성 : 보통 때보다 훨씬 많은 혈액이 성기나 골반부 전체로 흘러든다. 신경이 예민해지고 질 입구와 항문 주위의 근육이 충혈되기 시작한다. 이런 충혈이나 근육의 긴장은 자율신경의 작용으로 자신의 의지로는 조절할 수가 없다. 음핵이 충혈되어 딱딱하고 굵어진다. 대음순이 넓어지고 소음순은 매우 두꺼워지고 바깥쪽으로 늘어난다. 질이 확장되고 자궁이 질 쪽으로 약간 내려온다. 흥분이 고조되면서 질벽이 넓고 길

표 10.9 남녀 성교반응의 단계별 특징(윤성규, 2010)

단계	남	여
흥분기	• 음경 발기, 음낭 두꺼워짐	• 음핵이 딱딱, 질 부근 충혈, 질 내 분비물 나옴, 유방 단단
고조기	• 음경이 최대 발기, 정소 충혈, 음낭은 회음에 바짝 올라붙음, 요도구선의 점액이 음경 끝으로 나옴	• 음핵은 치골 쪽으로 후퇴, 질 입구는 음경 조이며 분비액으로 축축, 자궁은 수직으로 상승, 유방 전체가 딱딱, 유두 곤두섬
오르가즘기	• 요도와 회음부의 근육이 수축하여 음경 자체도 전후로 움직이며 3~4회 정도 강한 수축을 통해 정액을 배출함과 동시에 오르가즘	• 자궁벽이 파동한 후 질 내부의 근육 및 직장의 괄약근, 질 입구, 음핵 주변이 파동 • 수회의 강한 수축과 수회의 약한 수축
쇠퇴기	• 음경 내의 혈액이 빠져 나가 부드러워짐. 음낭은 다시 부드러워져 아래로 내려감	• 음핵, 소음순, 대음순은 원상태로 질 수축이 멈추고 약 15분 정도 지나면 원상태, • 자궁은 다시 하강

어진다. 질벽에서 분비물을 내보내 질이 촉촉한 상태가 되면서 삽입이 매끄럽게 이뤄지도록 준비한다. 유방도 커지면서 유두가 단단해진다. 피부에 붉은 반점이 생기기도 한다.

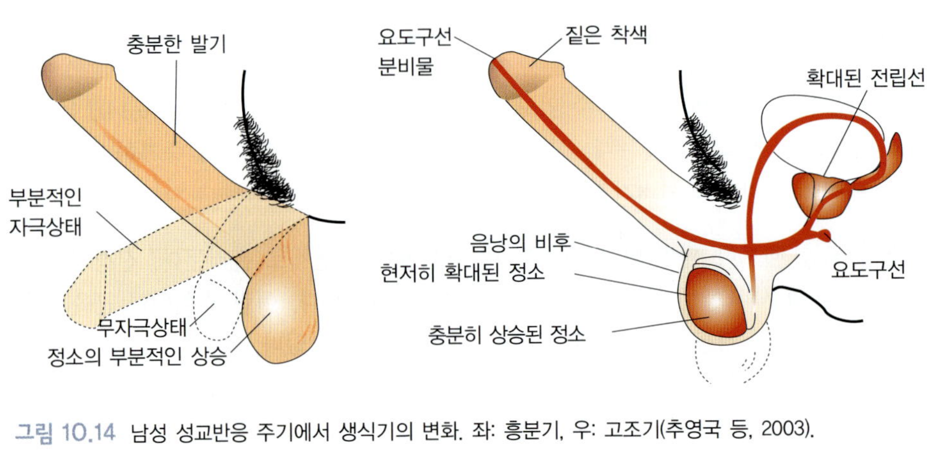

그림 10.14 남성 성교반응 주기에서 생식기의 변화. 좌: 흥분기, 우: 고조기(추영국 등, 2003).

2) 고조기

성 흥분이 어느 정도 상승되어 그 정도를 유지하는 시기이다. 약간의 자극이 더해지면 오르가즘에 도달하게 된다. 이 단계는 남녀 모두 성기에 충혈이 최대로 일어난 상태이다.

남성 : 발기된 음경으로 흥분 상태를 지속하는 시기이다. 음경이 최대 크기로 되며 정소도 충혈되어 커진다. 음낭은 회음에 바짝 올라붙어 긴장감을 느낀다. 요도구선에서 점액이 분비되어 귀두 끝으로 스며 나온다.

고도의 성 긴장에 이르렀지만 아직은 자신을 조절할 수 있는 단계이다. 발기는 늘 동일한 것이 아니라 성 자극을 주고받는 사이사이 단단히 발기가 되었다가 느슨해졌다가 한다. 그렇기 때문에 남성이 성교 시 고조기를 얼마나 길게 지속시킬 수 있냐에 따라 섹스의 묘미가 달라진다고 말해도 과언이 아니다. 섹스에 강한 남성이라면 오르가즘에 이르는 시간을 연장하면서 성 긴장이 고조된 상태를 계속 즐길 수 있다. 반면 성경험이 적거나 섹스에 약한 남성은 이런 고조기를 길게 유지하지 못하고 가벼운 접촉이나 상상만으로도 자극을 받아 사정을 해버리는 경향이 나타난다. 남성의 고조기가 지나치게 짧으면 여성은 전혀 만족을 얻지 못하고 남성 혼자 일방적으로 오르가즘에 도달하는 상황이 벌어진다. 그 대표적인 증상이 조루이다.

여성 : 호흡이 가빠지고 심장 박동수가 증가하며 쾌감이 커지는 단계이다. 음경을 잘 받아들일 수 있도록 조절된다. 성기의 충혈은 최대이며 특히 소음순이 팽창하며 색이 더 진해지고 두꺼워진다. 대음순도 더 팽창한다. 음핵은 크고 딱딱해져 소음순 밖으로 노출되기도 한다. 질 입구는 충혈이 일어나 두꺼워져 좁아지고 조여져 음경을 조이게 된다. 분비액으로 축축해진다. 질의 내부는 확대된다. 질 입구 근처에서 오르가즘대가 생겨 질 외측부가 부풀어 오르게 된다. 흥분함에 따라 자궁벽이 혈액으로 충혈되고 자궁이 확대된다. 자궁은 또 정지된 상태에서 골반강 밖으로 상승한다. 이것은 임신의 가능성이 높아지도록 자궁경부의 위치를 바꾸어 주기 위한 것이다. 유두도 일어서며 유방은 최대로 커지면서 딱딱해진다. 사람에 따라서는 성홍반이라고 하는 붉은 점이 얼굴이나 가슴에 나타나는 경우도 있다. 성홍반은 남성보다는 여성에게 많이 나타난다.

고조기에는 남녀 차이가 있다. 여성의 경우 고조기가 오르가즘 전과 직후로 두 번 있다. 남성의 경우 사정과 함께 흥분이 순식간에 사라지면서 무반응기에 이르지만 여성은 흥분이 쉬 가지 않고 어느 정도 지속되는 후고조기에 이르는 것이다. 일부 여성은 후고조기에 약간의 자극이 더해지면 다시 오르가즘에 도달할 수 있으므로 지속적인 성 자극에 의해 여러번 오르가즘을 경험할 수 있다. 이에 반해 남성은 일회 오르가즘으로 그친다.

3) 오르가즘기

오르가즘(orgasm)의 사전적 의미는 '성교할 때에 느끼는 쾌감의 절정'이다. 따라서 절정기(plateau phase)라고도 한다. 오르가즘기는 성감각이 극에 달하는 시기이므로 성감극기(性感極期, climax)라고도 한다. 성긴장이 강력한 쾌감을 동반하는 3~15초 간이다. 호흡과 맥박이 증가하고 성기가 규칙적인 수축과 팽창한다.

남성 : 이 시기에 남성은 사정(射精, ejaculation)을 하게 되는데(그림 10.15), 이때는 요도와 회음부의 근육이 수축하여 음경 자체도 전후로 움직이며 3~4회 정도 강한 수축을 통해 정액을 배출함과 동시에 오르가즘을 얻는다. 아무리 자제력이 강한 남성이라도 이 단계에 오면 자제가 불가능하여 사정을 하며 쾌감이 급격하게 몰려온다. 남성 오르가즘의 특징 중 하나는 사정과 함께 급격히 하강하는 것이다. 사정 후에는 음경이 급격히 작아지고 다시 자극을 받아도 반응하지 않는 무반응기에 이르게 된다.

여성 : 남성에 비해 오르가즘을 조금 어렵게 얻는 대신 남성에 비할 수 없는 강렬한 쾌감을 느낀다. 숨이 막히고 자궁경부가 질 근처로 밀린다. 여러 가지 신음소리를 내며 땀이 나는 경우가 많다. 첫 경험에서는 오르가즘을 느낄 수 없는 경우가 대부분이며 성교 횟수가 증가함에 따라 차츰 감각이 열리면서 느끼게 된다.

오르가즘 반사는 항상 음핵의 특수한 감각신경의 자극에 의하여 일어난다. 중추로부터의 운동신경이 회음근과 골반 내 장기로 향해 있고, 이 중추는 모든 외부성기의 감각신경으로부터 여러가지 다른 정보를 받아들이며 특히 음핵으로부터 많은 정보를 받아들인다. 또 대뇌피질이나 간뇌를 포함한 중추신경으로부터의 촉진과 억제의 입력이 이 중추에서 혼합된다. 오르가즘은 척수반사신경에 의해 지배되고 있는 질과 질 주위의 근육수축 운동에 의하여 표현된다.

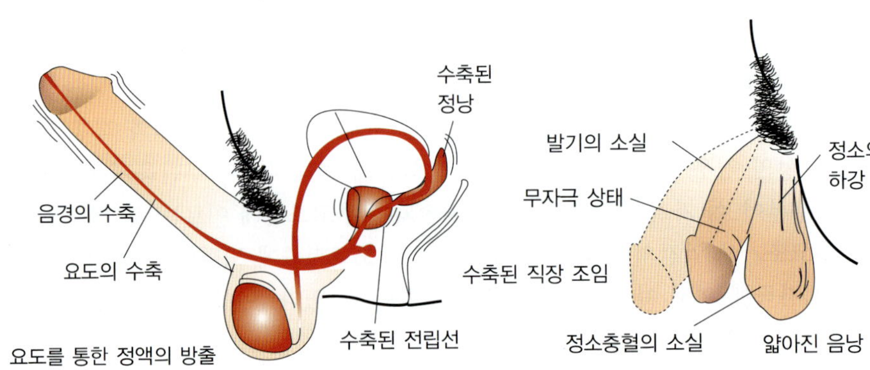

그림 10.15 남성 성반응 주기에 생식기의 변화. 좌: 오르가즘기, 우: 쇠퇴기(추영국 등, 2007).

오르가즘을 느끼게 되면 질과 질 주변 근육의 수축작용으로 강렬한 쾌감을 얻게 된다. 먼저 자궁벽이 파동하고, 이어 질 입구에서 3분의 1 정도까지의 근육이, 그리고 직장의 괄약근, 질 입구, 음핵 주변이 파동한다(이정덕 등, 1998). 약 0.8초 간격으로 수회 강한 수축이 있고, 계속해서 수회의 약한 수축이 일어난다. 이 수축은 골반부 전체에 퍼진다.

오르가즘을 느낌과 동시에 풀이 죽는 음경과 달리 여성의 성기는 쇠퇴기에도 아직 충혈되어 있어(오르가즘 직후의 후고조기) 성감은 아직도 충분히 남아 있다. 그러므로 일부 여성은 오르가즘에 이른 후 잠시 후에 또 강렬한 성 자극을 받으면 다시 오르가즘을 느낄 수 있다. 이러한 현상을 멀티오르가즘(다중절정감, multiple orgasm) 또는 맥시오르가즘이라고도 하는데, 오르가즘이 한 번 오르고 끝나는 게 아니라 반복되면서 지속적인 쾌감을 느끼는 현상을 말한다. 그리고 오르가즘에 도달하는 횟수가 많으면 많을수록 오르가즘의 쾌감도 더 증가된다. 이 현상을 점층적 쾌감이라고 부르는데 이 역시 남성과는 분명하게 구분되는 생리적 현상이다.

모든 성행위의 목적은 오르가즘을 느끼는 데 있다. 만일 원했던 오르가즘이 성취되지 못하면 쇠퇴기가 연장될 수 있으며 이는 성감에 불쾌한 여운을 남겨준다. 그런데 남성과 여성간의 성교반응 단계에서 오르가즘에 도달하는 시간적 차이가 있으므로 문제가 생길 수도 있다. 따라서 서로가 오르가즘을 느끼기 위해선 사랑의 감정도 중요하겠지만 서로의 생리적인 리듬과 상대를 배려하는 마음이 있어야 한다. 그리하여 남녀가 동시에 오르가즘을 맞보려면, 일반적으로 남성은 천천히 흥분하려고 노력해야 하면서 여성이 흥분하도록 애무를 많이 해 주어야 하고, 여성은 스스로 빨리 흥분하려고 하면서 남성의 흥분은 늦추도록 노력하여야 한다.

4) 쇠퇴기

오르가즘이 지나고 성 긴장이 풀어지면서 평상 상태로 되돌아가는 시기이다. 지금까지의 반응에 역행하여 각 기관은 정상 크기로 돌아가고 근육은 이완하며 열정도 가라앉게 된다.

남성 : 일단 사정을 하면 어떤 자극에도 반응을 하지 않는 무반응기로 접어든다. 일정 시간이 지나야 다시 자극에 반응할 수 있다. 음경 내의 혈액이 빠져 나가 음경이 부드러워진다. 올라 붙었던 음낭은 다시 부드러워져 아래로 내려온다. 그리고 신경계에서 특수한 진정물질이 생산되어 뇌의 활동을 저하시켜 졸음을 유발한다. 따라서 남성들 중에는 성관계 후에 바로 잠에 빠져드는 경우가 많다.

쇠퇴기의 길이는 연령과 개인적 차이가 있다. 젊은 남성의 경우, 사정 후 바로 발기력을 잃지 않는 경우도 있고 쇠퇴기도 비교적 짧은 경향을 띤다. 하지만 나이가 들수록 그 기간이 점점 늘어나 수시간 혹은 하루 이상이 지나야만 다음 오르가즘을 위한 발기력을 회복할 수 있다고 한다.

표 10.10 남녀 오르가즘의 비교(윤성규, 2010)

항목	남	여
감각 포인트	• 주로 귀두와 음경소대	• 주로 음핵과 질
성감 형태	• 급격하게 상승하여 급격하게 하강	• 완만하게 상승하여 완만하게 하강
도달 시간	• 삽입 후 3~5분 이내	• 삽입 후 10~20분 이내
도달 비율	• 거의 100%	• 10~30%는 무오르가즘
지속시간	• 짧게	• 길게
쾌감 정도	• 쉽게, 강하게	• 어렵게, 더 강하게
도달 횟수(1회 성교시)	• 1회	• 2~3회 가능(멀티오르가즘)

여성 : 오르가즘에 달하고 나면 음핵, 소음순, 대음순은 원상태로 돌아온다. 질은 약 15분 정도 지나면 원상태로 돌아온다. 자궁은 다시 하강하고 자궁경부는 정액이 고여 있는 곳으로 향하게 되고 이때 자궁경부가 약 20여 분 열려 있다. 유방의 크기가 감소하고 홍조가 사라진다.

10.4.3. 남녀 오르가즘의 차이

오르가즘은 모든 성감각 중에서 최고의 감각으로 절정에 도달한 상태를 말한다. 남녀의 오르가즘은 어느 면에서는 닮아 있으나 어느 면에서는 크게 다르다(표 10.10).

1) 오르가즘 도달시간

여성이 오르가즘을 얻는 속도가 남성에 비해 느린 것은 여러모로 입증된 사실이다. 이러한 차이로 인해 많은 여성들이 오르가즘에 도달하지 못 한 채 성교가 중단되는 경우가 있다. 왜 여성이 오르가즘을 얻는 속도가 느린가에 대해서는 아직 밝혀지지 않았다. 킨제이 보고서에 의하면 남성의 대부분은 삽입 후 3~5분 이내에 오르가즘에 도달하는데 비해 여성은 10~20분 이내에 오르가즘에 도달한다고 한다. 즉 남성은 오르가즘 직전에 급격히 성감이 상승하며 사정과 동시에 급격히 하강하여 쾌감이 소실되지만, 여성의 성감은 완만하게 상승하며 오르가즘기가 지나면 다시 완만하게 하강한다. 말하자면 남성의 오르가즘은 순간적으로 끝나지만 여성의 오르가즘은 한번 얻기는 힘들지만 오래도록 지속된다.

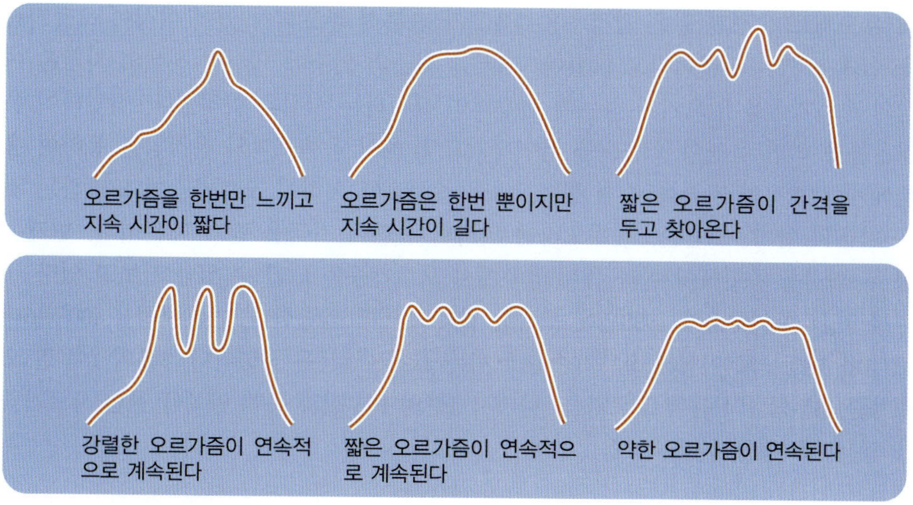

그림 10.16 여성의 성감 유형과 멀티오르가즘(김종흡, 2009).

2) 멀티오르가즘

여성의 오르가즘이 남성의 것과 다른 점은, 무엇보다도 일부의 여성은 멀티오르가즘이 가능하다는 점이다. 남성은 일단 사정 후에는 다시 발기 될 때까지 시간이 많이 걸린다. 그러나 일부의 여성은 오르가즘을 느낀 후에도 흥분이 쉬 가지 않고 어느 정도 지속되는 후고조기가 있으므로 강렬한 자극이 주어지면 다시 오르가즘을 느낄 수 있는 것이다. 이와같이 여성은 오르가즘에서 다채롭고 다중적인 쾌감을 얻을 수도 있다. 그러나 모든 여성이 이런 멀티오르가즘을 경험하는 것은 아니다.

남성에 비해 여성의 오르가즘은 매우 다양하다(그림 10.16). 고조기가 짧은 경우와 긴 경우, 오르가즘기가 단발인 경우와 다발인 경우, 또 쇠퇴기의 내리막이 완만한 경우와 급한 경우 등 다양한 패턴을 갖는다.

3) 음핵과 질에서 오르가즘

또 다른 차이점은 남성은 단지 오르가즘을 느끼기 위해서라면 음경의 말단신경만 자극해도 충분하지만 여성은 음경과 결합하는 질(특히 질입구 부근)뿐만 아니라 음핵의 자극에 의해서도 충분히 오르가즘에 오를 수 있다는 점이다.

여성의 오르가즘은 음핵에 의해서 일어나는 것인지, 아니면 질에 의해서 일어나는 것인가에 관해 많은 논의가 있었다. 프로이드는 여성에게 음핵과 질의 두 성감대가 있으며, 성 발달의 초기에는 음핵에 집중하지만 성숙한 여성이 되면서 질 오르가즘을 얻게 된다고 하였다(이정덕 등, 1998). 반면 마스터즈와 존슨은 음핵은 성 감각의 유도체로 음경과 같은 감각수용기세포가 충분히 분포되어 있어 여성이 오르가즘을 쉽게 느끼는 부분이라고 밝혔다. 그러나 최근의 연구에 의하여 음핵의 자극은 여성의 오르가즘을 일으키게 하는데 필수적인 것이라는 사실을 밝혀냈다. 삽입하여 음경운동을 하면 음경이 소음순을 끌어당기므로 해서 음핵포피의 움직임을 통하여 음핵에게 간접적인 자극을 주게 된다. 여성이 성교에 의하여 오르가즘에 도달하는 것은 치골의 압박, 소음순, 음핵포피에 의하여 음핵이 자극을 받기 때문이다. 현재는 이 두 의견을 종합하여 질과 음핵 양쪽에서 오르가즘을 느낄 수 있다고 보고 있다.

한국성과학연구소가 1998년에 조사한 결과도 이를 입증한다. 기혼여성 1,400명(6대도시)을 대상으로 어떻게 오르가즘을 느끼는가라는 질문을 하였더니, 3분의 1이 질 오르가즘, 3분의 1이 음핵 오르가즘, 나머지 3분의 1이 질과 음핵 양쪽을 통한 오르가즘을 얻는다고 답했다(이정덕 등, 1998).

4) 무오르가즘

그러나 오르가즘을 느끼지 못한 채 성교를 하고 있는 여성도 적지 않다. 일찍이 한번도 오르가즘을 경험하지 못했다고 하는 여성이 전체의 10~30%나 존재한다는 것은 남성이 거의 100% 오르가즘에 도달하게 되는 것에 비하면 매우 큰 차이라고 할 수 있다(이정덕 등, 1998). 여성이 오르가즘에 도달하기가 어려운 경우에는 일반적으로 다음과 같은 점을 고려해야 한다.

첫째, 여성은 긴장이 충분하게 완화(relax)되어 있지 않으면 자극에 반응하지 않고, 또 성행위에 몰두할 수가 없다. 남성은 무엇보다도 여성의 긴장을 완화시키는 일을 최우선적으로 해야 한다. 여성의 기분이이야 어떻든 삽입하면 흥분할 것이라는 생각을 버려야 한다. 그런 식으로는 여성의 성욕을 불러일으킬 수 없다.

둘째, 여성은 재치있는 자극을 받아야 반응한다. 여성이 바라는 자극과 애무를 해주므로 더 적극적으로 반응할 수 있게 된다.

? 마스터즈

향년 86세로 사망한 윌리암 마스터즈(W. Masters)는 '오르가즘은 이미 동물에서 인간으로 진화하기 훨씬 이전부터 존재한 여성의 특권'이라는 새로운 인식을 전파시켰다. 그는 워싱턴대학 생식생물의학연구소에서 부부를 포함하여 수백명의 지원자 남녀에게 직접 성행위를 시켜, 피험자의 성반응을 관찰한 횟수는 무려 1,4000회이다. 이 결과를 성문제진료소(Sex Therapy Clinics)에서 활용함으로써 성문제로 고민하는 많은 부부를 치료하여 큰 공헌을 하였다.

셋째, 그때까지의 성경험을 통해서 싫다는 생각이 있으면 성기능은 원만히 작용하지 않는다.

10.4.4. 진화와 오르가즘

여성의 오르가즘과 관련하여 학자들의 여러 가지 주장들이 있는데, 그 중에 '털없는 원숭이'의 작가인 동물학자 '데스먼드 모리스'는 여성의 오르가즘은 두 가지 측면에서 진화되었다고 주장한다(신현진, 2001).

첫 번째로 오르가즘은 한 쌍의 남녀관계를 더욱 더 결속시켜 준다는 것이다. 성행위에서 오르가즘을 통해 충분히 성쾌감을 느낀다면 여성들은 성교할 때마다 상대 남성에게 적극적으로 협력하게 된다. 이러한 여성에게 매료된 남성은 바람을 덜 피우게 되므로 오르가즘은 지속적으로 남녀가 일체를 유지할 수 있도록 하고 가정을 이루는 가족관계를 형성하는 데 도움이 된다는 것이다.

두 번째로 오르가즘은 임신 가능성을 크게 높여주는 역할을 한다는 것이다. 여성이 직립해 있을 때 질의 각도는 거의 수직에 가깝다. 따라서 성교 직후에 여성이 서서 다닌다면 대부분의 정액이 질 밖으로 나와서 흘려내려 버린다. 그래서 정액을 질 속에 충분히 담겨 있게 하려면 성교를 끝낸 뒤에 여성이 수평으로 누운 자세를 유지하는 방법이다. 여성이 황홀경을 느끼고 녹초가 될 만큼 격렬한 오르가즘의 과정을 거치면 노곤해지고 졸음이 와서 계속 누워있다는 것이다. 이러한 상황에서는 수정될 확률이 훨씬 높아진다는 것이다.

이처럼 모리스가 주장하는 오르가즘은 인간이 환경에 적절히 대처하기 위해 진화한 결과라는 시각이다.

10.5. 섹스테크닉

10.5.1. 섹스는 대화

1) 배려

섹스는 남녀가 서로의 정신적 육체적 모든 욕구를 만족시키기 위해서 이루어지는 인간문화의 질서이다. 성공적인 성생활을 위해서는 또한 남녀가 근본적으로 성생활에 대한 생각이 다르다는 것을 인식해야 한다. 일반적으로 남성은 성생활에 적극적이고 여성은 보다 소극적이다. 이러한 차이를 여성은 받아들여야 하며 남성 역시 여성의 입장을 배려해야 한다.

그림 10.17 상대를 배려하는 섹스가 행복한 성생활.

처음으로 경험하는 섹스는 황홀함보다 두려움을 주기 쉽다고 한다. 그러므로 상대를 배려하고 노력하는 섹스가 행복한 성생활의 지름길이다(그림 10.17). 신혼의 성생활에서 남성은 빠른 사정에 대한 불안감이나 성교 빈도수(횟수)에 대단히 많은 신경을 쓰는 경우가 있는데, 배우자가 만족한다면 성교 시간은 그다지 중요하지 않으며 그 빈도 역시 그다지 중요하지 않다. 행복한 성생활을 위해 필요한 것은 배려이다. 때로는 신혼 때, 성욕 억제에 대한 해방감으로 인해 매일 성행위를 시도하는 사람들도 있지만, 결코 그 빈도수가 결혼생활의 만족도에 우선이 될 수 없으며 배우자와 같이 생활을 하고 있다는 것만으로도 충분한 만족이 될 수 있다는 것을 알아야 한다.

2) 섹스는 육체적 대화

섹스는 대화와 같다. 가는 말이 고와야 오는 말이 곱다. 성행위는 혼자가 아니라 상대방과 함께 즐기는 것이다. 자신의 쾌감 못지않게 상대의 만족감이 중요하기 때문이다. 가장 큰 문제는 섹스에 대한 불만이 있어도 상대방에게 차마 터놓고 말하지 못한다는 것이다. 적당한 표현 방법을 모르기도 하지만 섹스는 너무 감정적인 문제이기 때문이다. 특히 우리나라 여성은 성불만이 있어도 속으로만 앓는 경우가 많다. 성행위 자체에 불만이 있거나 요구 사항이 있으며 언제나 대화를 통해 해결해야 하며, 대화를 통하지 않고 항상 불만에 차 있는 생활을 하고 있다면 그 결혼은 언제까지라고 행복해질 수는 없다.

성생활은 상대방과의 육체적 대화이다. 원만한 대화를 위해서는 상대에 대한 배려가 필요하다. 이러한 의식이 없다면 성생활은 자연히 갈등을 낳고, 결국 부부생활을 파탄으로 끌고 가는 원인이 될 수 있음을 명심해야 한다. 다음의 몇 가지 예를 볼 수 있다.

> 결혼 1년째인 A씨의 경우, 다른 일에서는 적극적인 아내가 섹스를 할 때만큼은 소극적이다. "아내가 내 위에 앉아 섹스를 할 때 아내의 가슴은 말 할 수 없이 자극적입니다. 그런데 아내는 여성상위 체위를 싫어하니 별도리 있나요."
>
> 그런가 하면 결혼 2년밖에 안 된 B씨는 "아내와 섹스는 더 이상 느낌이 없다"고 말한다. "저는 아내와 서로 만족스러운 관계를 갖고 싶습니다. 그래서 열심히 노력하는데, 아내에게 들은 얘긴데 혹시 제가 변태 아니냐는 거였어요. 내가 이런 말까지 들어야 하나 싶어서 그 뒤론 내 욕구만 풀고 맙니다."

아내도 사정은 비슷하다. 때로는 여성지 기사를 읽고 자위행위를 통해 만족을 찾으려고도 해봤다는 C부인은 자신이 가장 원하는 건 남편과 오르가즘을 맛보는 것이다. "남편이 어떻게 해주면 내가 원하는 오르가즘에 도달할 수 있는지 알고는 있지만 자칫 남편의 자존심을 건드리는 것은 아닌지 싶어 그걸 말할 수는 없어요."

이처럼 성 문제는 당사자에겐 심각한 일인데 상대는 그 심각성을 알아주지 않는다. 문제의 대부분은 성에 대한 지식 부족, 대화 부족, 지나친 기대감에서 연유한다. 특히 많은 사람이 '섹스도 하나의 대화'라는 사실을 모르고 예사로 생각한다. 성생활은 상대방과의 대화로써 상호간의 배려가 필요하다. 남성과 여성이 서로간의 대화와 배려를 통해, 서로가 원하는 체위나 애무를 통해서 서로의 사랑을 더욱 증진시킬 수 있다. 그로써, 섹스는 서로가 즐겨 나갈 수 있을 것이다. 알다가도 모를 '부부의 성'을 대화로 해결한 예를 보면 다음과 같다.

예1) 섹스는 남편 혼자하는 게임이 아니다

결혼 2년차에 접어든 새내기 주부입니다. 저희는 5년 동안 연애하면서 결혼 전 관계를 맺어온 사이였기에 그동안 별 트러블 없이 지내왔고 또 결혼 후에도 그러리라 확신을 하였습니다. 그러나 역시 남자란 동물은 별 수 없었던 모양입니다.
점차 관계를 하는 횟수가 줄어들더니 급기야 여름에는 덥다고 아예 관계하는 것조차 거부를 하더군요. 약간 자존심도 상하고 저에게 무슨 문제가 있나 싶어 불안하기도 하고…. '혹시 밖에서 딴 짓을?'하는 생각에 슬슬 걱정이 되기 시작하더군요.
솔직히 결혼 전에는 섹스라는 말조차 입에 담기 부끄러워 남편이 하자는 대로 원하는 대로 따랐었거든요. 제 생각엔 남편입장에선 섹스는 남자 혼자 힘쓰다 내려가는 일이다 보니 정말 힘이 들 거라는 생각이 들더군요.
그래서 그 후부터는 제 쪽에서 먼저 요구하고 누구 말처럼 섹스를 서로 즐길 수 있는 게임같이 만들려고 애쓰는 중입니다. 처음엔 남편이 저를 어떻게 생각할까 싶어 조금 망설여졌지만 차츰 섹스를 남편이 힘(?) 안 드는 방향으로 여러 가지 체위를 구사해서 즐기다 보니 남편 쪽에서도 적극적으로 섹스에 임하더군요. 오히려 지금은 제가 힘이 들어 좀 지겹다고나 할까요. 그래도 지금은 섹스에 대한 제 고민은 많이 덜어진 편이에요.

예2: 토론과 공감, 그리고 수용, 이게 바로 부부의 성이 아닐까

결혼한 지 4년째 되는 주부랍니다. 전 평소에 섹스에 관해 생각한 적은 없지만 그렇다고 무관심한 건 아니었죠. 하지만 좁은 평수의 아파트에 두 아이들과 거기에 다른 식구라도 와서 잘라치면 정말 부부관계를 갖는 건 하늘의 별따기죠. 좀 할라치면 아이들이 깨고, 불쑥 현관문을 열고 들어오곤 하죠. 그렇지만 스릴도 즐기면서 가끔은 이런 걸 즐기기도 한답니다.

섹스란 어느 한쪽만 즐겨서도 안 되고 서로 같이 만족해야 하는 게 부부간의 섹스 아닐까요? 저도 첨엔 부끄럽고 창피해서 이런 걸 어떻게 남편한테 말하지? 했는데, 그게 절대 아니더라구요. 남편도 사실 저랑 같은 생각이었지만 그런 얘기를 나눌 기회가 서로 없었던 거죠. 어느 순간부턴가 서로 허심탄회하게 어느 부위가 좋더라, 어떻게 해주라 등등 요구사항과 함께 얘기하고 실천에 옮기려고 하니까 부부사이가 더 좋아지더라구요.

전 요즘은 피임에 관하여 남편과 실랑이 중입니다. 부부 간의 성에 관해서는 숨김없이 얘기하고 또 해보는 게 좋은 것 같아요. 그래서 부부 아닐까요?

10.5.2. 여성을 위한 성교의 3단계

남성들은 사랑스런 여성의 얼굴을 대하면 그 심리적 자극으로 즉각 성욕이 생긴다. 하지만 여성은 애무를 통하여 서서히 흥분이 고조되고 성교의 욕망이 일어나게 되는 것이다(그림 10.18). 그래서 남성들은 플레이보이지의 섹시한 모델의 사진만 보아도 바로 발기가 가능하지만 여성들은 남성의 손이나 입술 등에 의한 접촉이 없으면 성욕이 생기지 않는다. 그 대신 여성은 남성에 비해 온몸이 성감대라고 할 만큼 촉각적으로 민감하다.

그림 10.18 성교단계에 대한 남녀 생각의 차이.

그러므로 여성은 상대방 남성의 시각적 취향을 알아야 할 것이며, 남성은 상대방 여성의 민감한 성감대를 충분히 애무할 수 있어야 한다. 여성을 위한 배려로서 성교에는 전희 본희 후의의 3단계가 필요하다(표 10.11).

1) 오르가즘의 깊이를 결정하는 전희

전희(前戱, foreplay)는 삽입을 하기 전의 행위를 뜻하지만 그 자체로도 즐거운 성활동의 일부분으로 이해하는 편이 좋겠다(그림 10.19). 한 조사에서 많은 여성들은 천천히 부드럽게 진행되는 전희를 원했다. 여성에게 깊은 오르가즘을 느끼게 하는 것은 음경의 질내 삽입만으로는 불가능하며, 오히려 전희를 통하여 여성이 음경의 삽입을 원하는 상태까지 만드는 것이 오르가즘의 깊이를 결정한다. 여성은 전희에 의하여 수치심과 심리적 억제가 해제되고 자아가 붕괴되어야 섹스에 몰두할 수 있다(하재청 등, 2008). 여성은 성적 분위기에 젖게 되면 스스로 포옹을 구하고 몸을 밀착해 온다.

표 10.11 성교단계별 특징(윤성규, 2010)

항목		설명
전희	정의	•삽입을 하기 전의 행위로서 성교의 일부분 •성교 시작단계로서 서로 애무하며 정감을 나누는 단계
	필요성	•여성은 '사랑받는 느낌'을 얻게 되고 오르가즘에 도달할 준비 •여성은 늦게 오르가즘에 도달하기 때문 → 충분히 흥분하게끔(남성은 조루 방지됨) •여성은 질만으로 오르가즘을 느끼는 것이 아니라 음경의 삽입을 원하는 상태까지 만드는 것이 오르가즘의 깊이를 결정하기 때문
	방법	•대화, 애무
본희	정의	•삽입하여 성교에 몰입하는 단계~오르가즘을 느끼는 단계
	필요성	•오르가즘에 도달토록 유도하기 위함
	방법	•남성의 음경운동으로 음핵과 질을 중심으로 강하게 자극
후희	정의	•오르가즘을 느낀 후에 하는 다정한 행위
	필요성	•성교의 완성, 더욱 결속
	방법	•포옹, 애무, 대화, 잠

이런 전희를 위해서는 평소에 대화가 필요하다. 많은 사람들이 성에 대한 금기에 익숙해 있으므로 성에 대한 대화를 하는 것을 꺼려하고 있다. 그러나 성행위도 생활의 일부이며 또한 보다 만족스러운 성생활을 위해서는 대화가 필요한 것이다. 전희의 방법, 시간, 만족도 등을 자유롭게 대화하게 되면 성감에 대한 개개인의 차이를 극복하

그림 10.19 전희(하재청 등, 2008).

게 되고 상대에 대한 이해와 사랑이 깊어질 것이다.

남성이 여성에게 성희열을 선사하기 위해서는 새로운 성교법을 익혀야 한다고 주장하는 송현의 SS이론(Song's theory of sex)에 의하면, 여성의 만족도를 극대화시키기 위하여 전희 → 본희 → 후희로 끝나고 마는 성교 패턴 보다는 전희와 본희를 반복하여 보다 높은 수위의 만족감을 유도해야 한다고 하였다(김진수, 1997). 1950년도 이전, 킨제이 시기만 하더라도 전희라는 것은 몇 번의 키스에 불과하였고 평균 전희시간도 12분 정도였지만 오늘날에는 대부분 평균 15분 이상씩 전희를 한다.

① 전희의 필요성

성기능 장애 중 가장 흔하면서도 애매한 것이 바로 조루증(早漏症)이다. 남성의 입장에선 최대한 노력했지만 여성의 반응이 썰렁하면 이처럼 허무하고 민망할 때가 없다. 남성이 발기해서 사정을 하기까지 걸리는 시간과 여성이 오르가즘에 도달하는 데 걸리는 시간적 차이 때문에 남성이 자기 리듬대로만 성 행위를 하였다가는 대부분 조루증 환자라는 딱지가 붙기 십상이다.

하지만 삽입 후 몇 십 초 안에 사정을 해버리는 확실한 조루증 환자가 아니라면 얼마든지 남녀의 차이를 극복할 수 있다. 바로 전희를 통해서다. 전희를 통해 여성은 '사랑받는 느낌'을 얻게 되고 오르가즘에 도달할 준비를 하게 된다. 남성과 여성의 오르가즘에 도달하는 '시간차'도 바로 이 전희를 통해 극복할 수 있다.

단 10분의 노력으로 이처럼 일석이조 이상의 효과를 누릴 수 있건만 많은 남성들이 순간적인 욕구를 참지 못하고 빨리 삽입하려 한다. 그러나 그 결과는 상대방에게는 불쾌감을 자신에게는 '조루증 환자'라는 오명만을 남길 뿐이다. 자신이 조루가 아닌지 의심스러운 남성이라면 전희를 충분히 하는 섹스를 시도해 볼 필요가 있다. 치료는 그 다음에 생각해도 늦지 않다(정덕규, 2002).

② 전희의 방법

단순한 성기의 접촉만으로는 완전한 오르가즘을 결코 이루어 낼 수 없다. 대개 전희의 주도권은 남성이 갖고 있어서 자극을 주는 쪽은 남성이며 여성은 자극을 받는 입장에 놓이게 된다. 그래서 어떤 사람은 '여성의 성감은 남성이 다듬는다'고 말하기도 한다. 남성의 성감대는 대부분 음경 주위에 편재돼 있고 자극에 의한 반응도 매우 빠른 반면, 여성의 성감대는 온몸에 퍼져 있어서 웬만한 자극에는 쉽사리 흥분하지 않는다. 그러므로 남성의 애무가 서투르면 여성의 흥분은 시들해지게 되고 이는 자칫 불감증으로까지 이어질 수 있다. 더구나 성 경험이 많지 않은 남성들은 의욕이 넘쳐 대체적으로 서두르는 경향이 있어서 무조건 삽입에만 신경을 곤두세우게 되고, 설령 전희를 시도한다고 해도 형식적이거나 의례적인 행동으로 끝낼 경우가 많아서 분위기를 그르치게 된다.

전희의 기본적인 기교로는 키스와 성감대의 자극 등이 있으며 기교는 다양해질 수

그림 10.20 키스(하재청 등, 2008).

그림 10.21 유방애무(하재청 등, 2008).

있다. 또한 둘 만의 동의가 있는 한 전희의 형태가 어떤 것인지는 중요하지 않다. 강한 남성이 되기 위해서는 보다 성관계 시간을 길게 유지하는 능력도 매우 중요하다. 삽입 후의 음경운동을 오래 하는 것과 더불어 전희의 과정도 매우 중요하다. 성의학에서 권하는 전희는 다음과 같으며 섬세한 테크닉이 요구된다.

- 시작은 포옹과 함께 입술에 살짝 키스를 하며(그림 10.20)
- 뺨, 이마, 귓불, 목에 키스를 하고
- 다음으로 손가락으로 귓불, 유방, 아랫배의 애무를 시작하고(그림 10.21)
- 다시 입술, 귓불, 목, 유방, 배의 순서로 키스를 한다.
- 위의 행동과 함께 손가락으로 허벅지 안쪽의 애무를 거쳐 외음부 주위를 자극하는데 외음부만 계속 자극할 것이 아니라 외음부에서 멀리 떨어진 쪽에서 차츰 가까운 쪽으로 접근하는 기법을 반복적으로 하고
- 다시 키스부터 시작하여 지금까지의 방법들을 혼합하여 사용하되 자극의 강도를 높이고
- 손으로 음핵 주위를 가볍게 더듬듯이 마사지를 하면 질액이 주위를 적시게 되고 자극을 받는 여성의 숨소리가 거칠어짐을 알 수 있다.
- 여성은 본인의 흥분 상태를 남성에게 전달하는 뜻에서 유두를 입술로 빨거나 음경 주위를 만지작거릴 수도 있다.
- 귀두 부분을 여성의 입술로 자극하여 강렬한 흥분 효과를 안겨줄 수도 있는데 이때의 터치는 부드럽고 섬세해야 한다.

- 남성도 입술로 음핵과 질을 애무하는데, 이때의 터치는 아주 부드럽고 섬세해야 한다.
- 마지막 애무는 본격적인 성행위 전에 발기된 음경으로 여성의 소음순 주위에 수차례 마찰을 가하도록 한 다음 삽입을 시도하는 것이다. 여성이 삽입을 하게 하는 것도 좋다. 왜냐하면 여성 자신이 편안하게 삽입할 때를 훨씬 더 잘 알기 때문이다.

  충분한 전희를 통해 여성의 심리적인 안정과 신체적인 활성을 꾀하고 그 후 여유 있는 삽입을 한다면 훨씬 강한 남성이 되는 것도 가능하다. 하지만 이런 방법들을 써 보았는데도 불구하고 불만족스럽다면 비뇨기과 전문의와 상담을 하는 것이 좋을 것이다.

2) 리드미컬한 본희

본희(本戲)란 삽입하여 오르가즘으로 향하는 본격적인 성교를 말한다. 대부분의 남성들은 삽입을 시작할 때부터 강하게 음경운동(성교운동)을 해야 한다고 생각하지만 대부분의 여성들은 얇고 천천히 리드미컬한 음경운동을 훨씬 더 좋아한다. 삽입 후 하는 음경운동의 종류는 다음과 같다(그림 10.22).

- 피스톤운동(전후운동): 단조로워지기 쉬우므로 강약의 리듬을 주는 것이 좋다. G점을 강하게 자극할 수 있다. 격렬한 피스톤운동은 오르가즘 직전까지는 하지 않는 것이 좋다.
- 회전운동: 질 입구를 기점으로 하여 허리를 움직여 음경이 원을 그리도록 질벽을 문지른다.
- 빗운동: 경사진 삽입으로 질 입구의 자극이 강해지고, 질 속의 자극 부분도 변하기 때문에 남녀 모두 성감을 높이기 쉽다.
- 압박운동: 마주본 체위에서 깊게 결합한 채 치골을 밀어 붙인다. 치골 사이에 끼여 있는 음핵에 강한 자극이 전달된다.

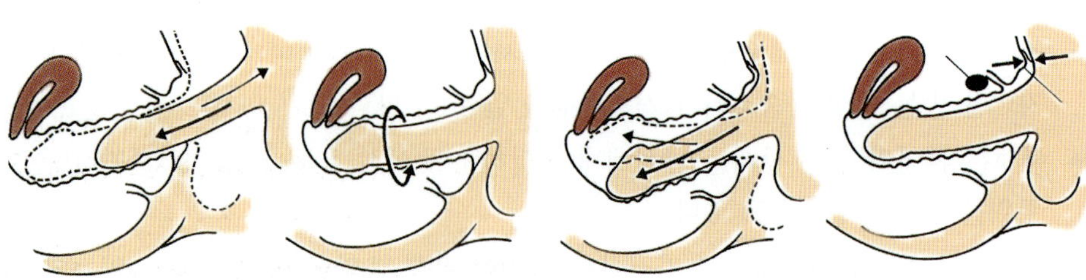

그림 10.22 음경운동의 종류. 좌로 부터 피스톤운동, 회전운동, 빗운동, 압박운동(하재청 등, 2008).

3) 섹스를 완성하는 후희

후희(後戱, afterplay)는 오르가즘 직후에 하는 포옹, 애무, 생각을 나누는 등의 다정한 행위를 말한다(그림 10.23). 이러한 행동은 몇 분 정도밖에 지속되지 않을 수 있지만 남녀 모두에게 중요한 의미를 지닌다.

여성이 후희를 통해 얻는 만족감은 오르가즘 못지 않은 효과를 지닌다. 오르가즘이 끝난 후 여성을 부드럽게 애무해주면 그녀는 흐뭇한 행복에 젖는다(하재청 등, 2008). 남자와 여자의 섹스 심리는 많이 다르다. 특히 경험이 부족하고, 서로의 몸을 잘 알지 못하는 경우, 상대적으로 그간 자신들이 가진 성적 환상(판타지, fantasy)에 비해 실제 성생활은 그다지 만족스럽지 못할 수도 있다. 남성의 경우 사정을 통해 만족감을 맛볼 수 있지만, 여성이 오르가즘을 느끼지 못한 채 끝나는 어설프기만 한 성생활은 자칫 여성에게 성교에 대한 거부감마저 생기게 할 수 있다. 이럴 땐 여성의 마음을 쓰다듬어 줄 수 있는 후희가 꼭 필요하다. 이처럼 후희는 섹스를 완성하는 결정정인 요소다.

그림 10.23 후희.

섹스리서치(Sex Research, 2010년 10월)에 의하면 오르가즘 직후 여성은 잔잔한 키스나 포옹 등 친밀감을 표시하는 행동을 원하는 반면 남성은 담배를 피우거나 차를 마시고 싶어했다. 사랑을 나눈 직후 남성과 여성의 행동이 다른 이유는 서로 관심사가 다르기 때문이었다. "사랑을 나누는 시간이 길든 짧든 여성은 아직도 사랑 도중처럼 상대의 사랑을 확인하고 싶어한다"며 포옹을 하거나 입맞춤을 하는 등 서로의 감정을 오래 느낄 수 있는 행동을 원했다. 하지만 남성은 담배를 피우거나 음료를 마시는 등 전혀 다른 일에 관심을 옮기거나, 방금 전의 성관계가 어땠는지 상대에게 묻기도 한다.

여성과 사랑을 나눈 후에도 키스와 포옹을 하면서 친밀감을 충분히 표시하는 남성일수록 좋은 아빠가 될 것을 암시할 것이다.

10.5.3. 체위

성에 관한 인간의 호기심은 끝이 없다. 성교체위(性交體位, sex position)에 관한 연구도 인간 호기심의 결과이다. 체위란 성기 삽입 시에 취하는 자세이다. 그런데 왜 우리의 조상들은 체위에 관한 많은 책을 남기고 몇 백가지에 이르는 체위를 장황하게 설명하고 있을까? 이는 성교의 목적이 단순한 유전자 전달 즉 생식을 위한 것에서 벗어나 즐거움을 얻기 위한 방법으로 전환되었기 때문일 것이다. 이미 인류는 다른 동물과는 달리 성의 목적이 분화된 것이다.

성생활은 두 사람이 함께하는 사랑의 행위이고 즐거움이 있는 행위이다. 각자 쾌감을 느끼기 위해 노력하다보면 두 사람이 함께 쾌감을 느낄 수 있는 상황을 알게 되고, 그것을 향해 함께 노력하는 것이 즐거운 성생활일 것이다. 만족스러운 성생활을 위해 여러 가지 체위를 시도해보는 것도 좋은 애정관계를 지속시킬 수 있는 방법 중 한가지일 것이다. 다양한 체위를 해 보아야 쾌적한 체위를 찾을 수 있고 또 식상해져가는 부부관계에 변화를 줄 수도 있을 것이다.

1) 체위 변화의 필요성

많은 체위가 있음에도 불구하고 실제 생활 속에서는 몸의 상태, 심리, 사회관습 등에 얽매여 일반적으로 행하는 체위는 서너 종류를 넘지 못하고 있다. 성생활의 단조로움은 바람직하지 않다. 단조롭게 같은 체위만을 계속하면 성생활에 흥미를 잃게 되는 경우도 있다. 때로는 익숙하지 않은 체위를 취하여 상대에게 큰 성만족을 주었을 때 더욱 친밀해진다. 적절하게 체위를 바꾸는 것은 성생활을 풍부하게 하고 협조한다는 의의가 있다. 성교 도중 체위를 바꿈으로써 새로운 자극에 의한 희열감이나 만족감을 얻어 성감을 크게 높이고 오르가즘에 도달할 수도 있다. 체위를 바꾸면 느낌도 달라지고 쌍방에 좋은 심리작용을 하며 서로의 감정을 심화시킬 수 있다.

많은 부부들은 쑥스럽고 이상하다고 생각하여 새로운 체위를 시도해보지 않는다. 오르가즘에 대한 강박관념 없이 이러저러한 체위를 재미로 시도해보는 것도 좋은 일이다. 어떤 체위에서는 어느 쪽이나 또는 어느 쪽도 쾌감을 얻기 어렵거나 또는 한쪽만이 오르가즘을 얻게 되는 경우를 초래하게 된다. 그러한 때 체위를 바꾸면 쌍방의 쾌감이 커져 불만이 해소될 수도 있다. 예컨대 여성상위는 여성을 천천히 오르가즘으로 이끌도록 하고 남성에게는 사정의 시기를 지연시키게 하는 효과도 있다. 체위에는 좋고 나쁨의 구별이 없으므로 그때그때 상황에 따라 결정하면 된다. 쌍방의 심신이 함께 쾌적하고 기분이 좋으면 어떤 것이든 관계없다.

그러나 체위의 다양화를 무리하게 추구하는 것도 좋지 않다. 한쪽이 어떤 체위에만 집착하지만 상대는 그 체위로는 쾌감을 얻지 못할 뿐더러 불쾌감을 느끼는 경우도 있다. 이러한 경우는 결코 상대에게 체위를 강요해서는 안된다. 쾌적하지 않은 강요된 자세는 남녀가 협조하기 어려울 뿐 아니라 감정적으로나 심리적으로도 나쁜 영향을 초래하기도 한다. 남녀의 불화나 감정의 응어리를 남기지 않기 위해서도 그런 체위는 피하는 것이 좋다. 이 문제는 단순히 심리적인 면뿐 아니라, 어떤 체위에 대한 반감이나 수치심이 마음 밑바닥에 있거나, 종교적인 이유일 경우가 많다. 그럴 경우, 대화를 통해 상대의 기분을 이해하는 등 심리적인 장애를 극복하면 성쾌락을 얻을 수 있다.

사실 체위가 중요한 것은 아니다. 무슨 체위라고 하는 정형화된 것보다 훨씬 중요한 것은 서로를 이해하고 배려하고 소중히 생각하고 동등한 위치에서 진심으로 사랑한다면 거기에 따라 자연스럽게 행동을 하는 것이 훨씬 중요한 것이다. 섹스란 사랑하는 남녀가 가장 순수한 정신적인 감정과 육체적인 욕구를 동시에 충족시키며, 또 서로의 사랑을 확인하는 행동이어야 한다.

2) 체위의 구분

체위는 삽입된 상태를 기준으로 남녀의 자세에 따라 구분한다(그림 10.24). 오럴섹스(oral sex)를 체위에 넣을 수도 있지만 삽입된 상태를 기준으로 한다면 체위가 아니고 전희의 일부에 속한다고 할 수 있다. 같은 체위라도 연구자의 주관 또는 문화의 영향에 따라 부르는 용어가 다르다. 여기서는 보편적으로 활용되는 기본 체위에 관하여 특징 및 장단점에 대해 살펴보겠다(표 10.12). 나머지 체위는 이것을 적당히 혼합하거나 응용한 것이다.

체위에 관해 꼭 알아둘 것은 어떤 체위가 다른 체위에 비해 보다 정상적이라든지 보다 훌륭한 것이라고 할 수 있는 것은 없다. 다만 기능상의 장단점이 있을 뿐이다. 여성의 허벅지와 몸 축의 각도가 크고 또 무릎이 가슴에 가까우면 음경의 삽입 심도가 커진다. 그 반대로 각도가 작고 여성의 몸이 직립자세에 가까울수록 삽입은 얕다. 음경과 질의 가장 적합한 접촉 각도는 사람에 따라 다르지만, 일반적으로는 똑바로 들어가는 것, 곧 음경이 질과 평행으로 진입하는 것이 가장 들어가기 쉬운 방법이다. 그러나 어느 정도의 각도가 있으면 남녀 모두 기쁨이 커지는 경우도 있다. 남녀 어느 쪽이나 불쾌감이나 부적응감이 없도록 신경을 써야 한다.

그림 10.24 다양한 체위.

표 10.12 삽입된 상태를 기준으로 한 체위

<table>
<tr><th colspan="2">구분</th><th>종류</th><th colspan="2">동의어</th></tr>
<tr><td rowspan="9">마주하기</td><td rowspan="2">남성상위</td><td>반듯한 남성상위</td><td>정상위</td><td rowspan="2">남상여하위</td></tr>
<tr><td>굽히는 남성상위</td><td>굴곡위</td></tr>
<tr><td rowspan="2">여성상위</td><td>반듯한 여성상위</td><td>일직선위</td><td rowspan="2">여상남하위</td></tr>
<tr><td>말타는 여성상위</td><td>기마위</td></tr>
<tr><td>측면위</td><td>옆으로 누워 정면위</td><td colspan="2">전측위</td></tr>
<tr><td rowspan="2">앉은 체위</td><td>남성앉은 체위</td><td rowspan="2" colspan="2">좌위</td></tr>
<tr><td>여성앉은 체위</td></tr>
<tr><td>선 체위</td><td>마주보고 선 체위</td><td colspan="2">전면입위</td></tr>
<tr><td colspan="2">엎드려 뒤로하기</td><td>배후위</td><td rowspan="3">후방위,
배후위</td></tr>
<tr><td rowspan="3">뒤로하기</td><td colspan="2">옆으로 누워 뒤로하기</td><td>후측위</td></tr>
<tr><td colspan="2">기는 뒤로하기</td><td>후배위</td></tr>
<tr><td colspan="2">등뒤 선 체위</td><td colspan="2">배후입위</td></tr>
</table>

3) 남성상위

가장 보편적인 체위이다. 경험이 많지 않은 커플들에게 적합하다(그림 10.25). 서로의 몸을 완전히 밀착시키고 남성이 위에서 여성을 감싸 안는다. 이때 남성의 체중이 무리하게 실리면 여성은 숨쉬기 불편하므로 남성은 체중이 여자에게 직접 실리지 않도록 주의한다.

장점으로는 서로 마주보며 눈과 말로써 의사소통이 가능하고 입맞춤이나 귀, 목, 유두의 자극이 가능하다. 또 가장 자연스럽다고 느끼는 체위이므로 심리적인 만족감이 클 것이다. 단점으로는 여성의 운동범위를 제한하게 되어 능동적 참여가 힘들며 때

(A) (B) (C) (D)

그림 10.25 남성상위와 그 변형(하재청 등, 2008).

문에 삽입의 깊이를 조절하기 힘들다. 또한 음경과 질의 각도를 맞추기 힘들다. 남성은 사정을 조절하기 힘든 체위이다.

① 반듯한 남성상위

가장 많이 사용하는 체위로서 흔히 정상위라고도 한다(그림 10.25A). 여성은 편안한 자세로 다리를 벌리고 누워있고 남성이 여성의 다리 사이로 올라타서 삽입을 하는 자세이다. 여성이 두 다리를 쭉 펴면 음도(陰道, 질이 만드는 길)는 좁아져 음경은 음도로 들어갈 때 압박감을 갖게 되는데 감촉이 좋으며 자극적이다. 남성은 이때 두 다리를 여성의 허벅지 사이에 넣는다. 남성의 두 다리가 편하게만 하면 된다. 남성이 주도적 위치를 차지한다.

초보자이거나 경험이 적은 경우에 적합하다. 가장 힘이 들지 않으며 전신의 긴장도 적다. 쾌적하며 쾌감을 얻기 쉽고 오르가즘에 도달하기 쉽다. 서로의 신체가 많이 접촉하여 서로의 체온을 느낄 수 있는 체위이다. 그러나 주의해야 할 점은 이 체위가 여성의 음도와 남성의 음경각도가 조화를 이루기가 어려워 행동을 크게 하면 음경이 쉽게 음도에서 벗어날 수 있어 서로 결합되기 어려운 상황이 발생할 수 있다(표 10.13). 진행에 어려움이 있다면 쿠션이나 베개를 여성의 엉덩이 밑에 넣어 질의 위치를 높여 삽입의 각도를 조절하고 더 깊게 삽입하면 된다.

② 굽히는 남성상위

여성이 반듯하게 누워서 다리를 크게 들어 올려서 남성의 등위로 올리는 체위이다(그

표 10.13 반듯한 남성상위의 특징

항목	특징
상황	•자연스러운 자세 •키스할 수 있음 •서로의 손들이 자유로워서 다른 애무를 할 수 있음 •여성의 자유로움이 제한됨 •자세가 지루할 수 있음
삽입	•삽입이 자유스러움 •음경이 쉽게 빠질 수 있음
자극	•음경이 주로 질 아래쪽을 자극하기 때문에 질 위쪽(12시 방향)에 있는 G점을 제대로 자극하지 못함 •음경의 뿌리 부분이 음핵을 집중적으로 자극하기 힘듬
쾌감	•남성은 오르가즘 얻기 쉬움 •여성이 오르가즘을 느끼는 데 시간이 오래 걸리고 전혀 못 느끼는 경우도 있음

표 10.14 굽히는 남성상위의 특징

항목	특징
상황	·남성의 지배적인 상황을 제공 ·수정가능성 높음 ·질이 충분히 젖었을 때 삽입하지 않으면 여성이 고통스러울 수 있음 ·여성의 유연성이 많이 요구됨 ·여성의 발 위치에 변화를 줄 수 있음
삽입	·아주 깊은 삽입 가능 ·질 깊이 삽입하는 것이기 때문에 자국경부에 닿을 수 있음
자극	·강렬함
쾌감	·여성에게 강한 쾌감을 줌

림 10.25C). 남성은 여성의 두 다리를 들어 올리고 상체는 여성의 몸에 밀착시킨다. 여성은 남성의 어깨에 양발을 올리고 남성을 받아들일 준비를 한다, 남성의 양손은 여성의 엉덩이를 받쳐주어서 여성을 편안하게 해준다. 여성의 질에 충분한 윤활제가 나왔을 때 삽입해야 한다. 서로의 성기가 밀착되는 범위가 넓고 음도를 위로 향하게 하여 음경이 깊숙이 들어가므로 강렬한 자극이 온다(표 10.14). 움직일 때 남성에게 주도권이 있어 마음대로 방향을 바꿀 수 있다. 단, 자궁경부 바로 앞에 사정하게 되므로 수정될 확률이 높다.

4) 여성상위

최근에는 많은 여성들이 성 생활에 능동적이게 되었으며, 이 체위는 여성의 능동적 체위라고 할 수 있다(그림 10.28).

(A) (B) (C) (D)

그림 10.26 여성상위(하재청 등, 2008).

표 10.15 반듯한 여성상위의 특징

항목	특징
상황	• 서로 밀착하여 최대한의 친밀감을 가짐 • 삽입의 깊이와 활동범위가 제한됨
삽입	• 보통 깊이
자극	• 질의 수축과 질벽의 느낌을 취대한 느낄 수 있음
쾌감	• 보통

① 반듯한 여성상위

남성이 반듯하게 눕고 여성이 남성의 위에 위치한다(그림 10.26A). 여성이 다리를 약간 벌리면서 삽입을 시작하고 서로의 신체가 밀착되도록 하고 음경운동을 서서히 하면서 서로의 자극을 느낀다(표 10.15).

② 말타는 여성상위

남성이 누워있는 상태에 여성이 무릎을 구부리고 그 위에 앉는다. 여성은 무릎을 벌려 남성 위에 올라앉고 상반신을 들어 올리거나 앞이나 뒤로 상반신을 기울게 한다(그림 10.26B). 여성은 허리의 운동을 점차 격렬하게 하여 음경이 충분히 자극을 받을 수 있도록 한다. 남성 역시 리듬을 타가면서 자신의 허리를 움직인다. 허리를 들어 올려 일어선 자세는 음핵을 강하게 자극하므로 서로 만족감을 높일 수 있다. 남성이 여성의 유방을 애무하기에 적합하다. 두 손으로 부드럽고 유연하게 애무하거나 좌우로 흔드는 방법의 효과들은 여성이 원하는 정도에 따라 효과가 좋다고 볼 수 있다. 여성이 뒤로돌아 말타는 자세를 할 수도 있다.

삽입의 깊이, 음핵의 자극 정도, 리듬 등 여성이 모두 리드할 수 있는 체위이다(표 10.16). 이에 맞추어 오르가즘을 조절하는 이점이 있다. 음핵과 질벽 등의 흥분을 끌어와서 오르가즘에 이끌 수 있다. 단점으로는 익숙하지 않은 심리적인 요인이 있다.

5) 뒤로하기(등뒤체위)

여성으로 하여금 오르가즘에 빨리 도달하게 하는 방법으로 성감을 증가시키고 조루를 방지한다. 이 체위법은 어느 곳에서나 쉽게 진행할 수 있고 편하게 움직일 수 있다(그림 10.26C). 전통적인 관습을 타파하고 일종의 상상력을 풍부 하게 하는 방법이다.

① 옆드려 뒤로하기

표 10.16 말타는 여성상위의 특징

항목	특징
상황	• 여성의 모든 활동이 자유로움 • 여성이 완급조절을 하면서 쾌락을 이룰 수 있음 • 남성의 양손의 자유로워 여성을 애무할 수 있음 • 삽입의 각도가 때로는 불편 • 익숙치 않은 자세
삽입	• 음경이 구부러져서 고통을 받기도 함
자극	• G점의 자극을 좋게 함
쾌감	• 여성이 강렬

여성이 엎드린다는 점이 다를 뿐 일반 체위와 같다. 여성이 자연스러운 자세로 엎드린다. 남성이 다리를 벌려 여성의 다리를 사이에 끼고 여성 위에 밀착하여 엎드리면서 삽입을 한다. 여성은 허리를 똑바로 펴서 음경의 삽입을 돕는다(그림 10.27D). 여성이 약간 엉덩이를 높여주면 남성이 삽입하기에 좋다.

이 체위에서 음경과 음도는 직각을 이루고 결합된 상황이 아주 얕기 때문에 음경이 아주 짧거나 완전히 발기되지 않을 때는 삽입이 어려울 수도 있다(표 10.17). 따라서 여성은 둔부를 되도록이면 뒤로 빼고 음도와 음경이 수평을 이루도록 한다. 복부에 부드러운 물건을 두어서 둔부를 더욱 높게 한다. 이때 남자는 성행위 진행 중에 치골을 마주 닿게 하는 노력과 함께 등이나 복부 등을 애무한다.

각도의 변화에 따라 다른 쾌감을 느낄 수 있다. 남성이 여성의 허벅다리를 조일 수 있으므로 여성의 질의 수축을 도와서 성감을 높일 수 있는 장점이 있다. 삽입의 각도 문제 때문에 성행위는 그다지 막힘없이 진행되지는 않는다. 그러나 마주보기보다는 또 다른 느낌을 받을 수 있다.

정자가 자궁에 들어갈 가능성이 매우 적다. 왜냐하면 귀두가 질 깊숙히 들어가지 못하고 질 앞벽에 흘러들어간 정액이 질 경사면 때문에 바로 질구 쪽으로 흘러내리기

(A) (B) (C) (D)

그림 10.27 등뒤체위와 그 변형(하재청 등, 2008).

표 10.17 엎드려 뒤로하기의 특징

항목	특징
상황	• 남성이 여성의 신체를 충분히 밀착할 수 있고 미끄러지면서 애무 효과를 냄 • 남성의 손이 자유로워서 여성을 애무 할 수 있음 • 여성은 상대적으로 자유롭지 못함 • 남성에 의해 꼭 껴안길 수 없음
삽입	• 수정가능성 낮음 • 얕음
자극	• G점에 충분한 자극을 줌 • 음핵의 자극이 약함
쾌감	• 각도에 따라 다른 쾌감

때문이다.

또 음핵 부위의 자극을 받지 못하기 때문에 여성의 만족이 쉽지 않다. 여성에게는 남성의 체중이 정상위보다 더 무겁게 느껴진다.

② 옆으로 누워 뒤로하기

전희 후에 가볍게 삽입하는 방법이다. 남녀 모두 옆으로 누운 자세이고 여성은 남성에게 등을 돌려서 눕는 체위이다(그림 10.28). 전희 후에는 몸을 약간 돌려 여성과 조금 떨어지게 하여 여성의 뒤에서 천천히 삽입할 수 있다. 이때 여성은 상체를 앞으로 약간 구부려서 가능한 한 엉덩이를 뒤로 내밀어 삽입이 쉽도록 한다. 삽입을 한 후 쌍방의 다리를 가지런히 뻗거나 무릎을 구부린다. 남성의 자유로운 손으로 여성을 애무하면 더욱 효과적이다.

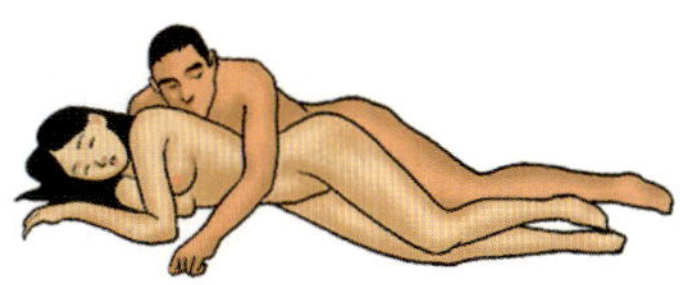

그림 10.28 옆으로 누워 뒤로하기.

몸을 격렬하게 움직이지 않는 편안한 체위이다. 피로하거나 비만한 경우에 이용될 수 있으며, 생리적으로 여성의 상황이 그다지 좋지 못할 때 적당한 체위법이다. 음경에 의한 여성의 하복부나 자궁의 압박이 없어 부담이 줄어들어 임산부에게 선호되는 체위이다. 두 사람간의 신장 차이가 많이 날 때 이용되기도 한다. 그러나 골반 밀착이 어렵고 음경을 질 내에 깊이 삽입하기가 어려우므로 자극이 불충분할 수 있다.

남성이 여성을 감싸줄 필요가 있을 때 이 체위를 사용하면 매우 효과적이다. 특히 부부싸움으로 소원한 관계 때문에 성교의 문제를 안고 있는 부부에게 가장 편안하면서도 분위기 있는 체위로 결혼생활에 있어 매우 중요한 체위이다.

응용으로 옆으로 누워 앞으로 하기를 할 수 있다. 더 깊이 삽입하고 싶다면 남성은 여성의 양다리 안쪽으로 한쪽 다리를 들어 올리고 삽입한다. 남성은 상반신을 들어 올려 여성을 측면에서 본다. 여성은 남성의 어깨와 팔을 애무한다. 남성은 여성의 엉덩이를 애무하고 유방과 목을 입으로 애무한다. 이런 섹스법은 난도가 높은 것으로 신비감을 더한다. 더 깊이 삽입하고 싶다면 남성이 더 일어나서 남녀가 T자 모양으로 하면 된다.

옆으로 누워 앞으로 하기는 뚱뚱한 남성에게 적합하다. 여성이 한쪽 다리를 구부려 남성의 허리부분까지 올린다. 성기의 결합이 아주 얕으며 움직임이 제한되고 이에 따라 체력이 유지되어 섹스 시간이 연장되어 그 즐거움을 지속시킬 수 있다.

③ 기는 뒤로하기

남성이 여성의 뒤쪽에서 삽입하는 자세이다. 여러가지의 변이 자세가 가능하다. 이 체위는 대부분의 남성들에게서 가장 많은 호기심과 선호도가 높은 체위이다. 그러나, 동물의 교미를 연상하게 하므로 일부 여성들이 좋아하지 않는다.

여성이 남성에게 등을 보이면서 무릎을 꿇고 팔을 뻗어서 엎드려 있는 상태에서 남성은 들어 올린 여성의 둔부 앞쪽으로 허리를 잡아서 음경을 삽입한다. 되도록이면 여성을 자신의 하복부에 끌어당겨 여성의 엉덩이가 더욱 밀착되게끔 한다(그림 10.27A). 삽입한 후 전후, 좌우, 기울어진 자세, 흔드는 자세 등을 한다. 남성은 평상시에는 볼 수 없는 여성의 항문과 대음순 등을 볼 수 있어 시각상의 쾌감을 느낄 수도 있다. 시각적으로는 후면에서 보이는 여성의 엉덩이와 은밀한 부분들이 매우 안락한 느낌을 주며, 감각적으로는 여성의 엉덩이가 심도있는 음경의 삽입 율동을 할 수 있도록 쿠션 역할을 해주기 때문에 남성에게 매우 색다른 만족감을 안겨 주는 체위다. 상상력을 풍부하게 하는 방법이다.

이 체위는 모두에게 심리적으로 강한 자극을 준다. 여성의 둔부를 완전히 남자의 몸쪽으로 향하게 뻗치고 자세를 낮추면 여성의 성기가 드러나 남성이 애무하기 쉽다. 여성에게 더 강한 쾌감을 느끼게 할 것이다. 불감증이 있는 여성을 오르가즘에 이르도록 유도할 수 있고 음경이 짧거나 조루증이 있는 남성에게도 적용할 수 있다(표 10.18). 이 체위는 어느 곳에서나 쉽게 진행할 수 있고 편하게 움직일 수 있다.

여성이 바닥에 팔을 지탱하는 각도와 다리의 움직임, 엉덩이를 상하로 움직이는 높이 등을 조절함에 따라 남성이 다양한 변화를 시도할 수 있으며, 음경과 질의 방향이 일치하기 때문에 깊은 결합을 할 수 있는 장점이 있다. 여성이 엎드려 팔꿈치에 체중을 싣고 무릎으로 각도를 조절하면 삽입이 깊게 되어 큰 자극을 얻는다. 남성의 움직임이 많을수록 여성의 유방 및 음핵의 쾌감이 증가한다.

임신가능성을 가장 높이는 체위라 할 수 있다. 이 체위는 성교 중에 질 내에 공기가 유입된다. 때문에 질벽이 매끈매끈해져 남녀 쌍방의 마찰운동에 의한 자극이 감퇴되고 질 속에 빨려 들어갔던 공기가 밖으로 밀려 나오면서 불쾌한 소리를 낸다. 질 속으

표 10.18 기는 뒤로하기의 특징

항목	특징
상황	·매우 활동적이며 장기간 음경운동을 할 수 있음 ·상대방을 쉽게 자극할 수 있음 ·여성을 애무할 수 있음 ·뒤에서 여성의 성기를 바라보며 삽입을 하기 때문에 매우 흥분됨 ·여성은 파트너를 상상 할 수 있음 ·수정될 확률이 높음 ·여성이 굴욕감을 느낄 수 있음
삽입	·깊음
자극	·질과 G점에 매우 충분한 자극을 줌
쾌감	·강함, 색다름 ·불감증이 있는 여성을 오르가즘에 이르도록 유도할 수 있음

로 공기가 들어 갈 수 있으므로 임산부는 삼가야 하는 체위이다.

10.5.4. 오럴섹스

성행위는 음경이나 질로만 하는 것이 아니라 손이나 입을 포함한 신체의 모든 부분을 이용하여 시도할 수 있다. 입술이나 혀는 성관계에서 대단히 중요한 역할을 하는데, 특히 입과 혀로 상대방의 성기를 애무하는 것은 직접적인 성교 이상으로 쾌감을 유발한다. 또 다른 섹스테크닉으로 이와 같이 상대방의 성기를 입으로 애무하는 행위가 있다.

음경이 삽입되는 것이 아니므로 성교라기보다는 전희의 성행동으로 볼 수 있다. 섹스의 한 행동으로서 이 행위만으로 오르가즘을 느낄 수 있으므로 성교를 대체하는 경우도 있지만 삽입이 없으므로 체위라고 할 수는 없다. 이러한 행동을 오럴섹스(oral sex), 구음(口婬), 구강성교, 구순성교, 구순성행위, 입성기성교 등 여러가지 용어로 부른다(표 10.19). 질병이나 신체적 장해로 당분간 성교를 할 수 없는 경우 매우 중요한 성만족의 수단이 된다.

어떤 여성들은 오럴섹스가 천박한 일이고 그것을 받는 것도 창피한 일이라고 여기지만 성생활의 중요한 요소이다. 창피하거나 천박하다는 생각을 버리고 과감히 오럴섹스를 시도해보자. 보다 빨리 오르가즘을 맛볼 수 있을 것이다. 어떤 조사에 의하면 60% 이상의 부부가 오럴섹스를 즐기고 있었고 젊은이의 경우는 무려 90%에 달했다.

부부나 연인관계에서 예민한 성 갈등을 가져올 수 있다. 양측이 모두 적극적으로

표 10.19 오럴섹스(oral sex)와 관련된 용어

용어	뜻	문헌
오럴섹스(oral sex)	• 입으로 하는 성행위	김영민(2004)
입에 의한 성기 자극	• 입에 의한 성기 자극	김은수 등(2010)
구음(口, oral sex)	• 입을 성기에 접착시키는 행위	오영근(1996) 하재청 등(1996) 이종우(1998) 김종흡(2005)
구강성교(口腔性交)	• 구강*에 의한 성교	이광호(2000)
구순성교(口脣性交)	• 입과 입술에 의한 성교	김종흡(2005)
구순성행위(口脣性行爲)	• 입(口)과 입술(脣)에 의한 성행위	김종흡(2009)
입성기성교 (입性器性交, oral genital sex)	• 입으로 상대의 성기를 애무(남→여, 여→남) 그리고 남녀가 동시에 하는 식스나인(69)을 포함	하재청 등(2003) 하재청 등(2008)

* 구강(口腔, oral cavity, mouth cavity): 볼, 입술, 단단한 입천장, 물렁한 입천장에 의해 경계되는 공간(김구환 등, 2011).

동시에 한마음 한 덩어리가 되어 성생활의 극치를 만끽하기를 바란다면 아무런 문제가 없다. 그러나 만약 어느 한쪽이 오럴섹스를 강요받는다면 이때부터 문제는 커지기 시작한다. 왜냐하면 오럴섹스는 자기의 모든 것을 적나라하게 내맡기는 행위이며 정신적 육체적으로 합의를 필요로 하기 때문이다. 조금이라도 상대방이 동의하지 않으면 과감하게 피해야 한다.

오럴섹스에는 펠라티오(fellatio, 음경빨기), 쿤닐링구스(커닐링구스, cunnilingus, 여성 성기 핥기), 남녀가 동시에 하는 식스나인(69, 육구)의 3가지가 있다.

1) 종류

그림 10.29 펠라티오(하재청 등, 2008).

① 펠라티오

여성이 남성의 성기 부위를 입술과 혀로 애무하는 행위로 음경귀두나 음경소대가 예민하므로 이 부분을 집중적으로 자극하게 된다(그림 10.29). 때로는 음낭이나 회음부가 빨리는 것을 좋아하는 남성도 있다(오영근, 1996).

귀두 부위를 혀끝으로 핥다가 부드럽게 빨아들인다. 이후 음경 전체를 위아래 앞뒤로 애무한다. 또 귀두부위를 흡입하는 동

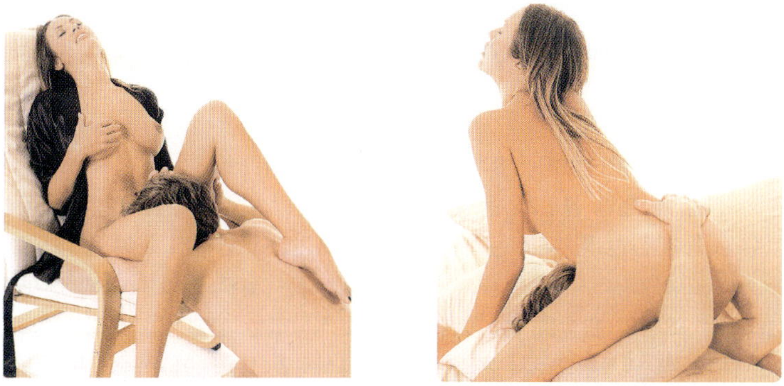

그림 10.30 쿤닐링구스(하재청 등, 2008).

안 음경을 손으로 애무한다. 펠라치오를 행하는 동안 음낭을 어루만진다. 어루만지거나 빨아들이는 압력과 속도를 남성의 반응에 따라 조절한다. 시간을 오래 지속하려면 남성이 사정하기 전에 입술을 떼고 음낭이나 허벅지, 유방 등을 애무한다.

펠라티오는 해 주지만 입 속에 사정하는 것을 싫어하는 여성도 있다. 자기의 입 속에 정액을 사정하는 것은 불유쾌하기 때문에 거질하게 된다. 사정된 정액은 삼켜도 아무런 해는 없다. 삼킨 정액이 혹 임신과 관련이 있지는 않을까 걱정할 수도 있는데, 입을 통해 들어간 정자는 절대로 혈관 등을 통해 난소까지 갈 수 없으며 정액은 소화 흡수되므로 임신이 되는 것은 불가능한 일이다.

② 쿤닐링구스

여성의 음핵이나 음핵, 질, 대음순, 소음순 등을 입술과 혀로 애무하는 행위인데(그림 10.30) 대부분의 여성이 선호하는 편이다(오영근, 1996). 일부 여성은 다른 성 자극보다 쿤닐닝구스를 좋아하기 때문에 이것으로 오르가즘에 도달하는 경우도 있다.

킨제이 박사가 1948년에 조사한 바에 의하면 쿤닐닝구스를 해주는 남성이 45%였으나, 1990년대에 와서 35세 이하 남성의 75%가 쿤닐닝구스를 해주는 것으로 나타났다(오영근, 1996).

한편, 임신 중의 여성에게는 절대로 삼가는 것이 좋다. 특히 질 내에 공기를 불어넣으면 흡입된 공기의 기포가 자궁경부를 통하여 태아를 둘러싸고 있는 자궁혈관에 흡수되면 태아의 뇌에 운반됨으로써 혼수상태를 야기시켜 사산될 수 있기 때문이다(오영근, 1996).

③ 식스나인

펠라티오와 쿤닐링구스를 동시에 하는 행위를 말한다. 그 자세가 69를 닮았으므로 식

킨제이(A. C. Kinsey, 1894~1956)

인간의 성행동을 통계적으로 분석한 최초의 성의학 연구가이다. 특히 혼전 성관계, 혼외 성관계, 동성애, 동물과의 성접촉(수간) 등에 관한 통계자료는 매우 충격적이었다.

오랜 동안의 조심스러운 조사와 관찰을 통하여 인간의 성행동에 관한 보고서를 발표함으로서 우리들이 전혀 모르거나 막연히 개념화 되었던 성을 가시적인 사실로 터득하게 해 주었다. 미국 전역에 걸쳐 18,000명을 면접하여 얻은 12,000건의 자료를 두 권의 책으로 펴냈다. 이른바 '킨제이 보고서'로서 한 권(1948)은 남자, 한 권(1953)은 여자의 성행동에 관한 것이다.

표본추출 방법, 매우 제한된 통계, 동성애자를 자발적으로 면담에 참여케 하여 동성애를 간접적으로 고무시킨다는 일부의 여론 등의 문제도 있었지만 인간의 적나라한 성행동을 신뢰성 있고 완전에 가깝게 분석하였다는 점에서 높이 평가되고 있다.

'킨제이 보고서'는 성이 삶에 미치는 영향이 막중함을 밝혀냄으로써 미국인들의 성생활에 대한 고정관념을 격상시킨 계기를 마련하고, 성문제를 학문적인 연구대상으로 격상시킨 계기를 마련했다(오영근, 1996).

스나인(69)이라고 한다(그림 10.31). 서로 상대의 성기를 애무하는 사랑의 공동작업이다(하재청 등, 2008).

2) 피드백이 있는 섹스

상대에게 오럴서비스를 받는다는 것은 큰 행복이다. 해주는 사람의 입장에서는 하나의 작지 않은 희생이기 때문이다. 온몸이 달아올라 흥분된 상태에서 상대의 성감을 높여주기 위해 오럴서비스를 해주는 당사자는 사실 한풀 꺾여야하기 때문이다. 물론 입으로 상대의 성기를 애무하는 자체로 흥분된다는 사람도 있지만 긴 시간을 유지해야 하는 경우라면 서비스 정신도 있어야 한다. 매너 있는 상대라면 오럴서비스를 받는 동안 자신의 쾌감을 상대에게 정확하게 혹은 조금 오버하여 전달할 것이다.

섹스도 되먹임(피드백)의 연속이다. 상대에게 준만큼 나에게 되돌아오는 것이 있어야 섹스의 질이 높아진다. 때로는 동시에 주고받기 보다는 서비스 해 줄 때는 주는 데 집중하고, 받을 때는 받는 데 집중하는 것도 괜찮지 않을까?

3) 질병

오럴섹스는 비위생적일 수도 있고 질병감염의 문제가 있다. 오럴섹스를 통하여 전염될 수 있는 질병도 몇 가지 알려져 있다(표 10.20).

오럴섹스 할 줄 알아?

철수와 미미는 아직 밤일에 서툰 결혼 한 달째 신참 부부다. 그러던 어느 날, 철수는 미미에게 '오럴섹스'가 하고 싶다며 슬며시 일러두었다. 근데 아직 경험이 없는 미미는 벌써부터 걱정이다. 도대체 어떻게 하는 거지?

서로의 입술로 그곳에 키스한다고? 헉~생각만 해도 얼굴이 달아오른다. 긴장한 탓일까? 온몸에 힘이 잔뜩 들어간다. 철수가 나의 손을 잡고 살며시 그의 것으로 가져갔다. 꿀꺽! 마른 침을 삼켰다. 내가 먼저 그에게 키스를 해야 하나? 그런데 어떻게 하는 거지? 아~등줄기엔 땀이 주루룩….(중략) 철수가 성급히 다가온다.

헉~ 나도 모르게 몇 번이나 철수를 밀어냈다. 그러나 집요한 철수. 지금껏 감춰온 비밀을 철수에게 들킨 것 같다. 좋은 느낌은 커녕 부끄러움인지 수치심인지 두려움인지 알 수 없는 감정만 계속된다. 철수는 지금 어떤 기분일까? 불쾌하거나 힘들진 않을까? 아, 철수의 애무가 강해질수록 두려움도 같이 커진다. 이 느낌을 감당할 수가 없다. 난 그만 소리를 지르고 말았다. "그만 그만해!"

남성들은 보통 언제라도 오럴섹스를 원한다. 자위에 익숙해져 있고 성감이 성기에 집중되어 있기 때문에 오럴섹스가 선사하는 쾌감은 남성들에게 포기할 수 없는 기쁨이다. 반면 여성들은 자신의 가장 민감한 부분을 드러내는 것이어서 쾌감을 알기도 전에 거부감부터 갖는 경우가 많다.

그러므로 성공적인 오럴섹스를 원한다면 '최대한 천천히, 최대한 부드럽게' 그녀의 문을 열어야 한다. 철수처럼 '미미도 좋아하겠지?'라는 지레짐작으로 바로 돌진할 것이 아니라, 그녀의 마음을 충분히 살피는 '인내'가 우선이요, 둘째는 처음 접하는 혀의 감촉이 두려운 공포가 아니라 감미로운 쾌감이 되도록 부드러운 터치를 만들어 내야 한다는 것이다.

우선 신체의 다른 부분을 애무하다가 그녀의 몸이 충분히 달아오르면 최대한 천천히 그곳으로 옮겨가라. 옮겨갈 때는 다른 곳도 두루두루 거치면서 돌아가는 것이 좋다. 드디어 다다랐다면 곧장 돌진할 것이 아니라 그녀가 긴장하지 않도록 그 주변부터 입을 맞추는 것도 요령이다.

여성의 음핵은 남성의 귀두보다 민감하기 때문에 처음부터 강하게 애무하면 오히려 통증과 두려움을 준다. 미미가 "그만해"라며 철수를 밀어낸 것은 바로 그런 이유. 오럴섹스에 대한 좋지 않은 첫인상은 한동안 그녀의 마음을 꽁꽁 닫아놓을지도 모를 일이다. 그러나 처음에 공을 잘 들이면 앞으로 '오럴섹스'는 둘 사이에 둘도 없는 유희가 될 것이다. 단, 공들이는 방법을 제대로 알아야 첫 단추가 잘 꿰지고 그래야 마지막까지 쭈욱 즐겁다는 것을 잊지 말라.

〈스포츠투데이 enamel_jeong@hanmail.net〉

그림 10.31 식스나인.

표 10.20 오럴섹스에 의해 전염될 수 있는 질병

종류	감염방향	질병
펠라티오	남 → 여	• 임질(고노리아) • 매독(시필리스)
쿤닐링구스	여 → 남	• 바이러스성인 단순헤르페스 • 사이토메갈로 바이러스감염증 • 설염 • 세균성염증 • 구강인두암(자궁경부암을 가진 여성에 의해)
	남 → 여	• 질염(잇몸염증이나 치주염 가진 남성에 의해)

외부생식기는 눈으로 식별이 가능하기 때문에 위험을 피할 수 있다. 가장 위험한 일은 상대방을 잘 모르는 상태에서 순간적으로 만나 성관계를 갖는 일이다. 특히 조명이 잘 되어 있지 않은 방에서는 감염이 되었는지의 여부를 알 수 없다. 의학전문지 뉴잉글랜드저널오브메디신(NEMJ, 2007년 5월호)에 의하면 자궁경부암을 일으키는 사람유두종바이러스(HPV)가 있는 여성과 오럴섹스를 하면 남성에게 전염돼 구강인두암이 발생할 위험이 높아진다고 한다(http://www.kormedi.com).

한국중앙암등록사업연례보고서에 따르면 국내에서 구강인두암은 남성에게서 많이 발생한다고 한다. 그 예방법으로는 금연과 절주 등이 꼽혀왔는데 지금부터는 여기에다 오럴섹스의 위험성도 추가해야 할 것 같다.

10.5.5. 굿 섹스 굿 매너

즐거운 성생활을 위해 알아두어야 할 섹스 매너는 다음과 같다.

1) 성교 후 하면 좋은 행동

- 포옹하고 오래 있기: 무슨 말이 필요할까. 그냥 서로의 감정에 충실한 채로 조금 전 아련했던 섹스의 기억을 되새기며 서로 꼭 안고 그냥 오래오래 있는 것이다. 그러다가 잠이 들어도 좋다. 그 잠은 꿈처럼 달콤한 잠이 될 것이다.
- 사랑한다고 표현: 조금 전 행복한 섹스를 느끼게 해주었던 상대에게 '사랑해'라는 말 한 마디는 섹스 후 뜨거워진 가슴의 한복판에 명중할 것이다. 두고두고 당신을 사랑해주겠다는 결심을 불태울 것이다.
- 만족감의 표현: '원더풀(wonderful)', '너무 좋았어!', '환상적이었어(fantastic)!' 등으로

표현한다. 이런 표현을 한다면 감동받아 진한 키스라도 퍼부을 것이다. 맑고 행복한 얼굴로 표현해주는 것이야말로 섹스 매너이다.

- 굉장했다는 칭찬: 만족감의 표현이 당신의 행복에 대한 표현이라면 굉장했다는 칭찬은 파트너를 위한 배려다. '자기 최고야!', '자기 정말 보기랑 다르더라!', '당신 정말 끝내줬어!', '자기 정말 강한 남자야!', '역시 자기랑 나랑은 찰떡 궁합인가봐!' 등의 표현을 조금 장난스럽게 해주면 대단히 기뻐할 것이다.
- 함께 음악 듣거나 영화 보기: 파트너가 좋아하는 음악을 준비해두었다가 섹스 후에 들려준다면 센스 만점일 것이다. 감동적인 사랑 영화나 유쾌한 코미디 한 편을 보는 것도 좋다. 또는 차 한잔.... 서로 이완된 상태에서 이런 부드럽고 달콤하고 여유로운 시간을 갖는다면 좋은 추억이 될 수 있다.

2) 성교 후 하면 안 될 행동

- 불평: '왜 그렇게 빨리 해?', '왜 통나무처럼 가만히 있어?' 등의 표현은 가슴에 못을 박는 것이다. 또는 섹스에 대해 아주 부정적으로 말한다거나 억지로 한 데 대한 후회 등을 내비치는 것도 마찬가지다. 설사 뭔가 불만스러운 면이 있다고 해도 이런 말을 절대로 하지 말아야 한다.
- 섹스에 대해 따지고 비난하기: '아까 그렇게 하는 거 별로였어' '나보고 어떻게 그런 걸 해달라고 해?' 하는 식으로 조금 전 섹스에 대해서 따지고 드는 건 피곤하게 하는 일이다. 조금 더 시간이 흐른 뒤에 그것도 서로를 배려하는 분위기로 조심스럽게 얘기를 꺼내는 건 모르지만, 따지듯이 서로를 비난한다면 섹스의 여운은 몽땅 사라진다.
- 마구 닦기: 섹스 끝나기가 무섭게 휴지나 타올로 몸을 닦는 것도 역시 별로이다. 조금 있다가 하면 될 것을 뭐가 그리 급한지 닦는 것부터 챙기는 것은 별로이다.
- 바로 일어서기: 아주 사무적인 느낌으로, 마치 섹스를 마지못해 했다는 걸 알리고 싶은 사람처럼 확 일어나버린다면 이것 역시 나쁜 매너다. 일어서야 하는 이유를 솔직하게 표현하는 건 좋지만, 이런 식으로 행동하면 오해 사기 쉽다.
- 샤워하러 달려가기: 바로 일어서는 것과 마찬가지로, 샤워하러 가는 것도 별로이다. 마치 끝나기만을 기다렸던 것처럼 재빨리 씻으러 간다면 그 섹스가 아무리 좋았다고 해도 마무리가 별로다. '우리, 같이 씻을까?' 정도는 물어보고 아쉬운 듯 일어나는 정도의 매너는 있어야 한다.

3) 남성들이 진짜 바라는 섹스 매너

섹스 후 남성의 심리는 어떨까? 남성은 섹스 후에, 물론 여성도 마차가지겠지만 자기와 상대방과 무한한 황홀경에 빠져들고 그 상태 속에서 오래 머물고 싶어진다. 그러므로 남성이 몸과 마음의 기능이 마비되어버린 듯한, 행복한 상태에 빠진다면 그냥 내버려 두도록 한다. 남자는 섹스 후 본능적으로 여성의 얼굴을 주의 깊게 관찰한다. 그 속에서 만족감, 행복, 미소 하나를 찾으려 애쓰는데 혹시 여성의 얼굴에서 작은 미소라도 발견하게 되면 그는 열 배로 행복해진다.

- 아늑한 휴식: 남성은 섹스 후 편안한 자세와 자유로운 이완이 필요하다. 팔다리로 자기의 육중한 몸무게를 지탱하며 음경운동을 한다든지, 사정하고 싶은 욕망을 참으며 시간을 지연할 때 에너지가 많이 소비되므로 남성은 섹스 후 아늑한 휴식을 절실히 원한다. 부드럽고 느긋한 기분에 젖어 잠시 후 돌아가야 할 자신의 자리와 상대방에 대한 마음을 차분하게 헤아려보고 싶어한다.
- 여성이 수동적으로 누워 있지 않고 능동적으로 나오는 것: 남성들이 말하는 가장 큰 불만이다. 여성이 섹스 할 때 별 반응없이 누워만 있는 것이 크게 부담스럽다고 한다. 섹스 도중 남성이 가장 난감할 때가 여성이 나무토막처럼 아무런 반응도 보이지 않을 때다. 그럴 땐 "내가 지금 뭐 하는 거지?"라는 생각이 들면서 하던 걸 멈출 수도 없고 계속 하기도 민망한 아주 애매한 순간이 되는 것이다. 그러니, 여성이 제대로 반응하기 시작하면 "난 역시 멋진 남자야"라는 자신감으로 섹스에 더욱 집중하고 더 즐겁게 된다.
- 듣기 좋은 신음 소리를 내는 것: 에로 영화와 실제가 다른 점이다. 실제의 여성들은 신음 소리를 잘 내지 않는다. 진행 상황에 따라 간드러지기도 하고 크게 지르기도 하는 신음 소리를 듣고 싶어 한다.
- 오럴섹스나 색다른 체위를 받아들이는 것: 오럴섹스는 남성들이 대부분 좋아하지만 여성들은 싫어하는 것이기도 하다. 또 남성들이 생각해내는 색다른 체위에 대해 한번쯤 흔쾌히 받아들여 줄 것을 원한다.
- 오르가즘을 느끼는 것을 확실히 표현하는 것: 여성이 오르가즘을 느낄 때, 남성은 가장 큰 만족감과 안도감을 느낀다고 한다. 그런데 구렁이 담 넘어가듯 슬그머니 오르가즘을 느끼거나 아예 느끼지 못할 때 남성은 허탈감이 든다.
- 흥분해 가는 것을 말로 표현해 주는 것: 여성이 흥분해 가는 것을 점점 '좋은 느낌이야', '죽을 것 같애'처럼 남성에게 말해 달라는 것이다. 그런 말을 들으면 좀 더 용기가 나서 열심히 할 수 있을 것이라고 한다.
- 여성이 먼저 정성스런 애무를 해주는 것: 남성들도 애무를 원한다. 남성도 음경 외에 성감대가 발달해 있는 사람이 많은데 여성들은 그걸 무시하고 애무를 받으려고만 한단다. 가끔씩 여성에게 정성껏 애무를 받아 보고 싶다는 바램이 있다.

- 정액을 여성이 처리하는 것: 사정을 한 후 여성이 정성스럽게 정액을 닦아주거나 오럴섹스를 했을 경우 먹어 주기를 바라는 남성들이 많다. 남성들은 이런 것을 자신의 성 능력을 인정하는 행동이라고 생각한다.
- 섹스를 이용해 뭔가를 요구하지 않을 것: 싸운 다음이나, 바라는 바가 있거나, 요구하거나, 뭔가를 허락할 때, 섹스를 조건으로 하지 말라는 것이다. 섹스는 사랑의 표현인데 그걸 빌미로 다른 걸 요구하는 것은 치사하게 느껴진다고 한다.
- 속옷뿐 아니라 겉옷마저 입기: 여성의 몸을 보고 서로의 살을 맞댄 포근한 느낌을 좀 더 오래 간직하고 싶은 게 남성의 마음이다. 따라서 섹스 후에도 좀 더 벗은 그대로 있어주는 게 좋다. 부끄러워 속옷 한두 개 정도를 입는 것까지는 괜찮지만 겉옷까지 입어버리는 건 너무 야속한 일이다.

4) 여성들이 진짜 바라는 섹스 매너

- 아무 때나 섹스를 요구하지 않을 것: 때와 장소를 가리지 않고 요구하는 것은 좀 싫다. 특히 남성이 술에 취해 요구하면 거절하고 싶다.
- 섹스하기 전과 후 깨끗하게 씻는 것: 음경이 청결하지 않을 경우 여성에게 자궁암을 일으킬 수도 있다. 위생 문제는 아무리 강조해도 부족하지 않기 때문에 청결하기를 원한다.
- 부드러운 목소리로 속삭여 주는 것: 영화에 나오는 것처럼 '섹시해', '예쁜데..' '너무 좋아' '사랑해' 같은 부드러운 말을 듣는다면 한결 로맨틱한 느낌이 들 것이다.
- 성교만 하지 말고 온 몸을 애무해 주는 것: 정신을 잃을 정도로 아찔한 쾌감을 느낄 수 있도록 온 몸을 애무 받고 싶어한다. 성감대를 모두 애무해 준다면 정말 친절한 남자라는 생각이 들면서 사랑이 샘솟을 것이라고 한다. 즉 충분한 전희를 원한다.
- 오르가즘 느낄 때까지 오래오래 해주는 것: 여성들이 가장 많은 불만을 나타내는 부분이다. 의외로 몇분도 채 못 견딘다는 남성들이 많단다. 여성들도 오르가즘을 느낄 때까지는 음경운동을 해 주어야 섹스했다고 생각한다.
- 오르가즘 때 남자도 신음소리를 내는 것: 대부분의 여성들은 남자들이 내는 신음 소리를 로맨틱하게 느낀다고 한다. 특히 오르가즘 때 크게 내지르는 신음 소리를 원한다.
- 섹스한 후 뒤돌아 눕지 말고 안아 주는 것: 이것 역시 흔히 듣게 되는 여자들의 바램이다. 섹스 후 힘들다고 하지 말고 따뜻하게 안아 주며 애정 표현을 해주길 원한다. 즉 후희를 원한다.

- **오르가즘을 느꼈는지에만 신경 쓰지 않을 것**: 끊임없이 '느꼈어?' 하고 확인을 하는 스타일도 있다. 관심을 가져 주는 것도 좋지만 지나치게 오르가즘에만 집착하고 또 그것을 남자의 능력이라고 생각하는 것이 싫다.
- **섹스에 대한 여자의 제안을 받아들이는 것**: 적극적으로 행동하지는 않더라도 조금은 원하는 바가 있어서 어렵게 용기내어 말을 했는데 남성이 무시해 버리면 더 표현하기가 어려워진다. 제발 섹스에 관한 사소한 것이라도 여성의 제안을 받아들여 주기를 바란다.
- **섹스에 대해 평소에 이야기를 나눌 것**: 평소에 섹스에 대해 전혀 이야기를 나누려 하지 않는 남성에게는 불만이 있어도 말하기가 어렵다. 평소에도 섹스에 대해 대화하기를 바란다.

제 11 장

성생활

학습목표

1. 성생활의 필요성을 설명할 수 있다.
2. 행복한 성생활의 비결을 설명할 수 있다.
3. 첫날밤의 성생활 요령을 설명할 수 있다.
4. 임신 중의 성생활 요령을 설명할 수 있다.
5. 노년기의 성생활 특징을 설명할 수 있다.
6. 장애인의 성생활을 이해할 수 있다.
7. 원격섹스의 장단점을 설명할 수 있다.

성생활은 우리 삶의 모든 면에 영향을 미친다. 남녀사이에서 발생한 사랑과 실연, 열정과 좌절감 등은 감동적인 문학작품이 탄생하는 계기가 될 수 있었다. 그리고 우리의 옷차림새나 사회활동 역시 우리가 고도로 성적인 존재라는 사실을 반영한다. 명예, 도덕, 종교 등 각종 이데올로기 같은 것들이 아무리 중요하다고 해도 식욕과 성욕에는 미치지 못한다. 식욕과 성욕은 인생을 지배하는 근원적인 생명력이다. 만족스런 성생활로 더 행복해질 수 있다. 자기의 성과 상대의 성을 제대로 이해하고 성생활이 막연한 쾌락만을 위한 것이 아니란 사실도 알아야 행복한 삶을 영위할 수 있을 것이다.

11.1. 성생활의 필요성

1) 자녀 출산

"왜 섹스를 하는가"에 대해 굳이 생물학적으로 설명할 필요는 없다. 자녀출산을 위해 성생활이 필요하고 이것으로 후대가 이어진다. 그리고 섹스(성교)는 생식을 위한 것 외에 그 이상의 효과를 가지고 있다.

2) 성욕의 충족

성욕은 3대 기본 욕구 중 하나이다. 쾌락을 찾는 것은 인간의 본능이므로, "왜 섹스를 하는가"에 대해 굳이 심리학적으로 설명을 할 필요는 없다. 섹스(성교)를 통해 쾌락을 느낌으로써 성욕을 충족하게 된다. 서머싯 몸(W. Somerset Maugham, 1874–1965, 영국의 작가)은 '수상록(隨想錄, The Summing up)'이란 책에서 "인간의 육체가 느낄 수 있는 최대의 쾌락은 성교에서 오는 것이다"라고 하였다. 섹스는 성욕을 만족시켜 줄 뿐만 아니라 최대의 쾌락을 느낄 수 있기 때문에 필요하다. 섹스가 주는 보너스에는 또 어떤 것들이 있을까?

3) 사랑의 확인

성생활은 두 사람이 정서적으로 가장 가까워질 수 있는 계기가 된다. 사랑과 친밀감의 표현이며 사랑하는 남녀간의 가장 완벽한 의사소통의 유형이라고 할 수 있다. 성생활에서 가장 흥분케 하고 기쁘게 하는 것은 육체상의 교류가 진행되는 동시에 사랑을 확인하는 감정으로서 서로 연결되는 것이다. 이는 정신과 육체의 통일이다.

4) 관계의 지속

그림 11.1 관계의 지속.

섹스를 통하여 달콤한 격정의 희열을 느낄 수 있다. 그 희열을 다시 느끼고 싶어서 상대를 찾게 되는 효과가 있으므로 관계가 오래갈 수 있다. 희열의 정서는 관계가 변치 않고 오래있고 싶은 감정이 넘치게 한다. 오르가즘 후 남성에게는 심한 피곤기가 몰려들지만, 여성은 오르가즘 후에도 살뜰한 말과 함께 포근히 안아 줄 것을 원한다. 이 때 남성이 피곤기를 잠시 억제하고 가벼운 포옹과 애무를 함으로서 여성의 성 정서가 점차적으로 평온해지고, 후희의 리듬을 알맞게 느낌으로서 상대를 다시 찾게 되는 효과가 있다(그림 11.1).

5) 건강에 이로움

성욕을 만족시키는 것은 생리적 심리적 필요에 의해서이다. 성욕을 만족시키지 못하면 정서가 문란해지고 불만이 쌓이게 된다. 그러므로 오히려 금욕하는 사람이 생리적 또는 심리적으로 질병에 걸리기 더 쉽다. 일본의 어느 의학자가 쓴 '대뇌 노화의 방지'라는 책에 의하면, 적당한 성생활은 대뇌의 노화를 방지하는 데 이로움을 준다. 성행위를 함으로써 뇌가 자극되어 성호르몬이 잘 분비되어 혈액순환과 여러 면의 신진대사를 촉진시킨다(그림 11.2). 성행위를 할 때 온몸에서는 규칙적이고도 조화로운 운동이 일어난다. 따라서 성행위는 적당량의 운동과 같은 단련 작용도 한다.

미국심장병학학회지(American Journal of Cardiology, 2010년 10월호)에 의하면, 주기

적 성생활은 장점이 많고 특히 중년 심장병을 예방한다고 한다. 미국의 40~70세 남성 1,000명 정도를 대상으로 과거 16년 동안 성관계의 주기적인 횟수와 심장병 발병과 상관관계를 조사해 보니, 일주일에 2회 정도 꾸준히 성관계를 하는 남성은 성관계 횟수가 한 달에 한번 미만인 남성에 비해 심장병 발병 위험이 45% 정도 낮았다. 정기적인 성생활은 심혈관계 건강은 물론 친밀한 관계를 유지하는 데 도움을 주어 스트레스를 해소하고 사회성에도 긍정적인 영향을 주는 것으로 나타났다.

그림 11.2 성행위로 뇌가 자극됨.

6) 스트레스 해소

섹스를 하는 동안 여성들은 옥시토신이라는 호르몬의 수치가 높아진다. 이 호르몬은 혈압을 떨어뜨려 주는데, 섹스를 하면 스트레스를 날려버릴 수 있다는 뜻이다. 물론 섹스를 하면서 상대방의 따뜻한 사랑을 느낀다는 것만으로도 정신적인 안정을 갖게 된다(정상적인 성관계에 한해서). '바보들을 위한 육감적인 마사지 가이드'의 저자 패티 브리튼은 "섹스 중 삽입을 할 때 큰 숨을 들이쉬면 심신을 차분하게 해주는 효과가 강화된다"고 말하였다.

7) 최고의 진통제

두통이 있거나 생리 전 증후군이 있다고 해서 섹스를 주저하지 말자. 오르가즘을 느끼는 동안 몸에서는 엔도르핀이 생성되며, 이것은 두통이나 생리통 같은 현상을 자연스럽게 치유해 주는 진통제 역할을 해 준다.

8) 더 젊고 매력적

많은 사람이 궁금해 하면서도 입 밖에 내기를 꺼려했던 육체적 사랑에 대해 재미있는 주장을 담은 책 'Open: Love, Sex, and Life in an Open Marriage'의 저자인 미국의 제니 블록은, 이 책에서 성행위의 11가지 덜 알려진 사실 중 여섯 번째에서 다음과 같이 주장하였다. "섹스는 여자를 더 젊고 매력적으로 만든다. 섹스를 하면 난포호르몬이 분비되는데 얼굴과 머리카락에 윤기를 흐르게 한다. 볼에 홍조가 생기고 입술을 삐죽거리는데 이런 모습은 상대에게 매력적이다. 섹스는 콜라겐 생산도 돕는데 피부가 처지는 것을 막는 '젊음의 원천'이라고들 한다".

9) 정복과 소유

성행동은 서로의 모든 것을 적나라하게 보여주고 맡기는 행동이다. 섹스를 통해 상대방을 정복하고 소유하고 있다는 감정도 느낄 수 있다.

10) 경제적 가치

경제학자 데이비드 블랜치플라워(미국 다트머스대학)와 앤드루 오즈월드(영국 워윅대학)는 개인의 삶의 만족도를 결정짓는 여러 요인 중 섹스의 비중을 계량적으로 측정해 냈다고 주장했다. 섹스가 중요하다는 것은 상식에 속하는 일이지만 얼마나 중요한지를 수치로 밝혀냈다는 면에서 이 연구는 의미가 있다.

최소한 매주 한번 섹스를 하게 될 경우 얻는 만족도는 보통의 미국인이 연간 5만 달러($50,000 × 약 1,000원 = 약 5천만원)의 추가 수입을 얻게 될 때와 맞먹는다고 밝혔다. 섹스의 경제적 가치에 포함된 것은 지불하지 않아도 되는 섹스값(매춘, 포르노 잡지, 동영상 구입비 등), 정신적 육체적 건강으로 절약되는 약값, 행복(만족)을 느끼므로 나오는 생활의욕(에너지)의 가치, 파트너를 찾는데 드는 시간에 대한 가치 등이었다.

이 연구는 전국여론조사센터의 조사자료를 토대로 진행됐다. 이들은 "섹스가 행복에 미치는 영향이 매우 크며, 통계학적으로 잘 분석됐으며, 남녀 모두 적용된다."고 주장했다. 돈을 주고 섹스를 하는 사람은 그렇지 않은 사람들보다 덜 행복하고, 행복을 최적화하는 섹스파트너의 수는 1명이라고 밝혔다. 이처럼 성생활은 삶의 질 향상을 위해 필요할 뿐만 아니라 경제적 가치도 있는 것이다.

11.2. 행복한 성생활 비결

11.2.1. 행복한 성생활을 위한 준비

즐겁고 행복한 성생활을 하기 위한 단계는 바로 전희, 본희, 후희일 것이다. 이 중 한 가지라도 빠진다면 최대한 즐거운 성생활을 할 수 없고, 쌍방이 심리적으로 생리적으로 다 같이 흐뭇한 감과 후련한 감을 느낄 수 없을 것이다. 최대로 행복한 성생활을 위해 준비해야 할 것은 다음과 같다.

1) 사랑으로 충만되어야

원만한 성생활을 위한 두 가지 조건은 강렬한 사랑과 강렬한 성욕이다(김현우, 1995). 즉 하나는 정신(심리)적인 것이고, 다른 하나는 육체(생리)적인 것으로 둘 중 하나라도 없으면 안 된다. 흔히 성욕이 강조되고 사랑은 무시되기 쉬운데, 사랑이 충만된 성생활이어야 행복한 성생활이라 할 수 있다. 정신과 육체를 동시에 만족시키는 것이 가장 큰 행복을 얻을 수 있는 비결이 된다.

2) 긴장하지 않아야

긴장은 만족한 성생활의 적이다. 부부싸움으로 긴장된 상태에서의 성생활은 만족감을 주지 못한다. 정신적이건 육체적이건 긴장 상태는 성흥분을 저해하므로 가뿐한 마음으로 자연스러운 태도를 유지하도록 해야 한다.

3) 분위기를 조성하여야

다음과 같은 분위기를 조성하면 성생활의 질을 높일 수 있을 것이다.

- 청결: 특히 성기를 깨끗이 씻어서 세균감염을 방지해야 한다. 이를 잘 닦아서 키스할 때 냄새가 나지 않도록 해야 한다.
- 시각: 시각은 성충동을 일으키게 하는 가장 큰 요소이다. 성충동은 색이나 모양이 변화된 주변 환경에 의해서 일어나는 경우도 있다. 색전등을 켜 놓아 그윽하고 낭만적인 분위기를 만들 수도 있다. 남성이 여성보다 시각적인 자극에 의해 더 쉽게 성흥분이 되므로 여성은 섹시한 속옷을 입는다. 분홍색이나 붉은 색은 교감신경을 자극함으로써 흥분과 긴장을 야기한다고 한다.
- 청각: 달콤한 속삭임은 자율신경계를 긴장시킴으로써 맥박증가나 혈압상승을 일으키고 흥분을 고조시킨다. 속삭임으로 귀를 즐겁게 하여 연인을 사로잡는 것도 좋다. 리드미컬한 음악은 성행위를 연상케 함으로써 최음제의 효과를 나타낸다.
- 후각: 후각도 성욕을 자극하고 강하게 할 수 있다. 사람들은 저마다 많든 적든 자연적인 자기만의 체취를 가지고 있다. 상대의 몸에서 우러나는 체취만큼 강한 성자극이 되는 향기는 없다. 쌍방은 서로 상대의 고유한 체취를 맡음으로써 성욕의 상승을 불러일으킬 수 있다. 그러므로 성교 전 목욕할 때 비누 등을 지나치게 사용함으로써 고유한 성감 체취를 없애 버려서는 안 된다. 때로는 잠자리나 몸에 좋아하는 향수를 약간씩 뿌려도 성감 상승을 자아낼 수 있다. 하지만 향수는 상대의 의견을 들어 본 후에 뿌리는 것이 좋다.
- 미각: 땀, 술, 음료, 기호식품, 그리고 입술이나 성기를 상징하는 식품 등은 성욕을 돋구는 효과가 있다.
- 촉각: 부드러운 키스나 가벼운 스킨십은 특히 여성에게 있어 최음역할을 한다.
- 동침시간: 저녁식사 후 부부가 거실에 앉아 좋은 음악을 들으며 서로를 바라보다가 마음이 통해서 사랑스럽게 손을 잡고 침실로 들어간다고 생각해 보자. 얼마나 아름다운 장면인가! 하지만 대다수의 부부들은 저녁식사 후 설거지하고 세탁하고 애를 돌보느라 바쁘다 보니 그릴 엄두를 내기 어렵다. 그러므로 반드시 동침할 시간을 잘 선택해야 한다. 쌍방이 다 한가한 시간을 택하여 때를 놓치지 말고 그 감정

을 고조기로 끌어올려야 한다.

4) 촉각 활용

그림 11.3 포옹.

① 포옹

여성을 따스하게 포옹해야 한다(그림 11.3). 포옹은 그 동안의 불안과 고민을 해소시키는 효과가 있으므로 정서적 만족을 준다. 동시에 성교로 가는 첫걸음이며 성 문제를 해결하는 데도 도움이 된다. 따스한 포옹이야말로 열 마디의 말보다 더욱 효과가 있음을 알아야 한다.

② 애무

애무는 말 대신 손가락으로 의사 표현을 하는 사랑의 언어이다(그림 11.4). 이는 성생활의 전주곡으로 성욕을 한층 더 뜨겁게 불러일으킬 수 있다. 그리고, 온몸을 성감대로 간주해야 한다. 남성이나 여성을 막론하고 온몸의 모든 부위가 다 흥분되어야 매혹적인 결과를 가져올 수 있고 오감을 충분히 만족시킬 수 있다.

그림 11.4 애무.

여성을 만족시키려면 전희에 공을 들여야 한다. 머리나 얼굴부터 은밀한 곳까지 서서히 이동하면서 사랑스럽게 어루만지는 것이 훌륭한 애무의 기본이다. 성감대의 애무는 여성의 성충동을 강하게 할 수 있다. 애무에 특히 예민한 부위로는 유두와 음핵이다. 유두에 키스하고 어루만져 주면, 여성은 전기에 닿은 듯 온몸이 짜릿한 감을 느끼게 되어 남성에 대한 정겨움과 시적인 정감을 자아내게 된다. 또한 음핵을 적당히 자극해 주면 성쾌감을 일으키는 동시에 질 내부로부터 점액이 분비되어 음경을 삽입할 수 있게 된다. 화기애애하고 행복한 성생활을 추구하려면 서로 애무하는 것을 절대 잊지 말아야 한다.

5) 재치 있게 흥분시켜야

여성의 성흥분은 남성에 비해 더디게 일어난다는 것을 알아야 한다. 오랫동안 달콤한 말로 속삭여 준다면 여성의 성흥분을 돋울 수 있다. 여성이 성흥분을 느끼느냐 못 느끼느냐는 여성의 생리적 반응으로써 판단할 수 있다. 재치있는 속삭임과 부드러운 애무를 하면 여성의 피부에 붉은 반점이 나타나고, 복부 근육이 긴장되고, 유두가 발기되고, 소음순이 벌어지고, 음핵이 커지고, 질이 열리고, 질입구가 축축해진다. 이쯤되면 여성은 이미 성흥분을 느끼고 있는 것이다. 이럴 때 남성의 음경이 질 내에 삽입되면 여성에게 부담이 아닌 성욕의 만족을 줄 것이다.

여성은 육체적 자극보다 정신적 사랑을 원하는 경우가 많으므로 자신을 정말로 사랑한다고 느낄 때 성충동을 더 강하게 느낀다. 그래서 '사랑한다'든지 '아름답다'와 같은 청각적인 속삭임에 빨리 반응한다.

6) 성욕표현을 명확히 제시해야

성욕을 솔직히 표현하여 상대의 정욕을 부추겨줌으로써 함께 황홀한 오르가즘에 다다를 수 있다. 흔히 부부간에는 말보다는 직감이나 추측으로 상대방의 성요구를 알아내곤 한다. 그러나 몸짓이나 손짓에 의한 표현에만 치중하여 언어로 표현하는 것에 인색해서도 안 된다. 부부 사이에 꺼내기가 거북한 말이 있다면 유감스런 일이다. 성생활이 원만하려면 절대 상대방의 눈치만 살필 것이 아니라 직접 대담하면서 재치있게 자신의 속마음을 나타내는 데 능숙해야 한다.

7) 날마다 새로운 눈으로 상대방을 살펴야

상대방의 단점은 감추고 장점을 찾아내야 한다. 아무리 아름다운 꽃도 시간이 흐르면 반드시 시들게 마련이다. 곱던 얼굴과 몸매가 변했다고 실망하지 말고 상대의 몸에서 미지의 '신대륙'을 발견하기에 힘써야 한다.

8) 남성이 유혹하기를 바라는 여성

여성은 남성이 자기를 좋아하고 자기는 아름답고 섹시하기 때문에 사랑을 받는다고 생각한다. 이는 남성이 자기를 사랑하고 자기에게 홀딱 반하기를 바라는 여성들의 심리이다(김경숙, 2009). 남성이 유혹하기를 바라는 것은 여성의 가치를 나타내고 싶기 때문이다(그림 11.5). 화기애애하고 원만한 성생활을 지속하려면, 남성은 자기 여성을 유혹하는 데 초점을 맞춰 연인간에만 있을 수 있는 가슴 두근거리는 신비감을 확보해야 한다.

그림 11.5 남성이 유혹하기를 바라는 여성.

9) 상대방의 요구를 경솔하게 거절하지 말아야

세심한 여성이라면, 남성이 성요구를 제안했다가 거절당했을 때의 기가 꺾인 표정을 보았을 것이다. 이는 성요구를 거절당한 것이 남성에게는 몹시 고통스러운 일이란 것을 말해준다. 왜냐하면, 남성들은 성행위를 육체와 감정을 동시에 교류하는 것으로 간주하며, 욕망이 불같이 세찰 때 상대로부터 거절당하면 '치명적 타격'을 당했다고 여기기 때문이다(김경숙, 2009). 이 같은 치명타를 자주 당하게 되면 자연적으로 역반응 심리가 생기면서 성생활의 질이 내려가게 된다. 현명한 여성이라면 절대 남성의 성요구를 냉정하게 거절하지 않고 완곡한 말로 구슬릴 줄 알아야 한다.

10) 결혼에 덧붙여진 의무가 아닌

성생활은 부부간의 일이며 성생활의 즐거움은 서로에게 달려 있다. 만일 어느 한쪽이 결혼에 덧붙여진 의무 정도로 생각하고 있다면 결코 즐거움을 누릴 수 없다. 성생활이 의무로 여겨지기 시작하면 그 중요성과 쾌락의 기쁨을 잃어버리게 된다.

11) 매 번의 성생활을 현실적으로 보아야

사람은 누구나 현실을 직시해야 하듯이 성생활에서도 마찬가지다. 매번의 성교가 모두 오르가즘에 도달하고 쌍방이 다 완전무결한 지경에 이를 수는 없다. 성교에서 가장 중요한 것은 쌍방이 모두 온몸과 마음으로 사랑하는 것이다.

12) 한 가지 격식에만 구애되지 말아야

성생활의 다양성을 위해 끊임없이 공부하는 것이 필요하다. 분위기, 때와 장소, 체위 등에 변화를 주어야 한다. 그래야 따분한 성생활에서 벗어날 수 있다.

13) 언제나 남성만이 주동이 되어야 한다는 생각은 잘못

여성이 먼저 성 요구를 하는 것을 당돌하다고 생각하는 것은 잘못된 것이다. 성요구는 누가 먼저 요구하느냐에 상관없이 서로 주고받는다는데 의미가 있다. 여성이 주동이 되면 의외의 즐거움이 생길 수도 있다.

14) 질투심을 유발시키지 말아야

상대로부터 최대한의 사랑을 얻어내기 위해서 질투심을 유발하는 것은 좋지 않다. 이런 '위협'은 그저 상대방을 격분시키고 절망하게 할 뿐이다. 절망감을 느낀 상대방은 사랑의 문을 열지 않을 것이다.

15) 단지 성교만이 아닌

지금까지 사람들은 '성생활이 바로 성교'라고 착각해 왔다. 따스한 포옹이나 정다운 눈길, 다정한 애무 등은 성교와 마찬가지로 서로에게 성만족을 느끼게 할 수 있다. 전희와 후희를 통해 서로를 만족시켜 주는 방법 등을 생각해야 할 것이다. 단지, 음경의 삽입만이 섹스가 아니라는 점을 깊이 유의해야 한다. 어떤 남성들은 평소에는 퉁명스럽다가도 성교하고 싶을 때에만 여성에게 다정하게 접근한다. 그렇게 되면 여성은 자기를 성도구로 여긴다고 생각하며 나아가 자신을 진심으로 사랑하지 않는다고 느끼게 되므로 평상시의 애정표현이 중요하다(김경숙, 2009). 화목한 성생활을 위해서는 '성생활이란 단지 성교만이 아니다'라는 점을 명심해야 한다.

16) 과도한 성생활은 금물

정상적인 성생활의 횟수에 대해서는 한 마디로 말할 수 없다. 이는 여러 가지 요소의 지배를 받기 때문이다. 부부가 모두 만족감과 쾌감을 느끼는 횟수면 정상이다. 성관계 후 몸이 홀가분해야 하며 정기가 충만되어야 한다. 성행위는 충혈되고 분비하는 과정이므로 매번 성교한 다음에는 정상적인 상태로 돌아가는 과정이 필요하다. 그런데 만일 성교 횟수가 너무 잦아 정상적인 상태로 돌아갈 시간이 부족하면, 생식 계통에 영향을 미쳐 여러 가지 병이 생기게 된다. 한편, 지나친 금욕은 오히려 건강에 해롭다. 즉 극으로 치닫지 않고 중용을 지키는 것이 부부생활에 훨씬 유익할 것이다.

11.2.2. 성욕 표현하기

남녀가 성욕을 교류함에 있어 소홀하게 되는 심리 상태와 그런 상태를 탈출하는 방법은 다음과 같다(김현우, 1995).

1) 성욕 표현의 잠재적 심리

① 솔직하지 못함

대부분의 남녀는 장기간 형성된 성에 대한 방어 심리와 경계심을 버리지 못하고 잠재의식 속에 가지고 있다. 마음속 깊이 숨겨 둔 자신의 성심리에 대해 속속들이 터 놓는다면 혹 음탕하거나 저속하다고 의심받지 않을까 두려워한다. 그 때문에 상대에게 자신의 성욕을 말하지 못하고 회피하게 된다. 이런 심리상태에서 탈출하려면, 상대를 신임하고 개방되고 솔직한 인간관계를 만들어 가야 한다. 그리고 상대에게 자기 마음속의 의혹과 불안 등의 심리적 약점을 털어놓고 이해와 보살핌을 받아야 한다. 그래야만 근심을 함께 덜고, 기쁨을 함께 나누고, 무조건적으로 신임하는 마음을 갖게 된다. 이렇게 무조건적으로 신임하는 정도가 높아질수록 성욕을 표현하며 교류하는 것도 더욱 자연스러워지며, 나아가서는 양성순환이 형성되면서 발전하게 된다.

② 기다림

시간이 지남에 따라 자연히 상대가 자신의 성욕에 대해 알게 될 것이라고 잘못 생각하고 있기 때문에 성욕이 생겨도 말하지 않고 상대의 반응을 기다린다. 어떻게 상대가 내 마음속까지 헤아려 만족을 채워 줄 수 있겠는가? 이성의 성심리는 매우 까다로우므로 상대의 성욕까지 알아차리기는 어렵다.

③ 표현의 어려움

성욕을 애교 있게 표현할 수 있는 단어가 지극히 적어 이를 말로 표현하기가 어렵다.

만일 이에 대한 적당한 단어가 없어서 상스러운 말을 쓰게 된다면 상대의 감정에 영향을 끼치지나 않을까 두려워 솔직하게 표현을 하지 못하는 것이다. 그러나 두려워 할 필요는 없다. 건전한 성심리를 갖춘 상대자라면 이런 언어도 받아들일 수 있을 것이다. 두 사람이 솔직한 성욕 표현을 하는 한 그 어떠한 행동이나 언행이 상스럽거나 저속하지는 않다. 물론 여기에는 변태적 성심리가 포함된 성행위는 포함되지 않는다.

④ 잘못된 생각

예로부터 전해 내려오는 관습의 영향을 받아서 성생활을 음탕하고 저속한 행동이라고 생각하거나, 여성은 강한 성욕이 없다고 여기기도 한다. 그러므로 여성은 정상적인 성욕이 생겨도 두려워하게 된다. 이런 생각을 가진 여성은 남성에게 자신의 성욕을 말하지 않게 된다. 이런 성욕 표현 회피증을 탈출하려면, 우선 인간의 본질을 이해해야 하고 남성의 격려가 있다면 문제가 해결될 것이다. 여기서 남성의 유도 효과가 좋으면 여성은 성생활을 꺼리고 피하려는 생각으로부터 재빨리 탈출할 수 있다.

2) 언어로 성욕 표현하기

성욕을 표현하는 올바른 수단은 바로 언어이다. 물론 독특한 표정과 동작으로 나타낼 수도 있지만 이는 오해를 빚어낼 수도 있다. 성교를 시작하기 전에 상대에게, 어떤 색깔의 광선을 배경으로 삼으면 좋을지, 어떤 속옷을 입으면 좋을지, 로맨틱한 음악을 틀어놓으면 어떨지, 어떤 성교 자세를 취하는 게 좋을지 등을 물어볼 수도 있다. 상대가 좋아하는 애무 포인트를 물어보아야 한다. 상대한테 자기 신체 중에서 가장 민감한 부분을 자극하도록 유도해야 한다. 성교가 끝나면 상대에게 '제일 만족스러운 자극, 불쾌한 자극, 쾌감의 정도' 등을 물어보거나 알려줄 필요도 있다(김현우, 1995). 이렇듯 서로 상대의 성욕에 대해 안다면 성생활의 질은 새로운 경지로 상승할 수 있다. 그러면 성생활이 조화되고 인간관계가 융합될 것이다. 그러나 이는 성욕을 존중하고 솔직하게 교류하여야만 실현될 수 있다.

11.2.3. 성생활 당당히 하기

예로부터 사람들은 봉건의식 속에 성에 대한 그릇된 생각을 하였다 그러나 사실 인간의 건전한 성은 생리적 본능으로서 저급하거나 부끄러운 것이 아니라 고상하고 감미롭고 행복한 것이다. 그러므로 올바른 성생활 개념을 확립하는 것은 아주 중요하다. '성'이라는 것은 우리들 각자의 머릿속에서 어느 위치를 차지하는가에 따라서 부끄러운 것이 되기도 하고 자연스러운 것이 되기도 한다.

만약 성생활을 정상적이고 합리적인 것으로 보고 그렇기 때문에 자연스러운 것으로 본다면, 성생활을 함께하는 '사랑놀이' 또는 '사랑스포츠' 쯤으로 가정할 수 있을 것이다. 그렇지 않다면 아직도 우리의 마음속에 전통적이고 정확하지 않은 성에 대한 인식이 남아 있기 때문이다. '성'이란 음탕하고 저속한 것이라고 여기는 인식일 것이다. 이런 태도와 마음가짐으로는 건강한 성생활을 영위하기 어렵다. 성생활은 자연스러운 것이고 행복을 주는 것이므로 당당하게 해야 할 필요가 있다.

11.2.4. 열정적 성생활의 지속

여성이 남성에 대한 성흥미를 지속하는 데는 남성에 대한 신뢰감이 필수적이다. 그러나 남성이 여성에게 느끼는 매력과 성흥미를 지속적으로 유지하려면 자기가 여성을 행복하게 해줄 수 있다는 느낌이 필요하다. 남자는 멋진 섹스를 갈망하고 여자는 로맨스를 그리워한다. 남자가 데이트를 계획하고 꽃을 선물하고 입장권을 예매하고 차를 운전하고 사소한 일들을 자상하게 챙기는 것이 바로 로맨스이다(그림 11.6). 로맨스는 여성에게 여성적 측면을 되찾을 수 있도록 해주는 작은 휴가이다. 로맨스는 여성에게 누군가의 특별한 존재로 사랑받는 느낌을 되찾게 해준다. 이렇게 하면 열정적인 성생활은 지속될 것이다.

성관계를 할 때, 남성이 열정을 폭포처럼 쏟아 붓지 않고 이를 적절하게 제어할 수 있을 때 여성은 비로소 성에 대한 심리적 억압에서 벗어나 자기 속에 감추어져 있던 열정을 표현하게 된다(김경숙, 2009). 여성이 심리적 억압감을 풀고 감추어져 있던 열정을 불태우는 데는 남성의 도움이 필요하듯이 또한 여성이 남성의 사랑과 애무에 몸과 마음을 완전히 열고 맡기면 남성이 제어력을 유지하는데 큰 도움이 된다. 즉 여성이 만일 의도적으로 남성을 조종하려 하거나 억지로 흥분을 유지하려고 애쓴다면 오히려 역효과를 낳는다.

남성들은 섹스할 때, 일단 여성의 몸속에 들어가면 멈추지 않고 계속 음경운동을 하거나 더 깊숙이 삽입해야 남자답다고 생각한다. 그러나 사실은 그와 정반대이다. 남성은 흥분기에서 고조기에 이르는 동안 쉼 없이 속도와 강도를 더해 가지 못하면 자신의 정력이 약하고 기술이 부족한 탓이라고 흔히 생각하지만 이는 여성을 오해한 것으로, 여성은 남성이 자기와 보조를 맞추기 위해 속도를 늦출 수 있다는 것을 그만큼 통제 능력이 뛰어나다는 증거로 받아 들여 오히려 즐거워 한다(김경숙, 2009).

11.3. 신혼기의 성생활

성장환경과 배경이 다른 남녀가 만나 화목한 가정을 이루기 위해서는 정서적 화합이 필수이고 육체적 화합도 빼놓을 수 없을 것이다. 이에 부부간의 성생활은 아주 중요하다. 성생활은 부부만이 할 수 있는 사랑의 대화이며 감정의 전달이고 사랑의 열매가 맺어지는 방법이다. 첫날밤이 중요한 이유가 여기에 있다.

신혼부부의 첫날밤은 성관계의 첫 출발이라는 특별한 의미를 가지기 때문에 어떻게 첫날밤을 보내느냐에 따라 앞으로의 성에 대한 이미지가 결정될 수 있다. 신혼부부는 정신적으로나 기술적인 면에서 모두 익숙지 않다. 신혼 초 섹스문제 때문에 여성에게 자존심이 상하거나 상처받은 것이 원인이 되어 조루나 발기부전으로 고민하는 남성도 있다. 첫 단추를 잘 끼워야 한다는 말이 있듯이 신혼기에 만들어진 섹스라이프는 일생동안 두 사람의 행불행을 좌우한다고 할 수 있다.

그렇다면 결혼식 보다는 평생을 좌우할 수 있는 실질적인 신혼 첫날밤을 준비하는 것에 더 많이 신경을 써야 하지 않을까? 상대를 배려하는 성생활을 신혼여행 때부터 실천하여 한평생 행복한 인생의 동반자가 되도록 해야 할 것이다.

11.3.1. 신혼부부의 성생활 만족도

우리나라 신혼부부들은 성관계에 대해 어느 정도의 만족도를 느끼고 있을까? 그리고 만족도에 대한 남녀 간의 시각 차이는 어느 정도일까? 동아일보 취재팀과 한국성과학연구소 및 마크로밀엠브레인(호주동아)에서(2014년 3월) 우리나라 결혼 2년차 이하의 신혼부부들을 대상으로 조사한 결과, 성관계에 있어 만족도를 더 많이 느끼는 것은 남편들이며 상대적으로 아내들은 불만족스러워하였다(http://www.hojudonga.com).

1) 성생활 만족도

"현재 부부 성관계에 대해 만족하느냐?"는 질문에 대해 일반적으로 남편들의 약 70%가 만족한다는 입장을 보인 반면, 아내들은 약 40%만이 만족한다고 답했다. 아내들의 약 60%는 불만족스러운 입장을 보였다. 우리나라 아내들이 남편들보다 훨씬 섹스 스트레스를 많이 받고 있는 것으로 나타난 셈이다.

2) 상대방에 대한 만족예상도

성관계 만족도 조사와 관련해 주목을 끄는 것은 '상대방에 대한 만족 예상도'이다. "성관계에 대해 상대방은 만족할 것 같으냐"는 질문에서, 남편들의 약 65%는 "아내도 만족할 것이다"라고 답변했다. 실제 아내들의 성관계 만족도인 약 40%보다 크게 앞서는 것이어서 남편들이 아내들의 성만족도에 대해 심각한 착각을 하고 있다는 것이다. "아내도 만족할 것이다"라고 답한 65%의 남편은 "아내에게 만족도 여부를 물었을 때 그렇다고 답했다"며 아내의 직접적인 반응을 그 이유로 들었다. 아내들은 부정적인 답을 피하고 긍정적인 대답을 한 셈이다.

그림 11.6 연애시절처럼 데이터 신청하기.

이 조사 결과 우리나라 남편들은 아내의 만족도에 대해 적지 않은 오해 또는 착각을 하는 것으로 나타나 부부간의 솔직담백한 의사소통이 필요하다는 결론이 나왔다.

11.3.2. 신혼부부의 첫날밤

신혼여행을 부부관계의 시험기간이라고도 한다. 결혼 전에는 드러나지 않던 성격 차이나 섹스트러블(sex trouble)이라는 복병을 만날 수 있기 때문이다. 신혼여행에서의 이 시험을 무사히 통과하느냐는 앞으로의 부부생활에 많은 영향을 끼칠 것이다.

1) 첫날밤의 성생활 특징

신혼 여행지에서 맞는 첫날밤은 설렘만큼 불안감도 크다. 실제 신혼부부를 대상으로 한 조사결과 이들의 가장 큰 걱정거리는 성관계이다. 신혼 첫날밤 삽입 성교에 실패한 경우도 꽤 있고 성관계를 맺었어도 상대방에게 실망하는 커플도 많을 것이다.

일반적으로 신혼부부는 첫 경험에 익숙하지 않다. 성지식의 부족으로 인해 성교에 실패하는 경우가 많다. 심리적인 원인으로 인하여 조루 또는 발기부전을 일으킨다. 대부분 육체적인 성기능 부진은 거의 없고 다만, 새로운 경험에 대한 정신적 불안만이 있을 뿐이다. 발기가 유지되지 않아 첫 경험에 실패한 후 다음번에 잘해야 한다는 강박관념에 사로잡히게 되고 이러한 잠재의식은 오히려 원만한 관계를 방해하는 요인으로 작용하게 될 것이다.

신혼 초에 겪은 성 불일치를 덮어두면 그 영향으로 신랑은 조루나 발기부전을 겪게 되고 신부는 불감증을 경험할 수 있다. 특히 신부의 불감증은 성교기피증으로 이어져 아예 성생활이 불가능해지는 최악의 상황으로 이어질 수도 있다.

때론 신혼 첫 날밤에 처녀막의 유무에 대해 고민하는 남성이 있는데, 이는 매우 잘못된 생각이며 실제 처녀막은 다양한 원인으로 파열되기 때문에 순결과 연관지어 생각하면 안 된다. 처녀막에 대한 오해와 집착도 버려야한다.

2) 첫날밤의 성교과정

첫날밤 성관계에 성공하기 위해서는 서로 정다운 대화로 마음을 열고 부드러운 애무로 편안함을 느낄 수 있어야 한다. 무리하고 집요한 자극은 피하고 독선적으로 만족을 얻으려고 하지 말아야 할 것이다. 첫날밤의 성관계를 단계별로 나열해 보면 다음과 같다.

① 준비

- 피임도구
- 가능하면 암시적으로라도 시간약속을 하고 성관계를 시작하는 것이 여성에게 안

정이 되고 좋다(그림 11.7).

- 5감각(시각, 청각, 후각, 미각, 촉각)을 자극할 수 있는 분위기를 만든다.
- 청결한 상태로 준비한다. 애무하는 손가락은 물론 발가락까지도 청결해야 한다.
- 삽입 전에 큰 타월을 신부의 엉덩이에 대어 준다. 작은 타월(또는 손수건, 가제) 두 장을 이불 옆에 준비해 두었다가 출혈, 질액, 정액 등을 닦을 때 사용한다.

② 마음의 문 열기

대화나 가벼운 스킨십으로 '마음의 문'을 열도록 한다. 손을 잡고, 머리카락을 쓰다듬거나, 얼굴을 매만지면서 대화를 한다. 사랑의 고백이나 상대의 예쁘고 매력적인 점을 귀에 대고 낮고 천천히 말하게 되면 여성에게는 최대의 흥분제가 될 것이다. 이때 서로 편지나 시를 낭송하는 분위기가 된다면 금상첨화가 될 것이다. 성관계를 허락하겠지만 마음의 문이 열려야 육체의 문도 열리는 것이 여성이다.

③ 발전

키스나 상체의 애무로 가벼운 반응이 나타나면 서서히 본격적인 성감대로 이동하면서 키스와 함께 애무를 한다(그림 11.8). 직접적인 성감대인 유방과 유두를 애무한다. 유두의 신경은 성기와 직접 연결되어 있고, 굉장히 민감한 부분이므로 아기의 피부 다루듯이 최대한 천천히 부드럽게 해야 한다. 포르노를 통해 보는 것들과는 차이가 있으므로 거칠게 다루면 안 된다. 부드러우면서도 정성스럽게 만지면서 느낌을 확인하는 것이 좋다. 처음에는 여성이 쑥스러워할지 몰라도 더 편하게 하면서 대화를 하면 솔직한 대답을 할 것이다.

④ 흥분

애무는 위에서 아래로 아래에서 위로 반복하는 것이 좋다. 서서히 배와 허리를 애무하면서 자연스럽게 아래로 와서, 비껴가듯 엉덩이로 애무를 하게 되면 순간 움찔하던 여성은 안심과 함께 아쉬운 반응이 겹치게 된다. 이것은 흥분도를 높일 뿐 아니라 기대감도 주면서 안정감 역시 주는 시너지 효과를 가져온다. 여유를 가지고 엉덩이와 사타구니를 애무하면 여성은 마지막 문고리까지 열어주는 심리가 되어 신음을 하게 된다. 이때쯤이면 여성의 질에서 윤활액(애액)이 나올 것이다. 애액이 나왔다고 해서 삽입을 시도하면 안된다. 삽입을 서두르지 말고 여성을 더 흥분시켜야 한다.

⑤ 삽입을 원하는 단계

삽입은 서두르지 않고 여성이 원할 때에 삽입한다. 여성이 성기(특히 음핵)의 애무를 받아들이면 그 애무와 병행하여 남성은 한쪽 다리를 여성의 양다리 사이에 넣어 여성의 두 다리를 벌린다. 두 사람의 기분이 충분히 무르익으면 이어서 삽입하기 쉬운 체위를 취한다. 여성이 양다리를 깊이 구부려서 세우고 무릎을 충분히 벌린 체위를 취해야 한다. 체위는 서로 협력해서 결합하기 쉬운 것으로 해야 할 것이며, 서로의 요구에 응하여 삽입하기 쉽도록 마음을 써주어야 한다.

그 다음으로 조심스럽게 그러나 성스러운 느낌으로 다가간다. 한 손으로 애무를 계속하면서 질입구의 위치를 확인해 둔다. 음핵의 위치에서 똑바로 음렬을 따라서 내려가면 자연히 손가락이 미끄러져 들어가는 구멍이 질입구이다. 질입구에서 애액의 충분함을 확인하면서 그 애액을 당겨 올리며 음핵을 만지기 시작한다. 이곳은 정말 예민하면서 조심해야 하기 때문에 '비눗방울 다루듯이' 해야 한다. 처음에는 물어보면서 확인하는 것도 현명하다. 여성의 음핵을 모르는 남성들이 의외로 많이 있다. 지겨울 정도로 느린 속도로 부드럽게 하면서 아래의 애액을 계속 올리는 것은 오르가즘의 윤활제로도 필수조건이 된다. 그러면서 질입구에 자극을 주게 되므로 여성은 움찔거림으로 반응한다.

이때, 여성의 손을 잡아서 음경을 만지도록 유도하면 자연스러운 유대감이 형성되면서 여성은 제대로 흥분을 하게 된다. 이렇게 몇분 정도 하다보면, 드디어 여성은 몸을 뒤틀면서 깊은 신음과 함께 뜨거운 입김을 토한다. 이때에 일차적인 오르가즘을 맞는 경우도 있다. 이때에 삽입을 바라는 말이나 몸짓의 신호를 주게 된다.

⑥ 최초의 결합

어떤 피임법을 사용하느냐에 따라 다르겠지만 이 때 콘돔을 착용할 수도 있다. 이어서 음경을 손으로 쥐고, 질입구에 귀두를 갖다 대고 질입구에서 빗겨 나가지 않도록 주의하면서 귀두의 끝이 질입구에 직각으로 압력을 가한다. 질입구는 될 수 있는 데로 위를 향해 개구한 위치가 삽입하기 쉽고, 필요하다면 허리 밑에 베개를 넣으면 질입구가 위로 향하게 된다.

질입구는 열려지고 음경의 끝이 미끄러지듯이 조금 들어갈 것이다. 한꺼번에 끝까지 삽입하지 말고 수차례에 걸쳐 조금씩 진퇴를 반복하면서 점점 더 깊이 삽입하는 것이 좋다. 이때 처녀막이 파열되어 출혈이 있을 수도 있다. 이때 여성의 고통은 순간적인 것이며, 고통을 전혀 느끼지 않는 여성도 있다. 단지 이 순간적인 아픔에 대하여, 반사적으로 여성이 허리를 빼면 삽입된 음경이 빠져서 마치 결합 실패와 같은 인상을 주어 버린다. 여성은 이때 허리를 가만히 남성 쪽을 향해서 밀어붙이듯이 내미는 것이 좋다. 요컨대 처녀막은 찢는 것이 아니라 삽입하면서 밀어 넓히는 것이며, 음경은 처음부터 너무 깊이 삽입하지 않는 것이 좋다. 출혈의 양은 대개의 경우 종이에 묻을 정도이어서 보통은 작

그림 11.7 신혼 첫날밤을 위한 준비로서의 데이트.

은 타월조차도 불필요할 정도이다(김경숙, 2009).

삽입이 되면 나름의 긴장이 또 있기 때문에 일단 남성은 움직이지 않고 심호흡을 하는 것이 좋다. 이때 여성의 가슴을 애무하면서 안정을 하는 것이 남성에게도 좋다. 그리고 그렇게 잠깐 기다렸다가 '서서히' '깊숙이' '정성스럽게' 피스톤운동을 시작한다. 처음에는 천천히 하는 것이 조루도 예방하고 여성의 성감을 높이는 것임을 명심해야만 제대로 된 오르가즘을 맛볼 수 있다.

여성이 아파하지 않으면 삽입을 조금 더 깊이 해도 좋을 것이다. 만일 통증을 호소하면 거기서 조금 후퇴한다. 한 참 기다렸다가 재차 진입을 시도하여 진입과 후퇴를 반복하면서, 서서히 깊게 하고 질입구를 넓혀 가는 것이 첫 경험의 이상적 삽입 방법이다. 혹시 통증이나 벅찬 느낌을 주면, 잠시 숨고르기를 하면서 대화나 애무를 계속한다. 이렇게 서로 '놀이 하듯이' 하게 되면 평생 일방적인 섹스가 아닌 '나누는' 섹스의 습관을 가지게 된다.

이와 같은 삽입을 하면 첫경험의 고통이란 것을 여성이 거의 자각하지 못하거나 하더라도 극히 가벼울 것이다. 그리고 여성 자신도 두려워하여 몸을 굽히거나 피하지 말고 가벼운 통증을 느끼거든 그것을 남성에게 전하면 되는 것이다.

그럴 경우에는 남성이 자기의 욕망을 어느 정도 누그러뜨려야 한다. 남성이 충동에 홀려 욕망을 채우는 데만 열중하면 여성은 남성의 일방적인 행위에 불쾌, 혐오, 공포와 같은 감정을 가지게 된다. 그리고 어느 정도 성생활에 길들이기 전까지는(첫경험부터 수개월) 여성의 질은 완전히 늘어나도 발기한 음경의 3/4정도 밖에는 받아들일 수 없는 것이며 그 이상 무리하게 음경 전체를 삽입하는 것은 여성에게 있어서 대단히 고통스런 일이며 공포감을 준다는 것을 알아야 한다.

⑦ 오르가즘

삽입한 음경의 피스톤운동은 질 벽을 자극하면서 부근의 음핵과 전체 성기를 자극하여 극도로 흥분하게 한다. 남성은 여성의 흥분상태와 보조를 맞추려고 될 수 있으면 느리게 흥분하도록 노력해야 하겠지만 참을 수 없을 정도로 사정감이 들면 여성에게 '사정해도 좋은가?'를 물을 수도 있다. 이미 충분히 절정에 다다른 여성은 꿈꾸듯 '예스'를 외칠 것이다. 그러면 몸을 다부지게 끌어안고 피스톤운동을 율동적으로 빠르고 강하게 하면 정액은 강하게 분출되고 오르가즘을 느끼게 된다. 이 때 타이밍이 맞으면 여성도 혼미한 가운데 표현할 수 없는 오르가즘에 휩싸이게 된다. 결합의 과정에서 높여진 성흥분이 절정(絕頂, 클라이맥스, climax)에 도달하게 되었다. 귀에다 대고 '사랑해!'라고 속삭이며 상대도 거의 실성한 상태에서 역시 '사랑해!' 하면서 꼭 껴안을 것이다.

이렇게 하여 첫날밤 사랑의 결합은 클라이맥스를 맞게 된다. 남성의 성흥분은 성충족감으로 바뀌고 발기해 있던 음경은 서서히 힘을 잃고 원상으로 돌아간다. 최초의 결합에서는 남성의 성흥분이 결합 전부터 극도로 높여져 있기 때문에 삽입에서 사정까지의 시간이 극히 짧은 것이 보통이며, 그리하여 여성은 오르가즘에 도달하지 못할 수도 있다. 그러나 정신적 육체적으로도 하나가 되었다는 기쁨을 첫날밤의 감격적인 의미라고 할 것이다.

⑧ 오르가즘 후의 처리

둘이 모두 '녹초'가 된 상태에서 잠시 그대로 하나가 된 채로 쾌감을 느끼다가, 음경을 빼내기 전에 준비해 둔 작은 타올을 음부 가까이에 대어두면 정액이나 질액이 침구류에 젖는 것을 막을 수 있다. 작은 타올로 음경을 닦고, 출혈이 없더라도 다른 작은 타올로 여성의 회음부에 끼우듯이 대어놓는다. 출혈이 있으면 가제로 압박해 두면 된다.

⑨ 후희

편안히 누워서 팔베개를 하고 다정한 대화와 가벼운 애무를 하면서 자연스럽게 '사랑한다'는 말을 하는 것으로 마무리를 한다. 이런 후희는 오르가즘과 함께 최고의 안락하고 행복한 느낌을 갖게 할 것이다. 샤워를 하면서 사랑의 마무리를 한다. 힘들어도 여기까지는 해 놓고 잠에 빠져들어야 한다. 어떤 남성은 육체적인 만족을 느끼고 사후의 처리까지 여성에게 맡기고 신부를 홀로 고독하게 남겨둔 채 코를 골며 잠들어 버리기도 한다. 그러한 남성은 여성에게 초야의 기억이 커다란 상처로 남는다는 것을 모르고 있을 것이다.

11.3.3. 신혼기 성생활의 문제점

결혼이라는 절차를 통해 부부는 공식적인 성생활을 시작하게 된다. 하지만, 무슨 일이든 그 처음은 생소하고 미숙하기 나름이다. 신혼기 또한 이러한 시기로써 다소의 어려움이 따르기 마련이다.

1) 단계의 중요성

첫날밤의 성관계를 앞 단계처럼 한다면 모범적이고 이상적이라고 볼 수 있다. 정도의 차이가 있겠지만 이런 코스를 처음부터 습관들여야 이내 평생 코스가 되는 것이다. 처음에 어설프고 조루현상이 있고 통증에 시달리다 보면 성관계의 단계가 나쁜 습관으로 될 수도 있다. 성관계의 단계가 남성의 일방적인 진도에 의해 진행된다면 여성은 제대로 준비가 되지 않은 상태로 남성을 받아들이게 되고, 질 주변에 통증을 유발하게 된다. 남성은 사정을 하면서 오르가즘을 느꼈지만, 여성은 한참 흥분한 상태에서 마지막 자극이 필요하게 되는 순간에 오르가즘을 맛보지 못하고 결국 흥분단계에서 허무하게 끝나는 것이다. 이것이 악순환 되면 여성들은 성교가 고통이 되고, 기대치에 못 미치는 답답함으로 거부감이 생기면서 누적되면 섹스를 귀찮은 일로 여기게 되고 아예 흥미를 잃어버리는 경우도 있다. 이렇게 되면 부부싸움의 원인도 되고 나쁜 영향을 주게 되기도 한다.

남성의 조기사정에 잠깐 움찔하면서 흥분을 느끼려는 여성에게 '좋았냐?'고 물으면 여성은 남성이 무안할까봐 마지못해 '좋았다'고 말한다. 그러면 남성은 잘 된 것으로 알고 반성이나 대책이 없이 다음에도 같은 방식으로 성생활이 연속되기 쉽다. 평생 오르가즘을 경험하지 못한 여성들이 의외로 많다. 결국 둘 다 피해자가 되는 것이다.

2) 콤플렉스

'성'이라고 하면 털어놓기 꺼려하며 성에 대한 잘못된 개념을 가지고 있기도 한다. 이로써, 성 콤플렉스(complex, 열등감)를 가지게 되는데, 남성은 크기 콤플렉스가 대표적이고 여성은 순결 콤플렉스가 대표적이다. 남성의 크기 콤플렉스는 음경의 크기에 집작하는 콤플렉스로 중년으로 이어지면서 정력 콤플렉스로 이어지기도 한다. 여성들은 시각적인 것보다 감정적 교감으로 흥분한다. 만약 성기의 크기가 5㎝ 이하라면 문제가 될 수 있지만 그렇지 않다면 전혀 문제가 없으므로 걱정할 필요가 없다. 물론 보기 좋은 것이 기능도 좋을 수 있지만 꼭 그런 것은 아니다. 여성의 순결 콤플렉스는 사랑과 성을 순결과 동일시 하는 데서 시작된다. 성에 대해 소극적이고 부끄러운 것으로 생각함으로써, 성에 대한 표현을 잘하지 못하는 문제점이 있다. 이러한 보편적인 문제점을 안고 시작하는 신혼기의 성은, 남성의 경우 불안감과 의무감에 휩싸여 조루나 발기부전 현상으로 나타나기도 한다. 또한, 여성의 경우 성에 대한 소극적인 자세나 기피 현상으로 남성에게 자신이 바라는 점을 제대로 이야기하지 못해 불만이 쌓이고, 점점 성생활에 대한 의욕이 낮아지게 된다.

3) 결론

첫날밤은 결혼 생활에 있어서 가장 중요한 날로 생각될 것이다. 첫날밤부터 잘못 길들여진 성생활은 결국 '의무방어전'으로 또 억지로 하는 잘못된 성생활로 이어질 수 있다. 그렇게 되면 처음 신혼 때는 좋지만 세월이 흐르고 나면 싱거운 관계로 발전하고 다른 쪽으로 한눈을 파는 경우가 생긴다. 어떤 일이든 처음이 중요하다. 출발을 잘해야 끝 마무리하기도 쉽듯이 집 장만하고 예식장 예약하고 또 신혼여행을 준비하는 것도 중요하겠지만 보다 실질적이고 중요한 것은 평생을 좌우할 수 있는 신혼 첫날밤을 준비하는 것이다.

신혼여행 때부터 상대를 배려하는 '나누는 성교'를 실천하여 한평생 행복한 인생의 동반자가 될 수 있도록 서로 노력해야 하겠다. 그리고 성생활에서 제일 중요한 건 대화이며 원만한 대화를 위해서는 배우자에 대한 배려가 필요하다. 이러한 생각이 없다면 성생활은 자연히 갈등을 낳고, 결국 부부생활을 파탄으로 끌고 가는 원인이 된다는 것이다. 성생활 장애는 한쪽 또는 양쪽에서 모두 나타날 수 있다. 특별한 경우는 전문의의 조언을 받아야겠지만 부부가 대화를 통하여 자신의 의사를 표현하고 이해시킬 수 있다면 쉽게 치료 할 수 있다.

11.4. 임신 중의 성생활

임신 중에 중요한 것은 부부 사이가 원만해야 한다는 것이다. 만약 성생활 때문에 부부싸움을 자주 하게 된다면 심리적인 동요가 몸에 나쁜 영향을 미치는 것은 당연한 일이다. 또 남편이 친절히 대해 준다고 해서 어리광만 부린다면, 긴 임신 기간 중 내내 남편은 계속 부담을 느낄지 모른다. 입으로는 '부부의 협조'라고 간단히 말할 수 있지만, 여러모로 어려운 문제이다. 그 어려운 문제 중의 하나가 성생활이다. 정상적인 임신이라면 출산할 때까지 성생활을 제한해야 할 이유가 없다. 임신 중의 성교는 태아의 머리에 충격을 주어 정신박약아나 음란한 아이가 생긴다고 생각하는 사람이 있으나, 이것은 잘못된 생각이다. 무조건 남편의 절제를 강요한 나머지 임신 중 또는 산후에 남편의 외도나 가정불화가 발생할 경우가 많다. 임신 중에도 성교가 가능하다. 임신 중에는 남편의 따뜻한 사랑과 아량이 베풀어져야 되고 아내는 남편을 무조건 멀리해서는 안 된다.

11.4.1. 임신 중 성욕의 변화

1) 아내

임신한 여성의 성욕은 변화가 많지만, 대부분의 여성들은 임신 전보다 성생활이 즐겁다고 느낀다(표 11.1). 그 이유는 성호르몬의 증가로 성욕이 강해지고 민감해지면서

표 11.1 임신 시기별 성욕의 일반적 변화

구분		성욕
남편		• 임신한 아내를 더욱 매력적으로 느껴 성욕을 부추기기도 하지만 일반적으로 성교가 아기를 해칠 수 있다고 느껴 성욕이 감소됨
아내	초기	• 성욕 감소: 피곤, 입덧, 유방의 압통 등 때문
	중기	• 성욕 증가
	말기	• 성욕 감소: 임산부 자신이 '덜 매력적'이라는 생각 때문

빠르고 충분한 만족감을 느끼기 때문이다(하재청 등, 1997). 어떤 여성은 임신 전에는 오르가즘을 느끼지 못했는데 임신 중에 섹스에 대한 강한 욕구로 쉽게 오르가즘을 경험하기도 한다. 성기에 혈류량이 증가하면서 일부 여성은 오르가즘을 더욱 잘 느끼게 되는데, 실제로 여성생식기의 혈류 증가는 남성들에게는 음경이 조이는 느낌(tighter feeling)을 갖게 한다.

어떤 여성들은 임신 초기 3개월과 마지막 3개월에 성욕이 대폭 감소한다. 그 이유는 아마 이 시기에 유산의 위험도가 높은 것과 관련이 있다고 추측하고 있다. 그리고 임신 초기에는 유산에 대한 걱정이나 입덧, 임신말기에는 불안과 피로감이 영향을 미칠 것이다. 임신말기에 어떤 여성은 자신의 뚱뚱한 모습을 보이고 싶지 않기 때문에 성관계를 꺼리게 되는 경우도 있다. 또 평소에 성욕이 강하고 쉽게 오르가즘을 느꼈던 여성이 임신과 동시에 모든 성욕이 사라지고 오르가즘을 못 느끼는 경우도 나타난다. 이렇게 갑작스런 변화 때문에 임신부는 심리적으로 당황스럽고, 남편에게 죄책감이 들기도 하지만 모든 것을 자연스럽게 받아들여야 한다.

2) 남편

아내의 임신으로 남편의 성욕까지 사라지는 것은 아니다. 다만 아내나 태아를 다치게 할까봐 잠자리에서 위축감이 들 뿐이다. 그렇지만 임신 중의 섹스는 오히려 아내와의 친밀감을 높이고 아내를 정서적으로 안정시켜줄 수 있는 기회이므로 자신을 심하게 억누르지 않아도 된다. 단, 아내 위주의 섹스를 하고 다양한 방법으로 성욕을 함께 만족시켜 보도록 노력하는 자세가 필요하다.

11.4.2. 임신 중의 성생활 요령

임신 기간 중의 성생활에서 특히 주의가 필요한 것은 초기와 말기이다. 그 외는 원만한 성생활이 좋다(표 11.2).

1) 체위

임신 중 체위는 자못 중요하다. 임신기가 늘어감에 따라 체위도 변화되어야 한다. 특히 임신 중기와 말기에 가서는 체위를 변화시키는 것이 좋다. 임신 기간의 체위에 대한 어느 일본 학자의 조사에 의하면, 임신 5개월 후에는 임신부의 복부를 직접 무겁게 누르는 것을 피하기 위하여 1/3 정도가 옆으로 누워 마주보기(측면) 자세를 취하는 것으로 나타났다. 그러다가 8~9개월에 가서는 대부분 다른 자세를 취했으며, 또 음경이 질에 너무 깊이 삽입되지 않도록 주의한 것으로 나타났다. 질의 구부러진 형태와 자궁입구의 위치도 사람에 따라 다르다. 따라서 안심할 수 있는 체위란 없다. 어떤 사람에게는 매우 편안한 체위가 어느 사람에게는 괴로운 경우도 있기 때문이다.

표 11.2 임신 중의 성생활

상황	변화 또는 대처
성기	· 충혈
성욕	· 왕성
애무	· 성기에 과격한 애무는 삼가, 유방에 대한 애무는 산후 수유에 도움
회수	· 회수를 일정하게 정할 수는 없고 무리하지 않도록, 10개월째부터는 금욕
체위	· 과격한 왕복운동은 삼가, 자궁입구를 자극하지 않는 체위, 정상위와 말 타는 체위는 가급적 피하고 마주보는 측면위, 옆으로 누워 후면위가 비교적 안전, 너무 깊이 삽입하지 않도록 주의

기본적으로는 괴롭지 않은 체위가 가장 안심할 수 있는 체위라고 할 수 있다. 안심할 수 있는 체위의 의미는 임산부의 배에 압박을 가하지 않을 것, 허리에 무리가 가지 않을 것, 음경삽입이 깊어 자궁입구를 자극하지 않는다는 것을 의미한다. 임신 중에는 말 타는 여성상위, 굽히는 남성상위, 엎드려 후면위, 기는 후면위 등은 가급적 피하는 것이 좋다.

① 임신 초기

임신 중 성생활이 문제가 되는 것은 특히 초산일 경우가 많다. 임신을 하면 성생활에 변화가 생긴다. 그러므로 이 시기에 남편은 아내에게 부담이 되지 않는 섹스테크닉으로 사랑을 나누는 지혜가 필요하다.

임신 초기(3~4개월)는 자궁 내에 수정란이 착상한 지 얼마 되지 않은 상태이다. 격렬한 성 흥분은 자궁의 출혈이나 수축을 유발하고 유산을 초래하는 일도 있다. 요점은 과격하지 않도록 부드럽게 해야 한다는 것이다. 임신을 하게 되면 오히려 피임의 번거로움이 없다고 해서 과도한 행위를 계속하기가 쉽다. 그러나 강한 자극이나 장시간의 행위는 피하여야 한다.

이 시기엔 산모의 배가 부르지 않고 피로감도 덜하기 때문에 체위는 그다지 문제가 되지 않지만 정상체위라도 남편이 양 팔꿈치로 몸의 무게를 지탱하여 아내의 복부를 압박하지 않도록 주의하는 것이 필요하다.

② 임신 중기

임신 4~6개월의 시기에는 몸의 컨디션도 안정되고 비교적 여성의 성욕이 회복되므로 원만하게 사랑을 나눌 수 있는 시기가 된다. 태반이 완성되었으므로 유산의 위험도 별로 크지는 않다. 이 시기에는 배도 조금은 두드러져 보이게 되므로, 행위 시의 몸의 자세에 대해서도 궁리할 필요가 있다. 복부를 압박하거나 자궁에 자극을 주는 자세는 피하도록 한다. 정상 위의 경우에는 남성이 팔꿈치나 손바닥으로 체중을 떠받치는 자세로 아내의 복부를 압박하지 않도록 하는 것이 바람직하며, 옆으로 누워 마주보기 체위 등의 자세를 취하는 것이 좋다.

③ 임신 후기

임산부의 성욕은 감퇴되는 것이 보통이다. 가급적이면 출산 전후의 6주간은 다음과 같은 이유로 금욕을 지켜야 한다.

- 감염 예방: 질과 자궁의 점막이 연해지고 충혈되어 상처를 입기도 쉽다. 그리고 질내의 산성도가 낮아지기 때문에 세균이 침입하기 쉽다. 외음부 주위의 세균이 휩싸여 들어가 감염될 수도 있다.
- 조산 방지: 자궁에 대한 너무 지나친 자극은 조산을 초래하기 쉬울 뿐만 아니라, 심한 성 흥분이 조산의 원인이 될 수 있다. 삽입은 얕게 해야 한다. 보통 임신 39주 이후에는 넓은 의미에서 출산을 서서히 시작하고 있는 것으로 볼 수 있다. 자궁은 때때로 불규칙적인 진통 비슷한 수축을 되풀이하게 된다. 그래서 사람에 따라서는 임신 9개월 무렵부터 출산이 시작되기 쉬운 상태로 되어 있으며 그럴 때에 성 흥분은 조산을 일으킬 염려가 있다. 또 자궁 부근이 직접 자극되어 양수가 터져 조산을 할 수도 있다.

다만 금욕이 힘든 경우에는 깊은 결합이나 복부를 압박하지 않는 체위를 취하여야 하며, 급속하고도 과격한 피스톤운동은 삼가야 한다. 옆으로 누워 여성의 등 뒤에서 삽입하는 자세를 취하는 것이 좋다. 직접 결합 방법외에도 따뜻한 이해와 부끄러움 없는 행동과 협조가 필요하다.

2) 성교 횟수

임산부의 건강이나 태아에게 특별한 문제가 없다면 섹스 횟수에 구애받지 않아도 된다. 본능이 이끄는 데로 자유롭게 성생활을 즐기는 것이 오히려 스트레스를 덜어주는 긍정적인 효과를 불러올 수 있다. 그러나 출산 전과 후의 각 6주간은 금욕해야 한다. 더욱이 유산이나 조산의 징후 즉 출혈이나 하복부의 부종이 있을 때는 성행위는 절대 삼가야 한다.

3) 오르가즘의 경련이 태아에게 미치는 영향

섹스 자체나 오르가즘에 동반되는 자궁 수축이 진통을 유발하거나 태아에게 해롭지는 않은 것으로 알려져 있다. 간혹 오르가즘 후의 경련이 태아에게 좋지 않은 영향을 미쳐 유산이 되지 않을까 걱정하는데 크게 위험한 것은 아니다. 태아는 양수 막과 양수에 둘러싸여 있기 때문에 성행위를 한다고 해서 부딪히거나 타박상을 입지 않고 보호된다(하재청 등, 1997). 때에 따라 요통이 오기도 하는데 누구에게나 흔하게 일어나는 현상인 만큼 크게 걱정할 일은 아니다.

4) 위생과 애무

임신 중에는 냉이 많아지므로 외음부가 불결하게 되기 쉽고 질에 상처가 나기 쉬우며 세균에 의한 저항력이 약해지게 된다. 임신 중 손가락을 질 속 깊이 삽입하는 것은 좋지 못하며 뒷물도 깊이 하지 않는 것이 좋다. 따라서 성행위 전에 반드시 목욕을 하여 몸을 깨끗하게 하며 손발톱을 짧게 해서 상처가 나는 일이 없도록 주의한다. 유방은 임신 중에 민감하고 건드리면 아플 수 있으므로 아주 부드럽게 애무해야 한다.

5) 다양한 성생활 궁리

출산 전과 후의 각 6주간 금욕을 한다는 것은 고통일 것이다. 남편의 성 만족을 위한 아내의 따뜻한 배려도 필요하다. 섹스를 삽입과정으로만 한정 짓지 말고 좀 더 폭넓게 스킨십의 범주로 확대시켜 새로운 즐길 거리를 찾아야 한다. 삽입위주의 섹스에서 벗어나 자위, 마사지, 오럴섹스, 질 이외의 부위에 의한 성교 등 다양한 바디터치를 시도하는 것도 좋다.

아내의 임신기간은 남편에게 있어서는 성욕을 발산할 수 없어 불편한 마음이 들 수도 있는 기간이다. 어떤 남편은 외도를 하는 경우도 있는데 이는 성숙한 남성이 취할 태도가 아니다. 임신과 출산, 육아는 부부 두 사람의 협동작업이지 여성만의 일이 아니다.

6) 마사지와 쓰다듬기

임신 중 부부간의 섹스를 완전히 무시할 수도 없고 평상시처럼 관계 맺기도 걱정스럽다면, 마사지와 쓰다듬기를 효과적으로 이용해 보면 좋다. 남편이 임신부의 전신을 마사지 해주면 기분이 매우 좋아질 것이다. 몸 안에 있을 태아의 모습을 그려가면서 부드럽게 마사지하면 임신부의 긴장을 풀게 해주고 아빠, 엄마, 태아의 유대감을 동시에 높여줄 수 있다.

7) 임신 중의 오럴섹스

임신 중의 오럴섹스는 피하는 것이 좋다. 애무과정에서 질 속으로 공기를 불어넣지 않도록 조심해야 한다. 질 속으로 공기가 들어가면, 혈관으로 들어간 공기가 정상적인 혈류의 흐름을 방해하는 '색전증(塞栓症, embolism)'을 일으켜 임신부와 태아에게 치명적일 수 있기 때문이다.

8) 출산 후의 원활한 성관계를 위해

출산 후는 질 주위 골반근육의 약화로 질이 늘어나 성생활이 예전 같이 않다. 이럴 때에는 전기치료와 골반근육훈련으로 질 주위 근육의 탄력을 증가시켜 성관계 시의 쾌감에 증가시킬 수 있다. 실제로 구미 선진국이나 일본은 출산 후 기본적으로 이런 치료를 하고 있는 중이다. 또한 수유 시에는 젖분비호르몬으로 인하여 여성호르몬이 분비가 부족하게 되는데 이로 인하여 질 건조증이 올 수 있다. 젤리나 윤활제가 도움이 될 수 있다.

11.5. 노년기의 성생활

성에 대한 관심은 출생에서부터 사망까지 지속된다. 인간의 성기능은 어떠한 다른 기능보다도 오래 지속되며, 일정한 건강을 유지할 경우 성생활에 연령제한은 없다. 성기능은 정소나 난소의 기능에서 유래하는 부분도 있지만 대뇌에서의 기억, 연상, 정서, 경험 등이 관여하는 바도 크다. 성생활 자체가 성호르몬 분비를 자극하여 갱년기증후군 예방에 긍정적인 역할을 한 것이다. 성생활을 지속하는 것은 신체에도 긍정적인 영향을 줄 뿐만 아니라 정신건강에도 큰 도움이 된다.

11.5.1. 갱년기

갱년기(更年期, climacteric periods)란 몸이 노년기로 접어드는 시기로 보통 쉰 살 무렵인데, 여성의 경우는 이 시기에 월경이 폐쇄된다. 폐경(閉經, menopause)을 세계보건기구(WHO)에서는 '난소의 기능이 상실되어 여성호르몬의 분비가 없어지는 시기, 즉, 더 이상 임신할 수 없는 시기, 성년기가 끝나고 노년기로 가는 과도기'로 정의하고 있다. 흔히들 갱년기라고 하면 여성에게만 일어나는 것으로 아는 경우가 많지만 갱년기는 남성에게도 일어난다. 갱년기를 폐경기와 동일하게 생각하는 경우도 많다. 갱년기가 폐경기보다 좀 더 넓은 의미이고, 폐경은 여성에게서 일어나는 갱년기 증상 중의 하나이다.

남성에게서는 남성호르몬의 감소로 인하여 신체적 변화와 더불어 심리적 상태, 대인 관계 및 사회생활 전반에 걸친 변화가 나타나는데 이를 남성갱년기라도 한다. 성욕감퇴, 만성피로, 무력감, 우울, 기억력 감퇴 등 여러 변화가 나타난다. 그러나 남성호르몬은 여성호르몬처럼 급격하게 감소되는 것이 아니며, 감소되는 시기도 훨씬 고령대이고 모든 남성에게 동일하게 나타나는 현상이 아니므로 '남성갱년기'라고 말하기보다는 '남성호르몬 결핍증'이라고 보는 것이 타당하다"는 주장도 있다(http://www.

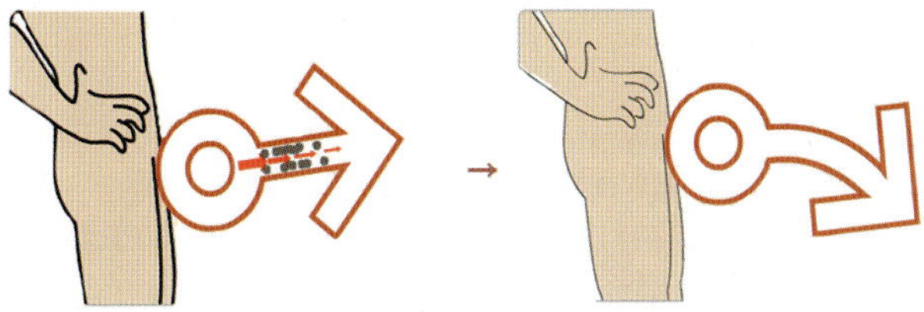

그림 11.8 남성 갱년기의 증세.

dongascience.com).

남성 갱년기와 여성 갱년기의 차이점은 생식능력의 차이다. 남성은 갱년기가 지나면서 생식능력이 떨어지기는 하지만 완전히 소멸되는 것은 아니다. 하지만 여성은 폐경기 이후 완전하게 생식 능력이 소멸된다. 대다수 남성은 남성호르몬의 점진적 감소로 갱년기 증상을 확연히 경험할 수 없으며 갱년기 증상도 호르몬의 감소 정도에 따라 개인차가 심하다.

갱년기가 되면 테스토스테론의 농도가 점차 감소하므로 남성의 성 반응이 다음과 같은 특징을 나타내는 경향이 있다(그림 11.8).

- 성욕이 감퇴된다.
- 발기 강도가 감소된다.
- 성기에 직접적으로 자극을 가해야 발기한다.
- 발기되기까지 비교적 긴 시간이 필요하다.
- 사정하는 강도가 약해진다. 그 원인은 사정되는 정액의 감소와 연관이 깊다.
- 사정을 하고 나면 재차 발기되기까지 시간이 오래 걸린다.
- 발기부전도 자주 나타나는데 발기가 안 되거나 발기가 되어도 유지가 잘 안 된다.

이렇듯 노년기 남성의 성기능은 약화된다. 따라서 성관계에 실패하는 경우가 많아져 남성으로서 자긍심에 상처를 입게 된다. 그러나 이러한 변화를 감안하여 노년기에 알맞은 성생활을 행한다면 건강한 노후를 보낼 수 있다.

11.5.2. 폐경기

1) 폐경의 원인

월경이 완전히 정지된 후 1년이 지난 시기부터 폐경이라고 한다(안명옥, 1997). 여성 일생동안 대략 400~500번 정도의 배란이 일어나면 더 이상 배란될 난자가 없기 때문에 배란이 일어나지 않는다. 배란이 일어날 수 없게 되므로 여성호르몬도 분비가 되지

남성호르몬의 감소

성욕이 생기게 하는 것은 남성호르몬이다. 정신분석학자 프로이드는 '성욕은 모든 인간 행동의 근원'이라고 말했다. 뇌의 혈관에 남성호르몬의 농도가 높으면 성욕이 솟는 효과 이외에도 보다 건강하고 남성적이며, 정열적으로 행동하는 경향이 생긴다고 알려져 있다. 남성호르몬은 다른 사람보다 우월하고 싶다는 행동과 에너지도 촉진시킨다.

남성호르몬은 20세 후반부터 매년 약 1%씩 감소하여 50세경엔 약 30% 이상 감소한다(그림 11.9). 여성의 폐경기처럼 어느 시점에 갑작스런 감소는 일어나지 않는다. 갱년기에 접어들면서 남성호르몬의 양은 개인에 따라 상당한 차이가 있다. 어떤 사람은 여전히 20대 수준을 보이기도 하지만, 특히 성인병이나 과음 및 지나친 흡연 등은 같은 나이의 건강한 사람에 비해 훨씬 감소된다.

심리상태도 남성호르몬 생산에 중요한 영향을 미친다. 패배와 좌절 또는 우울증에 빠져있으면 남성호르몬 생산이 감소한다. 따라서 패배감과 좌절감은 남성호르몬을 감소시켜 성욕을 감퇴시키고 결국 모든 의욕을 앗아가는 악순환을 만든다.

갱년기 남성에게서 나타나는 가장 큰 문제는 바로 발기부전이다. 새벽발기도 드물게 나타나는데 이는 남성갱년기 진단에 중요한 징후 중 하나이며 테스토스테론, 특히 활성테스토스테론의 감소가 주 원인이다(이무연, 2003).

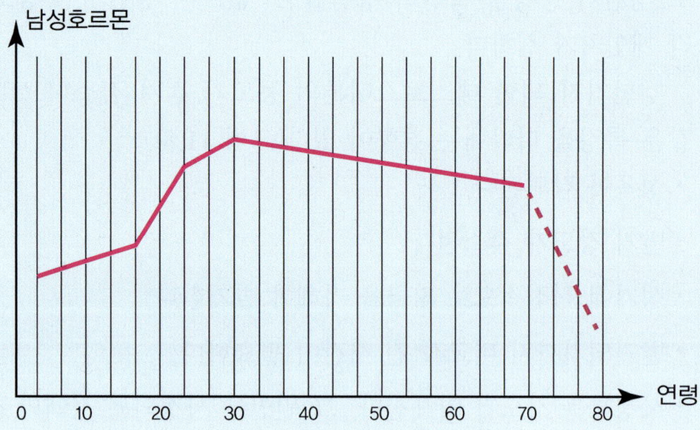

그림 11.9 연령에 따른 남성호르몬 양의 변화.

않고 월경이 나오지 않게 되어 결국 폐경이 되는 것이다.

현재까지 현대의학으로 폐경의 시기를 늦출 수 있는 방법은 없다. 여성이면 누구나 거의 비슷한 연령의 시기에 겪어야 하는 자연의 이치이므로 충분한 지식을 가지고 슬기롭게 대처해 나가야 한다. 폐경기는 생각을 바꾸어 적극적이고 의욕에 찬 새로운 인생의 계획을 세울 수 있는 중요한 시기다.

2) 폐경기에 나타나는 증상

난포호르몬의 감소와 직접적인 관련이 있는 여러 증상이 나타난다(표 11.3).

- 월경불순: 난소 기능이 떨어지면서 여성호르몬의 분비가 일정치 않게 됨에 따라 월경주기가 불규칙적이거나 간혹 건너뛰는 경우도 나타난다. 또한 월경의 양도 불규칙적으로 변한다.
- 안면홍조: 가장 흔히 나타나는 증상이다. 난포호르몬의 감소가 모세혈관에 영향을 미쳐 불규칙한 혈관 확장을 유발하여 얼굴, 목, 가슴에 화끈거림이 나타난다. 피부가 갑자기 붉게 변하며 불쾌한 열감이 나타나 전신으로 퍼져 가는 느낌이 들고 가끔 땀이 나기도 한다.
- 혈관계 질환: 난포호르몬의 결핍은 '좋은 콜레스테롤'이라 불리는 HDL 콜레스테롤을 감소시키고, '나쁜 콜레스테롤'이라 불리는 LDL 콜레스테롤을 증가시키며 이러한 변화는 관상동맥 경화, 심장마비, 뇌졸중 등을 유발한다.
- 골다공증: 난포호르몬이 감소하면 뼈에서 칼슘과 단백질이 소실되어 골밀도가 저하되고 약해지게 되며 작은 충격에도 쉽게 골절이 될 수 있다(그림 11.10). 계속 진행되면 등뼈가 불룩 튀어나오며 허리가 짧아지는 전형적인 노인체형으로 변한다. 만성요통의 원인이 되기도 한다. 칼슘의 복용만으로는 예방할 수 없다. 칼슘은 난포호르몬의 도움 없이는 골 손실을 억제할 수 없기 때문이다.
- 비뇨생식기의 위축: 소변이 자주 마렵고 눌 때 불편감이 있다. 기침을 하거나 웃을 때 소변이 찔끔 새는 요실금 증세도 나타난다. 여성호르몬이 모자라면 질과 요도의 상피가 얇아지고 위축되기 때문이다.
- 성교통증 및 성욕감퇴: 난포호르몬은 자궁경부와 질의 분비샘을 자극하여 윤활액을 생성하는 역할을 한다. 난포호르몬의 분비가 감소하면서 질이 얇아져 흥분하여도 윤활액이 줄어들고 질이 건조하여 성교 시 불편하며 성교통증과 성욕감퇴를 느끼게 된다(그림 11.11).

표 11.3 폐경기의 증상

심리적	외관적	생리적	성적
• 우울증 • 과민반응 • 집중력 저하 • 자신감 상실 등	• 안면홍조 • 야간발한 • 피부와 모발 변화 등	• 월경불순 • 수면장애 • 요실금 • 골다공증 등	• 성욕감퇴 • 비뇨생식기 위축 • 질건조증 • 성교통증 등

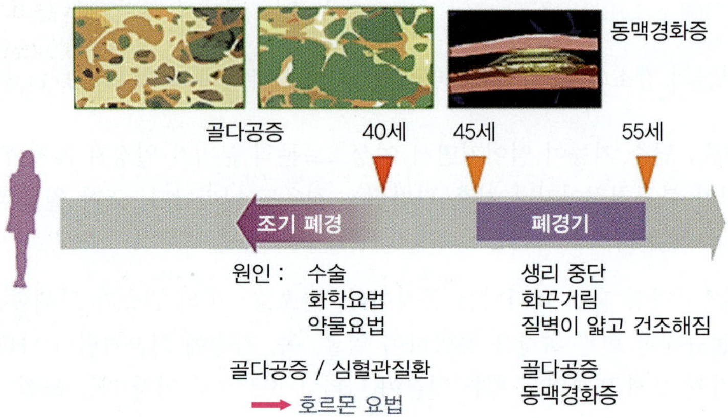

그림 11.10 폐경기의 일반적 증세.

3) 폐경기 성생리의 변화

폐경기 여성에서 가장 많이 호소하는 성기능 장애는 성교통증이며 그 외 성욕감소와 불감증 등이 있다. 여성호르몬의 감소는 질의 위축, 건조감, 질염의 빈도를 증가시키

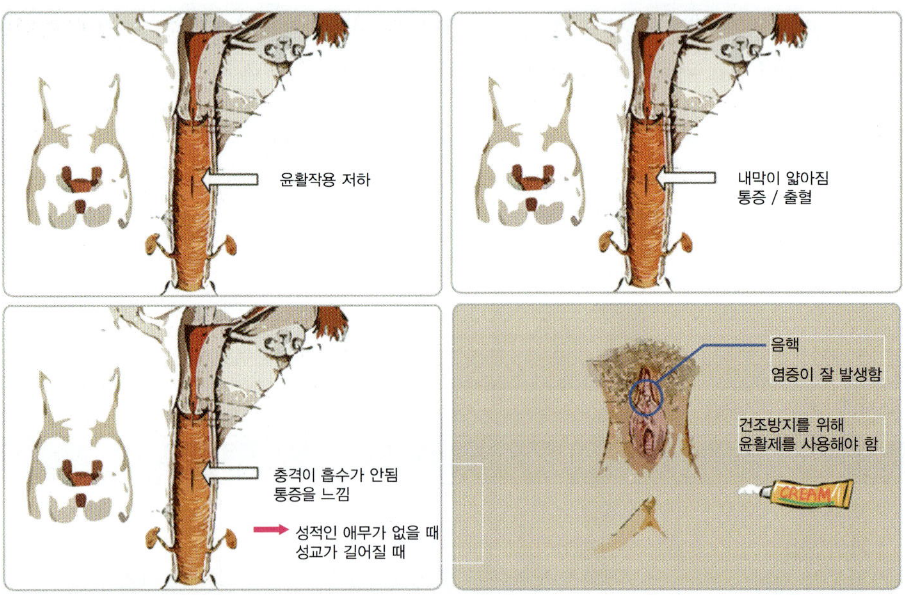

그림 11.11 폐경기의 질건조증과 성교통증의 원인.

며 질점막의 위축은 성교통증을 일으켜서 성교에 대한 기피감이 증가한다. 원활한 성생활을 위해서는 성교통증으로 인한 거부감이 있더라도 성교의 회수를 유지시키며 심리적인 성충동을 유도하는 것이 중요하다. 성행위 전에 따뜻한 물로 목욕하거나 질에 사용하는 국소적인 윤활제(연고)를 성교 직전에 사용할 수 있다.

11.5.3. 노인의 성에 대한 편견

1) 문화적 편견

노인들의 성욕은 그다지 존재하지 않는 것으로 간주되고 있다. 그것을 인정한다 하더라도 그 중요성을 가볍게 지나쳐 버리는 것이 사회풍조이다(김동일, 1997). 그러나 연령에 따른 성욕의 변화는 완만하게 감소하며(그림 11.12), 노인의 이성에 대한 관심은 여전히 높다(그림 11.13).

2) 건강유해론

노년의 성활동은 건강에 해로우며 장수를 가로막는 장애물이라고 잘 못 생각하고 있다. 많은 후궁을 거느린 역대 왕들이 단명한 이유로 흔히 거론되는 속설이다. 그러나 이것은 과학적 근거가 없는 것이다.

3) 폐경기 오해

폐경기에 접어들면서 성 능력 자체를 상실하는 것으로 착각하는 것이다. 이러한 잘못

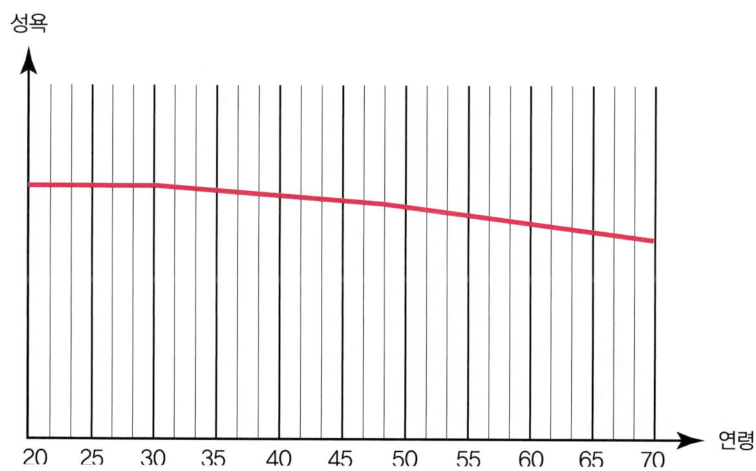

그림 11.12 연령에 따른 성욕의 변화.

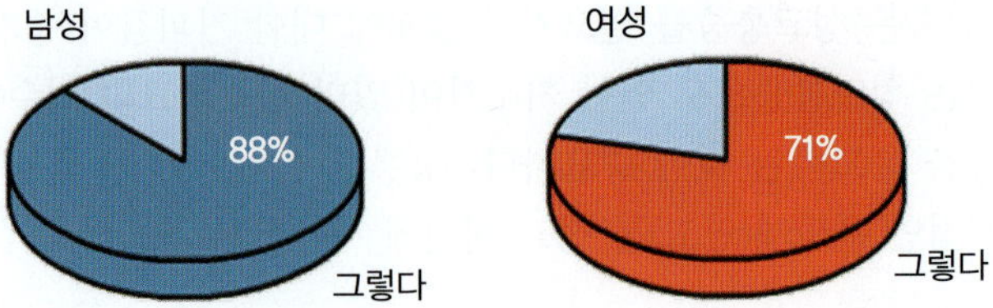

그림 11.13 지금도 이성에 대한 관심과 애정을 꿈꾸는가에 대한 설문조사 결과(2009년 미국의 80-102세 대상).

된 생각을 가진 여성들은 폐경의 적응에 어려움을 겪기도 한다. 폐경기에 들어선 아내가 어느 날 성관계의 포기를 선언할 때 남편은 황당해질 것이다(김동일, 1997). 폐경이 되면 여성호르몬이 분비되지 않으니까 성생활도 끝나지 않았나 하는 생각을 갖게 되는데 여성호르몬은 성행위와는 관계가 없다(최경은, 2008). 여성에게 성욕을 일으키게 하는 호르몬인 안드로겐은 부신이라는 장기에서도 분비되고, 이 부신은 난소와는 달리 나이를 먹어도 활동하기 때문이다.

따라서 폐경이 되어도 여성은 성욕이 있으며 특히 폐경 이후에는 보통 생활에 여유가 생기고 임신할 염려도 없으므로 더욱 활동적인 성생활을 할 수도 있다(이상춘, 2002). '폐경'을 여성으로서의 생식능력을 잃어버리는 끝이 아닌 완숙한 삶의 시작인 '완경(完經)'으로 받아들이도록 해야 할 것이다(http://www.scienceall.com).

4) 노년층 성생활 증가추세

영국왕립의학회에서 발간하는 학술지 국제폐경기연구(Menopause International, 2009년 3월호)에 의하면, 폐경기 여성의 80% 이상이 아직도 왕성한 성생활을 원하고 있었다. 절반 정도는 난포호르몬 수치가 낮아져 성교가 전보다 불편하다고 말했다(http://www.kormedi.com). 76%는 줄어든 성욕 때문에 고민하고 있었다. 마음은 굴뚝같지만 몸이 따라주지 않는 것이다(그림 11.14).

그림 11.14 마음은 굴뚝같은데 몸이 따라주지 않은 노인의 성.

영국의학저널(British Medical Journal, 2008년 9월호) 온라인 판에 의하면, 30년 전과 비교했을 때 70대 노인들의 성생활은 계속 증가하고 있으며, 만족도 역시 높아지고 있었다. 배우자가 있는 남녀의 성생활은 30년 동안 증가하였다(표 11.4). 독신 남녀의 성생활도 30년 동안 늘어났다. 특히 70대 여성의 성생활 만족도가 눈에 띄게 높아지고 있으며 오르가즘을 느끼는 여성도 많아지고 있었다(http://www.kormedi.com).

표 11.4 영국에서 70대 노인의 성생활 유무(%)

상태	성별	1978년(%)	2008년(%)
부부	남	52	68
	여	38	56
독신	남	30	54
	여	0.8	12

5) 노년층 성생활 만족도 증가

노년기 여성의 성만족도가 높아진 것은 5~10년 전부터 호르몬 요법 등을 많이 사용하면서 폐경기 여성의 자궁암과 유방암 발병이 감소했고, 질건조증 같은 증상도 잘 나타나지 않아 만족도가 높아진 것으로 추정된다. 그리고, 지난 10년간 남성 발기부전 치료제가 개발된 것도 만족도를 높이는 데 일조했을 것이다. 본인은 물론 배우자의 건강상태가 좋아지면서 만족스러운 성 관계로 이어진 것이다. 황혼의 성을 황홀한 성으로 즐기고 있는 셈이다. 이번 연구 결과는 노년기의 성생활이 삶의 자연스러운 일부라는 점을 보여준 것이다.

11.5.4. 노인의 성생활 필요성

우리나라 여성노인 상당수도 성생활의 필요성에 대해 인식하고 있고 성생활이 삶의 활력소라고 생각하고 있다는 조사결과가 나왔다(표 11.5). 경기도 '성남여성의전화'는 2007년 9월 성남지역 거주 60살 이상 여성노인 303명을 대상으로 '여성노인 성의식 실태조사'를 한 결과, 나이가 들어도 성생활이 필요하다는 응답이 52%로 나타났다(http://www.hani.co.kr).

조사대상 노인 가운데 사별 또는 이혼으로 배우자가 없는 경우, 이성친구가 필요하다고 생각하는 노인도 42%에 달해 노인들의 성적소외가 심각하다고 하였다. 관계자는 "여성노인들은 성생활의 필요성에 대해 인식하고 있으나 이를 제대로 해소하지 못하고 있다"며 "홀로된 노인들이 인연을 맺고 올바른 성교육을 받을 수 있는 프로그램 개발이 시급하다"고 말했다. 우리나라 인구복지협회의 조사에 의하면 노인은 성기능(25%), 부부간의 성갈등(20%), 이성교제(10%), 자위행위(5%) 등의 고민을 가지고 있었다(박노훈, 2011). 평균수명 연장과 가족구조의 변화로 노인복지에 대한 사회적 책임이 강조되고 있으나, 노인의 성에 관해서는 사회적 관심을 끌지 못하는 상황이다. 노인 성생활의 중요성에 대한 인식부족은 오늘날 노인이 외면당하는 사회풍토와 무관

표 11.5 우리나라 60세 이상 여성 노인의 성의식 실태조사(2007년, http://www.hani.co.kr)

설문	응답(%)
폐경기 이후에도 성생활 가능	80
성생활 필요함	52
성생활은 건강에 긍정적	58
성생활은 삶의 활력소	46
배우자 없어도 성생활 원함	22

하지 않다.

노화현상에 의해서 질적 양적인 면에서 성능력이 감소되는 것은 사실이지만 그렇다고 해서 어느 시기가 되면 성기능이 완전히 정지하는 것은 아니다. 심한 신체적 정신적 장애를 받지 않는 한 성활동은 감소될 뿐 계속된다(그림 11.15).

실제로 노년기 성생활의 불만족은 심신과 가정생활에 나쁜 영향을 미치고 있는데 사람들이 잘 알지 못하고 있을 뿐이다. 노인의 성생활은 다음과 같은 이점이 있으므로 필요하다.

① 정서적인 측면

그림 11.15 영화 '죽어도 좋아(Too young to die)'의 포스터.
실화를 바탕으로 한 73세 남자와 72세 여자의 사랑 이야기.

- 존재감: 자신의 삶의 존재를 확인하고 있다.
- 자신감: 서로의 삶에 대한 자신감과 연대감을 얻을 수 있다.
- 삶의 만족감: 몸과 마음이 모두 건강하고 항상 젊음을 간직하고 있다고 생각하므로 삶의 만족도가 높아진다.
- 활력소: 성활동을 통해서 경험하는 자극과 쾌락은 생활에 활력소가 된다.
- 도전정신 왕성: 인생에 대한 도전정신 또한 왕성해진다.
- 아름다움 유지: 아름다워지고 싶어하는 마음도 강해진다.
- 불안과 긴장감 해소: 특히 오르가즘은 불안과 심리적 긴장감을 감소시킴으로써 전반적인 건강에 기여한다.
- 외로움 해소: 외로운 감정을 해소시키는데 효과가 있으므로 생기가 넘쳐 보인다.

② 육체적 측면

- 관절염 치료: 성교 자체가 근육과 관절 운동으로 신체기관의 정상적인 활동에 도움이 된다. 부신에서의 코르티손(호르몬) 생성을 촉진함으로써 관절염 치료를 돕는다.
- 성욕이 충족되면 노인의 퇴행이 느리게 진행된다.

11.5.5. 노인의 건강한 성생활을 위한 방안

1) 복지로서 노인의 성

노인이 삶의 보람을 가지고 생활할 수 있도록 하는 조건은 심신의 건강, 경제적 안정, 신뢰할 수 있는 말벗(자녀 포함), 적당한 성만족 등일 것이다. 노혼(老婚, 노인의 결혼)은 단순히 성욕의 만족만을 주는 것이 아니라, 넓은 뜻에서 서로가 필요로 하고 있다는 감정을 충족시키고, 자신감을 주며, 연대감을 가지고 기쁨을 나눌 수 있는 정서적 만족을 줄 것이다. 이것이 바로 재혼을 희망하는 노인에게 따뜻하고 깊은 이해와 협조로서 대해야 하는 이유이다.

인생의 황혼기에 접어든 노인이 어떤 삶을 살 것인가는 매우 중요한 과제이다. 그동안 은폐되고 간과되었던 성활동을 좀 더 활발히 함으로써 노년의 삶을 좀 더 풍요롭게 할 수 있다는 것에 근거하여 노인의 성을 노인복지 차원에서 다루어야 한다. 그 일환으로 인구보건복지협회(02-2634-8212, http://www.ppfk.or.kr)에서는 노인의 성교육을 실시하고 있다.

2) 승화된 삶

신체노화에 따라 성기능이 자연스럽게 소멸되는 현상에 순응하면서도 행복하고 의미 있는 노후를 보낼 수 있다. 성을 초월한 삶이 인생을 마감하는 노년을 더욱 의미 있게 한다는 주장과 함께 실제로 많은 노인들이 그러한 삶을 사는 것이 오늘의 현실이기도 하다. 쇠퇴해 가는 성기능을 개발해 보려 안간힘을 쓰기보다는, 사회와 이웃에 눈을 돌리고 철학적인 관조로서 성숙된 노년을 사는 것이 또 다른 대안으로 제시 될 수 있다(김영화 등, 2003).

"성생활이 삶의 필수 불가결한 부분이 아닐 수 있다. 평생을 독신생활을 한다던가, 특히 장기적인 금욕에 대해 부정적인 지적도 있지만 우리 주변에서는 얼마든지 성생활을 승화시켜 건강하게 창의적으로 사회에 공헌하면서 장수하는 예가 많다. 갱년기 이후에 인간은 가장 건강하고 원만한 성장의 단계에 접어들어 사회에 더 공헌할 수 있는 완숙된 계기로서 노인의 사회 기여도를 연구할 수 있을 것이다"(김영화 등, 2003).

조선일보 사회면(2012년 8월 2일)에 서울의 노인들이 성욕을 다스리지 못하고 위태

롭게 분출하는 세태에 대한 르포가 실렸다. 욕망을 부추기는 '짝퉁' 약물을 먹는다는 실토도 있었다. 성욕이 자칫 곁길로 새면 범죄가 되기도 한다.

3) 성기능 활성화 방법

신체의 노화에도 불구하고 80세를 넘어서도 성활동이 유지될 수 있음이 경험연구를 통해서 제시되었다. 그러면 어떻게 하면 나이가 들수록 쇠퇴해 가는 성기능을 잃지 않고 유지해갈 수 있는지 의문이 생긴다. 마스터즈와 존슨은 규칙적인 성활동을 지속하는 것이 성능력을 유지하는 결정적 요인이라고 강조하였다. 또 이 같은 성능력 유지에 도움이 되는 것이 자위행위라고 한다. 이밖에 자기암시효과를 들 수 있다.

① 지속적인 성활동

여성들의 경우 노년기에 접어들면 질 벽이 얇아지고 윤활작용이 감소된다. 그러나 마스터즈와 존슨의 조사대상자 가운데 60세 이상의 몇 여성의 경우 얇아진 질 벽과 위축된 대음순의 상태에도 불구하고 성자극과 함께 질의 확장과 윤활화가 아주 효율적으로 일어나고 있음을 밝혔다. 이들은 성인기 내내 주 1~2회의 지속적인 성관계를 지속해 왔다(김동일, 1997).

② 자위행위

지속적인 성활동이 성기능을 활성화하는 중요한 요소이다. 성교능력과 성적반사 및 반응작용이 지속적으로 유지되어야 한다면 그 중의 하나로 자위행위를 들 수 있다. 가령 상대가 없어서 금욕을 해야 할 경우 자위행위로서 성기능을 보전할 수도 있다.

③ 가끔 치료제도 이용

질병과 성생활 실패 등으로 일시적인 발기부전이 발생할 수도 있다. 그러나 이와 같은 일이 서너번 반복되면 성행위에 대한 자신감과 의욕을 잃어 성생활에 부정적 생각을 갖기 때문에 발기부전이 초래될 수도 있다. 부정적 생각이 발기부전의 원인이라면 일시적으로 발기부전 치료제를 이용하는 것이 좋다.

11.6. 장애인의 성생활

성에 관해 잘못 알려진 상식 중 하나가 사고나 질병으로 척수가 손상되어 휠체어를 타고 있는 환자는 성행위와 임신이 불가능하다는 것이다. 이 때문에 장애인이 결혼에 지장을 받는 것도 현실이다. 그러나 휠체어를 타고 있는 환자도 상당수는 성생활과 임신이 가능하며, 불가능할 경우 의사의 도움을 받아 문제를 해결할 수 있다.

11.6.1. 장애인의 성생활에 대한 오개념

장애인은 일반인과 달리 성욕이 없을 것이라고 생각하거나, 몸이 성치 않으므로 상대에게 만족을 줄 수 있는 성생활을 하지 못할 것이라고 잘 못 생각하기 쉽다. 성욕은 인간의 기본적인 욕구인데도 불구하고 장애인들에게 성에 관한 얘기를 끄집어내서는 안 되는 문제로 생각하고 있는 경우도 있다.

- 지적 장애인이라고 성과 차단된 삶을 살아야 하는 것은 아니다. 지적 장애인의 성생활은 사회적 · 환경적으로 억압받고 있다. 그러나 성에 대한 흥미나 성기능에는 아무런 문제가 없다. 오히려 성교육을 통해 올바른 성 의식을 심어줘야 할 것이다.
- 사지 장애인이라고 해서 성생활을 하지 못하는 것은 아니다. 각각의 장애유형과 정도에 따라서 성생활을 할 수 있는 정도가 다르다. 사지 장애 유형에 맞는 체위로 성교를 즐길 수 있다(그림 11.16). 그리고, 삽입성행위만이 성생활의 전부가 아니다. 포옹, 키스, 애무 등도 분명 성행위에 속한다.
- 생식기관의 기능이 소실된 장애인이라고 해서 성욕도 소실되는 것은 아니다. 성욕은 대뇌에 있는 성중추의 작용에 의해서 느낀다.
- 뇌성마비 장애인이라고 해서 감각 및 촉각이 상실되었으며 성감이 없는 것은 아니다. 뇌성마비 장애인은 몸의 경직으로 인해서 성생활에 불편함을 느낄 뿐이다. 감각 및 촉각은 전혀 상실되지 않았다.

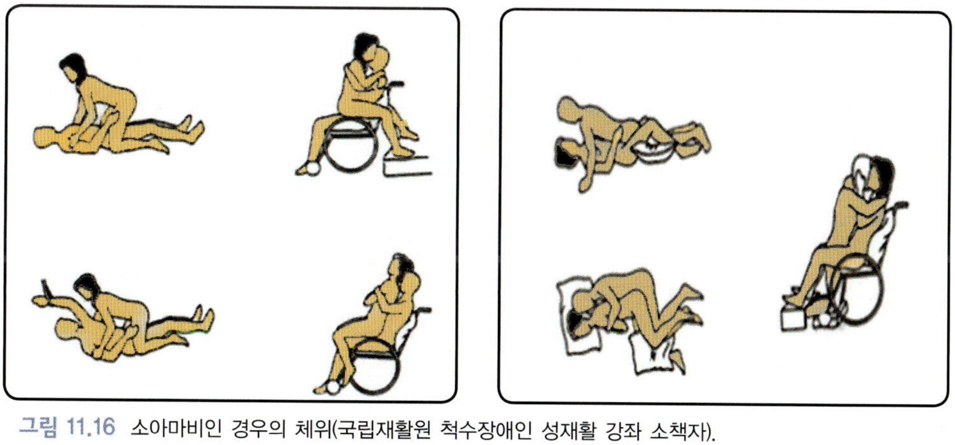

그림 11.16 소아마비인 경우의 체위(국립재활원 척수장애인 성재활 강좌 소책자).
좌: 남성이 소아마비인 경우, 우: 여성이 소아마비인 경우.

- 척수장애인이라고 성교를 할 수 없는 것은 아니다. 척수장애인의 25%는 삽입 성교가 가능하다. 5%가 오르가즘을 느낄 수 있다고 한다. 발기능력의 손상은 영구적인 것이 아니며 회복이 가능한 것이다.

국내에서 척수를 다쳐 휠체어를 타는 남성 중에 다친 부분이 목뼈에 가까울수록 발기와 사정이 힘들다. 그러나 전체 휠체어 환자의 60~70%는 완전하지는 않지만 발기가 가능하다. 또 15~30%는 정상적 성교가 가능하다. 성행위가 안 될 경우 70% 정도는 발기부전 치료제를 먹거나 주사를 맞으면 대부분 발기된다. 극소수는 음경에 보형물을 넣는 시술로 발기력을 찾을 수 있다. 척수 손상 남성의 10% 정도는 사정 신경을 다쳐 사정을 못한다. 이럴 때에는 전기자극요법이나 진동치료 등을 통해 사정을 유도하여 인공수정으로 아기를 가질 수 있다. 다만 휠체어를 타고 있기 때문에 정소의 온도가 높아져 불임으로 이어지는 경우가 많다. 가능하면 두 다리를 벌리고 앉고 헐렁한 옷을 입는 방법으로 불임을 예방할 수 있다.

척수를 다쳐 휠체어를 타는 여성 장애인은 거의 모두가 성생활이 가능하고 임신율도 건강한 사람과 엇비슷하다. 다만 다친 부위가 목뼈 쪽에 가까우면 분만 때 뇌출혈이 생길 수 있어 제왕절개술을 받는 경우가 많다. 상반신 아래쪽을 다친 경우엔 진공흡인술 등을 이용해 자연분만할 수 있다. 출산 뒤 정상적인 모유 수유도 가능하다. 자녀들도 건강에 아무런 문제없이 자랄 수 있다.

11.6.2. 장애인의 성생활에 대한 올바른 인식

부모: 자녀가 성에 대해 모르고 지내기를 바라는 마음에서 성문제를 덮어두려 하지말고 허용가능과 불가능한 표현을 가르쳐 주어 성에 대해 올바른 가치관을 가질 수 있도록 해야 한다.

교사: 교사 스스로 성지식 부족으로 성교육에 대한 자신감이 결여되어 있기 때문에 장애인의 성교육에 소극적이기 쉽다. 이러한 방법을 해결하기 위해서는 성교육 전담교사를 지정하거나 성교육 시간을 확보하고 다양한 교재를 사용하는 것이 중요하다.

결론: 겉으로 보기에 장애인이라고 성 장애인인 것은 아니다. 오히려 비장애인도 성 장애인이 될 수 있다. 장애인도 똑 같이 성욕과 성감이 있다고 인식해야 한다. 그리하여 장애인의 성 권리를 존중하고 인정해야 한다. 그리고 성행위를 단지 삽입만 아닌 애무에 의한 감정의 교류도 포함시켜 생각해야 한다.

11.7. 미래의 성생활

성에 대한 사람들의 관점은 시대에 따라 많은 변화를 겪어 왔다. 조선시대 이전의 성 문화는 개방적이었다. 조선시대 이후 우리나라는 유교사상의 영향으로, 성에 대해 겉으로는 표시를 내지 않으면서 속으로는 그렇게 생각하지 않는 폐쇄적인 형태의 성으로 바뀌게 되었다. 지금은 여러 정보수단(인터넷, 잡지, 텔레비전 등)의 발달과 함께 외국 문화가 들어오면서, 많은 사람이 보는 앞에서 진한 키스를 하기도 하고, 여러 행사에서 연인들의 애정표현을 권유하는 등 개방적이게 되었다.

그럼 과연 미래의 성은 우리에게 어떻게 다가올 것인가? 인류학자 셔우드 워시번(Sherwood Washburn)은 인간은 언제라도 섹스가 가능하고, 배우관계를 맺어 한 쌍이 되는 기묘한 습성을 가진 동물이라고 말했다. 이 능력과 습성은 인간에서만 볼 수 있는 특성으로 이는 진화라는 모자이크의 과정을 거쳐 오늘날과 같은 인간성이 성립되는데 큰 기여를 하였다.

인류는 직립보행을 하기 시작했다. 직립보행의 결과, 태아의 안식처인 자궁의 입구가 좁아지고 이 과정에서 출산이 어려워지면서 많은 태아들이 죽어갔다. 그리고 이 힘든 과정을 통해 태어난 아이들을 양육하기 위해서 어미가 언제나 끌어안았다. 그리고 농경이 정착화 되기 이전에는 자기 자신이 소속된 집단과 함께 이동하고, 동물을 잡고, 사냥에 참가하는 것이 점점 어려워지면서 아이의 양육을 위해 수컷의 도움이 필요하게 되었다. 이때 수컷은 단지 암컷이 집단의 소속 일원이라는 이유로 그들을 도와주었을까? 아니다. 암컷은 집단의 일원을 생산하는데 크게 기여하며, 동시에 아이를 갖고 있으면서 빨리 교미를 재개할 수 있다는 점에서 집단의 일원을 넘어 집단의 중심으로 대접을 받았다.

출산 바로 직후에 교미가 가능하게 되면서 수컷은 암컷에게 고기를 주고, 보호해주고, 암컷은 수컷에게 섹스를 제공함으로써 일시적인 결속 즉, 결혼의 형태로 자리 잡게 되었다. 이러한 계약은 규칙적인 섹스에 의해 견고해지고, 암컷이 아이를 양육하는데 도움이 되는 구조로 나아 갔다.

그러나 오늘날 많은 사회학자들은 위에서 언급한 결혼과 섹스의 형태가 미래에도 계속 자리 잡을 것인지에 대해 매우 비관적이다. 피임, 낙태, 사생아, 간통, 성폭행, 난교, 생명에 대한 가치관의 변화 등은 미래에 도래할 성에 대한 부정적인 면을 가지고 있다(박매영, 1993). 과연 미래에 도래할 성은 부정적인 측면만을 보여줄 것인가?

11.7.1. 대안 섹스

미국의 한 통증치료 전문의사가 척추신경을 전기로 자극해 오르가즘을 유발하는 데 성공했다는 소식이 영국의 과학 전문지 뉴사이언티스트(2008년 9월호)에 실렸다. 성의 학자들은 '성행위 없이 오르가즘을 유발하는 대안섹스 장치를 개발했다'는 보도에 고

개를 갸우뚱했다. 성행위의 개념 때문이다. 성행위가 성기 삽입에 초점이 맞춰져 있다면 이 보도는 맞지 않지만 접촉 애무 등도 성행위라면 문제는 달라진다(http://www.kormedi.com). 미국의 CBS방송은 기존의 성개념을 벗어난 '대안섹스'가 청소년과 장애인 뿐 아니라 보통 사람에게도 큰 도움이 된다고 보도했다. 대안섹스는 어떻게 이뤄지며 과연 '도움'이 될까.

기존 성행위는 삽입 이전 각 단계가 다음 단계를 위해 존재하고 성기의 중요성이 강조된다. 이 때문에 '계단식 성행위'라고 부른다. 미국성교육상담치료협회 전 회장인 버버리 위플 루트거대 교수는 "성행위는 성기 이상의 의미를 갖는다. 성기에 쏠린 관심을 다른 부분으로 돌릴 필요가 있으며 이것이 바로 대안 섹스"라고 소개하였다. 대안 섹스는 키스나 애무 등에서 모두 오르가즘에 이를 수 있고, 질 속이 아니라 바깥에서도 오르가즘에 도달할 수 있으므로 '바깥 성행위(Outer Sex)'라고도 부른다. 대안 섹스도 계단식 성행위와 마찬가지로 흥분기 고조기 절정기 해소기 등 단계를 거친다.

대안 섹스의 장점

청소년에게 특히 도움이 된다. 10대들을 위해 순결의 중요성과 성병 및 피임 등을 계몽하는 홈페이지(http://www.plannedparenthood.org)에선 대안섹스를 적극 권장하고 있다. 뉴욕 마운트시나이 청소년클리닉 라홀 삭세나박사는 "청소년들은 추잡한 포르노 잡지와 인터넷 음란사이트 때문에 '사랑 = 성행위 = 삽입'이라는 잘못된 개념을 배울 수 있다"면서 "이들의 성행위에 대한 개념을 바꾸도록 모두가 노력해야 한다"고 주장했다. 대안 섹스를 통하여 계단식 성행위와 마찬가지로 흥분기 고조기 절정기 해소기의 단계를 거치는 개념을 배워야 한다는 것이다. 특히 우리나라는 국내 청소년의 음란사이트 접속률이 세계 1위이다. 인터넷에서 보여주는 성행위가 자극적인 삽입에 집중돼 있다는 점에 주목할 필요가 있다.

대안 섹스는 장애인에게도 도움이 된다. 캘리포니아 사크라멘토에 사는 두 자녀의 엄마 스테파니(37)는 15년전 교통사고로 성기 부위의 신경을 다쳤다. 그는 "성기 보다는 가슴과 유두의 자극으로 커다란 기쁨을 느끼고 있으며 성문제로 인한 불만도 없다"고 고백했다. 특히 폐경기 여성을 비롯, 성인 여성의 1/3 정도가 기존 성행위 방식으로 만족하지 못하는데 이들에게 대안 성행위는 그야 말로 대안이 될 수 있다. 임신부는 임신 초기와 말기에 감염과 유산 등을 방지하기 위해서 대안 섹스를 즐기는 것이 좋다.

남성이 대안 섹스를 받아들인다면 성기 크기나 성행위 시간에 덜 집착할 수 있다. 성기가 불완전하게 발기된 상태에서도 충분히 만족감을 얻을 수도 있다.

11.7.2. 원격 섹스의 개발

개발된 대안 섹스 장치를 활용하면 이제는 원격 섹스(teledildonics sex)가 가능해질 것이며, 이를 활용하여 미래에는 가상섹스방이 도래할 것이다(그림 11.17). 가상섹스방은 비디오방이나 노래방처럼 여러 개의 방을 마련해 놓고 손님이 그 안에 들어가 가상현실 기법을 이용해 섹스를 즐기도록 하는 일종의 유흥수단이 될 것이다. 이곳에서 가능한 섹스 방법은 첫째로 사람과 기계가 성관계를 맺는 것, 둘째로는 양쪽 파트너 모두 로봇 복제인형 대신 완전 몰입 보디수트(body suit)를 통해 성쾌감을 상대에게 전하는 것이다. 이 원격 섹스는 멀리 떨어져 있는 사람과도 관계를 맺을 수 있으며, 동시에 성병 감염을 예방할 수 있다는 것이다(이인식, 2004).

그림 11.17 미래에 도래하게 되는 원격섹스(이인식, 2004)

11.7.3. 가상섹스방이 미치는 영향

일단 가상섹스방은 멀리 떨어진 사람과 관계를 맺을 수 있고, 동시에 성병감염을 막는다는 이점도 있지만, 부정적인 면도 있어서 어쩌면 청소년에게 나쁜 영향을 줄 수 있다. 예를 들어 PC방이 처음에 생겼을 때, 밤을 새워 게임을 하는 것은 성인만이 가능했다. 그러나 PC방 주인과 친분이 있는 학생들과 어른스럽게 생긴 학생들은 그런 법을 무시한 채 밤을 새워 게임을 하는 등 여러 문제가 생겼다. 가상섹스방은 이런 청소년에게 성의 개념을 하찮게 여기고 별것 아니게 여기는 문제를 야기 시킬 가능성이 크다.

그리고 부부의 관계에도 영향을 미칠 수 있다. 상대에게 성만족하지 못한다면 좀 더 이상적인 성만족를 위해 가상섹스방을 찾을 것이다. 그에 따라 가상섹스방의 기술과 강도도 점점 발전할 것이다. 좀 더 강하고 좀 더 만족을 줄 수 있는 그런 기술이 만들어 질 것이다. 그러면 부부관계에 있어서 기계에 따라 오지 못하는 인간의 한계를 느끼고 서로에게 불만을 가지게 될 것이다.

미래의 성생활

미래의 성과학은 지금보다 한 차원 발전할 것은 사실이다. 그 발전에는 과학기술과 기계의 발전에 따를 것이다. 그런데 과연 인간의 성생활에 있어 이런 것들이 얼마나 영향을 미칠지가 궁금하다. 그러나 이런 것들이 오는 것을 막을 수는 없다. 그럼 인간은 기계의 노리개로 놀아날 것인가? 그것은 아니다. 인간에겐 바로 사랑이란 것이 있다. 아무리 시대가 변하고 세상이 변해도 인간의 마음에 사랑이 있다면, 미래의 성생활은 그리 나쁘지만은 않을 것이다.

제 12 장

성생활의 문제와 해결

학습목표

1. 정력강화를 위한 과학적 방법을 설명할 수 있다.
2. 성기성형수술의 필요성과 부작용을 설명할 수 있다.
3. 포르노 중독의 문제점을 설명할 수 있다.
4. 발기부전의 원인과 치료법을 설명할 수 있다.
5. 여성 오르가즘 장애의 원인과 치료법을 설명할 수 있다.
6. 성생활 장애 요인을 설명할 수 있다.
7. 성생활 위기의 탈출을 위한 방안을 설명할 수 있다.

오늘날 많은 연구로 성생활을 질적으로 향상시켜 주는 의료기술과 약품이 개발되었다. 발기부전 치료제 역시 그 중 하나이고 세계적 이슈를 가져왔다. 이 장에서는 성기능에 대해 잘못 생각하고 있는 점을 바로 잡고 장애의 종류 및 그 해결방법을 학습한다.

12.1. 정력

많은 사람들이 정력에 집착한다. 정력은 어떤 것이며 이에 대해 잘못 알고 있는 것은 무엇일까? 정력을 나타내는 지수는 무엇일까? 정력의 사전적 의미는 '정신과 기력' 또는 '기운차게 활동하는 힘'이다(한글학회, 1994). 넓은 의미로는 인간의 육체적 노동능력, 사고능력, 행동능력, 생식능력 등을 말하며, 의욕, 자신감, 적극성, 능동성 등과 연관이 있다(표 12.1). 이 용어를 성적인 상황에 적용하면, '정력이란 주로 남성에게 사용되는 용어로 성행위 시 처음 시작할 때부터 사정할 때까지의 기운차게 활동하는 시간과 그 횟수'를 말한다. 즉 성능력을 의미한다. '정력이 세다'는 말은 사정할 때까지의 지탱 시간이 길고, 성행위를 하고 싶은 열정적 태도가 자주 솟는 것을 의미하게 된다.

표 12.1 정력의 의미

구분	설명
사전적 의미	• 정신과 기력, 기운차게 활동하는 힘
성적인 의미	• 사정할 때까지의 지탱 시간, 성행위를 하고 싶은 횟수

흔히 '스태미나(stamina)'라 불리는 정력은 삶의 에너지원이며 남성의 정신력을 유지하고 지탱시켜 주는 원동력이다. 어느 통계조사에 의하면 아내와의 성생활에서 능력을 제대로 발휘하지 못하는 남성들 대부분이 매사에 의욕이 없고 자신감이 결여되어 있다고 한다. 반면에 정력이 왕성한 남성은 적극적이고 능동적인 삶을 영위한다는 것이다.

12.1.1. 정력과 민간 속설

1) 대머리는 정력이 강할까?

남성호르몬의 과다분비는 모발의 성장을 방해하기 때문에 대머리가 될 가능성이 높다. 그러나 대머리가 되는 것은 모발의 성장을 방해하는 남성호르몬의 과다분비 때문만이 아니고 다른 여러 원인도 있다. 대머리 중에도 성기능 장애를 겪는 사람이 상당수 있다고 비뇨기과 의사가 말한다.

2) 코가 크면 음경도 클까?

그렇지 않다. 미국의 한 비뇨기과 의사가 신체부위의 크기와 음경의 크기를 조사하여 보니 상관관계가 없었다(http://www.drbigpenis.com).

3) 정소가 클수록 정력이 강할까?

그러한 근거는 없다. 정소가 남성호르몬을 만들지만 정소가 크다고 남성호르몬을 많이 만들어내는 것은 아니다. 마치 머리가 크다고 공부 잘 하는 것이 아니듯이. 남성호르몬을 많이 만들어 낼수록 정력이 강한 것은 사실이다.

4) 음경이 크면 여성을 잘 만족시킬까?

그렇지 않다. 첫째, 여성은 삽입을 통해서만 오르가즘을 느끼는 것이 아니다. 둘째, 질입구는 강렬한 성감대이고 질입구 주변에 오르가즘대가 형성된다. 질 깊숙한 곳은 접촉자극에 무딘 반응을 한다. 셋째, 강렬한 성감대인 G점은 질 안의 바깥쪽 1/3 부위에 존재한다. 넷째, 여성의 강렬한 성감대인 음핵은 질 밖에 존재하고, 이 음핵을 재치있게 잘 자극하면 오르가즘에 도달할 수 있다. 따라서 우리나라 남성의 경우, 발기한 음경의 길이가 약 7cm 이상만 되면 질입구 주변과 G점을 자극하는 데 이상이 없다. 그러나 여성이 음경이 크면 여성을 잘 만족시킨다고 믿고 있다면 그런 효과가 있을 것이다.

5) 정관절제 수술을 하면 정력이 약해질까?

이는 완전히 틀린 말이다. 남성호르몬은 정소에서 생성되고 이 호르몬은 혈관에 의해 운반되므로 정관을 절제하여도 호르몬의 운반에는 지장이 없기 때문에 성 기능과는 관련이 없다. 임신에 대한 불안이 없으므로 심리적으로는 성욕이 더 생길 수 있다.

6) 성교를 하되 사정하지 않으면 정력이 강해질까?

이것은 큰 착각이다. 건전한 성행위는 성발달에 도움이 되고 적당한 성행위는 지치지 않는 육체적 오락이라고 할 수 있다. 신체의 장기는 용불용설(用不用說)처럼 쓰면 쓸수록 좋아지고 쓰지 않으면 쇠퇴한다. 오히려 사정하지 않고 오랜 금욕생활을 하면 전립선에 울혈(피가 몰려 있는 현상)이 생기는 경우가 있다.

7) 고사리는 정력을 감퇴시킬까?

그렇게 생각되는 이유는 고사리에는 비타민 B1을 분해하는 효소인 아네우리나제가 들어있기 때문이다. 비타민 B1이 거의 없는 데다 비다민 B1올 분해히는 효소까지 들어있으므로 너무 많이 먹으면 비타민 결핍증인 각기병을 일으킬 우려가 있다. 또한 고사리는 동의보감에 성질이 차가워서 열을 식히고 소변을 잘 나오게 하며 양기(陽氣, 양의 기운 또는 남자의 성적 능력)가 줄어들게 하는 것으로 기록되어 있다. 남성에게 해롭다는 말은 이런데서 비롯되었다. 그러나 고사리는 몸에 열이 너무 많은 사람에게는 열을 식혀 오히려 음기를 보강하여 정력을 북돋워준다. 그리고, 넉줄고사리는 동의보감에서 신장을 보강하고 하체를 튼튼히 하는 정력제로 사용된다고 한다.

8) 뱀은 정력제일까?

이것에 대해 아직까지는 과학적으로 밝혀진 바가 없다. 우리나라에서 뱀이 정력에 효과가 있다고 여겨지는 이유는, 우리나라에 흔히 있는 뱀의 경우 교미를 72시간이나 하기 때문일 것이다. 동물의 행동을 보고 그렇게 생각한 것뿐이다. 먹을 것이 부족했던 시절에 고단백이고 고지방 식품인 뱀을 먹고 나면 힘도 솟구쳤을 것이다.

12.1.2. 최음제

'최음'이란 성행위를 하고 싶도록 충동질하는 것이다. 그러한 물질을 최음제(催淫劑,

표 12.2 최음제와 관련된 용어의 구분

용어	정의
강정제	• 정력을 강화하는 약
정력제	• 정력을 돋우는 약
최음제	• 성욕을 일으키는 약

aphrodisiacs)라고 하며, 성욕을 일으키는 작용이 있다고 생각하는 식품이나 물질을 말한다. 미약(媚藥) 또는 성욕촉진제라고도 한다(표 12.2).

1) 종류

예로부터 많은 음식이 최음제라고 믿어져 왔다(표 12.3).

2) 허와 실

최음제라고 믿고 먹은 뒤 '정말 성욕이 솟구친' 같은 느낌이라면 그 자체로 의미가 있을 수도 있다. 그러나 의학적 면에서 본다면 효과는 전혀 없다. 강렬하게 원하는 상태에서 이러한 음식을 먹으면 막연히 성욕이 솟구치는 느낌을 받을 수 있을지는 모른다.

표 12.3 최음제 종류의 변천(http://korealink.co.kr)

시대	최음제
고대 그리스	• 산양(山羊) 젖에 담근 진규(당아욱) 뿌리, 당근, 순무(무청)
서기 100년경 로마	• 강낭콩
중세기	• 사람 모양처럼 생긴 인삼뿌리를 먹으면 임신이 잘 되는 것으로 알려짐 • 성기 모양이나 정액과 비슷한 음식(소시지, 황소의 정소, 달걀, 굴, 홍합, 조개 등)
17세기 프랑스	• 초콜릿을 사용한 요리나 과자, 빵(수도승들은 코코아 등의 음료를 마시면 안 되는 금기사항)
20세기 후반	• 사탕이나 밀가루 정제를 사용해 위약효과를 노림으로써 최음효과를 기대
최근	• 인삼

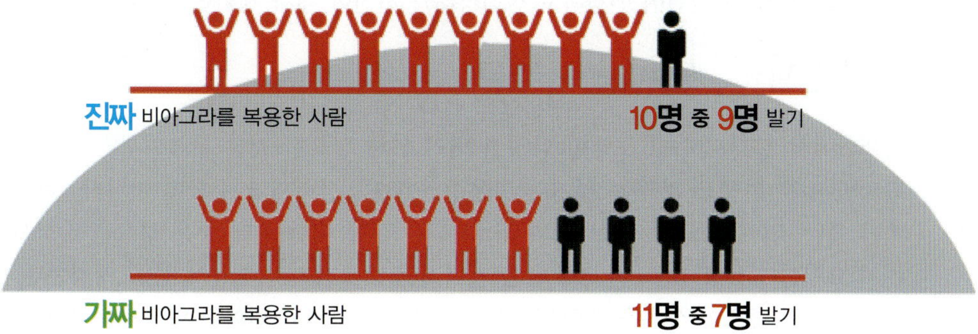

그림 12.1 가짜약 효과 실험결과.

국내의 어느 외국계 제약회사에서 비아그라가 처음 들어 왔을 때 가짜약 효과(위약효과, 플라시보 효과, placebo effect)를 실험한 예가 있다(그림 12.1). 10명에게는 진짜 비아그라를 복용하게 하고, 11명에게는 가짜 비아그라를 복용하게 한 실험을 하였다. 그랬더니 진짜 비아그라를 복용한 10명 중 9명에게 약효가 있었고, 가짜 비아그라를 복용한 11명 중 7명에게 약효가 있었다. 이것은 바로 가짜약 효과를 증명한 셈이다.

또한 마약은 중추신경을 자극하는 물질이기 때문에 성기능이나 쾌감을 증가시켜 주는 것은 사실이다. 하지만 중독성이 강하고 뇌에 심각한 나쁜 영향을 주며 과다복용 시 호흡곤란을 일으키게 된다. 실제 마약을 장기 복용해 사망하는 환자들 대부분이 호흡곤란으로 죽는 경우가 많다.

3) 최고의 최음제

거의 모든 최음제는 성반응에 대한 생리적 효과가 없다고 알려져 있으며, 초기에는 욕망의 증진 효과를 보았으나 시간이 지남에 따라 예전의 상태로 돌아가는 결과를 가져왔다고 한다. 이는 일시적인 성기능의 증가는 심리적인 효과일 뿐임을 증명해 준다. 쾌락추구는 성의 본질 중 하나이다. 최음제는 그것을 돕기 위해 사용하는 것이다. 하지만 약효가 입증된 최음제는 아직 없다. 최음효과가 있다고 팔고 있는 것들에 현혹되지 말고 오감을 잘 이용하는 것이 보다 큰 최음 효과를 가져다 줄 것이다.

성행위에 관한 모든 지배는 뇌가 하는 것이다. 과학적 근거가 없는 사실을 믿고 따르기보다는 사랑하는 사람과의 진실한 대화와 마음의 교류, 오감을 활용하는 일, 그리고 건강한 생활과 규칙적인 운동이 오히려 더 강한 최음제 구실을 해 줄 것이다.

12.1.3. 정력보강법

정력을 증강시킬 수 있는 방법은 무엇일까? 정력은 순환기계, 내분비계, 중추신경계와 말초신경계 등 전신이 건강하고 심리상태가 건전한 데서 생겨난다.

1) 마음을 바꾸면 강한 남성

성생활에서 정말 강하고 노련한 남성이 되기 위해 필요한 것은 무엇일까? 가장 먼저 필요한 것은 마음을 바꾸는 일이다(이은주, 2003). 정력제나 수술이 아니다. 아내에 대한 불만, 일에서 오는 스트레스와 과로, 혹은 삶에 대한 권태 등은 성욕을 감소시키는 주요인이다. 스트레스 자체가 많은 에너지를 소모시키기 때문에 몸을 지키는데 상대적으로 덜 중요한 성욕을 줄임으로써 기력을 보전하려고 변화를 일으키는 것이다.

그러므로 먼저 마음을 긍정적으로 바꾸고 기력을 충전한다면 성기능 장애의 절반 이상은 회복될 수 있다. 성욕도 저절로 회복될 수 있다. 성생활에 도움이 되는 마음자세란 긍정적이고 낙천적인 마음이다. 그리고 사랑이다. 여기에 규칙적인 운동과 올바른 식생활로 기력을 충전하면 금상첨화다. 의학적 도움은 이런 다음에도 회복되지 않는 경우에 필요한 것이다(이은주, 2003).

누구든 연애시절 설레든 감정의 추억을 갖고 있을 것이다. 전화 목소리만 들어도 발기가 되고 온몸에 전기가 일던 신혼시절 말이다. 중년의 신체조건에다가 신혼 때의 이런 감정을 접목한다면 이상적인 성생활로 회복할 수 있을 것이다. 중년 부부들은 성생활이 대단히 활동적이었던 그 시절을 그리워한다. 강한 남성을 위한 상식과 테크닉은 다음과 같다(이은주, 2003).

- 남성의 발기력은 두뇌에서 관장한다.
- 섹스는 육체적 대화다. 일방적이거나 너무 서둘러서는 육체적 교감이 오가는 대화가 되지 않는다.
- 성감대는 사람마다 다르게 발달되어 있다.
- 머리나 얼굴부터 은밀한 곳까지 서서히 이동하면서 사랑스럽게 어루만지는 것이 훌륭한 애무의 기본이다.
- 남성은 귀두 언저리, 여성은 대부분 음핵, 질입구 주변, G점이 성감의 중심이다.
- 삽입 후에 움직이지 않는 연습도 도움이 된다.
- 열정적인 피스톤 운동부터 시작하는 것은 초보티를 내는 것이다.
- 자위행위는 남녀 모두에게 성감을 개발하고 정력을 높이는 데 도움이 된다.

2) 운동을 통한 정력 증진법

(1) 부부가 함께 규칙적인 운동

성기능을 강화할 수 있는 최고의 방법은 운동이다. 운동을 하게 되면 스트레스가 해소되고 성선자극호르몬이 증가되며 성기능이 강화된다. 심폐기능을 강화시켜 주는 운동은 다 좋다. 운동한다고 만사가 해결되는 것은 아니다. 과음, 과흡연, 비만 등은 발기부전을 낳을 위험이 있다. 따라서 담배는 끊고 술은 적당히 마시며 과도한 체중은 줄이고 나서 하루에 3 km씩 걸어야 노년에도 제대로 성생활을 할 수 있다는 것이다.

(2) 항문조이기

치골과 꼬리뼈 사이에 있는 골반 회음부에는 성신경과 함께 성행위에 관계되는 여러 가지 근육이 존재한다. 항문조이기를 하면 이 근육이 수축하며 음경 내에 혈액이 공급되어 발기가 된다. 실제로 항문에 힘을 주면 아랫배와 성기에도 힘이 들어가는 것을 느낄 수 있다. 이 때문에 이 근육들이 잘 단련되어 있으면 발기력이 좋아진다(그림 12.2). 항문 조이기를 생활화하면 다음과 같은 효과가 있다.

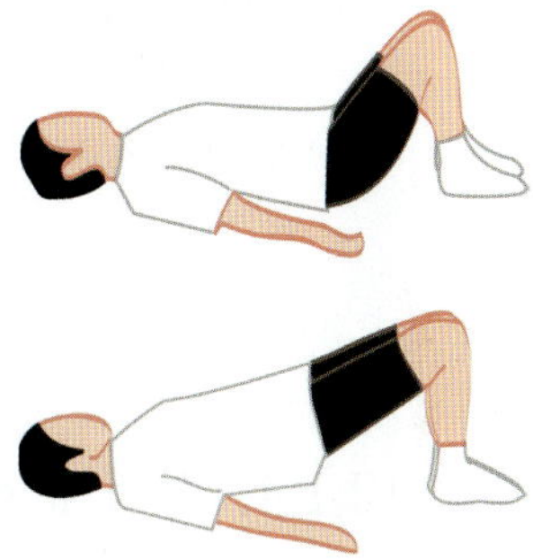

그림 12.2 항문조이기 운동으로 발기 강화.

- 아랫배 근력이 강화되어 생식기와 배설기가 튼튼해진다. 소변배설 장애나 변비를 예방할 수 있다.
- 남성의 경우 전립선이 튼튼해지고, 여성의 경우 질이 강화되어 성기능이 강화된다.
- 장기적으로 치질을 예방할 수 있다.

③ 음식을 통한 정력 보강법

의학적으로 특효정력제라는 것은 없다고 한다. 모든 먹거리들이 정력제가 될 수 있다. 뛰어난 약효를 가진 것이라는 믿음이 강할수록 효과가 있다는 것이 이미 증명되었는데, 이것이 바로 가짜약 효과이다. 정력제 또한 그러한 측면이 많다. 그리고, 의학적으로 정력제라는 것이 그리 많지는 않다. 비아그라(Viagra)도 발기부전 치료제이지 정력제는 아니다. 정력 역시 균형 잡힌 식사와 적당한 운동으로 전반적인 건강한 몸 상태를 유지하는 것이 가장 도움이 되겠다.

흔히들 시중에서 정력제라고 부르는 것은 해구신(수십 마리의 암컷과 교미하는 물개의 정소), 호랑이 음경과 정소, 독사, 자라, 코뿔소의 뿔, 인삼, 마늘, 웅담, 녹각 등에 비타민과 당귀 등 한약제를 넣은 것이다(그림 12.3). 이들이 정력제로서의 약리적 효과는 의문스럽지만 정력에 도움이 될 수도 있다. 일단 이 음식물 자체는 몸에 해롭지 않고, 복용함으로써 심리적 안정감과 자신감(위약효과)을 갖게 된다. 그러나 이러한 음식은 대부분이 고단백질과 고지방이 포함되어 있으므로 과다복용하면 지방이 축적되어 동맥경화에 걸려 혈액순환이 부진하여 오히려 성기능에 해로울 수(발기부전) 있으므로 주의하여야 한다.

그림 12.3 흔히 정력제라고 부르는 것들(물개, 호랑이, 독사, 자라, 코뿔소, 인삼, 마늘).

12.1.4. 정력에 해로운 것

1) 남성에게 몸에 꼭 끼는 팬티

몸에 꼭 맞는 팬티보다 조금 헐거운 팬티가 남성을 강하게 만든다. 정소는 따뜻하면 기능이 저하되는데, 몸에 꼭 끼는 팬티는 정소를 완전히 감싸버리기 때문에 통풍이 잘 안되며 온도 조절이 어려워 정력에 나쁜 영향을 준다.

2) 과음

어느 정도의 음주는 성욕을 높이지만 과음은 성능력을 감소시킨다. 술은 성기능에 다음과 같은 영향을 미친다(그림 12.4).

(1) 과음 때문에 고개 숙인 남자

남성답게 해주는 테스토스테론이라는 호르몬은 주로 정소에서 만들어진다. 테스토스테론을 만드는데 필요한 보효소는 ADH인데 이는 알코올을 분해하기 위해 필요한 보효소(ADH)와 같기 때문에 알코올이 자주 들어가면 정소 내에서는 보효소가 부족하여 테스토스테론이 제대로 만들어지지 않는다. 이것은 곧 성욕감퇴를 초래하게 되는 것이다(그림 12.5). 또한 알코올은 정자 형성 시 필요한 비타민 A의 역할을 방해하는 작용을 한다. 테스토스테론의 감소로 이 비타민A의 결핍이 심해져 정자가 만들어지지 않게 된다(고목민, 1993). 심하게 과음을 하면 급성적으로는 중추신경마비에 의한 발기장애가 오며 사정 때 쾌감을 느끼지 못하게 된다. 또 뇌에서 분비되는 성호르몬을 자극하는 생식선자극호르의 농도도 감소된다.

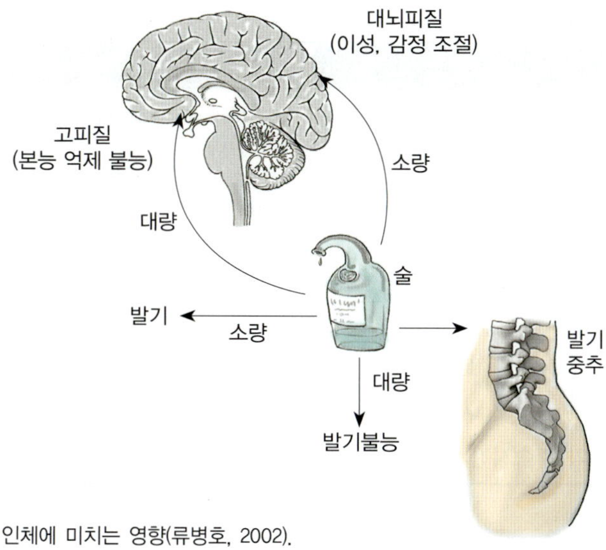

그림 12.4 술이 인체에 미치는 영향(류병호, 2002).

(2) 과음은 여성에게 더 나쁜 영향

여성은 남성보다 체내 수분함량이 낮아 흡수된 알코올을 희석시키는 속도가 느리기 때문에 체중당 같은 양의 알코올을 마셨을 때 혈중 알코올 농도가 남성보다 훨씬 높다. 여싱이 과음한 후 성관계를 하면 오르가즘에 도달하는 시간이 지연되고 강도도 감소된다. 특히, 알코올에 중독된 여성의 경우 오르가즘 장애를 보인다. 또 만성적으로 음주를 하는 여성은 각종 비타민과 미네랄의 결핍외에도 단백질의 부족과 술 자체의 독성으로 인하여 난소의 기능이 감소되어 무월경과 불임증을 초래한다. 그러다가 3개월 이상 술을 끊으면 다시 생리가 시작되는데, 이는 알코올이 여성호르몬 분비에 얼마나 나쁜 영향을 미치고 있는지를 보여준다(박수근, 1997).

특히 임산부가 술을 계속 마시면 태아의 발육부진과 두부 기형에 영향을 미친다. 미숙아 출산율이 정상 임산부보다 훨씬 높아진다. 임신 전반기의 음주가 임신 후반기의 음주에 비해 더욱 치명적인 결과를 초래한다.

그림 12.5 술과 성생활.

3) 과흡연

흡연은 일시적으로는 중추신경계를 자극해서 성욕을 증가시키고 성감을 높여주는 최음제의 역할을 한다. 그러나 과흡연은 정력을 크게 감소시킨다.

(1) 과흡연이 남성에게 미치는 영향

흡연하면 혈액 중에 흡수된 니코틴이 생식 신경이나 정소의 정자생산 기능을 조금씩

표 12.4 과음과 과흡연이 성에 미치는 영향

상태	남	여
과음	• 남성호르몬 감소, 상대적으로 여성호르몬 증가 → 여성화 현상 • 비타민A의 결핍 → 정자형성 부전 → 정자 생산 능력 저하 • 성욕감소, 발기부전	• 오르가즘 도달시간 지연 및 강도 감소 • 불감증 • 난소의 기능감소 → 무월경, 불임증 • 여성호르몬의 감소 → 상대적으로 남성호르몬 비율 증가 → 남성화 현상 • 임산부: 태아의 발육 부진
과흡연	• 발기부전 • 정액과 정자수 감소 • 정자의 운동능력 저하 • 난자침투 능력 저하 • 발기의 강직도와 지속시간 감소	• 난소부전 발생 → 조기 폐경 초래 • 임산부: 태아의 성장 지연, 저체중아 출산 → 태아 뇌의 발육 부진, 유산과 불임의 가능성 증가

침해한다. 과흡연은 골반 부위의 혈관을 협착시켜 음경으로 가는 혈류량을 감소시키고 이것이 다시 음경동맥을 협착시켜 발기부전을 유발한다.

(2) 과흡연이 여성에게 미치는 영향

흡연은 난소부전을 발생시켜 조기폐경을 초래할 수 있다. 학술지 자연유전학(Nature Genetics, 2003년 4월)에 의하면 흡연에 의해 발생하는 조기 난소부전은 담배 연기 속에 포함된 PAH라는 화학물질에 의해 촉진된다고 한다(http://ksobgy.doctor.co.kr).

임신 중 흡연하면 일산화탄소가 태아 혈액 내 농축되어 COHb가 높아져 태아의 성장이 지연되므로 비흡연 여성보다 저체중아를 출산한다(약학대학 교양교재편찬위원회, 1997). 저체중아를 출산한다는 것은 그 만큼 발육이 덜된 아이를 출산한다는 뜻이며 이는 뇌의 발육부진도 포함된다. 과음과 과흡연이 성에 미치는 영향을 정리하면 (표 12.4)와 같다.

12.2. 성기 성형수술

12.2.1. 음경확대

1) 음경확대의 필요성

선천적 원인에 의해 성년이 되어도 정상적인 크기로 자라지 못한 경우를 음경왜소증이라고 하는데 음경의 길이가 평상시 5cm 이하일 때를 말한다. 정상적인 크기의 성기

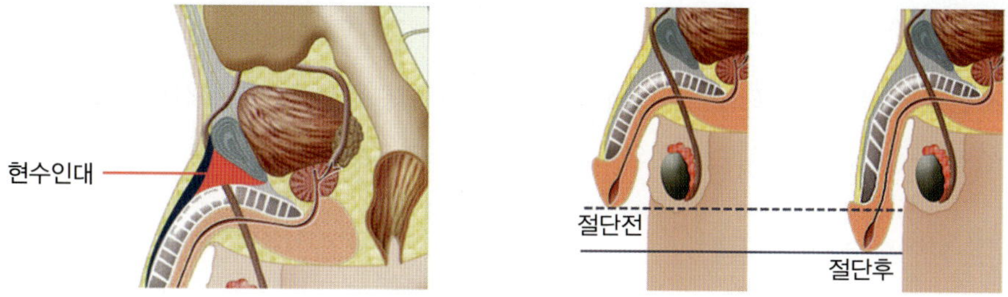

그림 12.6 현수인대 절단술(http://www.blueuro.com).

를 가졌는데도 스스로 성기가 작다고 고민하는 경우를 음경왜소 콤플렉스라고 한다. 음경왜소증이거나 심각한 음경왜소 콤플렉스로 성생활에 장애를 가져오고 사회생활에 지장을 초래하는 경우에는 음경확대수술을 고려해 볼 만하다.

2) 음경확대 수술의 종류

실리콘 확대술: 실리콘을 이용하여 보다 자연스러운 형태로 음경 확대를 할 수 있다.

- 자가진피 확대술: 음경은 마찰이 세게 이루어지는 부위이므로 실리콘 삽입보다는 자가진피 이식수술과 인조혈관용 특수소재를 이용한 음경확대 수술을 할 수 있다.
- 현수인대 절단술: 확대술만으로는 길이에 변화를 줄 수는 없다. 현수인대 절단술은 몸속에 있는 음경을 몸 밖으로 꺼내는 수술로, 치골에 있는 현수인대를 잘라 몸 밖으로 나오지 못한 음경의 길이를 늘려 줄 수 있는 수술이다(그림 12.6).

12.2.2. 질 성형

일명 '이쁜이 수술'로 불리는 성형수술이란 잦은 성교나 출산 때문에 넓어진 질을 좁혀주어 성감을 높여주기 위하여 이완된 질 입구 뿐만아니라 질 내 근육까지 회복시켜 분만전의 상태로 만들려는 시술이다. 질은 탄력성이 매우 좋지만 보통 출산하고 나면 회음부 주위 근육의 이완과 탄력 조직의 소실로 인하여 질이 헐거워질 수 있다. 산후조리를 잘 하면 출산 전과 똑같이 돌아갈 수도 있지만 그렇지 않은 경우도 있다. 이런 경우 성감이 줄어들어 불만이 생길 수도 있다.

1) 질 성형수술이 필요한 경우

- 출산으로 늘어진 골반근육과 질 때문에 예전보다 헐거운 느낌이 드는 경우
- 늘어난 질 점막으로 인해 팬티에 냉이 자주 묻어 있는 경우

2) 질 성형수술의 효과

- 자신감 회복: 처지고 늘어진 질을 회복시켜 신체적 정신적으로 자신감을 갖게 됨
- 성 만족감: 좁혀진 질로 예전의 성 만족감을 느낄 수 있음

3) 질 성형수술의 문제점

- 질 점막을 제거함에 따라 필연적으로 질의 분비물을 감소시켜 질 건조증이 발생할 수 있음
- 질 입구를 과도하게 축소할 경우에는 성 관계시 통증이 생길 수도 있음
- 수술받은 여성은 그 혜택을 잘 느끼지 못함

미국산부인과학회(2007년)는 우리나라에서 일명 '이쁜이 수술'로 불리는 질 성형수술에 대해 의학적으로 효과가 입증되지 않았고 부작용도 발생할 수 있다고 밝혔다(http://www.kormedi.com). 그리고, 질 성형 수술 외에 소음순 성형수술, 처녀막 재생수술 등도 문제가 크다고 밝혔다.

"많은 여성들이 살아가면서 외부생식기에 변화가 온다는 것을 인정하지 못하고 있으며 단순히 광고를 보고 수술이 필요하다고 생각한다."며 "여성수술의 의학적 효과에 대한 근거가 없고 수술을 받으면 항상 위험이 따른다는 사실을 알아야 한다."고 강조했다. 이 같은 수술을 받으면 감각이상, 감염, 통증, 흉터 등 부작용을 겪을 수 있다고 경고했다.

한편, 여성수술이 불필요한 것은 아니라는 의견도 있다. 모양이 좋아야 기능도 좋을 것이라고 생각할 수도 있다. 그렇다고 이쁜이 수술이 일반인들이 생각하듯 성쾌락을 크게 향상시켜 주는 것은 아닐 것이다. 또 여성들이 몸에 꽉 끼는 바지를 입거나 성관계를 가질 때 소음순이 통증을 겪는다면 수술을 받는 것도 나쁘지 않을 것이다.

12.2.3. 성기성형과 성만족도

굵고 긴 음경일수록 여성에게 성쾌감을 줄 수 있다고 하는 속설은 한 마디로 '넌센스'이다(오영근, 1996). 대부분의 남성들은 질은 크고 긴 음경으로 꽉 채워야 되는 것으로 잘 못 이해하고 있다. 질 입구는 생고무주머니와 같이 신축성이 있는 것으로, 흥분되면 주위조직으로부터 혈액이 모여 좁아져 아무리 작고 짧은 음경이라도 빡빡하게 맞추어 강한 자극을 느끼지만, 질 깊숙한 내부는 넓어지고 점막주름이 많아 음경운동으로 인하여 받는 자극은 별로 없어서 거대한 음경이 최고라는 개념은 기본적으로 무의미해진다. 더욱이 질의 안쪽 2/3(대부분)에는 감각신경이 거의 없고, 질의 바깥 1/3 지점에 감각신경이 집중되어 있는 것도 위의 사실을 뒷받침하는 해부학적 특징이다.

음경 길이가 평상 시 5cm 발기 시 7cm 이상이면 성행위에 아무런 문제가 없다. 음

경은 대개 21세 쯤이면 성장이 멈춘다. 발기하지 않았을 때에는 음경의 크기가 다르지만 발기하면 음경의 크기는 놀라울 정도로 거의 비슷해진다. 일반적으로 작은 음경은 보통 2배 정도 팽대되지만 큰 음경은 1.8배 정도가 팽대되기 때문에 평소 작은 음경도 일단 발기만 하면 크기와 기능 면에서는 비슷하다(오영근, 1996). 남성들은 음경에 대해 남성다움의 상징으로 그 의미를 크게 부여하지만 크기와 성만족과는 상관없다. 무엇보다 성 상대와의 사랑을 확인하고 호흡을 맞추는 게 중요하다.

'큰 것'에 대한 집착은 대부분 착각에서 비롯된다. 많은 남성들이 큰 것을 동경하고 자기 것은 작다고 생각하는 '음경왜소 콤플렉스'를 갖고 있다고 한다. 작아서 문제가 된다는 경우 실제로는 작아서 문제가 아니라 그 열등감이 더 문제인 경우가 많다. 열등감이 심해지면 '음경확대 수술'이나 '예쁜이 수술'을 생각하게 된다.

전립선클리닉을 찾아온 남성들 가운데는 간혹 확대수술이 잘못되어 발기된 음경을 예전처럼 자유자재로 움직일 수 없게 된 사람도 볼 수 있다고 한다. 아주 비정상이거나 기형이 아니라면 되도록 칼을 대지 말고 부모에게서 물려받은 그대로를 사용하는 것이 좋다. 남성은 클수록 좋고 여성은 작을수록 성감이 좋다고 생각하는 것은 전형적인 오해다. 여성이 헐렁한 느낌이 든다면 이것은 크기의 문제라기보다는 탄력의 문제일 가능성이 더 크기 때문이다.

12.3. 포르노

우리 사회에서 성의 표현은 다양한 매체를 통해 다양한 방식으로 이루어지고 있다. 일반적으로 음란물이라고 부르며 부정적으로 생각하는 포르노 역시 그 중의 하나이다. 그리고 이것은 현대사회에서 각광 받고 있다. 이는 성을 더 이상 감출 것이 아니라 솔직담백하게 드러내고 오히려 부각시키는 요즘 세태를 반영하는 것이다. 또한 정보화 시대에서 이러한 음란물의 확산속도는 매우 빠르며 쉽게 접할 수 있게 되었다. 이에 따라 성의 상품화, 바르지 못한 성지식, 청소년들의 무분별한 음란물 시청 등의 많은 문제가 야기되었다. 여기서는 포르노의 장단점을 살펴본다.

12.3.1. 포르노의 개념

1) 포르노

포르노(porno)는 인간의 성행위를 직접적 · 노골적으로 묘사한 소설 · 잡지 · 회화 · 영화 · 사진 · 비디오 · 만화 등의 총칭이다. 포르노그라피(pornography)의 약칭이고, 어원은 그리스어의 '포르노그라포스(pornographos)'로 '창녀(pornē)에 관하여 쓰여진 것(graphos)'을 뜻한다. 이는 고대 그리스에서 문인 · 화가들에게 사랑받던, 학문 · 예술에 뛰어난 고급 창녀들을 대상으로 묘사된 문장을 말하는 것이다.

포르노의 목적은 인간생활의 기본적 현실을 묘사하기보다는 독자를 성적으로 흥분시키기 위하여 에로틱한 심상(心像)을 야기함으로써 심리적 최음제(催淫劑)의 역할을 하려는 데 있다. 1960년대에는, 포르노를 단속하기 위해서는 그것이 반사회적 행동을 유발하므로 유해하다는 것을 증명하여야 한다는 여론이 있었다. 그리하여 미국에서는 '외설과포르노그래피에관한위원회'를 조직, 1968년부터 2년간 실증적 연구를 하였다. 위원회는 보고서에서 "성에 대한 흥미는 극히 당연한 것으로 건강에도 이롭다. 그리고 포르노 문제의 대부분은 사람들이 성에 대하여 더 솔직하고 대범한 태도를 취하지 않은 데 그 원인이 있다"고 기술하고, 성인에 대한 포르노의 판매 진열 · 배부 금지에 관한 법률을 모두 폐기할 것을 건의하였다.

그 후 영국 · 덴마크 · 스웨덴 · 이스라엘 등도 미국과 같은 결론을 얻고, 1960~1970년대에 포르노에 대한 규제를 풀었다. 포르노의 심리적 영향을 과학적으로 조사한 바에 의하면, 포르노를 보는 사람 모두가 흥분하는 것은 아니며, 남자의 23~77%, 여자의 8~66%만이 흥분을 하였다. 그리고 그 자극도 단시간 밖에는 지속되지 않으며 그 반응 또한 억제할 수 있었다. 성자극 효과는 48시간 이내에 급속히 약해지며 성생활에 영향을 주지 않는다. 포르노를 매일 보여주면, 흥미는 점차 떨어져 1주일 후에는 '싫증'이 나고, 3주일 후에는 '이제 더 이상 보고 싶지 않다'라는 포화현상을 나타낸다.

덴마크에서는 포르노가 널리 퍼지면서 성범죄가 줄어들기 시작하였고, 해금 후에는 3분의 1로 줄었다. 미국의 성범죄자는 10대 때 포르노에 접할 기회가 없었던 사람들 중에 많다고 한다. 강간하는 사람은 대개 성을 금기시하는 가정에서 자랐으며, 그중 18%는 에로틱한 물건을 소지하여 부모의 꾸지람을 들은 경험이 있는 사람들이었다고 한다.

2) 관음증과 포르노

하루 일과를 음란 사이트의 스팸 메일(spam mail) 수십 통을 지우면서 시작하는 직장인도 있을 것이다. 이는 그만큼 음란 사이트가 많다는 것을 뜻한다. 음란 사이트에는 본인들 몰래 찍은 남녀의 정사(情事) 장면을 담은 몰카(몰래카메라)도 있다. 상당 부분은 연출한 것이지만, 몰카를 찍으면서 쾌감을 느끼는 사람도 있다. 자신도 모르게 몰카에 찍힌 것을 나중에 알고 검찰이나 경찰에 신고하는 피해자도 적지 않다.

울산대 서울아산병원 비뇨기과에서는 "몰카의 범람은 우리 사회의 엿보기를 좋아하는 '관음적 경향'이 통제되지 않으면서 생긴 '자극 과잉 문화'의 부산물"이라고 했다. "몰카에 몰입하는 것은 포르노 중독과 관음도착증이 겹친 일종의 병이며 개인의 건강을 해치고 각종 사회병리현상을 낳는다"며 대책 마련을 촉구했다(http://www.kormedi.com).

몰카를 설치하지는 않지만 보는 것을 즐기며 하루라도 포르노를 보지 않으면 견딜 수 없는 '포르노 중독'에 빠진 경우 계속 더 자극적인 것을 원하면서 병적 관음증으로 흐르는 경우가 많다.

3) 포르노에 대한 남녀의 차이

남성은 포르노를 보고 성욕을 느끼지만 여성들은 이와 다르다. 여성에게 성욕은 사랑의 감정 이후에 나타나는 것이고 사랑의 일부분일 뿐이다. 로맨스를 통해 서로 존중하고 아끼는 감정의 일부분으로 성교를 기대하는 여성에게 적나라하게 펼쳐지는 포르노는 거북할 수밖에 없다.

12.3.2. 포르노 중독의 문제점

1) 바람직하지 않은 이성관

일반적으로 낯선 사람과 낯선 곳에서 성 경험을 하는 것이 포르노에서 다루는 중요한 테마이다. 포르노에서는 매춘 · 노출증 · 관음증 등을 정상적인 행동으로 묘사하고 있다. 반대의 경우도 있지만 대체로 여성은 남성의 성만족을 얻기 위해 손쉽게 얻을 수 있는 대상으로 묘사하고 있다. 그러므로 포르노를 자주 접하는 사람은 여성을 바라보는 시각이 변하기 쉽다.

포르노를 자주 접하는 사람은 여성의 아름다움에 대한 인식도 변화되기 쉽다. 포르노에서는 일반적으로 여성의 성격묘사는 외면되고 육체만의 사랑이 최고 덕목으로 묘사된다. 그러므로 여성을 바라볼 때, 그 여성에서 풍겨나는 성격적 이미지나 지적인 면에 관심을 갖기보다는 가슴이나 엉덩이 등에 먼저 눈길이 가는 등 성적인 면에 관심을 기울이게 된다. 또한 사랑 자세에도 성직인 행위에 더 비중을 둔다. 심지어 사랑이란 곧 성 접촉이라고 생각하기까지 한다. 그러므로 이성을 선택할 때도 섹스 만족도 측면에 더 큰 비중을 둔다. 이런 사람은 결혼 후에도 사랑의 부재 속에서 포르노 섹스를 즐기려는 성 반려자가 된다.

2) 사랑이 제거된 성

일상적인 성 그리고 결혼제도 안에 있는 정상적인 성은 사랑과 연결되어 있다. 보편적인 영화에서 등장하는 것은 사랑이라는 감정이 생겨나고 발전하여 성관계로 이르는 과정이다. 그러나 포르노에서는 일상적이고 정상적인 성관계는 다루지 않는다. 좀 더 자극적이고 불륜적인 형상만을 다룰 뿐이다.

3) 성도착 유혹

변태적 음란물은 성도착증적인 행위를 하도록 유혹한다. 성욕 중에 가장 위험하고 결과가 좋지 않은 것이 도착적인 성행동이다. 성도착은 일종의 변태적인 성행위다. 이런 경향을 보이는 사람들은 자신의 공상이나 생각을 행동으로 옮기고 싶은 강렬한 충동을 느끼고 이런 행동을 해야만 성흥분을 느끼게 된다. 가끔 신문이나 방송에서 어린아이를 성추행하거나 성폭행하는 어른들의 모습이 보도되곤 하는데, 이런 사람들은 치료가 필요한 성도착증 환자일 가능성이 높다.

4) 비정상적 성관계 추구

미국에서는 포르노 중독자의 대부분이 우울증이나 성격장애 등 정신적 문제로 곤란을 겪고 있다는 연구결과가 있다. 전문가들은 몰카에 빠질 정도이면 이런 문제를 갖게 될 가능성이 더 커진다고 말한다. 포르노 중독자나 관음증 환자는 자극의 최소 단위인 '문턱값(역치, 閾値)'이 올라가서 정상적 성관계로는 만족할 수 없게 된다.

포르노 중독이나 병적 관음증은 남성에게 많다. 대부분의 여성은 분위기나 애정 등이 성생활의 결정 요인인 반면 남성에게는 시각이나 후각 등의 자극이 중요하기 때문이다. 성의학자들은 '남성은 자극으로, 여성은 뇌로 성행위를 한다'고 말한다. 따라서 몰카나 포르노에 빠진 남편은 성생활 할 때 '화끈한 자극'을 원하는 반면 아내는 '따뜻한 성'을 원하면서 갈등이 일어나기 마련이다. 일부 남성은 여성이 변태적 자극을 원하지 않는 것을 '내숭'이라고 여기기도 한다.

자극적인 포르노에 빠진 사람은 정상적인 성관계보다 환상 속에서 자위하는 것을 더 좋아한다. 이 때문에 결혼 뒤에도 자위는 가능하지만 부부관계는 불가능한 '특이 발기부전'이 생기기도 한다. 특히 청소년은 성에 대해 왜곡된 생각을 갖게 되어 성범죄를 당연시하게 될 가능성이 크다.

5) 가짜 쾌락

현대에 와서는 성쾌락이 강조되어 생명과 사랑의 비중을 능가할 정도이다. 쾌락은 인간에게 필요한 것이다. 쾌락 자체가 나쁜 것이 아니라 감각만을 추구하는 가짜쾌락이 문제이다. 상업적으로 이용되는 수많은 포르노는 육체의 감각적 쾌락만을 강조해서 보여 주고, 그것이 마치 성의 전부인 것처럼 착각하게 만든다. 이런 가짜 쾌락에 판단이 흐려져 제대로 성을 볼 수 없게 된다.

오늘날 성에 대한 가치관의 혼란은 앞서 말한 성의 세 요소가 각기 떨어져 놀고 있기 때문이다. 특히 생명탄생과 사랑의 관점이 퇴색되고 감각적인 쾌락의 관점이 부각되고 이를 상업주의가 교묘하게 부채질하고 있는 실정이다. 포르노에는 뜨거운 정사 장면만 있을 뿐 피임이나 성병 그로 인한 임신이나 질병에 대한 언급이 없다. 감각의 자극과 비례해 생명에 대해 효과 있는 교육이 이루어져야 한다.

12.3.3. 포르노 중독의 치료

하루에 한 번 이상 몰카나 포르노를 보는 사람은 일단 병이 아닌지 의심하고 포르노를 멀리해야 한다. 자의로 끊기가 힘들다면 치료가 필요하다. 성관계 때 계속 이상한 행동을 요구하거나 정상적 성행위를 거부하면 대화를 통해 상태를 확인하고 필요한 경우 병원에 가도록 설득해야 한다.

관음증에 빠진 사람은 자신이 병에 걸렸음을 부정하는 사이에 자극의 문턱값이 계속 올라가게 된다. 병원에서는 관음증이 병임을 알게 하면서 이 때문에 생긴 우울증이나 성격장애 등을 상담이나 약물요법 등으로 고친다. 또 배우자나 자녀가 혼자서 포르노 사이트를 서핑(surfing, 이리저리 둘러보기)하는 것을 막기 위해 가능하면 컴퓨터를 거실 등 공개된 공간에 설치하는 것이 좋다. 전문가들은 현재 관음증을 개인적 차원에서 해결하기가 어려운 지경이라고 말한다.

12.4. 성기능 장애

부부에게 성생활은 계란의 노른자위라고 할 수 있을 정도로 중요하다. 부부 성생활에는 문제가 생기게 마련이며, 이러한 문제를 부부가 서로 이해하고 해결하도록 노력해야 할 것이다. 예를 들어 남편이 발기부전일 경우 그 얘길 누구한테 할 수 있을까? 당연히 아내밖에 없을 것이다. 아내도 그 문제를 해결하려고 노력하면 좋은데, 만약 그것으로 남편을 무시한다면 남편은 극심한 우울증에 시달리게 될 것이다. 이것은 반대의 경우도 마찬가지일 것이다. 성기능 장애를 해결하기 위해서는 어떻게 해야 할까?

12.4.1. 성기능 장애의 종류와 원인

성교의 전 과정 중 어느 한 과정이라도 이상이 있으면 성기능 장애라 한다(표 12.5). 예를 들면, 발기가 안 되거나 되더라도 지속이 안 되는 경우를 비롯하여 성욕장애, 조루, 오르가즘 장애 등을 말한다. 산업재해, 교통사고, 스트레스, 성인병 등의 증가로

표 12.5 남녀 성기능 장애의 종류

남	여
조루증	성욕 장애
지루증	성흥분 장애
발기부전증	오르가즘 장애
전립선질환	성교통증
성교두통	질 경련
고자	

표 12.6 성기능 장애의 일반적 원인

원인	종류
심리적	불안심리, 스트레스, 부모의 지나친 간섭, 도덕적 인습, 종교적 편견
약물성	각종 질병 치료제
신체적	호르몬, 질병, 신경 및 근육 손상
생활습관성	술, 담배

성기능 장애를 호소하는 환자가 늘어나고 있다. 과거 우리나라에서는 동양적 사고방식으로 인해 이런 문제를 다루는 것도 금기시 되어 왔다. 그러나 이런 문제로 남모르게 고민하는 환자가 늘어나고 이에 대한 해결의 요구가 많아져 이제는 뚜렷한 질병의 하나로 인식되고 있을 뿐 아니라 치료에서도 괄목할만한 발전을 이루었다.

성기능 장애의 원인은 심리적(심인성, 心因性), 약물성(약인성, 藥因性), 신체적, 생활습관성으로 구분할 수 있다(표 12.6).

12.4.2. 남성 성기능 장애

1) 조루증

(1) 개념

조루증(早漏症, premature ejaculation)은 성교 시 너무 일찍 사정하여 스스로 불만족스럽기도 하고 이 때문에 여성은 오르가즘에 도달하지 못하는 현상을 말한다. 시간적 길이는 전문가에 따라 다르므로 시간적 길이로 조루를 정의할 수는 없다(추영국 등, 2007). 조루증의 정의는 다음과 같이 다양하다(http://www.drim2u.co.kr).

- 삽입 전 또는 삽입 직후에 사정해 버리는 경우
- 삽입 후 90초 이내에 사정해 버리는 경우
- 삽입 후 이어지는 피스톤 왕복 횟수가 15회 이내에 사정하는 경우
- 여성이 더 원하는데도 일찍 사정해버리는 횟수가 전체 성교 횟수의 절반을 넘는 경우
- 세계보건기구(WHO)는 "남성이 의식적으로 사정을 조절하지 못하고 스스로 원하기도 전에 사정을 하여 남성만 오르가즘에 도달하는 사정장애"로 정의하였다(이근후 등, 1990)
- 여성이 오르가즘에 도달하기 전에 남성이 오르가즘에 도달하는 비율이 50% 이상인

표 12.7 조루증의 특징

항목	설명
개념	• 성교 시 너무 일찍 사정하는 현상 • 남성의 성기능 장애 중 가장 흔한 장애
유형	• 가성*, 심인성, 과민성, 쇠약성
원인	• 심리적, 신체적, 기타
치료	• 심리, 행동, 약물, 수술

* 가성(假性): 증세는 비슷하나 그 병과 다른 성질

경우(이근후 등, 1990)

조루증은 남성 성기능 장애의 대표적 증상이다(표 12.7). 심한 경우 여성의 성기를 보기만 해도 정액이 유출되거나 가볍게 접촉하기만 해도 사정을 하기도 한다(김재우, 1995). 조루증의 정의가 명확하지 않지만 대한남성과학회가 2008년 19세 이상 성인 남성 2,037명을 대상으로 조사한 결과, 본인판단에 따른 조루증은 약 28%로 미국과 큰 차이를 보이지 않았다.

만약 상대방 여성이 삽입에 의해서만 오르가즘을 가질 수 있다면 문제는 매우 심각해질 수 있다. 이런 경우 여성은 남성이 자신을 너무 배려해 주지 않고 무시하는 것이 아닌가 의심을 할 수 있고, 느긋하게 성교를 즐길 수 없다는 욕구불만에 쌓일 수 있다.

(2) 조루증의 유형

조루증에는 표 12.8과 같이 몇 가지 유형이 있다.

표 12.8 조루의 유형

유형	설명
가성	• 장기간의 금욕이나 과도한 긴장, 미숙한 초보자나 독신자의 경우
심인적	• 대뇌의 성감이 지나치게 강하여 작은 자극에도 과도한 흥분을 느끼는 경우
과민성	• 성기의 감각이나 사정 신경이 너무 예민해 그다지 흥분하지 않는데도 사정해 버리는 경우
쇠약성	• 중년 이후에 흔한 유형으로 사정근육이 이완된 경우

표 12.9 조루증의 원인

원인	경우
심리적	·근심, 걱정, 불안, 공포, 갈등 ·성기왜소증으로 열등감이 강할 경우 ·임신공포로 질외사정을 자주 하였을 경우 ·불안한 상태 또는 죄의식 속에서 자위행위를 많이 할 경우 ·최초의 성교에 대해 좋지 않은 인상 ·화풀이성 감정의 표출
신체적	·귀두의 감각이 너무 민감 ·사정반사가 너무 예민 ·생식선 기능이 항진으로 감각신경 과민 ·생식기관이나 배설기관 계통의 질병
기타	·빈번한 자위행위 ·열렬한 포옹, 키스, 애무 등의 지나친 성자극으로 중추신경계 피로

(3) 조루증의 원인

조루증의 원인은 복합적인 조건에 의한 것이기 때문에 어느 하나를 정확히 지적하기는 힘들다(표 12.9).

(4) 조루증의 예방(김재우, 1995)

- 지나친 색욕과 불안한 자위행위 등을 피하고 규칙적인 생활습관을 가짐
- 피로와 휴식을 조절하고 체력을 강화하며 정서함양을 통해 원기부족을 예방
- 우연히 나타나는 조루에 대해 여성은 남성을 편안한 심리상태로 유도. 또한 잠시 성관계를 피하여 성에 대한 걱정을 없애줌
- 남녀의 생리적 차이를 이해하여 정신적 갈등과 오해를 해소함

(5) 조루증의 치료

조루증의 치료법에는 여러 가지가 있으며(표 12.10), 행동 및 약물로 대부분 치유가 가능하다.

① 심리요법

무엇보다도 교육을 통해 성행위에 대한 긴장을 해소시킨다. 조루가 발생하면 여성은 남성에게 친절하게 감싸주고 격려를 해주어야 한다. 실망하거나 원망하는듯한 태도는 절대 금물이다. 그리하여 정신적 안정을 취할 수 있게 유도한다.

표 12.10 조루증의 치료법

치료법	특징
심리요법	· 성행위에 대한 교육을 통해 두려움 제거 · 여성은 남자에게 정신적으로 안정을 취할 수 있게 유도
행동요법	· 자위행위를 통한 사정시간 연장 훈련 · 압착술
약물요법	· 세로토닌의 효과를 증가 · 감각을 둔하게 하는 연고
수술요법	· 음경배부 신경차단술 등

② 행동요법

● 자위행위 요법　조용하고 편안한 장소에서 자위행위를 하는데, 사정감을 느끼기 직전에 행위를 멈추고 완전히 발기된 음경이 절반가량 이완될 때까지 기다린 후 다시 시작한다. 이와 같은 행위를 3회 반복 후 4회째는 오르가즘과 함께 사정을 한다. 1개월 정도 연습과정이 지나면 사정시간을 연장시킬 수 있다. 그러나, 이런 방법은 조루증과 동반할 수 있는 심리적인 요인을 고려하지 않았다. 상대의 협조가 전제되어야 그 효율성을 기대할 수 있고, 실행을 위한 꾸준한 노력과 인내가 필요하기도 하다.

● 압착술　남성이 사정을 컨트롤하는 데에는 여러 가지 방법이 있지만, 애정과 정확한 성지식이 있는 여성이 협조해 준다면 '압착술'을 이용하는 것이 가장 효과적이다(그림 12.7).

이 방법은 남성이 사정하기 직전 사정 감각이 왔을 때에 삽입을 중단하고 엄지손가락

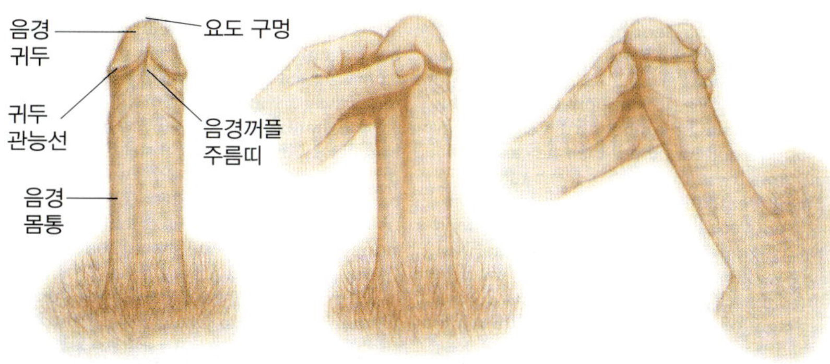

그림 12.7 조루증 치료를 위한 압착술(하재청 등, 2008).

을 음경소대(귀두의 가장자리에서 요도구 쪽으로 엷은 띠)에 대고, 둘째손가락을 귀두 뒤에 대고, 셋째손가락을 귀두관 밑(음경귀두 밑의 약간 들어간 부분)에 대고 3~4초간 세게 압착하고 8~15초 간 덜 세게 압착하기를 반복하는 것이다. 마스터즈와 존슨은 이 압착술을 이용하면 조루증의 약 97%가 치료된다고 하였다(오영근, 1996). 사정 직전에 모든 운동을 정지하는 '정지술'을 써도 비슷한 효과를 볼 수 있다고 한다.

(3) 약물요법

● **먹는 조루 치료제** 사정중추에 작용하여 사정반사를 지연시키는 약물을 복용하면 사정시간이 연장된다. 약물복용으로 60~70%의 조루증 남성이 뚜렷한 개선을 보이지만 복용을 중단하면 재발률이 높다는 문제점과 장기복용을 하면 약물에 의한 부작용이 나타나는 단점이 있다. 국내에서는 2009년 8월부터 시판되고 의사의 처방전이 필요한 전문의약품이다.

● **뿌리는 조루 치료제** 북미성학회연차학술대회(2009년 11월)의 발표에 의하면 스프레이 형태의 국소마취제를 귀두에 뿌리면 조루를 방지하는 약이 개발되어 미국식품의약국(FDA)의 승인을 받았다고 한다(http://www.kormedi.com). 이 방법 또한 약에 의존하는 일시적 방편이지 근본적인 치료는 되지 않는다. 뿌린 후 콘돔을 착용하지 않으면 여성의 질 부위를 마취시켜 오히려 성만족도를 떨어뜨린다.

● **바르는 조루 치료제** 세로토닌의 효과를 증가시켜 사정을 지연시킨다.

(4) 특수 전자파를 이용한 신경근육 강화요법

바이오패드백을 이용하여 특수 고안된 전자파를 음경기저부의 근육신경에 조사하여 신경근육을 강화하여 사정 조절기능을 높여주는 치료법이다.

(5) 수술요법

심리적인 문제가 없고 약물복용에도 효과가 없고 귀두부위가 예민한 환자에게 효과적이다. 수술요법 중 하나가 귀두를 지배하는 감각신경의 일부를 차단하여 음경의 감각을 무디게 함으로써 사정 시간을 늘리는 방법(음경 배부신경 차단술)이 있다(그림 12.8).

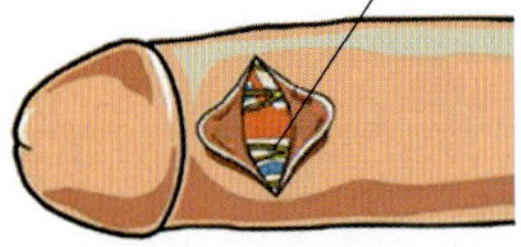

그림 12.8 음경 배부신경 차단술(http://gilman.co.kr).

(6) 나쁜 방법

콘돔을 여러 개 사용하거나 귀두에 마취제 연고를 바르거나 하는데 이러한 방법은 성흥분과 성쾌감을 감소시키기 때문에 잘못된 방법이다. 왜냐하면 오르가즘을 조절하는 반사 조직에 영향을 주는 신경 경로(척수, 말초신경 등)에 병적 징후가 나타날 수도 있기 때문이다(이근후 등, 1990).

2) 지루증

지루(遲漏, inhibited ejaculation)란 조루의 반대현상으로 질 내에서 사정을 못하여 오르가즘에 도달하기 어려운 상태를 말하며, 사정불능(ejaculatory incompetence)이라고도 한다. 대부분은 자위행위나 여성의 손이나 입으로 자극을 받으면 오르가즘에 도달하지만 삽입하여 성행위에 들어가면 사정이 지연되는 경우가 많다. 이러한 사실로 보아 지루의 원인은 신체적인 문제이기보다는 심리적인 요인에 의하여 유발될 가능성이 높다는 것을 알 수 있다(표 12.11).

지루의 치료는 여러 단계에 걸쳐 이루어지는데, 우선 남성 혼자서 자위행위로 오르가즘에 도달하는 연습을 통해 사정이 이루어지면 이번에는 여성이 보는 곳에서 사정하는 훈련을 계속한다. 이 과정 이후 여성의 도움으로 오르가즘에 도달하는 훈련을 계속한다. 이때 여성은 음경을 자극하여 거의 오르가즘에 도달하게 되면 음경을 자신의 질 속으로 빠르게 삽입한다. 이러한 과정을 여러 번 반복함으로써 남성은 여성의 질 속에서 사정하는데 대한 두려움을 극복하게 된다.

3) 발기부전

발기부전(發起不全, impotence)이란 남녀가 모두 만족스러울 정도의 성교를 할 수 있도록 발기가 충분하지 않거나, 발기가 되더라도 오르가즘을 느낄 때까지 발기상태를 유지하지 못하는 경우가 전체 성생활 중 25% 이상 일어날 때를 말한다. 발기불능증 또는 임포텐스(impotence)라고도 한다. 많은 남성들이 가끔씩 또는 일시적으로 발기에 문제가 생기는데 그렇다고 바로 발기부전이라고 볼 수는 없다. 발기부전으로 진단되기 위해서는 주기적으로 오랜 시간에 걸쳐 반복적으로 그 증세가 나타나야 한다.

발기부전은 다른 의학적인 건강상태와 밀접하게 관련되어 있고 개인에 따라 다양한 형태로 나타난다(추영국 등, 2007). 대부분의 의료관계자들은 발기부전을 다음과 같이 분류한다(표 12.12)

표 12.11 지루의 특징

항목	설명
정의	• 조루의 반대현상으로, 질 내에서 사정하기 어려운 상태
원인	• 대부분 심리적인 요인
치료	• 자위행위로 사정 훈련 → 여성의 도움으로 사정 직전에 질 내에 삽입 → 사정

표 12.12 발기부전 증세에 따른 분류

증세	현상
경미	·발기를 시키고 지속시키는 능력이 약간 저하 ·성교에서 가끔씩만 불만족을 느낄 경우
중간	·발기를 시키고 지속시키는 능력이 중간정도로 저하 ·성교에서 드물게 만족을 느끼는 경우 ·대부분의 발기부전 환자의 경우
심함	·발기를 시키고 지속시키는 능력이 현저히 저하 ·성교에서 전혀 만족을 느끼지 못하거나 아주 드물게만 느끼는 경우

표 12.13 몽정, 조루, 발기부전의 차이

구분	특징
몽정	·성교를 하지 않고 정액이 누출
조루	·조기사정으로 음경의 발기가 약해져 성교를 진행할 수 없음
발기부전	·음경이 발기되지 않거나 발기해도 단단하지 않아 성교를 진행할 수 없음

몽정, 조루, 발기부전의 관계

몽정, 조루, 발기부전은 서로 영향이 있다(표 12.13). 몽정을 자주하면 조루가 되기 쉽고, 조루를 치료하지 않고 오래두면 발기부전증에 이르기 쉽다(김재우, 1995). 발기부전은 항상 조루를 수반한다.

(1) 발기부전의 원인

발기부전의 원인은 정신적 스트레스가 그 원인이 되는 심리적, 몸에 어떤 질환이나 해부학적인 문제가 있는 신체적(기질성), 그리고 생활습관에 의한 것으로 나눌 수 있다(표 12.14). 발기부전 환자의 절반 이상이 신체적 원인에 의한 것으로 진단되며, 50세 이상의 고령에서는 더욱 높다. 많은 경우 심리적 원인과 신체적 원인이 함께 나타나기도 한다.

① 심리적 원인

심리적 부담이 원인이 되어 음경에 적절한 강직도가 만들어지지 않거나 유지할 수 없을 때를 말한다(표 12.15).

표 12.14 발기부전의 원인(윤성규, 2010)

원인	종류	
심리적	• 스트레스성, 사회문화성	
신체적	• 혈관	동맥, 정맥
	• 신경	중추신경, 말초신경
	• 호르몬	
	• 약물 부작용	
	• 질병	당뇨병, 고혈압, 심장병, 전립선 수술, 신장질환
생활습관성	• 담배, 술, 카페인	

표 12.15 발기부전의 심리적 원인

구분	원인
스트레스성	• 다음 성관계 때도 조루가 되면 어떡하나 하는 심리적 불안 • 사회생활에서의 좌절감 • 성적으로 바라는 행위를 표현하지 못하는 경우 • 성적으로 매력없고 무능하다는 생각 • 여성을 만족시켜야만 한다는 부담감 • 자위행위에 대한 죄의식 • 어릴 적 성에 대한 지나친 억압과 꾸중 • 우울증, 정신분열증
사회문화성	• 종교적 편견 • 부모의 지나친 간섭 • 상업성 스트레스 하에서의 성경험

심리적 스트레스가 누적되면 발기신경 끝에서 발기를 방해하는 '노르에피네프린(노르아드레날린)'이라는 화학물질이 분비되어 발기 장애를 일으킨다(http://goodpenis.doctor.co.kr). 40세 이전에 나타나는 발기 장애의 절반 이상이 심리적 원인에 의한 것이라고 볼 수 있다.

또한 사회문화성도 발기부전의 원인이 된다(서주일, 1996). 극단적인 종교적 편견은 발기부전의 원인이 될 수 있다. 이들의 성표현은 어떤 형태이든지간에 모두 죄악시 되는 가정에서 자랐다는 특징을 가지고 있다. 부모의 지나친 간섭도 발기부전에 영향을 줄 수 있다. 부모의 지나친 자녀 지배는 꽤 많은 남성의 경우에 있어서 발기부전의 원인이 되고 있음이 밝혀졌다. 아들이 성년이 되어도 여자들을 두려워하고 이로 인해서 발기부전이 발생한다고 한다. 그리고 자신은 결코 아버지만큼 성공하지 못할 것이라고 두려워할 경우, 사소한 실패에도 지나치게 예민하고 자책하게 되어 초기에는 정상적인 성기능을 발휘하다가도 어느 시점부터 성기능이 무력해진다. 이때 이들은 성기능의 무력 또한 자신의 무능 중에 하나일 뿐이라고 체념해버린다고 한다. 이것이 습관성이 되어 발기부전이 된다고 한다(서주일, 1996).

상업성 스트레스 하에서의 성경험도 발기부전의 원인이 될 수 있다. 발기부전을 앓고 있는 다수가 미성년기에 상업성 여성과 성경험을 가졌다고 한다. 이는 돈으로 만들어진 관계이기 때문에 어둡고 삭막한 방에서 상업성 여성은 빨리 사정하기를 바라며, 그녀의 행위에 압도되어 성행위가 이루어지기 때문에 과도한 스트레스를 받기 때문이다(서주일, 1996).

② 신체적 원인

- **혈관성 원인** 동맥경화증으로 발기동맥의 내경이 좁아지거나 막히게 되면 음경해면체 내로 혈액의 유입이 충분하지 못해 발기 장애를 일으킨다(동맥성 발기부전). 음경내부로 유입되는 혈액이 양이 충분하다 하더라도 정맥의 폐쇄기능 장애로 인하여 유입된 혈액이 해면체 내에 저장되지 못한 채 계속 빠져나가 발기가 온전하게 유지되지 못하는 경우이다(정맥 누출성 발기 장애).

- **신경성 요인** 발기신경이 손상을 입으면 발기신경의 말단에서 발기를 위한 화학물질의 분비가 원활하지 않아 발기 메시지를 음경에 전달할 수가 없어 생기는 장애이다. 당뇨병의 합병증으로 말초신경질환이 생기면 성흥분의 자극이 신경을 통해 전달되지 않음으로써 발기부전이 된다.

- **호르몬 원인** 시상하부나 뇌하수체 종양에 의한 생식선기능 저하증이 있는 경우 발기부전증이 발생한다. 갑상선, 부신질환, 칼슘대사 이상 등의 원인으로 발기부전이 올 수 있다.

- **약물 부작용** 난포호르몬 또는 항안드로겐 요법 등이 성관심을 억제할 수 있다. 혈압강하제나 혈관확장제와 같은 중추신경에 작용하는 교감신경 차단제는 발기부전의 원인이 될 수 있다. 또한 이뇨제, 항우울제, 항암제 등은 개인에 따라 차이가 있지만 거의 모두 성기능에 장애를 일으킨다.

(2) 발기부전 치료

최근에 눈부시게 발전한 의학 덕분으로 성기능 장애 환자들이 적극적인 치료를 통하여 정상적인 성생활을 되찾아 삶의 질을 높일 수 있다. 발기부전은 전문의사와 상담하여 그에 맞는 치료를 받으면 대부분 치료가 가능하다. 발기부전을 치료하기 위해

표 12.16 발기부전 치료 방법의 종류(윤성규, 2010)

구분	종류	
심리요법	• 캐플란의 성치료	
약물요법	• 먹는 발기부전 치료제, 붙이는 발기 유발제, 호르몬 요법, 발기유발제 요도주입법, 발기유발제 주사요법	
도구요법	• 진공 발기 유발기구	
수술요법	• 혈관수술	• 동맥 재건술, 정맥 결찰술
	• 음경 보형물	• 굴곡형, 자가팽창형, 세조각 팽창형
유전자 치료법	• 유전자를 대상이 되는 세포에 주입	

서는 우선 부부가 충분한 대화와 애무로서 노력해 보고, 심리적 치료를 받고, 다음으로 약물을 복용하는 것이 좋고, 그래도 발기가 되지 않을 경우 최후에 수술을 하는 것이 좋다(표 12.16).

① 심리요법

우선 부부가 심리적 스트레스를 없애고 충분한 애무로서 노력해 보는 것이 좋다(그림 12.9). 심리적 원인이라면 정신과 의사와 성 담당자 등의 치료를 받는다.

심리요법 중에서 캐플란의 성치료가 가장 잘 알려져 있다(권과 김, 2000). 성기능 장애가 무의식적인 심리적 갈등과 깊이 관련되어 있는 경우, 전통적인 성치료 기법과 정신적 치료를 혼합한 방법을 케플란의 성치료라고 한다. 이는 발기하기 위해 성기에 자극이 가해지는 동안 성환상을 하는 것이다. 특히 발기되지 않을 것에 대한 불안이 느껴질 때 이러한 환상은 도움이 된다.

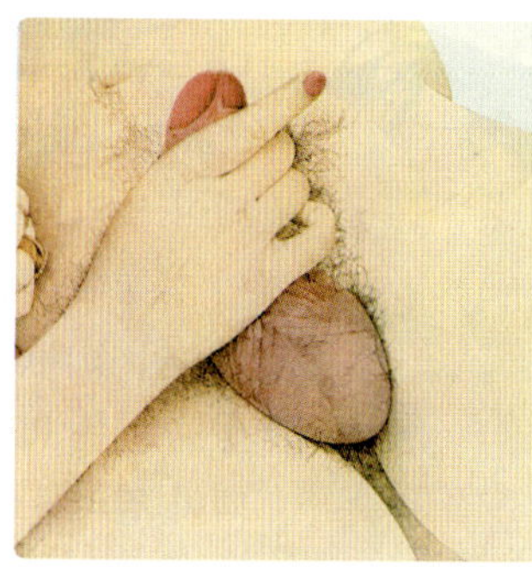

그림 12.9 관능집중훈련. 여성은 음경의 적합한 자극을 위하여 귀두관능선과 음경꺼풀주름띠와 함께 귀두에 접근해서 음경을 잡는다. 귀두에 원을 그리듯이 부드러운 자극을 주고 이어서 자극에 변화를 주어 보다 강한 압력을 적용하여 위아래로 리드미컬하게 움직인다(하재청 등, 2008).

② 약물요법

[먹는 발기부전 치료제]

먹는 발기부전 치료제는 표(표 12.17)에 제시된 것 외에도 여러 종류가 있으며 제각기 약효나 발현 소요시간, 약효 지속시간 면에서 다르므로 의사의 처방에 의해 구입해야 한다. 2013년경 비아그라의 특

표 12.17 먹는 발기부전 치료제의 종류와 특징

항목	비아그라	자이데나	시알리스
원리	PDE-5의 작용억제		
성분	실데나필	유데나필	타다라필
발현 소요시간	1시간 후 부터	30분 후 부터	16분 후 부터
약효 지속시간	4~5시간	12시간	24~36시간
장점	최초의 치료제	1일 1회 요법	약효시간이 김
부작용	두통, 안면홍조, 코막힘, 소화불량 등		
개발회사	Pfizer	Donga-A ST	Eli Lilly

허가 만료되어 제네릭 제품(후발상품, 복제품, 특허기간 종료 후 오리지날 약과 똑같은 효력의 제품)도 많이 있다. 물 없이 녹여먹는 융해성 형태(우리나라에서 2011년 8월에 출시)와 혀 밑에 두면 흡수되는 필름 형태의 것도 있다.

치료제의 원리는 모두 PDE-5(phospho-diesterase-5)라는 효소의 작용을 억제한다. PDE-5는 음경의 정맥을 열리게 하여 혈액이 빠져나가게 된다.

- 발기와 이완의 과정

성흥분을 하면 음경의 동맥 모세혈관에서 일산화질소(NO, nitric oxide)가 발생하게 된다(그림 12.10). 일산화질소는 구아닐산고리화효소(guanyl cyclase)의 기능을 활성화시켜 cGMP(cyclic GMP)를 많이 만들게 하여 동맥 혈관의 근육을 이완하게 한다. 음경의 동맥이 열리므로 혈액이 들어오게 되고 정맥이 압박되어 혈액이 나가지 못하므로 혈액이 음경해면체에 머물러 있게 된다. 그리하여 음경이 단단하게 굵어지고 길어지게 된다. 이 상태라면 발기가 지속되겠지만, 동시에 PDE-5라는 분해효소도 생성된다. 사정 후에는 PDE-5에 의해 cGMP가 분해되면 동맥혈관 근육은 다시 수축하게 되고 정맥이 열리게 되어 정맥으로 혈액이 방출되어 발기 전의 모습으로 되돌아오게 된다.

성흥분 → 음경 혈관 내 NO 발생 → 구아닐산고리화효소의 활성화 → cGMP 증가 → 동맥 혈관근육 이완 → 동맥으로 혈류증가 및 정맥 압박 → 발기 → 사정 → PDE-5가 cGMP를 분해 → cGMP 감소 → 동맥 혈관근육 수축 → 정맥으로 혈액 방출 ⇒ 원상태의 음경으로 수축

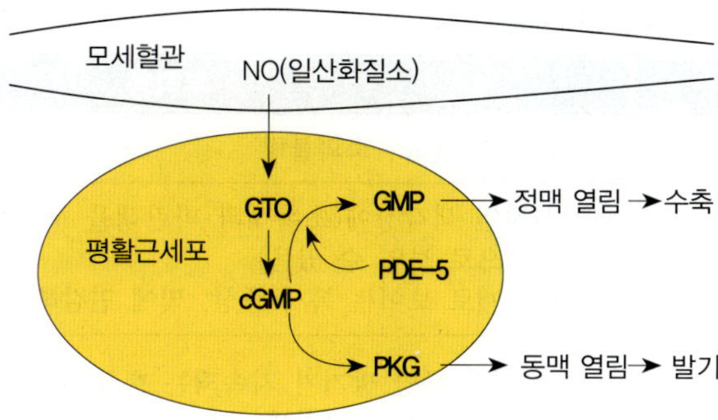

그림 12.10 발기의 원리.

● 치료제의 작용 원리

치료제의 성분은 PDE-5의 활성을 억제하는 물질이다. 이 성분은 PDE-5를 선택하여 강력하게 결합하여 cGMP가 분해되는 것을 억제하여 cGMP의 양을 많이 유지시켜 발기를 장기간 유지시켜주는 효과를 준다. 그러므로 성자극이 있으면 발기력을 향상시키는 역할을 하며 성자극이 없으면 효과는 없다. 사정 후 발기 증상은 없어지게 된다.

● 치료제의 특징

환자의 나이, 지속기간, 원인 등에 관계없이 척추를 다친 환자도 발기를 한다고 한다. 의사의 처방이 있어야만 구입할 수 있는 전문의약품이다. 복용하다 나중에 복용하지 않으면 발기가 되지 않는 상황을 걱정할 필요 없다. 현재까지 중독성이 없는 것으로 밝혀졌다. 먹는 발기부전 치료제는 정력제가 아니고 성흥분제도 아니기 때문에 평소 부부관계에 지장이 없는 사람은 복용할 이유가 없다.

● 부작용과 오해

음경 동맥근육의 이완 효과가 가장 크지만 신체의 다른 혈관근육도 이완시키기 때문에 부작용이 동반될 수 있다(표 12.18). 머리로 가는 혈관이 확장되어 두통, 안면홍조(얼굴이 화끈 달아오르는 증상), 편두통, 코막힘 등이 나타날 수 있다. 물체가 흐릿하거나 푸른색으로 보여 심리적 불안을 겪을 수 있다. 심장으로 가는 혈관이 확장되므로 협심증, 저혈압, 고혈압 환자는 극히 주의를 요한다. 또한 혈압을 떨어뜨림으로 심장병 치료약과 함께 복용하는 것은 금지되어 있다.

많은 사람들이 정력제나 강장제로 오인하고 있다. 약효 지속시간은 발기지속 시간인가? 아니다. 약효 지속시간은 복용 후 제시된 시간 안에 성자극을 받으면 발기가 가능하다는 시간을 말한다. 예를 들어 약효 지속시간이 4시간이면, 4시간동안 계속 발기가 된다는 것이 아니라 4시간 이내에 성자극을 받았을 때에 발기가 가능하다는 것을

표 12.18 먹는 발기부전 치료제의 부작용

빈도	부작용
가장 흔한 부작용	• 두통, 안면홍조, 소화불량
가끔 나타나는 부작용	• 일시적인 색각장애(초록색과 파란색을 구별하기 어렵거나 사물이 파란색으로 보일 수 있음) • 상이 2개로 보이는 복시 증상, 빛에 민감해지는 증상
드물게 나타나는 부작용	• 여러 시간 동안 발기가 지속되는 현상(만일 4시간 이상 발기가 지속하는 경우 즉시 병원에 가서 조치를 취해야 함. 적절하게 조치하지 못하면 음경의 영구적인 손상을 일으킬 수 있음)

말한다.

약효 지속시간은 길수록 좋은가? 지속시간이 꼭 길다고 해서 좋은 것은 아니다. 지속시간이 긴 약을 선택할지, 발현 소요시간(복용 후 발기를 시작할 수 있는 시간)이 짧은 약을 선택할지 등은 의사와 상담을 통해 결정하여야 한다.

● 비아그라

먹는 발기부전 치료제로서 최초로 개발된 비아그라(Viagra)는 전 세계적인 열풍을 몰고 왔으며 의학계 뿐만 아니라 사회적으로도 엄청난 반향을 불러 일으켰고, 성기능 장애를 어느 정도 사회 표면으로 이끌어낸 공이 있다. 최초의 항생물질인 페니실린이 곰팡이에서 우연히 발견되었던 것처럼 비아그라도 뜻하지 않은 우연으로 발견되었다. 협심증 치료제를 개발하는 과정에서 '구연산실데나필'이라는 일종의 시제품이 나왔는데, 실험결과 협심증 치료에는 효과가 없고 오히려 이 약을 복용했던 노년층 남성 상당수가(협심증은 주로 노년층에서 발병) 일종의 회춘현상을 보인 것이다. 구체적으로 말해 음경의 발기효과가 현저하게 두드러져 오랜만에 만족스런 성생활을 누리게 되었다는 것이다. 그리하여 혐심증 치료제 개발의 방향을 바꾸어 발기부전 치료제로 개발하게 되었다.

[호르몬 요법]

프로락틴 과분비증이나 성선자극호르몬 결핍증 등의 여러 내분비 장애가 있을 때 적용이 되며, 테스토스테론의 양을 유지시켜서 성욕을 증진시켜 준다.

[발기유발제 주사요법]

프로스타글란딘E1이라는 혈관확장제를 음경해면체에 직접 주입하여 발기를 유도하는 방법이다. 효과 면에선 뛰어나지만 주사이기에 환자들이 직접 사용하기엔 다소 불편함이 있으나 다른 약물치료에 효과가 없는 사람에게는 좋은 방법이다. 그러나 아주 드물게 발기상태가 오래 지속되어(4시간 이상) 병원신세를 지는 경우도 있다.

③ 도구요법

진공 상태의 실린더 내에 음경을 가두어 발기에 필요한 혈류를 발기조직 내로 빨아들여 발기시킨 후 고무밴드로 음경을 조여 발기를 유지시키는 방법이다(그림 12.11). 장시간(30분 이상) 발기유지가 불가능하고 조작이 복잡하다. 성보조기구로서 성인용품점에서 판매하고 있다.

그림 12.11 진공음경발기도구.

④ 수술요법

● **혈관수술** 음경 해면체에 혈액을 공급하는 혈관에 이상이 있을 경우 음경 동맥재건술과 정맥결찰술 등의 수술요법이 있다.

● **음경보형물 삽입수술** 위의 여러 가지 치료가 효과를 발휘하지 못할 경우, 마지막으로 음경에 인공으로 만든 보형물을 삽입하여 자신이 원할 때 발기상태를 조절할 수 있도록 해주는 방법이다(그림 12.12). 이는 어떠한 발기부전의 경우에도 가능한 치료법이다. 하지만, 비용이 다소 비싸고 또 이물질을 몸에 넣어야 한다는 심적 부담으로 상당한 용기와 결단을 필요로 한다. 수술시 환자의 몸에 들어가는 음경보형물은 여러 가지가 있다.

바르는 발기부전치료제와 비아그라 콘돔

성의학저널(Journal of Sexual Medicine, 2009년 9월)에 의하면, 바르는 발기부전 치료제가 나올 예정이다. 발기부전 치료약을 나노물질에 섞어 신속하게 전달함으로써 바른 지 불과 몇 분 안에 효과를 나타낸다는 동물실험이 성공했다(http://www.kormedi.com).

영국의 푸투라메디칼(Futura Medical)사는 2011년 6월 자사가 개발한 '비아그라 콘돔'이 유럽연합의 판매 승인 절차를 밟고 있다고 발표했다. 이 콘돔은 끝부분에 특수한 화학물질이 포함된 젤이 들어있어 혈관을 확장하고 성기의 혈류를 증가시키는 기능을 한다. 행위 중에 성기를 더욱 단단하고 커지게 만드는 이 콘돔은 비아그라와 달리 의사의 처방을 필요로 하지 않는 것이 특징이다(http://www.kormedi.com).

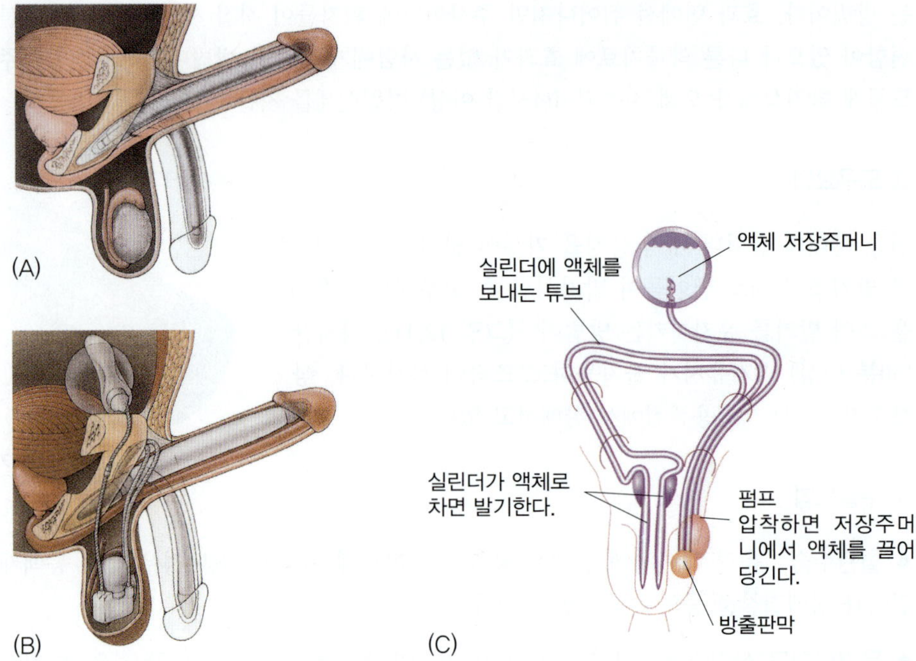

그림 12.12 (A) 비수압식 음경보형물, (B) 비수입식 음경보형물, (C) 인공수압식 음경보형물의 모형도(하재청 등, 2008).

(3) 발기부전의 예방

발기부전을 예방하기 위해서는 성관계를 지나치게 경시하는 생각을 버려야 하며, 현재 자신의 성기능에 문제가 없더라도 평소 적절한 운동을 규칙적으로 해야 할 것이다.

4) 전립선 질환

전립선 질환은 성생활의 문제일 뿐만이 아니라 인생을 얼마나 활기차게 보낼 수 있느냐 하는 열쇠도 쥐고 있다. 전립선 질환으로 남성의 중년기를 우울하게 보내지 않기 위해서라도 전립선의 중요성을 알고 전립선 질병 예방을 위해 노력해야 할 것이다.

(1) 전립선의 위치와 구조

전립선은 남자만 가지고 있고, 방광 아래에 밤알 정도의 크기로 뒤집어 놓은 형태의 장기이다. 방광과 요도의 경계부위에 있으며 전립선 바로 밑에는 요도의 문을 열고 닫는 역할을 하는 요도괄약근이 있다(그림 12.13).

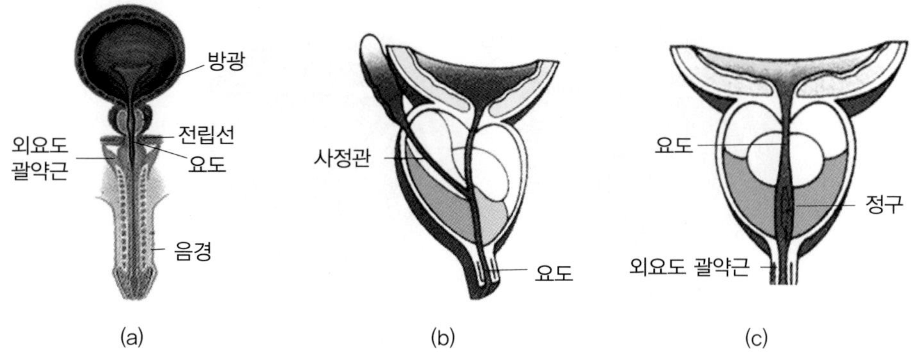

그림 12.13 (a): 전립선의 해부학적 위치(http://www.namgun.net). (b), (c): 전립선 내부.

전립선은 전립선액을 분비하는 조직과 이를 둘러싸는 근육으로 이루어져 있다. 전립선의 가운데는 오줌이 지나가는 요도가 있다. 전립선은 출생 직후에는 발견하기 힘들 정도로 작지만 사춘기가 되면서 커지게 된다.

(2) 전립선의 기능

정액 중 액체 성분의 약 1/3을 차지하는 전립선액을 만든다. 전립선액은 정자에게 영양을 공급하여 활성을 주며 사정된 정액을 굳지 않게 액화시켜 정자의 수정능력을 도와준다. 전립선 가운데로 요도가 지나가므로 전립선이 비대해지거나 염증이 생기면 자연히 오줌줄기에 이상이 나타나며 또한 성기능에 장애가 온다(표 12.19).

(3) 전립선 비대증

전립선이 비대하여짐에 따라 요도가 좁아지거나 폐쇄되어 고통을 받는 질환이다(그림

표 12.19 전립선 관련 질병과 성기능(윤성규, 2010)

구분		특징 또는 종류
전립선과 성기능 관계		• 전립선의 가운데로 요도가 지나가므로 전립선이 비대해지거나 염증이 생기면 배뇨작용에 이상, 또한 사정관이 압박받으면 조루나 사정통증
질병		• 전립선 비대증, 전립선염
치료	전립선 비대증	• 약물요법, 수술요법
	전립선염	• 요도세척

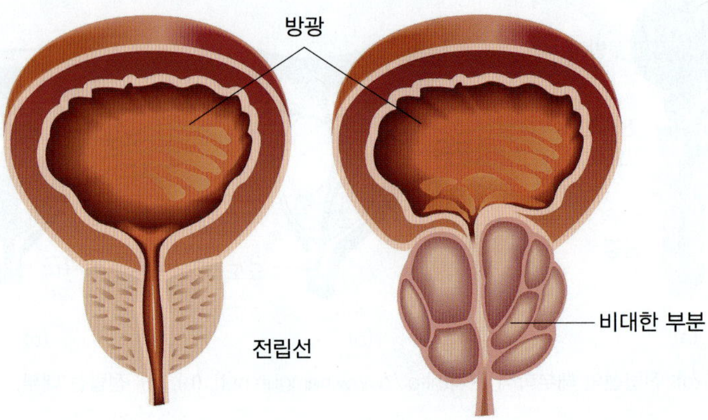

그림 12.14 전립선 비대증의 진행 단계(하재청 등, 2008).

12.14). 치료방법이 매우 다양하기 때문에 환자의 상태와 선호도에 따라 결정을 하게 되며 약으로 효과적인 치료를 할 수 있다.

(4) 전립선염

전립선의 세균성 및 비세균성 염증성 질환 또는 이와 유사한 증상을 나타내는 질환들은 다양한 원인과 증상을 나타내기 때문에 전립선염 증후군이라 부르기도 한다. 요도세척은 전립선염 등 가벼운 질환이 보다 심각한 질환으로 진행되는 것을 예방할 수 있다(그림 12.15).

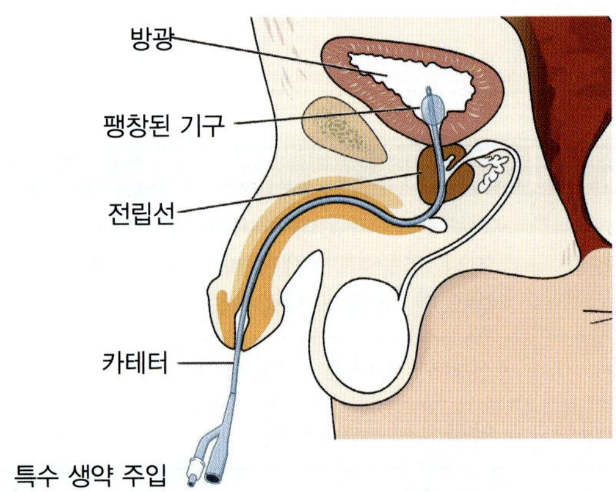

그림 12.15 요도세척법.

5) 고자

정소가 제 기능을 발휘하지 못하여 정자가 생산되지 않고 남성호르몬이 생산되지 않아 성욕이 없는 남성을 고자(鼓子, ennuch)라고 한다. 고자가 되는 경우는 다음과 같다. 첫째, 성적인 성장이 미숙하여 사춘기가 지나도 성호르몬의 분비가 제대로 일어나지 않아 정소의 기능이 어린이 상태인 경우이다. 둘째로는 비뇨생식기의 질병이나 다른 정신성 질병을 앓고 난 후 정소에 이상이 생기면 고자가 되는 것이다. 세 번째의 경우는 궁중에서 환관(내시)으로 쓰기 위해 인위적으로 정소를 잘라내어 거세(去勢)함으로써 정소의 기능이 박탈된 경우이다.

12.4.3. 여성 성기능 장애

여성의 경우 성기능 장애가 있음에도 불구하고 대부분 치료하려고 하지 않는다. 사회문화적인 편견 때문에 지금까지 여성의 성기능 장애는 질환으로 인식되지 못한 측면도 있다. 여성의 성기능 장애의 종류와 원인 및 치료법을 알아보자.

1) 여성 성기능 장애의 종류

여성의 성기능 장애의 종류와 특징은 표 12.20과 같다.

표 12.20 여성 성기능 장애의 종류와 특징(윤성규, 2010)

종류		특징
성욕 장애	성욕감소	• 성행위에 관한 환상과 욕구가 결핍
	성기피	• 성행위 자체가 싫어서 피하는 증상
	성혐오	• 성기접촉을 혐오하고 피함
성흥분 장애		• 흥분기의 윤활과 팽창 반응이 없거나 지속하지 못함
오르가즘 장애		• 흔히 불감증이라 함 • 자극의 강도에 비추어 반응이 없거나 너무 미약하고, 반복 또는 지속적으로 극치감이 없는 경우
성교 통증		• 성교 시 통증
질 건조증		• 흥분을 해도 질에서 윤활액이 분비되지 않음
질 경련증		• 삽입하려고 할 때 질 근육이 수축되어 삽입을 방해함 질 경축이라고도 함

표 12.21 여성 성기능 장애의 원인(윤성규, 2010)

원인		성기능 장애 현상
호르몬	· 폐경기	· 성욕감소
약제	· 항우울제, 혈압강하제, 수면제, 이뇨제, 항히스타민제	· 성욕, 흥분 및 오르가즘 장애
질병	· 질염, 당뇨, 고혈압, 동맥경화	· 성기로의 혈액순환과 감각에 이상
신경 및 근육 손상	· 교통사고나 수술 후유증	· 성기의 감각장애
사회문화성	· 성추행이나 성폭행을 당한 경우 · 성행위에 대한 죄의식 · 정신적 및 육체적 스트레스	· 성욕 장애, 오르가즘 장애
기타	· 선천성 질 및 자궁의 기형 · 남성의 성행위 기술부족	· 성교통증, 오르가즘 장애, 질 경련

2) 여성 성기능 장애의 일반적 원인

여성 성기능 장애의 원인은 다양하고 복합적이다(표 12.21). 신경계, 혈관계, 내분비계의 상호작용에 의해 성기능이 관장되므로 이러한 기능 중 어느 것이라도 성기능 장애를 초래할 가능성이 있다(권과 김, 2000).

3) 여성 성기능 장애의 종류와 치료

(1) 성욕 장애

성행위에 관한 환상과 욕구가 결핍된 경우를 성욕 장애(sexual desire disorders)라 한다(그림 12.16).

① 원인

생물학적 요인(성욕을 지배하는 호르몬이 감소하는 것으로 우울증, 과도한 스트레스, 고혈압, 약물 부작용 등)과 심리적인 요인(불안이나 공포, 분노, 종교적 금기 등)이 있다. 오랫동안 성생활을 금한 경우 성욕이 억압되는 수도 있다. 그리고, 성욕은 보통 중병이나 수술 후에 감소한다. 심리적인 원인이 대부분을 차지하기 때문에 사랑과 친밀감이 가장 좋은 약이다.

● 성욕감소 가정불화로 상대와의 관계가 좋지 않으면 상대방에 대한 미움으로 성욕

이 사라진다. 성욕감소 환자는 보통 사회성이 부족하고 자신감이 없으며 결혼한 사람들에서 흔하고 여성에서 더 흔하다.

• 성 기피 성행위 자체가 싫어서 피하는 증상이다. 이는 주로 성교의 쾌감을 잘 모르는 신혼 초라든가, 성교에 대한 부담이 있는 임신 중 또는 출산 전후, 또는 남편의 외도를 알게 되었을 때의 충격 등으로 나타날 수 있다.

• 성혐오 지속적이고 반복적으로 성기접촉을 혐오하고 피하는 것을 말한다. 과거 성에 대한 불쾌한 기억을 가지고 있으면 나타날 수 있다.

② 성욕 장애 치료

여성호르몬 투여는 음핵의 민감도와 성충동을 증가시키고 성교 시에 통증과 화끈거림을 감소시킨다. 여성 및 남성 호르몬제는 폐경기 여성에서 성욕감소를 치료할 수 있다. 남성호르몬은 여성에서 성욕이나 성환상과 관련이 있기 때문에 남성호르몬 보충요법이 시도되고 있다. 난소를 절제했거나 폐경기 여성에서 여성호르몬 단독 투여는 질윤활액의 증가는 가져오지만 성욕은 영향을 미치지 못하기 때문에 테스토스테론의 보충이 필요하다(권과 김, 2000).

(2) 성흥분 장애

성활동이 종료될 때까지도 흥분기의 유활과 팽창 반응이 없거나 지속하지 못하는 경우를 성흥분 장애(sexual arousal disorders)라 한다. 오르가즘 장애가 흔히 동반된다.

① 원인

다양한 심리적 요인들 즉, 불안, 죄책감, 그리고 공포와 연관된다.

② 성흥분 장애의 치료

• 먹는 발기부전 치료제 남성용 먹는 발기부전 치료제를 여성 성기능 장애 치료제로 사용하려고 임상실험 중이다. 여성과 남성의 성 생리적 차이를 고려한다면 그 효과에 대해서는 많은 연구가 필요할 것이다.

• 국소작용제 크림 형태의 것으로 혈관을 확장시켜 혈류감소로 인한 흥분장애의 치료에 이용될 전망이다(권과 김, 2000).

(3) 오르가즘 장애

자위행위 및 성교 모두에서 자극의 강도에 비추어 반응이 없거나 너무 미약하고, 반복 또는 지속적으로 오르가즘을 느끼지 못하는 경우를 오르가즘 장애(female orgasm disorders)라 한다. 흔히 불감증이라고도 한다. 이것은 처음에는 그냥 지낼 수 있으나 점점 병적으로 되어 삶의 질을 떨어뜨린다. 심지어 오르가즘을 못 느끼는 여성들이 여러 가지 방법으로 좌절감을 표현할 수도 있다. 드물기는 하지만 성욕조차 없는 사람이라면 불감증이 아닌 냉감증이라고 한다.

마스터즈와 존슨에 의하면 오르가즘에 도달하지 못하는 여성이 10–30%에 이른다고 한다. 우리나라의 조사(2007년)에서 여성이 오르가즘에 거의 매번 또는 대체로 도달하는 경우가 약 60%정도였다(표 12.22). 약 13%는 오르가즘을 전혀 느끼지 못하였다.

표 12.22 성관계 시 여성의 오르가즘 도달 빈도수(http://www.sexacademy.org)

<table>
<tr><th>성관계 시 오르가즘 도달 정도</th><th colspan="2">%</th></tr>
<tr><td>거의 매번 도달</td><td>16</td><td rowspan="2">60</td></tr>
<tr><td>대체로 도달</td><td>44</td></tr>
<tr><td>가끔 도달</td><td colspan="2">27</td></tr>
<tr><td>느끼지 못함</td><td colspan="2">3</td></tr>
<tr><td>잘 모름</td><td colspan="2">7</td></tr>
<tr><td>기타</td><td colspan="2">3</td></tr>
<tr><td>계</td><td colspan="2">100</td></tr>
</table>

표 12.23 여성 오르가즘 장애의 원인

원인	특징
정신적	• 임신에 대한 불안이 있을 경우 • 성에 대한 두려움이나 강박관념이 있을 경우 • 부부의 공감대나 대화가 부족할 경우 • 결혼 뒤 실제 성생활에서 성쾌감이 포르노의 기대에 못 미치는 것에 대해 실망하여 급격히 성에 대한 흥미를 잃는 경우
신체적	• 성교통증이 있을 경우 • 성병이 있거나 갑상선기능 저하증, 당뇨병 등 호르몬 계통의 장애가 있을 경우
성경험족	• 과거에 성폭행 당한 적이 있을 경우 • 과거에 동성애 경험이 있는 경우(권과 김, 2000) • 성교에 자신이 없을 경우
약물성	• 혈압강하제, 중추신경계 자극제, 항우울제 등의 약물을 복용할 경우

산부인과 의사들은 "환자들을 상담하다 보면 오르가즘 장애가 의외로 많다"고 말한다. 그리고, 이어져 부부 애정에 한랭기류가 형성된다고 한다.

① 원인

여성 오르가즘 장애의 원인은 표 12.23과 같다.

② 치료

원인에 따라 각각 다르지만 가장 중요한 것은 최초의 오르가즘을 느끼게 하는 것이다. 젊고 감정적으로 성숙되어 있으며 오르가즘을 한 번도 느껴 본 적이 없는 사람일수록 그 치료 효과는 높다. 또, 젊거나 인간관계가 좋은 부부일수록 치료 효과는 훨씬 높다. 자신의 성감대를 남성에게 알려서 치료하는 방법이 있다. 남성의 반복적인 조루 때문에 발생한 오르가즘 장애는 남성을 치료함으로써 해결할 수 있다. 각 증상에 따른 개인의 노력과 솔직한 대화 및 상담이 중요하며, 포르노, 자위행위, 성 보조기구가 도움을 줄 수 있다.

(4) 성교 통증

성교 전과 후 그리고 성교 중에 외음부 및 질의 내부나 아랫배 등에서 반복적 또는 지속적으로 통증을 느끼는 것을 성교 통증(sexual pain disorders)이라 한다. 통증이 있으면 성교를 거절하게 되고 배우자가 강요하는 경우 상황은 더 악화된다. 검사 상으로는 아무런 이상이 없는데도 성교 시에 통증이 생기고 성교 후 자연히 가라앉거나 얼마간 지속되는 경우도 있다. 질 경련과 연관이 있거나 질 경련과 동시에 나타난다.

① 원인

- 성병에 감염된 경우
- 폐경 후 질액이 부족한 경우
- 체위를 바꾸어도 질 깊숙한 곳에서 느끼는 통증이라면 음경이 난소를 건드리는 경우
- 오르가즘 때에 나타나는 통증은 자궁수축에 의한 경우
- 정신적 스트레스로 질액이 충분하게 분비되지 않았는데 삽입할 경우
- 여성이 준비되지 않은 상태에서(질 입구가 열리지 않았는데도) 삽입을 할 경우
- 성교에 관한 긴장과 불안이 있을 경우

② 치료

남녀가 대화를 하고 성교육을 받거나 호르몬 요법으로 효과를 볼 수 있다.

(5) 질 건조증

그림 12.16 질건조증에는 질윤활 연고가 효과.

성흥분을 해도 질에서 윤활액이 분비되지 않는 현상이다. 주로 폐경기 이후 여성들에 많다. 여성호르몬의 부족 때문만은 아니고 신체적인 균형이 깨졌을 때에도 나타난다. 약국에서 판매하는 수용성 질윤활 연고를 사용하는 것이 좋다(그림 12.16). 연고를 사용하면 질 건조 방지 뿐만 아니라 병균의 침입도 방지할 수 있다.

(6) 질경련증

질에 이상은 없으나 성관계에 대한 불안이 심하여 음경을 삽입하려 하면 질의 아래쪽을 둘러싼 근육이 강하게 경련을 일으키는 것이 질경련(vaginismus)이다(그림 12.17).

① 원인

정신적 갈등을 지닌 여성은 의식적으로는 성교를 원하지만 무의식적으로 통증을 느껴 음경의 삽입을 방해하도록 작용한다.

- 첫 경험에서의 통증이 아플지도 모른다고 예상하는 경우
- 성을 억압하는 환경에서 자랐을 경우
- 성폭행에 의해 피해를 입은 경우

② 치료

대부분의 경우 원인이 심리적인 것에 있으므로 심리적인 치료가 우선이며 남성의 이해와 애정이 중요하다. 질근육의 경련을 완화하기 위해 손가락으로 애무하거나 질 확

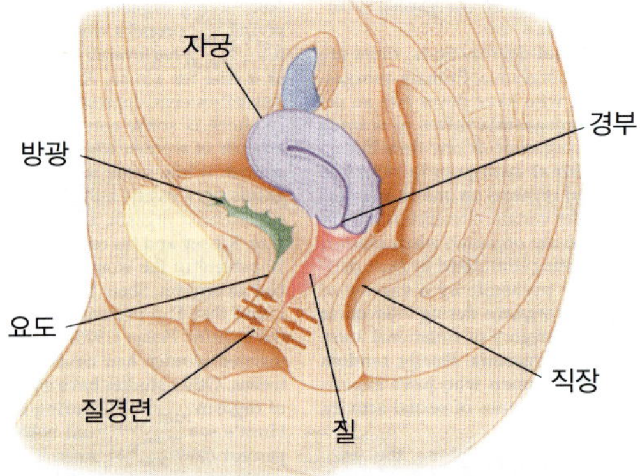

그림 12.17 질경련. 질입구 주변에 있는 불수의근의 경련을 화살표로 표시함(하재청 등, 2008).

여성용 비아그라

'2009실험생물학연례학술대회(Experimental Biology 2009 conference)'의 발표에서 파랑색 비아그라의 짝을 이룰 여성용 '핑크빛 비아그라'를 만들기 위한 연구가 진행되고 있다고 하였다(http://www.kormedi.com). 남성의 먹는 발기부전 치료제는 음경에 혈액이 충분히 공급되지 않는 문제의 해결을 도와준다. 여성의 성기능 장애 중 일부 역시 비슷한 원인으로 생기므로 발기부전 치료제를 암컷 쥐에 투여해 그 효과를 실험해 보았다. 그 결과, 암컷의 질과 음핵에 더욱 많은 혈액이 공급되었다. 그러나 이런 약물로 여성의 음핵에 혈액이 더 공급되어도 성기능 장애 개선은 상대적으로 미미한 것으로 나타났다.

그러다가 드디어 미국식품의약국(FDA)은 2015년 8월 18일 여성용 핑크빛 비아그라인 '애디'(Addyi, 화학명: 플리반세린)에 대한 처방을 승인했다(http://news.chosun.com). 스프라우트(Sprout) 제약이 개발한 '애디'는 여성의 뇌에 화학적인 반응을 일으켜 성욕을 증대시키는 약품(http://news.khan.co.kr)이다. 이는 비아그라 등과는 달리 여성의 성욕 감퇴를 치료 할 목적으로 여성의 성욕과 관련된 증상에 대처하는 약품이다. FDA가 여성의 성욕과 관련한 약품을 승인한 것은 이번이 처음이다.

심리학자이자 섹스 치료사인 레오노레 티퍼 박사는 기분과 식욕을 조절하는 뇌신경에 작용하는 애디는 몇 주 또는 몇 달 계속 복용해야 효과를 볼 수 있다고 강조했다(http://news.khan.co.kr). 임상 시험에서, 이 약을 복용한 여성은 '만족스러운' 성관계의 빈도가 월 1회 추가되는 정도의 효과가 있었다. 하지만 졸림, 현기증, 졸도 등의 부작용도 나타났다(http://news.khan.co.kr).

제약사는 이 약을 2015년 10월 17일부터 판매할 예정이라고 한다. (http://www.hani.co.kr).

장기를 써서 단계적으로 질 경련을 줄이는 방법을 쓴다. 환자가 가지고 있는 삽입에 대한 공포를 함께 치료를 해주어야 한다.

12.4.4. 성기능 장애의 일반적 치료

성기능에 장애가 온 원인에 따라서 심리치료와 약물치료를 한다. 성에 대한 대화를 피하지 말고 상대방의 욕구를 존중하는 자세를 가져야 한다. 그 외의 치료방법은 다음과 같다.

1) 부부 성치료

마스터즈와 존슨에 의해 1970년대 최초로 고안되었으며 부부를 함께 참여시켜 치료한다. 성기능의 장애를 일으키는 행동적 측면도 다룬다는 점이 정신적 치료와 다르다(권과 김, 2000). 성 문제를 자세히 살펴보면, 결혼생활에서 성생활 외의 다른 측면에서 불균형이나 오해를 내포하고 있는 경우가 흔하다. 따라서 결혼관계 전반이 치료대상이 되며, 성생활을 강조해서 다루되 그 중 일부로서 다룬다. 성생활의 심리적이고 생리적 측면을 다룬다. 성생활의 특정부분에 대해서는 치료자가 제안을 하기도 한다. 혼성의 치료팀이 부부와 함께 문제점들을 명확하게 파악하고 토론을 하면서 해소해 나간다. 매 연습시간 후에는 정신치료 시간이 도입되며 성에 관한 그리고 성과는 관련없지만 부부의 인생에서 일어난 문제점들과 만족감을 토론한다. 부부 성치료법은 다른 정신병리 현상없이 성기능 장애가 단독으로 나타나 있는 경우에 가장 효과적이다.

치료의 시작은 부부관계에서 솔직한 의사소통을 할 수 있도록 유도하는 것이다. 성은 자연스러운 기능으로 강조되며 의사소통이 활성화되면서 성생활로 연결되도록 도와준다. 치료는 단기간에 이루어지고 행동주의 원칙을 지향한다. 치료 중 처방되는 내용으로는 5감각을 향상시키는 연습이 있다. 이 기간 동안에 성교 자체는 금하고 성공적으로 성교를 수행해야만 한다는 불안을 떨치고 감각적 즐거움을 주고받을 수 있도록 도와준다. 이를 통해 전희가 성교 및 오르가즘과 동일한 정도로 중요하다는 것을 깨닫도록 도와준다. 이 연습 중에 부부는 불안을 감소시킬 수 있도록 많은 긍정적 상황을 제공받고, 성환상을 적극적으로 불러일으키게 하여 성교 성공에 대한 강박관념에서 벗어나도록 돕는다. 연습도중 어느 한 사람이 성흥분하게 되면 처음에는 배우자가 성기가 아닌 손이나 입을 사용해 오르가즘에 이를 수 있도록 도와준다.

2) 기타 치료법

그 외 최면 치료, 행동 치료, 집단 치료, 분석지향적 치료, 생물학적 치료 등이 있다. 다음은 성기능 장애에 대비한 구체적인 방법들이다.

- 정성껏 애무
- 성환상을 적극적으로 활용하여 성행위에 보다 몰입
- 색다른 분위기를 연출하거나 성관계 장소를 바꿈
- 정신적으로나 육체적으로 최상의 컨디션일 때 성관계
- 해보고 싶은 체위를 시도해 보는 등 성행위에 적극적
- 배우자로 인해 성 기피증이 생겼다면 성적인 대화를 솔직하게 나눔

3) 결론

성기능 장애를 해결하기 위해서 무엇보다 중요한 것은 배우자와 대화하면서 서로 협력하는 것이다. 시간이 지남에 따라 배우자 사이의 대화가 없다면 성생활은 아예 사라져 버리게 될 것이다. 다시 성생활을 시작하려면 시간과 노력을 많이 들여야 하겠지만, 두 사람이 서로 협력한다면 그것도 가능한 일이다. 그리고 성기능 장애를 숨기지 말고 주위 사람이나 의사에게 알리고 도움을 청하는데 주저하지 말아야 한다. 성기능 장애에는 많은 치료법이 있다.

12.5. 성생활의 위기와 탈출

12.5.1. 성생활 장애요인

성생활 장애 요인은 여러 가지이다. 한국성과학연구소는 리서치전문회사와 공동으로 2014년 우리나라의 성의식 및 성실태를 조사하였다. 성생활 장애의 요인 중 성관계 기회의 부족이 가장 큰 요인이었다(표 12.24).

1) 성관계 기회의 부족

우리나라 부부의 경우, 대부분 자녀의 양육이나 교육 부담 및 환경 조건이 따라주지 못하는 것 등으로 성생활의 기회가 부족한 점을 무시 할 수 없다. 부부가 함께 노력하고 기회를 만들어 주기적으로 성관계를 가져야 한다. 또 성에 대해 미숙한 부분을 적극적으로 탐색하며 발전시켜 부부의 결속력을 다져야 한다.

2) 피로

부부는 시간이 흐를수록 각자 가정과 직장에서 부과되는 책임들이 점점 커져 누적되는 피로가 성관계의 불만족 요소로 작용한다. 가능하면 부부가 성관계를 통하여 쌓인 피로를 풀 수 있도록 섹스리듬을 맞추려고 노력하는 것이 현명하다.

3) 여성의 불만족스런 성생활

동아일보 한국성과학연구소 마크로밀엠브레인(리서치회사)이 2014년도에 실시한 공

표 12.24 최근 2개월간 파트너와 성관계를 하지 않은 이유. 복수선택(http://www.hojudonga.com)

응답	남(%)	여(%)
주변상황이 허락하지 않아서	36	27
특별한 이유 없음	31	23
섹스가 귀찮거나 좋아하지 않아서	18	33
자녀와 함께 자거나 육아에 지쳐서	20	22
상대의 성적매력이 없어서	9	7
실직 또는 스트레스 때문	5	7
애정을 못 느껴서	3	7
섹스가 만족스럽지 않아서	5	4

동연구에 의하면 성생활에서 남성은 71% 여성은 42% 만족하였다(http://www.hojudonga.com). 어느 설문조사에서 여성의 성감대를 정확하게 알고 있느냐는 질문에 "그렇다"고 답한 남성이 약 2/3이었다. 그리고, 상대의 성감대를 알고 있다고 대답한 남성이 모르고 있다고 대답한 남성에 비해서 훨씬 결혼생활 만족도가 높았다.

남성들 중의 일부가 여성을 오르가즘에 도달하게 하려는 노력이 부족할 뿐만 아니라 그 방법도 잘 모르는 것으로 나타났다. 상대의 성감대를 알고 함께 즐기는 성관계가 중요하다. 여성의 불만족스런 성생활은 남성이 단지 성교하는 순간의 쾌감에만 급급하고 성생활의 과정을 가볍게 여기기 때문에 올 수도 있다(호암출판사, 1995).

4) 대화 부족

성 자체가 은밀하기 때문에 대화하기가 어렵다. 성에 대해서는 많은 관심을 가져도 오해를 받고, 잘 알아도 문제가 있다는 시각이 크다. 누구하고 어떻게 대화해야 할지 모르겠고 잠자리를 함께하는 사람과도 대화하기 어렵다. 하지만 어느 쪽이든지 성에 대해서 먼저 대화의 문을 여는 것이 좋다.

5) 남성의 성욕을 억제하는 것들

중년기에 들어선 남성들은 성욕을 자극하는 호르몬의 분비가 점차 감소하고, 성흥분 심리를 전달하는 신경계통의 속도도 느려지며, 성 흥분 신호를 받은 다음 발기시키는 혈액순환 계통의 능력도 점점 약해진다. 이런 요소가 모두 성욕감퇴의 원인이 될 수 있다. 그러니까 '젊은이는 성생활의 횟수를 추구하고, 중년 이후는 성생활의 질을 추구한다'는 말이 있는데 이는 사실이다. 대단히 건강하고 또 정력도 예전에 못지 않다고 여길지도 모르지만 설사 그렇다 하더라도 중년기 남성들은 독특한 심리로 인해 성욕이 억제 받게 된다.

사업욕과 성취욕은 성욕을 억제한다. 중년기는 청년기에 품고 있던 자신의 포부와 이상을 실현하는 시기이다. 남성에게 있어서 이러한 성취욕은 여성보다 더욱 강하다. 사업 성취의 대소에 따라 남성의 사회적 지위가 달라지기 때문이다. 따라서 중년기에 어느 정도의 위치에 오르지 못했을 때, 그가 적극성을 띤 사람이라면, 자신의 모든 정력을 쏟아 부어 최후의 일전에 뛰어들 것이다. 그러나 만일 소극적인 사람이라면 초조감과 위기감이 생기면서 심리상의 균형을 잃고 만다. 이 두 가지의 태도는 모두 성생활에 대한 욕구를 억제하게 되는 것이다.

물욕은 성욕을 억제한다. 물욕의 지배를 받는 남성들은 비록 일정한 부를 갖고 있다 하더라도 상대적으로 만족을 느끼지 못하므로 갖은 애를 써 가며 분투한다. 그 결과, 정신적 부담이 커지면서 성생활에 대한 주의력이 분산된다. 그래서 성생활에 대한 욕구도 당연히 감소하게 된다. 그밖에 가정 내의 문제에 봉착했을 때의 경우에도 성욕이 억제된다.

예1: 대화 부족으로 인한 아내의 불만과 처방

Q 남편은 과묵한 편이다. 농담을 하지 않는 것은 아니지만 섹스를 할 때도 말하는 것을 좋아하지 않는다. 그래서 내가 말을 많이 하게 된다. 남편은 섹스를 할 때 야한 이야기를 하는 것을 싫어한다. 이런 섹스가 나는 불만이다. 삽입을 해서까지 야한 이야기를 하자는 것이 아니다. 애무를 하면서 야한 농담도 하고, 주변사람들한테 들은 섹스 상식 같은 것을 서로 이야기하면 훨씬 쉽게 고조되고 그럴 것 같은데, 남편은 말을 시켜도 대답도 하지 않고 소처럼 묵묵히 자기 할 일만 하고 끝낸다. 어떻게 해야 하나? (OOO, 29)

A 섹스 중 '침묵과 대화'의 사례를 실연해보고 최선의 방법을 선택하는 것이 좋다. 침대에서 대화하는 것에 대해 남편과 솔직하게 의논해 볼 필요가 있다. 아마 위의 남편은 이야기에 압박을 받으면 섹스에 몰두하지 못하게 된다고 생각하고 있을지도 모르겠다. 많은 남자들이 그렇게 생각하고 섹스 중에 굳게 입을 다무는 경우가 많다. 아내가 야한 이야기를 하면 남편 기분이 어떤지, 남편이 야한 이야기를 하면 아내 기분이 어떤지, 섹스에 어떤 영향을 미치는지, 둘이 다 침묵을 할 때는 어떤지.... 각각의 상태에 대해 케이스 바이 케이스로 서로 대화를 나눠보고 결과에 따라 선택하는 것이 좋다.

12.5.2. 아내의 성냉담

1) 왜 오는가?

(1) 남편의 잘 못된 역할

남편이 성역할을 제대로 못해 아내의 성냄담이 오는 경우가 있다. 우선 생리학적 견지에서 볼 때, 성행위에서 주요 배역을 맡는 것은 남성이다. 이 주요 배역의 임무가 결코 성 사랑의 무대에 잠시 올라갔다가 내려오는, 채 10분도 못 되어 표현이 끝나는 그런 연극이어서는 안 된다. 여성의 성충동은 남성에 비해 느리기 때문에 여성에게 성흥분이 생길 때까지는 비교적 긴 시간이 필요하다. 따라서 이 짧은 10분만으로 여성이 성만족을 느끼기란 매우 어렵다. 그런데 남편이 자신의 성충동을 통제하지 않고, 그 성충동이 시키는 대로 채 10분도 안되어 성행위 과정을 끝낸다고 한다면 아내는 오르가즘에 도달하지도 못하게 된다. 아내는 남편의 성반응 속도를 따라잡지 못하여 점차

그림 12.18 아내의 성냉담.

성냉담이 생기게 되는 것이다(그림 12.18).

(2) 잘못된 개념으로 초래된 성냉담

대부분의 여성들은 성에 대한 화제가 점잖지 못하고 '고상한 장소에서는 내놓을 만한 것이 못 된다'고 생각한다. 일부 여성들은 자식들이 다 클 때까지 자신의 성 잠재 능력을 알지 못하여 막연해 한다. 이로 인하여 여성은 지나치게 부끄러워하고, 조심하고, 심지어는 자기 몸을 남편에게 내맡기고, 성쾌감을 맛보지 못하는가 하면, 또 성욕을 맹목적으로 눌러 버린다. 그러면서 자기에게도 강렬한 성욕이 있다는 것을 알게 되면 남들이 자신을 비정상적이고 품행이 단정치 못한 여자라고 볼까 봐 겁내는 것이다.

2) 부작용

아내 측에 성냉담이 생기게 되면 다음과 같은 부작용을 초래한다(호암출판사, 1995).

첫째, 남편은 심리상 부담을 느끼게 되므로 아내와 동침할 때 별로 끌림이 없게 된다. 그래서 열정과 생리적 욕구에 의해 진행되던 성생활이 점차 감소되면서 성욕을 잃어버리게 된다.

둘째, 성냉담이 생긴 아내는 생리상의 냉담과 더불어 심리상의 냉담이 심해진다. 이럴 때 남편의 입장에서 보면, 아내의 성행위는 무감각하게 의무적으로 할 수 없이 당하는 성행위와 별다른 차이가 없게 느껴진다. 그러면 정열이 끓어 넘치는 남편은 진퇴양난의 궁지에 빠지게 된다. 성생활이 이 지경에 이르면 인간관계에서도 부작용이 나타나기 마련이다.

3) 아내의 성냉담 탈출을 위한 남편의 노력

자기의 성반응 속도를 통제하고 조절하여 그 속도를 늦춘다. 자기의 성반응이 고조기

영화 '호프 스프링즈(Hope Springs)'

영화 '미녀는 프라다를 입는다'의 데이비드 프랭클 감독의 영화로서 오랫동안 달려 온 지친 사랑에 단비가 되는 사랑치유 가이드를 보여준다. 오랫동안 성생활 없이 따로방을 쓰는 부부가 성생활 치료사의 도움으로 각자의 성생활에 대한 자존심을 지키는 것이 상대보다 중요하지 않으며, 자존심이 상대를 행복하게 해 주지도 않는다는 것을 인식한다. 그리하여 상대를 성적으로 즐겁게 해주기 위해 힘겨운 노력을 하여 서로 성만족을 얻으므로서 이혼위기를 탈출한다.

에 이르게 되면 주의력을 다른 곳으로 옮긴다. 아내를 더욱 따뜻하게 포옹해 주고, 사랑스러운 목소리로 속삭여 주고, 부드럽고 살갑게 애무하고, 재치있게 성자극을 가한다. 그리하여 아내의 성반응이 자기의 성반응에 접근하였을 때 다음 단계로 넘어간다.

- 매번 성행위를 마무리할 때 절대 남편이 먼저 잠에 골아 떨어져서는 안 된다. 그렇게 되면 아내는 마음속으로 남편은 자기 성욕만 챙기는 것으로 생각될 수도 있다. 아내가 성만족을 얻고 후희를 즐길 수 있는 조건을 마련해 주는 것이야말로 진정 성생활을 잘 하는 남편이다.
- 일상생활에서 아내에게 자연스러운 말로 평등하고 솔직하게 성생활에 관한 화제를 꺼내어 아내의 잘못된 성개념을 바로잡아 주어야 한다. 성생활은 비단 아이를 낳기 위한 수단일 뿐만 아니라 동시에 없어서는 안 될 인생의 향수라는 점을 아내가 알도록 해야 한다. 아내도 남편과 마찬가지로 성만족을 느끼고 황홀경에 빠지면 성 사랑의 경지에 들어갈 수 있다.
- 성보복은 금물이다.

12.5.3. 바람직하지 못한 성행위

1) 남편의 바람직하지 못한 성행위

- 살갑고 친질하게 지내자는 아내의 요구를 거절
- 성행위 과정에서 비협조적인 태도를 취하고, 아내가 제안하거나 암시한 성욕을 무시
- 성행위할 때 먼저 사정한 후 곧바로 잠들어 버림
- 성행위 과정에서 고의적으로 성생활과는 전혀 무관한 엉뚱한 화제를 꺼내어 분위기를 흩트려 놓음
- 아내의 감정이 고조되고 성욕이 불타오를 때, 이상하고 어려운 요구를 하고 자기 말을 듣지 않으면 성행위를 중단해 버림

2) 아내의 바람직하지 못한 성행위

- 남편이 애무와 키스를 요구할 때, 이를 들어 주지 않거나 설사 들어 준다 해도 정성을 쏟지 않고 건성으로 함
- 성행위를 하자는 남편의 요구를 냉정하게 거절해 버리거나, 성행위 도중에 몸이 아프다는 구실로 성행위를 중지해 버림
- 성행위 도중에 일상 사무를 보는듯한 태도로 남편에게 빨리 끝내라고 재촉

- 남편이 성 고조기에 막 들어설 때, 성교와는 전혀 상관이 없는 요구를 하며, 그 요구를 들어 주지 않으면 즉시 성생활을 중지하거나 신경질을 부림
- 양기가 모자란다고 남편을 책망한다거나 기를 꺾는 말을 하여 남편의 자신감과 자존심을 상하게 함

3) 해결

위의 상황들은 제 때에 고치지 않으면 부부관계에 커다란 파괴력을 가지게 된다. 심리적으로 약한 부부들은 이로부터 성생활에 대해 혐오감을 느끼게 되는데, 남편은 발기부전으로 아내는 오르가즘 장애로 나타날 수 있다. 만일 어떤 문제로 인해 부부간에 말다툼이 생겼을 때, 성관계를 하자고 하면 어떻게 대처해야 할까? 이를 해결하는 방법은 두 가지가 있다. 한 가지는 침착하게 말다툼을 해결한 후에 성관계를 갖는 것이고, 다른 한 가지는 잠시 그 문제를 한 쪽으로 밀어놓고 홀가분한 마음으로 성관계의 즐거움을 누리는 것이다. 그러면 성생활에서 만족을 느끼면서 생긴 좋은 정서로 인해 이전의 다툼이 완화되고 누그러진다. 성생활을 함에 있어서 정답은 없지만 어쨌든 성에 대해 나쁜 정서를 갖고 있지 않는 것이 중요하다.

성보복

어쩌면 성생활은 결혼관계를 유지시키는 근본이다. 따라서 이 성생활을 떠난다면 결혼관계는 유명무실하게 될 수도 있다. 그런데 결혼생활의 근본인 성생활에서 '전쟁'을 일으키는 것은 자칫 위험한 행동이다. 성생활의 질이 높을수록 부부가 거기서 얻는 즐거움과 열정은 더욱 충실해지며 부부관계도 더욱 돈독해지는 것이다. 성생활이 부부에게 즐거움과 향수를 가져다주지 못하고, 반대로 상대방을 굴복시키려는 강력한 수단의 하나가 된다면 부부관계는 '파탄'의 경지에 이른 셈이다. 성욕은 하루에 세 끼를 먹어야 하는 식욕과는 다르다. 중년기와 노년기에 들어서게 되면 성욕이 점차 하강하게 되므로, 감정상으로 서로 이해해 주고, 성관계의 횟수보다는 질을 추구하면서 예상을 벗어난 성관계도 가지면서 서로 소통할 필요가 있다.

그런데 만약 남편이 성보복을 하였다면 서로 이해해 주고 소통할 수 있겠는가? 성보복을 받은 아내도 성보복을 하려고 생각할 수 있을 것이다. 단번에 화해하기는 어려울 것이다. 우선 이성적으로 자기가 한 행동에 대해서 반성하고, 성보복 행위의 미련성과 부부관계에 대한 파괴성을 인식해야 한다. 그런 다음에 아내에게 손을 내밀어 화해해야 한다. 한 번에 안 되면 두 번, 두 번에 안 되면 세 번, ……. 이렇게 하여 아내의 얼어붙은 가슴을 녹여야 한다. 어떤 방법을 써서라도 아내의 마음을 풀어 주어야 한다. 이렇게 해서 단둘이 평온한 기분으로 이야기를 주고받을 수 있게 되었을 때, 자신의 행동을 사과해야 한다. 그래서 아내가 용서해 주고 자신도 잘못했다고 했을 때 비로소 화해가 된 것이다.

12.5.4. 섹스리스

의학적으로 볼 때 '질병 등 특별한 이유 없이 1년 이상 성관계, 또는 애무(페팅), 오럴 섹스 등 성접촉이 없는 경우'를 섹스리스(sexless)라 한다. 부부가 성행위 없이 산다는 것에 대해 설마하는 사람도 있을 것이다. 섹스리스는 성행위를 일절 하지 않는 경우, 임신이나 출산을 계기로 성행위가 없어진 경우, 정상적인 부부임에도 섹스에 관심이 없어져 섹스를 하지 않는 경우로 구분된다.

여성은 임신을 하게 되고 자녀를 양육하게 되면 성에 대한 흥미가 점점 감소되고 부부관계를 즐기지 못하게 된다. 결혼 기간이 길어질수록 그 동안의 부부생활을 통해 인간적인 결속감은 생기지만, 성욕은 점진적으로 줄어들어 때로는 부부 서로 또는 한 쪽이 성관계를 회피하려고 한다. 대부분의 경우 회피를 하는 당사자는 자신의 성욕 상실증에 대한 인식도 없을 뿐만 아니라 있다 해도 적극적인 해결 방법을 찾으려고 노력하지 않는다(홍성묵, 1999).

부부 중 어느 한쪽이 부족하다고 느끼고 좀 더 적극적이기를 원한다면 그 사람은 심리적인 고통과 불만에 빠지게 되는 것이 섹스리스의 가장 큰 문제점이다. 그러나, 1년 이상 섹스를 하지 않더라도 둘이 공유하는 취미생활이 있고 사이좋게 지내고 있다면 괜찮을 것이다.

섹스리스

- 결혼한 지 1년. 그와 섹스를 하지 않은 지 4개월쯤 되었을까? 마지막으로 한 것이 언제인지 기억조차 나지 않는다. 가끔 애교를 떨면 '잠이나 자자'라며 등을 돌려버린다. 내게 더 이상 여자로서 매력을 느끼지 못한다고 생각하면 서글프다.(OOO, 27세)
- '너를 아끼기 때문'이라는 말을 믿고 아무 관계없이 결혼을 했다. 그러나 결혼 후에도 그는 나와 접촉하려고 하지 않는다.(OOO, 29세)
- 아무리 바빠도 두 달이나 나를 방치해두다니. 욕구불만으로 폭발할 것만 같다. 바람피울 것 같다.(OOO, 25세).
- 결혼한 지 2년째. 둘이 운동을 하거나 여행을 하는 등 사이좋게 지내고 있다. 1년 이상 섹스를 하지 않았지만 불만은 없다. 섹스는 피곤하기만 할 뿐 안 해도 된다면 그것으로 괜찮은 것 아닐까?(OOO, 27세).

12.6. 성생활과 이혼

12.6.1. 성생활 위기의 현황

2014년 10월 법원행정처가 발간한 '2013년 사법연감'을 보면, 우리나라의 이혼소송의 사유에서 성격차이가 약 45% 배우자의 부정행위가 약 7%였다. 표면적으로는 성격차이라고 하지만 그중 일부는 성(性, sex)의 격(格, 품위, style)에서 차이가 있기 때문일 것이다. 우리나라 사람은 문제가 생길 때 의사 등 전문가를 찾아 제대로 해결한다고 응답한 사람은 4%에 그쳤다. 부부 사이의 잠자리 불화를 느끼는 사람들이 서로 노력해서 이를 교정하려고 하는 대신, 다른 방향으로 탈출구를 찾고 있는 지도 모른다.

남편이 아내의 신체적 조건을 고려하지 않고, 과도한 성관계를 요구해 아내가 더 이상 남편의 성요구를 받아줄 수 없을 정도에 이르렀다면 이혼사유가 된다는 판결이 처음으로 나왔다. 1998년 7월 아내(37)가 남편(39)을 상대로 낸 이혼 등 청구소송에서 "두 사람은 이혼하고 남편은 아내에게 위자료를 지급하라"는 판결이 나왔다(매일신문, 1998). 속궁합(남녀의 성적 어울림)이 맞지 않아 이혼하는 예가 많아질 것이다. 속궁합의 갈등이 원인이 되어서 틈이 벌어지고 결국은 파경에 이르는 것이다. 부부생활에서 원만한 성생활은 매우 중요한 것이다. 부부의 행복감은 자신이 상대방으로부터 이해받고 사랑받고 있다는 사실을 느낄 때 온다.

12.6.2. 성생활 위기의 배경

이혼사유가 성문제에 국한된 것만은 아니지만 분명 올바르지 못한 성생활이 중요한 문제점으로 부각되고 있다. 성생활에 주목하여 이혼할 수 있는 배경을 보면 다음과 같다.

1) 남녀의 생리적인 성 차이

남녀의 성은 차이 나게 만들어져있다. 바깥 모양만 다른 것이 아니고 성행위를 할 때 느끼는 성감도 다르다. 남성은 어떻게든 사정만 하면 오르가즘을 느낄 수 있다. 그러나 여성의 경우는 이와 전혀 다르다. 여성에게는 사정이란 현상이 없다. 성행위 때에 성감대에 가해지는 자극들이 점점 고조되어 한 점에 이르렀을 때 오르가즘을 맛볼 수 있게 되는 것이다. 남성은 한 번의 사정을 하면 얼마간의 휴식을 해야 처음부터 다시 시작을 할 수 있지만 여성의 경우 1회의 성행위 때 여러 번의 오르가즘을 느낄 수도 있으니 남성과는 크게 다르다.

그리고 남성은 사정이 끝나면 극치에 이른 쾌감이 곧 사라져 버리지만 여성의 경우는 그 여운을 꽤 오랜 시간 간직하고 음미하고 도취한다. 그러므로 만약 남편이 자기만 오르가즘을 느끼고 아내는 어떻게 되든지 나 몰라라 하며 돌아눕는다면, 아내 쪽에서 그 행위의 끝마무리가 어쩐지 미흡하여 불만스럽게 된다. 이처럼 남자의 성과 여자의 성이 다르다.

2) 성관계에 대한 가치관의 차이

성생활에서 남성에게는 정복과 소유의 의미를 강조하고, 여성에게는 생식과 자녀출산 및 피정복의 의미가 강조되었다. 이러한 가치관의 차이는 결과적으로 성을 통한 의사소통에서도 차이가 생기게 된다. 현대사회로 오면서 성에 대한 태도와 행동이 많은 변화를 보이고 있기는 하지만 아직까지는 과거의 성에 대한 가치관 사이에서 혼란이 있는 것으로 보인다.

3) 아내의 불만족과 노력 부족

대부분의 설문조사에 의하면 아내의 경우 실제로 하는 성교 횟수와 바람직하다고 생각하는 횟수가 별 차이가 없는데 반해, 대부분의 남편들은 실제로 하는 횟수보다 훨씬 많은 횟수를 갖고 싶어 하였다. 성교는 주로 남편이 요구하며, 주로 아내가 요구한다는 응답자는 극소수에 불과해 연령에 관계없이 성교요구를 남편이 먼저하는 것으로 나타났다. 최근 3개월간의 성행위에 불만족하거나 그저 그렇다고 응답한 아내들이 거의 과반수에 이르고, 불만족스러운 이유로는 "남편의 사정이 빠르며 일방적이다." 또는 "성행위가 항상 똑같고 새로운 것이 없다" 등이다. 이러한 일들이 반복적으로 되풀이 될 때 아내는 이를 거부하려고 할 것이며 이는 평탄치 못한 부부관계를 낳는 결과를 초래할 것이다.

한편, 이러한 불만을 가졌으면서도 아내 본인은 이를 해결하려고 노력은 하지 않는 것으로 드러났다. 남편이 늦게 사정하도록 유도하거나, 아내가 빨리 오르가즘에 도달하도록 노력하거나, 대화를 통하여 문제를 해결하려고 노력하지는 않고 소극적인 자세로 남편이 문제를 해결해 주기를 기다리고 있는 것으로 나타났다.

12.6.3. 성생활 위기의 탈출을 위한 방안

1) 남녀의 성 차이에 대한 선입견 버리기

남녀는 태어날 때 성기의 차이 외에는 별다른 차이가 없다. 그러나 자라면서 점차 신체적 · 생리적 · 심리적 차이가 생기고, 이러한 성 차이는 사춘기에 이르러 더 뚜렷하게 나타난다. 즉, 남성은 더욱 남성다워지려 하고 여성은 더욱 여성다워지려고 한다. 일반적으로 남성은 능동적 · 독립적인 것처럼, 여성은 수동적 · 의존적인 것처럼 생각하고 있다(양영기, 2001).

그러나 이것은 대체적으로 실제적 차이와 상관없이 왜곡되고 과장된 것이라 할 수 있다. 남녀 성 차이에 있어서 사회적 통념의 대부분은 근거가 없거나 미약한 것으로 알려졌다. 타고난 것이라기 보다는 성장 단계에서 사회 · 문화 · 환경적인 요인들의 영향에 의하여 얻어지는 것이라고 보고 있다. 이러한 사실은 우리 주위에서 남녀의 벽이 허물어지는 현상으로 나타나고 있다. 결국 남녀 간에는 보통 생각하는 것보다 심리적인 차이가 적은 것으로 보고 있다. 따라서 남녀의 심리적 성 차이에 대한 선입견을 버리고, 서로를 바르게 이해함으로써 각자의 타고난 개성과 자질을 살려 나가야 할 것이다.

2) 결혼에서 성이 갖는 역할 이해하기

부부가 된 남녀는 결혼에서 성이 갖는 역할을 이해하여 사랑과 친밀감을 표현할 뿐 아니라 자녀 출산과 서로에 대한 온전한 소유의식을 공유하여야 한다.

결혼에서 자녀 출산 외 성의 역할은 다음과 같다(유선명, 1994). ① 사랑을 표현하는 멋진 방법 ② 부부간의 친밀함(특별한 종류의 우정)을 증진 ③ 만족스런 성생활은 부부의 결속에 큰 도움 ④ 행복과 안정으로 이끄는 따스하고 부드러운 정서를 제공 ⑤ 갈등을 해소하고 어려움 후에 다시 서로를 향할 수 있도록 도와줌 ⑥ 함께 누리는 특별한 경험을 통해 근심과 스트레스를 덜고 긴장을 풀게끔 함 ⑦ 다른 영역에서 별다른 공통점이 없다 하더라도 성관계의 쾌감은 두 사람이 함께 나눌 수 있는 공통체험 ⑧ 배우자 외의 다른 사람들을 배제하는 내밀함을 제공. 이상은 결혼을 강화해 주는 긍정적 측면들이다.

하지만 성의 역할이 언제나 긍정적이지는 않다. 성생활이 원만하지 못할 경우 불만을 느끼게 되고 이는 상대방에 대해 적대감을 가질 수도 있게 된다. 성이 배우자에 대한 적대감을 나타내거나 혹은 상대방을 조종하는 수단이 되는 순간부터 성의 역할은 파괴적으로 될 것이다.

부부 간의 만족스런 성생활을 위해서는 서로의 감정이 공유되고, 친밀감과 가지고 개방적인 분위기를 만들려는 노력이 반드시 필요하다. 결혼생활을 강화해 주는 성의 긍정적인 측면을 항상 염두에 두어 두 사람 다 만족할 수 있도록 해야 할 것이다.

3) 대화를 통한 해결

성은 부부생활에 커다란 영향을 미치므로 문제가 있다고 판단되면 바로 개선해 나가야 한다. 성이란 다분히 개인적인 것이므로 다른 사람의 말을 듣기보다 자신과 상대방이 추구하는 것이 무엇인지를 알아야 한다. 따라서 서로 간에 문제가 발견되면 대화를 통해서 이러한 문제들을 하나씩 해결해 나가야 할 것이다.

세계적인 베스트셀러 '화성에서 온 남자, 금성에서 온 여자'의 저자이자 부부상담 전문가인 존 그레이는 "남자는 주로 문제해결을 위해 언어를 사용하지만 여자는 주로 감정을 전달하기 위해 언어를 사용하기 때문에 대화 도중 오해가 생기기 쉽다"며 "따라서 서로 상대의 언어를 이해하는 것이 남녀관계에서 생기는 갈등 해법의 첫 걸음"

이라고 말했다. 행복한 부부생활을 유지하기 위해서는 남녀의 차이를 인식한 대화법이 중요하다는 것이다.

10년 동안 7백여 쌍의 부부를 관찰한 미국의 부부갈등 전문가 존 고트만 박사 역시 파경에 이르지 않고 사랑을 유지하는 부부의 비밀이 대화법에 있음을 발견했다. 그들의 대화 내용을 분석한 결과 긍정적인 언어와 부정적인 언어의 비율이 공통적으로 5대 1로 나타났다. 반면 이 비율이 1대 1에 가까운 부부들은 갈등을 일으키고 이혼으로까지 치닫는 경우가 대부분이었다고 한다. 부정적인 발언을 한 번 했을 경우 다섯 번의 위로와 칭찬의 말로 보상해야 한다는 얘기다(구미화, 2005).

12.6.4. 속궁합 문제 대화로 풀기

성생활에 문제가 생기면 대화를 통해서 하나씩 해결해 나아가야 한다. 성관계에서도 파트너에게 충실해야하며 협조적이며 평등한 관계를 유지해야 한다. 성적 관심을 표현할 때는 자기의 의사를 분명히 전달해야 하며, 대화형이나 주문형 성생활로 서로의 다른 점을 알고 부족한 점을 보완하는 마음을 가져야할 것이다.

1) 대화의 장소와 시기

항상 침실에서만 성관계를 갖는 경우에는 절대로 침실에서 성 문제를 논하지 않는 것이 좋다. 만약 침실에서 성 불만을 이야기하게 되면 침실이 성 긴장을 유발하는 장소가 될 수도 있다. 성 문제를 토의 할 때에는 거실이나 그 이외의 장소를 택하고 침실은 즐거운 경험으로만 가득 채우는 것이 좋다(이광호, 2000).

속궁합 문제를 대화로 풀려고 한다면 대화의 시기를 신중히 고려하여 선택하여야 한다. 만약 성관게가 끝난 직후 자신의 의견을 상대방에게 말한다면 상대방의 성교기술에 대한 평가라고 오해되어 원하는 대화의 효과를 기대할 수 없을 것이다. 또한 성관계 전에 성 불만을 이야기하면 성관계의 분위기를 해칠 수도 있으며, 성관계 도중에 말한다면 성관계에 집중하기가 어려워질 수도 있을 것이다. 그러므로 대화의 효과를 극대화하기 위해서는 상대방의 감정상태가 긍정적이고 성에 대한 대화를 할 마음의 준비가 되어 있을 때를 선택하는 것이 중요하다.

2) 대화의 시작

파트너와 성에 관한 대화에 익숙해지는 방법 중 하나는 신문이나 잡지를 이용하는 것이다. 파트너와 신문을 보면서 성에 관한 기사가 있으면 넌지시 “아– 이런 기사도 있네”, “아– 이런 거구나” 또는 “이건 재미있겠는데”와 같은 말을 시작으로 성에 관한 대화를 유도하는 것이 쉬울 것이다. 성에 관한 최초의 대화 내용으로는 왜 자신들이 성에 관해 대화하는 것이 어려운가에 대한 것도 좋을 것이다(이광호, 2000). 만일 상대방이 성에 관한 대화에 부정적이라면 당신이 생각하는 성에 대해서 조심스럽게 설명할 수도 있을 것이다. 대화가 어느 정도 자유로워지기 시작하면 성과 관련된 신체의 기능과 이러한 신체 기관들이 성관계에서 어떠한 영향을 주는가에 대해서 서로 이야기할 수도 있을 것이며, 이러한 과정을 통하여 이전에는 입에 담을 수도 없었던 자위행위 등에 관해서도 대화할 수 있게 될 것이다. 편안하게 대화할 수 있게 되면 함께 성 교본을 보면서 자신들의 의견을 주고받을 수도 있을 것이다.

대화를 유도하기 위한 방편으로 마사지를 시작하는 것도 좋다. 마사지는 꼭 언어적 대화가 아니라 하더라도 성적 대화나 행위와 일맥상통하는 것이기 때문이다.

3) 용어 선택

우리들은 성기를 '거시기', '거기', '고추' 등으로, 성행위를 '박다', '하다' 등의 속어를 사용하기도 한다. 남성들은 이러한 단어들을 사용할 수 있지만 여성의 경우에는 동성과의 대화에서도 사용하기가 매우 어렵다. 이와 같이 어려운 속어를 사용하는 경우에는 성에 대한 긍정적인 감정을 표현하기가 어려울 것이다(이광호, 2000). 이에 반해 음경, 질, 성교 등의 전문 용어를 사용하면 속어를 이용할 때와는 달리 최소한 인간의 신체나 행위에 대한 부정적인 느낌을 피할 수는 있을 것이다. 그러나 이러한 전문 용어는 너무 딱딱하여 에로틱한 대화의 분위기를 해칠 수도 있다. 대신 둘만이 알아들을 수 있는 비밀스러운 단어나 문장을 이용하여 신체의 각 부분이나 행위에 대한 암시를 주고받을 수 있을 것이다. 예를 들어 성행위를 "오늘 별 따러 갈까?", "오늘 홍콩갈까?" 라든가, "오늘 속잔치(섹스의 북한말)할까?"와 같은 완곡한 문장으로서 표현한다면 그 날의 분위기가 더욱 에로틱하게 느껴질 수 있을 것이다.

성에 관한 대화에서는 서로가 사용하거나 듣기에 편안한 용어를 선택하는 것이 무엇보다도 중요하다. 이러한 용어를 사용하여 대화하게 되면 성적인 대화에 대한 거부감이 사라지게 될 것이며, 대화가 계속됨에 따라 차츰 대화 자체나 내용에도 익숙해지게 될 것이다. 어떠한 단어를 사용하던 상대방에게 당신의 감정과 욕망을 충분히 전달하고 상대방의 의사를 확실히 이해할 수 있을 때까지 대화를 계속하는 것이 중요하다.

4) 대화의 방법

어떤 사람들은 성관계 후 상대방에게 어땠는지 질문을 하는데, 이 때 그들은 성관계에 대한 진실한 평가가 아니라 상대방으로부터 칭찬 받길 원하는 것이 보통이다. 그러므로 이러한 질문에 대한 대답을 할 때는 어떤 부정적인 문제를 표현하기보다는 가능하면 긍정적인 반응이나 칭찬을 하는 것이 좋다. 그러나 상대방에게 부정적인 반응을 표현하는 것보다 긍정적인 반응이 서로에게 유익하다고 해서 불평이나 불만을 표현하지 말라는 의미는 아니다. 섹스에 대해서는 무엇보다 솔직해야 한다. 물론 상대방에게 자신의 불만을 얘기하는 것이 가져올 위험을 과소평가할 수는 없다. 상대방이 자신의 의견을 왜곡하거나 모욕당했다고 느끼면서 단호히 거절할 수도 있을 것이다. 그러므로 불평이나 불만을 표현할 때에는 반드시 흥분이 가라앉은 다음에 하는 것을 잊어서는 안된다. 만약 화가 난 상태에서 불평하게 되면 파트너 역시 상대를 비판하게 될 것이기 때문에 불만을 표현할 때에는 진정된 후에 말하고자 하는 내용을 전달하는 것이 좋다.

만일 상대방에게 자신의 성 요구를 언어로서 명확하게 표현한 적이 없다면 성 문제에 대한 책임을 상대방에게 돌리지 말아야 한다. 명확히 말하지 않았다면 자신이 원하는 바가 무엇인지 상대방은 전혀 알 수 없기 때문이다. 상대방에게 말하지도 않았는데 원하는 방법을 알아주기를 기대하는 것은 무리이다. 자신의 성 요구를 상대방에게 언어로서 표현할 때 원하는 것을 얻을 수 있다(이광호, 2000).

대개의 경우 일상적인 관계가 좋은 커플들은 서로의 성격이나 생각을 존중하기 때문에 성 갈등이 있어도 문제를 비교적 쉽게 해결할 수 있는 반면에, 그렇지 못한 커플들은 문제 해결이 쉽지 않거나 해결하기까지 상당한 기간이 소요되게 된다. 만일 상대방을 비판하려 한다면 행위를 비판해야지 절대 인격 자체를 비판하지는 말아야 한다. "당신은 남을 사랑할 줄 모르는 사람이야."라고 말하는 것과 "당신은 나를 얼마나 사랑하는지 행동으로 보여주지 않아"라고 말하는 것에는 큰 차이가 있다. 또한 상대방의 어떤 행동을 비판할 경우에는 그 외의 행동에 대해서는 칭찬해야 한다.

대부분의 사람들은 성에 관한 대화의 방법을 모르기 때문에 어떤 성 문제가 있어도 대화로서 해결하려고 시도하지 않는다. 사람들은 대화를 시작할 때 "나는 당신이 ... 하는 것이 싫다." 또는 "그 때 왜 그랬어?"와 같이 말하는 것이 보통이다. '왜'라는 단어로 시작되는 문장도 파트너를 비판하기 위하여 사용되는 경우가 많다. 이러한 유형의 대화는 상대방의 부정적인 면을 지나치게 강조하게 되어 상대방이 방어하려고 하는 반응을 유발케 하며, 따라서 긍정적인 대답보다는 도리어 비난을 받게 됨으로써 결국은 커다란 논쟁을 불러일으킬 수 있다. "당신이...하면 기분이 좋지 않아"라든지 "왜 당신은 ...하는지 모르겠어"라고 하기보다는 "나는 당신이 ...하기 보다는 ...하면 좋겠더라."라는 말로서 대화를 이끌어 가는 것이 상대방의 마음에 상처를 주지 않으면서도 자신의 의견을 파트너에게 확실히 전달할 수 있는 방법일 것이다(이광호, 2000).

그래서 자신의 의사를 표시할 때에는 1인칭 화법을 사용하는 것이 효과적이다. "나"라는 말로 시작하여 당신의 감정이나 요구 및 생각을 표현하는 대화의 방법에는 많은 장점이 있다. 즉, "나"로 시작하는 1인칭 문장은 자신의 감정을 솔직히 표현하기 쉬운 반면에 '당신'이라는 말로 시작하는 2인칭 문장은 상대에 대한 책망이나 불평을 하게 된다. 또한 1인칭 문장은 상대방에게 부정적인 말을 하지 않기 때문에 상대방의 동의를 얻기에 효과적이다. "당신은 이제 나를 안아주기를 싫어하는 것 같아."라든가 "당신은 더 이상 나를 사랑하지 않아"라는 문장은 공격이나 비판의 의미가 포함되어 있어 상대방의 방어 반응을 유발하게 되지만, "나는 당신이 나를 더 많이 안아주길 바래."라는 문장은 상대방의 방어 반응을 유발하지 않으면서도 본인의 감정이나 요구를 직접적으로 표현할 수 있다는 장점이 있다.

다음에 제시하는 유형의 문장들은 상대방과 성적인 친밀감을 향상시키는 데에 도움이 될 수 있을 것이다. 다음의 문장들을 적합하게 활용할 수만 있다면, 성은 항상 건강하고 풍요로워 질 것이다(이광호, 2000).

"난 당신이 --- 해 줄 때 제일 좋더라."

"내가 즐기고 싶은 체위는 ..."

"내가 성관계를 원치 않을 때는..."

이처럼 1인칭 화법을 사용하여 생각, 감정, 욕망 등을 솔직히 표현하는 것은 상대방에게 믿음과 이해를 불러일으키게 됨으로써 상대방도 역시 자신을 드러내게 될 것이다. 이렇게 서로 믿고 상의할 수 있는 상황이 되면 성 행위에 대한 느낌의 차이 등에 관하여 부담없이 비교하고 토론할 수도 있게 될 것이다.

5) 가슴으로 경청하기

효과적인 대화는 친밀하고 성숙된 관계로 발전시킨다. 우리들은 즐거운 대화를 할 때 상대방에게 언어로서만이 아니라 눈이나 얼굴 표정을 포함하여 몸 전체로서 반응하게 된다. 이와 같이 대화중에 온몸으로 상대방의 의견을 존중하며 상대방을 충분히 이해하고 있다는 사실을 확인시켜 주어야 한다. 귀뿐만 아니라 가슴으로도 경청해야 한다.

하지만 대부분의 사람들은 상대방의 의견을 경청하는 것도 매우 중요하다는 사실을 잊고 있는 경우가 많다. 첫 몇 마디 듣고 속으로는 다음에 나올 말을 짐작하거나 대답할 말을 준비하기 시작한다. 즉 다른 사람들이 얘기하는 것을 끝까지 듣지 않는다. 상대가 얘기하는 것을 끝까지 가슴으로 들어야 한다. 남의 말을 가슴으로 경청하고 생각할 시간을 가진 후 대답하는 상대를 더 존중할 것이다.

6) 상호 간의 이해

아무리 훌륭한 대화를 하더라도 상대방이 하루아침에 변화하길 기대할 수는 없다. 상대방의 태도나 행동이 마음에 들지 않더라도 한번에 모든 것을 바꾸려고 하지 말아야 한다. 천천히 시간을 두고 한가지씩 해결하도록 하는 것이 좋다. 한꺼번에 여러 가지 불만을 표현하면 그에 따라 상대방의 방어행동도 강해지게 되어 결국은 좋은 결과를 기대하기 어려울 뿐만 아니라 도리어 문제가 더욱 심각해 질 수도 있을 것이다.

아무리 대화를 통하여 모든 문제를 해결하려고 하더라도 서로의 의견이 항상 일치할 수는 없다. 어떤 행위나 태도에 대한 견해나 선호도에서 차이가 있을 수 있기 때문에 상대방이 자신을 이해해 주기만을 기대하지 말고 먼저 자신이 상대방을 이해하려고 노력해야 한다. 그러나 이러한 노력에도 불구하고 서로의 성적인 요구가 만족되지 않는다면 마지막으로 전문가의 도움을 받을 수도 있을 것이다.

제 4 부

Science and Esthetics of Sex

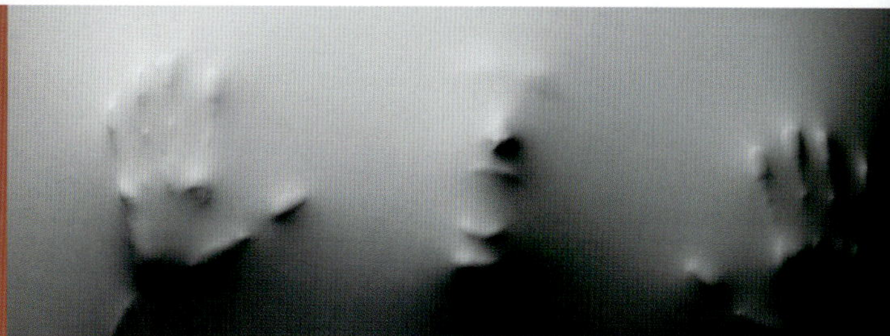

위험한 성

제13장 성병, 알아야 대처
제14장 성도착증과 성범죄

성행위는 쾌락을 주기도 하지만 한편으로 위험한 면도 있다. 그 쾌락을 누리려다가 성병에 걸려 죽음을 맞이할 수도 있고 성범죄로 많은 것을 잃을 수도 있다. 성행위는 은밀하게 진행되므로 성병에 감염될 수도 있다. 또한 개인마다 성에 대한 태도가 달라서 성도착증이나 성범죄로 나타나기도 한다.

제 13 장

성병, 알아야 대처

학습목표

1. 에이즈의 감염경로와 증상을 설명할 수 있다.
2. 매독의 감염경로와 증상을 설명할 수 있다.
3. 임질의 감염경로와 증상을 설명할 수 있다.
4. 기타 성병의 감염경로와 증상을 설명할 수 있다.
5. 성병의 예방법을 설명 할 수 있다.

성에 대한 표현이 과감해지고 인터넷의 발달과 문란한 성행위는 성병확산을 부추기게 되었다. 성병 중에는 에이즈 같은 현재엔 치료가 불가능한 병도 있어서 매우 위험하다. 이러한 문제에 대해서 알고는 있지만 그 문제가 본인에게는 일어나지 않을 것이라고 생각한다. 성병에 걸리면 일단 감추려고만 한다. 제때 치료받으면 쉽게 나을 수 있는 병인데 가족들에게조차 비밀로 감추고 치료를 미루게 되어 더 심각한 질병으로 커지게 된다. 성병에 걸리지 않기 위해서 또는 빠른 치료를 위하여 감염경로 및 증상과 위험성을 알아야 한다.

13.1. 성병의 특징

성접촉에 의해 전파될 수 있는 모든 병을 통칭해서 성병(性病, sexually transmitted disease, STD or venereal disease, VD)이라 한다. 성생활의 패턴에 따라서는 입이나 항문을 통해 전염되기도 하고, 감염된 혈액이나 태반을 통해서도 전염된다(그림 13.1).

- 은밀하게 전염: 자신의 성병을 감추려고 하므로 전염 잘 됨
- 감염 즉시 치료하면 완치 가능: 치료를 미루면 더 심각한 질병
- 잠복기가 김: 증상이 없는 시기에 타인에게 전염

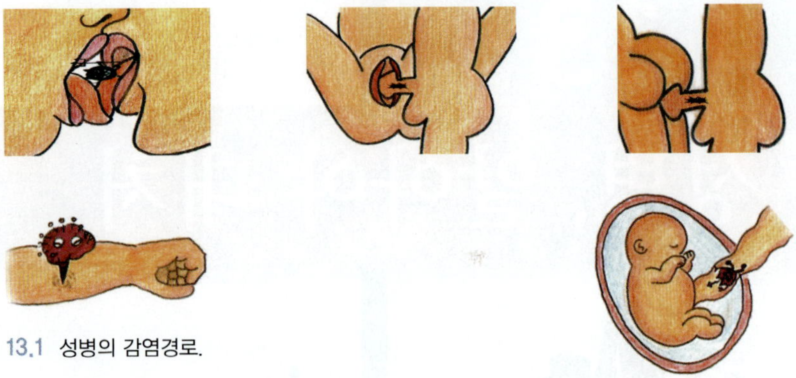

그림 13.1 성병의 감염경로.

- 재발 시 약에 대한 내성으로 치료 힘듦
- 성상대자와 함께 치료해야만 효과가 있음
- 자신의 감염이 태아에게까지 영향을 줌
- 에이즈처럼 치료가 불가능한 성병도 있음
- 성병의 위험성은 알고 있지만 본인에게는 일어나지 않을 것이라고 생각
- 국가 등록관리 대상 질병

13.1.1. 얼마나 무서운 병인지

다음 사례와 같은 의사의 의견을 들어보면 얼마나 무서운 질병인지 알 수 있다.

예 1) 클라미디아로 불임

결혼 4년이 지나도록 임신에 실패하였다. 남편의 정자 생성이 정상이고 아내의 배란도 정상적으로 이루어지고 있었다. 그래서 골반 구조들을 복강경으로 영상화하였다. 사춘기 때 아내가 클라미디아라 불리우는 성병에 감염된 적이 있었고, 이로 인해 지나치게 커져버린 골반내 흉터와 협착이 난관 양쪽을 모두 막아 버렸다. 자연적인 방법으로는 임신할 희망이 희박하다는 사실에 젊은 부부는 슬퍼하였다.

예 2) 골반통증과 심한 질 분비물

예전에 성병에 감염되어 수없이 많은 치료를 하고 결혼 후 임신을 하였으나 끊이지 않는 질 분비물과 골반의 통증으로 고생하고 있으며 아이를 포기해야만 하였다.

예 3) 신생아의 포진 감염

산모가 규칙적인 자궁수축으로 병원으로 이송되어 건강한 아이를 분만했으나 1주일 후 이 갓난아이는 포진감염으로 사망하였다. 일반적인 검사나 병력 조사로 아무런 문제점을 발견할 수가 없었다. 산모가 3주전에 성기부위에 궤양이 발생하였다가 말끔히 사라져 아무런 통증이나 불편감이 없었기 때문에 자신은 성병이 완전히 나았다고 생각했던 것이다. 갓난아이의 포진 감염은 매우 심각한 질환으로 중추신경계 감염으로 진행되며, 만일 치료받지 않는다면 사망률이 65%에 이르고 살아남는다 해도 그 중 10% 정도만 정상적으로 회복될 수 있다. 포진과 같은 성병들은 임신기간 동안뿐만 아니라 아기가 산도로 통과하여 나올 때도 역시 감염될 수 있다.

예 4) 자궁경부암

14세 여중생으로 세포도말검사(자궁경부의 일부 세포를 채취하여 진단하는 검사법)로 자궁경부암 전단계임을 알려주는 심각한 이상이 발견되었다. 그녀는 새로운 파트너와 짧은 시간의 성접촉이 있은 후 사람유두종바이러스에 감염되어 자궁경부에서 심각한 문제를 일으키는 원인이 되었던 것이다.

예 5) 골반 내 감염으로 자궁외 임신

10대 시절의 성경험으로 얻은 골반 내 감염으로 인하여 난관이 손상된 것이 자신의 생명을 위협하는 자궁외임신의 유발요인이 되었다.

13.1.2. 성병검사

성병 감염 여부는 간단한 혈액검사를 통해 쉽게 알 수 있다.

- 전국의 보건소나 의료원에서 성병검사를 받을 경우에는 익명으로 검사할 수도 있고 아주 싼 비용으로 쉽게 검사받을 수 있음
- 의료보호지정 제1, 2차 의료기관에서 무료로 치료해 줌
- 어느 한 가지 성병에 감염되면 다른 성병에도 감염되지 않았는지 자세히 검사 받고 성교 상대도 함께 검사 받아야 함
- 매독은 적어도 수개월 이상 반복하여 감염되지 않았음을 확인하는 것이 매우 중요

표 13.1 원인 병원체에 따른 성병의 구분

원인 병원체	종류
바이러스	• 에이즈, 성기포진(허피스), 간염, 자궁경부암, 성기사마귀
세균	• 매독, 임질, 클라미디아 감염증, 림프육아종, 무른궤양(연성하감), 요도염
곰팡이	• 모닐리아 질염, 칸디다 질염
원생동물	• 트리코모나스 질염
기생충	• 사면발이

13.2 성병의 종류와 특징

수많은 성병 중 대표적인 것에 대해 알아보기로 한다. 원인 병원체에 따라 구분하면 다음과 같다(표 13.1). 위험하고 감염률이 높은 것의 특징을 요약하면 다음과 같다(표 13.2).

13.2.1. 죽음에 이르는 에이즈(AIDS)

에이즈(AIDS)는 Acquired Immune Deficiency Syndrome의 약어(略語)로 후천성 면역결핍증이다. 죽음에 이를 수 있는 성병이며(그림 13.2), 에이즈 바이러스(사람면역결핍바이러스, Human Immunodeficiency Virus, HIV)에 의해 감염된다.

1) 면역결핍

우리 몸에는 본래 병원체가 체내에서 증식하지 못하도록 하는 기능(면역)이 있는데 그 기능을 못하는 상태를 '면역결핍'이라 한다. 병원체가 들어 왔을 때 1, 2차 방어작용으로 물리치지 못하면 3차 방어가 작용한다. 이 3차 방어를 면역(免疫, immunity)이라고 한다(그림 13.3). 면역이란 병원체가 침입하였을 때 이것을 방어할 수 있는 항체(抗體, antibody)가 만들어진 상태를 말한다.

보통의 경우 병원체가 우리 몸에 들어오면, 면역을 담당하는 보조 T세포(Th세포, T–helper cell)는 그 병원체가 적군인지 아군인지를 인지한다(표 13.3). 만약 적군일 경우 보조 T세포는 B세포에게 공격 명령을 내리고, 그것을 받아들인 B세포가 보조 T세포와 함께 공격하여 병원체를 물리치게 된다.

그림 13.2 죽음에 이르는 에이즈.

하지만 에이즈 바이러스에 감염될 경우, 이 바이러스가 보조 T세포

표 13.2 성병의 종류와 특징

종류	원인 병원체	특징
에이즈	바이러스	•후천성면역결핍증 •에이즈 바이러스 침입 → T4세포 공격 → T4 세포 파괴 → 면역결핍 → 합병증 → 사망 •잠복기 3–5년 → 그 동안 전염 •체액(혈액, 정액, 질액, 침, 눈물, 오줌)에 의해 전염 •콘돔 사용
매독	세균	•성접촉 및 수혈에 의해 감염 •태아에게까지 감염 •붉은색의 반점 → 실명 → 사망 •감염률 높음
임질	세균	•남성에게는 요도에서 고름, 여성에게는 증상이 거의 없음 •난관을 막아 불임 •감염률 높음
클라미디아 감염증	세균	•요도 끝에서 무색의 끈적끈적한 액 •감염률 높음
성기포진 (헤르페스)	바이러스	•음부 주위에 물집 •청소년 사이에 급속히 확산(2003년) •감염률 높음
림프육아종	세균	•항문과 구강 성교에 의해 감염 •여드름 같은 돌기 → 림프절 종창 → 항문에 심한 흉터
질염 (질증)	곰팡이, 세균 원생동물	•질 내에만 •흰색의 치즈같은 분비물 •녹백색 또는 황갈색의 냄새나는 분비물
무른궤양 (연성하감)	세균	•남: 성기통증을 수반한 고름 •여: 회백색의 분비물

를 공격하게 된다. 보조T세포 내에서 에이즈 바이러스는 자신의 유전 정보를 이용하여 후손을 증식시키고 이들이 보조 T세포를 터뜨리고 나와 더욱 많은 후손을 만들고 또 다른 보조 T세포를 공격한다. 그러므로 에이즈 환자들의 사망 원인은 단순히 에이즈 바이러스에 감염되어 그 바이러스 때문에 사망하는 것이 아니라, 이 바이러스가 침투하여 정상적인 면역 기능을 점차 감소시켜 어떠한 질병에 걸려도 이를 막아 낼 수 없는 상태로 만들기 때문에 치명적인 합병증으로 사망하게 된다. 그러니까 에이즈는 발병 이후 치료와 관리를 잘하고 다른 질병에 걸리지 않도록 하면 생명에 지장이 없는 만성질환이 되는 셈이다.

표 13.3 면역을 담당하는 세포(림프구)의 특징

종류		기능
B세포	기억세포	• 항원을 장시간 기억하며 형질세포로 분화
	형질세포	• 항체생성
T세포	세포독성 T세포	• 백혈구와 같은 식세포 작용
	보조 T세포	• 위의 3가지 세포를 보조 • B세포가 기억세포와 형질세포로 분화하도록 촉진 • 세포독성 T세포를 보조하는 시토카인 분비

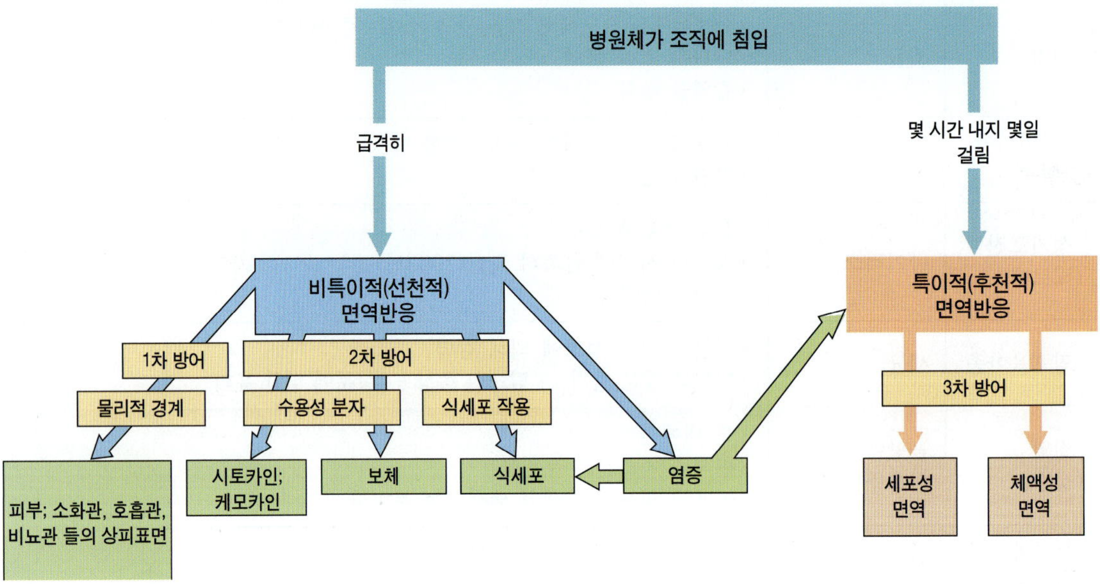

그림 13.3 사람 질병 방어체계의 개요(강신성 등, 2010).

2) 감염 및 진단

감염여부는 간단한 혈액검사를 통해 쉽게 알 수 있다. 혈액검사는 전국의 보건소와 의료원 및 일반병원에서 가능하며 익명으로 검사할 수도 있다.

에이즈 바이러스는 모든 체액(침, 눈물, 혈액, 정액, 질액, 오줌 등)에서 발견된다. 피부 상처를 통해 체내로 쉽게 침투할 수 있고, 2008년 12월에 개최된 미국세포생물학회(American Society for Cell Biology)의 발표에 의하면 상처가 없어도 감염될 수 있다. 미국국립암연구소의 로버트 갈로(Robert Gallo)는 에이즈 바이러스를 발견한 장본인인데, 그에 의하면 감염된 환자는 침이나 눈물에도 바이러스를 가지고 있다고 한다. 에이즈

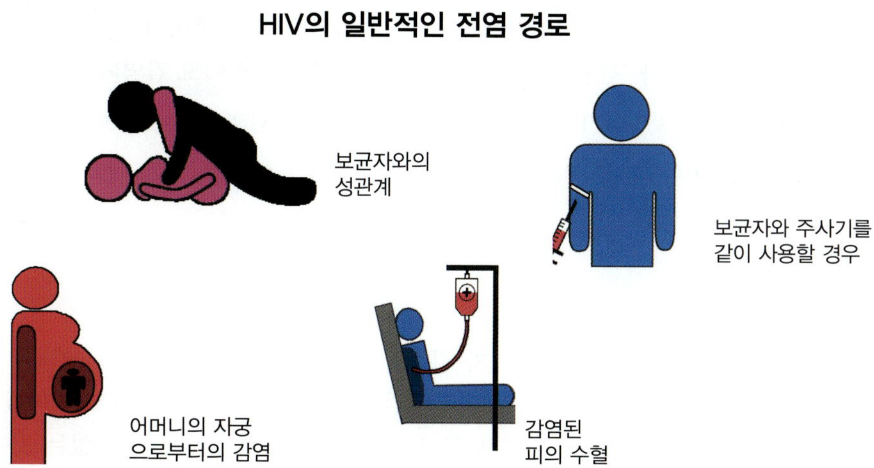

그림 13.4 에이즈의 일반적인 전염 경로.

가 침이나 눈물을 통하여 전염되었다는 증거는 없지만, 아직은 어느 누구도 침이나 눈물을 통하여 이 병이 옮기지 않는다고 확언할 수는 없다. 만일 감염자와 긴 시간동안 키스를 할 때 건강한 사람의 입 안에 상처가 있으면 충분히 전염될 수가 있다. 따라서 감염된 사람과 체액을 교환하는 행위는 모두 감염의 위험이 있다. 특히 감염위험이 가장 높은 체액은 혈액, 정액과 질분비물이다. 감염되는 경우는 다음과 같다(그림 13.4).

- 성접촉(성행위)에서 체액이 맞닿을 경우 감염의 위험이 있다. 항문성교가 에이즈 감염에 위험한 것은 항문주위에 혈관이 많고 미세한 상처가 잘 날 수 있기 때문이다.
- 감염자가 사용하는 칫솔 · 면도기 · 주사바늘을 함께 쓸 경우 감염될 수 있다.
- 소독하지 않는 도구로 귀고리나 문신을 하였을 경우 감염될 수 있다.
- 감염된 혈액의 수혈이나 장기이식 등이 감염의 원인이 된다. 드물게는 의사 · 간호사가 에이즈환자를 다루는 과정에서 주사바늘에 찔려 감염되는 경우도 있다.
- 감염된 산모의 태반을 통하거나(출산전), 출산 중 산모혈액 · 체액과 접촉되어 신생아가 감염될 수 있다. 또한 수유 중에도 감염의 위험이 있다.

그러나 에이즈는 감염자의 체액과 접촉되지 않는 한 감염되지 않는다(그림 13.5.).

- 일상의 가벼운 접촉으로는 감염되지 않는다. 즉 감염자 옆에 앉거나 감염자와 악수하거나 껴안는다고 해서 감염되는 것은 아니다.
- 기침이나 재치기를 통해 감염되지 않는다. 기침이나 재채기는 공기를 통해 바이러스가 전달되지 않는다.

- 음식을 함께 먹는다고 감염되지 않는다. 숟가락에 묻은 바이러스는 국에 담그자마자 바로 죽는다. 감염자가 만졌거나 요리한 음식을 먹어도 감염되지 않는다.
- 변기, 전화기, 옷, 식기 등을 함께 사용한다고 해서 감염되는 것도 아니다.
- 모기를 통해 감염되지 않는다. 모기의 체내에서는 에이즈 바이러스가 생존할 수 없다.

3) 증상

에이즈 바이러스가 들어와도 잠복기가 길어서 수년동안 아무런 증상을 나타내지 않으며, 다만, 감염 후 1~3주 사이에 감기나 독감 같은 증세가 한 두 주 정도 나타났다가 사라진다(표 13.4). 이러한 초기 증세 후 8~10년 동안은 특별한 증세가 없는 것이 보

그림 13.5 에이즈에 감염되지 않는 경우(질병관리본부).

표 13.4 에이즈의 발병단계

단계	이름	증상
1	급성감염기	• 감염1~2주 후 발열, 근육종, 림프절 증대의 증상이 1주일 이상 지속되다 소실
2	무증상기	• 항체양성 이외의 별다른 증상 없음
3	림프절 증대기	• 지속적으로 전신에 림프절 증대 등 변화
4	전신성 증상기	• 발열, 설사, 체중감소, 피부병 등 증상 있음
5	에이즈	• 전신에 피부병 증상 외에 2차 감염, 2차 악성종양 및 신경학적 질환이 발병

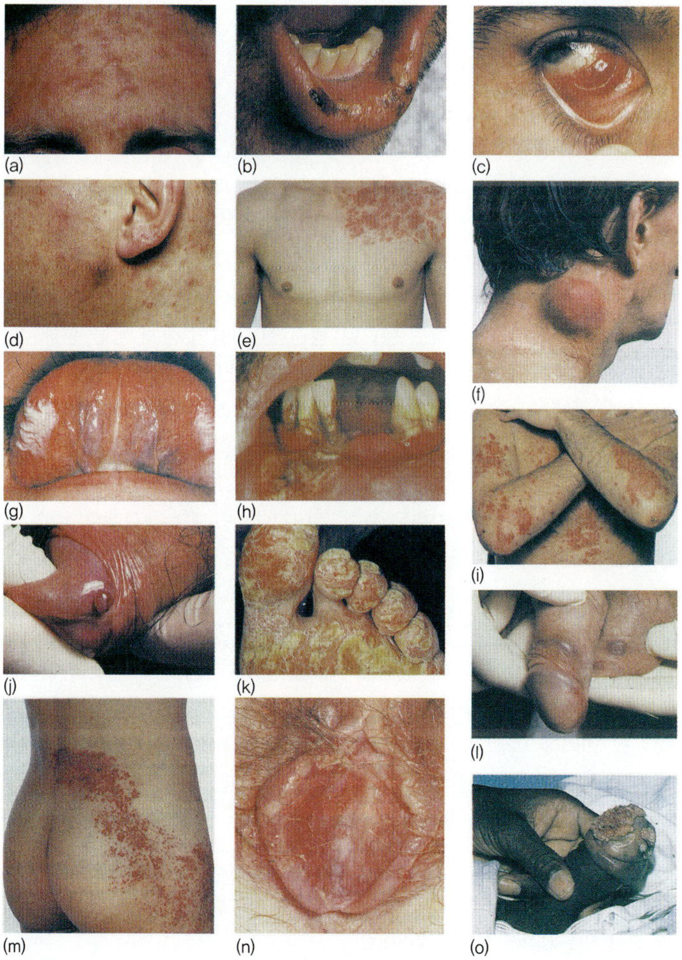

그림 13.6 에이즈 감염환자의 다양한 증상들 (추영국 등, 2015).
(a) 이마에 나타난 종창된 구진 발진
(b) 카포시 육종의 심한 점막염
(c) 안구의 결막에 발생한 카포시 육종
(d) 귀 밑에 나타난 종창된 구진 발진
(e) 대상 포진
(f) 에이즈 환자의 목뒤에 난 림프종
(g) 구강내 백반증
(h) 급성 부식성 치은염증
(i) 에이즈환자의 원판상 진홍색 습진
(j) 음낭의 카포시 육종
(k) 에이즈 환자의 발에 난 백선
(l) 음낭에 난 카포시 육종
(m) 에이즈 환자의 L3부위 대상포진
(n) 젊은 여성 에이즈 환자의 외음부
(o) 남성 음경 귀두의 카포시 육종

통이다. 그러나 증세는 없지만 바이러스는 활동하고 있으므로 몸 안에서는 면역체계가 서서히 파괴되어 가며, 그 동안 다른 사람을 전염시킬 수 있다.

어느 정도 기간이 지나야만 열, 오한, 근육통, 림프절의 부어오름, 가벼운 발진 등의 증상이 나타난다(그림 13.6). 항체가 생겨야만 검사로서 감염여부를 알 수 있고, 항체가 생기지 않는 경우도 있다. 감염 후 대부분 10년내에 50% 이상이 에이즈 환자로 발병되며, 환자로 진전되면 거의 2년 이내 사망하게 된다.

에이즈 환자에게 일관된 증상은 없다. 합병증으로 나타나니까 환자마다 다르게 나타난다. 환자의 면역기능은 점점 약해져 다른 질병에 걸리게 되어 합병증으로 죽음에 이르

상처 없어도 에이즈에 감염

에이즈의 감염 경로는 여태까지 '피에서 피(blood to blood)'로 알려져 왔다. 따라서 성교 때 성기에 상처가 나지 않는 한, 에이즈 바이러스는 상처가 없는 여성의 질 벽을 통과할 수는 없다고 여겨져 왔다.

그러나 이런 기존 학설을 뒤집는 새 연구 결과가 나와 에이즈 예방에 대한 경각심을 높이고 있다. 2008년 12월에 개최된 미국세포생물학회(American Society for Cell Biology)의 발표에 의하면, 상처가 없는 여성의 자궁 조직에 에이즈 바이러스(HIV)가 형광색을 띠도록 조작해 이 바이러스(HIV)가 뚫고 들어가는 과정을 촬영했다고 한다. 이 바이러스는 질 외벽에 아무 상처가 없어도 세포의 일부가 죽어 떨어져 나가면서 세포들 사이의 간격이 다소 느슨해졌을 때 세포 사이를 미끄러지듯 침투해 들어가는 것으로 밝혀졌다(그림 13.7). 이 바이러스가 질 외벽을 뚫고 침입에 성공하는 데는 4시간이 걸렸다. 침입에 성공한 이 바이러스는 면역 세포를 감염시키면서 면역 시스템을 파괴하기 시작했다.

여태까지 과학자들은 에이즈 바이러스가 포진 바이러스 등으로 생긴 질 외벽의 상처 등을 통해서만 침입할 수 있다고 여겨 왔다. 그러나 포진 치료를 위한 항바이러스 약물을 처방해도 에이즈 감염은 줄지 않아 이러한 이론에 의문이 제기됐다. 또 일부 학자들은 에이즈 바이러스가 자궁경부의 상피세포 단일층을 뚫고 들어갈 수 있다고 생각했으나, 이 부위를 인공적으로 차단해도 감염률에 영향을 미치지 못한다는 연구 결과가 나왔다.

연구팀은 "이번 연구를 통해 질 외벽에 아무 상처가 없어도 성교를 통해 남성의 에이즈 바이러스가 여성의 질을 침투할 수 있다는 사실이 확인됐다"며 "질을 통한 에이즈 바이러스 감염을 막기 위한 새로운 전략 마련이 시급하다"고 말했다(http://www.kormedi.com).

그림 13.7 에이즈 바이러스(주황색) 질 벽의 느슨한 상피세포를 통과해 면역세포(초록색, 보라색)를 향하는 모습(데일리매일).

게 된다. 하나의 질병이 지속되다가 시간이 지나면서 다른 질병으로 나타나면 에이즈로 의심해 볼 수 있다. 이처럼 에이즈는 한순간의 쾌락을 쫓다가 생명을 잃을 수도 있는 무서운 병이다. 다음과 같은 경우에는 에이즈로 의심해 볼 수도 있다(권덕기 등, 2000).

- 피부 질환이 빈번하게 생기는 경우
- 입 주위나 성기 주위에 물집이 계속 생길 경우
- 설사가 한달 이상 지속될 때
- 열이 나거나 밤에 식은 땀이 계속 날 때
- 식욕이 없고 몸무게가 계속 빠질 때
- 특별한 원인이 없이 감기 혹은 호흡기 질환이 잘 생기는 경우
- 특별한 원인이 없이 임파선이 잘 붓는 경우
- 시력이 저하되고 정신혼란이 있거나 기억력이 많이 떨어질 때
- 증상이 없더라도 에이즈 고위험군의 사람과 성접촉이 많을 경우

4) 에이즈 바이러스 감염자와 에이즈 환자의 차이

에이즈 바이러스 감염자란 몸 속에 에이즈 바이러스를 갖고 있는 사람을 말하며, 에이즈 환자는 감염 후 면역체계가 파괴되어 2차 감염증이나 악성종양이 나타난 경우를 말한다(표 13.5).

5) 치료

전 세계 거의 모든 유명 제약회사들이 정부의 지원 아래 에이즈치료제 개발에 박차를 가하고 있으나, 현재까지 완쾌방법은 없고 단지 억제시키는 약이 있을 뿐이다. 약을 복용하면 바이러스의 수가 일정 수준 이하로 억제됨으로써 면역기능이 어느 정도 회복된다. 그러나 이렇게 감소했다가도 약을 중단하면 다시 바이러스가 증가한다. 따라서 약을 계속 복용해야 한다.

표 13.5 에이즈 바이러스 감염자와 에이즈 환자의 차이

구별	차이점
에이즈 바이러스 감염자	• 몸 속에 에이즈 바이러스(HIV)를 갖고 있는 사람 • 에이즈 증상이 나타나기 전까지는 수년간 아무런 증상이 없음
에이즈 환자	• 감염 후 면역체계가 파괴되어 2차 감염증이나 악성종양이 나타난 경우 • 발병 후 대개는 2~3년 후에 사망

6) 예방

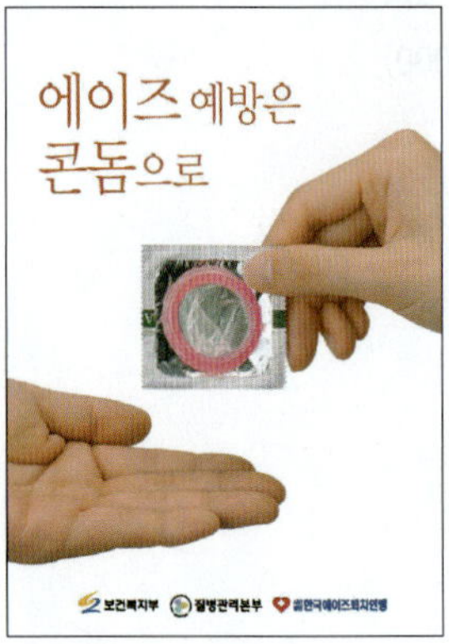

그림 13.8 성병예방 위해 콘돔사용을 권장하는 그림(보건복지부).

에이즈 감염자들은 외모로 판단할 수 없기 때문에 성관계를 할 때 가장 중요한 것은 체액(침, 눈물, 혈액, 정액, 질액, 오줌 등)을 섞지 않는 것이다. 낯선 사람과 성행위 때 침을 섞는 키스를 하지 말고 애무할 때에 체액을 섞지 않고 콘돔을 사용하는 것이 예방법이다(그림 13.8). 불건전한 성행위 등은 피하는 것이 에이즈로부터 자신을 안전하게 지킬 수 있는 길이 될 것이다. 입과 항문을 통한 성 접촉을 금해야 한다. 다른 사람이 썼던 면도기나 주사기는 절대로 사용하지 말아야 한다.

13.2.2 전신에 퍼지는 매독

매독(梅毒, syphilis)은 트레포네마 팔리듐(*Treponema pallidum*)이라는 세균에 의해 감염되는 질병이다. 혈액을 타고 전신으로 퍼진다(그림 13.9).

1) 감염

체외에서는 즉시 사멸되므로 주로 매독 환자와 키스나 성교와 같은 직접적인 접촉에 의해서만 전파된다. 예외적으로 간혹 감염된 유리컵이나 손수건, 담배, 술잔, 면도칼, 주사바늘을 통해서 전파되기도 한다(그림 13.10). 드물기는 하지만 수혈이나 태반을 통해 태아에 전파되기도 한다.

2) 증상

매독은 크게 선천성 매독과 후천성 매독으로 나눈다.

(1) 선천성 매독

산모가 매독에 감염되었을 경우 임신 16주부터 매독균이 태반을 통하여 태아에게 감

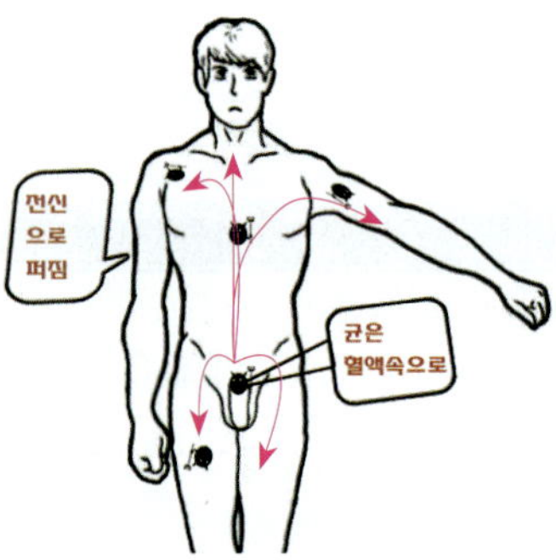

그림 13.9 혈액을 타고 전신으로 퍼지는 매독.

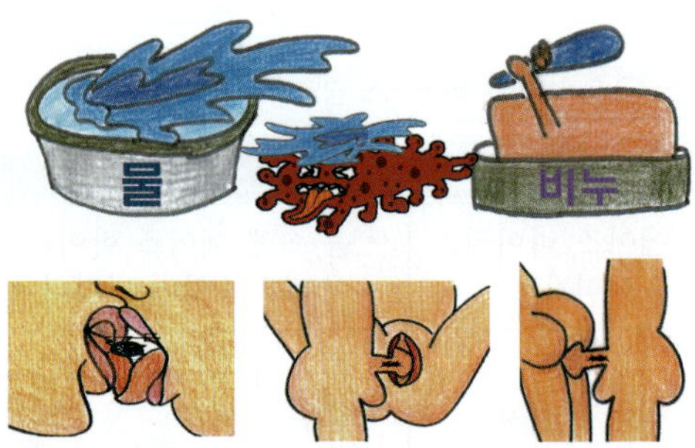

그림 13.10 매독의 감염경로.

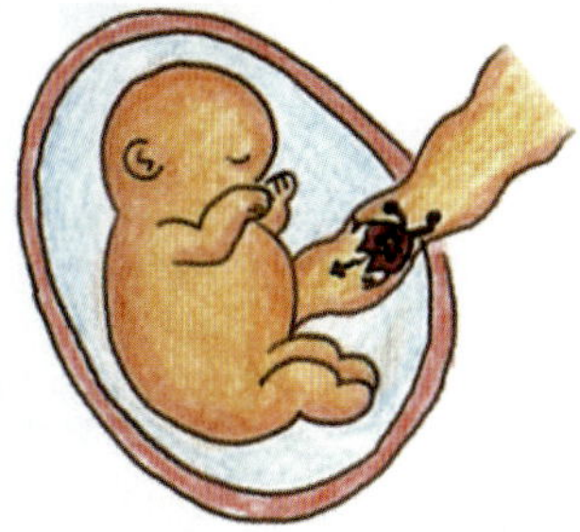
그림 13.11 태반감염에 의한 선천성매독(임신 16주 이후).

염된다(그림 13.11). 간혹 매독에 감염된 산모의 모유를 통해 유아에게 감염되기도 한다.

(2) 후천성 매독

1기, 2기, 잠복기, 3기까지 있는데 1기와 2기 매독이 가장 전염성이 강해 1회 접촉만으로 약 50~60%가 발병한다(그림 13.12).

- 1기: 성 접촉 후 평균 3주 후 피부가 허는 궤양이 생기는데 처음에는 약간 붉은색의 반점처럼 보이다가 나중에는 돌기처럼 돋아난다(단단한 궤양). 궤양은 치료하지 않아도 3~8주 후에 자연 소실되고 2기 매독으로 진행되므로 환자는 다 나은 것으로 착각하기 쉽다(http://www.scienceall.com).
- 2기: 보통 1기 매독 증세가 없어지고 3~6주 후에 자각 증상 없이 나타난다. 홍색 반점이 전신에 발생하거나 머리카락이 빠지는 매독성 탈모증이 2기 매독의 대표적인 증상이다(그림 13.13).
- 잠복기: 3~6개월 간 지속되던 2기 매독 증상이 사라지면 잠복기에 들어가는데 이를 잠복 매독이라 한다(그림 13.14). 잠복 매독은 매독 혈청 검사에서만 양성 반응을 보이고 이상 증세를 보이지 않는 시기이지만 계속해서 세균은 각 기관에 침투해서 뇌, 척추, 혈관, 뼈를 감염시키는데 그 기간은 수개월 혹은 수년간 지속될 수 있다.

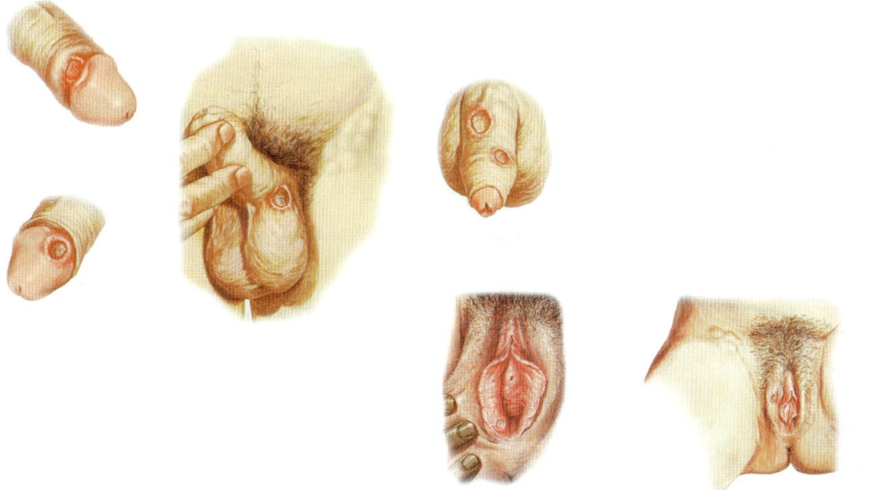
그림 13.12 매독의 증상들(추영국 등, 2015).

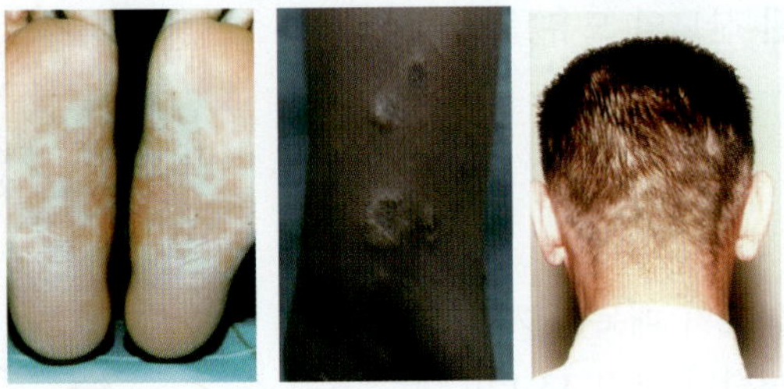

그림 13.13 매독 2기의 증상.

그림 13.14 잠복기의 매독.

그림 13.15 3기 매독의 증상(좌), 신경과 뇌까지 침범한 3기 매독(우).

- 3기: 매독균에 의한 과민 반응으로 발생하며 치료받지 않고 방치한 감염자의 절반 정도가 3기 매독으로 접어들게 된다. 종종 심장병, 안과 질환, 뇌나 척수의 손상을 가져와 졸도, 발광, 실명, 정신 이상이 되기도 하고 심하면 생명을 잃게 된다(그림 13.15).

3) 치료

초기에는 항생제로 완치가 가능하다(그림 13.16). 하지만 완치를 확인하지 않고 치료를 중단하면 재발하여 전신에 퍼진다.

그림 13.16 초기에 항생제로 치료되는 매독.

13.2.3. 임질

우리나라에서 임질(淋疾, gonorrhea)은 가장 흔한 성병으로 원인균은 나이세리아 고노레아(*Neisseria gonorrheae*)로 보통 임질균(gonococcus)이라고 한다. 보균자와 접촉 후 수일간의 잠복기가 지나면 초기 증상이 나타난다. 임질균은 체외에서는 저항력이 약해 18°C 이하와 43°C 이상에서는 수 시간 내에 죽는다. 또한 건조한 상태에서도 저항력이 약하다. 최근 임질환자들이 늘고

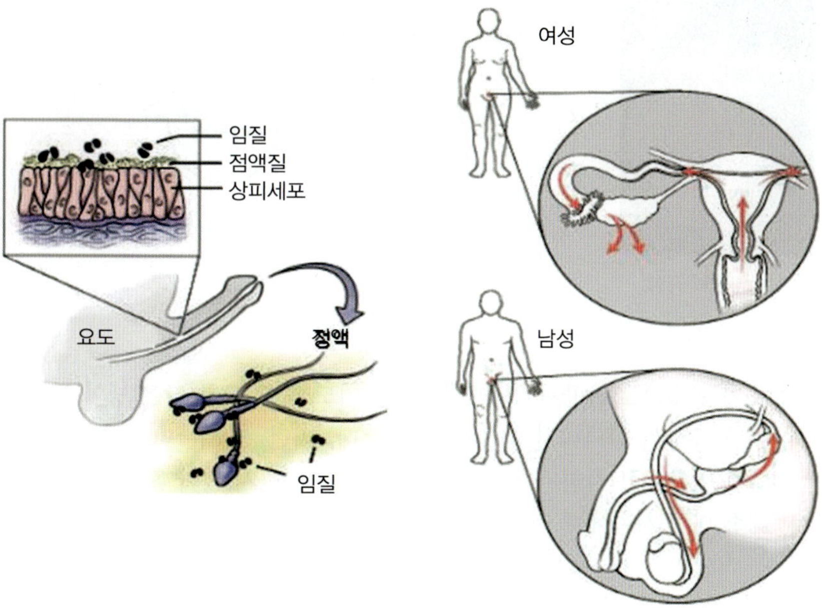

그림 13.17 임질의 감염 경로.

있는 것은 세계적인 추세라고 한다.

1) 감염

균에 직접 접촉해야 감염된다(그림 13.17). 임질균은 피부접촉을 통해 전염되지만 공동으로 사용하는 질세정 기구나 속옷, 타월 등에 의해 감염될 수 있다. 그러나 건조한 곳에서는 금방 죽어버리기 때문에 화장실 변기나 문손잡이 같은 것을 통해서는 옮지 않는다(민경희 등, 1999). 이러한 것을 통해서는 저항력이 약한 유아의 경우에 감염 가능성이 높다.

2) 증상

- 남성: 초기증세로 소변 볼 때 따끔거리면서 녹색을 띤 황색 고름 같은 분비물이 요도 끝에서 나오기 시작한다(그림 13.18). 요도 끝이 발갛게 부어오르기도 하고 평소보다 자주 화장실을 들락거리게 된다. 배뇨 시작할 때 열감, 고통, 동통(신경 자극으로 몸이 쑤시고 아프게 느껴지는 고통)이 수반된다. 치료하지 않으면 요도를 타고 전립선과 정소로 전염되며 심한 통증과 고열뿐만 아니라 불임 및 류마티스 관절염을 일으킨다.

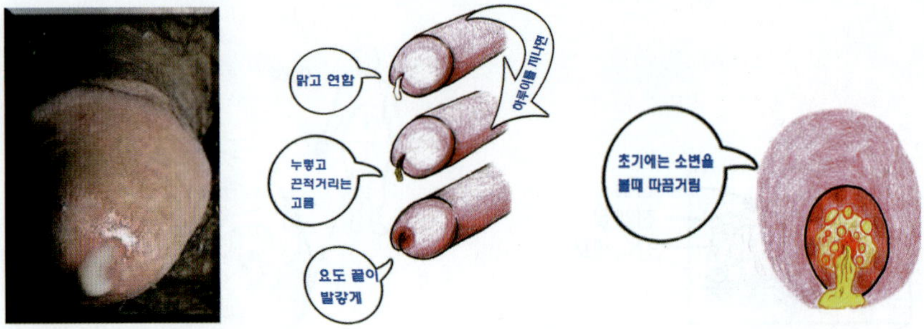

그림 13.18 임질의 증상.

- 여성: 초기 증상으로 소변을 볼 때 따끔거리기도 하고 고름 같은 냉이 흐르기도 한다. 아무런 증상이 나타나지 않을 수도 있는데, 이런 경우는 더 나쁘다고 할 수 있다. 왜냐하면 본인이 감염된 사실을 모르고 치료를 하지 않아 후유증이 나타나기도 하며, 계속 다른 사람에게 전파하기 때문이다.

3) 치료 및 합병증

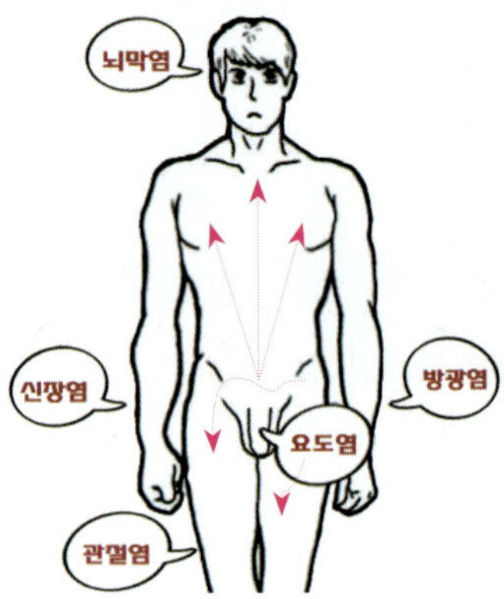

그림 13.19 임질의 합병증.

항생제로 잘 치료된다. 치료를 하지 않으면 여러가지 합병증을 유발하므로 빠른 치료를 해야 한다(그림 13.19). 특히 면역이 생기지 않으므로 재감염 될 수 있고 매독이나 비임균성 요도염 등 다른 성인병과 혼합된 경우 모르고 지나치기 쉽다. 임질균이 혈류를 타고 돌아다니는 패혈증이 되면 관절염이나 뇌막염을 일으킬 수 있다.

- 남성: 부정소, 정낭, 전립선 등에 염증을 일으킬 수 있고 요도가 좁아지는 요도 협착이 생기기도 한다(그림 13.20).

- 여성: 치료하지 않고 방치했을 경우, 자궁, 난관, 난소로 퍼지며 난관이 막혀 불임이 되기도 한다(그림 13.21). 치료할 수 없는 불임

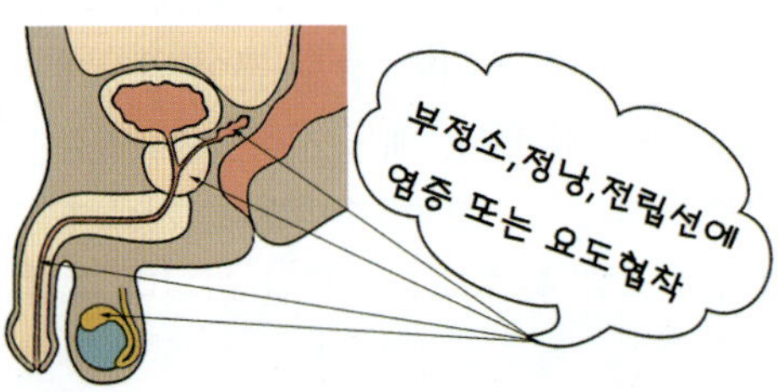

그림 13.20 임질의 남성 합병증.

을 가져올 수 있는 치명적인 성병 중 하나다. 또한 임질에 걸린 임산부가 분만을 하면 신생아의 눈 결막에 감염되므로 신생아의 눈을 특별한 용액으로 씻어준다(http://www.scienceall.com).

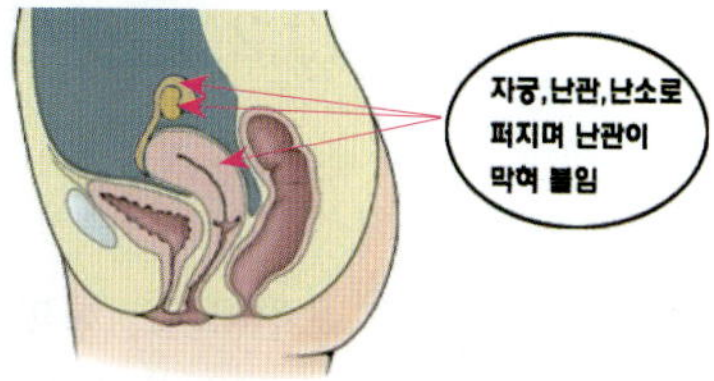

그림 13.21 임질의 여성 합병증.

13.2.4. 클라미디아 감염증

1) 감염

클라미디아 트라코마티스(Chlamydia trachomatis)라는 세균에 의해 요도, 정소, 자궁과 난관에 감염된다.

2) 증상

잠복기는 불분명하지만 2주일 내외이다. 남녀 모두에서 임질균 감염증과 유사한 증상이 나타나지만 임질균 감염증보다 증상이 가볍다.

- 남성: 절반 정도는 감염되어 있으나 증상을 느끼지는 못한다. 음경에서 가려움증, 고름 분비물, 소변 볼 때나 성관계 때 통증 등이다.
- 여성: 3/4 정도는 감염되어 있으나 증상을 느끼지는 못한다. 질의 분비물, 소변 볼 때 화끈거림, 하복부 통증, 성관계 때 통증 등이다.

3) 치료

초기에는 항생제로 완치가 가능하다(그림 13.22).

그림 13.22 클라미디아의 치료.

4) 후유증 및 합병증

항문 성교로 인하여 직장염이 발생할 수 있고 통증이나 후증(거의 낫다가 다시 덧나는 병) 등의 증상이 나타날 수 있다.

- 남성: 부정소염(부고환염), 전립선염, 불임 등이 나타날 수 있다(그림 13.23).
- 여성: 난관염이나 만성 골반통이 발생할 수 있다. 점차 진행되어 골반염이 되면 영구불임이 될 수 있다.

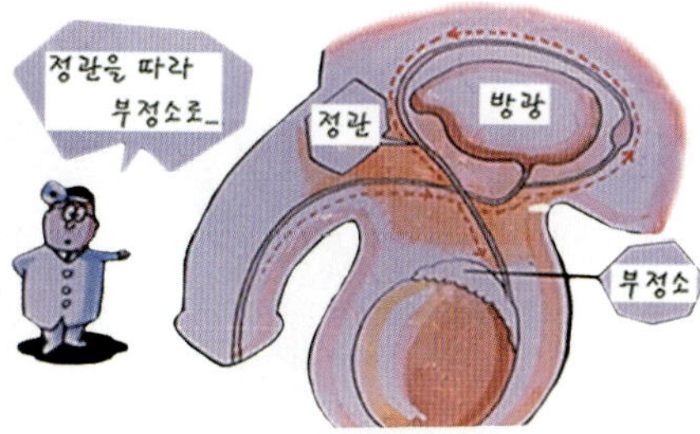

그림 13.23 클라미디아의 합병증.

13.2.5. 평생동안 재발하는 성기포진

1) 감염

포진(疱疹, 허피스, 헤르페스, herpes progenitalis)은 투명한 액체로 가득 찬 작은 물집이 생기는 바이러스성 전염병이다. 성기포진은 성기의 삽입없이 단지 성기의 접촉만으로도 걸릴 수 있다. 현재 이상이 없다고 하여도 과거에 성기포진에 걸린 적이 있으면 상대에게 옮길 수 있다. 최근 청소년 사이에 급속도로 번지고 있다.

2) 증상

외부성기 주위에 물집이 생기고, 발열, 근육통, 피로감, 무력감, 경부 임파선 비대 등의 증상이 동반되기도 한다(그림 13.24). 산모의 질에 성기포진이 있는 경우에는 출산과정에서 태아에게 감염될 수 있다. 일단 감염되어 체내에 들어가면 척추신경마디에 자리를 잡고 있다가 신체적으로나 정서적으로 심한 스트레스를 받을 때마다 재발한다.

감염되면 4~7일의 잠복기를 거친 후 따갑고 화끈거리는 통증과 더불어 성기 주변에 포진이 생긴다. 이 포진이 터진 후 그 자리에 궤양(피부나 점막이 부분적으로 파괴된 상태)이 남으며 신열과 두통, 근육통, 배뇨 시 통증 등이 있다. 감염 후 일주일 정도 지나면 저절로 증상이 사라지고 포진과 궤양은 1~3주 후 없어진다. 최근 여성 환자의 경우 임신을 했을 때 태반을 통해 태아에 감염되어 유산이나 전신성 및 중추 신경성 기형을 유발할 수도 있음이 밝혀졌다.

3) 치료

초기에 진통제를 복용하고 꼭 죄는 팬티를 피하며 더운 물과 비누로 성기를 씻는 것이 좋다. 씻은 후에는 피부를 깨끗한 수건으로 잘 닦고 말려야 하며, 완치 후에도 10일간은 성교를 피해야 한다. 치료는 항바이러스제로 하지만 증상이 나타날 때 억압하

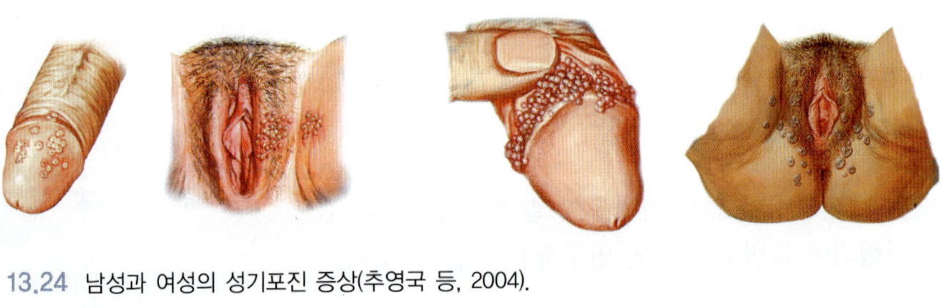

그림 13.24 남성과 여성의 성기포진 증상(추영국 등, 2004).

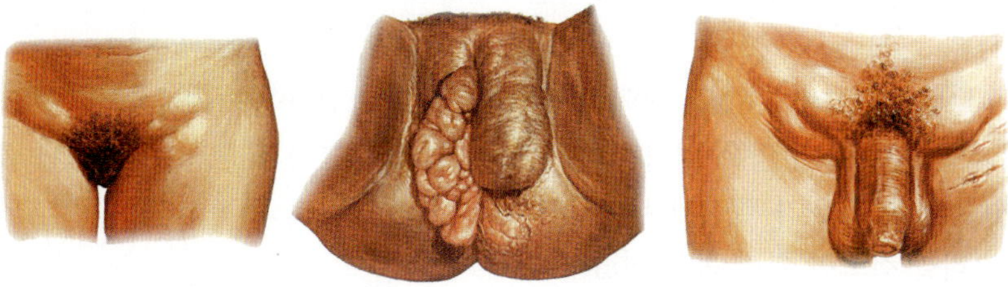

그림 13.25 림프육아종 증상(추영국 등, 2007).

는 효과 정도이지 신경마디에 자리잡은 바이러스를 완전히 소멸시키지는 못하므로 병은 거의 평생 동안 재발하게 된다.

13.2.6. 림프육아종

1) 감염

클라미디아(*Chlamydia*)속 세균의 일종에 의해 감염된다. 주로 성교에 의해 감염되고 매독, 임질, 무른궤양(연성하감) 다음으로 많다. 여성보다 남성의 발병률이 4배나 높다(추영국 등, 2007). 오럴섹스나 항문성교에 의해 전염될 수도 있다.

2) 증상

이 성병은 3단계를 거친다.

- 1기: 성기에 작은 궤양이나 여드름 같은 것이 돋아난다.
- 2기: 한쪽 사타구니에 통증을 수반하는 림프절 종창이 생기는 동시에 열이 나고 오한과 전신통증을 수반한다. 여성의 경우에는 20~30%의 환자만이 이러한 2기 증상을 보인다. 항문염증, 항문분비물, 항문출혈, 항문부위 종기 등이 나타난다.
- 3기: 성기가 크게 부어오르고 항문에 심한 흉터가 생기며 대장이 부분적으로 손상된다.

13.2.7. 질염

정상적인 질에는 많은 종류의 세균(박테리아, 미생물)이 있어 질의 적당한 산성도를 맞추어 준다. 평소에도 7종 이상의 공생 세균이 서식하고 있다. 그러나 어느 한 종이라도 너무 급격히 증가하면 성병을 일으킨다.

그림 13.26 질염의 증상.

1) 증상

가려움증이 심하다(그림 13.26). 질의 염증 및 자극으로 인하여 가려움증이 심하고 냄새, 비지 같은 분비물이 많은 것이 특징이다. 배변과 소변의 횟수가 늘고 소변 볼 때 통증이 있으며 질 부위가 빨갛게 부어올라 성교 시 통증을 느끼기도 한다. 이 곰팡이는 한번 자리를 잡으면 뿌리 뽑기 어렵다.

2) 세균성 질염(질증)

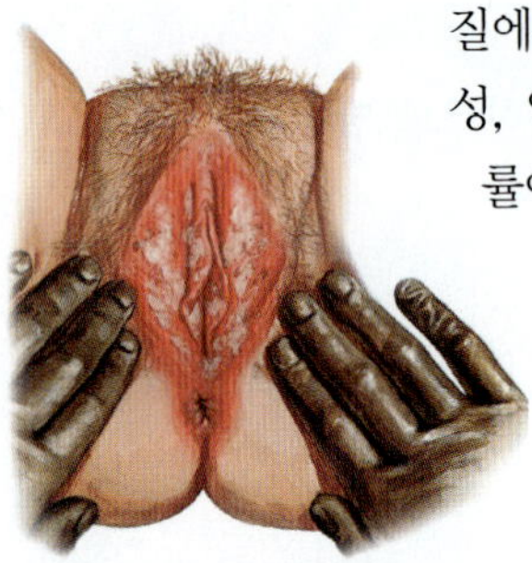

그림 13.27 세균성 질염 (추영국 등, 20015).

질에서 짙은 흰색의 치즈 같은 분비물이 나온다(그림 13.27). 당뇨병이 있는 여성, 임신부, 먹는 피임약을 사용하는 여성, 항생제를 사용하는 여성에게서 발병률이 높다(http://www.scienceall.com).

3) 트리코모나스 질염

옅은 녹백색 혹은 황갈색의 냄새가 나는 분비물이 나오고 질과 외음부에 통증과 가려움을 느끼게 된다(그림 13.28). 재발하기 쉬우므로 치료 후 월경 2~3주기 후까지 확인해야 한다(http://www.scienceall.com).

4) 칸디다 질염

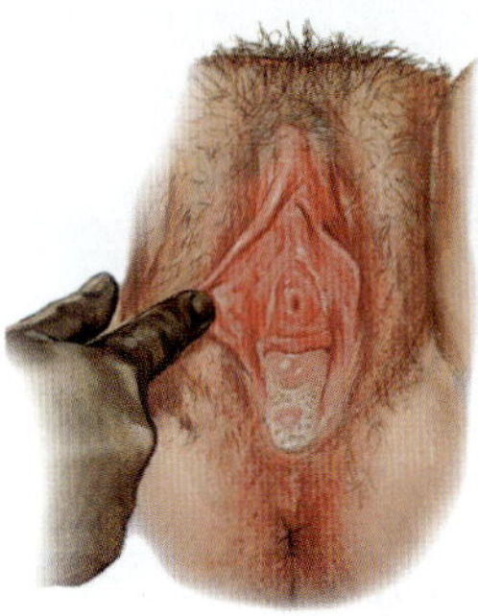

그림 13.28 트리코모나스 질염 (추영국 등, 2015).

평상시에는 증상이 나타나지 않다가 부신피질 호르몬제나 항생제를 대량 사용하면 대량 번식하여 병이 된다. 그 외에 임신 중 또는 먹는 피임약을 복용했을 경우 호르몬의 이상으로 질의 상태가 변해서 균의 증식이 일어난다.

5) 여러가지 질염의 예방법

평소에 질염을 예방하는 하는 방법은 다음과 같다(표 13.6).

13.2.8. 무른궤양

궤양이란 피부나 점막이 부분적으로 파괴된 상태를 말한다.

1) 감염

무른궤양(연성하감, chancroid, 延性下疳)은 헤모필루스 듀크레이(*Haemophilus ducreyi*)라는 세균(박테리아)에 의해서 발병한다(추영국 등, 2007).

표 13.6 여러 가지 질염의 예방법(윤성규, 2010)

수칙	설명
면 팬티를 입는다	· 열과 습기조절
질 내부를 너무 자주 세척하지 않는다	· 이로운 미생물을 제거하게 됨
대변 후에는 앞에서 뒤쪽으로 닦는다	· 항문의 박테리아가 질에 전달 방지
부드러운 비누와 물로 성기와 항문을 규칙적으로 씻는다	· 스프레이 사용을 피함
질에 불쾌감이나 통증을 주는 성행위를 피한다	· 모세혈관 파열 우려
항생제를 과다복용하지 않는다	· 이로운 미생물이 정상적으로 서식하는 균형을 방해

2) 증상

성 접촉 후 수일 간의 잠복기를 거쳐서 처음에는 한 개의 작은 종기가 나타나며 곧 이어 통증이 동반된 지저분한 표면을 보이는 궤양이 나타난다(그림 13.29).

- 남성: 음경이나 항문 주위에 통증을 수반한 궤양이 생기면서 배뇨 시 아랫배가 아프거나 직장에 출혈이 생기기도 한다. 사타구니가 붓기도 한다.
- 여성: 질 입구나 항문 주위에 작은 농포(고름이 괴어 있는 것)나 돌기가 생기고 2~3일 이내에 동통(신경 자극으로 몸이 쑤시고 아프게 느껴지는 고통)을 수반한 궤양과 갈백색 혹은 회백색의 분비물이 나오며 불쾌한 냄새가 나고 대체로 통증과 가려움증을 유발한다. 간혹 대음순이 심하게 붓기도 한다. 초기에 통증이 있으므로 다른 성병과 구별된다.

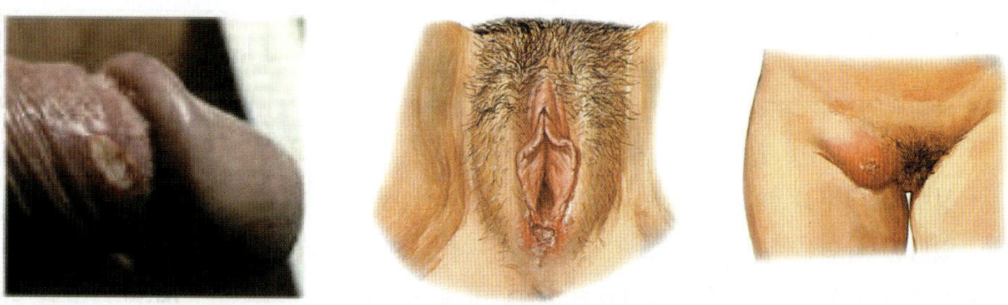

그림 13.29 무른궤양의 증상. 여성의 무른궤양(추영국 등, 2015).

3) 예방

- 콘돔과 함께 수용성 살균제를 같이 사용한다.
- 살균제는 오럴섹스나 항문성교에는 효과가 없다.
- 콘돔을 사용해도 음낭이나 항문 주위에 있는 무른궤양은 전염될 수 있다.
- 피부접촉에 의하여 다른 부위로 전염될 수 있으므로 만지지 않아야 한다.

13.3. 성병의 예방

성병 뿐 아니라 모든 질병에 대한 대책은 그 질병이 걸리기 전에 예방하는 것도 중요하지만 질병에 걸렸을 때 대책을 세우는 것도 역시 중요하다. 일단 성병에 걸리기 전에는 문란한 성 행위를 금하고 올바른 성관계를 가져야 한다(그림 13.30). 그리고 비록 나와는 상관없다고 여기더라도 어느 정도 기본적인 성병에 대한 지식을 알고 있어야 할 것이다. 여성의 경우 증상을 느끼지 못하는 경우가 많고 자궁까지 감염되어 염증을 일으키고 불임이나 자궁경부암 등의 원인이 될 수 있으므로 감염되지 않도록 매우 주의해야 한다. 틈틈이 자신의 몸에 관해 관심을 많이 가지고 몸의 변화를 빠르게 알 수 있도록 주의 깊게 살펴보아야 할 것이다.

그림 13.30 문란한 성관계의 위험성을 알리기 위한 홍보물(http://www.scienceall.com).

이렇게 예방을 하더라도 어쩔 수 없이 성병에 걸렸다면 빠른 치료를 해야 한다. 빠른 치료는 빠른 회복을 가져오고 그 피해도 줄어들겠지만 차일피일 미루다 보면 병만 더 악화되고 치료가 불가능하여 목숨을 잃을 수도 있다. 더구나 사랑하는 사람에게까지 고통을 주고 또 아름다운 사랑이 퇴색되어 버릴 수도 있다. 조금이라도 의심스러우면 검진하고 치료해야 할 것이다.

13.3.1. 성병 확산이 멈추지 않는 이유

성병의 원인균이 대부분 규명되어 있고 또 효과적인 치료법이 알려져 있음에도 불구하고 널리 퍼지는 것은 다음과 같은 이유일 것이다.

- 사회적인 제약이 적어지고 개인행동의 자유화로 성생활에 대한 관용과 방종이 많아졌고, 인터넷 활성화 등으로 문란해진 성관계가 많아졌기 때문일 것이다.
- 성병의 대부분은 그 증상이 잘 나타나지 않기 때문이다. 자기 자신도 성병에 걸렸다는 사실을 모르면서 성관계를 하여 다른 사람에게도 전염시킨다.
- 영양상태와 위생상태의 개선으로 같은 병에 걸렸어도 그 증세가 매우 가벼워 환

자 자신이 병에 감염되어 있는 것을 모르거나, 알았다고 하더라도 진찰과 치료를 받는 데 소홀해질 수 있다.

- 피임약 및 피임기구의 발달은 임신에 대한 걱정을 감소시켜 성관계의 횟수의 증가를 가져왔다.
- 성행위의 형태가 다양해져 성기 이외의 부위로부터 감염되는 성병이 늘어나게 되었다. 특히 입이나 항문을 사용하는 성희의 증가는 새로운 성병을 야기시키게 되었다.
- 교통수단의 발달과 함께 국내외적인 인구이동의 증가는 성교 상대의 다양화를 가져왔다.

13.3.2. 성병 예방법

성병은 다른 전염병과는 달리 그 원인이 확실하고 개인의 의지로 감염되는 것을 피할 수 있다. 성병예방법을 세 가지로 나누어 알아보기로 한다(표 13.7).

표 13.7 성병을 예방하는 방법(윤성규, 2010)

항목	방법
사회제도적 예방	• 성교육과 성병지식의 보급
	• 건강진단
일상생활에서의 예방	• 성교 상대를 한정
	• 성병에 대한 지식을 습득
	• 성기를 자주 관찰
	• 조심(콘돔, 질좌약 사용)
	• 정직(감염여부 알린다)
	• 서둘러서 검진하고 치료
	• 재삼 검진하여 완쾌를 확인
	• 2세까지 생각
성교할 때 예방	• 콘돔사용
	• 성병예방약 사용
	• 성교 후 세정
	• 성교직후 소변

1) 사회제도적 예방

성교육과 성병지식의 보급 : 올바른 성도덕을 가지게 하는 것은 쉬운 일이 아니지만 성에 관한 올바른 지식을 교육하는 것은 제도적으로 가능할 것이다. 적당한 연령 때에 학교에서 또는 직장에서 가르치는 것이다. 그러면 우선, 성병감염자와 접하는 기회가 적어지고 혹시 접한다고 해도 예방방법을 취하게 되며, 감염되었더라도 빨리 깨달아 일찍부터 올바른 치료를 하게 된다. 또 이런 성병에 관한 지식을 매스컴을 이용하여 보급시킨다면 그 효과는 더욱 클 것이다.

건강진단 : 폐결핵의 정기적 진단과 마찬가지로 성인이 되는 해에 성병검사를 받도록 유도하는 것도 좋은 방법이다. 이런 검사는 병을 발견하는 데에 도움이 될 뿐 아니라 그로 인해 성병에 대한 관심이 깊어지고 검사를 하게 되면 스스로도 걸리지 않도록 주의하고 또 감염된 사람은 빨리 치료하려고 노력한다는 점에서 크게 효과가 있다. 그리고 직장에서 주기적인 건강검진 항목에 성병을 포함시켜야 할 것이다.

2) 일상생활에서의 예방

성기 위생 청결 : 성기를 자주 관찰하는 습관을 갖는다. 성병에 대한 지식을 활용해서 자신과 성상대자를 관찰하는 것이 필요하다(그림 13.31). 상대자가 거부감을 느낄 것이므로 애무하는 동안 눈치 채지 않게 관찰하는 것이 좋다.

- 성기 부위는 접촉이나 마찰 등에 의해 쉽게 헐어 염증이 생기기 쉽다.
- 목욕을 자주하고 속옷을 자주 갈아입는다.
- 더러운 손으로 성기를 만지면 염증이 생기기 쉽다.
- 합성섬유로 된 내복이나 옷을 꽉 끼게 입으면 염증이나 곰팡이가 생길 수 있다.

생활지침 : 평소에 다음과 같이 한다.

- 몸에 직접 닿는 속옷은 면제품을 입는다.
- 시판되고 있는 약제(여성청결제) 사용을 금한다. 너무 자주 비누를 사용하는 것도 좋지 않다. 이런 약제나 비누는 질 속에 있는 이로운 균을 죽일 수 있다.
- 손가락을 질 속에 넣는 것은 매우 비위생적이다. 샤워기로 외음부만 살짝 닦는다.
- 소변을 본 후 휴지로 닦는 것도 좋지 않다. 성기를 자주 닦으면 미세한 상처가 나고 그 곳으로 병원균이 침입할 가능성이 있다.
- 월경량이 많거나 기간이 길 경우 너무 오랫동안 패드를 착

그림 13.31 편안하게 누워서 거울로 외음부를 살펴 봄.

용하면 질염이 생기기 쉽다. 외출 시에는 1회용 패드를 착용하고 집에 있을 때는 면제품을 사용하면 질병의 위험이 훨씬 적어진다.

- 또한 냉이 있다고 해서 패드를 하는 것은 통풍을 막아 오히려 냉병을 악화시킨다. 냉이 많이 흐른다면 팬티 위에 거즈 등을 덧댄다

건전한 성관계 : 상업적으로 성행위를 하는 사람과는 성관계를 피한다. 그리고, 새로운 파트너와 성교 시에는 가능하다면 밝은 곳에서 전희 동안 감염 여부를 살펴 본다.

성병 지식 습득 : 성병의 증상을 미리 알고 있으면 성병 감염자와의 접촉을 피할 수 있고, 감염이 되었을 경우 치료를 서두를 수 있다.

감염 사실 알림 : 성병에 감염된 것이 확인되었을 때는 지체하지 말고 상대에게 사실을 알리고 같이 검진을 받아야 한다.

서둘러 치료 : 만일 감염된 사람과 성접촉을 했다고 생각되면 서둘러서 검진해 본다. 감염확인이 된 경우 꾸준한 치료와 원인 병원체가 없어질 때까지 성행위를 하지 말아야 한다.

2세까지 생각 : 성병의 종류에 따라서는 태아에게까지 감염되는 경우도 있으므로 2세까지 생각하여 성병에 걸리지 않도록 해야 하고, 걸렸으면 후유증이 없도록 완쾌할 때까지 치료해야 한다.

3) 성교할 때의 예방

체액을 섞지 않음 : 모르는 사람과 성접촉을 할 때부터 절대로 체액(혈액, 침, 눈물, 정액, 실액, 오줌 등)을 섞지 않노록 한다. 키스할 때부터 체액을 섞지 않고 오럴섹스나 항문섹스도 하지 않는다.

콘돔 사용 : 이것을 제대로만 사용한다면 성병에 걸리는 것을 거의 막을 수가 있다. 남성들은 콘돔을 사용하였을 경우 성 만족도가 떨어질 것이라 생각하고 잘 사용하지 않으려는 경향이 있다고 한다. 하지만 만약 성병에 걸릴 확률이 높다면 자신의 건강을 위해서 꼭 사용하는 것이 일차적으로 성병을 차단하는 지름길임을 알아야 한다. 콘돔을 착용하면 귀두의 감각이 무뎌져서 오히려 조루를 방지할 수도 있다.

성병예방약 사용 : 이것은 성행위 전후에 사용하는데, 크림타입의 제품으로 성기에 발라주어 병원체를 죽이는 것이 목적이다. 조사된 바에 따르면 이 예방약을 사용한 사람과 사용하지 않는 사람의 성병감염비율은 1:4로 약 4배 차이가 났다고 한다. 여성의 경우에는 질속에 피임용 질좌약을 사용하면 감염을 줄일 수 있다.

성교 후 소변 : 성교 후에 바로 소변을 보는 것도 일종의 요도 세정기능이라고 볼 수 있기에 성병 예방에 도움이 된다. 여성보다는 남성에 상당한 효과가 있다.

씻기 : 성교 후 따뜻한 물로 성기를 깨끗이 씻어 주는 것도 예방에 상당한 효과가 있다. 비누를 사용하면 되고 가능한 한 성기부위를 넓게 씻어 준다. 여성의 질내 세척은 대부분 성병예방에는 별 도움이 되지 못하며 너무 씻으면 오히려 정상적인 공생세균을 세척함으로써 다음 성교에서 감염될 수도 있다.

? 콘돔, 성병 예방에 좋지만 완전하게 예방하지는 못한다

콘돔을 사용하면 여러 가지 성병을 예방할 수 있다. 세균과 바이러스는 콘돔을 뚫지 못하기 때문이다. 이것이 콘돔의 가장 큰 장점인 것이다. 또한 자궁암을 일으키는 주요한 원인 중 하나는 사람유듀종 바이러스(Human Papilloma Virus, HPV)인데 콘돔은 이 바이러스와의 접촉을 방지함으로써 자궁암에 걸릴 수 있는 기회를 줄인다. 그러나 콘돔은 다음과 같은 이유로 에이즈나 기타 성병으로부터 절대적인 보호수단이 되는 것은 아니다.

- 콘돔은 때때로 찢어진다. 성감을 떨어뜨리지 않기 위해서 최대한 얇게 만들었으므로 찢어질 수가 있다.
- 콘돔과 함께 살정제를 사용한다면 훨씬 좋다. 특히 여성에게 아주 좋다.
- 콘돔에 유성 윤활제를 바르면 구멍이 생길 수 있다.
- 콘돔을 벗겨낼 때 정액이 새어나올 수도 있다.
- 오럴섹스를 할 때는 콘돔을 사용하지 않게 되므로 감염될 수 있다.

제 14 장

성도착증과 성범죄

학습목표

1. 성도착증의 종류와 특징을 설명할 수 있다.
2. 성도착증 행위자에 대한 바른 대처방법을 설명할 수 있다.
3. 성범죄에 관한 잘못된 사회적 통념을 설명할 수 있다.
4. 성인 성범죄의 예방법을 설명할 수 있다.
5. 아동 성범죄의 예방법을 설명할 수 있다.
6. 직장 내 성희롱의 예방법을 설명할 수 있다.
7. 성폭행의 대처방법을 설명할 수 있다.

성에 대한 태도는 사람마다 다를 수가 있는데 이러한 개인차로 인해 여러 가지 형태의 성행동이 나타난다. 성은 아름답고 즐거운 것이기도 하지만 이를 잘 못 사용하면 범죄로 연결될 수도 있다. 물론 대부분의 사람은 정상적인 범주의 성행동을 하지만 일부 사람들은 성행동에 장애를 가지기도 한다. 이러한 성행동 장애로 성도착증과 성범죄를 들 수 있다. 이 장에서는 성도착증의 종류와 특징 그리고 성범죄의 예방과 대처방법을 학습하고자 한다.

14.1. 성도착증

'변태(變態)'의 사전적 의미를 찾아보면, '형태나 상태가 달라진다'는 뜻이다. 하지만 우리가 실생활에서 변태라는 말을 쓸 때는 '변태성욕(變態性慾, abnormal sexuality)'의 줄임말로 쓰이기도 한다. 변태성욕이란 성행동이 상식의 범위 밖이고 사회질서를 문란하게 하는 경우에 대하여 예로부터 일컬어진 말이다.

변태와 비슷한 단어로 쓰이는 '도착(倒錯, perversion)'의 사전적 의미로는 '위아래가 바뀌어 어긋난다'라는 뜻이지만 적절하고 올바른 것으로부터 벗어났다는 의미로 쓰인다. 도착이나 변태는 일상적이고 정상적인 것으로부터 일탈되고 그것을 탐닉한다는 의미를 함축하고 있다. 따라서, 성도착증(性倒錯症, sexual perversion, paraphilia)은 성에 대하여 비정상적인 대상과 행동과 관련되어 있다. 그리고 이러한 것이 강하게 반복적으로 일어나서 타인에게 심각한 심리적 고통을 줄 뿐만 아니라 이성간의 정상적인 성행동으로는 만족을 느끼지 못하는 경우이다. 성행동의 비정상 여부를 판가름하는 기준은 크게 세 가지가 있는데, 행동의 반복성 정도, 불법 여부, 자기 혹은 타인에게 해가 되는 정도이다.

14.1.1. 성도착증의 종류

성도착증의 진단기준은 다음과 같다(이근후, 1994).

① 인간이 아닌 대상을 성상대로 하거나, 자신이나 상대방에게 고통이나 굴욕감을 주거나, 어린이나 동의하지 않는 사람에게 강렬한 성 환상, 충동 및 행동이 적어도 6개월 이상 지속되는 경우

② 비정상적인 환상이나 자극이 성흥분을 일으키는데 반드시 필요하며 성행위를 할 때 항상 동반되는 경우

③ 이러한 성 환상, 충동 및 행동이 임상적으로 심각한 고통이나 사회적 직업적 또는 기타 중요한 영역에서 장애를 일으키는 경우

그리고, 성도착증의 종류는 크게 2가지로 구분된다(표 14.1).

① 성 대상을 선택하는 데 있어서의 비정상적인 경우이며, 여기에는 의상도착증, 배물애증, 소아기호증 등이 있다.

② 성 행동의 목표설정에 있어서의 비정상적인 경우이며, 여기에는 관음증, 노출증, 가학피학성애 등이 있다.

의상도착증, 배물애증, 소아기호증, 관음증, 노출증, 접촉도착증, 편애증은 미국 정신과 교과서에 나오는 성도착증들이다. 우리나라에서는 크게 문제가 되지 않는 것이 미국에서는 정신병으로 여겨지는 셈이다.

1) 의상도착증(衣裳倒錯症, transvestic fetishism)

이성의 옷입기를 좋아하며 그것에 의해 정서적 안정이나 성쾌감을 얻으려고 한다(송관재, 2000). 주로 남성이 여성의 옷을 입는 경우가 많으며, 남녀평등 등 가치를 위해 이성의 옷을 입는 것은 여기에 해당되지 않는다.

표 14.1 성도착증의 종류와 특징

종류			특징
대상	의상도착증		• 이성의 의상을 입는 것으로 정서적 안정이나 성쾌감을 얻는 경우
	배물애증		• 성 숭배물이 팬티, 브래지어, 머리핀, 모자 등의 물건이며 반복적으로 접촉하면서 성쾌감을 얻는 경우
	소아기호증		• 어린이(이성 또는 동성)에게 성 충동이나 흥분을 하는 경우
	동물애증		• 동물과의 반복되는 성관계에서 성쾌감을 얻는 경우
행동	음란전화증		• 모르는 여성에게 전화를 걸어 성 행위에 관한 이야기를 유도하며 자위를 하는 경우
	관음증		• 강박적으로 타인의 성행위나 배설행위 또는 타인의 나체 엿보기를 좋아하거나 보면서 성쾌감을 얻는 경우
	노출증		• 타인에게 자기의 생식기를 보여줌으로써 성쾌감을 얻는 경우
	접촉도착증		• 옷을 입은 여성 신체의 일부분을 더듬거나 비비는 행위를 통해 성쾌감을 얻는 경우
	가학피학성 변태성욕		• 상대를 또는 자신을 신체적이거나 정신적으로 잔인하게 벌함으로써 성쾌감을 얻는 경우
	섹스 중독증	남자 섹스중독증	• 성욕을 참지 못해 강박적으로 무질서한 성생활을 하는 경우
		여자 섹스중독증	• 강박충동을 가지고 있고 새로움과 정복에 의한 흥분으로 오르가즘에 이르는 경우

2) 배물애증(拜物愛症, fetishism)

물품음란증 혹은 여성물건애라고도 한다. 성적인 숭배물이 머리카락, 음모, 팬티, 브래지어, 머리핀, 스타킹, 양말 등의 물건이다. 이것들을 반복적으로 접촉하면서 성쾌감을 얻는다.

3) 소아기호증(小兒嗜好症, pedophilia)

소아성애증이라고도 한다. 13살 이하의 이성 또는 동성 어린이와의 접촉에서 반복적이고 강한 성 충동이나 흥분하는 경우이다. 소아기호증 환자는 거의 대부분 남자로 어린 소녀를 대상으로 하여 성기를 만지거나 여아의 질에 손가락을 넣거나 하면서 쾌감을 느낀다. 이들은 대개 성경험이 없고 다른 사람과의 관계가 서투르며 정상적 성행위에 자신이 없는 노인이나 병약자, 때로는 성인 여성을 더럽다고 보는 여성경멸자가 많고 상당수가 노출증과 관음증을 함께 가지고 있다. 소아기호증이 행동으로 옮겨지면 어린이 성폭행으로 이어지며 이는 심각한 범죄가 된다.

4) 동물애증(動物愛症, bestiality)

동물과 성행위에서 성쾌감을 얻는 경우를 말하며 아주 드물게 발견되고 있다(김혜숙, 1995).

5) 음란전화증

남성다움을 과시하려는 행위로 모르는 여성에게 전화를 걸어 자신이 몰두하고 있는 성적인 내용을 말하거나 상대편의 성 행위에 관한 이야기를 유도하며 자위를 하는 행위를 말한다. 이러한 증상은 비겁하고 자신감이 없는 사람들에게 많다.

6) 관음증(觀淫症, 훔쳐보기, voyeurism)

강박적으로 타인의 성행위나 배설행위 또는 나체 엿보기를 좋아하거나 보면서 성쾌감을 얻는 경우이다(이종우, 1998). 노출증과는 반대로 훔쳐보면서 발각될지도 모르는 위험에 의하여 흥분됨으로써 성쾌감을 얻는다. 이 때 피관찰자와 성행위는 시도하지 않는다.

주로 젊은 남성에서 발견되며 발병은 대개 15세 이전이다. 중년이 되면서 점차 없어지는 것 같다. 특히 여성의 나체를 훔쳐보는 것에 커다란 쾌감을 느끼며 집착한다. 성행위를 하고 있거나 섹시한 차림을 하고 있는 사람을 보고 성 흥분을 하는 것은 보통의 사람들에게서 흔히 있을 수 있는 일이지만 대부분의 관음증자들은 엿보고 있는 중에나 그 직후에 자위행위를 한다. 이들은 대개 낯선 여성들을 더 선호하며, 훔쳐보기 힘든 대상을 발견했을 때 더 흥분하는 경향이 있다.

정신의학자들은 남의 은밀한 모습을 엿보고 싶어하는 것은 인간의 본성이라고 한다. 인간은 사회를 구성하면서 원시적 본능을 억누르고 감추는 방향으로 진화했는데, 남의 사생활을 엿보면서 억눌렸던 본능을 해방시키려는 것이라는 설명이다. 그러나 관음적 경향이 지나쳐서 자신이나 남의 생활을 방해할 정도가 되면 '관음증'에 속하며 치유가 필요하다.

정신의학에서는 6개월 이상 남이 옷을 벗는 모습이나 벗은 몸, 성행위 장면을 보고 싶어하거나, 몰래카메라를 설치하거나, 창 틈으로 남의 침실을 엿보는 경우 등을 관음증으로 규정한다. 특히 몰래카메라를 찍는 데에 몰두할 정도이면 '중증'이며 충동적 성격 때문에 툭하면 범죄를 저지르는 '반사회적 인격장애'도 갖고 있을 가능성이 크다.

매우 보수적이며 성에 대해 부정적인 인식을 가진 부모에게서 성을 억압당한 경우에 많이 생기며 여성들과 사귀지 못하고 열등감에 젖어 있는 사람들에게 나타난다.

7) 노출증(露出症, exhibitionism)

자신의 성기를 모르는 사람이나 전혀 예상하지 못한 사람에게 드러내려는 충동이나 욕구를 행동으로 옮겨 피해자가 두려워하거나 놀라거나 싫어하는 모습을 즐기는 행위이다. 얼핏 생각하면 자신의 남성다움을 과시하는 것 같지만 사실은 소심하고 내성적인 사람에게 많다(윤가현, 1998). 따라서 충동적 행위로 신체적 접촉이 아닌 노출에 대한 여성의 반응을 보고 흥분을 느끼는 것이 고작이다. 관음증과 겹치는 경우도 있다. 젊은 부부가 추억으로 삼으려고 '사랑의 순간'을 찍는 것을 병이라고 할 수는 없지만(그림 14.1) 남에게 보여주려고 찍는다면 노출증에 해당된다.

원인 : 노출증 환자는 이성에 대한 열등감 때문에 관심을 끌기 위해 노출증상을 나타내는 경우가 많다. 남성의 경우 자신이 남성적인 역할에 적합하지 않다고 느껴서 자기 성기를 다른 사람들에게 보임으로써 남성적인 면을 나타내 확인하려 한다(그림 14.2). 이러한 행동은 이성에게 충격을 줌으로써 남성다움을 과시하고자 하는 심리이며 주로 사춘기 이후에 나타난다.

여성의 노출증 : 노출증이 남성에서 주로 나타나는 것은 남성이 성에 있어서 대담성을 가지고 있기 때문에 그렇게 보이는 것일 뿐이다. 반대로 여성의 경우 성적인 대담성이 적기 때문에 그러한 행동이 남성에 비해 적다. 하지만 잠재된 여성노출증 환자의 수는 남성의 수와 비슷하다 해도 무방하다. 또한 노출에 대한 욕망이 남성과 여성이 동일하

그림 14.1 나체로 해변을 걷는 것은 유별나게 보이지만 그것이 원치 않는 관찰자 앞에서 행한 것이 아니라면 노출증이 아니다(하재청 등, 2008).

그림 14.2 노출증자가 거리에서 부인들에게 성기를 내보이면서 '당신들은 이같은 좋은 물건을 좀처럼 볼 수 없을 거요'하며 자랑한다(하재청 등, 2008).

다고 하여도 실행에 옮길 수 있는 대담성이 남성에겐 많은 편이고 여성에겐 잘 나타나지 않을 뿐이다(http://kdaq.empas.com).

노출증의 치료 방법 : 대부분의 성도착증 환자들은 치료를 원하지 않는다. 단지 범죄와 관련되어 있을 때, 대부분 강제에 의해 정신과 의사에게 온다. 그러나 이 경우도 치료적 동기 없이는 적절한 치료가 어렵다. 하지만 환자가 협조한다면 정신분석적 치료 내지 통찰치료가 가장 일반적인 방법이다.

통찰치료(洞察治療, insight therapy)는 환자로 하여금 자기 자신의 정신병리(精神病理)에 대해 현실적이고 논리적인 인식을 증진시킬 수 있도록 함으로써 정서적 장애 또는 부적응 행동의 문제를 해결하려는 방법이다. 이는 인간의 정서적 장애는 무의식적 갈등이나 심리적 억압 또는 왜곡된 생각에서 비롯된다는 점을 전제로 하고 있다. 약물치료나 혐오치료를 겸한다. 혐오치료란 증상이 나타날 때마다 고통스러운 자극을 주어 문제행동을 제거시키는 치료법이다.

노출증의 처벌 : 피해자가 발생한 것이 아니거나 합당한 이유가 있다면 훈방 조치를 취한다. 또는 경범죄(과다노출)에 해당한다.

노출증 환자에 대한 대처 : 노출증환자를 봤을 때 과민 반응(충격이나 당황한 모습)을 보이지 말고 침착하게 사람들이 많이 있는 곳으로 걸어가면 된다. 또 경찰서에 신고하거나 망신을 주면 그 장소에 다시 나타나지 않는다.

8) 접촉도착증(接觸倒錯症, frotteurism)

옷을 입은 여성의 신체 일부분을 더듬거나 비비는 행위를 통해 쾌감을 얻으며 대개 복잡한 지하철이나 버스 안에서 일어난다. 매우 소극적이며 고립된 심리상태에 있는 경우가 많다.

9) 가학피학성 변태성욕

가학피학성 변태성욕은 가학성 변태성욕과 피학성 변태성욕의 합성이다. 일반적으로 이 두 가지 변태성욕은 한 사람에게 동시에 나타나는 행동양식이기 때문에 가학피학성 변태성욕(加虐被虐變態性慾, sadomasochism)이라고 한다(오영근, 1996). 심리학자 프로이드는 모든 생리적 기능에는 가학성이 숨어 있으며 피학성은 자기자신에게 향하는 가학성이라고 말했다. 대체로 남성이 가학성의 경향을 나타내고 여성은 그 반대이다. 심한 경우는 매질 또는 흉기에 의한 폭행이나 상해를 주고받거나, 상대방에게 노예적으로 굴종(屈從)함으로써 성 쾌감을 느끼게 된다.

가학성 변태성욕(사디즘, sadism) : 사디즘, 가학증, 학대음란증, 성적 가학증이라고도 한다. 상대에게 육체적 정신적 고통을 줌으로써 공격본능을 표현하고 성 쾌감을 느끼는 행위를 말한다. 이런 기질의 사람은 정을 받지 못하고 자랐거나 잔인한 환경 속에서 불신을 받고 자라 억압된 분노가 있는 사람들에게서 나타나며 대부분 정신분열증을 갖고 있다.

피학성 변태성욕(마조히즘, masochism) : 피학성애 혹은 성적 피학증이라고도 한다. 모욕을 받거나 묶이거나 매를 맞는 등의 고통을 받음으로써 성 흥분이나 쾌감을 느끼는 경우이다. 이러한 성격은 가학성과 마찬가지로 인격 장애자인데 어려서 성 장난을 하다가 들켜 엄한 벌을 받았거나 수치심과 죄의식을 갖게 되어 성을 벌과 연결시키게 된 경우가 많다. 왜곡된 음란비디오에서는 가학적이거나 피학적인 성행위를 더 쾌락적인 것처럼 묘사하고 있는데, 본래 이런 기질을 갖지 않은 일부 사람들이 쾌락 추구를 목적으로 무분별하게 모방하다가 신체적 상해를 입기도 한다.

가학피학성 변태성욕

사람이라면 누구나 어느 정도의 가학성적인 성향을 가지고 있다고 한다. 그리하여 일반인들도 조금은 변태적 성욕을 갖고 있다는 것이다(오영근, 1996).

가학피학성의 외형 자체는 강렬하고 파괴적이지만 실제로 당사자에게 고통을 주거나 상처를 주는 것은 아니고 거짓학대와 거짓고통으로 위장되어 나타나는 것이 보통이다. 긴 가죽채찍으로 위협하면서 육중한 쇠사슬로 묶고, 현란한 의상으로 가식화하는 등의 가학성적인 놀이는 다분히 양성 모두 성해방감이나 만족감을 얻을 수 있는 일종의 성의식이라고 할 수 있다. 남성과 여성 중에는 상대방을 아프게 하고, 아픔을 느낄 때마다 오르가즘적인 쾌감을 경험하는 사람도 있다.

[변태성욕의 문제점]

여러 가지 가학피학성적인 도구를 판매하는 상점도 있고, 이에 대해서 연구하는 기관도 있다. 가학피학성 행동은 서로 잘 아는 사이에서 상대를 믿고 육체를 내맡기는 행위이기 때문에 아무리 학대하고 학대를 당하더라도 서로 행복을 느낄 수도 있다. 가벼운 변태적인 행위는 삽입을 하기 전에 성욕을 돋우고 분위기를 고조시키기 위해 해볼 수도 있다. 변태적인 내용을 담고 있는 포르노의 내용이 성적으로 사람을 흥분시키는 것은 사실이다. 그런데 불행히도 중상을 입히거나 심한 경우 죽기까지 한 예가 있다(오영근, 1996).

사회적인 측면에서 볼 때 모든 부정적 행위는 대부분 다수보다는 소수에서 비롯된다. 예를 들면, 도둑이나 강도 등의 범죄자는 전체 인구의 1%도 채 되지 않는다. 그러나 그들이 사회를 공포스럽게 만들고 사회의 커다란 암적 존재로 작용한다. 그렇게 적은 인원이지만 이들이 2%로 증가하게 되면 사회의 혼란은 배가된다. 변태행위의 중독도 마찬가지이다. 소수가 중독증세를 보일지라도 이들이 사회적으로 일으키는 부작용은 실로 크다. 그러므로 변태행위가 주는 긍정적 요소에 비중을 두려는 사고는 매우 위험하다(http://chejucyber.cheju.ac.kr).

판매되고 있는 포르노에는 무절제한 변태적인 섹스 장면들이 끊임없이 나온다. 그리고 자의든 타의든 그러한 장면들을 보는 미성년자들이 결국에는 똑같이 행동하려 들지도 모를 것이다. 우리의 자녀들과 후손들을 위해서라면 이러한 변태행위는 보지 못하게 해야 할 것이다.

10) 섹스중독증(성욕이상, erotomania)

색정증, 색골증(色骨症), 성욕항진증(hypersexuality), 성욕과잉증, 성적강박증이라 부르기도 한다. 섹스중독자(색정광, 色情狂)는 보통 사람들과는 달리 성욕과 성충동이 과다하고 스스로 통제할 수 없어서 다소 병적인 상태에 이른 사람을 말한다. 이러한 증상은 남녀 모두에게 나타날 수 있다.

원인에 대해서는 여러 설이 있다. 염색체 이상이나 호르몬 과다분비 등 선천적인 것도 있다. 심인성이 경우, 섹스에 대한 충동적인 욕구가 열등감을 해소하는 하나의 보상행위라고 생각하므로 이러한 현상이 발현된다고 추정하고 있다(오영근, 1996). 일종의 강박관념을 가지고 있는 셈이다. 이를 치료하기 위하여 쓰이는 약물은 성욕을 감소시키는 물질이다.

남자섹스중독자(satyriasis) : 성욕을 참지 못하고 강박적으로 무질서한 성생활을 하는 남자를 말한다(이종우, 1998). 가능한 한 많은 여성과 충동적인 성관계를 가지며 지속적인 관계유지는 하지 못한다. 성적으로 성공하였다는 승리감(증거)으로 열등감을 극복하려고 무의식적으로 노력하고 있는 경우도 있다. 성교상대에게 별 흥미가 없고 다만 정복했다고 인식되면 다음 여성으로 옮겨간다. 이와같이 억제할 수 없는 욕망은 강한 자기애(narcissism)에 대한 욕망에서 점화된다.

여자섹스중독자(nymphomania) : 성만족을 얻지 못하여 전전긍긍한다. 항상 성욕은 넘치지만 오르가즘에 도달하지 못하거나, 오르가즘을 한두번 느껴서는 만족하지도 않으며 그칠줄 모르게 성행위를 계속하기를 바라는 여자를 말한다. 탐욕스러운 성 욕망으로 한번 정도 관계하고 연속적으로 바꾸는 경우가 많은데, 이들은 강박충동(적절치 못하다고 생각하면서도 어쩔 수 없이 또 하고 싶은 충동)을 가지고 있고 새로움과 정복에 의한 흥분으로 오르가즘에 이르는 경우이다(김혜숙, 1995).

11) 기타

신체의 특정 부위만 자극 받기를 원하는 편애증(partialism)도 있다. 예를 들면 전희의 하나인 오럴섹스에만 집착하고 다른 단계로 넘어가기를 거부하면 편애증에 해당한다. 상대방의 대소변 보는 모습을 쳐다봄으로써 성 쾌감을 느끼는 분변애증 등이 있다. 죽은 시신을 통해 성적인 매력을 느껴 자위행위를 하거나 성교를 하는 시체애증도 있다.

14.1.2. 성도착증의 원인

1) 생리적 원인

뇌에서 시상하부, 뇌하수체, 편도 등이 속한 가장자리계(변연계)의 쾌락시스템이 고장

났기 때문이다(채규만, 2000). 성호르몬의 증가가 성 행동에 영향을 미친다는 것은 많은 연구를 통해 밝혀진 바 있다.

섹스중독증

정신과 의사들은 우리나라에도 5% 정도가 섹스중독증인 것으로 추정하고 있다. 특히 경제적 여유가 있는 상류층에 많다고 추정한다. 대부분 외도를 하다가 들키면 망신인 줄 알면서도 섹스에 빠진다.

1) 섹스중독증

1983년 미국의 정신과의사 패트릭 캐른스가 '어둠 밖으로'란 책에서 선보인 용어이다. 코넬대의 수전 나단 교수는 "성행위 뒤 죄의식을 느끼면서 나빠진 기분을 다시 섹스로 푸는 '섹스중독의 악순환'에 빠진다"고 했다. 섹스파트너를 찾아다니고 자위행위, 포르노, 윤락, 음란전화, 변태 등에 빠진다.

2) 병인가?

논란 중이다. 미국 정신과의사들의 지침서인 '정신병의 진단통계 매뉴얼(DSM)'에는 병으로 올라 있지 않다. '병'이라고 주장하는 사람은 섹스중독자가 섹스를 끊으면 뇌에서 특수물질이 나오지 않아 못견딘다고 한다. 과정이 뚜렷이 밝혀지지 않아 병으로 분류되고 있지 않을 뿐이라는 것이다.

미국 메이요대의 도널드 윌리엄 교수는 "다른 정신적 문제 때문에 부차적으로 나타나므로 근본 치료가 중요하다"고 주장한다. 섹스중독자는 열등감이나 정서불안 우울증 등을 풀기 위해 섹스에 빠진다. 조울증(躁鬱蒸)이나 경조증(輕躁症) 환자는 기분이 좋을 때인 '조(躁)' 상태에서 섹스에 몰입한다. 울산대의대 서울아산병원 정신과 김창윤 교수는 "병인지에 대해서는 논란중이지만 치료를 받아야 하는 것은 분명하다"고 설명한다.

3) 치료

미국에선 1,200여개의 지회를 가진 "섹스와사랑중독자모임'과 600개의 지회가 있는 '섹스중독자모임' 등이 결성돼 회원끼리 정보를 교환하며 치료를 모색한다. 그러나 스탠퍼드대의 마티 클라인 교수는 "이러한 방법은 오히려 증세를 악화시킬 수 있으므로 환자들은 하루빨리 병원을 찾아야 한다"고 경고한다. 의사들의 입장에 따라 치료법도 다르다.

독립된 병으로 보는 의사는 알코올중독증처럼 금욕단계를 거쳐 단계적으로 약물치료 상담 등을 받노록 한다. 우울증이나 정서불안의 산물로 보는 의사는 심리치료 약을 투여하면서 상담을 병행한다. 증세가 심할 경우 여성호르몬을 투여하는 '화학적 거세'로 범죄를 예방하기도 한다. 그러나 완치가 힘들고 재발이 잦다.

4) 가족이 할 일

정신과의사들은 배우자나 친구가 섹스중독증이라고 의심되면 빨리 병원으로 데리고 가야 한다고 주장한다. 진행성이므로 빨리 치료받을수록 좋다고 한다. 가족이 섹스중독증을 예방할 수 있다. 어린 자녀에게 섹스는 '사랑의 선물'임을 가르쳐야 한다. 남성과 여성을 차별하는 말을 자주 하면 이성을 성적 대상으로 여기기 쉽다. 포르노로부터 떼어놓는 것이 무엇보다 중요하다. 패트릭 캐른스는 저서 '그것을 사랑이라 부를 수 없다'에서 섹스중독증 남성의 90%, 여성의 77%가 포르노에 빠졌던 경험이 있다고 밝혔다(http://www.kormedi.com).

이런 사람이 섹스중독자

- 출장 때마다 모텔에서 '유료 포르노 케이블TV'를 보지 않기로 맹세한다. 그러나 결국 보게 된다.
- 연애소설을 읽으며 성환상을 느끼는 주부. 소설의 정사장면을 실제 행동으로 옮겨 바람을 피운다. 언제라도 마음만 먹으면 남자관계를 끊고 가정으로 되돌아올 수 있다고 생각하지만 '생각뿐'.
- 불법 비디오방에서 포르노를 보는 전문직업인. 들키면 망신이라고 생각해 늘 "이번이 마지막"이라고 되뇐다. 그러나 마지막은 오지 않는다.
- 부인에게 변태 행위를 요구하다 퇴짜 맞은 회사중역. 윤락녀와 변태행위를 하고는 다시는 그러지 않겠다고 맹세한다. 그러나 '맹세'만 한다.
- 얌전한 여대생. 파트너를 바꿔가며 유부남과 성관계를 갖는다. "사랑은 이런 것이 아니야"라고 깨닫지만 행동을 바꾸지는 못한다.

(미국의 시민단체인 '아이와가족을보호하기위한국민연맹' 발표 자료) (http://www.kormedi.com).

2) 성장과정에서 좌절과 억압의 경험

성발달 과정에서 그때그때 만족되어야 할 심리적 만족이 좌절되거나 과도하게 억압되어 성표현을 어떻게 해야 할지 몰라 잘못된 성행동으로 나타날 수 있다. 한편으로 성행동은 문화적 규범이나 경험에 의해 더 많은 영향을 받는다는 견해도 있다. 성도착의 원인을 좌절과 억압의 경험에서 비롯된다고 보기 때문에 좌절과 억압된 감정을 의식 밖으로 표출시키거나 정화함으로써 치료가 가능하다고 본다.

3) 학습과 강화

청소년기의 특정 행동이 우연히 성충동을 해소시켜 준 경험을 함으로써 학습되고 강화되기도 한다. 예를 들면 음란물을 접하는 중에 우연히 자위를 한 것에 쾌감을 느껴(학습) 그런 행동을 지속적으로 강화하게 된다. 성도착의 치료 또한 특정 자극에 대해 강화된 부분을 처벌로 대체하는 혐오치료나, 특정 자극에 대한 민감한 반응을 둔감시키는 방법을 통해 치료한다.

4) 성에 대한 무지

성에 대한 판단기준이 없는 것이 원인이 될 수도 있다(채규만, 2000). 성가치관이나 성교육의 부재로 사회적으로 허용되지 않는 방법으로 성행동을 하거나 잘못된 가치관에 따라 성행동을 할 수 있다.

14.1.3 성도착증의 예방

1) 성도착증의 교육적 대책

교육을 통한 설득이 쉽게 효과를 발생하지 않겠지만 그들 부모와 사회적 원인들을 고려하여 이를 풀어 나가려는 자세가 필요하다(채규만, 2000). 상당 부분은 어릴 적부터 성교육을 제대로 시키고 포르노를 멀리하면 예방이 된다. 또한 성도착 행동의 원인을 사전에 제공하지 않는 환경을 조성하려는 노력이 요구된다.

2) 성도착자를 만났을 때 대처방법

성도착 행동에 피해자가 화를 내거나 겁을 먹고 당황하는 등 감정적으로 대응하면, 상대방은 더욱 성 흥분을 느껴 같은 행동을 반복하거나 더 심한 행동을 보일 수 있다. 그러므로 피해자는 반응을 보이지 않거나 이성적으로 단호하게 반응하는 것이 바람직하다.

3) 합법화 금지

올바른 성행위를 알아야 할 것이다. 변태적인 성행위는 극히 개인적인 것으로서 사회적으로 일반화 될 수 없다. 특히 신세대적인 사고방식을 가진 지식을 자처하면서 변태적 성행위를 대중에게 합법화하려는 행위는 금지되어야 한다.

14.2. 성범죄

섹스에는 쾌감이라는 보답이 있는 반면에 범죄를 일으키는 위험도 포함하고 있다. 성범죄는 다른 범죄와 구별되는 특징을 가진다. 다른 범죄의 피해자는 응분의 보상이나 주위의 동정을 받는데 반해, 성범죄의 피해자는 주위의 호기심 속에 정상적인 생활을 하기 힘들고 정신질환으로 고통을 받거나 자살하는 경우도 적지 않다. 최근의 성범죄는 어린이, 청소년, 장애여성 등 그 대상과 유형도 다양해지고 있다.

14.2.1. 성범죄에 관한 잘못된 사회적 통념

1) 성범죄는 낯선 사람에 의해 발생

일반적으로 성범죄는 모르는 사람에 의해 일어날 것이라고 생각하지만, 실제로는 아는 사람에 의한 성범죄가 전체의 70%이상을 차지하고 있다. 여기서 아는 사람이란 데이트 상대나 애인, 선후배, 직장동료나 상사, 이웃집 아저씨나 아는 오빠, 아버지 또는 친인척 등 우리 주변에서 일상적으로 접하는 사람들이다.

2) 성범죄는 억제할 수 없는 남성의 성충동에 의해 발생

성범죄가 성충동 때문에 발생하는 것이라면 우발적인 사건이어야 한다. 그러나 대부분의 성범죄는 계획적이고 지속적으로 일어난다. 또한 아무리 배가 고파도 음식을 훔쳐먹지 않는 것처럼 성충동도 이성과 양심에 의해서 억제가 가능하다. 또한 가해자에 관한 연구에서 가해자는 자신의 억제된 분노 등을 자신 보다 약자인 여성이나 어린이에게 표출하는 것이라고 한다.

3) 성범죄는 젊은 여성에게만 일어남

20대의 젊고 날씬하고 예쁜 여성들만이 성범죄를 당하는 것이 아니라 피해자 중 30%가 13세 미만의 어린이고, 20%정도가 13~19세의 미성년자이다. 또한 생후 4개월의 아기부터 70세 이상의 할머니까지 성범죄는 나이에 상관없이 일어나고 있다. 또한 신체적 사회적 약자인 남자어린이나 남자청소년 등 소수의 남성도 성폭력을 당한다.

4) 여성은 성폭행 당하기를 은근히 기대

성폭행 가해자 남성은 피해자인 여성이 성폭행 당하기를 원했다고 주장하는 경우가 있다. 그러나 아무리 사소한 성폭행에도 피해여성들은 분노와 수치심을 느끼게 된다. 따라서 절대로 성폭행 당하기를 원하지 않는다.

5) 여성들이 조심하는 것 외에 성범죄를 방지할 수 있는 방법은 없음

그렇지 않다. 여성 스스로 조심하는 것은 최소한의 임시방편으로써 여성의 행동을 제약하는 것일 뿐 적극적인 대책이 되지는 못한다. 성범죄를 방조하거나 부추기는 사회풍토를 없애야 하고 이를 위한 법적 제도적 장치가 마련되어야 한다.

6) 끝까지 저항하면 성폭행은 불가능

여성이 동의하지 않으면 신체구조상 성폭행은 불가능하다고 믿는 사람들이 있다. 그러나 성폭행은 많은 경우 말로 위협하는 정도에 그치지 않고 때리거나 흉기로 위협하기도 한다. 이러한 위협적인 상황에서 여성은 극도의 공포를 느껴 저항하기보다는 무력해지기 쉽다. 이는 여성의 신체적인 저항을 어렵게 만들어 성폭행을 피할 수 없게 한다.

7) 부부 간에 성폭행이란 있을 수 없음

그렇지 않다. 신체 통제권은 자기 자신에게 있다. 또한 남편과 아내는 서로의 소유물이 아니다. 따라서, 부부라도 상대의 뜻에 반하거나 폭력을 사용하여 강제로 성관계를 갖는 것은 성폭행이다. 대부분은 남편이 아내에게 성폭행을 가하지만 반대로 40대 아내가 남자를 동원하여 남편을 묶어두고 성폭행한 혐의로 첫 기소된 적이 있다(조선일보, 2015. 11. 14 토일섹션). 과연 그게 가능할까라는 데 대해, 상대가 전혀 모르는 타인이 아닌 아내라면 묶여 협박당하는 중에도 익숙한 느낌이 있어 발기가 가능하다는 의견과 그런 상태에서 발기되지 않을 것이라는 의견이 있다.

8) 성폭행범은 정신이상자

성폭행범은 흔히 정신병자라거나 정상이 아닌 사람이라고 생각한다. 그러나 대다수 가해자들은 사회생활을 정상적으로 하는 사람들이다. 이들은 여성의 대한 비하의식과 잘못된 성인식을 지니고 있으며, 자신이 겪는 소외감, 열등감, 박탈감, 분노 등을 사회적 약자인 여성과 어린이에게 표출하는 것이다

14.2.2. 성인 성범죄

1) 성폭력과 성희롱

성과 관련된 모든 범죄는 성범죄이다. 그 중 성폭행(性暴行, sexual violence)은 성(性)을 매개로 해서 상대방의 의사를 무시하고 강제로 가해지는 신체적 · 언어적 · 심리적 모든 행위를 말한다(표 14.2). 성희롱(性戱弄, sexual harassment)은 남녀고용평등법과 남녀차별금지법에 명문화되어 있다. 이 규정에 의하면 '업무, 고용 기타 관계에서 그 지위를 이용하거나 업무 등과 관련히여 성적 언어나 행동 등으로 성적 굴욕감을 느끼게 하거나 성적 언동 등을 조건으로 고용상 불이익을 주는 행위'라고 정의하고 있다. 성희롱의 예로는 음란한 농담이나 언사, 외모에 대한 성적인 비유나 평가, 원하지 않는 신체접촉, 회식 야유회 자리에서 옆에 앉히거나 술을 따르도록 강요하

표 14.2 성범죄의 종류와 차이점

항목	성폭행	성추행	성희롱
개념	• 성을 매개로 상대방의 의사를 무시하고 강제로 가해지는 신체적 • 언어적 • 심리적 모든 행위	• 성적 수치심이나 혐오감을 일으키게 하고 피해자의 성적 자유를 침해하는 행위	• 직위를 이용하거나 업무와 관련해 성적 굴욕감, 수치감, 혐오감을 느끼게 하는 행위
수치심, 혐오감	○	○(적극성)	○
성기접촉	○	X	X
불안감(형법상)	○	○	X

는 행위 등이 있으며, 음란한 눈빛은 제외된다(1999년 노동부 발표).

성폭력 범죄의 처벌 및 피해자 보호 등에 관한 법률'(1994.1.5 법률 4702)에 의하면 성범죄에는 풍속을 해치는 죄 중에서 음행매개, 음화제조, 음화반포(淫畵頒布), 공연음란(公然淫亂), 추행(醜行) 또는 간음을 목적으로 한 약취(略取), 유인(誘引), 매매, 성폭행, 강제추행 등이 포함된다.

2) 성범죄의 발생 원인

(1) 이중적인 성문화

- 남성: 주도적인 성(가학적, 일방적)
- 여성: 수용적인 성(정숙, 순종)

(2) 성의 상품화

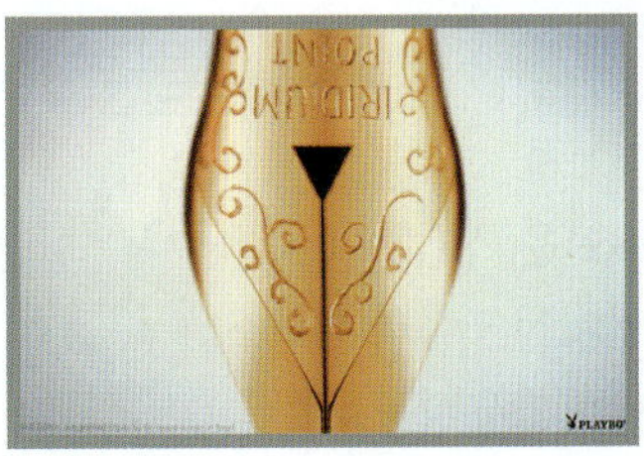

그림 14.3 만년필의 잉크가 있는 부분을 교묘히 활용해 여자 나체를 표현한 광고.

- 미인 대회: 미스코리아, 슈퍼모델 등
- 보는 성: 성을 최고의 상품가치로 여김
- 광고에 여성을 상품화(그림 14.3)
- 신문, 잡지, 만화 등에서 여성을 성적 대상으로 여기며, 유방과 성기를 강조하고 폭력적인 성관계나 근친상간 등 비정상적인 내용을 다룸
- 매매춘(성을 사고 파는 행위)

(3) 성교육의 부족

- 임신과정, 신체구조의 설명: 보건교육에 불과
- 성에 대한 올바른 인식 부재
- 성에 관한 자정 능력을 키우기에 부족

3) 성인 성범죄의 예방

- 성에 대한 바른 가치관을 가지고, 행동범위의 한계에 대해 분명한 결정선을 가짐
- "예"와 "아니오"가 뒤섞인 태도를 보이지 말고, 의사표현을 분명히 함
- 불쾌한 성 접촉이나 상황에 직면했을 때는 분명한 거부의사를 표시함
- 음담패설을 삼가함
- 자신이 가는 곳을 주변에 명확히 알림
- 평소 자신의 주량을 파악하고, 술은 자신이 조절 가능한 만큼 마심
- 숙박업소는 어떤 구실로든 따라가지 않는 것이 좋음. 부득이한 경우 구조 요청을 할 수 있는지, 비상구가 있는지 살펴 둠

- 어디서든 혼자 택시를 타고 집에 올 수 있도록 비상금을 소지하고, 콜택시의 전화번호를 가지고 다님
- 택시를 탈 경우는 차번호와 회사명을 알아둠

14.2.3. 아동 성범죄

아동을 대상으로 가해지는 성범죄이다. 아동 성범죄자의 대부분은 피해자와 아는 사람이다. 아는 사람의 경우 경계를 소홀히 하게 되므로 접근이 쉽기 때문이다. 어린이에게 쉽게 다가갈 수 있는 사람들이 가해자가 되는 경우가 많다는 점에서 알 수 있듯이 아동 성범죄는 결코 우발적인 범행이 아니라 계획된 범죄이다.

1) 발생 원인

아동들의 신체적 성장이 빨라진 점도 있고, 쉽게 접할 수 있는 왜곡된 인터넷 성문화가 아동성범죄를 일으키는데 영향을 미쳤을 수도 있다. 각종 성교육으로 성범죄가 나쁘다는 의식은 있지만 일부의 성인은 다른 매체들의 영향으로 왜곡된 성개념을 가지고 있기 때문일 것이다.

2) 아동이 성범죄 당한 징후

아동들은 무엇이 잘못되었는지 말로 표현하는 데에 어려움이 있어 행동의 변화를 통해 문제가 있음을 알 수 있다. 다음의 증상들은 성범죄에만 국한되지 않을 수 있으나 이와 같은 징후가 보인다면 아동이 문제를 가지고 있고 도움과 관심이 필요하다.

- 생식기나 항문에 상처가 있음
- 성병이 나타남
- 강박적으로 자위행위를 함
- 성기를 애무하거나 정열적인 입맞춤을 하는 등 부적절한 방법으로 애정표현을 함
- 성문제에 대해 지나친 호기심을 보이고 성인용어를 많이 알고 있음
- 조숙한 성놀이(sexual play)를 함
- 우울증을 보임
- 이성에 대해 지나친 적대감을 보이거나 지나치게 친근함을 보임
- 수면 장애를 보임(야뇨증, 악몽에 시달림, 혼자 자는 것을 두려워함 등)

3) 피해 아동의 후유증

아동기에 성범죄 피해를 겪은 경우는 성인기에 성범죄 피해를 겪은 사람들보다 더 심각한 심리사회적 후유증을 겪고 있다. 흔히 어린 시절에 겪은 일은 자라면서 잊어버리

기 때문에 아동기 성범죄 피해는 큰 문제가 안될 것이라고 생각하는 경향이 있는데, 사실은 어릴 때 겪은 외상의 상처가 훨씬 더 깊고 후유증도 더 광범위하다.

(1) 신체적 후유증

처녀막 파열, 질 확대, 성병, 임신과 낙태의 후유증, 성기구조의 기형, 두통과 복통의 호소

(2) 정신적 후유증

- 성 정체성이 혼돈되고 왜곡된 성개념을 갖게 됨
- 성범죄를 당하는 동안의 무력감은 아무도 나를 도울 수 없다는 감정을 이끌어 공포와 불안을 유발하게 됨
- 더럽혀지고 손상 받았다는 생각이 강화되어 자존심의 손상을 낳게 됨. 수치심과 죄책감을 가지게 됨
- 신뢰하고 있던 부모나 아끼고 보호해 주어야 할 대상에 의한 성폭행은 배신감을 갖게 함

특히 학령 전 아동의 경우 특징적으로 악몽과 공포, 불안, 우울증, 외상 후 스트레스장애의 증상이 두드러지게 나타난다. 성인이 되어서도 여전히 불안장애와 만성적 외상 후 스트레스 장애를 보이며 경계선 인격장애(만연된 충동성, 만성적 분노, 불안정한 대인관계, 정체감 혼란, 빈번한 권태감 및 공허감 그리고 자기-상해적 행동에의 경향성) 및 약물 · 알콜남용, 성적인 역기능(정상적인 성반응을 한 가지 이상의 부분에서 억제하는 것을 말하며 성욕, 성흥분, 오르가슴을 억제하는 것, 조루, 기능적 성교장애, 기능적 질경련, 동성애 등)을 보인다.

(3) 행동적 후유증

- 대인관계 기피: 문을 잠그고 낮에도 방에만 들어가 있음. 특정인물(가족, 친척, 친구, 동네 사람 등)과 단둘이 있는 것을 싫어함. 가해자의 인상착의와 비슷한 사람 · 장소 · 물건을 기피. 등교거부, 대인관계 기피
- 무기력과 우울증: 말을 하지 않음. 슬퍼하고 자주 운다. 예전과는 달리 극도로 피곤을 느끼며 집중력이 떨어짐
- 문제행동 시도: 친구들과 잘 어울리지 못하거나 만나던 친구들을 바꾸고 비행청소년들과 어울림
- 자해 행동: 피부를 손톱으로 긁거나 물어뜯기도 하며, 혹은 송곳으로 찌르거나 생채기를 내거나 심지어는 손목을 자르거나 자살을 시도함
- 퇴행행동: 예전과는 달리 부모에게 지나치게 매달리고 오줌을 싸거나 손가락을

빠는 등 어린애 같은 행동을 함

- 성 후유증: 자위행위, 성놀이, 과도한 피부접촉

4) 아동 성범죄의 예방

아동들은 성범죄에 대하여 대부분 알지 못한다. 따라서 성범죄인지 판별하지 못한 채로 당하는 경우가 많다. 가해자의 행동이 아동자신을 진정으로 사랑해서 하는 행위인지, 학대 행위인지 아동 스스로 구분하지 못한다. 그러므로 성범죄에 대한 판별 기준, 대처방안과 기술에 대한 교육은 성범죄를 예방하는데 매우 중요하다.

- 평소에 아동에게 충분한 시간과 관심을 가지도록 한다.
- 아동이 무엇인가 이야기하려고 할 때, 집중해서 잘 들어 준다.
- 아동이 누구와 시간을 보내는지 알아두고, 어른이나 더 나이든 아이들과 시간을 보낼 때 주의한다. 아동을 돌봐주는 사람을 예고없이 방문하고 아동에게 무엇을 하고 지냈는지 질문한다.

다음과 같은 예방 프로그램은 교육의 대상, 장소, 참여 형태, 담당자에 따라 매우 다양하게 구성될 수 있다.

(1) 지식을 습득시킴

- 아이에게 자기 몸의 정확한 명칭을 가르치고 몸의 소중함에 대해 이야기하며 남들이 함부로 만지게 할 수 없다는 것을 가르침
- 수영복을 입으면 가려지는 부분은 다른 사람에게 함부로 만지게 하거나 보여주지 말라고 가르침
- 부당하게 취급받았을 때, 즉시 믿을 만한 어른에게 이야기하고 숨기지 말라고 가르침
- 성범죄 가해자들이 피해아동에게 하는 말을 가르침. 예) "이것은 우리들만의 비밀이야" "만약 네가 이 사실을 말한다면 너는 죽을 꺼야" 등

(2) 접촉을 구별하도록 가르침

- 건전한 접촉과 그렇지 않은 접촉을 구별하게 가르침. 그러나 문제는 친족 성폭행의 경우 평소에 친분이 두터운 '좋은, 괜찮은 사람' 으로부터 접촉으로 일어날 수 있기 때문에 접촉을 구별하도록 가르치는데 어려움이 있음

(3) 피하는 행동전략을 습득시킴

- 부당한 접촉은 거부하도록 가르침

- 접촉을 시도하려 한다면 "안돼요" 또는 "싫어요"라고 말하고, 피하거나 도망쳐서 믿을 수 있는 다른 어른에게 말해야 한다고 가르침(채규만, 2000)

(4) 발달 연령에 따른 예방교육 지침

- 18개월: 신체 각 부위의 정확한 명칭을 가르침
- 3~5세: 자기 몸의 소중함을 가르치고, 몸을 만지려고 할 때, "싫어요"라고 말하는 것을 가르침. 성에 관한 질문이 있으면 적절히 대답
- 5~8세: 집 밖에서의 안전에 대해 가르치고, 은밀한 부위를 만지는 것과 일반적인 만짐을 구별시킴. 나쁜 경험을 이야기하도록 격려
- 8~12세: 안전에 대해 강조하고, 특히 조심해야 할 곳(오락실, 상점가, 탈의실, 그 외 위험한 곳)을 가르침. 다니는 학교에 성범죄 예방 프로그램이 있는지 여부를 알아보고 없다면 요청

(5) 아동 성범죄 서비스센터

- 긴급전화: 2000년 10월말부터 각 지역 1391번, 24시간 hot-line
- 아동보호전문기관
- 아동학대신고의무화: 1391번과 112번

5) 아동 성범죄 예방의 애로점

아동 성범죄는 노출되는 경우가 드물다는 문제점이 있다. 성범죄 사실을 감추거나 부정하려는 경향 때문에 아동 성범죄가 드러나지 않아 접근하는 데에 많은 어려움이 있고, 정확한 실태 파악도 어려운 실정이다. 특히 가족 내 범죄의 경우 더더욱 노출되지 않아 장기간 지속적으로 일어나는 경우가 많다.

더불어 피해 아동을 도와주어야 할 친부모가 가해자를 처벌할 의지없이 오히려 피해를 방치하거나 묵인하고, 비밀을 강요하기 때문에 예방이 어렵다. 특히 가해자가 친부, 의 · 양부 등 근친일 때 피해아동의 긴급 격리보호는 반드시 이루어져야 할 조치이다. 아동 성범죄 피해자로 격리 보호되는 아동들은 신체적으로는 전문적인 산부인과 치료를, 심리적으로는 아동의 심리적 손상에 대한 상담 · 치료를 집중적 · 지속적으로 제공하는 전문화된 쉼터에서 안전하게 보호받을 수 있어야 한다.

아동 성범죄, 특히 가족 내 성범죄는 가장 신뢰하는 사람에게 고통을 당하는 것이어서 심리적, 사회적으로 큰 영향을 미쳐 조기에 전문적인 치료와 안정된 환경이 제공되지 않을 경우 성장 후에까지 악영향을 준다는 점을 고려할 때 성범죄 피해아동을 위한 통합적 · 전문적인 서비스를 제공하는 시설이 많이 개설되어 아동들이 성범죄로 인해 입은 손상을 극복하고 건강하게 자랄 수 있는 환경이 조성되어야 한다.

14.2.4. 청소년 성범죄

1) 현황

청소년을 대상으로 한 성범죄를 말하며 급속히 발전한 인터넷의 영향이 가장 크다고 할 수 있다. 청소년 중 여성이 남성보다 성범죄에 더 많이 노출되어있다. 청소년을 대상으로 한 성범죄의 이유로는 호기심, 술 기운, 용돈, 성욕해소, 색다른 성교를 위해서 등이다(표 14.3).

2) 특징

- 만 13세 이상 19세 이하의 청소년에게 발생하는 성범죄를 의미한다.
- 다른 연령층과 비교하여 친족, 선배나 동급생, 교사나 강사 등에 의한 피해의 비율이 높게 나타난다.
- 특수성폭행의 비율이 높고 남성피해자도 상당수 있다. 이는 불량배, 학교 폭력배 등이 청소년을 표적으로 하기 때문이다.
- 정확한 성 지식을 가지고 있지 못한 청소년들이 피해자가 될 경우, 임신이나 낙태 등의 피해를 입을 확률이 높고, 이러한 피해가 학업중단이나 일탈행위 등 극단적 상황으로 치닫는 경우가 있으므로 피해가 매우 심각하다.

3) 청소년 성매매의 원인

요즘 청소년들이 성에 대하여 꽤 개방적이고 자발적이며 어느 정도 판단능력과 방어능력이 있다고 믿는 것이 그 원인이다. 때문에 청소년 성매매는 때때로 동의된 성관계로 오인받기도 한다. 청소년 성매매는 성인과 청소년이 어떤 대가를 매개로 하여 서로

표 14.3 청소년 성범죄의 특징

구분	설명
목적	• 호기심, 술 기운, 성욕해소, 색다른 성교
경로	• 인터넷 채팅, 전화방
장소	• 가해자의 집, 숙박업소, 피해자의 집
유형	• 성매수, 성매수 알선, 성추행, 성폭행
피해자 연령	• 13~19세
가해자 연령	• 20대~60대

합의하에 발생하므로 이와 같은 일탈적 행위를 허용하는 사회 환경의 차원에서 그 원인을 분석할 수 있다.

성매수자의 잘못된 성의식을 이유로 들 수 있다. 속칭 '영계(嬰鷄)'를 선호하는 남성들의 의식구조가 문제이다. 남성입장에서는 윤락녀에게서는 느낄 수 없는 새로운 경험을 청소년이 제공한다는 것이다. 자신의 여성은 순결하고 정숙해야 하는 반면 성욕을 발산하기 위한 대상으로는 좀 더 어린 여성을 선호하는 이중적 성향을 보인다. 이와 같이 남성들의 잘못된 성 충동을 억제하지 못하는 것이 청소년 성범죄를 부추기는 하나의 원인이 된다.

4) 피해후유증

청소년 대상 성범죄는 해당 청소년에게 돌이킬 수 없는 신체적.정신적 피해를 남긴다. 청소년 성매매 후 나타나는 정서적 변화는 장래 배우자 및 부모에 대한 죄책감과 기억으로 인한 고통, 나를 소중히 여기는 마음이 줄어들고 자기파괴적 성향 등이 생긴다. 청소년기의 여학생들은 아직 성에 대해 미성숙한 상태일 뿐 아니라 이성적 가치판단도 미흡하기 때문에 성매매를 통해 잘못된 가치관을 가질 수 있고, 이 시기의 건전한 신체상(body image)의 형성에도 부정적인 영향을 미치게 된다. 성매매로 인해 형성된 사회에 대한 불신과 왜곡된 가치관은 사회 전체적으로 큰 손실을 가져온다.

5) 청소년 성범죄의 예방

- 인터넷을 통한 성매매의 확실한 규제 : 아무리 많은 사이버폴리스나 보안프로그램이 있어도 인터넷에서 성매매에 대한 채팅 내용이나 메신져 내용을 잡아낸다는 것은 거의 불가능할 것이다. 그러나 청소년 성매매가 이루어지는 대표적인 채팅 싸이트나 메신져 등을 차단할 수도 있다(http://gisa.mk.co.kr/search_result.php). 그 좋은 예로 MSN 메신져 채팅을 차단하는 경우가 있다.
- 청소년 성범죄자의 신상 공개 : 성범죄자로서 인터넷과 관보 및 정부청사 게시판에 신분이 공개된다면 당사자는 가정과 사회에서 더 이상 발을 붙이고 살기 어려워질 것이다. 우리나라와 같이 체면을 중시하는 나라에서 신분공개는 '사회적인 매장'을 의미하고 인권침해의 소지가 있다는 반발에도 불구하고 청소년보호위원회는 성범죄자의 신상을 공개하였다(http://gisa.mk.co.kr). 그러나 단순한 신상공개로 '겁주기'보다는 청소년 성범죄율을 실질적으로 낮추기 위한 대책으로 신분공개 뒤 성범죄자들에 대한 철저한 관리와 감독이 있어야 한다.
- 청소년 대상 성범죄 예방교육 : 청소년 성범죄에 대한 처벌도 중요하지만 사전에 이를 예방하는 것이 더욱 중요하다. 그러므로 청소년 성범죄에 대한 사회적 경각심의 고취와 그 예방을 도모하기 위하여 청소년 및 일반인들을 상대로 성범죄 예

방교육을 실시한다. 성폭력, 데이트 할 때의 주의점, 성병, 임신 등에 대해 가르친다.

- 성범죄 재발생을 예방하는 프로그램의 개발 : 성욕을 충족하기 위하여 청소년을 선택하는 잘못된 성개념을 치료하기 위해 성범죄자의 인지과정을 재구조화하는 내용을 중심으로 하는 프로그램을 개발해야 한다. 왜곡된 인지과정을 치료하는 노력에 반드시 포함되어야 하는 것은 피해자의 입장에서 자신의 성범죄 행위가 가져오는 결과를 이해해야 하는 것이다.

14.2.5. 여성 장애인 성범죄

여성 장애인을 대상으로 가해지는 성범죄를 말한다.

1) 발생 원인

성범죄는 기본적으로 힘의 관계가 내포되어 있는 문제이다. 따라서 힘이 약하고 가난한 계층의 여성, 어린이, 장애인들이 다른 집단보다 성범죄의 피해를 더 당할 수 있는 취약한 집단이다. 따라서 여성이면서 장애인으로 빈곤의 요소를 안고 있는 여성 장애인들은 그만큼 성폭력에 쉽게 노출될 수 있고 그 피해의 정도가 심각하다고 볼 수 있다.

2) 특징

여성 장애인은 피해에 대한 인식이 매우 낮고, 또한 성범죄 피해 후에 이에 대한 대처 능력이 매우 약하다. 성범죄 피해 후에는 상담소에서 상담을 받고 의료적인 처치를 받으며 법적인 대응까지 해야하는데, 장애인 스스로가 이 과정을 소화하기는 역부족이다(박정희, 2003).

3) 개선책

- 대국민 홍보 : 지속적인 여성 장애인 인권 보장과 장애인 성범죄 피해의 심각성을 알리는 대국민 홍보이다. 여성 장애인 대상 성범죄를 근절하기 위해서는 사전 예방 노력이 더욱 중요하며 이러한 차원에서 여성 장애인 인권 운동이 선행되어야 한다.
- 성범죄상담소 설치 : 여성 장애인 성범죄 상담소의 설치이다. 성범죄 상담소는 여성 장애인을 위한 가장 시급한 과제로 피해자를 위한 위기전화와 성범죄상담소가 운영되어 장애유형에 맞는 상담이 이루어져야 한다.
- 여성주의적 접근 : 무엇보다 여성주의적 접근이 요구된다. 여성 장애인 성범죄 피해자들의 경험을 이해하고 그 경험이 바탕이 되어 성범죄 문제를 해결하는 방안을 강구해야 한다(오혜경 등, 1999). 장애인의 특성과 성범죄를 잘 이해하는 전문

가의 양성이 시급하며, 성범죄 피해 여성 장애인들을 위한 프로그램도 개발되어야 할 것이다.

14.2.6. 군대 성범죄

군대 성범죄는 군대 내에서 발생하는 모든 성범죄로서, 군대라는 특수한 상황에서 일어난 일이라 은폐되고 간과되어 현재까지 잘 알려지지 않았다. 최근 들어 매스컴을 통해 많은 사람이 알게 되고 그에 대한 조사가 실시됨으로서 심각성을 인식하고 해결하기 위한 대책마련을 하고 있다.

1) 군대 성범죄의 유형과 발생장소

군대 성범죄의 유형으로는 성경험담 말하기, 성행위 흉내내기, 애무, 동침 등이 있고, 장소로는 내무반, 근무초소, 목욕탕, 화장실, 훈련 시 막사 내 등이 있다.

2) 군대 성범죄의 원인

군대에서 일어나는 성범죄 원인은 구조적 문제라 할 수 있다. 다음과 같은 군대의 분위기가 군대 성섬죄의 원인으로 작용할 수 있을 것이다.

- 후임병에 대한 선임병의 강압적 지배적 환경
- 성범죄에 대해 단순한 남자들끼리의 장난으로 보는 시각
- 피해자가 부대 내에 적응하지 못하여 일어나는 현상으로 인식
- 은폐
- 동성애의 경향을 가진 사람이 입대 후 부대 안에서 욕구 충족을 위해 계급이 낮은 사람들에게 강요

14.2.7. 직장 내 성희롱

'남녀 고용평등법'과 '남녀 차별금지 및 구제에 관한 법률'에 의하면, 직장 내 성희롱은 직장관련 사람들(직장상사, 동료, 계열사 직원 등)이 채용과정이나 근무기간 중에 상대방의 의사에 반하여 행하는 성적인 언동으로서 피해자들에게 성 불쾌감과 모욕감을 주는 행위를 말한다(그림 14.4). 이는 근로자의 일할 권리를 침해하고 근무 의욕을 상실시키는 원인이 된다.

그림 14.4 직장 내 성희롱은 근무의욕 상실의 원인.

1) 직장 내 성희롱의 유형

퇴근 후 일을 핑계로 만날 것을 요구한다(그림 14.5). 건강, 고독, 아내와의

그림 14.5 퇴근길 또는 회식 후의 직장 내 성희롱.

표 14.4 직장 내 성희롱의 유형(노동부의 [직장 내 성희롱 방지지침] 중에서)

유형	실례
시각적 행위	• 자신의 성기 등 특정 신체부위를 고의적으로 노출하는 행위 • 외설적인 사진, 그림, 낙서, 음란출판물 등을 게시하거나 보여주는 행위 • 직접 또는 팩스나 컴퓨터 등을 통해 음란한 편지, 사진, 그림을 보여주는 행위
언어적 행위	• 음란한 농담이나 음담패설 • 외모에 대한 성적인 비유나 평가: 외모나 옷차림을 빗대어 성적인 농담을 함 • 성적 사실관계를 묻거나 성적인 내용의 정보를 의도적으로 유포하는 행위 • 성 관계를 강요하거나 회유하는 행위 • 음란한 내용의 전화통화 • 회식자리에서 무리하게 옆에 앉혀 술을 따르게 하는 행위
신체적 행위	• 입맞춤이나 포옹, 뒤에서 껴안기 등의 신체적 접촉 • 가슴, 엉덩이, 성기 등의 특정 신체부위를 만지는 행위 • 안마나 애무를 하는 행위 등
기타	• 사회통념상 성적 굴욕감을 유발하는 행위

불화 등을 얘기하며 여성의 동정심과 환심을 사려한다. 회식 후 같은 방향이라며 차편을 제공하고 다시 술자리를 마련하거나 출장이나 야유회 등에서 다른 동료들을 따돌리고 성희롱을 한다.

노동부의 '직장 내 성희롱 방지지침'에서 제시한 성희롱의 유형은 표 14.4와 같다.

2) 직장내 성희롱의 예방

- 성역할에 대한 고정관념 버리기 : 상호 존중하는 직장문화를 위해 함께 일하는 동

그림 14.6 근무 중 직장 내 성희롱.

료로서 언제나 평등하고 인격적인 대우를 하도록 한다. 항상 언행에 조심하고 상대방을 존중하는 태도와 마음씨를 가진다(그림 14.6). 성차별적이거나 불쾌감을 주는 언행을 하지 않는다. 외모에 대한 성적인 비유나 평가를 하지 않는다.

그림 14.7 직장 내 성희롱에 대한 과태료.

- 성희롱은 범죄라는 인식 가지기 : 서로 인격체인 동료로 대하고 성 농담(음담패설)을 하지 말아야 한다. 또한 성희롱에 대처하고 있는 여성을 도와주고 성희롱은 범죄라는 인식을 가져야한다. 또한 자신의 행동이 사내지침에 따라 처벌받을 수 있음을 인지해야 한다(그림 14.7). 성에 대한 잘 못된 행동으로 직장, 재산, 가족, 명예를 잃을 수 있다.
- 여성은 남성을 요령있게 컨트롤 하기 : 적당한 간격을 유지하여 상대방의 분위기에 끌려가지 말고 오해받을 일은 하지 않아야 한다. 또한 항상 경어로 대응하며 부드럽게 위협하며 거절할 상대를 천천히 변화시킨다(김미경, 2001).
- 분명히 거부하기 : 상대방과 부딪히는 것을 겁내지 말고 '안돼요', '싫어요'라고 말한다(그림 14.8). 가능하면 사람들이 보는 앞에서 공개적으로 분명히 말한다.
- 기록 남기기 : 중단하라는 요구가 통하지 않을 때는 일어난 사건에 대하여 기록을 남긴다. 장소, 시간, 주위 사람의 말과 행동, 본인의 대응과 느낌(불쾌감, 분노, 모욕감 등) 등을 구체적으로 기록한다.
- 상담기관이나 관계기관에 도움받기 : 성희롱을 자기 탓으로 돌리지 않는다. 숨기지 말고 주위의 믿을 만한 사람에게 털어놓고 상의한다. 사내 상담소, 여성단체, 노동조합에 도움을 받는다(그림 14.9). 노동부, 여성특위 등 정부기관의 도움도 받는다.
- 사업주는 성희롱에 대한 예방교육 실시 : 사내지침이나 사내규칙에 가해자 처벌 조항을 두고 신고가 접수될 때 반드시 이를 공정히 처리하여 피해자에게 결과를 알려야 한다(그림 14.10).

그림 14.8 요령 있게 'No'라고 말하기.

그림 14.9 직장 내 성희롱 담당 기관 활용.

그림 14.10 직장 내 성희롱 예방교육 및 처벌.

14.2.8. 성폭행

강제로 성관계를 하는 행위를 일상적으로 '강간'이라고 하지만 법률적 용어로는 '성폭행'이라 한다. 가해자가 남성일 경우, 음경을 질 내에 강제로 삽입하는 행위로 처녀막의 손상이나 사정의 흔적이 없더라도 가해자의 성기가 소음순까지 닿는 경우도 성폭행으로 취급한다. 아내성폭행, 남편성폭행, 구강성교, 항문성교, 다른 물질을 성기에 삽입하는 행위를 모두 포함한다.

1) 성폭행의 유형

일반적으로 일어나는 성폭행의 유형을 보면 다음과 같다(표 14.5).

2) 성폭행범의 심리적 배경

성폭행범들의 대략 30%는 전형적인 섹스중독자에 속한다(http://nanhome.hihome.com). 심리학자들에 의하면 이런 사람들은 상대에게 적의감을 가지고 있으며, 말로 위협하거나 신체적 폭력이나 강제적인 성교와 같은 행위로부터 성만족을 추구한다고 한다.

성폭행범들의 다른 30%는 성격결함이 있는 남성으로 술이나 약물의 영향을 받은 경우에 비정상적인 방법으로 행동하거나 갑작스럽게 폭발하여 성적으로 이상한 행동

표 14.5 성폭행의 유형

유형	특징
부부 성폭행	• 부부 간에 강제로 성교를 하는 경우
데이트 성폭행	• 데이트하는 상대가 그러한 관계를 이용하여 강제로 성교를 하는 경우
친근자 성폭행	• 친근한 사람이 성폭행을 하는 경우
낯선자 성폭행	• 이전에 전혀 알지 못한 사람이 성폭행을 하는 경우. 가장 위험함. 고문 심지어는 살인과 같은 잔인한 행위가 수반될 수 있음
사회적 성폭행	• 사회적 성문란으로 인해 주로 십대 소녀에게 성폭행을 하는 경우

을 한다. 나머지 약 40%의 성폭행범들은 여성이 일차적으로 그들의 성욕을 만족시키기 위해 존재한다고 믿는 남성이다. 이러한 범주에 속한 남성은 여성에 대한 이중적 기준을 적용한다. 즉 이들은 자기 부인이나 인척인 여성에게는 존경을 가지고 결코 성적으로 이상하게 행동하지 않지만 그 외의 모든 여성을 유희게임의 대상으로 본다.

3) 성폭행의 대처방법

(1) 성폭행 당할 위기에서의 대처방법

- 도망칠 기회를 노린다.
- 분노로 대응한다.
- 소리지르기나 힘으로 저항하기를 한다.
- 성폭행범의 눈, 목, 성기 부분을 공격한다.
- 위 사항이 효과 없으면 애원, 설득, 대화를 시도한다.

(2) 성폭행 당한 후의 대처방법

① 증거보전

- 씻거나 옷을 갈아입지 말고 병원이나 경찰서로 간다(피해당시 옷을 절대 세탁하지 않고 보관한다).
- 성폭행을 당한 자리도 그대로 보존해야 한다. 피해 장소에는 가해자 신체의 일부(지문, 머리카락, 음모, 정액, 땀, 침, 오줌 등)와 가지고 있었던 물건(흉기, 명함, 담배, 라이터 등)이 남아 있을 수 있다. 피해자의 입, 손톱 밑, 질, 항문에서 증거를 수집할 수 있다.

- 피해당시에 생겼던 상처나 멍든 곳 등을 사진촬영(가능하면 얼굴과 같이 찍히도록)해서 보관해 둔다. 피해 직후엔 나타나지 않다가 시간이 지나면서 외상이 나타나기도 하므로 28~48시간 후에 다시 검진하기도 한다.
- 증거품(가해자가 떨어뜨린 휴대품, 사용했던 흉기 등)을 경찰서에 들고 갈 때는 코팅되지 않은 종이봉투를 사용한다(비닐은 습기가 차서 증거가 없어질 수 있기 때문).
- 성폭행당한 직후 고통을 잊기 위해 술이나 약을 먹지 않는다. 기억이 흐려지거나 피해를 증명할 수 있는 증거 등을 없애게 될 수도 있기 때문이다.

② 주위에 도움을 청함

- 성폭행당한 직후 목격자를 확보하거나 누군가에게 알려두면 법정에서 증인으로 부를 수 있다.
- 믿고 의지하는 친구나 가족, 교사 또는 전문상담소에 도움을 요청한다.
- 성폭력을 당했을 경우 피해자가 잘못한 것이 아니라는 것, 그러한 일을 이겨낼 수 있도록 부모 또는 주위에서 관심과 애정을 가지고 도와주어야 하며 피해자 스스로 '부끄러운 일'이라기 보다는 떳떳하다고 인식하게끔 해 주어야 한다.

③ 병원으로 즉시 달려감

- 절대 몸을 씻거나 옷을 갈아입지 말고 병원으로 가는 것이 중요하다.
- 의료상 보호를 받을 수 있으며 신체 내 이상과 임신여부 등을 검사받을 수 있다. 이 때 발견되는 피나 정액은 범인식별의 증거가 된다.
- 진단서를 끊어둔다.

④ 빠른 신고

- 가능한 한 빨리 경찰에 신고한다.
- 남자경찰관이 싫으면 여자경찰관을 요구한다.
- 진술시 자세한 기록을 남기되 성폭행과 직접 관계되지 않은 질문에는 대답하지 않아도 된다.

⑤ 성폭행에 대한 바른 인식

- 성폭행은 성관계가 아니며 사회적 범죄일 뿐이다. 나의 부주의나 내 잘못으로 일어난 것이 아니며 잘못은 가해자에게 있다.
- 극복을 위한 의지를 가지고 노력한다.

남성이 당하는 성희롱과 성추행

남성들의 경우 여성 상사뿐 아니라 동성으로부터 성희롱과 추행을 당하는 경우도 있다. 예를들면 A씨는 단체회식 때 황당한 경험을 했다. 술이 한 순배 돈 순간 주부사원들로부터 "요즘 잠자리 어때, 힘 좋겠어"라는 진한 성농담을 받았다. A씨는 웃으며 넘겼지만, 회식 때마다 성농담을 들으니 '성고문'을 당하는 기분이라 이대로 그냥 회사에 다녀야 하는지 회의가 든다.

이처럼 주부사원과 여성이 많은 회사에 근무하는 남성들의 경우 여성들로부터 진한 성희롱을 당하는 경우가 적지 않다. 한국성폭력상담소는 "코가 너무 작다(크다)", "예쁘장하게 생겼다", "정력이 세 보인다", "화장실에 왜 그리 자주 가" 등이 남성을 겨냥한 여성들의 주요 성희롱 사례라고 밝혔다.

모 회사에 근무하는 B씨는 엘리베이터나 화장실 등에서 직장 선배 C씨가 습관적으로 자신의 성기를 만지거나 몸을 더듬는 성추행을 겪고 있다. 입사 초기부터 "얌전하다, 여자처럼 생겼다"는 말을 많이 들어온 B씨는 결국 한국성폭력상담소에 피해 상담 신청을 했다.

여성에 의한 성희롱이나 동성간의 성추행은 주로 직장 상사에 의해 자행되는 경우가 많아 대부분의 남성들이 이를 문제화하지 못하고 그냥 지나치는 경우가 많다. 자칫 일자리를 잃게 되지나 않을까 하는 우려 때문이다.

의료검사와 증거채취

병원에서 증거채취와 검진을 할 때에 피해당사자나 가족의 동의를 필요로 한다. 동의 없이는 어떤 증거채취나 의료검사도 진행할 수 없다.

- 우선 외상이 있는지 살핌(폭력의 증명)
- 손톱 밑을 긁어서 검사(가해자의 혈액형과 피부 조직 확인)
- 외음부 검진(혈액이나 분비물이 말라붙은 흔적, 처녀막 상태의 검진)
- 질내 검사(몸 안에 남아 있는 정자 확인): 피해 후 48시간 내에 진찰을 받아야 질 내에서 정자를 검출할 수 있다.
- 혈액채취(성병 감염 여부 검사)
- 소변검사
- 임신여부 검사: 임신이 되었을 가능성이 있을 경우는 보통 72시간 이내에 수정란의 착상을 방지함

법적처리 절차

성폭행 피해자가 가해자를 고소하여 형사처벌을 받게 하는 것과 피해자가 민사상 손해배상을 받는 것은 전혀 별개의 문제이다. 피해자는 가해자를 고소하여 형사처벌을 받게 할 수도 있고, 민사소송을 통하여 손해배상을 받아낼 수도 있다. 물론 위 두가지 방법을 모두 사용할 수도 있다.

㉠ 민사적 방법

- 가해자를 안 날로부터 3년 이내에 제기해야 한다.
- 재산이 없는 가해자가 민사판결을 받고도 합의금을 주지 않으면 피해자는 한 푼의 배상도 받지 못하는 경우도 있을 수 있다. 민사소송을 제기하기에 앞서 피해자는 가해자의 재산관계를 파악하여 가압류 등 재산보전조치를 취해 놓아야 한다.
- 성폭력으로 인한 손해배상은 주로 위자료가 대부분이다.
- 이 외에도 피해자는 치료비와 이후 소요되는 경비 등을 청구할 수 있다.
- 후유증(신체장애)이 있다면 이로 인한 수입의 감소분을 청구할 수 있다.

성폭행 피해자 중에는 피해사실이 밝혀지는 것을 꺼려하거나 법적 과정을 모두 견뎌내는 것을 힘들어 하여 민사소송이나 형사고소를 하기 전에 또는 그러한 절차진행 중에 합의를 하는 경우가 있다. 형사합의는 없고, 민사합의(재산상 손해에 관한 부분)가 이루어지면 그 이후에는 더 이상의 배상청구를 할 수 없게 되므로 합의 시 손해액을 정할 때는 신중을 기할 필요가 있다. 특히 장래 발생될 후유증에 관한 문제는 반드시 고려해 보아야 하는 부분이다.

㉡ 형사적 방법

다음과 같은 절차를 밟는다(그림 14.11).

사건발생 → 경찰서에 고소/고발 → 수사 후 검찰에 송치 → 검찰에서 기소 또는 불기소 → 불기소할 경우 항고할 수 있음 → 법원에서 재판 → 판결 → 유죄/무죄

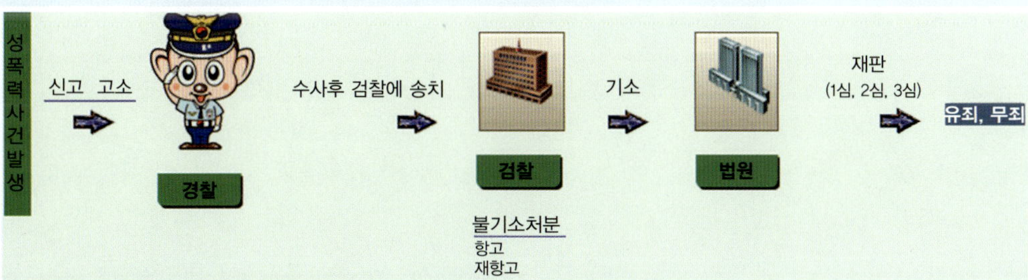

그림 14.11 성범죄의 형사적 처벌 절차(http://www.lawhomep.or.kr).

제 15 장

기말 평가

제9장 사랑과 성욕

9.1 남녀 감정에 관한 일반적인 차이에 대한 설명으로 틀린 것은?

① 남성은 능력중심이며 여성은 관계중심이다.
② 남성은 위계질서의 꼭대기에 혼자 있을 때 정감을 느끼고 여성은 관계망의 중심에 있을 때 안정감을 느낀다.
③ 연극에 비유한다면, 여성은 남성보다 사랑을 연극 그 자체로 보는 경향이 있다.
④ 남성은 여성보다 청각과 촉각에 더 예민하고 여성은 남성보다 시각과 후각에 더 예민하다.

9.2 내가 가져야 할 성에 대한 올바른 개념을 나무의 뿌리(기반), 줄기와 잎(중심), 꽃(수확)에 비유하면?

9.3. 다음 중 남성과 여성의 성욕에 대한 설명으로 잘못된 것은?

① 남녀 모두 성욕은 노년기가 되어도 소실되지 않는다.
② 여성은 30대 후반과 40대 초반에 절정에 달하는 성욕을 갖게 된다.
③ 남성은 자극을 받으면 성호르몬이 뇌로 전달되고, 이성에 대한 관심을 갖게 되어 접근욕과 접촉욕구가 생긴 후에 성욕이 생긴다.
④ 여성의 성욕은 특정한 이성 대상과의 성적환상이나 연애감정에만 쉽게 반응한다.

⑤ 남성의 성의 대한 욕망은 때와 장소에 관계없이 충동적으로 급격하게 나타난다.

9.4 남녀 성욕 충족 후의 일반적인 차이에 대한 설명으로 틀린 것은?

① 남성은 여성보다 사랑과 성행위를 분리하는 경향이 있다.
② 여성은 남성보다 사랑과 성행위를 분리하지 않는 경향이 있다.
③ 남성은 여성보다 만족감을 얻거나 흥미를 상실하는 경향이 있다.
④ 남성은 새로운 관계의 시작이라 생각하고 여성보다 집착하는 경향이 있다.
⑤ 여성은 새로운 관계의 시작이라 생각하고 남성보다 집착하는 경향이 있다.

9.5 몽정과 자위행위에 대한 설명으로 틀린 것은?

① 몽정은 수면 중 성적인 행위를 상상하면서 사정하는 현상이며, 야간정루라고도 한다.
② 여성에게는 사정행위가 없으므로 몽정 대신에 '수면중 절정감'이라고 하는데, 이를 성몽이라고도 한다.
③ 성적 만족을 하는데도 계속 그럴 경우 또한 몽정 후에 심한 우울증을 느낀다면 생식기능이 허약하여 질병일 수도 있다.
④ 여성은 혼전에 자위행위를 통하여 극치를 경험해 본 여성은 결혼 후 극치를 경험할 가능성이 높다.
⑤ 자위행위는 육체적인 쾌감과 정신적으로 성적인 긴장을 풀어주는 것으로써, 욕구가 생길 때마다 자주해도 괜찮다.

제10장 성행위

10.1 남녀의 주요 1차 성감대는 어디인가?

10.2 남녀 오르가즘 도달 시간의 차이를 줄이기 위하여 남녀는 각각 어떤 노력을 하여야 하는가?

10.3 오르가즘을 느끼지 못하는 여성에게 권하는 방법은?

10.4 다음 설명에 맞는 여성의 생식기관은? (　　)

- 소음순 사이에 있는 작은 구조이며 흥분하면 딱딱해진다.
- 말단신경이 집중되어 있어서 아주 민감한 부분이다.
- 인체의 조직 중에서 성쾌감만을 위해 존재한다.

10.5 여성의 경우, 드물게 멀티오르가즘을 느낄 수 있는 이유는?

① G점(G-spot)뿐만 아니라 질 깊숙이 있는 자궁까지 오르가즘을 느낄 수 있으므로
② 일반적으로 여성은 전희로 인하여 남성보다 빨리 고조기에 도달하고 그 후 남성이 사정할 때까지 오랫동안 흥분해 있으므로
③ 여성의 성기는 쇠퇴기에도 아직 충혈되어 성감은 충분히 남아 있으므로
④ 여성은 고조기가 오르가즘의 전과 후로 2번 있으므로

제11장 성생활

11.1 신혼 첫날밤에 일방적 성교가 아닌 나누는 성교가 되도록 노력해야 하는 이유는?

11.2 임신 중의 성교는 태아의 머리에 충격을 주어 정신박약아나 음란한 아이가 탄생될 가능성이 있는가?

11.3 임신 중의 성관계에 대한 설명 중에서 맞는 것은?

① 임신 6개월부터의 성교는 태아에게 나쁜 영향을 미치므로 삼가 해야 한다.
② 임신 10개월째부터는 금욕해야 한다.
③ 과다한 체중일 때는 성교를 삼가 해야 한다.
④ 임신 중에 여성의 성욕이나 성감이 증가하기도 한다.
⑤ 성교체위는 어느 것이나 괜찮다.

11.4 다음 보기 중 틀린 것은?

① 여성의 성 흥분은 남성의 발기와 같은 원리로 음핵에 혈액이 몰려 딱딱해지는 것이다.
② 정관절제 수술을 하면 정력이 줄어든다.
③ 남성호르몬은 체온보다 낮은 온도에서 잘 만들어지므로 몸에 꼭 끼는 팬티보다는 바람이 잘 통하는 팬티가 남성호르몬생산에는 더 좋다.
④ 여성의 오르가즘에 결정적인 것은 음경의 크기보다 성감대를 잘 자극하는 기교와 적극적인 자세가 중요하다.

11.5 성생활에 관한 지식 중 맞는 것은?

① 여성의 오르가즘은 삽입을 통해서만 가능한 것은 아니다.
② 질 세척을 자주 하는 것은 성병예방에 도움이 된다.
③ 성교회수가 많으면 수명이 단축된다.
④ 일반적으로 '월경 중에 성관계를 피하라'고 하는 이유는 난자가 나오므로 임신할 확률이 높기 때문이다.
⑤ 정관절제수술을 하면 정력이 줄어든다는 말은 잘못된 것이다.

제12장 성생활의 문제와 해결

12.1 성생활에서 정력이란 성행위를 하고 싶은 횟수나 사정할 때까지의 지탱시간을 말한다. 다음 중 남성의 정력보강법으로 올바른 것은?

① 마음을 긍정적으로 바꾸고 규칙적인 운동으로 기력을 여유있게 충전한다.
② 성교를 하되 가끔은 사정을 하지 않고 참는다.
③ 민간에서 정력제라고 알려진 음식(뱀, 해구신, 자라, 녹각, 마늘, 인삼 등)을 많이 먹는다.
④ 충분한 자녀를 가졌으면 정관절제수술을 한다.

12.2 먹는 발기부전치료제에 관한 설명으로 맞는 것은?

① 음경으로 흐르는 혈액의 양을 일정시간 동안(발기지속시간) 증가시킨다.

② 이 치료제는 음경의 정맥을 일정시간동안 닫아 혈액이 못 빠져 나가게 한다.
③ 중독성(의존성)이 있어서 복용하다가 중단하면 발기되지 않는다.
④ 의사의 처방 없이 약국에서 구입할 수 있다.

12.3 먹는 발기부전치료제에 관한 설명으로 틀린 것은?

① 이 치료제의 약효시간은 발기지속시간을 나타낸다.
② 음경을 지나는 모세혈관에 NO(일산화질소)가 있어야 발기부전치료제의 효과가 있다.
③ 발기부전치료제의 원리는 동맥은 열리고 정맥은 닫히게 한다.
④ 성흥분제 또는 정력제로 사용할 수 있다.

12.4 성생활에서 음경의 크기가 크면(길이, 굵기) 여성은 오르가즘을 잘 느낄 수 있다고 말하는 것은 틀렸다고 한다. 이에 대한 근거 2가지를 적으면?

12.5 여성 오르가즘장애의 치료에 관한 설명으로 틀린 것은?

① 오르가즘을 한 번도 느껴본 적이 없는 사람일수록 치료효과는 높다.
② 여성의 성감대를 남성에게 알려주는 치료법도 있다.
③ 일방적 성교가 아닌 단계적 성교가 되도록 서로 노력한다.
④ 포르노, 자위행위, 성보조기구 등으로 치료하는 것은 좋지 않다.

제13장 성병

13.1 키스를 통해서 에이즈도 전염이 될 수 있을까?

13.2 에이즈 감염경로가 아닌 것은?

① 성접촉 ② 감염된 산모에 의해 태어난 태아
③ 주사바늘 공동사용 ④ 기침이나 재채기

13.3 후천성면역결핍증후군(AIDS) 또는 그 예방법에 관한 설명으로 틀린 것은?

① 에이즈 바이러스는 콘돔을 통과할 수 없으므로 성교 시, 콘돔을 사용하면 에이즈를 방지할 수 있다.

② 에이즈 바이러스는 체액 교환이 없어도 바이러스 감염이 일어날 수 있으므로 사회적으로 격리시켜야 한다.
③ 에이즈를 예방하기 위해서는 살정제와 같은 약제를 콘돔과 병행해서 사용해야 한다.
④ 에이즈 바이러스는 보균자인 임산부로부터 태아로 수직감염 되지 않는다.
⑤ 눈물, 오줌, 침, 정액, 질 분비물 등에서 에이즈 바이러스는 발견된다.

13.4 매독은 혈액을 타고 온 몸으로 퍼지기 때문에 감염단계에 관계없이 치료가 매우 어려운 성병인가?

13.5 감염되면 남성의 요도에서 고름이 보이고 귀두 부분에 붉고 부풀며, 여성에서 합병증으로 난관을 막아 불임의 원인이 되는 성병은 명칭은?

13.6 다음 중 여성이 임질에 감염되었을 때 나타나는 증상이 아닌 것은?

① 배뇨 시 따갑고 열이 나고
② 비정상적인 월경
③ 잦은 소변
④ 요통
⑤ 탈모증

13.7 에이즈를 포함하여 성병예방을 위하여 성교 전후에 취할 수 있는 방법 3가지는?

제14장 성도착증과 성범죄

14.1 이성과의 성적 접촉에서 얻는 쾌감보다 이성이나 동성의 나체를 훔쳐보거나 남의 성행위를 봄으로서 성적 흥분을 느끼는 것을 무엇이라 하는가?

14.2 성도착증에 관한 설명으로 틀린 것은?

① 성도착증은 비정상적인 대상, 행위 및 상황과 관련되어 반복적으로 강한 충동, 성적환상 및 성적행동이 나타나 심각한 고통이나 장애를 일으키는 경우를 말한다.

② 의상도착증은 성적인 숭배물이 팬티, 브래지어, 신발, 등의 물건이며 반복적으로 접촉하면서 성적을 쾌락을 얻는 경우를 말한다.

③ 소아기호증은 이성 또는 동성의 어린이에게 성적 목적을 위해 병리적인 흥미를 나타내는 경우를 말한다.

④ 가학성 변태성욕은 굴욕당하거나, 매질을 당하거나, 묶여 있거나, 그 밖의 다른 방식으로 고통을 당하여 성적 흥분을 얻는 경우를 말한다.

14.3 '섹시하다'는 성희롱일까 아님 칭찬일까?

14.4 강간을 당한 피해자로서의 즉각적인 대처요령으로 틀린 것은?

① 몸에 멍이나 상처가 있으면 사진을 찍는다. 이때, 프라이버시 존중을 위해 얼굴이 나오지 않게 찍는 것이 좋다.

② 몸을 씻지 않은 채로 가능한 빨리 산부인과에 간다.

③ 사건 현장 가능하면 그대로 보존한다.

④ 피해당시 입었던 옷가지나 다른 증거물을 모아 보관이 간편한 비닐봉투에 보관한다.

⑤ 혼자 있는 것은 좋지 않다. 가족이나 친구 집 등 안전한 장소로 피한다.

해답

제9장 사랑과 성욕

9.1 ④. 풀이: 남성은 여성보다 시각과 후각에 더 예민하고 여성은 남성보다 청각과 촉각에 더 예민하다.

9.2 생명탄생을 기반으로 하고, 사랑이 중심을 이룰 때, 성적쾌락의 수확을 얻을 수 있다. 또는 생명탄생을 뿌리로 하고, 사랑으로 줄기와 잎을 이룰 때, 성적쾌락의 꽃을 피울 수 있다.

9.3 ③. 풀이: ③ 보기의 설명은 여성에 해당하는 것이다.

9.4 ④. 풀이: ④ 보기의 설명은 여성에 관한 것이다.

9.5 ②, ⑤. 풀이: ② 여성에게는 사정행위가 없으므로 몽정 대신에 '수면중 절정감'이라는 용어가 더 적당하다. 이는 흔히 '성몽'이라고도 하는데 이는 잘 못된 것이다. ⑤ 자위행위는 육체적인 쾌감과 정신적으로 성적인 긴장감을 풀어주는 것으로써 욕구가 생길 때 마다 하는 것은 바람직하지 않으며 각자가 성적 긴장을 충분히 풀 수 있을 만큼만 적당히 해야 한다.

제10장 성행위

10.1 남성: 음경(특히 귀두)과 음낭 여성: 음핵, 질입구, G점이다.

10.2 남성은 여성에게 전희를 충분히 해주면서 천천히 흥분하려고 노력하고, 여성은 남성이 천천히 흥분하도록 유도하며 자신은 적극적으로 빨리 흥분하려고 노력한다.

10.3 성환상과 자위행위

10.4 음핵

10.5 ③, ④. 풀이: ① 자궁까지 오르가즘을 느끼는 것은 아니다. ② 일반적으로 여성은 남성보다 늦게 고조기에 도달한다.

제11장 성생활

11.1 신혼 초에 겪은 성 불일치를 덮어두면 그 영향으로 앞으로 신랑은 발기부전을 겪게 되고 신부는 불감증이 될 수도 있으므로

11.2. 아니다. 태아는 양수 막과 양수에 둘러싸여 있기 때문에 성행위를 한다고 해서 부딪히거나 타박상을 입지 않고 보호된다. 정산적인 성교 그 자체가 태아에 나쁜 영향을 미치지 않는다.

11.3 ②, ④. 풀이: ① 출산 6주전부터의 성교는 유산의 위험이 있으므로 삼가 해야 한다. ③ 과다한 체중이라도 산모가 건강하고 편안하면 성교를 해도 괜찮다. ⑤ 산모가 편안하지 않거나 배에 압박을 가하는 체위는 삼가야 한다.

11.4 ②. 풀이: ② 정관절제 수술을 해도 남성호르몬의 생산과 순환에는 아무런 상관이 없으므로 정력이 줄어들지 않는다.

11.5 ①. 풀이: ② 질 세척을 자주하면 질 내에 공생하는 유익한 균이 씻겨 나가 병균침입으로 오히려 질염과 같은 성병에 걸리기 쉽다. ③ 성교회수와 수명과는 관계가 없고 과도한 성생활로 허약하여 다른 질병으로 수명이 단축된다. ④ 일반적으로 월경 중에는 난자가 나오지 않는다.

제12장 성생활의 문제와 해결

12.1 ①. 풀이: ② 성교를 하되 사정하지 않고 참으면 오히려 전립선에 울혈(피가 몰려 있는 현상)이 생기는 경우가 종종 있다. ③ 이들이 정력제로서의 약리적 효과는 의문스럽지만 정력에 도움이 될 수도 있다(위약효과). 이러한 음식은 대부분이 고단백질과 고지방이 포함되어 있으므로 과다복용하면 지방이 축적되어 동맥경화에 걸려 혈액순환이 부진하여 오히려 성기능에 해로울 수(발기부전) 있으므로 주의하여야 한다. ④ 정관절제수술을 한다고 정력이 보강되

는 것은 아니다. 단지 임신에 대한 불안이 없으므로 심리적으로는 성욕이 더 생길 수는 있다.

12.2 ②. 풀이: ① 음경으로 흐르는 혈액의 양을 증가시키는 것은 아니고 정맥을 닫아 혈액이 고여 있게 한다. ③ 중독성(의존성)이 없고 필요할 때마다 복용하면 된다. ④ 의사의 처방전이 있어야 약국에서 구입할 수 있다.

12.3 ①, ④. 풀이: ① 이 치료제의 약효시간은 그 시간 안에 성자극을 주면 발기한다는 뜻이지 그 시간만큼 지속적으로 발기한다는 뜻은 아니다. ④ 발기부전 치료제를 먹는다고 해서 성흥분이 되거나 정력이 좋아지는 것은 아니다.

12.4 첫째, 여성은 삽입을 통해서만 오르가즘을 느끼는 것이 아니다. 둘째, 질입구는 강렬한 성감대이고 질입구 주변에 오르가즘대가 형성된다. 질 깊숙한 곳은 접촉자극에 무딘 반응을 한다. 셋째, 강렬한 성감대인 G점은 질 안의 바깥쪽 1/3 부위에 존재한다. 넷째, 여성의 강렬한 성감대인 음핵은 질 밖에 존재하고, 이 음핵을 재치있게 잘 자극하면 오르가즘에 도달할 수 있다. 따라서 우리나라 남성의 경우, 음경의 길이가 발기하여 약 7cm이상만 되면 질입구 주변과 G점을 자극하는데 이상이 없다. 그러나 여성이 음경이 크면 여성을 잘 만족시킨다고 믿고 있다면 그런 효과가 있을 것이다.

12.5 ④. 풀이: ④ 여성 오르가즘장애의 치료 방법으로 포르노, 자위행위, 성보조기구 등을 이용한다.

제13장 성병

13.1 입을 닫고 입술만 닿는 입맞춤은 안전하다. 그러나 침을 섞는 진한 키스는 전염될 수 있다. 잇몸이 아프거나 입안에 상처가 있다면 키스를 통하여 에이즈가 전염될 수 있다. 입안은 의외로 자신도 모르게 상처가 나기 매우 쉽다.

13.2 ④. 풀이: 에이즈바이러스는 체액을 통해서 감염되므로 기침이나 재채기와 같은 공기로는 감염되지 않는다.

13.3 ②, ④. 풀이: ② 에이즈 바이러스는 체액 교환에 의해 감염되므로 격리시키

지 않아도 된다. ④ 에이즈 바이러스는 보균자인 임산부로부터 체액을 통하여 태아로 수직감염 된다.

13.4 아니다. 초기에는 항생제로 완치가 가능하다. 3기에 이르면 신경계통으로 전파되므로 치료하기 어려워진다.

13.5 임질

13.6 ⑤. 풀이: 탈모증은 후천성 매독의 2기 감염의 대표적인 증상이다.

13.7 ① 콘돔사용, ② 체액이 교환되지 않도록 한다. ③ 성교 후 세정한다. ④ 성교 후 배뇨한다. ⑤ 항문성교를 하지 않는다. ⑥ 성병의심이 가는 사람과 오럴섹스를 하지 않는다. ⑦ 성교 후 의심스러우면 즉시 병원에 간다. ⑧ 성병에 대한 지식을 습득하고, ⑨ 난잡한 성교를 하지 않으며 ⑩ 감염시에는 상대방에게 정직하게 알려야 한다. ⑪ 성병 예방약을 사용

제14장 성도착증과 성범죄

14.1 관음증

14.2 ②, ④. 풀이: ② 보기의 설명은 배물애증이다. 의상도착증은 이성의 의상을 입는 것으로 정서적 안정이나 성쾌감을 얻는 경우를 말한다. ④ 보기의 설명은 피학성 변태성욕을 말한다.

14.3 받아들이는 사람이 아무런 불쾌감을 느끼지 않는다면 문제가 없겠지만 만약 불쾌감이나 혐오감을 느낀다면 그것은 성희롱이 될 수 있다.

14.4 ①, ④. 풀이: ① 몸에 멍이나 상처가 있으면 사진을 찍는다. 이때, 얼굴이 함께 나오게 찍는 것이 좋다. 본인여부를 확인할 수 있다. ④ 비닐봉투에 넣어 보관할 경우 습기가 차서 증거물이 손상될 수 있다.

참고문헌

고목민, 1993. 술도 마시고, 건강도 지키고. 행담, 217pp.

구미화, 2005. 여성동아 2005년 4월호: 638~641.

권덕기, 김사열, 송방호, 전창진, 정혜숙, 한명숙, 2000. 생명의 신비. 아카데미서적, 285pp.

권석만, 김지훈, 2000. 성기능 장애. 학지사, 203pp.

금병달, 김정진, 2005. 부부의 팀웍. 순출판사, 165pp.

김경숙, 2009. 화성남자 금성여자의 침실 꾸미기. 동녘라이프, 264pp.

김구환, 김명자, 이승아, 전나미, 하창원, 2011. 인체해부학. 정문각, 511pp.

김동일, 1997. 노인과 성. 한국가족문화학회, 가족과 문화 제2집: 53~67.

김명원, 김옥용, 김희진, 신주옥, 이혜영, 진언선, 하영미, 2004. 생명과학. 라이프사이언스, 672pp.

김명원, 서영훈, 김명희, 하영미, 이영원, 조혜성, 김옥용, 윤미정, 이경아, 김창미, 김희진, 김미정, 조은희, 송성향, 이혜영, 윤인선, 진언선, 신주옥, 채현숙, 2002. 생명과학. 라이프사이언스, 646pp.

김미경, 2001. 여자이기 때문에 당하지 말고 당차게 살아라. 푸른솔, 215pp.

김병진, 고상균, 김경진, 김군도, 김남우, 김상해, 김영민, 김영태, 김인섭, 김원신, 김재만, 김종원, 남상윤, 문병용, 박훈, 박종군, 소재성, 심정자, 오윤식, 우제창, 윤성철, 윤치영, 윤현주, 이병순, 이훈구, 조운행, 주은영, 최기룡, 최은상, 최한길, 추영국, 한규용, 한동만, 한인섭, 2005. Cambell 생명과학. 월드사이언스, 656pp.

김영민, 2004. 성을 알면 삶이 아름답다. 월드사이언스, 343pp.

김영화, 신원식, 이옥희, 임성옥, 명선영, 손지아, 2003. 한국사회와 노인. 삼우사, 328pp.

김은수, 공일근, 김동학, 김수영, 박종임, 서혜희, 오승은, 이경호, 이임순, 이재석, 임윤규, 전상학, 정진복, 조경상, 조명환, 조세형, 최양규, 한정수, 2008. 우리들의 성-성의 과학적 이해 10판. 라이프사이언스, 498pp.

김재우, 1995. 성기능 장애 200문 200답. 우연기획, 408pp.

김정옥, 1998. 청소년 성교육. 양서원, 410pp.

김종흡, 2005. 성과학의 이해 수성판. 월드사이언스, 316pp.

김종흡, 2009. 성과학의 이해 제2판. 월드사이언스, 316pp.

김중술, 1994. 사랑의 의미. 서울대학교출판부, 280pp.

김진수, 1997. 여성을 위한 여성에 의한 성. 스포츠조선, 1997년 10월 20일자.
김철중, 2010. '피임약'이면 피임 치료약? '피임제'가 맞다. 조선일보, 2010년 8월 12일자.
김초강, 1988. 모자보건학 생활과 건강증진. 계축문화사, 112pp.
김학현, 1996. 성의 기원. 민음사, 229pp.
김현우, 1995. 100점 남편, 100점 아내. 호암출판사, 409pp.
김혜숙, 1995. 인간과 성. 에드텍, 212pp.
류병호, 2002. 술술 풀어가는 술 이야기. 예미디어, 283pp.
목영자, 1986. 불임에서 임신으로. 민음사, 295pp.
민경희, 민철기, 박영순, 박인국, 방재욱, 이기성, 이현환, 전상학, 정종문, 정현호, 1999. 인간과 생명과학. 교학사, 384pp.
박노훈, 2011. 황혼의 성 황홀한 성. 조선일보, 2011년 1월 26일자.
박매영, 1993. 성의 계약. 정신세계사, 301pp.
박수근, 1997. 술 그것의 전부를 밝힌다. 풍남, 326pp.
박시룡, 1995. 재미있는 동물이야기. 지구촌, 252pp.
박재홍, 1993. 매일신문, 1993년 11월 18일자.
박정희, 2003. 여성장애우의 장애에 대한 의식태도. 대구장애우편익문제연구소, 132pp.
서주일, 1996. 예스 섹스클리닉. 모아, 247pp.
송관재, 2000. 성과 심리. 학문사, 219pp.
송미원, 1997. 벌거벗은 性 이야기. 넥서스, 274pp.
신현진, 2001. 진화와 오르가즘. 주간매일신문, 2001년 2월 1일자.
안명옥, 1997. 갱년기. 웅진출판주식회사, 167pp.
안태인, 강성만, 김평형, 심용희, 오상욱, 정해문, 최의열, 한평림, 황수연, 2006. 인체생명과학. 월드사이언스, 395pp.
약학대학 교양교재편찬위원회, 1997. 여성과 건강. 숙명여자대학교출판부, 312pp.
양영기, 2001. 참사랑과 아름다운 성. 전파과학사, 238pp.
오영근, 1996. 성의 과학 사전. 전파과학사, 441pp.
오혜경, 박숙경, 김미옥, 지석연, 김정애, 1999. 여성장애우 평등생활과 삶의 질 향상을 위한 정책적 과제. 장애우권익문제연구소, 181pp.
유선명, 1994. 남자의 성 그 감추어진 이야기. 홍성사, 245pp.
윤가현, 1990. 성심리학. 성원사, 315pp.
윤가현, 1998. 성 문화와 심리. 학지사, 518pp.
윤성규, 2006. 강의노트로 배우는 성의 세계. 월드사이언스, 225pp.
윤성규, 2010. 강의노트로 배우는 성의 세계 제2판. 월드사이언스, 225pp.
윤성규, 홍재상, 1995. 해양생물학 저서생물. 아카데미서적, 412pp.

윤태영, 2005. 딸 낳는 방법 아들 낳는 방법. 더북, 227pp.

이광웅, 강봉균, 김영상, 김원, 백상기, 윤권상, 이종섭, 최청일, 홍영남, 2003. 생명 생물의 과학. 교보문고, 1080pp.

이광웅, 구혜영, 김원, 양재섭, 윤권상, 이종섭, 최청일, 홍영남, 1993. 생물학. 을유문화사, 866pp.

이광호, 2000. 인간과 성. 월드사이언스, 548pp.

이규배, 2007. 식물형태학. 라이프사이언스, 349pp.

이근후, 1994. DSM-Ⅳ(미국 정신의학회). 하나의학사, 1156pp.

이근후, 성금영, 박영숙, 1990. 새로운 성치료. 하나의학사, 628pp.

이무연, 2003. '사랑의 전도사' 남성호르몬. 동아일보, 2003년 2월 21일자.

이상춘, 2002. 폐경기 여성의 몸 여성의 지혜. 한문화, 778pp.

이영록, 김우갑, 이석우, 윤일병, 김윤식, 심웅섭, 김학렬, 박용근, 1995. 최신생물학. 법문사, 1097pp.

이영식, 1992. 최신 킨제이 리포트. 하서출판사, 154pp.

이옥형, 1993. 성 정체감 발달에 관한 일 고찰. 성신연구논문집 제31집, 286pp.

이은주, 2003. 강한 남성을 원하세요? 해양수산부, 바다와 사람들(봄호): 76~77.

이인식, 1997. 과학동아, 1997년 9월호: 105~109.

이인식, 2004. 미래신문. 김영사, 131pp.

이정덕, 김경신, 문혜숙, 송현애, 김일명, 1998. 결혼과 가족의 이해. 학지사, 312pp.

이종우, 1998. 성과 사랑. 정문각, 200pp.

이춘배, 2002. 청소년의 성, 알파와 오메가. 세종출판사, 657pp.

이하원, 2010. 성관계 후 5일간 효과 피임약 '정치논쟁'. 조선일보, 2010년 8월 7일자.

전상학, 강성만, 권혁빈, 김남수, 김세재, 김영호, 나종길, 오번석, 유시욱, 이일하, 이임순, 이준규, 장연규, 정민걸, 조은희, 황수연, 2009. 유전학의 이해 제3판. 라이프사이언스, 776pp.

정경숙, 1999. 이너 스페이스. 세계의 여성들, 234pp.

정덕규, 2002. 주간동아, 2002년 9월 19일자(352호).

정장진, 2003. 21세기판 킨제이 보고서 현대인의 성생활. 이마고, 580pp.

채규만, 2000. 성피해 심리치료, 학지사, 437pp.

최경은, 2008. 폐경기 증후군 이겨내는 법. 매경출판, 235pp.

최안드레아, 1997. 터부에서 상식으로의 전환. 아미, 309pp.

추영국, 고현숙, 김동일, 김병진, 김주필, 류재혁, 박흠대, 선우양일, 윤성규, 이주하, 정해문, 진덕희, 2003. 신경향 성의 과학. 아카데미서적, 326pp.

추영국, 고현숙, 김동일, 김병진, 김주필, 류재혁, 박흠대, 선우양일, 윤성규, 이주하, 정해문, 진덕희, 2004. 신경향 성의 과학. 아카데미서적, 326pp.

추영국, 고현숙, 김동일, 김병진, 김주필, 류재혁, 선우양일, 이영환, 이주하, 정해문, 진덕희, 2002. 신경향 성의 과학, 아카데미서적, 326pp.

추영국, 구덕보, 고현숙, 권혁찬, 감보현, 김주필, 도성희, 민도식, 박흠대, 윤가현, 정해만, 진덕희, 2015. 신경향 성의 과학 제4판. 월드사이언스, 381pp.

추영국, 권혁찬, 김병진, 김주필, 박열, 박흠대, 윤가현, 윤성규, 정해만, 진덕희, 2007. 신경향 성의과학 제2판. 월드사이언스, 3044pp.

하재청, 류태형, 김병기, 노영복, 이경희, 1992. 성의 과학. 아카데미서적, 317pp.

하재청, 선우양일, 류태형, 김병기, 고현숙, 2003. 새 성의 과학. 월드사이언스, 302pp.

하재청, 선우양일, 류태형, 김병기, 조현욱, 고현숙, 2008. 성의 과학 제6판. 월드사이언스, 314pp.

하재청, 유태형, 노영복, 김병기, 1996. 성의 과학. 아카데미서적, 270pp.

하재청, 유태형, 노영복, 김병기, 1997. 성의 과학. 아카데미서적, 317pp.

한국교육방송공사, 2005. 10주완성 EBS수능특강 생물1. 한국교육방송공사, 123pp.

한국생물과학협회, 1998, 생물학사전, 아카데미서적, 2068pp.

한글학회, 1994. 우리말 큰사전. 어문각, 5496pp.

호암출판사편집부, 1995. 부부 성생활 가이드: 100점 남편, 100점 아내. 호암출판사, 409pp.

홍성묵, 1999. 아름다운 사랑과 성. 학지사, 404pp.

홍영재, 1994. 아들 딸 가려 낳는 비결. 국일미디어, 464pp.

KBS · NHK, 1995a. 생태계 성의 신비-성의 중요성. 비디오, 영상미디어제작, 60분.

KBS · NHK, 1995b. 생태계 성의 신비-번식의 지혜. 비디오, 영상미디어제작, 60분.

Niesen, 1982. The marine biology coloring book. Harper Collins Publ., New York, 208pp.

찾아보기

[숫자]

3중X 증후군 48
69 310

[영문]

F

FILO 223
FSH 108

G

gender 233, 234
G-spot 88
G-스팟 88
G점 88, 265

H

HCG 131

I

IUD 156

L

LH 108
LIFO 223

M

morning-after pill 165

P

PDE-5 274, 384, 385
PMS 125

S

sex 233, 234
sexuality 233, 234, 238
SRY 53

T

TDF 53
TFm 54

X

XYY 증후군 48

[국문]

ㄱ

가려 임신하기 138
가상섹스방 355
가짜약 효과 361
간질세포자극호르몬 109
강간 465
개별성 16
갱년기 340
게이 62, 63
경구약 161
고사리 359
고자 391

고조기 283
고환 76
과음 364
과흡연 365
관음증 370, 444
구강성교 307
군대 성범죄 462
귀두 81
그라비가드 174
근친결혼 금지 23
근친교배 회피 16
기생양육 39
기초체온법 170
길항작용 109
꽃가루받이 27

ㄴ

나누는 성교 334
난관 84
난관결찰수술 169
난관불임수술 169
난관절제수술 169
난소 84
난원세포 99
난자 99, 123
난자은행 191
난자의 보관과 배란 99
난자의 이동 101
난자 제공 191
난포기 121
난포자극호르몬 108
난포호르몬 115
난할 129
남녀 차이 222
남성불임 183
남성상위 300
남성 생식기관 75
남성 생식기관의 발생 71
남성호르몬 111, 342
내분비계 105
노년기의 성생활 340
노출증 445
뇌의 성분화 56
누바링 164

ㄷ

다이아프램 173
다중절정감 285
단성생식 9
단성화 25
단세포생물의 회춘 20
단위생식 9
대리모 192
대머리 358
대안 섹스 353
대음순 263
대항작용 109
도착 441
동결보존 190
동물애증 444
동성애 61
동요 122

ㄹ

레즈비언 62, 63
루더스 216
루프 156
리듬조절법 150
리비도 239
리페스 루프 174
리포 223
림프육아종 433

ㅁ

마사지 339

마스터즈 288
마조히즘 447
망울요도샘 79
매니아 216
매독 426
먹는 피임제 161
멀티오르가즘 285, 287
면역 418
면역결핍 418
몽정 252, 253
무른궤양 434
무배란성 월경 124
무성생식 3, 4, 5
무오르가즘 288
미래의 성생활 353, 355

ㅂ

바르톨린선 92
발기부전 379
발기부전 치료 382
발기의 생리 272
발기의 원리 274
발기중추 273
배란 123, 128
배란기 122
배물애증 443
뱀 359
번식시기 36
변태 441
변태성 446
변태성욕 447
보조 T세포 418
보조생식술 189
본희 296
부고환 77
부정소 77
분열 6
분절증식 8
불임 183
불임 검사 186
불임의 치료 188
비아그라 384, 386
비아그라 콘돔 387
빗운동 296

ㅅ

사디즘 446
사람태반성생식선자극호르몬 131
사랑의 3요소 215
사랑의 유형 214
사이세포자극호르몬 109
사정관 79
사정불능 379
사정의 생리 274
사정중추 273
사후피임제 164
살정제 158
색전증 340
색정광 448
생리통 125
생식기관의 발생 71
생식선자극호르몬방출호르몬 106, 121
성감대 261
성 결정 43
성결정부위Y유전자 53
성교 277
성교 단계 279
성교 반응 단계 280
성교체위 297
성교 통증 395
성기능 장애 373
성기 성형수술 366
성기포진 432
성냉담 401
성도착증 441
성몽 253, 254

성범죄 451
성병 415
성병검사 417
성보복 404
성 생리 272
성생활 317
성생활과 이혼 406
성생활의 위기 399
성염색체 46
성욕 238
성욕의 세기 240
성욕의 자제 244
성욕의 조절 239
성욕 장애 392
성욕 표현하기 325
성의 3요소 234
성의 개념 233
성의 탄생 3
성전환 44
성 정체성 57, 58
성 지향성 57
성추행 453, 468
성충동 275
성폭행 453, 465
성호르몬 105
성환상 251
성흥분 장애 393
성희롱 453, 468
세로토닌 214
세르톨리세포 93
섹스 233
섹스리스 405
섹스중독자 448, 450
섹스중독증 448, 449
섹스테크닉 289
소아기호증 443
소음순 90, 263
속궁합 문제 409
쇠퇴기 285
수매화 28
수면중절정감 253, 254
수분 27
수음 255
수정 127, 128
수정방법 12
순결 247
스태미나 358
스토르게 216
시각 33
시아노박테리아 3
시알리스 384
식스나인 309, 311
신체접촉 246
신혼기의 성생활 327

ㅇ

아가페 216
아동 성범죄 455
아로마타제 114
안드로겐 111
암수딴몸 25
암수한몸 25
압박운동 296
압착술 377
양성되먹임 121
양성화 25
양육방법 38
에로스 216
에스트로겐 115
에스트론 115
에스트리올 115
에이즈 418
여성불임 185
여성상위 302
여성 생식기관 84
여성 생식기관의 발생 73

여성용 비아그라 397
여성 장애인 성범죄 461
여성호르몬 114
여포자극호르몬 108
연성하감 434
연애 217
염색체의 불분리 49
영양생식 6
오럴섹 299
오럴섹스 307, 311
오르가즘 286, 332
오르가즘기 284
오르가즘 장애 393
완경 346
외음질선 80, 92
요도 80
요도구 91
요도구선 79
원격 섹스 354
월경 118
월경기 121
월경불순 125
월경이상 124
월경전 증후군 124
월경주기 119
월경주기법 150
월경통 125
유두 266
유성생식 4, 5, 8
유성생식의 효과 13
유전자 전달 31
유정 253, 254
융모성생식선자극호르몬 131
음 91
음경 80, 262
음경소대 81, 262
음경확대 366
음낭 75, 262
음란전화증 444
음성되먹 121
음핵 264
응급피임법 164
응급피임제 165
의상도착증 442
이기주의적 유전자 전달 31
이란성쌍둥이 137
이반 62, 63
이분법 6
이성애 61
인공수정 189
인산칼슘제 144
일산화질소 274, 384
일시적 사랑놀이 236
임신 133
임신 중의 성생활 335
임질 428
임포텐스 379
임플란트 175

ㅈ

자가수정 12
자가수정 회피 20
자궁 87
자궁내장치 155, 167
자연선택 17
자위행위 255
자이데나 384
장애 이론 30
장애인의 성생활 350
재생 8
적자생존 15
전립선 79
전립선 질환 388
전성 234

전후운동 296
절정기 280
점액관찰법 171
접촉도착증 446
접합 6
정관 77
정관결찰수술 167
정관불임수술 167
정관절제수술 167
정낭 78
정력 357
정력보강법 361
정세포 94
정소 76
정소결정인자 53
정소성여성화인자 54
정액 98
정원세포 93
정자 92
정자은행 191
정자의 생산 93
정자의 이동 96
정자의 특징 139
정자 제공 191
제대 131
젠더 233
조루증 374
조매화 27
종 14
종내 다양성 14
종 다양성 14, 17
종의 분화 17
주기매미 38
주름띠 81
지루증 379
직장 내 성희롱 462
진실광고 이론 31
질 87, 265
질경련증 396
질 성형 367
질세척법 150
질염 433
질외사정법 148
질입구 92
질전정 91, 264
짝 찾는 방법 33

ㅊ

착상 127, 129
처녀막 88
첫날밤 329
청각 34
청소년 성범죄 459
체내수정 13
체액 420
체외수정 12
체위 297, 336
초이스 144
최음제 359
출아 6
충매화 27

ㅋ

캐쥬얼 러브 236
콘돔 152
쿠퍼선 , 76
쿤닐링구스 309
퀴어 62, 63
클라미도모나스 4
클라미디아 416
클라인펠터 증후군 48, 52
클리토리스 91
키스 269
킨제이 310

ㅌ

타가수정 12
태 131
태반 129, 132
태반추출물 133
태아 133
탯줄 131
터너 증후군 48, 51
테스토스테론 113
트랜스섹슈얼 62, 68
트랜스젠더 62, 67

ㅍ

페로몬 106
페미돔 173
페서리 173
펠라티오 308
폐경기 341
포경 82
포르노 369
포르노 중독 371
포자 6
포진 417
폭주적 진화 이론 30
풍매화 27
프라그마 216
프로게스테론 117
플라센타 133
플라시보 효과 361
피스톤운동 296
피임법 145
피임 실패 178
피임약 163
피임용 격막 173
피임 패취 175
피하이식 피임법 175
필 161
필로 223

ㅎ

항문조이기 363
협력적 유전자 전달 32
호모 62
호모파일 62
황체 123
황체기 123
황체형성호르몬 108
황체형성호르몬동요 122
황체호르몬 117
회음 92, 268
회전운동 296
후각 35
후희 297, 333
훔쳐보기 444
흥분기 281